Jean-Michel Salanskis

# *L'herméneutique formelle*

L'Infini, Le Contenu, L'Espace

KLINCKSIECK

CONTINENTS PHILOSOPHIQUES
collection dirigée par Richard Zrehen
8

déjà parus :
*Levinas à Jérusalem*, sous la direction de Joëlle Hansel.
Jean-Michel Salanskis, *Heidegger, le mal et la science.*
*Lyotard à Nanterre*, sous la direction de Claire Pagès.
Jean-Michel Salanskis, *L'Émotion éthique. Levinas vivant I.*
Jean-Michel Salanskis, *L'Humanité de l'homme. Levinas vivant II.*
Jean-François Lyotard, *Rudiments païens*

*illustration de couverture* :
planisphère de Mercator, 1587.


isbn : 978-2-252-03901-4

*À Richard Zrehen, mon ami perdu, et gardé.*

*Remerciements à Olivia Chandeigne-Chevalier et Michel Enaudeau.*

# Avant-propos

La présente republication de mon ouvrage de 1991 *L'herméneutique formelle* a d'abord deux motivations simples : d'une part, l'édition originelle est épuisée depuis plusieurs années, d'autre part, j'ai eu parfois l'occasion de constater que les idées soutenues dans ce livre suscitaient, aujourd'hui encore, un étonnement fort et une curiosité positive. Lorsque je les évoque au détour d'un article ou d'un livre plus récent, ou dans le contexte d'une rencontre philosophique, il se trouve des personnes pour s'émerveiller que l'herméneutique puisse être saisie *in vivo* dans les sciences exactes, et pour désirer savoir comment cela se fait ou se dit. Pourquoi ne pas, dans ces conditions, offrir une nouvelle édition, notamment à l'intention de la nouvelle génération, qui n'a jamais eu l'occasion d'acquérir ce texte ?

Une réponse positive à cette question s'impose d'autant plus à moi que, par ailleurs, j'ai le sentiment que la première édition n'a pas trouvé un public auquel elle était dans mon esprit destinée, ou du moins qu'elle l'a trop peu trouvé. Je veux dire, le public philosophique large, au-delà du cercle des spécialistes de la philosophe des mathématiques ou des mathématiques. En effet, *L'herméneutique formelle* est peut-être avant tout un travail généraliste, sur le mariage possible de la tradition transcendantale et de la tradition herméneutique, et sur la portée et l'exemplarité du regard épistémologique. Une grande partie du livre est non technique, directement lisible par un lecteur intéressé par les débats généraux de la philosophie contemporaine. Même la partie la plus technique, celle qui expose des réponses mathématiques contemporaines aux questions de l'infini, du continu et de l'espace, est rédigée dans un esprit de communication large : elle contient de nombreux moments d'exposition conceptuelle, susceptibles d'apporter aux lecteurs ignorants des mathématiques quelque chose des idées internes à la discipline évoquées.

Afin de donner les meilleures chances à cette nouvelle édition d'atteindre cet autre public, ce second cercle de lecteurs, j'ai voulu adjoindre, en appendice, quelques articles qui étoffent le livre, en présentant plus complètement le climat de pensée qui lui préside. En l'occurrence, j'ai choisi les trois textes suivants :

1) L'article « L'arithmétique prédicative, ou l'herméneutique des nombres entiers » – déjà republié dans le recueil *Le temps du sens* en 1997 – et que j'ai rebaptisé ici simplement « L'herméneutique logique des entiers ». Il montre l'application de l'approche herméneutique à la logique et aux matières constructives.

2) L'article « La réflexion des mathématiques », qui servit de base, par deux fois, à une conférence devant une équipe de chercheurs en mathématique (une fois en 1995, une fois en 2000). Il s'interroge tout du long sur la possibilité de faire entendre et aimer, au-delà de la frontière de la communauté mathématicienne, ce qu'il y a de grandiose dans la pensée mathématique.

3) L'article « Le temps du sens », extrait du recueil homonyme – publié en 1997 – dont il fut le texte introductif, parce qu'il représente à mon sens l'effort le mieux abouti pour présenter l'approche herméneutique de l'époque dans toute son ampleur, et,

plus spécifiquement, pour la présenter en tant qu'orientation philosophique générale, comme une prise de position au sein de la philosophie contemporaine.

Le deuxième et le troisième de ces textes sont clairement de nature à montrer la démarche philosophique suivie dans *L'herméneutique formelle* comme ouverte sur un public large. Le troisième, comme il vient d'être dit, s'attelle explicitement à une telle tâche. Le deuxième situe en fait l'approche de l'herméneutique formelle parmi l'ensemble des « réflexions des mathématiques » disponibles. Il considère donc l'herméneutique formelle dans le contexte des variétés d'approches épistémologiques dont la compétition a joué un rôle non négligeable dans le développement et le conflit des courants philosophiques au XXe siècle. Il rejoint d'ailleurs en partie la fresque des épistémologies brossée dans le quatrième chapitre de *L'herméneutique formelle*.

Seul le premier de ces textes traite d'une question pour une part technique : celle de l'effort des logiciens et des mathématiciens pour délimiter le juste statut de ces objets mathématiques de base que sont les entiers naturels. Consacrant une part importante de son énergie à exposer et faire comprendre le travail d'Edward Nelson*, il complète ce qui en est dit dans le corps du livre, augmentant la lisibilité et le caractère pédagogique de la nouvelle édition. Par ailleurs, il montre sans ambiguïté que, dans mon esprit, la fenêtre herméneutique sur les choses mathématiques concerne aussi cette dimension que l'on juge ordinairement la plus étrangère à l'herméneutique : la dimension de la construction, du calcul, de la forme logique. C'est donc un texte faisant prendre la mesure de la radicalité de l'approche herméneutique proposée.

A ce qui précède, j'ajouterai que le texte a été entièrement revu, grâce à l'aide précieuse reçue d'Olivia Chandeigne-Chevalier et de Michel Enaudeau, que je remercie à nouveau. Il s'agit toujours du même texte, je n'ai nullement tenté de remettre à jour son contenu à partir de l'état actuel de mon travail et de ma pensée, nous avons bien affaire ici à une *re*-publication. Mais un effort important a été fait pour éliminer des obscurités locales, apporter des précisions, ou réduire la longueur des phrases. Le résultat devrait en être un gain de clarté appréciable. Enfin, la règle du jeu de la collection *Continents philosophiques* m'astreignait à adjoindre un index et un glossaire. L'index aidera, je l'espère, à l'utilisation de ce livre comme outil de travail. Et le glossaire propose des éléments d'information qui, peut-être, faciliteront la compréhension du corps du livre (chaque mot motivant une entrée de glossaire est suivi du symbole * lors de sa première occurrence dans le corps du texte, ainsi qu'on le voit quelques lignes plus haut avec le nom propre Edward Nelson).

Enfin, le texte a été édité au moyen du système LateX, qui, je crois, produit des documents d'une clarté et d'une lisibilité optimales.

Pour toutes les raisons qui ont été dites, il me semble que cette nouvelle édition donne plus de chances au livre de susciter l'intérêt de cette classe plus large de lecteurs pour laquelle il avait été écrit depuis le début.

Il y a, cela dit, une autre raison, plus personnelle, à cette republication. Elle a trait à mon itinéraire philosophique, sur lequel elle me donne l'occasion de jetter un regard rétrospectif. Pour le dire simplement, je ressens un clivage dont le repère serait l'article « Herméneutique et philosophie du sens », publié dans le recueil *Herméneutique : textes, sciences*, que nous avons édité avec Ruth Scheps et François Rastier, et qui est paru aux éditions des PUF en 1997[1]. Cet article, pour moi, est le dernier de la période herméneutique et marque l'entrée dans la problématique de la « philosophie du sens », ayant elle-même donné lieu au programme de l'ethanalyse, auquel je consacre le meilleur de mes efforts aujourd'hui. Nommer un tel clivage, c'est désigner la période herméneutique comme achevée et dépassée, depuis 1994 s'il est vrai que le colloque de Cerisy au cours duquel fut prononcée la conférence « Herméneutique et philosophie du sens » date de cette année.

Cela suscite chez moi, aussitôt, le désir d'évaluer le degré de distance ou le degré de divergence qui sont aujourd'hui les miens, vis-à-vis de cette « période herméneutique ». A un tel désir, la présente publication répond d'une manière imparfaite.

De mon écart vis-à-vis de l'herméneutique, il n'est en effet naturellement pas question dans les textes qui suivent, au fil desquels s'exprime uniquement mon ancienne attitude. Je ne peux préciser quoi que ce soit à son sujet que dans cet avant-propos. Mais je dois tout de suite avouer que je ne suis pas en mesure d'apporter en cette matière toutes les lumières que l'on est en droit d'espérer, toutes les lumières que j'aimerais moi-même détenir. Quelques mots, néanmoins, me paraissent avoir leur place ici.

D'abord, les écrits rassemblés dans ce volume témoignent tous d'un rapport à Heidegger qui n'est plus exactement le même. Ce rapport, c'est celui dont j'avais défini la règle dans un autre article, « Die Wissenschaft denkt nicht »[2] : avoir un recours technique à Heidegger, l'utiliser lorsque des moyens conceptuels sont mis à notre disposition par lui. Je ne désavoue certainement pas, aujourd'hui, une telle démarche. Il y va, en effet, à mes yeux, du maintien de la déontologie de notre aire de travail de la philosophie. Il importe qu'elle soit, entre autres choses, une aire d'activité théorique et intellectuelle, au sein de laquelle chacun récupère les contributions des uns et des autres sans avoir égard à la qualité existentielle, morale ou politique des contributeurs. Nous nous priverions de cette aire, et de l'ancienne école de la pensée qui en est l'habitation, si nous procédions à l'excommunication des contributions de Heidegger au titre qu'il s'est engagé dans le nazisme, et n'en est jamais revenu d'une manière convaincante dans ses écrits et prises de parole ultérieurs. Je n'aurais donc pas scrupule, je me ferais même un devoir, si telle ou telle enquête l'exigeait, de renouer aujourd'hui avec l'usage de Heidegger qui fut le mien à cette époque. Il m'arrive, d'ailleurs, d'en reprendre le mouvement dans des recherches plus récentes.

Néanmoins, je ne peux plus, comme je le faisais sans difficulté alors, « faire comme si de rien n'était ». Convoquer la parole de Heidegger à côté des autres et comme n'importe quelle autre. Le nazisme est pour moi une figure limite de la mise en œuvre du mal dans l'histoire, et qu'un auteur soit chargé de connivence avec le nazisme, du coup, crée un cas non immédiatement équivalent à d'autres. C'est en substance de quoi le livre d'Emmanuel Faye[3] m'a convaincu, par la force de la fresque qu'il a composée. Comme je l'ai expliqué dans *Heidegger, le mal et la science*, j'en ai conclu essentiellement que nous devions, usant de Heidegger, toujours nous demander si ce que nous prenions en lui avait à voir avec les deux foyers noirs de sa pensée, l'être-pour-la-mort et le dépassement de la métaphysique (un autre principe étant de ne pas

1. Cf. Salanskis, J.-M.,Rastier, F., & Scheps, R. (eds), *Herméneutique : textes, sciences*, Paris, PUF, p. 387-420.

2. Republié dans Salanskis, J.-M., *Heidegger, le mal et la science*, Paris, Klincksieck, 2009, p. 77-103.

3. Cf. Faye, E., *Heidegger, l'introduction du nazisme dans la philosophie*, Paris, Albin Michel, 2005.

parler son langage, de ne pas laisser la séduction imposer que l'on ne parle de lui que comme lui). Dans les réflexions de mon époque herméneutique, partiellement regroupées ici, je ne me suis pas posé ce problème, j'ai passé sous silence un tel enjeu. Il m'est tout de même agréable de constater, rétrospectivement, que je ne dérogeais pas alors à mes futures maximes. Rien de ce que j'emprunte à la conception de la pensée comme herméneutique de Heidegger n'est sous la dépendance, ni de l'être-pour-la-mort, ni du dépassement de la métaphysique. Même, on peut remarquer que ma célébration de la pensée au sens le plus noble comme structurée en une succession d'époques assumant chacune à son tour l'énigme, en des termes qui, tout à la fois, explicitent l'essence en cause et creusent le fond de l'énigme, est implicitement une valorisation de la métaphysique au sens de Heidegger.

Mais la question de mon éloignement possible à l'égard de la problématique herméneutique des années 1988-1994 se pose à un autre niveau, d'une autre façon. Il s'agit en effet de savoir si j'assume aujourd'hui le point de vue sur le sens implicite à cette problématique. Cette question elle-même, ou peut l'aborder sous l'angle de la question épistémologique, sous celui de la philosophie du langage, et encore, celui de la philosophie de l'existence. Avec, circulant peut-être entre ces niveaux, la question qui porte sur la centralité de l'activité interprétative. Je vais me contenter, dans ce qui suit, d'apporter quelques très brèves observations en rapport avec chacun de ces niveaux, chacune de ces questions.

Pour ce qui concerne l'affaire épistémologique, j'ai envie de dire qu'aujourd'hui encore, je pense que le modèle herméneutique est le principal rival du modèle logique, et que ce n'est pas un hasard. De fait, le modèle herméneutique, tel que Heidegger, Gadamer* et Ricœur ont pu le radicaliser et le dépeindre tout à la fois, exprime une idée de la pensée que les spécialistes des nombreux domaines des « lettres et sciences humaines » reconnaissent immédiatement comme la leur, comme reflétant un rythme ou une modalité qui gouvernent leur travail. Il semble le seul à se laisser ainsi définir comme régime de la pensée, tout en portant une revendication de légitimité opposable à la vision logiciste-explicative. Donc, il était extrêmement important de tenter de montrer que la voie herméneutique opérait aussi dans les sciences exactes, dans les mathématiques et la logique : c'était important si l'on voulait amener les adeptes de la voie logiciste-explicative, de la conception argumentative de la pensée, à tolérer l'autre, à admettre une image plurielle de la pensée dans le savoir. Peut-être, en effet, doit-on envisager, au-delà de la logique et l'herméneutique, des usages artistes de la pensée, suivant lesquels celle-ci trouve sa raison d'être dans les formes ou les systèmes qu'elle élabore, sans qu'il s'agisse de déduire ni de porter à l'expression ce par quoi on est tenu. Mais on ne voit guère comment déterminer, à partir de cette autre expérience, un type de légitimité participant du *telos* de la connaissance. L'herméneutique était donc bien le bon autre à prendre en considération, et dont il importait de saisir l'œuvre vive au cœur du continent exact.

Cela dit, quant à l'enjeu épistémologique, je dois évidemment remarquer, dans l'après-coup, que ce premier livre de philosophie des mathématiques s'abstenait presque complètement de penser de manière phénoménologique l'objectivité mathématique, ainsi que j'ai au contraire essayé de le faire dans l'ouvrage paru en 1999, *Le constructivisme non standard*. De ce point de vue, il y a bien une distance qui s'est creusée vis-à-vis de cette première approche, principalement, sinon exclusivement, herméneutique. On peut avoir l'impression, en lisant *L'herméneutique formelle*, que le partage mathématique est purement et simplement le partage herméneutique situé par le livre à divers niveaux, et décrit à celui de ce qui s'y voit nommé « l'immémorial sémantique ». Or, dans mes travaux ultérieurs, je me suis attaché à insister sur des modes phénoménologiques de donation des objets mathématiques, jouant un rôle fondamental pour déterminer et situer la discipline comme telle : le mode de l'objectivité constructive et celui de l'objectivité corrélative. Cette exposition s'accomplissant en référence à la phénoménologie transcendantale husserlienne, à la phénoménologie classique des origines. Un tel correctif dans la vision des mathématiques correspond à une prise de distance avec l'historicisme de l'école épistémologique française (auquel je pouvais apparaître, dans *L'herméneutique formelle*, faire allégeance sans réserve). Notons pour conclure que mon ouvrage de 2008 – *Philosophie des mathématiques* – s'efforce d'unifier mon approche en conjuguant les deux aspects ou regards.

De là, je peux essayer d'aborder la question de la philosophie du langage. On peut associer à l'herméneutique une philosophie du langage : une philosophie qui, simultanément, pense la centralité et la primauté du langage, et qui décrit comment le partage du sens linguistique entre les humains passe par un jeu de l'interprétation dont les philosophèmes de l'herméneutique exhibent le scénario. Il importe alors de voir que le présent livre, et les articles offerts en plus en appendice, ne jouent pas cette carte, ne se prononcent pas sur cette affaire. Il s'agit bien d'explorer l'ethos de la légitimité scientifique, de traiter de la question épistémologique, et pas de s'efforcer de saisir dans sa vérité le faire sens dans le langage, ou notre partage de la signification linguistique, ou la diversité de nos usages producteurs de sens. Mon travail a seulement indirectement rencontré cet enjeu lorsque, dans *Herméneutique et cognition*, je me suis intéressé à la possibilité d'attester au niveau de la cognition humaine le schéma herméneutique, et lorsque je me suis appuyé, à cet effet, sur diverses propositions théoriques de la linguistique contemporaine[4]. Mais là encore, le but était essentiellement de montrer que le mode herméneutique était une composante du fait de la signification tel que scientifiquement construit, et pas de se prononcer universellement en déclarant et plaidant qu'il n'y avait, dans le langage et le sens, que cela.

Jusqu'ici, on l'observe, je ne marque aucune vraie distance à l'égard des écrits de cette époque. Il y a pourtant tout de même un problème, et je vais peut être arriver à le présenter en passant au niveau de ce que j'ai appelé tout à l'heure « philosophie de l'existence ». Il est clair que, dans les écrits de cette « époque herméneutique », je parais m'associer à une vision de l'existence comme intrinsèquement et profondément herméneutique : une telle vision constituant l'héritage heideggérien. Ce qui m'a détaché de cette conception, c'est, simplement, une autre façon d'envisager le sens : façon apprise de la philosophie de Levinas. Dans une perspective lévinassienne, les modulations de l'« existence intentionnelle » ne suffisent pas à « faire sens ». Comme Levinas l'explique dans *L'humanisme de l'autre homme*, à s'en tenir à cette gerbe historique et culturelle de manières d'aller au monde, on n'aurait que des sens relatifs, s'épuisant à chaque fois dans l'achèvement de l'intention en la forme qu'elle

4. Cf. Salanskis, J.-M., *Herméneutique et cognition*, Lille, Presses Universitaires du Septentrion, 2003, p. 118-207.

amène, et demeurant mutuellement incommensurables[5]. Il manque à cela un sens envoyant tous ces sens, un « sens unique » mettant en chemin le sens comme sens. La condition du sens, chez Levinas, réside dans la réquisition éthique, et pas dans l'élan intentionnel. Le moindre « faire sens », de ce point de vue, se rattache à un « sens de la vie » reçu du visage d'autrui, et à l'obligation infinie que je lis en lui.

Dans mes travaux postérieurs à l'article « Herméneutique et philosophie du sens » évoqué tout à l'heure, je me suis toujours référé à cette élucidation de la condition éthique du sens, apprise de Levinas. Rien ne fait sens pour qui ne laisse pas la pensée s'ordonner à partir de la dette. Si je célèbre la pensée comme agir, et en tant que telle comme productrice de sens, alors ce que je célèbre est en fait une des formes, un des cas du mouvement ontologique illimité que Levinas appelle *il y a*, et qui est pour lui l'absurde même. Pour que nous nous comptions dans l'affaire du sens, nous avons besoin de l'échappement à l'être, de la singularisation, et de la finalisation pour autrui, dont la quasi-expérience initiatique est l'épiphanie du visage.

On comprend à partir de là ce qui, dans l'herméneutique philosophique, est « bon » : c'est l'insistance sur la fonction de la « reprise ». L'herméneutique philosophique, dans les généralisations maximalement amples que Heidegger et sa postérité lui ont données, décrit tout sens en relation à un comprendre qui, lui-même, dans son inhérence à sa situation, est constitutivement « reprise ». De facto, l'herméneutique philosophique oblitère cette concession, en assimilant tendanciellement le comprendre au geste de la liberté ou de la création (celui qui va le plus loin dans ce sens étant Sartre ; mais déjà le comprendre heideggérien est la projection du *Dasein* vers ses possibilités). Dans les textes rassemblés dans ce volume, on verra que je fais souvent la jonction entre l'herméneutique et la conception lévinassienne de la dette éthique, sans paraître sensible au problème de leur possible divergence.

Mais pourtant, d'un autre côté, dans « Herméneutique et philosophie du sens » déjà, je tenais à me séparer de ce qui me semblait un présupposé fâcheux de l'herméneutique philosophique : le présupposé de l'explicitation, en quelque sorte. Le présupposé selon lequel le faire sens s'accomplit toujours et uniquement dans une explicitation, c'est-à-dire dans la diction expresse de ce qui était dit de manière implicite : à certains égards une redite, donc. Ce présupposé n'est pas tenable : nous savons bien et vivons bien que les aventures du sens prennent mille autres formes. Tout le côté invention, divergence, polymorphie, élaboration exploratrice, des œuvres et manœuvres du sens, est là pour témoigner qu'il n'y a pas que de la redite, que la redite n'est pas la forme universelle et obligatoire de l'expression significative. On a envie d'opposer les productions de l'art ou de la littérature à un tel modèle – en refusant par avance de les déqualifier, de les voire comme étrangères à l'affaire du sens. Mais le témoignage de l'épistémologie irait dans le même sens : ne faut-il pas reconnaître que les enchaînements des sciences sur elles-mêmes prennent bien d'autres formes que celle de la redite ?

Là serait le caractère « pieux », à rejeter, de l'herméneutique philosophique : pas tant le fait qu'elle nous assigne à une mystérieuse parole divine des origines, dont la réinterprétation indéfinie serait notre prison, mais le fait qu'elle ne nous conçoit jamais comme potentiellement divergents à l'égard de nos propres actes signifiants

5. Cf. Levinas, E., *L'humanisme de l'autre homme*, Montpellier, Fata Morgana, 1972 ; éditions Livre de Poche, p. 38-41.

antérieurs, qu'elle n'accepte de nous considérer que comme, d'une certaine façon, redisant indéfiniment le déjà dit. Cet agacement laïque à l'égard de l'herméneutique, je le partage, et c'est un point qui est devenu plus central et nécessaire dans l'évolution de mon travail après 1994.

Pourtant, je ne veux pas pour autant supprimer le renvoi du sens à la dette : cesser d'envisager, à la suite de Levinas, le sens comme « appartenant » à la rupture à l'égard de l'être, rupture qu'introduisent seulement l'obligation, la sensibilité à la demande. Il faut donc disjoindre l'idée de dette, l'idée d'atteinte des sujets par des demandes, de l'idée de redite, ou d'explicitation. Il faut concevoir que je peux relancer selon le sens, c'est-à-dire dans l'attitude de l'entente de la demande, sans re-dire, sans expliciter. Être tenu par le message reçu, le relancer dans la « responsabilité sémantique » – qui n'est pas toujours grave, qui est très souvent et facilement désinvolte, ambiguë, qui n'est pas toujours droite, qui est très souvent et facilement déviante, divergente – cela ne s'accomplit pas toujours par la re-dite de l'explicitation. Nous enchaînons sur les messages selon l'axe de la demande reçue autrement qu'en les reformulant. Telle est la raison d'une prise de distance avec l'herméneutique dont je faisais déjà état dans l'article de 1994 – publié en 1997 – déjà évoqué. Depuis, dans une conférence non publiée mais disponible sur mon site personnel, j'ai essayé de préciser un peu la problématique de l'interprétation dans ce nouveau cadre[6]. On notera en particulier que je prends les enchaînements du *midrach* comme exemples de relance témoignant de la dette sans être des explicitations.

Est liée à ce déplacement, à l'évidence, la volonté de ne pas prendre l'interprétation comme l'opération universelle et générale de la pensée en tant que pensée véhiculant le sens. Lorsque l'on voit l'existentialité humaine comme foncièrement herméneutique, on tend à dépeindre chacun de ses gestes, de ses accomplissements, comme égalable à une interprétation. J'insiste sur le fait que décrire les choses de la sorte n'est pas intrinsèquement solidaire de la reconnaissance de la dette ou de la demande comme circonstance fondamentale du faire sens. Les existentialismes heideggériens ou sartriens, je l'ai dit, vont assez loin dans le direction d'une lecture de l'herméneutique du *Dasein* comme liberté. Néanmoins, chez Heidegger explicitement, mais dans d'autres termes peut-être aussi chez Sartre, l'acte de base de l'existence est interprétation (seulement cette interprétation s'appelle-t-elle *dépassement* chez Sartre). Donc, je me suis mis, depuis 1994, à souhaiter décrire l'existence humaine autrement que comme interprétation, à ne pas reconnaître le moment interprétatif partout et toujours. Mais cela ne voulait pas dire renoncer à l'orient de la demande. Je dirai juste un mot, pour en finir avec ce dernier point concernant l'interprétation, de la manière dont je comprends à cet égard le travail de l'ethanalyse.

L'ethanalyse décrit notre existence comme « vouée » de plusieurs manières – d'autant de manières qu'il y a de *régions du sens* – à des ensembles de prescriptions, définissant une pratique, une pensée, un discours, un « ethos » en somme : l'exercice de la région du sens en cause, qui est simultanément effort pour satisfaire à l'appel déterminant cette région, et façon de transmettre cet appel vers les générations suivantes. Le travail de l'ethanalyse est d'identifier ces clauses prescriptives, composant

6. Cf. « L'herméneutique, le sens et le savoir »,
webréférence http://jmsalanskis.free.fr/article.php3?id_article=69.

ce que j'appelle une *sémance*, de manière régrédiente à partir de notre vie dans et avec la région, à partir de notre appartenance, en somme. On peut donc dire que l'ethanalyse ne fait pas autre chose que déchiffrer les dettes complexes en rapport avec lesquelles nous vivons, dont la diversité constitue le fond de sens, possiblement contradictoire, de nos existences. L'image implicite est celle d'un humain pris dans une pluralité de fidélités, et tâchant de leur satisfaire. De la sorte, je suis amené à décrire ce que nous faisons, disons et pensons, bien souvent, comme trahissant, comme dérogeant. Mais d'une façon telle que les clauses de la sémance ne sont pas effacées, occultées, oubliées : la pratique divergente se sait encore divergente, elle a sa façon de confirmer ce à quoi elle déroge. Dans les tableaux que brosse l'ethanalyse, on découvre donc bien autre chose que la redite ou l'explicitation de messages reçus : on assiste plutôt à un déploiement multiforme d'initiatives libres, qui continuent néanmoins de s'inscrire, souvent de façon négative, par rapport à des exigences restant connaissables et reconnaissables. On prend donc ce qui se fait, se dit et se pense autrement que comme simple mouvement absurde, battement démontant toute stabilité du jeu de l'être : on le prend comme réponse à la dette. Mais on ne nie pas la divergence de la pratique humaine.

Pour aller plus loin, je serais prêt à admettre, quelque part, que les « divergences de la pratique humaine » sont susceptibles de conduire à l'émergence de nouvelles exigences. Il y a aussi une vie du sens, des ethos meurent et d'autres apparaissent. Seulement, nous ne prenons pas acte d'eux comme ethos d'un sens lorsque nous dépeignons leur genèse. Entre la présentation génétique et la description du faire sens comme tel, il faut choisir.

Les textes rassemblés ici, à vrai dire, ne s'occupaient tout simplement pas de tels enjeux. Il s'agissait seulement, et c'était déjà beaucoup à mes yeux, de mettre en évidence la pertinence épistémologique de l'herméneutique. Je l'ai dit, je maintiendrais même, encore aujourd'hui, que pour le savoir, pour la question de la méthode scientifique, la prise en compte de l'herméneutique comme modèle rationnel constitue un élément essentiel. A vrai dire, le développement de l'ethanalyse doit beaucoup à l'effort pour prendre la mesure de la centralité de l'épistémologie au sein de l'esprit philosophique (effort qui s'exprime, notamment, dans le chapitre IV de *L'herméneutique formelle*). Dans une certaine mesure, l'ethanalyse n'est que la systématisation de l'idée d'épistémologie généralisée, qui s'élabore elle-même à partir de la réflexion sur le transcendantal, puis sur la centralité de l'épistémologie, développée dans ce volume aux pages 221-228.

Tout ce qui précède ayant été dit, un peu trop brièvement et allusivement, pour tenter de préciser le degré de décalage que j'entretiens, dans ma pensée actuelle, avec les textes de cette époque, j'ajouterai pour finir que je suis conscient, par ailleurs, de tout ce qu'il y a d'inaccompli, d'insuffisamment savant, d'imparfaitement convaincant dans les travaux que je présente ici à nouveau (et cela, même si je me suis attaché à corriger nombre de coquilles ou d'inexactitudes). Je suis seulement incapable d'y remédier : d'une part je n'ai toujours pas la science et l'intelligence qu'il faudrait, d'autre part je ne suis plus porteur du désir de mener à bien cette entreprise là. J'espère néanmoins que ces textes pourront être utiles à quelques uns, qui sauront, à partir d'eux, faire mieux que je n'ai su.

# La mathématique vue comme herméneutique

La part centrale de ce livre, qui coïncide avec son troisième chapitre, est vouée à un compte-rendu synthétique de travaux mathématiques accomplis, pour leur grande majorité, au cours du vingtième siècle. Nous prétendons, par ce compte rendu, dévoiler ce qui est selon nous pour ainsi dire l'âme des mathématiques : leur caractère *herméneutique*.

Un tel slogan, en principe, ne saurait être autre chose que le résumé de ce qu'on appelle une *philosophie des mathématiques*. Il se trouve cependant que notre manière de proposer une telle philosophie se distingue assez nettement de ce qui, sans doute, est encore la manière « usuelle », ou plutôt, de ce qui constitue l'image canonique de la discipline, indépendamment de la diversité de ce qui s'écrit effectivement. Selon cette image, la philosophie des mathématiques est une réflexion principalement soucieuse de la *vérité* et de la *validité*, elle est la présentation philosophique du *théorique* et de sa juridiction par excellence. Au-delà de cette détermination intra-philosophique de la philosophie des mathématiques, dans des termes qui sont nécessairement ceux de la philosophie « générale », fait encore partie de ce que nous appelons *l'image* de la philosophie des mathématiques un thème de controverse, en tant qu'à lui tout seul il semble remplir le débat de cette philosophie dans son entier : celui du statut des idéalités mathématiques, soit la question du platonisme en mathématiques*. Il subsiste d'ailleurs de grandes façons de se différencier pour les philosophies des mathématiques dans ce cadre : on peut par exemple concevoir tout à la fois une philosophie des mathématiques centrée sur la logique (prise comme le langage dans lequel l'idée de théorie se précise, et dans lequel les statuts ou degrés de réalité de l'idéalité se laissent dire) et une philosophie des mathématiques suivant la tradition « allemande » (prenant le langage de l'ontologie comme le seul ayant les mêmes propriétés). On prévoit, pour ainsi dire par définition, que ces deux façons entrent dans une polémique.

Le travail que nous accomplissons ici n'est certes pas *absolument* étranger à cette « image », ni non plus, comme on le verra, aux deux langages que nous venons de nommer. Mais nous croyons cependant que son acte principal est ailleurs, est autre, et c'est cela vers quoi notre maître-mot *herméneutique* veut faire signe. D'une part, en effet, nous ne cherchons pas essentiellement à comprendre la vérité ou la validité des mathématiques, à mesurer en elles l'achèvement du concept du théorique, mais nous essayons de les qualifier comme attitude pensante, comme attitude dans la pensée. A la limite, ou peut-être vaut-il mieux dire « en droit », notre propos est apparenté à la philosophie esthétique ou éthique autant qu'à la philosophie de la connaissance : la mathématique comme attitude de pensée mérite d'être envisagée en tant que produisant le beau ou que déployant un mode du juste aussi bien que comme amenant l'énoncé du vrai ou du valide. Pourtant, nos discours n'entreront pas vraiment dans ces régions philosophiques, ils resteront à l'orée, dans ce moment originaire où l'on cherche d'abord à reconnaître la mathématique comme *pensée*, à spécifier cette pensée. Mais il n'est pas mauvais d'avoir à l'esprit ces prolongements possibles pour sortir de l'obsession du thème cognitif/aléthique/ontologique.

Corrélativement, la question du platonisme n'est pas notre question première. Au lieu de réfléchir sur le degré d'acceptabilité ou le degré d'être de l'idéalité mathématique, nous essaierons de comprendre comment l'idéalité peut être le moment d'une *pensée*. Là encore, on peut s'aider de ce qu'on connait du rôle de l'idéalité dans l'art ou dans la morale pour se représenter ce que peut être une enquête intéressée par le caractère « final », et témoignant de l'attitude pensante, de l'idéalité, plutôt que par son « objectivité ».

Mais, nous l'avons déjà un peu dit, nous essaierons de nous en tenir à un langage que nous considérons comme en un sens antérieur à la division de la philosophie en philosophie éthique, esthétique et théorétique (de la morale, de l'art et de la connaissance), et qui est le langage *herméneutique*. Cette conception de l'herméneutique, cet emploi du mot herméneutique nous viennent de Heidegger, dont l'apport essentiel, comme nous avons essayé de l'expliquer dans notre article « Die Wissenschaft denkt nicht » [1], est cette « identification » de l'universel non encore déterminé de la pensée avec l'herméneutique.

De ce préambule se déduisent, croyons nous, les points que nous devons traiter dans ce chapitre introductif : nous devons expliciter la conception de l'herméneutique qui sera la référence de tout le livre, donner une idée générale de la manière dont elle s'acclimate au « cas particulier » des mathématiques, et fournir quelques indications sur la façon dont le projet de décrire la mathématique *comme herméneutique* rencontre la problématique classique de la philosophie des mathématiques, notamment la question dite du platonisme.

## 1.1 L'idée d'herméneutique

Voir les mathématiques comme *herméneutique*, c'est d'abord les considérer dans leur rapport à une instance de la question, qui est toujours autre chose que le sujet de recherche susceptible d'être explicité dans la langue commune d'un moment et d'un lieu : une instance méthodologiquement transcendante, à tout le moins, en termes de laquelle nous essayons de comprendre ce qui est la teneur, à chaque moment, de la *responsabilité de mathématicien*, et ce qui est la voie tracée à partir de cette responsabilité dans le registre du sens. Le premier niveau auquel se manifeste cette instance de la question, dans le cas des mathématiques, est celui des grands *noms d'énigme* autour desquels se mobilise un effort d'élucidation depuis les Grecs : nombre, infini, continu, espace... . C'est, disons le par avance, par là que notre problématique s'inscrit à sa manière dans la querelle du platonisme, ces noms privilégiés étant en même temps ceux derrière lesquels le platonisme conçoit un « réel suprasensible ». De plus, notre livre, se donnant pour tâche épistémologique la mise au jour de l'activité herméneutique contemporaine attachée à trois de ces noms (l'infini, le continu, l'espace), restera le plus souvent à ce niveau de l'instance de la question. Pour présenter le schéma

1. Cf. Salanskis, J.-M., « Die Wissenschaft denkt nicht », *Revue de Métaphysique et de Morale*, n° 2, 1991, p. 207-231

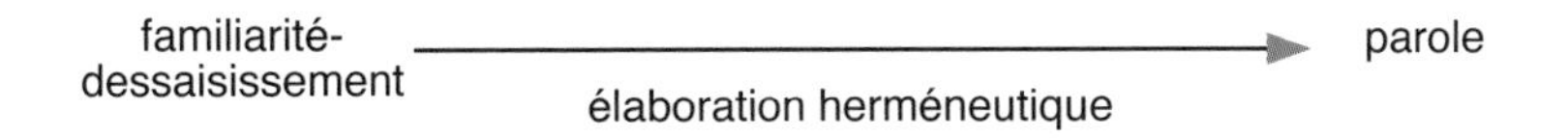


FIG. 1.1 – *Schéma herméneutique de base*

herméneutique, il n'est pas gênant de faire momentanément comme si ce niveau d'instance était le seul.

### *1.1.1 Le schéma herméneutique*

Les mathématiques sont donc par exemple sous la gouverne de la question « Qu'est-ce que l'infini ? » et de la question « Qu'est ce que le continu ? ». Cela veut dire deux choses : l'infini et le continu, quoi qu'il en soit de leur « existence », « dérangent » le mathématicien depuis environ deux mille ans ; ils le dérangent de manière *prescriptive*, en ce sens qu'il appartient à l'essence du mathématicien d'avoir à répondre à ces questions. Le devoir de répondre concerne un sujet qui habite une *situation herméneutique*, entendez par là une situation où ce-qui-sollicite-la-pensée (l'infini, le continu dans l'exemple) est, tout à la fois, originairement en *excès* sur la capacité de représentation de celui qui est sollicité, et *familier*, déjà ouvert sous un angle pour le même sujet sollicité. Il en va ainsi parce que précisément, ledit sujet est défini dans son essence de mathématicien par l'être-concerné-par-la-question. Par conséquent, il est en quelque sorte *ancré* en ce qui le sollicite : son identité en est déjà affectée, même si le *ce* qui affecte devait être jugé inexistant. Son être-sollicité signifie qu'il a déjà commerce avec, il est déjà impliqué dans ce qui sollicite. Alors, saisi par ce X qui le déborde et à propos duquel s'impose la question « Qu'en est-il de X ? », le sujet mathématisant laisse advenir une parole qui explicite le familier pré-conceptuel de son ancrage en le X, de son inhérence au X. Ce qui, au premier tour de la situation herméneutique, était « anticipation » du X dans la pure implicitation de la « familiarité dans le dessaisissement » devient alors explicitation, discours, articulation d'essences. Mais l'inhérence-pré-conceptuelle reste juge : on mesure dans l'après-coup de l'explicitation jusqu'à quel point le trajet herméneutique a réellement conduit à l'explicitation ce qui était implicité dans le « premier projet » de l'essence du X, immanent au dessaisissement-dans-la-familiarité.

La *situation herméneutique* fondamentale, que nous venons de rapporter dans un récit, se déploie donc en un parcours-type, que présente la figure 1.1.

Schéma qui doit être corrigé, dans la simplicité de cette présentation, par la prise en compte de la temporalisation ambiguë qui l'anime : le « rythme » définitoire de l'élaboration herméneutique « veut » en quelque sorte que la parole soit là seulement *après*, et que la familiarité-dessaisissement soit un moment silencieux. Mais, nous l'avons déjà dit en fait, la parole qui vient dans l'après se présente volontiers, toujours peut-être, comme *explicitation*, c'est-à-dire comme parole qui en un sens était déjà là. Et d'autre part, cette parole, pour cette raison justement, est énoncée « sous le contrôle » de la familiarité-dessaisissement, de l'inhérence préconceptuelle, ce qui signifie que celle-ci est aussi là « après ».

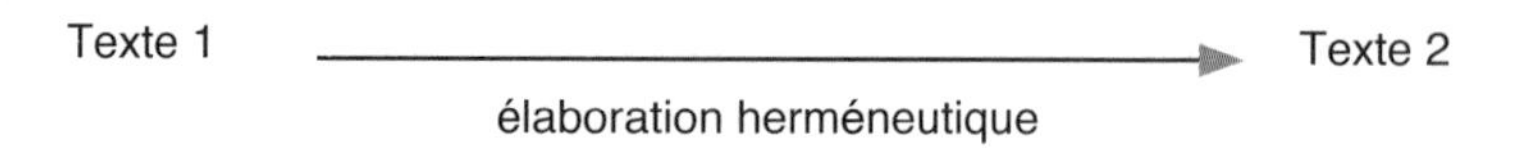


FIG. 1.2 – *Schéma herméneutique textuel*

Le problème est en fait plus inextricable qu'il ne vient d'être dit même, parce que « concrètement », c'est-à-dire du point de vue de ce qui peut venir dans une argumentation, du point de vue de ce qui peut avoir part à une pensée qui s'entende, qui porte, le parcours-type est plutôt tel que le représente la figure 1.2.

Le sens en lequel ce deuxième schéma est attesté est alors le suivant : le texte 1 « vaut » comme implicitation de sens, et comme medium de la familiarité et du dessaisissement, alors que le texte 2 « vaut » comme celui où vient à se dire l'élaboration herméneutique. C'est donc la tâche du commentateur, c'est en particulier la nôtre dans le troisième chapitre de ce livre, de montrer comment et en quoi des textes (en l'occurrence des « états de théorie ») valent comme source ou but du trajet herméneutique. A quoi on ajoutera immédiatement ceci : bien entendu, ces valeurs sont relatives et momentanées, l'enchaînement herméneutique de l'historialité mathématique va donner au texte 2 la valeur d'un nouveau texte 1 *à l'étape suivante*.

### *1.1.2 La provenance heideggerienne du schéma*

Le moment est venu de rendre des comptes vis-à-vis de notre façon de nous emparer du mot *herméneutique*. Nous ne le prenons pas au sens courant, mais en un sens conquis par Heidegger contre ce sens courant, qui lui reste apparenté, qui le contient à vrai dire tout en disant plus et autre chose. Quel texte citer comme référence pour l'exposé de ce sens ? Notre description de la situation herméneutique et du processus herméneutique reprend jusqu'à un certain point le propos du §63 de *Sein und Zeit*[2] qui s'achève sur la figure du « cercle herméneutique ». Cependant, elle est aussi influencée par la discussion titrée « D'un Entretien de la parole »[3], où Heidegger, s'expliquant avec son interlocuteur japonais, reprend l'ensemble de sa réflexion sur l'herméneutique, et déplace quelque peu ce qu'il avait écrit dans *Sein und Zeit* vers la *Stimmung* dite du second Heidegger. Au fond, nous nous servons surtout de l'ouvrage *Qu'appelle-t-on penser ?*[4]. Bien que le livre ait pour thème la pensée et pas l'herméneutique, il nous semble assez clair que Heidegger y répond à la question de la pensée *par l'herméneutique*, si bien que ce qu'il nous présente comme l'affaire ou le propre de la pensée est l'herméneutique comprise comme événement, comme verbe. C'est pourquoi *Qu'appelle-t-on penser ?* nous enseigne plus abondamment et plus intensément peut-être que les deux précédents écrits ce qu'il en est de l'herméneutique.

Il ne nous semble pas nécessaire de faire la preuve par les textes, ici, de la provenance heideggerienne de l'exposé du « schéma herméneutique » donné tout à l'heure et qui restera notre référence dans les limites de ce livre. Ce qui en revanche nous

2. Cf. Heidegger, M., *Être et temps*, traduction E. Martineau, Authentica, 1985,

3. Cf. Heidegger, M., « D'un Entretien de la parole », in *Acheminements vers la parole*, trad. F. Fédier, Paris, 1976, Gallimard, p. 85-140.

4. Cf. Heidegger, M. , *Qu'appelle-t-on penser ?*, trad. A. Becker et G. Granel, Paris, PUF, 1959.

incombe, à ce que nous en jugeons, c'est d'évaluer dans quelle mesure notre emploi du thème herméneutique est concerné par deux difficultés ayant trait à l'essence de l'herméneutique, perçues par Heidegger lui-même ou que son discours fait naturellement surgir. Ces difficultés sont respectivement celle de la fonction de l'explicitation dans l'herméneutique, et celle de la non-herméneuticité présumée de la science.

### *1.1.3 Expliciter l'essence, ou parler le retrait ?*

La première difficulté détermine le lieu où principalement, selon notre lecture, se loge le revirement du second Heidegger. Dans *Sein und Zeit*, Heidegger parle de l'herméneutique à propos de ce qui s'appelle analytique existentiale, et qui est l'enquête sur l'être de l'étant particulier ayant nom *Dasein*. Dans ce contexte, l'enquête est simplement comprise comme une enquête sur l'essence. Être veut dire, dans une large mesure, Essence (et par exemple, la conclusion de *Sein und Zeit* n'est guère éloignée de signifier « la temporalisation primordiale, secret du souci, est l'essence de l'être »[5]). Ceci conduit Heidegger à une description du « trajet herméneutique » comme *cercle*, le premier moment, celui que nous avons appelé « familiarité-dessaisissement », étant celui d'un « premier projet » qui dévoile déjà sous un angle l'essence d'un étant X objet de la quête herméneutique, le second moment étant celui de l'explicitation comme essence de ce qui était dans ce premier projet. Pour Heidegger, la circularité vient de ce que nous ne « trouvons » l'essence (explicite) qu'en présupposant l'essence (simplement ouverte, projetée) : la « solution » vient en se présupposant elle-même. Le cercle échappe seulement à la critique d'une logique des énoncés parce que la présupposition de l'essence dans le projet n'est pas propositionnelle, n'a pas la forme de l'assomption d'une prémisse logique. Or, toute cette description est guidée par l'assimilation de la question herméneutique à celle de l'être de l'étant, et par l'identification corrélative de l'Être avec l'Essence. Dans l'après-coup, Heidegger repère cette double option comme ce que précisément, tout en s'y maintenant, *Sein und Zeit* voulait dépasser, et c'est le mouvement qui constitue le « second Heidegger ». L'enjeu devient non plus la détermination de l'essence de l'être comme être de l'étant, mais une *pensée de l'Être* qui serait pensée de l'Être en quelque sorte sans ou avant l'étant ; du même coup, cet Être plus originaire ne saurait plus se concevoir comme essence. La reconsidération conséquente du schéma herméneutique est alors la suivante :

1. Le premier moment est désubjectivisé, on le décrit comme un « falloir » qui tombe sur le sujet herméneutique[6] plutôt que comme un « projet » qu'il ouvre (ceci correspond à un décentrement qui s'opère dans tout le propos philosophique de Heidegger, selon lequel ce n'est plus tant le *Dasein* qui se transcende vers l'Être que l'Être qui assigne le *Dasein* dans sa déclosion[7]) ;

5. Bien qu'au §83, par exemple, Heidegger prononce plutôt d'autres mots, comme *fondement* (« Or c'est la *temporalité* qui s'est manifestée comme ce fondement, et ainsi comme le sens d'être du souci » [*Sein und Zeit*, p. 295]) ou *horizon* (« Le *temps* lui-même se manifeste-t-il comme horizon de l'*être* ? » [*Sein und Zeit*, p. 296]). On peut plaider que le second Heidegger est déjà là dans le premier. Le problème est posé dans « Protocole d'un séminaire sur la conférence "Temps et Être" », qui restitue un séminaire de 1962 (cf. Heidegger, M., *Questions IV*, Paris, Gallimard, 1976, p. 52-97.).

6. Cf. Heidegger, M., *Acheminements vers la parole*, trad. F. Fédier, Paris, Gallimard, 1976, p. 118.

7. Lire notamment comment Heidegger met en avant le terme *Inständigkeit* dans l'Introduction de 1949 à « Qu'est-ce que la métaphysique ? » (cf. Heidegger, M., *Questions I*, Paris, Gallimard, 1968, p. 34).

2. Le trajet herméneutique n'est plus trajet circulaire de l'explicitation de l'essence implicite dans le « premier projet », mais venue à la parole de la fidélité « enjointe » par l'événement qui assigne l'homme, accomplissement de cette fidélité et diction de son contenu tout à la fois, le « résultat » du trajet étant une parole qui n'est ni subjective ni objective, ni Être ni *Dasein*, dans la mesure où elle est vraiment fidélité, habitation de l'ouvert de l'Être ;
3. Le trajet lui-même a le langage comme élément, langage qui est déjà là dans l'appel de l'Être-qui-se-déclôt, puis qui comme signifiance laisse transiter cet appel, et qui finalement permet le parler de la parole fidèle.

Nous voudrions souligner que notre version du schéma herméneutique reprend le premier et le second Heidegger à la fois. Notre terminologie laisse la liberté, croyons nous, de se représenter des deux manières le trajet herméneutique, sans même peut-être qu'il y ait en l'espèce la matière d'un conflit interprétatif.

On peut, en effet, comprendre l'herméneutique mathématique comme une quête de l'essence. Par exemple, on dira que la situation herméneutique du mathématicien le fait partir d'un projet de l'essence de l'espace, d'abord implicite et préconceptuel, et qu'il devient capable au bout de son trajet herméneutique de porter à la parole l'essence seulement devinée, présupposée, anticipée à l'origine.

Mais on peut aussi récuser que l'infini, le continu, l'espace puissent en aucune manière tenir le rôle d'un *étant* dont on chercherait à décliner l'être comme une essence. Ces noms d'énigme, comme nous l'avons dit plus haut, sont plutôt les noms de quelque chose qui est principiellement en retrait, et dont il n'y a pas à proprement parler un projet de l'essence : seulement, une familiarité-dessaisissement, qui est aussi, nous avons employé ces mots, inhérence ou appartenance. Tout cet aspect de notre récit de l'herméneutique est plutôt à mettre en rapport avec le schéma du « second Heidegger ». Dans cette lecture, ce qui est articulé, verbalisé au second moment du processus herméneutique n'est pas l'*essence* de ce qui a été projeté, mais un déplacement dans l'énigme. L'inscription de ce déplacement peut encore être explicitation, mais il ne s'agit pas alors d'une explicitation d'essence : plutôt de l'explicitation de quelque chose comme l'âme du mystère, le secret de son inaccessibilité. On inscrit le fond du retrait plutôt que l'essence de l'étant.

L'alternative porte sur la manière de comprendre le premier moment (projet de l'essence ou simple pâtir du retrait) et de nommer le second moment (explicitation de l'essence projetée ou parole inscrivant l'appartenance au retrait). Elle ne se superpose pas à l'alternative envisagée par nous avant de parler de Heidegger. De toute manière, il y a le schéma pur, où le premier moment est préverbal, prétextuel, que ce soit comme projet d'essence ou comme familiarité à l'égard du retrait, et le schéma « empirique », le seul que l'on rencontre « effectivement ». Une inscription, un explicite sont toujours déjà donnés, et la vie de l'herméneutique les « fait valoir » comme implicitation d'une essence seulement projetée, ou comme trace d'un retrait radical de ce qui nous tient. Cette alternative, au fond, n'en est pas une, ainsi qu'on peut en juger après le commentaire de la pensée de Heidegger par Jacques Derrida, qui a en quelque sorte évacué la naïveté que l'on croit encore sentir chez Heidegger : l'allégation d'un premier moment *vraiment* ante-discursif. La présente alternative, en revanche, coïncide avec le grand « basculement » de la pensée de Heidegger, elle porte sur la persistance ou non de la métaphysique, ou de notre résidence en elle. Si l'on juge que l'élucidation du mystère du retrait ne saurait être réellement autre chose que l'élucidation de l'essence de l'étant, on juge que l'au-delà de la métaphysique n'existe pas, et que le « second Heidegger » n'a cessé de thématiser une limite impossible. Nous ne nous engageons pas dans cette voie, puisque nous ne sommes pas loin de croire que l'exemple de l'herméneutique mathématique accrédite la pertinence des attendus du second Heidegger : comme nous l'indiquions plus haut, il paraît en effet très difficile d'assimiler le continu, l'infini ou l'espace à quoi que ce soit de l'ordre de l'étant. Les considérer comme mystérieux et dans le retrait, en revanche, va presque de soi. Est-ce à dire que le discours cesse d'être un discours d'essence ? Là, les choses semblent se compliquer ; dire plus archaïquement et plus profondément ce en quoi le continu nous échappe, est-ce autre chose que donner une nouvelle version de l'essence du continu ? Ce n'est pas, dans le contexte de l'herméneutique mathématique, clair : il n'est pas incompatible, en effet, pour l'enjeu de celle-ci, de « se retirer » et d'avoir une essence qui se laisse décliner dans une théorie. A ce niveau, les alternatives que nous avons évoquées semblent, en dépit de ce que nous disions à l'instant, se recouvrir. L'aspect réélaboration de l'essence est privilégié si l'on regarde la suite des explicitations, qui, conformément à la logique même du langage, tendent à valoir pour, ou se présenter comme des explicitations d'essence d'un terme substantif motivant le mystère (explicitations de l'essence du continu dont il y a mystère). Si l'on regarde en revanche la manière dont le mystère insiste et s'involue dans chaque explicitation, sédimentée en explicitation du terme qui la lance, et la manière dont ces explicitations scellent à nouveau l'appartenance et le mystère-dans-son-retrait, pour susciter la prochaine parole qui « remonte dans le retrait », on proposera naturellement un compte rendu plus en accord avec le dépassement de la métaphysique et l'abandon du discours d'essence.

### *1.1.4 L'herméneutique formelle*

Le deuxième « lieu » du heideggerianisme que nous voulons interroger est le verdict de non-herméneuticité de la science. Si nous en jugeons bien, l'herméneuticité est chez Heidegger le trait majeur qui caractérise la pensée. L'énoncé « La science ne pense pas » est donc un verdict de non-herméneuticité de la science. Nous ne voulons pas reprendre ici notre commentaire de ce verdict (dans « Die Wissenschaft denkt nicht », déjà évoqué). L'important, pour ce livre, est de comprendre que le propos heideggerien enveloppe une présupposition essentielle concernant ce que nous avons appelé ici le « trajet herméneutique » : pour Heidegger ce trajet ne peut pas être *formel*, au sens où l'on parle aujourd'hui de formalisme ou de disciplines formelles, parce qu'il serait alors le trajet d'un calcul, et le calcul est à ses yeux quelque chose comme une négociation réductrice et substantivante, tout le contraire de l'accueil compréhensif qui « doit » être accordé à l'énigme dans le trajet herméneutique. Nous soutenons au contraire que la figure moderne du formalisme nous contraint à une autre approche, plus profonde et plus compréhensive, de l'essence du calcul, et qu'en suivant cette approche, il devient pour ainsi dire évident qu'un cheminement *formel* peut être le moyen de l'élaboration herméneutique, qu'on veuille la décrire comme explicitation de l'essence ou retour-en-le/approfondissement-du mystère.

Si l'on va au fond des choses, la puissance herméneutique que nous reconnaissons au calcul, vu comme écriture réglée, déduction, enchaînement formel, est liée à une double dimension que nous lisons en lui, à partir de l'expérience que nous en avons : une dimension temporelle et une dimension éthique.

La première dimension est en rapport avec l'*opacité* du calcul formel ; toute activité calculante crée un « tunnel », un segment le long duquel on (le calculateur en premier lieu, le lecteur du calcul ensuite et par dessus le marché) est aveugle : on ne « voit » pas tout ce qui se passe. Tout calcul engendre ou est soutenu par un inconscient ; le signifiant glisse et interagit avec lui-même sous notre plume, mais par définition plus vite que nous ne pouvons l'accompagner de notre représentation. Cet excès, cette opacité, cette marge inconsciente permettent tout à la fois au passé et au futur de hanter le calcul. Ce qui, dans la marge inconsciente, guide le calcul, est susceptible d'être la précompréhension de l'essence, la familiarité originaire avec l'énigme : et en ce sens, le calcul peut « fixer » un préconceptuel, un préverbal qui est son passé. C'est ainsi qu'un trajet formel, calculant, peut être un enchaînement sur, une élaboration de la familiarité-dessaisissement. Ceci pour le passé. Mais la marge inconsciente peut être aussi ce où le futur se loge. Cette fois, c'est l'événement survenu dans le calcul, qui, en tant qu'il dépasse notre pouvoir d'accompagnement représentatif immédiat, demande à être phrasé comme la conclusion, le résultat, le fruit du parcours herméneutique : la nouvelle essence, l'approfondissement de l'énigme dans son retrait. C'est cette ouverture du calcul sur un futur de lui-même, de ce qu'il inscrit « au départ », qui permet l'achèvement du trajet herméneutique dans le calcul, la synthèse du « deuxième moment » de l'herméneutique dans le cas où celle-ci est formelle.

Seconde dimension à lire dans le calcul : son intersubjectivité essentielle. Le calcul présuppose le fonctionnement collectif sur des règles, et à ce titre, tout ce qui s'inscrit dans le calcul provient d'un *partage* de la familiarité-dessaisissement, et ne peut que conduire à un *enseignement* dans l'herméneutique, destiné à plusieurs.

Pour donner à cette remarque sa valeur, notons qu'il y a plusieurs modalités de l'herméneutique. Le schéma fondamental peut être illustré dans des ambiances et par des voies tout à fait différentes : c'est ce qui est constitutif des grandes formes de la pensée. Heidegger a principalement étudié l'herméneutique philosophique et l'herméneutique poétique : lorsqu'il thématise le « voisinage » de deux formes de la pensée, c'est de la philosophie et de la poésie qu'il s'agit[8]. Elles se distinguent *comme herméneutiques* par leur façon d'inscrire la source et le but, par les types de trajet herméneutique acceptés, et par leur façon de se placer vis-à-vis des termes du couple sujet/intersubjectivité, et de les placer transitivement.

Très grossièrement, on pourrait dire que la poésie élucide de *mot* en *mot*, que la philosophie élucide de *mot* à *système*, et que la mathématique élucide de *système* à *système*. Le trajet poétique est une pure dérive le long du lexique de la ou des langues habitées par le poème, et parmi les champs de force qui hantent celles-ci. Le trajet philosophique est une installation de connexions, d'ordre, de valeur signifiante, à partir de la sollicitation infinie qui émane de certains mots : cette installation a comme opérateur privilégié, à côté de la logique générale, la *réflexivité*, soit l'acte de faire venir devant

8. Dans « Le déploiement de la parole » : cf. Heidegger, M., *Acheminements vers la parole*, trad. F. Fédier, Paris, 1976, Gallimard, p. 169-181.

le $\nu o \epsilon \tilde{\iota} \nu$ ce dont il s'agit et ce qui est pensé. Le trajet mathématique s'oppose au philosophique comme le poétique, en ce qu'il incorpore une « dérive » non réflexive (la déduction est une dérive, on dit *dérivation* formelle de nos jours). Mais il se distingue du poétique en ce qu'il est une dérive dans le *rapport* plutôt que dans l'élément lexical, le passage est toujours passage d'une syntaxe, d'une cohérence, d'un système à une ou un autre, passage qui s'accomplit, s'anticipe dans et se laisse guider par l'opacité du calcul.

L'herméneutique poétique se tient dans l'indifférence à l'écart du couple sujet/intersubjectivité du début à la fin. Bien sûr, comme toute herméneutique, elle présuppose l'intersubjectivité en tant qu'elle présuppose le langage. Mais il y a en elle l'idée d'un rapport absolument privé à l'énigme, tel que le passage dérivant par le champ de force du langage ne serait pas essentiel, reconduirait à la clôture de ce rapport *privé* (généralement conçu comme une « vision » de type supérieur). Il n'est pas clair en tout cas que l'art, la poésie, aient nécessairement une finalité intersubjective.

L'herméneutique philosophique a cette finalité de manière incontournable dans la mesure où elle est *argumentation* ; sans société de ceux qui argumentent, une pensée philosophique est morte et nulle. Mais le $\theta \alpha \upsilon \mu \acute{\alpha} \zeta \epsilon \tilde{\iota} \nu$ qui est la source de l'attitude philosophique flotte au-delà de la distinction. Ce qui interpelle la philosophie ne la lie pas au caractère intersubjectif de la vie humaine. La « question de l'Être », se formule philosophiquement, si l'on veut, dans l'oubli de cette dimension, c'est seulement une philosophie particulière qui nommera intersubjectivité, précisément, le sujet du $\theta \alpha \upsilon \mu \acute{\alpha} \zeta \epsilon \tilde{\iota} \nu$.

L'herméneutique mathématique, en revanche, est liée de la source au but, en passant par le chemin, au « commerce du calcul » (qui est une des guises du commerce de l'écriture). La façon dont l'énigme araisonne le mathématicien, comme l'histoire des mathématiques l'a de plus en plus manifesté, est tributaire de ce commerce, parce que l'interpellation passe par ce qui est connu comme problème dans une codification du savoir et de la procédure, et parce que, plus profondément encore, au moins depuis l'âge formaliste, le « contenu de l'énigme » est conçu comme essentiellement invisible, et ne se « livrant » que comme voix sédimentée dans la tradition. Le mode calculant est sous la dépendance de l'intersubjectivité incontournable de la règle, et les fruits de l'herméneutique doivent être délivrés mathématiquement, c'est-à-dire comme appels à écritures, calculs, déductions, comme moments susceptibles d'être repris dans l'économie calculante.

Sur la distinction des différentes sortes d'herméneutique, que nous ne prétendons pas avoir rendue limpide dans ce bref exposé, ni même en général dans notre travail jusqu'à ce jour, nous espérons que les analyses de notre troisième chapitre, apportant un stock d'illustrations de l'herméneutique mathématique, fourniront du matériel pour un meilleur exposé comparatif, pour une plus exacte et plus profonde réflexion.

### *1.1.5 L'herméneutique diverge et prolifère*

On risque encore de mal nous comprendre sur un point capital, et de refuser pour ce motif notre idée d'une herméneutique qui soit pour ainsi dire le cœur de la pensée mathématique. Pour toute une tradition de l'entente, c'est-à-dire de la signification du mot *herméneutique*, celui-ci qualifie l'activité d'interprétation d'un « message » préalablement donné au sens fort, c'est-à-dire enfermé dans certaines limites qui tout à la fois déterminent son identité – sa qualité d'objet demandant à être interprété – et situent sa façon d'exiger l'élucidation. Le modèle de l'herméneutique selon cette entente est l'herméneutique littéraire, qui rencontre un texte comme son support et sa limite, et ne peut pas être autre chose que la tentative de faire venir à l'explicite ce que ce texte dit à proprement parler (dans la version la plus triviale, ce que l'auteur a voulu dire). Selon cette entente du mot, il est à peu près clair qu'une herméneutique ne saurait être quelque chose qui invente, qui est libre, qui construit, qui déploie, allons jusqu'au bout *qui diverge et prolifère*. Au cas littéraire s'associe la dichotomie bien connue entre l'artiste et le critique, et l'herméneutique est la tâche du critique, essentiellement non productrice, malgré toutes les concessions qu'on voudra bien lui faire. L'herméneutique ne peut jamais faire autre chose que mettre sous un éclairage adéquat un nouveau qui ne vient pas d'elle.

Nous voulons au contraire, comme on l'aura deviné, et comme on le lira plus loin, comprendre comme des moments herméneutiques les grands moments novateurs de la pensée mathématique contemporaine. Ceci suppose que nous recevions le mot dans une tout autre entente. Il se trouve, cela dit, que ce n'est pas nous qui introduisons pour les besoins de la cause cette nouvelle entente. Nous croyons en effet que la plus importante contribution de Heidegger à ce que nous appellerions froidement « progrès de la pensée » réside dans le fait d'avoir déplacé l'entente du mot herméneutique, et de l'avoir rendu disponible pour un propos tel que le nôtre. Et telle est naturellement la raison d'être profonde de notre référence à Heidegger. Nous devons cependant ajouter que les perspectives ouvertes par ce déplacement n'ont été semble-t-il explicitement saisies et thématisées que par Gadamer. Nous allons maintenant donner quelques précisions sur cette nouvelle entente, sur sa différence d'avec la « traditionnelle », et sur sa compatibilité avec l'idée de prolifération, ou de divergence de l'herméneutique.

La manière la plus simple de donner la mesure de ce déplacement est sans doute de formuler les choses comme le fait souvent Gadamer. Ce dernier résume en effet volontiers[9] l'activité herméneutique à ceci : un texte est reçu (par définition, donc, dans une tradition), et la tâche herméneutique est d'entendre en lui la réponse à une question. Ce qui suppose tout à la fois de prendre en compte ce que nous savons d'un contexte, afin de passer par dessus les œillères qui pourraient nous faire méconnaître, en la réduisant, la « signification-comme-réponse » du texte, et de s'élever à ce que Gadamer appelle une *fusion d'horizon*, puisqu'aussi bien nous ne pouvons véritablement comprendre le texte comme réponse à une question sans que la question nous questionne nous aussi, depuis l'horizon qui est le nôtre. Ce scénario de la lecture du passé se laisse illustrer

9. Citons par exemple :

> « Ce qui est constaté apparaît comme le langage des faits ; mais à quelles questions ces faits apportent- ils une réponse et quels sont les faits qui commenceraient à parler si d'autres questions étaient posées, c'est là la question que soulève l'herméneutique. » [ cf. Gadamer, H. G., « Le problème de l'herméneutique », in *L'art de comprendre*, Paris, Aubier, 1982, p. 34].

Ou encore, dans *Vérité et méthode* :

> « Il faut donc, pour comprendre, se reporter par la question en deçà de la chose dite. Il faut la comprendre comme réponse, sur la base d'une question dont elle constitue la réponse. » [Gadamer, H. G., *Vérité et méthode*, trad. E. Sacre, Paris, Seuil, 1976, p. 216].

dans le champ mathématique, de cela au moins l'on conviendra facilement : dans une relecture bourbakiste d'Eudoxe ou d'Archimède, par exemple, on ne fera pas autre chose que comprendre tels textes qu'ils nous ont laissés (qu'on leur attribue) comme des réponses apportées à ce qu'on appellera sans crainte « problème d'intégration », cette nomination de problème étant pertinente si et seulement si en elle se réalise la *fusion d'horizon* au sens de Gadamer (fusion où viennent se prendre l'exhaustion antique et l'intégration ou la théorie de la mesure modernes [10]). L'attitude herméneutique ainsi comprise est *essentiellement* « intemporelle » et « universelle » (puisqu'elle aboutit toujours à la fusion d'horizon), *méthodologiquement* historico-relativiste (puisqu'elle passe par un certain dégagement thématique de l'ancien horizon, celui dans lequel fait sens la question à laquelle le texte reçu est reconstruit comme répondant).

Pour nous, l'important est que la maxime par laquelle Gadamer définit la tâche herméneutique suffit, dans son apparente modestie, à « révolutionner » l'herméneutique, et à rendre celle-ci compatible avec la novation.

L'acception de l'herméneutique dont nous essayons de nous libérer, en effet, envisage celle-ci comme (re-)construction à partir du texte non pas de ce à quoi le texte répond, mais de ce que le texte exprime : non pas d'une question en tant qu'elle persiste à saisir, qu'elle tient sous sa gouverne aussi bien les destinateurs du texte que les destinataires-herméneutes, mais d'un sens qui d'une manière radicalement dissymétrique est supposé présent de l'autre côté du texte et absent de ce côté ci (du moins jusqu'à ce que l'herméneutique l'ait restitué). Il en résulte pour l'herméneutique une limitation qui n'est autre que celle que dessine le texte lui-même : le sens du texte sera peut-être « inépuisable », on pourra du moins l'alléguer pour sauver l'honneur disciplinaire de la critique, cet « inépuisable » n'en restera pas moins essentiellement *localisé*, comme arrimé à la littéralité finie du texte, assignable dans le champ global de la textualité possible. S'il y a prolifération possible du propos critico-herméneutique, dans cette optique, c'est manifestement d'un autre genre de prolifération qu'il s'agit : d'une prolifération unidimensionnelle, seconde, qui par principe ne peut pas être la même que la prolifération des genres et des œuvres dans le registre poétique, ou que la prolifération des théories et des résultats dans le registre mathématique. L'herméneutique, dans cette hypothèse, est travail de redite du sens du texte, soit toujours, en fin de compte, du texte : il est impossible que le sens *déjà dispensé* ne soit pas en quelque sorte mesuré et tenu par le texte, qu'il ne lui « appartienne » pas d'une manière décisive. La suite (peut-être infinie) des variantes disant ce sens reste dans un rapport d'intériorité à la donne originaire, considérée tout à la fois dans sa finitude littéraire, et dans la perspective de l'unité de ton qu'elle détermine, au moins sur un mode problématique.

En revanche, l'herméneutique « à la Gadamer » (mais il s'agit en profondeur tout de même de l'herméneutique « à la Heidegger ») est non pas redite du texte, ni même du sens du texte, mais re-réponse à ce à quoi le texte répond. Autant dire que, même si c'est du texte même qu'elle tire sa connaissance de la question qui le commande, elle accède toujours à cette question comme à quelque chose qui possède un caractère d'extériorité à l'égard de la donne du texte, une certaine « transcendance » en somme. Quelque chose qui, requérant l'herméneutique plus absolument que le texte lui-même, la détermine comme libre, comme en un sens, peut-être, *obligée*

10. L'histoire des mathématiques, sans doute, passe toujours par de telles « fusions d'horizon ».

à l'innovation. Le renvoi à la question au-delà du texte ramène l'herméneutique à l'indéterminé, restaure le caractère énigmatique de l'origine motivante, caractère dont notre idée de la prolifération et de la divergence semble inséparable. Bien sûr, cela reste un des moments essentiels de cette herméneutique que d'entendre le texte, et donc, de déchiffrer son sens, afin de circonscrire ce qui peut l'être de la question : cette dernière, pour être un pôle qui a la *puissance* de l'indéterminé, ne sombre pas néanmoins dans l'*indéterminable*, mais au contraire, donne matière à des « versions ». L'interprétation au sens classique est donc incluse dans l'herméneutique « à la Gadamer », mais celle-ci se caractérise finalement comme une tâche qui va au-delà : la tâche de *reprise de la question*, dans une fusion d'horizon au sein de laquelle s'énonce aussi une nouvelle réponse [11]. Le lien de cette herméneutique avec la possibilité de la novation est donc tout à fait fondamental. A rebours de ce qu'on imaginait dans l'objection, l'herméneutique est un sens *nécessairement* un déplacement, une construction, un déploiement. Par définition, revenir à la question, c'est revenir à un point d'ouverture en amont du texte, point d'une ouverture qui ouvre « par-delà » le texte, plus loin qu'il ne peut embrasser lui-même. Heidegger, évoquant la situation herméneutique dans le cas de l'histoire de la philosophie, dit que l'appropriation pensante d'une philosophie est nécessairement, en tant que « régression dans la question » justement, dépassement de celle-ci [12]. Et les dépassements qu'il a en vue en l'occurrence ne sont pas de « petits » dépassements locaux, mais des événements considérables de la pensée. Si l'on veut des illustrations de cette tolérance de l'avancée hétérogène par l'herméneutique, qu'on songe, dans le domaine heideggerien toujours, à l'exemple des « époques » de l'histoire de l'Être. De l'antique à la chrétienne, ou de la moderne à la technique, le passage n'est

11. Voici une citation de *Vérité et méthode* qui rassemble assez bien l'idée de Gadamer (bien que son exposition pleine soit l'affaire de toute la partie centrale du livre) :

> « La chose transmise qui s'adresse à nous - texte, œuvre, vestige - pose elle-même une question, et par là met notre esprit dans une situation d'ouverture. Pour répondre à la question qui nous est posée, il faut que nous, à qui elle est posée, commencions nous même à questionner. Nous cherchons à reconstituer la question à laquelle répondait la chose transmise. Mais nous ne pouvons absolument pas le faire sans dépasser par notre question l'horizon historique ainsi dessiné. La reconstitution de la question à laquelle le texte doit répondre est elle-même comprise dans une interrogation plus vaste grâce à laquelle nous cherchons la réponse à la question qui nous est posée par la tradition historique. Une question, en tant qu'elle est reconstituée, ne peut jamais rester comprise dans son horizon initial. Car l'horizon historique dessiné dans la reconstitution n'est pas véritablement un horizon qui circonscrit. Il est à son tour compris dans l'horizon qui nous englobe, nous qui questionnons et sommes interpelés par la voix du passé.
>
> Dans cette mesure, aller toujours au-delà de la simple reconstitution est une nécessité herméneutique. »[Gadamer, H. G., *Vérité et méthode*, trad. E. Sacre, Paris, Seuil, 1976, p. 221] .

12. Cf. la « Considération préliminaire » de *Interprétation phénoménologique de la « Critique de la raison pure » de Kant*, où Heidegger écrit notamment :

> « Notre intention et notre tâche de bien comprendre la « Critique de la raison pure » de Kant implique nécessairement une prétention de le mieux comprendre que lui-même ne s'est compris. » [Heidegger, M., *Interprétation phénoménologique de la « Critique de la raison pure » de Kant*, trad. E.Martineau, Paris, Gallimard, 1982, p. 23].

pas glissement insensible, mais au contraire un basculement dans l'inédit[13]. Pourtant, Heidegger se représente ces passages sur le mode herméneutique, comme re-réponses à la question du sens de l'être, « exhumée » à partir de la manière dont elle est reçue. L'apport de Gadamer aura été de concevoir que l'avancée dans l'hétérogène pouvait relever de l'herméneutique pas seulement à un tel niveau fondamental, excédant en un sens toute production textuelle concrète, mais aussi « au jour le jour », au plan de ce qu'on connait plus immédiatement comme la prolifération de la *littérature*[14].

On peut compléter ce bref examen du problème de la prolifération herméneutique en revenant sur ce qui était notre point de départ : la référence au modèle « disciplinaire » de l'herméneutique littéraire. La « nouvelle » approche de l'herméneutique a nécessairement des modèles disciplinaires, elle aussi. Comme nous venons de le voir, chez Heidegger, ce modèle est l'herméneutique philosophique ou l'herméneutique agissant dans l'histoire du monde (et dans la confusion qui tend à s'établir, au moins partiellement, entre elles, gît la « face hégélienne » de Heidegger[15]). Dans un cas comme dans l'autre, et c'est de là que procède la tendance au recouvrement entre les deux herméneutiques, l'élément directeur est une herméneutique de l'Être déterminant une « histoire de l'Être », herméneutique qui échappe pour Heidegger à toute frontière disciplinaire. C'est qu'au fond, il ne veut pas regarder le processus herméneutique dans son efficience textuelle, localisée à la coutume d'une discipline. Le faire, ne serait-ce pas, pour lui, rompre l'univocité de l'Être, pluraliser celui-ci d'une façon plus radicale qu'il n'est prêt à l'admettre ?

Gadamer, en revanche, aborde ouvertement et sans ambages la question des modèles disciplinaires. Dans *Vérité et méthode*, il part du mauvais modèle de l'herméneutique littéraire, ou plus généralement artistique, et le fustige en tant que l'interprète (le sujet de l'herméneutique) y apparaît comme essentiellement désintéressé, désimpliqué par rapport à l'objet esthétique dont il cherche le sens[16] : le cheminement interprétatif est alors quelque chose comme un chemin gratuit d'un sujet-spectateur à un sujet-auteur *a priori* irrelatifs l'un à l'autre. Contre ce mauvais modèle, au moment de présenter sa figure de l'herméneutique, Gadamer invoque ceux de l'herméneutique juridique et de l'herméneutique théologique[17] : dans chacun de ces domaines, en effet, l'interprète est profondément lié à son interprétation, soit que l'application de la loi ou la loi elle-même (avec la jurisprudence, notamment) découle de son option interprétative (et de cette loi, il sera justiciable), soit que la parole-de-Dieu telle qu'elle aura été explicitée soit appelée à tracer l'horizon de toute finalité pour le croyant qu'il est. Ce qui a été profondément vu par Gadamer, à notre avis, c'est que l'*implication* de l'interprète

13. Qu'on lise par exemple « L'Epoque des "conceptions du monde" », entièrement voué à l'exposition de la *nouveauté* des Temps modernes (Heidegger, M., *Chemins qui ne mènent nulle part*, trad. W. Brockmeier, Paris, Gallimard, 1980, p. 99-146).

14. Voir à ce sujet toute la fin de *Vérité et méthode*, intitulée « Sous la conduite du langage ».

15. Voir à ce sujet les articles « Heidegger et le langage de la métaphysique » et « Signification de la "Logique" de Hegel » de Gadamer [cf. *L'art de comprendre*, trad. M. Simon, Paris, Aubier, 1982, p. 175-223].

16. Cf. notamment la thèse de la « non-différenciation esthétique », dans le b) de la section « L'expérience de l'art » (*Vérité et méthode*, p. 43).

17. Nous lisons ainsi : « Si l'analyse est exacte, le problème se pose de *redéfinir l'herméneutique des sciences humaines en partant de l'herméneutique juridique et de l'herméneutique théologique.* » [*Vérité et méthode*, p. 152].

dans l'herméneutique – le fait que quelque chose de lui est voué à être « défini » par l'issue herméneutique, et que quelque chose de lui est déjà conformé et gouverné par l'appartenance à la question (l'être-justiciable national ou communautaire dans un cas, l'être-croyant dans l'autre) – cette implication distribuée sur les deux tensions du temps donc, est en rapport avec la prolifération possible. L'herméneutique purement esthétique, celle du « mauvais modèle », est tellement flottante entre deux sujets mutuellement désengagés qu'elle se laisse territorialiser par le texte-prétexte, ou par l'œuvre dans le cas général. Si je ne suis, dans l'herméneutique, que le consommateur d'un sens donné, la finalité de ma consommation est « d'en avoir pour mon argent », c'est-à-dire d'épuiser cela même qui m'est offert par l'autre, conformément au sens de cette offrande, sens qui, rapporté à son auteur, même de façon problématique, est déjà là. Inversement dès lors que je suis qui je suis comme otage de la question qui questionne aussi le texte, et dès lors que mon identité, mon pâtir et mon agir futurs sont liés à la manière dont je vais ré-assumer et déplacer la question, mon opération herméneutique non-indifférente est ouverte à ma liberté la plus essentielle. De la même manière, c'est avec mon salaire, l'argent qui me situe comme ce que je suis dans la société et de l'usage duquel dépend dans une large mesure ce que sera ma vie, que je suis par excellence radicalement libre, et que je puis oser composer l'histoire financière la plus imprévue et la plus « proliférante » (pas seulement si je m'adonne à la « libre entreprise » : un jeu innovant complexe peut aussi s'incarner dans des modes variés d'économie et de dépense personnelles).

De ce point de vue néanmoins le modèle juridique et le modèle théologique ne nous paraissent pas devoir être situés sur le même plan : le modèle théologique auquel pense Gadamer est un modèle chrétien (modèle qui, de l'aveu même de Heidegger, fut aussi pour ce dernier le point de départ de la réflexion sur l'herméneutique[18]). Dans un tel cadre, il nous semble *a priori* que le degré d'implication du sujet dans l'affaire l'herméneutique, contrairement aux apparences, est moindre que dans le cas juridique[19]. L'essence optionnelle et privée de la religion, conquise à l'époque moderne, et notamment grâce aux répercussions du mouvement imprimé par la Réforme, fait de la détermination du sens de la parole de Dieu quelque chose qui garde certains traits de la

18. Nous lisons :

> « La notion d'herméneutique m'était familière depuis mes études de théologie. A cette époque, j'étais tenu en haleine surtout par la question du rapport entre la lettre des écritures saintes et la pensée spéculative de la théologie. C'était, si vous le voulez, le même rapport – à savoir le rapport (...) entre parole et être, mais voilé et inaccessible pour moi, de sorte que, à travers bien des détours et des fourvoiements, je cherchais en vain un fil conducteur. » [Heidegger, M., *Acheminement vers la parole*, trad. J. Beaufret, W. Brockmeier et F. Fédier, Paris, Gallimard, 1976, p. 95].

19. Schleiermacher, quant à lui, émet des propos restrictifs sur l'herméneutique juridique :

> « L'herméneutique juridique n'est plus tout à fait la même chose. Elle n'a principalement affaire qu'à la détermination de l'extension des lois, c'est-à-dire au rapport entre des propositions générales et ce qu'on n'a pas pensé avec elles de façon déterminée. » [Schleiermacher, F., *Herméneutique*, trad. C. Berner, Paris, Cerf, 1987, p. 159].

Cette évacuation du modèle juridique peut être considérée comme logique chez quelqu'un qui voit l'herméneutique littéraire comme le centre de l'herméneutique : mais en fait, Schleiermacher* a certainement une idée plus large de l'herméneutique (incluant, par exemple, la compréhension quotidienne : voir *Herméneutique*, p. 162-163).

« consommation esthétique » dénoncée par Gadamer. Certes, le retentissement de cette parole atteint en principe « l'essentiel », et mon identité de croyant est normalement mon identité la plus chère, mais, la configuration du monde et le retrait de l'individu dans le monde étant ce qu'ils sont, ni cette identité ni ce retentissement ne se marquent concrètement, ou plus exactement à un niveau irréversible quelconque de l'existence. Alors que l'herméneutique juridique affecte immédiatement la peine ou l'amende que j'encours si je commets tel ou tel acte nommable, détermine ce qui peut m'arriver dans le domaine familial, financier, ou professionnel, c'est-à-dire au niveau de tout ce qui est le tissu permanent et évident de ma vie. L'herméneutique juridique est indubitablement telle que l'élaboration herméneutique engage le registre pratique. Or la prolifération est affaire de *pratique*, sur ce point nous nous en tenons à un matérialisme obstiné.

De plus, il y a le problème de l'assignation de l'instance de la question et de sa première réponse. Si l'on suit la voie, qui est au moins un aspect de ce qu'on prend au sérieux dans le monde chrétien, croyons-nous comprendre, de dire que l'Ecriture sainte est l'*expression* de Dieu, alors l'herméneutique est fondamentalement ramenée au modèle de l'herméneutique littéraire-esthétique, elle a pour tâche de rendre raison d'une expression. Son « avantage » est que l'auteur du sens étant présumé infini, il y a un bon mobile de prêter une semblable infinitude à son expression. Mais, désavantage symétrique et corrélatif, cet auteur infini est en même temps le prescripteur ultime, dont l'identité est pensée indépendamment de la prescription comme identité de l'auteur du monde au moins : si bien que l'identité de l'auteur « fait de l'ombre » à la possibilité de développer une herméneutique proliférante de sa parole. Il en irait autrement à deux conditions : que l'Ecriture soit pensée comme *réponse* à une instance de la question qu'on appellerait par commodité et par tradition Dieu, sans y voir là nécessairement un *être*, et que rien de Dieu ne soit par conséquent connu au-delà de l'herméneutique de l'Ecriture. Conditions auxquelles il faudrait ajouter, pour que l'herméneutique théologique puisse être proliférante, la condition que l'inhérence herméneutique à l'Ecriture ait une portée pratique, que l'interprétation de la parole décide de ce qui doit être fait « concrètement », c'est-à-dire à un niveau intersubjectivement contrôlable : nous arrivons ainsi à l'image d'une tout autre herméneutique théologique, qui mériterait à peine, en fait, la qualification de théologique. Il s'agirait d'une herméneutique théologique essentiellement identique à une herméneutique juridique, une élaboration infinie de ce qu'il en est de Dieu comme question et pas comme être, qui s'accomplirait comme élaboration de la signification d'une loi. Une telle herméneutique est-elle un pure vue de l'esprit, ou bien est-elle déjà en marche dans l'histoire, déguisée dans une tradition qui passe pour religieuse, ou bien encore œuvre-t-elle à découvert, et même trop en évidence pour être vue, comme « esprit des lois » de la démocratie ? Nos lecteurs auront sans doute leur opinion à ce sujet.

En tout état de cause, l'intéressant pour nous est que le cas des mathématiques est une sorte de cas moyen vis-à-vis des alternatives qui précèdent. Les « questions » qui motivent les herméneutiques formelles intra-mathématiques n'atteignent que les mathématiciens – ou encore ne sont mathématiciens que ceux qui sont atteints par ces questions – et la sensibilité à ces questions comme les réponses qu'on peut leur proposer engagent une *pratique*, la pratique des mathématiques. L'identité de mathématicien, et la pratique des mathématiques, ont bien ce caractère séparé, et lourd de conséquence, qui assure que l'inhérence dans la familiarité-dessaisissement n'est pas un vain mot.

On peut même ajouter que la requête d'avoir à comprendre ou à élucider l'énigme est, selon l'observation psychologique, quasi-envoûtante : chaque fois que je me refuse à chercher même une toute petite question de mathématiques, je perds quelque chose de mon identité de mathématicien, la proportionnalité du choix à la conséquence est immédiatement connue de manière transparente. Pourtant, la pratique mathématique est une sphère facultative de la vie sociale, et n'est donc pas l'analogue de la pratique sociale ordinaire de ce point de vue. Le juridisme mathématique opère à un niveau spécifique, il affecte ce qu'il est possible de penser, le code dans lequel il est possible de s'interroger, il détermine le permis et le disponible *tant qu'on veut être pertinent dans le drame mathématique*, sans concerner de façon externe, par le truchement de pénalités, et au niveau de l'interdit catégorique de tel ou tel acte, les sujets. Par ailleurs, l'instance de la question, dans sa forme la plus profonde (nous pensons toujours à l'infini, au continu, à l'espace), est tout à la fois officiellement mét-empirique, au-delà de la maîtrise humaine, et résolument non théologique. La production mathématique, enfin, est observablement proliférante tout en restant dans une très large mesure liée aux mêmes énigmes depuis plus de deux millénaires.

Nous espérons donc que la prise en compte d'un tel « nouveau modèle » de l'*herméneutique susceptible de diverger-proliférer* fera progresser la réflexion à tous égards décisive qu'ont inaugurée Heidegger et Gadamer.

## 1.2 L'herméneutique mathématique

### *1.2.1 Niveaux d'instance de la question en mathématiques*

Nous voudrions maintenant compléter le portrait de cette herméneutique mathématique en montrant comment sa vie se déploie *tout le long* du savoir et de l'activité mathématiques, sans être réservée, comme on aura pu le croire jusqu'ici, à ce qui concerne « abyssalement » la discipline. L'infini, le continu, l'espace, mais sans doute aussi quelques autres mots de la même ancienneté et la même dignité (au moins, le mot *nombre* ; peut-être aussi figure, forme, calcul, preuve), ont en effet le privilège de nommer un immémorial souci de la mathématique. Et c'est tout naturellement à leur sujet qu'il est le plus facile de parler d'une herméneutique mathématique : chacun se rend compte aisément qu'avec ces noms d'énigme, on n'est pas très loin de l'énigme de l'Être de Heidegger, ou tout du moins, qu'on est dans un élément « analogue ».

Cependant, il y a une propriété de l'herméneutique mathématique qui est à l'origine d'un fort contraste avec l'herméneutique philosophique, et que les usagers des mathématiques reconnaîtront, croyons-nous, comme familière en nous lisant : c'est la propriété d'*instabilité de la présupposition*. L'entendement philosophique est pour ainsi dire le spécialiste du repérage des rapports de présupposition, repérage subtil et difficile, dans une très large mesure dénué de critères, qui n'est rendu possible, en dernière instance, que par une longue habitude des savoirs et de l'attitude réflexive. Mais ce que cet entendement conquiert dans ce registre est généralement *irréversible* : l'inversion d'un rapport de présupposition est un mobile de rupture, qui fait passer d'un mode de compréhension philosophique à un autre ; à l'intérieur d'une seule et même compréhension philosophique, il n'est pas possible d'inverser les relations de fondement, de dérivation, d'antériorité, qui sont toute la gloire et l'identité même de la compréhension en question. En revanche, la mathématique tolère que dans un même propos, au sein d'un même consensus dogmatique, s'inverse brutalement l'ordre dans la « série de la présentation » des notions, que le fondant devienne fondé et vice-versa. L'écart entre énoncé universel et cas particulier, semblablement, se défait parfois sous nos yeux, tel cas particulier apparaissant soudain comme celui à partir duquel tout se construit.

Bien sûr, dans notre optique herméneutique, nous ne devons pas toujours prendre au pied de la lettre ces inversions, et jubiler platement sur une dialecticité des mathématiques, considérant celles-ci comme le rêve hégélien réalisé, (ainsi que le font parfois, avec une spontanéité fort sympathique, tout à la fois des mathématiciens contents de trouver vite et à bon compte une fierté philosophique pour leur discipline, et des non-mathématiciens vivant cette nouvelle figure de la toute puissance des mathématiques comme quelque chose d'adéquat à leur effroi admiratif, quasi-religieux, devant la « forteresse » mathématique). Nous avons d'ailleurs déjà résisté sans le dire à cette image dans les pages qui précèdent : d'une certaine manière, en nommant l'infini, le continu et l'espace, nous avons voulu nommer des termes qui, comme instances de question, ne pouvaient être expulsées de leur fondamentalité par aucun artifice technique, des « tenants de présupposition »[20] stables.

Mais on peut s'attendre à ce que le mouvement herméneutique, en raison de la flexibilité inter-niveaux du discours mathématique, ne soit pas confiné aux niveaux fondatifs. C'est bien ce qui se produit. Nous voudrions distinguer ici plusieurs niveaux de l'herméneutique mathématique, qui correspondent, comme il est normal, à autant de niveaux de l'instance de la question.

1. Il y a le niveau que nous avons déjà mentionné, et que nous explorerons plus en profondeur dans le chapitre central du livre, celui de l'*immémorial sémantique* : le continu, l'infini, l'espace, le nombre, pour nommer quatre noms d'énigme indiscutables.
2. Il y a le niveau de l'*immémorial syntaxique*, où se placeraient des noms d'énigme comme *calcul* et *preuve*. L'herméneutique moderne de la question « Qu'est-ce qu'un calcul ? » croise l'herméneutique de la question « Qu'est-ce que le fini ? », elle-même dans un rapport intime évident avec la question sémantique déjà nom-

20. Ici comme plusieurs fois dans le livre, nous réutilisons – en la décalant – la locution utilisée par François Fédier pour rendre l'allemand *Sachverhalt* dans le contexte de sa traduction de *Acheminement vers la parole*, (à la page 97) : « tenant-de-question ». La traduction nous intéresse plus que le terme de la langue d'origine, parce que les « Sachverhalte », en allemand, nous semblent envers et contre tout des sortes d'*étant*, alors que tenant-de-question contient certes l'idée de vis-à-vis, de support oppositif (avec *tenant*), de « contenu » ou de « thème », mais tout-cela à partir de et en fonction de l'instance de la question, soit dans l'ambiance d'un registre *prescriptif* et pas *ontico-descriptif* (juste avant, dans le contexte en question, parlant donc de « ce qui est herméneutique », Heidegger dit « peut-être même ne s'agit-il pas là de quelque chose »). Par ailleurs, comme nous l'avions fait observer par lettre à K. Mulligan, il y a là un croisement étonnant entre l'usage heideggerien et le projet théorique du séminaire de philosophie austro-allemande. Les membres de celui-ci ont voulu développer une ontologie formelle des *Sachverhalte* wittgensteiniens, qui ordinairement ne sont pas comptés comme choses, mais réservés comme idéalités pour la face subjectivo-langagière. Le statut d'objets relevant d'une *couche supplémentaire de l'ontologie* que Mulligan et ses collègues leur accordent ne rejoint-il pas, malgré l'incompatibilité logique s'imposant *prima facie*, le statut hors-être que nous donnons aux « tenants-de-question » ?

mée « Qu'est-ce que l'infini ? ». Nous aborderons pour cette raison ce niveau d'instance de la question dans notre troisième chapitre.

3. Il y a un niveau différent, en ce qu'il n'est pas celui de quelque chose qui, faisant question pour la mathématique, acquiert au sein de celle-ci, dans les versions successives de son herméneutique, le statut d'*objet* (de quelque type d'objet qu'il s'agisse, fût-ce un simple thème intra-mathématique). Fait question en effet l'identité même de certaines grandes régions en lesquelles depuis maintenant très longtemps, la mathématique accepte de se diviser : par exemple, l'algèbre, la géométrie, l'analyse*. A l'égard du sens de ces mots non techniques, informellement maniés dans un langage second, tout à la fois déjà épistémologique, et institutionnel (et donc, non rigoureusement intra-mathématique), s'accomplit au long de l'histoire, surtout l'histoire moderne, une élaboration de type herméneutique, qui de temps à autre décide ce sens de manière inédite, tout en prétendant toujours revenir au noyau familier et implicite qui le commande. Le cas le plus convaincant est peut-être celui du mot *analyse*, déjà problématisé chez les Grecs, et dont l'identité est toujours un enjeu, par exemple pour les *Éléments d'analyse* de Dieudonné[21] : l'auteur y rassemble dans un arbre les rubriques prises en compte par son projet encyclopédique, résumant ainsi, en principe, toute l'identité contemporaine de l'analyse, et prouvant du même coup que cette identité est un objet du souci qui l'aiguillonne.
4. Il y a le niveau de ce qui est objet en un sens fort, puisque construit dans un cadre en rapport avec les thèmes énigmatiques du 1, mais qui, comme tel, comme construction seconde, est aussi le sujet d'une herméneutique. La question « Qu'est-ce qu'une courbe ? » peut être dite une question *moderne*, qui ne fait véritablement sens qu'à partir de Leibniz et du calcul différentiel, et à laquelle par exemple le concept technique de « variété plongée de dimension 1 au moins $C_1$ » peut être dit apporter une réponse intégrée à la perspective et au langage actuels. Dans l'élaboration d'une telle question, on rencontre des traits significatifs de la situation herméneutique : les mathématiciens cherchent la « bonne » définition en se laissant guider par leur inhérence-à / familiarité-avec la question ; la formalisation, la convention *témoignent* de l'intuition herméneutique.
5. La question peut être encore plus liée à des théories constituées, dont l'identité se trouve éventuellement incluse en elle. Nous avons ainsi assisté, au cours de ce siècle, à une élaboration herméneutique de la question « Qu'est-ce que l'objet de la géométrie algébrique* ? », à laquelle ont pris part, au moins, A. Weil, C. Chevalley, J.-P. Serres et A. Grothendieck. On est passé de l'entente classique à une réponse en termes du concept de variété algébrique, puis à une réponse en termes du concept de schéma[22]. Bien sûr, cette herméneutique, comme celle de la courbe, est en rapport avec l'herméneutique de l'espace. Mais cette dépendance est très fortement médiatisée par l'ensemble théorique de la géométrie algébrique, bien individualisé depuis la fin du XIXe siècle[23]. Et d'une certaine façon, le cœur

21. Cf. Dieudonné, J., *Éléments d'analyse*, Paris, Gauthiers-Villars,1970 ; dans le tome 3, l'arbre est en page VIII.
22. Cf. Houzel, C., *Encyclopædia Universalis*, Paris, Encyclopædia Britannica, 1985, VIII, p. 481-488.
23. Cf. Kline, M., *Mathematical thoughts from ancients to modern times*, New-York, Oxford University Press, 1972, p. 924-946.

de l'herméneutique est dans cette contrainte d'un champ disciplinaire et de ses problèmes. Le niveau d'instance de la question considéré est pour ainsi dire le mixte des niveaux 3) et 4) ; le champ « géométrie algébrique » est visiblement *redéfini* par le cours de l'herméneutique de son objet privilégié (qui prétendrait ainsi que la discipline *géométrie algébrique* n'a pas connu une mutation profonde avec l'émergence du langage et de la problématique grothendickiennes ?). D'autre part, comme nous le verrons dans le chapitre central de ce livre, l'élaboration herméneutique de la question *a priori* plus fondamentale « Qu'est-ce que l'espace ? » subit le choc en retour de cette herméneutique de l'objet algébraico-géométrique, ce qui illustre donc la possibilité, indiquée dans notre entrée en matière, de télescopage entre les niveaux.

6. Mais on peut entrer encore plus dans les discours constitués, et trouver de nouvelles formes d'enchaînement herméneutique. Une fois que l'intégrale* de Lebesgue sur $\mathbb{R}^n$ a été définie, on a un concept de l'intégrale qui est inséparable de toute une procédure théorique, et qui ne se ramène pas, sur le plan du contenu informel, à la vieille intuition de la sommation des aires (bien qu'elle en dérive herméneutiquement). Le théorème de Riesz, établissant que toute forme positive bornée sur l'espace des fonctions continues à support compact sur $\mathbb{R}^n$ est l'intégrale de Lebesgue associée à une mesure $\sigma$-régulière sur $\mathbb{R}^n$, tout à la fois témoigne d'une persistance de la question « Qu'est-ce que l'intégrale ? », et apporte une réponse novatrice dans l'herméneutique. L'intégrale, en effet, peut alors être envisagée avant tout et essentiellement comme forme linéaire positive bornée, en oubliant le processus de sommation et d'approximation envisagé dans la théorie de Lebesgue via les fonctions étagées : en oubliant ce qui rappelle l'idée ancestrale de découpage et d'addition infinie, que l'on peut faire remonter à Leibniz et qui se maintient assez nettement dans l'intégrale de Riemann. Cet exemple met l'accent sur la possibilité, typique de la mathématique actuelle, de re-caractériser les objets, ici en termes de certaines propriétés pertinentes dans un environnement convoqué à seule fin de renouveler la perspective sur l'identité de ces objets (l'environnement des formes linéaires sur l'espace des fonctions continues à support compact). Dans ce cas, la réélaboration de l'objet n'apporte pas avec elle un déplacement de l'identité d'une branche, on a plutôt affaire à un éclairage alternatif ou supplémentaire, d'un objet qui reste le même, dans une théorie qui reste elle aussi, au fond, la même, mais qui gagne en « puissance de signification ». Il est évident qu'un très grand nombre de travaux du domaine bourbachique sont herméneutiques en ce sens, alors même qu'ils n'accomplissent en aucune façon une « révolution » comparable à celle de l'avènement de la géométrie algébrique grothendickienne, ni même dans de nombreux cas une remise à niveau du pouvoir de formulation d'une théorie de même importance que le théorème de Riesz et les résultats connexes.

7. Robinson*, dans« Model Theory as a framework for algebra »[24] donne à deux des sections le titre « What is an algebraically closed field ? ». Pourtant, à l'heure où il écrit, la définition des corps algébriquement clos est connue. Mais il ne la

24. Cf. Robinson, A., « Model Theory as a framework for algebra » in *Selected papers of A. Robinson*, Amsterdam, 1979 North-Holland, tome I, p. 60-83.

prend pas pour extinction de l'instance de la question, et considère sa propre élaboration modèle-théorique comme permettant d'accéder à une réponse à la question plus profonde que la définition courante. En fait, cette réponse herméneutise le sens de l'adjectif *clos*, pour en rendre compte au moyen des notions d'extension de modèles et de théorie modèle-complète. Ici, donc, l'herméneutique liée à un nom d'énigme absolument technique et « moderne » (le concept de corps algébriquement clos est introduit, sauf erreur, par Steinitz en 1910) profite du rapport théorie-des-modèles/mathématique-concrète pour s'accomplir. Elle travaille semble-t-il au même niveau qu'au point 6), mais par une autre méthode.

8. Mais sans doute pourrions-nous faire descendre l'herméneutique au niveau le plus interne à la pratique, celui de la réécriture des formules, des objets, des calculs : d'une certaine façon, tout réarrangement de l'écriture E ne répond-il pas de manière déplacée à la question « Qu'est ce que l'écriture E ? » ? L'enchaînement formel, jusqu'ici, a été lu surtout en termes du concept kantien et post-kantien d'analyticité (d'énoncé vrai en vertu de sa signification), ou éventuellement en termes de l'idée d'un engendrement de chaque étape par les précédentes (la déduction, le calcul sont une *genèse* avec prélèvement-perte d'information). Cette conception doit être redressée et complétée, d'abord en se montrant sensible au dispositif déontique qui environne de manière nécessaire la réécriture formelle ; mais dans ce contexte interprétatif, on peut tenter de comprendre la « reprise partielle » qui advient à chaque pas conformément à une règle comme de nature herméneutique (comme supplément de perspective).

Le fascinant est donc, comme nous l'avons déjà fait apercevoir, que les différents niveaux de l'herméneutique sont susceptibles de se télescoper, un mouvement herméneutique par rapport à une instance de la question se montrant en même temps (ou peut-être plutôt corollairement) mouvement herméneutique par rapport à plusieurs autres instances, de fondamentalités variées. La thèse d'Hourya Benis-Sinaceur[25] est un assez bon exemple de cela : l'histoire de l'algorithme de Sturm, qu'elle raconte, est celle de l'élaboration conjointe des questions « Qu'est-ce que l'algorithme de Sturm ? » (élaboration qui consiste en partie dans sa réécriture formelle) « Qu'est ce que l'algèbre réelle ? », « Qu'est-ce qu'un corps algébriquement clos ? », « Qu'est ce que la théorie des modèles* ? » au moins.

Puisse la vue synoptique de cette richesse convaincre nos lecteurs, tout à la fois, de la pertinence du point de vue herméneutique dans le registre mathématique, et de la compatibilité de notre modèle de l'herméneutique avec la prolifération.

### *1.2.2 Alternative au platonisme*

Notre façon d'aborder la philosophie des mathématiques nous permet, croyons nous, d'adopter une attitude plus satisfaisante envers le problème du platonisme.

Il est fort clair, nous semble-t-il, que la discussion classique sur « l'existence » des objets mathématiques est par excellence une discussion qui en appelle à la question du sens de l'Être : cette discussion porte généralement sur des noms propres, comme 3,

25. Cf. Benis-Sinaceur, H., *Corps et modèles*, Paris, Vrin, 1991.

$\mathbb{N}$, ou $\mathbb{R}$, ou la collection $On(x)$ dans ZFC*[26], et elle passe notamment, à propos de chacun de ces *nominata*, par la position de la question de l'existence. S'il doit y avoir un critère de démarcation autorisant une réponse différenciée à la question, il ne peut résider que dans une clarification du sens de l'Être, au moins une clarification limitée à cette région de nominata. D'ailleurs Heidegger ne s'y est pas trompé, puisqu'il invoque la discussion entre Brouwer* et Hilbert*, au §3 de *Sein und Zeit*, en tant que *Faktum* scientifique exigeant la recherche sur le sens de l'Être qu'il entreprend[27].

Or il nous semble, pour commencer, inévitable d'accorder que l'objet mathématique en général, même l'objet le plus ordinaire et le plus trivial, le plus finitaire, le petit nombre entier, *n'existe pas*, au sens où il n'a pas l'être d'un objet spatio-temporel. Ceci indépendamment du fait que la mise au clair de l'essence de ce dernier être fasse problème, ne soit pas une affaire facile, puisque elle est en quelque sorte l'enjeu de la philosophie de la nature (ou de la physique, selon l'approche). Une telle problématicité ne retire rien au fait que « 3 n'existe pas », qu'il ne possède pas la substantialité-faisant-encontre du sous-la-main intra-mondain, pour utiliser la façon heideggerienne de phraser cet être « naturel ». En termes moins évaporés, 3 n'est pas une chose du monde.

Conformément aux analyses de Husserl par exemple[28], nous nous nous inclinons devant le « fait » que le simple nombre 3 contient déjà, dans son essence telle qu'elle demande à être comprise, ce qu'il appelle l'*idéalité*. Celle-ci se révèle dans la forme de l'invariance de 3 en regard de l'inépuisable série de ses instanciations potentielles, qui possède elle-même deux aspects (l'invariance de l'entier idéal 3 en regard des inscriptions matérielles qui l'évoquent, l'invariance du même entier idéal par rapport aux collections concrètes de cardinal 3). Nous sommes « toujours-déjà » dans la compréhension de cette invariance caractérisant l'idéalité, à tel point que pour la décrire, comme nous venons d'essayer de le faire, nous devons toujours la présupposer. Le statut de l'objet mathématique 3, gouverné par cette *idéalité*, correspond à un type d'être (à un sens de l'être), que nous proposons d'appeler type de l'être *segmenté-rituel* (« segmenté-rituel » est donc notre nomination du sens). Il faut en effet toujours réactualiser le schème constitutif de 3 dans son identité pour que 3 « soit », nécessité qui retire le caractère de la *présence constante* à 3 : la présence de 3, si l'on doit utiliser ce mot, est essentiellement segmentée, rituelle, discrète et décidable. Dans la transposition technologique contemporaine de cet être segmenté-rituel, il faut afficher le nombre à la calculette, pour qu'il « intervienne ». Ce type d'être correspond à la couche identitaire la plus profonde du mathématiser : il enveloppe tout ce qui relève du calcul ou des systèmes formels : il est l'âme de ce secteur qu'on peut baptiser secteur de l'« arithmético-logique », par lequel sont concernées aujourd'hui plusieurs disciplines logiques, mathématiques, linguistiques ou informatiques. C'est l'être qui est présupposé dans le premier apprentissage enfantin du nombre et du calcul, mais

26. Ce sigle désigne la théorie des ensembles de Zermelo-Fraenkel avec axiome du choix, soit la théorie de référence de l'ensemblisme moderne.

27. Heidegger mentionne le débat intuitionnisme/formalisme comme « ce qui a pour enjeu de conquérir et d'assurer le mode primaire d'accès à ce qui doit être l'objet de cette science. » [*Sein und Zeit*, p. 31].

28. Réitérées en maint endroit, par exemple au paragraphe 2 de *Logique formelle et logique transcendantale* (trad. franç. Suzanne Bachelard, Paris, PUF, 1957), p.29-32, ou dans *L'origine de la géométrie* (trad. franç. Jacques Derrida, Paris, PUF, 1962), p. 178-181.

aussi de la langue et de l'écriture. C'est l'être qui est crucial pour les mathématiques, parce qu'en dépit de son idéalité radicale, il est l'être familier dans l'élément duquel s'épanouissent le consensus et l'activité : au bout du compte, toute discussion, en tant qu'elle est purement mathématique, est reconduite à ce qu'il est possible d'agencer au niveau de cet être. C'est aussi, pour le nommer d'une manière reconnaissable par les spécialistes, l'être constructif. Après tout, un des adjectifs qui signalise le constructif dans la terminologie courante est « effectif », adjectif qui indique nettement qu'il s'agit là d'une guise de l'être au sens heideggerien. La formule-slogan *esse = construi* est elle aussi assez claire à ce sujet. Seulement *construi* n'exprime peut être pas de manière assez limpide la détermination du segmenté- rituel.

Toute référence à une objectivité infinitaire représente bien évidemment un saut supplémentaire vers ce qui n'a même pas de garantie à l'intérieur du champ intersubjectivement donné des opérations répétables, ce qui n'est même pas « retenu » dans une certaine transparence (sinon une certaine concrétion) des schèmes symboliques du fond partagé. L'infinitaire « n'existe pas » en un sens plus fort, ou encore, l'infinitaire relève d'un autre type d'être. Mais, en fait, le sens de l'être en question, si nous essayons de le décrire sommairement et de loin, en ne retenant que ce qui vaut pour *toute* objectivité infinitaire, comporte comme une composante le *déni d'actualité*, le déni de présence. En ce sens, par simple piété envers l'infinitaire, par respect de ce qui est communément compris en lui, de sa façon propre de « s'annoncer », il faut dire, en accord avec les finitistes, constructivistes et autres formalistes stricts, que, par exemple, l'ensemble des entiers naturels, l'ensemble des nombres réels, non seulement n'existent pas, mais encore s'absentent.

Cependant, toute philosophie qui prend appui sur ces constats pour éliminer de l'horizon $\mathbb{N}$ ou $\mathbb{R}$, pour ne citer que ces deux là, est notoirement insuffisante, elle ne résiste pas à la prise en compte du « fait » (historique, culturel, traditional) des mathématiques. Tirer argument de l'inexistence/absence des totalités infinies contre le parler infinitaire, les regarder comme des scories métaphysiques dont les mathématiques pourraient se débarrasser *sans préjudice dans l'ordre du sens* nous semble tout à la fois incorrect sur le fond (car il est présupposé que le parler des mathématiques se règle sur « l'existence », concept dont nous avons vu en la matière l'incertitude) et d'une certaine façon *déraisonnable*, insensé. Nous croyons pour parler clair tout à fait inimaginable de sauver le sens des mathématiques, leur richesse et leur pouvoir de suggestion que chacun peut expérimenter, en éliminant l'idéalité infinitaire : d'ailleurs, il ne nous semble pas que quelqu'un ait jamais *sérieusement* cru à cette possibilité. Ceci conduit à garder cette idéalité sur un autre plan que celui de la thèse, de la croyance, du dogme. Il faut la garder comme composante du sens, en s'interdisant de lui prêter une subsistance dans quelque région supra-sensible : ces formulations accomplissent le refus classique du « platonisme ». Mais, à la vérité, la pleine exigence qui s'adresse à toute attitude philosophique en la matière est plus précisément l'exigence de « respecter », de « faire droit à », c'est-à- dire de phraser et comprendre la *différence dans le sens de l'être* qui s'établit entre l'objectivité constructive et l'idéalité infinitaire ; entre la guise segmentée-rituelle de l'Être et la guise « infinitaire », qui enveloppe le déni de présence.

Or ceci ne peut se faire que dans une perspective herméneutique, à notre sens. C'est le langage de l'herméneutique qui permet tout à la fois de caractériser la guise du segmenté-rituel comme telle, et d'assumer le fait que le continu et l'infini, par exemple, tout en n'existant pas, *insistent* : ils questionnent, ils sont des noms d'énigme qui situent les mathématiques et les mathématiciens comme ce qu'elles et ils sont (notamment, aujourd'hui, ces noms d'énigme sont appelés à être de plus en plus visiblement ce en quoi et par quoi la mathématique se distingue de l'informatique). La perspective herméneutique nous ouvre la possibilité de comprendre qu'il y ait beaucoup à dire de ce qui n'existe pas, mais nous concerne et nous responsabilise dans une tradition (qui est à la fois tradition du discours et du concernement[29]). Notamment, elle nous permet d'envisager que des items « inexistant » soient différents les uns des autres, et reliés par des rapports de signification complexes. Notre analyse de l'infini, du continu, de l'espace, qui sont tous trois des idéaux déniant la présence (car, comme nous le disons plus loin, l'absence de l'infini les affecte tous) veut illustrer, au niveau même du travail de l'herméneutique formelle, une telle richesse, une telle différenciation, de tels rapports.

Une observation historique nous semble ici fort utile à la crédibilité de notre discours : nous croyons que la position qui vient d'être soutenue a été celle des mathématiciens adeptes lucides du formalisme, et qu'ils l'ont souvent exprimée, à ceci près que le langage de l'herméneutique n'était naturellement pas le leur. Nous comprenons de cette manière, ainsi, le propos de Hilbert sur le paradis de Cantor* : bien qu'ayant reconnu que l'infini ne pouvait relever du type d'être où il voyait le sol des mathématiques – type qu'il nommait type de l'*Übersichtlichkeit* (la supervisabilité, le caractère d'être supervisable), ou de l'*inhaltlich* (le caractère d'avoir un contenu, présumé ici un contenu intuitif[30]) – Hilbert énonçait que les mathématiciens *devaient* persister à habiter l'univers d'entités inexistantes institué par Cantor. Du moins nous proposons d'interpréter du côté du devoir (et pas, comme d'habitude, du côté du plaisir) le « nul n'a le droit de nous chasser »[31]. Mais Abraham Robinson a été plus explicite encore: il a écrit noir sur blanc[32] dans « Formalism 64 » que, si les totalités infinies n'avaient pas

29. Néologisme, certes, mais bien commode, pour désigner le fait d'être concerné, la prise sur nous de ce par quoi nous sommes concernés.

30. Jean Largeault traduit *inhaltlich* par *contentuel*.

31. La formulation d'origine est d'ailleurs celle d'un impératif catégorique :

> « Aus dem Paradies, das Cantor uns geschaffen, soll uns niemand vertreiben können. »
> (« Du paradis, que Cantor a créé pour nous, nul ne doit pouvoir nous chasser » [Hilbert, D., « Über das Unendliche », *Math. Ann.* t. 95, 1925, p. 161-190].

Cette obligation d'être en mesure de réfuter l'accusation de paradoxalité portée contre la théorie des ensembles ne présuppose-t-elle pas qu'habiter le paradis de Cantor est une obligation du mathématicien ?

32. Citons à l'appui le passage suivant :

> « Ma position au sujet des fondements des mathématiques est fondée sur les deux points ou principes majeurs suivants :
>
> (...)
>
> **(i)** Les totalités infinies n'existent pas, en quelque sens du mot que ce soit (i.e., ni réellement ni idéellement). Plus précisément toute mention, ou présumée mention, de totalités infinies, est, littéralement, dénuée de signification.
>
> **(ii)** Cependant, nous devons poursuivre l'affaire de la mathématique « comme d'habitude », i.e., nous devons agir comme si les totalités infinies existaient réellement.
>
> Des deux principes qui viennent d'être énoncés, le premier est descriptif, cependant que le second est déontique ou prescriptif ».
>
> [« My position concerning the foundations of mathematics is based on the two following main points or principles.

de consistance *descriptive*, il ne s'ensuivait pas que la *prescription* de les abandonner était juste.

### *1.2.3 Notre approche et la pensée d'Albert Lautman*

D'une façon générale, ce que nous proposons dans ce livre s'inscrit dans le cadre d'une philosophie des mathématiques puisant son inspiration essentielle auprès des grands auteurs de la tradition phénoménologique, transcendantale, ou idéaliste, pour décrire au moyen de ces trois mauvaises approximations de ce qu'il y a de commun entre Kant, Hegel, Husserl et Heidegger. Or cette orientation est classique en France : il y a quelque chose comme une école française de philosophie des mathématiques où l'on assume le même type de référence. A des degrés variables, en fait, on peut presque dire que tous les spécialistes français participent de cette école. Pour nous, les deux précédents les plus significatifs sont cependant A. Lautman* et J.-T. Desanti. Ces deux auteurs n'ont pas seulement la même sorte de références que nous : ils ont aussi, croyons-nous, interrogé le même mystère de l'historialité mathématique, qui nous motive à invoquer l'herméneutique. Par conséquent, il est clair que notre langage, nos concepts, nos conclusions jusqu'à un certain point sont tributaires de ce que nous avons appris et compris chez Lautman et Desanti. Quoi qu'il en soit de la dette qu'il nous est ainsi agréable de reconnaître, il ne faudrait pas entretenir l'idée fausse que tous les discours de philosophie des mathématiques recourant aux grands auteurs allemands se rassemblent dans un consensus (contre l'ennemi positiviste logique, sans doute !). Nous voudrions donc marquer ce en quoi nous divergeons profondément, dans la vision globale des mathématiques et de leur sens, d'A. Lautman, tout en provenant bien évidemment de lui.

Nous y avons un second motif : celui du travail conduit avec Jean Petitot depuis plusieurs années. Ce dernier, on le sait, fait fond, dans son projet de réactualisation du motif transcendantal, sur la philosophie d'Albert Lautman, et définit sa propre façon de considérer la mathématique comme herméneutique en se référant à Lautman[33]. Le présent livre doit évidemment beaucoup, aussi, au travail de Jean Petitot, et à la discussion avec lui, sur ce point comme sur ceux que nous abordons dans le prochain chapitre. Cela dit, là encore, il nous paraîtrait dommageable pour la sorte de philosophie des sciences que nous souhaitons favoriser de laisser croire que le style prédétermine les conclusions. Une fois posé qu'on veut lire la science moderne, spécialement la mathématique, à la lumière de la philosophie allemande kantienne et post-kantienne, et qu'on veut réhabiliter le « thème esthétique », tout n'est pas dit, et plusieurs stratégies sont

---

(...)

**(i)** Infinite totalities do not exist in any sense of the word (i.e., either really or ideally). More precisely, any mention, or purported mention, of infinite totalities is, literally, meaningless.

**(ii)** Nevertheless, we should continue the business of Mathematics « as usual », i.e., we should act as if infinite totalities really existed.

Of the two principles just stated, the first is descriptive while the second is deontic or prescriptive »] [Robinson, A., « Formalism 64 » in *Selected Papers of Abraham Robinson, tome II*, Amsterdam, North-Holland,1969, p. 507] [la traduction est nôtre].

33. Lire notamment la section II.3 de Petitot, J., « Logique transcendantale, synthétique a priori et herméneutique mathématique des objectivités », *CAMS P. 050*, 1990.

possibles, à la fois au niveau de la manière de restituer les contenus, et de la perspective d'ensemble que l'on dessine. Nous voudrions donc, pour être plus précis, signaler le risque que nous voyons dans l'adhésion aux thèmes lautmaniens, risques que Jean Petitot, à notre avis, encourt lorsqu'il reprend ces thèmes[34].

Rappelons pour finir, cela dit, ce qui va de soi mais que certains pourraient ne pas percevoir : tout le débat que nous menons avec A. Lautman témoigne dans notre esprit de la richesse et la profondeur de son discours. Si son propos était mince et ne nous paraissait pas atteindre un aspect essentiel de la mathématique, comment pourrions nous avoir envie d'en découdre avec lui ? Soyons même encore plus explicite : la discussion qui suit, non seulement s'inscrit dans un espace « lautmanien », mais vise à la recrudescence des études lautmaniennes, se veut incitative pour une confrontation sérieuse avec la pensée de Lautman, qui passe nécessairement par sa *célébration* (on ne discute pas avec une pensée importante sans la célébrer). Ajoutons encore ceci, dont la simplicité devrait convaincre le lecteur de notre sincérité : nous éprouvons une grande *admiration* pour A. Lautman.

La difficulté, pour nous, est que Lautman dit presque la même chose que Gadamer : il dit qu'il faut comprendre les textes mathématiques comme la solution de problèmes, et que ces *problèmes*[35], quoiqu'immanents à ces textes pour ce qui est de ce qu'on en peut expliciter (donc connaître), sont transcendants par rapport à leurs solutions[36]. Ce que nous disions sur le rapport de filiation qu'entretient notre propos avec Lautman est donc immédiatement patent. Seulement les *problèmes* de Lautman sont pour lui un autre nom des *idées platoniciennes*, qu'il conçoit comme les acteurs d'une dialectique non subjective « au dessus » des mathématiques effectives. Comme ces idées sont aussi à ses yeux des entités *dialectiques*, il les voit comme émanant nécessairement d'un couple de contraires conceptuels, opposés comme tels dans un face à face spéculatif vide, qui requiert développement. Et le développement est ce que les théories mathématiques effectives procurent à ces couples dialectiques (ainsi le couple local-global, le

34. Il faut d'ailleurs noter qu'il fait montre de prudence dans sa reprise, marquant lui-même une distance critique à l'égard de Lautman. Cela dit, il ne nous paraît pas prendre en compte le risque spécifique dont nous faisons état ici.

35. Voici une citation qu'on trouvera sans doute en accord parfait avec notre schéma herméneutique :

> « La philosophie mathématique, telle que nous la concevons, ne consiste donc pas tant à retrouver un problème logique de la métaphysique classique au sein d'une théorie mathématique, qu'à appréhender globalement la structure de cette théorie pour dégager le problème logique qui se trouve à la fois défini et résolu par l'existence même de cette théorie. » [Lautman, A., *Essai sur l'unité des mathématiques*, Paris, Union générale d'Éditions (10/18), 1977, p. 142-143].

Cependant, la double allégation selon laquelle le problème 1) est logique 2) est défini par l'existence de la théorie, signale la différence : il n'y a pas pour Lautman antériorité d'un hétérogène qui serait à la fois celui de l'intuition comme modalité d'appartenance et de la question comme « contenu impératif » pré-logique.

36. Ainsi nous lisons :

> « En tant que problèmes posés, relatifs aux liaisons que sont susceptibles de soutenir entre elles certaines idées dialectiques, les idées de cette dialectique sont certainement transcendantes (au sens habituel) par rapport aux mathématiques. Par contre, comme tout effort pour apporter une réponse au problème de ces liaisons est, par la nature même des choses, constitution de théories mathématiques effectives, il est justifié d'interpréter la structure d'ensemble de ces théories en termes d'immanence pour le schéma logique de la solution cherchée. » [*op. cit.*, p. 212].

couple continu-discontinu, pour en citer deux qui ont part aux sujets traités dans notre livre). Enfin, et c'est très important, Lautman pense quelque chose comme l'ébauche d'une articulation et d'une structure au niveau idéel : cette articulation, cette structure inchoatives s'actualisent complètement dans les théories effectives, en telle sorte que Lautman lit dans l'accomplissement historial de la mathématique une *genèse* à partir de l'idée[37]. Le schéma est donc celui d'une « généalogie des mathématiques », qui commence dans l'*idée*, terme pur contradictoirement divisé ineffectivement articulé, pour se poursuivre dans le corps et le texte de la mathématique, instruments pour l'accomplissement de l'idée.

Lautman va chercher Heidegger pour soutenir la conception d'une telle genèse, mais c'est à mauvais droit selon nous. Le terme *genèse*, en effet, désigne ordinairement le devenir et le processus au plan de l'étant, ou bien, dans une perspective où la différence ontologique est occultée, au plan de l'Être lui-même. Mais Lautman veut comprendre comme genèse ce qui s'appelle déclosion, dévoilement chez Heidegger[38], et qui, chez cet auteur, désigne le passage hétérogène de la réserve de l'Être à la non-occultation parmi l'étant. Dans le contexte heideggerien, la « différence ontologique » interdit tout rapport mimétique de l'étant à l'Être, finalement égalisé avec l'absolument autre[39] : ceci empêche manifestement qu'en l'Être réside une esquisse de l'étant.

---

37. Pour ce qui est du « commencement d'articulation », Lautman en fait le plus nettement état lorsqu'il rattache officiellement ses conceptions au platonisme, et cite, comme une bonne description du rôle de ses idées métamathématiques par rapport au « monde » mathématique « effectif », l'appréciation suivante de Robin sur le Timée :

> « Il y a donc une génération et un devenir antérieurement à la génération et au devenir du monde » (*apud* Lautman, A., *op. cit.*, p. 144).

Les idées sont une esquisse, une structure :

> « Les Idées envisagent des relations possibles entre notions dialectiques. » (*op. cit.*, p. 210).

Lautman comprend la « compréhension pré-ontologique » heideggerienne comme approche de ce niveau idéel, et la qualifie ainsi : « acte par lequel une structure se dévoile à l'intelligence qui devient ainsi capable d'esquisser l'ensemble des problèmes ... » (*op. cit.*, p. 206).

38. La référence choisie par Lautman est *Vom Wesen des Grundes* ; lorsque Lautman écrit

> « Nous allons voir comment dans l'analyse du développement de l'être, se constitue une théorie générale de ces actes qui sont pour nous des genèses, et qu'Heidegger appelle actes de transcendance ou dépassement » (*op. cit.*, p. 206),

nous aurions tendance à supposer qu'il sent lui-même la difficulté que suscite son changement de lexique. En aucune façon, du moins à ce qu'il nous semble, le développement des concepts fondamentaux d'une région de l'être ne saurait être assimilée dans l'orthodoxie heideggerienne à une *genèse* de l'existant de cette région. Il n'est en revanche pas difficile de nommer la philosophie avec laquelle le propos de Lautman est en accord : l'hégélienne, pour qui le développement nécessaire et propre du concept est effectivement engendrement et réappropriation de la singularité de l'existant. D'ailleurs, le couplage hiérarchisé des termes Idée et Notion pourrait être repris par Lautman de la *Science de la logique*.

39. Dans une étude non publiée (« Les textes de Heidegger sur la physique atomique »), Catherine Chevalley fait la même observation que nous à ce sujet :

> « C'est la compréhension préontologique du donné qui est commune à la science et à la philosophie, au point que Lautman a pu faire le contre-sens d'annuler la transcendance propre à la différence ontologique en faisant émaner, en un sens plotinien, les mathématiques des Idées »

On trouvera des remarques allant dans le même sens, ainsi que tout le contexte d'une lecture de Lautman et de Heidegger qui les soutient, dans « Albert Lautman et le souci logique » (Chevalley, C., *Revue d'Histoire des Sciences*, XL/1, 1987, p. 49-77) et « La Physique de Heidegger » (Chevalley, C., *Les Etudes philosophiques*, n°3, 1990, p. 289-311).

Cette idée d'un achèvement de l'idée dans la théorie selon une certaine modalité de la *μίμησις* nous semble d'atmosphère platonicienne, et comme telle antithétique avec la pensée de Heidegger.

Mais comment se place, par rapport à ce schéma généalogique de Lautman, notre propre discours du « schéma herméneutique » ? Pour nous, le texte mathématique ne déploie pas une idéalité déjà structurée (autour d'une contradiction), il met en place une structure, éventuellement des couples d'opposés, *pour répondre à une question*, dont la mise à plat serait toujours essentialiste (Qu'est-ce que le continu ? Qu'est-ce que l'espace ? ...). La question, en l'occurrence, n'est pas la même chose que le problème. La distinction est bien accentuée par un lecteur de Lautman qui nous a tous influencés, Gilles Deleuze : ce dernier souligne le caractère originairement impératif de la question, relativement auquel le « problème » est déjà autre chose, à savoir en effet une *organisation* idéelle (pas nécessairement centrée sur la contradiction chez Deleuze, à la différence de Lautman)[40]. Au commencement, nous plaçons quant à nous une *énigme*, qui a sa manière impérative de faire question, mais qui est complètement hétérogène comme telle avec la signification mathématique postérieure. Il y a pour nous, par exemple, une anticipation informelle de l'être du continu qui guide la théorie formelle du continu, cette dernière se monnayant en un certain déploiement non quelconque de relations, de structures. Mais cette anticipation est rapport à l'énigme, *intuition* si l'on parle le langage kantien, elle n'équivaut pas à ce que suppose Lautman, et qui est en quelque sorte une *précession dans l'idée* de l'objectivité du continu, dans la synthèse-articulation idéelle du couple continu-discontinu. Notre lecture est « destinale », en ce sens que l'énigme s'adresse à un *sujet* : sujet parfaitement métaphysique, non anthropologique, puisqu'il coïncide avec l'instance de la responsabilité du mathématicien, mais formellement sujet, comme destinataire précisément. La lecture de Lautman est celle d'un cheminement (dialectique), dont le passage par la dissymétrie de la question et du sujet, à la faveur de laquelle le contenu se réfugie comme énigme auprès de la question, ne mérite pas d'être mis en lumière et glosé, alors que ce moment de dissymétrie fait toute l'intensité de l'herméneutique chez nous.

Pour dire la différence sur un exemple, il y a, pour nous, un aspect de l'intuition ou anticipation du continu qu'on peut nommer *intuition de la non-compositionnalité*, aspect qui guide la formulation plus moderne de la propriété de connexité. Mais dire cela, ce n'est pas dire que la non-compositionnalité comme idée engendre la connexité, que cette dernière serait l'actualisation d'une articulation que la non-compositionnalité esquisserait. En fait la non-compositionnalité est bien déjà une articulation, préformelle, mais il s'agit d'une articulation de l'*énigme du continu* (considérée alors comme absolument « en retrait ») plutôt que d'une *source idéelle du continu* ; et la connexité précise (reprend et déplace) cet aspect de l'intuition en déployant un autre type de systématicité signifiante. L'engendrement mimétique *dans l'Idée* est tout à fait autre chose que l'élaboration formelle de l'énigme.

---

40. Nous pensons au célèbre passage de *Différence et répétition* (Deleuze, Paris, PUF, 1968, p. 251-258), dont on peut extraire « les questions expriment le rapport des problèmes avec les impératifs dont ils procèdent », et pour le plaisir de rappeler le bonheur d'expression « Faut-il prendre l'exemple de la police pour manifester la nature impérative des questions ? "C'est moi qui pose les questions" » (les deux citations p. 255).

Voici un autre exemple, que nous citons simplement parce qu'il sera repris dans notre troisième chapitre, sans qu'on se réfère au débat avec Lautman (mais on pourra lire le passage en pensant à ce débat et en prenant la mesure de l'écart qu'il atteste). Selon Lautman, il y a dans l'idée un couple local-global, qui, en s'organisant dans des théories, engendre des mathématiques, notamment la mathématique de l'espace dans certains de ses aspects essentiels. Pour nous, il y a la question « Qu'est-ce que l'espace ? », à laquelle le recours à une organisation fondée sur le couple local-global, *non compris comme contradictoire*, fournit une réponse historialement importante.

La lecture lautmanienne, comme il est normal pour une lecture à la fois hégélienne et platonicienne, se sépare, en résumé, de la nôtre par deux différences fondamentales :

1. La différence entre notre notion d'une anticipation (dans la familiarité-désaisissement) du contenu de l'énigme, où l'extériorité de celui-ci et l'unilatéralité de notre intuition sont avouées, et celle d'un hypothétique précédent idéel de ce contenu, dont toute théorie devrait être comprise comme accomplissement objectif « ontologico-universellement valide » (au sein d'une « dialectique du concept »), notion par laquelle rien de tel n'est avoué. C'est la différence entre un discours destinal et un discours généalogique.
2. La différence entre énigme et couple de contradictoires. Les couples antithétiques sont là chez Lautman pour donner à la dialectique sa ressource dynamique, le Platon de Lautman est aussi un Hegel. Chez nous la « dynamique », s'il est permis d'employer ce mot, réside dans la dissymétrie et l'extériorité, dans le retrait de l'enjeu de la question, retrait qui « demande » la poursuite du jeu. C'est la différence entre un discours de l'incommensurabilité et un discours de la négativité.

Nous nous contenterons pour le moment de cette mise au point, et nous passerons sans plus attendre à la suite, c'est-à-dire à la manière dont nous retrouvons notre point de vue herméneutique chez Kant, à la faveur d'une lecture de la *Critique de la Raison pure* qui met en vedette l'élément esthétique.

# Le legs esthétique de Kant

Nous voulons examiner le legs kantien pour une série de raisons, chacune si essentielle que leur accumulation risque fort de laisser une étrange impression à notre lecteur, comme si nous lui infligions l'immortelle plaidoirie du chaudron. D'après ce qui a été dit au chapitre précédent, notre but principal est de montrer la nature herméneutique de la pensée lors même qu'elle chemine dans la contrée formelle, mathématique, scientifique. Et d'enrichir ainsi d'un seul et même mouvement la figure philosophique de la pensée et de l'herméneutique. Cela nous conduit à *distinguer* les deux modes herméneutiques que sont le philosophant et le mathématisant (nous avons d'ailleurs déjà proposé plus haut quelques considérations au sujet leur distinction, sur un plan absolument général, en faisant également intervenir le mode poétique). Mais cela ne nous empêche pas de prétendre aussi *croiser* philosophie et mathématiques, ou du moins prendre la mesure de leur sensibilité mutuelle. Il se trouve en effet que les noms d'énigme que nous avons choisis pour guider l'enquête de ce livre, l'*infini*, le *continu* et l'*espace*, sont des noms qui donnent à penser de part et d'autre de la frontière mathématique / philosophie, et, qui plus est, souvent d'une manière résonnante.

Or Kant est avant tout, pour nous, celui dont le projet ou l'œuvre signifie avec la plus grande intensité ce point de contact ou de jonction entre les deux modes herméneutiques, autour des noms d'énigme qui leur sont communs. Comment le discours transcendantal kantien peut être à la fois l'initiateur d'une « hiérarchie herméneutique » s'imposant à la postérité de la pensée mathématique, et l'inventeur d'un destin complice pour l'herméneutique philosophique et l'herméneutique mathématique, nous essaierons de le dire et le comprendre à la fin de ce livre. Mais nous devons d'abord traverser cette complicité, en tâchant de la restituer comme il convient dans tout ce qu'elle suscite. Pour annoncer maintenant de façon plus précise la teneur de notre travail sur Kant, disons que nous entendons :

1. Montrer que le thème de l'intuition, chez Kant, est proprement le thème herméneutique tel que nous l'avons dégagé dans notre premier chapitre.
2. Montrer comment Kant institue la « hiérarchie herméneutique » de l'espace, de l'infini et du continu.
3. Analyser quelle sorte de contenu il place à chaque étage de la hiérarchie ainsi dégagée.
4. Donner quelques indications sur l'importance que tout ce qui précède possède par rapport au motif global du « criticisme transcendantal », en essayant notamment d'évaluer à l'aune de notre lecture certains débats des post-kantiens, entre eux et avec Kant.

## 2.1 Interprétation herméneutique de l'intuition pure

La première des difficultés à lever, c'est celle qui tient à l'élucidation de ce que Kant comprend sous le nom de *formes* a priori *de l'intuition* . C'est assez sensible dans l'aire épistémologique qui est la nôtre : n'a-t-il pas été beaucoup supposé, et dit plus ou moins nettement, que l'esthétique transcendantale devait être aujourd'hui rejetée en raison du lien que la doctrine de Kant entretenait avec le préjugé de la vérité définitive de la géométrie euclidienne d'une part, en raison de la fausse essence perceptive qu'elle imputait au sujet, de la mauvaise qualité de l'anthropologie ou de la psychologie cognitive kantienne d'autre part ? Lesquelles critiques tiennent pour acquise une certaine conception, anthropologique justement, de l'esthétique transcendantale. A l'opposé, on a cru pouvoir dire que le discours kantien n'était à lire que comme refondation de la métaphysique, et que donc la doctrine des formes *a priori* était totalement irrelevante pour la philosophie des mathématiques.

Nous espérons en fait montrer qu'une interprétation de la notion de forme a priori autre que l'anthropologique et que la « phéno-ontologique » est aujourd'hui possible.

### *2.1.1 La triple détermination de la finitude « esthétique »*

Kant, on le sait, avance la notion de *forme* a priori *de l'intuition*. L'intuition est pour lui la face active de la passivité fondamentale du « *Dasein* fini » (pour parler comme Heidegger) : ce dernier est assujetti à ne pas avoir le réel comme objet de son concevoir, immédiatement, mais à le recevoir via un divers dont il est affecté, le divers de la sensibilité. Ce matériel n'est pas seulement toujours divers, jamais d'emblée *singulier*, d'emblée chose détachée et visée comme telle : son divers est de plus toujours-déjà-inséré dans une forme, un élément englobant qui lui sert de fond, et qui est justement l'apport du destinataire, du *sujet*. Le sort trifide du sujet kantien est ainsi

1. De ne pouvoir connaître qu'en étant d'abord *destinataire*.
2. De ne pouvoir être destinataire que d'un *divers* et jamais d'emblée d'un « à connaître » singulier.
3. Et finalement de ne pouvoir être destinataire d'un tel divers qu'en étant simultanément *destinateur de la forme* où il se prend ou se place.

L'ensemble de la situation décrite par ces trois points est présentée par Kant à travers la distinction entre sensation et intuition. La sensation est la vraie *passivité réceptrice* : à son niveau, ce qu'il y a, selon la *Critique de la Raison pure*, c'est une pure « écoute » de ce qui vient du dehors, du plan de l'existant, comme multiplicité sans structure, sans forme, sans identité de collection, comme *divers*. Mais cela qui est ainsi enregistré, internalisé en un sens dans le mouvement de la sensation, n'est en fait jamais seulement « digéré » d'une manière aussi libérale et fruste : cela fait aussi l'objet d'une insertion, d'une situation dans des « cadres », les *formes a priori*, à l'occasion d'un processus non purement passif qui est celui de l'intuition proprement dite. Mettre le divers en espace et en temps, c'est l'activité de la passivité pour le sujet transcendantal, c'est la face endogène de la relation originairement passive avec l'exogène[1]. Les

1. J.F. Lyotard, dans *Le différend*, met en relief ce point en décrivant la phrase de l'intuition comme une phrase qui vient toujours *recouvrir* la phrase de la sensation, phrase où le sujet n'est que destinataire [cf. Lyotard, J.-F., *Le différend*, Paris, Minuit, 1983, p. 96-101].

trois points, en langage kantien, se disent donc : caractère incontournable de la *sensation*, caractère de *divers* du contenu de la sensation, subordination de la *sensation* à l'*intuition*.

Dans les deux formes a priori entre lesquelles se répartit l'aspect intuitif-destinateur, réside un *préjugement* implicite sur ce qui sera ensuite posé comme connaissance d'un objet : je préjuge du divers, et donc de l'objet qui sera synthétisé et de la connaissance qui en sera déclinée, du seul et simple fait que je le mets en espace et en temps. Qu'il y ait « intuition pure *a priori* » signifie à la lettre que quelque chose est accessible de la teneur du préjugé indépendamment de la réception effective d'aucun divers : le « contenu » de la phrase de l'intuition pure dont nous sommes destinateurs nous est en partie ouvert, bien que ce contenu ne puisse par essence être intégralement monnayé en discours, comme on le verra. Ce point est essentiel : si la connaissance des formes pures était identique à la connaissance du divers dans les rapports qu'il tisse avec lui-même, si l'espace et le temps n'étaient que formellement, ou à titre de manière de parler, *préalables* à la connaissance objective, physique, alors la décomposition de la connaissance humaine, et de la couche transcendantale à laquelle elle renvoie nécessairement, en deux strates, une esthétique et une analytique, serait en fait purement a posteriori, si bien que la détermination des facteurs transcendantaux et du problème de leur liaison ne relèverait plus de la méthode et du tribunal de la « critique ».

Ce en quoi le préjugé de l'intuition consiste, c'est ce que nous explique uniquement l'exposition métaphysique de l'espace, à vrai dire. En effet, l'exposition métaphysique du temps est réduite à un renvoi à celle de l'espace, d'une part, les expositions transcendantales, d'autre part, ne font que nous convaincre de la fonction objectivante de l'espace et du temps : elles expliquent comment l'espace et le temps sont des « principes capables d'expliquer la possibilité d'autres connaissances a priori »[2], selon les termes mêmes de Kant, sans ajouter rien au contenu de ces principes. Le sens et l'objet des *expositions métaphysiques*, de leur coté, nous sont annoncés par ces propos de Kant, ajoutés dans la 2° édition :

> « J'entends par *exposition* (*expositio*) la représentation claire, quoique non détaillée, de ce qui appartient à un concept ; mais cette exposition est métaphysique lorsqu'elle contient ce qui représente le concept comme donné a priori. »[3]

L'exposition métaphysique est donc bien l'exposition de la teneur du préjugé. Elle est « claire quoique non détaillée », car ce qui est en question excède toute *analyse* possible, Kant l'expliquera par la suite : exposition généralement révélatrice de ce qui s'impose « comme donné » avant toute rencontre particulière.

Ce qui importe d'abord, pour nous, c'est de comprendre la situation intuitive kantienne, que nous avons décrite dans ses divers moments, comme *situation herméneutique*, nous oserions même dire comme situation paradigmatiquement herméneutique.

Kant explique bien que le sujet est originairement « exposé » à l'espace, que l'espace est une forme par laquelle il doit en passer, mais en même temps cet « assujettissement à l'espace » n'est pas une détermination contraignante causale du sujet par

2. Cf. *Critique de la raison pure*, A 25, B 40, III, 54 ; trad. A. Tremesaygues et B. Pacaud, Paris, PUF, 1944, p. 57.

3. Cf. B 38, III 52 ; *op. cit.*, p. 55.

un objet suprasensible qui serait l'espace : l'espace est bien quelque chose qu'apporte le sujet en étant affecté par le divers, il est une forme subjective plutôt qu'un « objet ». L'espace est l'intériorité de la relation à l'extériorité qui définit essentiellement le *Dasein* fini de la perception, de même qu'il devient, dans la suite de la *Critique de la Raison pure*, l'extériorité de l'intériorité transcendantale : cette instance qui défie la strate logico-discursive comme étrangère, hétérogène, *dans l'enceinte de la subjectivité*. L'espace, nous en sommes à la fois destinataires et destinateurs : destinataires, puisqu'il s'impose à nous, nous ne pouvons faire qu'il n'y ait pas spatialisation, le divers sans espace nous est impensable ; mais destinateurs, parce que la détermination du divers par la forme espace est notre apport, venant recouvrir la sensation, ou plutôt, ayant toujours-déjà précédé la sensation pour l'accueillir. Le mot *intuition* peut être entendu selon cette bivalence, puisqu'il évoque aussi bien le « voir » apriorique *de quelque chose*, et donc l'espace comme vis-à-vis externe, que l'activité interne, l'involution spatialisante du sujet, en donnant de la force sémantique au *in-* de intuition.

Kant commente cette étrange situation de l'espace sur le plan logico-propositionnel à la fin de l'amphibologie des concepts de la réflexion, au moment où il classe les formes de l'intuition comme *ens imaginarium,* « intuition vide sans objet », soit en l'occurrence comme la troisième espèce du rien : « ...comme l'espace pur, le temps pur, qui, tout en étant quelque chose en qualité de formes de l'intuition, ne sont pas eux-mêmes des objets d'intuition. »[4]. Il détermine encore, un peu plus loin à la même page, ces intuitions pures comme « données vides pour des concepts », qui « ne sont pas des objets ».

Heidegger a d'ailleurs utilisé cette identification de l'espace comme *ens imaginarium* : tout à la fois, il la fait signifier le caractère de pré-figuration de l'intuition pure, qui lui permet en dernière instance de tout refonder dans l'imagination comme temporalité profonde[5], et il la relie à l'infinité et à la non-réalité (l'idéalité transcendantale) de l'espace[6]. Il écrit ainsi

> « (... Kant comprend primairement l'espace et le temps – quand bien même, en tant que grandeurs infinies données, ils ont un intuitionné, un *ens imaginarium* – comme des modes d'*intuitionner* d'emblée ce qui fait encontre, donc comme des *comportements fondamentaux du* Dasein *humain*, ... »[7].

Phrase qui tourne bien autour de ce mystère ou de cette difficulté qui veut que l'espace soit à la fois un vis-à-vis et un comportement, une intuition et une absence d'objet comme de concept.

Nous pensons que la relecture de la situation intuitive kantienne comme situation herméneutique éclaire et systématise ce cercle de difficultés et de déterminations négatives : l'espace est un « tenant-de-question », le tenant d'une question qui lie originairement le sujet humain. C'est en ce sens que tout à la fois il existe et n'existe pas, que tout à la fois, il est objet et sujet. C'est un objet qui ne se tient dans le vis-à-vis

4. A 291, B 347, III, 232; *op. cit.*, p. 249.
5. Cf. Heidegger, M., *Interprétation phénoménologique de la « Critique de la raison pure » de Kant*, trad. E. Martineau, Paris, Gallimard, 1982, p. 133.
6. Cf. *op. cit.*, §12, p. 152-159.
7. Cf. *op. cit.*, p. 153.

qu'autant qu'il « fait question ». Soit en effet pas un objet, puisqu'il ne s'ob-jette pas « de soi-même », c'est nous qui l'ob-jettons comme tenant-de-question. En ce sens, l'espace n'existe pas. Mais cela ne fait pas que nous puissions éviter la question de l'espace, tout divers est accueilli en nous au sein de cet en-face fictif du tenant-de-question espace.

Conformément au modèle herméneutique, cela qui questionne, tout à la fois, est radicalement retiré, nous dessaisit, et nous est familier. La non maîtrisabilité de l'espace, l'excès de l'espace sur nous, sont affirmés déjà dans le caractère nécessairement non détaillé de l'exposition métaphysique, puis répétés dans la détermination étrange et paradoxale (inobjective/externe, inexistante/accueillante, active/passive) de l'espace. Ils trouveront leur expression la plus définitive dans l'évocation du thème de l'infinité de l'espace, auquel se réfère Heidegger dans nos citations. La familiarité dont nous jouissons à l'égard du tenant-de-question espace, sans doute de ce simple fait que c'est nous qu'il questionne, et que nous habitons en quelque sorte la question, est impliquée dans la notion du *préjugement intuitif*, dont nous avons déjà fait état, et qui fournit en fait à Kant l'essentiel de sa réponse à la question, pour lui majeure, des jugements synthétiques a priori : c'est parce qu'il y a un préjugement de l'espace et du temps, parce que nous entretenons avec ceux-ci une familiarité qui en un sens nous échappe toujours, nous reste en partie celée, que nous formulons des jugements non triviaux, des anticipations non vides quant à l'expérience. On peut donc répéter les formulations du discours herméneutique : l'espace, contenu d'énigme qui nous lie originairement, qui tout à la fois nous dépasse et se refuse à toute saisie qui serait une maîtrise, est toujours déjà ouvert par nous-à nous sous un angle, est essentiellement familier. Cette familiarité porte pour ainsi dire notre préjugement spatial, qui est, avons nous dit, ce qu'expose l'exposition métaphysique de l'espace, à laquelle nous venons donc maintenant.

### 2.1.2 *L'exposition métaphysique de l'espace*

Or, l'exposition métaphysique consiste, dans la première édition de la *Critique de la Raison pure*, en 5 points. Le troisième de ces points a été supprimé dans la seconde édition : c'est celui qui concerne la certitude des principes géométriques, soit celui qui, dans la lecture épistémologico-empiriste, est reçu comme prévalent. En bref, voici ce que disent ces cinq points :

1. L'espace n'est pas un concept empirique.
2. L'espace est une représentation nécessaire *a priori*.
3. Sur la nécessité de l'espace se fonde la certitude géométrique.
4. L'espace n'est pas un concept discursif.
5. L'espace est chargé d'infini.

Les points 1) et 2) sont fondamentaux pour la compréhension du projet critique en général, et du rôle que joueront les formes a priori dans l'étude ultérieure des conditions de possibilité de la connaissance. Mais ils ne comptent pas, du moins pas directement, pour ce qui est principalement notre affaire, à savoir le pré-jugement inclus dans l'intuition pure de l'espace : ils définissent seulement le sens du *pré-* de ce préjugement. Ce qui nous intéresse est donc la séquence des points 3), 4) et 5). À l'intérieur de cette séquence, il convient de scinder encore : le point 3) établit un rapport entre le préjugement spatial et une discipline constituée, la géométrie ; les points 4) et 5), quant à eux, expriment directement un « contenu » de préjugement, qui s'implique, selon la conception kantienne, dans le rapport originaire de tout sujet à l'espace. Nous allons donc commencer par commenter les points 4) et 5), parce que nous devons nous informer de ce qui est tenu par Kant pour contenu préjudiciel, et de la façon dont un tel contenu est présent au sujet, avant de réfléchir sur le lien qui peut être kantiennement établi entre un contenu de cette sorte, possédé de cette manière, et un domaine de savoir circonscrit comme celui de la géométrie.

#### 2.1.2.1 Le continu pré-compris : globalité, infinité, excès

De ce que disent maintenant ces points 4) et 5), nous retenons les deux éléments suivants :

*a) l'espace inter-vient comme entité globale*

Le point 4) de cette exposition métaphysique énonce qu'« on ne peut d'abord se représenter qu'un espace unique, et, quand on parle de plusieurs espaces, on n'entend par là que les parties d'un seul et même espace »[8]. Ce qui est dit de la sorte, c'est ce que la *contrainte à la globalité* fait partie de la présentation pure de l'espace, de son « d'abord ». Ce n'est donc pas « un peu » d'espace qui se présente à chaque fois dans l'avant indicible de l'a priori pour accueillir quelques data, c'est *tout l'espace* qui « traverse la pensée » et soumet le divers à ses conditions. Qu'une propriété comme la tridimensionnalité, ou le fait que par deux points il passe une et une seule droite, puissent être citées dans l'exposition métaphysique comme faisant partie du savoir *a priori* de l'espace, cela indique bien que le préjugé spatial ne porte pas sur une région, qu'il affecte l'entier de l'espace, dont Kant affirme d'ailleurs explicitement qu'il est infinitaire : c'est le second élément que nous voulons retenir.

*b) la forme espace est porteuse d'un principe d'infinité*

Ce « contenu de préjugement » est tout à fait essentiel parce qu'il détermine en même temps la modalité de la possession du préjugé : par son infinitude, la forme espace se signale aux yeux de Kant comme corrélat d'*intuition* et non référent de *concept*. Ces idées sont introduites dans le point numéroté 5) (toujours dans la première édition). Citons le:

> « L'espace est représenté donné comme une grandeur infinie. ... . S'il n'y avait pas un infini sans limites dans le progrès de l'intuition, nul concept de rapports ne contiendrait en soi un principe de son infinité »[9].

Ce que Kant rédige plus précisément dans la seconde édition :

> « L'espace est représenté comme une grandeur infinie *donnée*. Or, il faut, sans doute, penser tout concept, comme une représentation contenue dans une multitude infinie de représentations diverses possibles (en qualité du caractère qui leur est commun) et qui, par suite, les contient *sous sa dépendance* (*unter sich*) ; mais nul concept, comme tel, ne peut être pensé

8. . A 25, B 39, III 53 ; *Critique de la raison pure*, trad. A. Tremesaygues et B. Pacaud, Paris, PUF, 1944, p. 56.

9. A 25 ; *op. cit.*, p. 57.

> comme renfermant *en soi* (*in sich*) une multitude infinie de représentations. Et pourtant c'est ainsi que l'espace est pensé (**car toutes les parties de l'espace existent simultanément dans l'infini**[10]). La représentation originaire de l'espace est donc une *intuition* a priori et non un *concept* »[11].

Par conséquent, la globalité insécable de l'espace est ce qui nous force à faire tenir le progrès infini qu'offre la présentation pure de l'espace dans cet unique espace. C'est à ce titre que ce qui est seulement *potentiel* dans l'ordre du concept (l'arbre infini des rapports d'inclusions dans lesquels l'espace peut être engagé) devient actuel (mot encore inadéquat) dans l'ordre intuitif. L'infini est là pour charger l'espace, et le discours kantien, semble-t-il, ne réserve pas cela à l'infiniment petit ou à l'infiniment grand, il est énoncé pour valoir des deux côtés : le « progrès de l'intuition » peut s'entendre dans le sens accumulatif ou dans celui de la décomposition, comme nous le confirment par exemple les deux premiers conflits des idées transcendantales.

De plus, la seconde rédaction dit fort clairement que cette infinité affectée *a priori* à l'espace révèle la nature du décalage entre intuition et concept. Au moment même où l'espace est concerné par notre préjugement, il nous échappe dans une étrangeté intrinsèque. L'infinité qui s'implique dans la forme espace interdit que la diversité interne de l'espace soit conceptuellement possédée, en raison de la finitude irrémédiable et symétrique des deux modes sous lesquels le sujet est susceptible de détenir conceptuellement des contenus : le mode psychologique et le mode langagier. Par conséquent, lorsque l'infini s'enveloppe dans la présentation pure de l'espace, il constitue, *en tant que nous y avons un accès préjudiciel intuitif*, l'excès irrésorbable de l'intuition sur le concept. A quoi on peut ajouter tout de suite que cette intensité de l'infini qui s'enveloppe dans la présentation est chez Kant une figure du continu : la chose se confirmera pour nous et prendra toute son importance par la suite.

Par conséquent les deux éléments de préjugement visés dans les points 4) et 5), l'infinitude et la globalité, dans leur solidarité, caractérisent une certaine *compréhension informelle* du continu dans l'espace : cette compréhension est bien conforme au schéma herméneutique général, elle est une familiarité dans le dessaisissement. Notre familiarité originaire avec l'espace est ce qui nous fait anticiper à son sujet une diversité interne dans la cohésion globale qui nous dessaisit, faisant échec à ce qui est notre modalité de saisie la plus propre, la saisie conceptuelle. Armés de ce premier constat, passons à l'examen du point 3) de l'exposition métaphysique (toujours en suivant la numérotation de la première édition).

---

10. Nous avons voulu mettre en relief au moyen de caractères gras cette proposition capitale. La traduction de la Pléiade donne « car toutes les parties de l'espace coexistent à l'infini », semblant modaliser la coexistence en la renvoyant « à l'infini ». L'allemand dit, en effet, « *denn alle Theile des Raumes ins unendliche sind zugleich* » : le *ins* – *in* + accusatif – exprime bien une directionnalité, paraissant renvoyer l'infini au-delà, et c'est ce que la traduction de la Pléiade a voulu rendre. Mais il s'agit là, avec « toutes les parties de l'espace », de la seule « actualité » de l'espace, en sorte que l'idée ne peut être que celle exprimée par la première traduction. Même absent en sa complétude à toute vue effective, l'infini de l'espace a bien pour sens d'inclure toutes ses parties.

11. B 39-40, III 53 ; *op. cit.*, p. 57.

#### 2.1.2.2 La référence à la géométrie, ou l'espace comme modèle

Que dit donc Kant exactement ? Le plus simple est de lire ce fameux point 3) :

> « Sur cette nécessité *a priori* se fondent la certitude apodictique de tous les principes géométriques et la possibilité de leur construction *a priori*. En effet, si cette représentation de l'espace était un concept acquis *a posteriori* qui serait puisé dans la commune expérience externe, les premiers principes de la détermination mathématique ne seraient rien que des perceptions. Ils auraient donc toute la contingence de la perception ; et il ne serait pas nécessaire qu'entre deux points il n'y ait qu'une seule ligne droite, mais l'expérience nous apprendrait qu'il en est toujours ainsi. Ce qui est dérivé de l'expérience n'a qu'une généralité relative, c'est-à-dire par induction. Il faudrait donc aussi se borner à dire, d'après les observations faites jusqu'ici, qu'on n'a pas trouvé d'espace qui eût plus de trois dimensions. »[12]

L'argumentation est donc essentiellement la suivante : nous savons que l'espace est premier en droit par rapport aux recepts sensibles externes singuliers, parce que sinon, notre connaissance géométrique serait une connaissance a posteriori, empirique. « Il faudrait donc se borner à dire, d'après les observations faites jusqu'ici, qu'on a pas trouvé d'espace qui eût plus de trois dimensions », écrit Kant joliment. Mais il n'en va pas ainsi, la tridimensionnalité est une évidence partagée. La forme de l'argument est un raisonnement par l'absurde où l'on prend comme hypothèse le caractère empirique, *a posteriori*, de la représentation d'espace. L'argumentation vient donc en fait préciser et soutenir (dans la première édition seulement notons-le) le point 1), puisqu'elle expérimente la négation de ce qu'il disait à l'épreuve du « *Faktum* » de la certitude géométrique, pour déclarer absurde le tableau qui en découle (ladite absurdité, comme nous l'avons lu, allant en fait de soi pour Kant). Il est tout d'abord clair que la géométrie euclidienne est, au gré de cet argument, la *ratio cognoscendi* de la forme espace, non pas sa *ratio essendi*. Le texte dit que la certitude des principes géométriques *se fonde* sur l'espace dans sa nécessité : si la conception esthétique de Kant devait signifier une primauté métaphysique indéfectible de la géométrie euclidienne, ce ne serait que de manière médiate, et dans l'hypothèse d'une coïncidence et d'un recouvrement parfaits entre ce qui est réellement premier dans le système, l'intuition pure de l'espace, et ce qui n'est pris que comme indice de reconnaissance de ce premier, la discipline géométrique.

Maintenant, ce qui compte, pour que l'argument que nous avons cité porte, c'est que notre rapport à l'espace passe « toujours » (à chaque fois, dans chaque cas) par l'adhésion à une nécessité du jugement : cette nécessité vaut alors comme signe d'une nécessité de l'espace (du caractère *a priori*, nécessaire de sa représentation – son intuition, faudrait-il plutôt dire). Cette nécessité du jugement, cependant, selon les termes même de l'analyse kantienne, ne peut pas s'identifier, s'égaliser avec la nécessité de l'espace, ne se situant pas sur le même plan. La première appartient au plan *logique* ou *discursif*, la seconde relève d'un plan *intuitif*. Et nous avons vu, en lisant les points 4)

12. A 24 ; *op. cit.*, p. 56.

et 5), que Kant voyait un décalage de principe entre ces deux plans, que la mise au clair de ce décalage était en un sens la « conquête » essentielle de l'idéalisme transcendantal dans son moment inaugural esthétique, conquête où nous avons vu l'équivalent d'une détermination herméneutique du rapport à l'espace. C'est pourquoi il n'est nullement écrit par Kant que la nécessité du jugement à laquelle il se réfère (que nous savons être celle du jugement euclidien, soit simplement celle de la géométrie pour Kant lorsqu'il écrit) *épuise* le contenu de la forme pure. Selon le point de vue kantien, caractérisé par l'affirmation du clivage intuition/discours, le savoir euclidien ne peut relever que d'une synthèse *représentative* de l'espace, où l'entendement a sa part. Il ne saurait donc être le fait de l'intuition pure, il ne peut pas plus être *directement* son contenu. L'intuition pure de l'espace se contente de guider cette synthèse et de lui apporter tout à la fois sa nécessité et son caractère synthétique. L'identification de la part de l'intuition pure dans la géométrie comme connaissance savante est d'ailleurs accomplie en termes déjà presque clairs, si l'on y réfléchit, dans ce point 3) lui-même. Ce bien que l'exposé le plus complet de la conception de Kant à ce sujet soit à trouver dans la théorie de la *construction de concepts*, elle-même insérée dans la *méthodologie de la raison pure*. Kant dit en effet d'une part que la certitude fondée sur la nécessité *a priori* de l'espace est celle des « principes géométriques », renommés un peu plus loin « premiers principes de la détermination mathématique », et renvoie d'autre part à la forme espace la possibilité de la *construction* a priori de ces mêmes principes. Nous allons essayer de clarifier ces allégations en nous appuyant sur une interprétation du texte principal, celui de la *méthodologie de la raison pure* .

Kant nous explique dans ce texte que la mathématique procède par *construction de concept*. Construire un concept, c'est, précise-t-il, « représenter a priori l'intuition qui lui correspond ». Autant dire que c'est l'instance du schématisme, et seulement elle, qui peut se charger d'une telle tâche. Le schématisme est ce pouvoir mystérieux, attribué à l'imagination (et dans le cas du schématisme pur, à l'imagination transcendantale) de franchir la ligne de démarcation du discursif à l'intuitif, en proposant pour chaque terme conceptuel un schème effectuant dans le registre spatio-temporel les relations en lesquelles se résout le concept dont le terme est porteur. En principe, ce n'est pas une intuition qui est le produit du schématisme, mais un modèle général pour des intuitions, une sorte de fantôme pré-intuitif et régulateur qu'on appelle *schème* justement. Il en va autrement avec la construction de concepts, qui enveloppe finalement deux temps ou deux aspects :

1. D'abord, elle est l'opération qui parvient à construire *singulièrement* (comme intuition) ce qui est universel (le concept). Si le schème était, nous venons de le rappeler, compris dans l'analytique transcendantale non pas vraiment comme *image* mais comme règle de production d'images ou plus généralement de relations spatio-temporelles, le concept construit est ici officiellement une intuition singulière, un triangle dessiné vu comme triangle général par exemple, abstraction faite de toutes les déterminations sensibles qui lui appartiennent de façon contingente du seul fait qu'il est tracé singulier.

2. Dans le second temps de la construction de concept, ce qu'elle donne à voir revient au concept lui-même pour l'enrichir. Kant écrit :

> « ce qui résulte des conditions générales de la construction doit aussi s'appliquer d'une manière générale à l'objet du concept construit » [13]

Nous devons bien entendu comprendre que le *résulter* dont il est question n'est pas déductif, il est indispensable que le supplément se montre dans l'intuition singulière produite, et n'ait pu être saisi que de cette façon. Alors la clause du « doit aussi s'appliquer » garantit que la détermination excédentaire par rapport au strict contenu du concept lui revient tout de même, autorise des prédications valides, comme celle concernant la somme des angles d'un triangle dans l'exemple très célèbre de Kant. Ce second moment est celui d'une sorte de contre-schématisme, ou le singulièrement intuitionné passe dans le conceptuellement dit : nous devons supposer que ce singulièrement intuitionné est en fait intuitionné sur un mode « singulo-universel », intuitionné en quelque sorte à un niveau tel que l'image vaut comme image-schème.

Si nous faisons le bilan de ce qui est dit dans l'exposition métaphysique elle-même et de ce que nous venons de restituer de la *méthodologie de la raison pure*, nous voyons que le guidage de la géométrie par l'intuition pure consiste en deux aspects qu'il convient de distinguer. D'un côté l'espace *a priori* enseigne ce que nous appellerions aujourd'hui l'*axiomatique* de la géométrie, puisqu'il fonde la certitude des « premiers principes géométriques ». D'un autre côté il fournit la possibilité d'une projection présentative des énoncés ou contenus conceptuels de la géométrie, projection qui autorise, à l'issue d'un cheminement dans l'élément intuitif, une contre-projection de la configuration – *en tant qu'appréhendée selon le schème* (sur un mode singulo-universel) – vers le registre conceptuel-propositionnel.

Bien sûr, si l'on se représente, par exemple, la détermination des axiomes par l'intuition pure sur un mode simpliste, comme si l'intuition dictait le texte des axiomes, on comprendra la doctrine kantienne comme affirmant l'existence d'un savoir transcendantal figé de l'espace. Mais ce type de compréhension est à notre sens en contradiction flagrante avec la manière dont Kant décrit l'intuition dans son *excès* constitutif par rapport à l'ordre discursif. L'intuition ne peut rien dicter parce qu'elle ne parle pas, et parce que, pire, ce qui s'impose en elle correspondrait à un parler ou un concevoir infinis dont le sujet du discours est incapable.

Si l'on veut une métaphore, on peut aller la chercher dans le registre « biblique ». Disons que la connaissance géométrique est révélée par l'intuition pure un peu comme Dieu révèle la loi au Sinaï, du moins si l'on prend au sérieux la transcendance divine : du fait même que c'est Dieu qui révèle, on peut être sûr qu'il ne révèle pas au sens d'une transmission effective de contenus explicites. Pour arriver à une version cohérente en respectant cette clause logique, touchant le caractère absolument en excès de Dieu sur tout réalité humaine, on dira que la révélation de la Loi a certes été donnée infinitairement dans son entier à Moïse au Sinaï, mais de manière *implicite* : les contenus effectifs, manquants à l'origine, sont dans ce cas supposés progressivement explicités par les « géomètres » de la Loi, dont Moïse est le premier. L'intérêt de ce modèle, c'est qu'il va au devant des difficultés qui sans nul doute motivent la critique empiriste de l'esthétique transcendantale. Si l'on se représente, en effet, la loi divine comme

13. Cf. A 716, B 744, III 470 ; *op. cit.*, p. 495.

nécessairement figée par une bureaucratie cléricale, comme ayant nécessairement, en raison de la conservativité et du refus de la remise en question pensante propres à l'attitude religieuse, le statut d'un dogme invariant, alors le modèle devient mauvais, il confirme les pires craintes que pouvait entretenir un empiriste au sujet de notre réhabilitation de l'intuition pure. Il faut en fait, pour accepter ce modèle, et surtout pour y puiser un enrichissement de la compréhension du rapport de l'intuition à la géométrie, supposer que le scénario religieux de la réception de la loi divine existe dans une autre version que celle de la dictée dogmatique. Or nous avons justement présenté la version alternative au paragraphe précédent : celle de la libre détermination traditionale, « continuée » au cours des siècles, d'une loi originairement opaque par les clercs de la loi. Si l'on abandonne le modèle de la dictée, et si, aidé en cela ou non par l'analogie « religieuse », on voit le guidage de la géométrie par l'intuition pure comme coïncidant avec la libre recherche par les mathématiciens de ce qu'il en est du mystère spatial affectant l'humanité, alors on comprendra que, bien loin de déterminer un dogmatisme de principe, la conception kantienne est pour ainsi dire « ouverte » sur toute la profondeur, la difficulté, et la controverse d'une herméneutique de l'espace. Une telle controverse est notamment controverse sur les axiomes : aucun n'est impérativement dicté par l'intuition, mais leur système est responsable devant elle.

Les choses vont similairement pour ce qui regarde le second aspect, celui de la projection/contre-projection des énoncés et des contenus. Ce qui est à retenir de la « construction de concept » est que la trajectoire déductive, et notamment ce qui en elle est heuristique, relèvent de cet opérateur d'entrée-sortie opaque qu'est le schématisme, ici couplé avec un contre-schématisme. Même après que la « révélation » a été entendue, c'est-à-dire interprétée/inscrite, le parcours déductif de recherche, celui qui livre les vérités géométriques, ne s'autonomise pas dans une certitude procédurale, il ne cesse de se référer à la dimension présentative de l'intuition, par le truchement de ce pouvoir fondamental de la corréler avec le registre discursif que Kant présuppose, et nomme *schématisme*.

L'ensemble de ces rapports est, on le voit, bien autre chose que l'*égalisation* de la géométrie avec le contenu de l'intuition pure. Il s'agit au contraire de rapports qui mettent en valeur la dualité, l'incommensurabilité de l'une avec l'autre. Cependant le rapport de prescription ou de sollicitation fondamentale de l'entendement par l'intuition pure d'une part, et l'opération métabolique du schématisme d'autre part, assurent leur corrélation féconde.

C'est pourquoi il est parfaitement pensable que l'espace soit toujours capté par *une* nécessité du jugement, sans que le visage de celle-ci soit constant : hier la nécessité de la géométrie euclidienne, aujourd'hui celles, dans une certaine mesure rivales, dans une certaine mesure en relation de recouvrement, de la géométrie différentielle* et de la géométrie algébrique. Ce dernier exemple prouve qu'à une époque donnée, il peut y avoir le choix entre plusieurs tels « systèmes de la nécessité » : l'important est de voir que cela est possible sans briser l'argument du point 3) de l'exposition métaphysique. Le point crucial pour cet argument est que nous appelons caractère *spatial* des data sensibles seulement ce que nous pouvons corréler avec *quelque* nécessité *à laquelle notre discursivité se montre capable de se lier systématiquement*. Toute telle nécessité, en effet, informe la manière dont nous profilons ces data au sein de notre connaissance plutôt qu'elle n'est dictée par eux. Dans une telle perspective, le style axiomatiqueconstructif de la géométrie témoigne *à chaque fois* du caractère *a priori* de l'intuition pure. Mais le contenu de l'axiomatique – pour nous limiter à l'époque où l'inscription de l'intuition a cours sur le mode axiomatique – peut varier dans le temps d'une part, être articulé en des versions non homologues à une date donnée d'autre part. Cela est en droit pensable dans le cadre du concept kantien d'intuition pure, même si nous n'avons pas d'indice que Kant ait quant à lui rêvé la possibilité de telles pluralisations.

Certes, il n'est cependant pas kantien de dire que l'axiomatique de la géométrie peut être n'importe quoi : si l'on franchit ce pas, on perd toute notion de *guidage* de la géométrie par l'intuition pure à travers les siècles et les interprétations de la « révélation spatiale ». Il doit y avoir, selon la vue de Kant, un fond commun à toutes les versions de l'espace, même s'il est déjà clair pour Kant que ce minimum du préjugement spatial est nécessairement informel, « clair quoique non détaillé ». Ce fond ne nous est à vrai dire ouvert qu'en ce site et ce moment où le familier est en même temps le dessaisissant : il réside au cœur incontrôlable de l'herméneutique. Si l'on suit la lettre de l'exposition métaphysique, il semble que toute systématisation qui se donne comme géométrie, c'est-à-dire comme manière d'assumer l'intuition pure de l'espace, doive faire place *à l'infini s'enveloppant dans ou depuis sa globalité pour se « déposer » dans la présentation pure* : nous avons relevé ces déterminations dans notre analyse des points 4) et 5). Mais, pour raffiner notre construction à partir du texte kantien, nous devons supposer que l'effort proprement philosophique d'explicitation du noyau de l'intuition pure ne s'achève jamais dans la possession d'une certitude. La succession des versions de l'espace ne pluralise pas seulement l'essence de l'espace au sens où elle manifesterait des possibilités toujours nouvelles dans le cadre de ce qu'on sait dès l'origine être le noyau, elle redistribue même ce qu'on tient pour le noyau et ce qu'on tient pour une variante. Du moins, la « radicalité » de l'herméneutique géométrique autorise ce type de remaniement. Tant et si bien que l'exposition métaphysique est en un sens toujours à recommencer, dans une référence au progrès *profond* de la mathématique, c'est-à-dire à ce progrès qui n'est pas le gain technique d'énoncés déduits dans l'une des mille situations-de-déduction offertes par l'état de la recherche mondiale, mais la remise en chantier de l'architecture même des branches, la re-compréhension interne de leurs présuppositions. Laquelle, reconnaissons-le, advient parfois comme effet-en-retour de tel ou tel de ces gains. Le présent livre veut essayer une telle « actualisation » de l'exposition métaphysique. Mais il entend, pour commencer, comprendre jusqu'au bout la pertinence de l'exposition kantienne, qui va bien au-delà de la géométrie euclidienne en dimension trois.

Avant cela, il est sans doute intéressant, toujours dans le but de faire valoir l'intuition pure kantienne comme le nom d'une familiarité herméneutique, mais en indiquant cette fois en quels termes techniques peut aujourd'hui s'exprimer la situation herméneutique, de résumer et reprendre l'analyse qui précède de l'argument kantien du point 3) au moyen de cette simple assertion : Kant voit l'espace comme *modèle*, au sens de l'actuelle théorie des modèles.

La nécessité *a priori* de l'espace, nous l'avons vu, est révélée par le fait qu'une théorie dogmatique en rend compte, c'est à dire par le fait que l'espace fonctionne toujours comme *corrélat*, posé au pôle référentiel, d'un discours réglé : « il y a » quelque chose comme l'espace dans sa « consistance apriorique » dans l'exacte mesure où nous vivons notre système de jugements géométriques comme non arbitraire, non libre. Pour que la tridimensionnalité de l'espace ne soit pas un fait d'expérience, il n'est pas nécessaire qu'elle soit un enseignement définitif, mais seulement qu'elle soit un théorème d'une théorie dont l'axiomatique transcrit la réception de l'espace. D'une théorie qui se veut théorie d'un contenu qui lui préexiste, bien que dernier ne soit pas explicite comme tel dans l'intuition par laquelle nous accédons à lui. Encore une fois, Kant n'invoque pas le fait que l'on sait bien que l'espace *est* tri-dimensionnel de manière définitive, mais le fait que l'on sait bien que sa tridimensionnalité n'est pas « trouvée » dans l'expérience, inductivement.

Compris de cette manière, le point 3) serait, à propos de la géométrie et de l'espace, l'approche par Kant du statut d'être-dans-un-modèle qui est universellement celui de l'objectivité mathématique aujourd'hui : statut qui n'exclut pas, qui ouvre bien au contraire une variabilité tout à la fois traditionale et mathématique de cette objectivité.

La situation logico-fondationnelle, cela dit, est un peu plus complexe que ce qu'elle peut d'abord sembler. A un premier niveau, c'est l'attitude foncière même de la mathématique contemporaine que de penser que l'objectivité ensembliste « existe » comme pur corrélat intentionnel de la grammaire d'énoncés/actes codifiée pour l'évoquer (la théorie formelle ZFC). A un second niveau, toutes les structures particulières sur lesquelles la recherche mathématique concentre son attention ont un statut « en plus » de ce statut de corrélat, à savoir celui de *modèles* puisés et arrangés au sein de l'objectivité corrélative d'un univers ensembliste.

Notons à ce propos qu'à l'époque précédente, c'est l'espace lui-même qui tenait ce rôle insigne d'être la méta-objectivité de référence, et de pouvoir englober a priori toute objectivité envisagée. Dans le thème kantien de l'intuition pure, nous pouvons d'ailleurs relever les deux aspects : d'une part l'espace est corrélat intentionnel d'un dogme axiomatique interprétant l'intuition pure (ce qui signifie que nous nous donnons les « premiers principes » de la détermination de l'espace dans un pari *synthétique*, à partir de notre intuition), d'autre part, il est le « domaine » fictif où trouver dans un second temps les répondants de toute les configurations géométriques pensées conceptuellement (ce qui signifie que l'espace est disponible pour l'activité que Kant appelle de « construction »).

Si donc on accepte de regarder les rapports de l'espace et de la géométrie selon ce parallèle, alors, tant que la précompréhension de l'espace n'est pas remise en cause, n'est pas recomposée au niveau de l'analogue d'une nouvelle théorie des ensembles, l'herméneutique de l'espace devient analogue à l'étude des extensions ou restrictions de théories, et de l'incidence qu'elles ont sur la stratification des modèles.

On trouve chez Husserl une sorte de témoignage, d'enregistrement philosophique de la transition entre les deux époques de l'herméneutique, celle pour laquelle le fond intentionnel est spatial, et celle pour laquelle il est ensembliste. Lorsque celui-ci, en effet, dégage dans *Logique formelle et logique transcendantale*[14], sous le nom de concept de *multiplicité formelle*, une notion apparentée à notre concept de modèle, il prend la relation de l'espace et de la géométrie comme caractéristique de ce qu'il a dans l'esprit[15]. Mais, moins prudent que Kant, il en profite pour expliciter des exigences

14. Cf. Husserl, E., trad. franç. Suzanne Bachelard, *Logique formelle et Logique transcendantale*, Paris, PUF, 1957.

15. Dans le §28, Husserl définit les multiplicités formelles sans référence à l'espace, mais dans le §30, il évoque les multiplicités riemaniennes, et dégage dans le §31 le concept de définitude comme exigé par l'idéal

supplémentaires sur la notion, qui le conduisent à avancer le concept de *multiplicité définie*, avec lequel il tombe en effet dans un certain piège de l'*univocité* (pas le même que celui dans lequel, selon l'imputation courante, Kant serait tombé, néanmoins[16]). Après lui, personne ne pensera plus les « modèles », dont il est question que la théorie soit *nomologique*, autrement que comme *ensembles*. La mathématique apparaît ainsi de plus en plus comme discipline qui envisage l'objectivité comme *modèle-théorique*, sur fond d'un *datum* inquestionné d'objectivité corrélative ensembliste. La philosophie des mathématiques ne peut que suivre cette évolution, qui engendre pour elle le risque de se confondre avec la réflexion sur les problèmes difficiles et en partie techniques de la théorie des modèles.

En tout état de cause, ce qui nous importe, c'est que la compréhension de l'espace-dans-sa-nécessité comme *modèle* d'une théorie dont le texte est sujet à déplacements, évolution, variation, s'accorde avec l'approche philosophique du rapport *intuitif* à l'espace de la mathématique comme rapport *herméneutique*.

## 2.2 Contenu de l'herméneutique intuitive kantienne

### *2.2.1 La hiérarchie herméneutique de l'infini, du continu et de l'espace chez Kant*

De l'approche du texte kantien qui a été la nôtre jusqu'ici, nous pouvons encore retenir quelque chose de général, qui nous semble à la vérité tout à fait essentiel, au point que dans une large mesure ce livre lui doit son architecture, dans l'ensemble et dans le détail : le fait que selon l'exposition métaphysique de l'espace, l'herméneutique de l'espace est fondée sur une herméneutique du continu, et cette dernière elle-même sur une herméneutique de l'infini. Ces deux rapports de fondation nous sont indiqués par Kant à sa manière et dans son langage, bien évidemment.

Nous avons vu que la qualité herméneutique du rapport intuitif à l'espace, en même temps que le contenu nodal entrevu dans ce rapport, étaient livrés par Kant dans les points numérotés 4) et 5) dans la première édition de l'exposition métaphysique. Selon leur enseignement, le noyau qui est anticipé dans l'espace est le « continu global » : une charge infinitaire de l'espace, concernant tout à la fois le resserrement vers l'infiniment petit et l'élargissement vers l'infiniment grand, et qui affecte en quelque sorte ubiquitairement l'espace dans son unité. Ce qui *caractérise* l'intuition pure de l'espace comme au-delà du concept, c'est qu'elle est immédiatement intuition du continu, et plus précisément de ce dernier comme incluant la *dé-position* de l'infini (l'infini actuel dans la terminologie classique). Le terme continu, certes, n'est pas nommé dans l'exposition métaphysique. Cependant, nous savons que dans les *anticipations de la percep-*

---

euclidien d'une science nomologique de l'espace [cf. Husserl, E., trad. franç. Suzanne Bachelard, *Logique formelle et Logique transcendantale*, Paris, PUF, 1957, p. 123-133].

16. L'univocité que Husserl prend pour inhérente à la notion même de multiplicité formelle n'est pas celle que désigne le terme moderne catégoricité. Il faut plutôt l'associer à la plus vieille notion d'univocité, celle de l'immanence de l'être du visé au κατηγορεῖν qui le déclare tel ou tel. Husserl attribue *a priori* la complétude à la théorie géométrique comme théorie d'une « multiplicité définie », il l'envisage comme mettant « à nu complètement, dans une perspective théorique, l'essence de l'espace » [cf. *op. cit.*, p. 130]. On prête à Kant la croyance en l'existence d'une unique théorie de l'espace, Husserl envisage qu'il puisse y en avoir plusieurs, mais toutes complètes.

*tion*, Kant définit le continu par la propriété de divisibilité à l'infini, qui est la moitié de l'enjeu de l'évocation de l'infini actuel dans l'exposition métaphysique. Nous pouvons aussi observer que dans le deuxième conflit des idées transcendantales, cette propriété fonctionne ouvertement comme ce qui fait obstacle à la coïncidence du principe discursif et de l'exigence intuitive. C'est sans doute pourquoi la tradition y a effectivement reconnu une antinomie du continu et du discret. Il est donc normal d'estimer que l'affection de l'espace par l'infini est en même temps déjà son affection par le continu.

Quant à la hiérarchie des trois termes, on l'établit sans peine. Le continu est ce que voit l'*« œil » intuitif* dans l'espace, l'infini est ce qui affecte le même œil dans son anticipation du continu. Le premier point est purement et simplement ce que dit l'exposition métaphysique : le préjugé spatial, s'adressant à l'espace vide, rencontre essentiellement la distribution infinitaire-ubiquitaire faisant porter l'illimitation vers le grand et le petit, où nous voyons une approximation de la description du continu dont Kant était capable. Le second point est logique ou définitionnel, et déjà explicité dans le premier : la détermination conceptuelle du continu, pour Kant, passe par l'infini.

Si nous réécrivons ceci selon l'ordre des présuppositions, nous voyons que l'espace présuppose le continu, et le continu présuppose l'infini. D'après la description kantienne en effet, toute déclinaison de l'essence de l'espace doit contenir une déclinaison de l'essence du continu, qui elle-même inclut nécessairement la déclinaison de ce qu'il en est de l'infini (actuel). Ces rapports de présuppositions, bien entendu, ne sont pas à comprendre comme des présuppositions substantielles mettant en rapport des entités, comme si l'espace était une entité supra-sensible fondée sur l'entité « continu », et cette dernière elle-même fondée sur l'entité tout aussi légèrement admise ayant nom « infini » : l'idéalisme transcendantal est un rejet du platonisme. Il faut y voir en dernière analyse des relations de fondation entre herméneutiques, chaque terme *insistant* plutôt qu'il n'existe à proportion de la question par laquelle nous sommes tenus qui porte son nom. Donc, l'exposition métaphysique de l'espace nous dit en fait que la question « Qu'est-ce que l'espace ? » inclut la question « Qu'est-ce que le continu ? », y renvoie comme à son préalable, et que la question « Qu'est-ce que le continu ? » inclut pareillement, ou renvoie à la question « Qu'est ce que l'Infini ? ». Ou encore, prenant les choses du côté du destinataire de l'herméneutique, le souci ou l'anticipation de l'espace enveloppe le souci ou l'anticipation du continu, le souci ou l'anticipation du continu enveloppe le souci ou l'anticipation de l'infini.

Dans les trois sections qui viennent, nous allons examiner tout à la fois comment Kant accueille ces trois questions et leur fournit des réponses qui témoignent de sa position dans chaque herméneutique, et dans quels termes il conçoit plus précisément les deux renvois d'une herméneutique à une autre.

### 2.2.2 *L'herméneutique de l'infini*

Le lien herméneutique du continu avec l'infini consiste, sur le plan logico-dogmatique, en ceci que nous avons besoin du concept d'un infini en quelque manière donné pour penser le continu. Ce lien est connu depuis Aristote, qui écrit, dans sa physique :

> « Or, semble-t-il, le mouvement appartient aux continus, et dans le continu l'infini apparaît en premier lieu ; c'est pourquoi les définitions

qu'on donne du continu se trouvent utiliser souvent la notion de l'infini, le continu étant divisible à l'infini. »[17].

Nous verrons, dans la section que nous consacrerons à la destinée logico-mathématique de ce lien, qu'il a depuis fonctionné sans défaillance, et tout particulièrement que les avancées les plus récentes confirment singulièrement l'inexorabilité de ce renvoi. Si quelque chose peut aujourd'hui être identifié comme contenu relevant du préjugement, de l'anticipation, et gouvernant les développement des mathématiques depuis toujours, c'est bien ce lien : il possède le rare privilège d'être tout-à-la-fois suffisamment manifeste à la conscience savante elle-même pour se laisser dire, et de n'avoir été mis en défaut ou renversé par aucune tentative depuis l'origine.

En tout état de cause, si nous voulons, comme nous l'avons annoncé, ne pas retirer de la lecture de Kant seulement la figure générale d'une familiarité herméneutique *intuitive* présidant à la mathématique et à travers elle à la science, mais dégager aussi de la *Critique de la raison pure* les *contenus* que Kant associait à chacun des moments herméneutiques de l'intuition pure, nous devons maintenant essayer de faire voir quel est chez lui le statut de l'infini, ou plus exactement dans quelle mesure l'intuition pure enveloppe un préjugé quant à l'infini, et ce qu'il en est de ce préjugé.

A certains égards, l'essentiel a déjà été dégagé : les points 4) et 5) de l'exposition métaphysique disent clairement que c'est un infini paradoxalement *actuel* dont l'intuition pure de l'espace, comme intuition pure du continu, a besoin. Nous écrivons *paradoxalement* parce que la phrase de Kant fait état, d'une manière à peu près explicite, de l'impossibilité d'*implémenter*[18] cet infini, que ce soit dans le langage ou dans la conscience. Sur ce point à nouveau, il est sûr que Kant n'arrive pas comme un innovateur insensé dans la série du discours philosophique. Aristote, sans doute le premier, a fixé dans des termes semblables la doctrine d'un « intuitionnisme » philosophique[19]. Pour lui aussi, l'infini n'a pas d'autre statut que d'être en-train-de-se-faire, d'être attendu : seul est reconnu par lui, dit-on d'habitude, l'infini potentiel. Et il nous semble que la non-reconnaissance de tout autre infini veut dire aussi : seul l'infini potentiel est pertinent pour une mathématique, ou pour une physique exacte, fondée sur les mathématiques, pour une ontologie partenaire d'une mathématique.

Dans l'intervalle séparant Kant d'Aristote, et sans prétendre dérisoirement dominer l'immensité textuelle qui le meuble, nous aurions tendance à dire que ce statut aristotélicien n'a pas été remis en question, du moins quant à l'essentiel. Si le consensus théologique qui régnait sur le Moyen-Âge a contraint le monde des philosophes à réserver une place pour un infini en acte, infini posé avec certitude et vigueur, cet infini néanmoins restait dans une réserve essentielle à l'égard de la pratique mathématique. Il ne pouvait pas devenir outil au sein de cette pratique, ni même peut-être prémisse pour quelque opinion ou conviction dans ce champ. L'infini *géométrique* était une fois

17. Cf. *Physique* III, 1, 200 ; trad. franç. H. Carteron, volume I, Paris, Les Belles Lettres, 1926, p. 89

18. On utilise souvent ce mot peu gracieux, sentant son franglais, pour désigner l'opération installant les formes de l'informatique sur un substrat. On dira que le schème théorique de l'ordinateur est, de la sorte, à la fois implémenté sur des substrats se silicium par la technique, et implémenté par la nature sur le substrat neurophysiologique du cerveau. Il est sans nul doute de meilleur usage d'utiliser le mot français *implanter*, parfaitement adéquat en la circonstance. Mais il est internationalement utile de comprendre *implémenter*.

19. Nous imitons J. Vuillemin dans *Nécessité et contingence* (Paris, Minuit, 1984), en utilisant de manière anachronique le mot *intuitionnisme* comme nom d'une orientation philosophique immémoriale.

pour toutes différent de l'infini *métaphysique*. Seul ce dernier était l'objet d'une *thèse*, soutenue par l'engagement ontologique le plus grave. L'infini géométrique, quant à lui – c'est-à-dire au fond cet infini que la raison tendait naturellement à penser pour y inclure le déploiement de la quantité requis par l'étude géométrique (par la question de l'espace, dirions-nous) – n'acquiert pas, sur toute cette distance temporelle, selon notre sentiment, un véritable droit de cité mathématique. L'infini potentiel est tout ce dont dispose le savoir qui s'enorgueillit de l'exactitude de la preuve et du calcul.

Kant, dans une large mesure, reprend la doctrine « intuitionniste » à cet égard. Toute la théorie de l'idée exposée dans la dialectique transcendantale est fort évidemment consonante avec la thématique aristotélo-intuitionniste. Les objets transcendantaux que pose la raison pure, en tant que « conditions qui ne sont plus à leur tour conditionnées », au bout des régressions proposées par l'entendement dans l'usage prosyllogistique, sont des objets qui possèdent éventuellement l'infinité, en vertu de l'ultimité que leur prête leur définition. Mais toute l'explication kantienne vise à nous faire admettre qu'ils sont *fictifs*, qu'il ne faut surtout pas inférer pour eux, en se fondant sur l'existence d'un intérêt de la raison qui les pose nécessairement, un statut d'être-en-soi qui en ferait des supports ordinaires du discours et de la prédication ontologiques : le premier et le second conflit des idées transcendantales sont à cet égard exemplaires. La distinction, développée par Kant dans l'appendice à la dialectique transcendantale, entre usage constitutif et usage hypothétique (ou régulateur) de la raison, va tout à fait dans le même sens : autant Kant accepte que l'objet idéel soit utilisé pour fournir son ancrage fictionnel à un discours qui envisage n'importe quelle série de jugements, autant il refuse qu'on traite la série infinie de jugements ou l'ensemble infini des référents qu'ils visent comme *actuelle*. Et dans ce dernier cas il est difficile de nier que le parler kantien est proche de celui de Brouwer.

On peut encore évoquer à l'appui de cette thèse de l'intuitionnisme de Kant le paragraphe de l'analytique du sublime, dans la troisième critique[20], où Kant thématise l'infini. Kant écrit en effet :

> « Or l'esprit entend en lui-même la voix de la raison, qui, pour toutes les grandeurs données, et même pour celles qui ne peuvent jamais être complètement appréhendées, mais que l'on considère cependant comme entièrement données (dans la représentation sensible), exige la totalité, par conséquent la compréhension dans une intuition et réclame une présentation pour tous les membres d'une série continûment croissante, sans même exclure de cette exigence l'infini (l'espace et le temps écoulé), faisant bien plutôt de la pensée de l'infini (dans un jugement de la raison commune) comme entièrement donné (dans sa totalité) quelque chose d'inévitable. »[21]

Ce texte est extrêmement proche de celui, que nous avons déjà commenté, de l'exposition métaphysique de l'espace. Il en diffère cependant par un élément, qui n'apparaît en fait que dans le paragraphe précédent immédiatement celui que nous avons cité. Le « progrès à l'infini », en l'occurrence, est demandé par l'itération du concept numérique (elle même voulue par la *raison*, ainsi que la citation, cette fois, le

20. Cf. Kant, E. *Critique de la faculté de juger*, trad. franç. A. Philonenko, Paris, Vrin, 1974.
21. Cf.Kant, E. *Critique de la faculté de juger*, trad. franç. A. Philonenko, Paris, Vrin, 1974 , p. 94.

révèle), à laquelle l'imagination tente de satisfaire en fournissant de manière actuelle le schème pour la « compréhension » de ce concept, ce qu'elle ne peut faire *indéfiniment*. Il y a donc en fait trois plans sur lesquels se joue l'affaire du fini et de l'infini : le plan de l'intuition pure, qui impose comme corrélat intuitif excessif un espace où le progrès indéfini du concept numérique est accueilli ; le plan de l'imagination, nécessairement entraînée dans la tentative de fournir le schème d'une compréhension arbitrairement compréhensive (plurielle sous-soi) au sein de ce corrélat, lequel de son côté n'est pas pensable suivant une compréhension actuelle ; le plan de la raison rationnelle, sous la houlette de qui cette exigence va jusqu'à l'infini. Cette dernière est précisément chez Kant l'instance qui vise l'ultimité, l'achèvement de l'infinité du processus.

Mais, quelle que soit cette double contrainte infinitisante sur l'esprit fini[22] (celle qu'exerce l'espace-cadre comme intuition, celle qu'exerce la raison comme exigence opérative – en l'espèce exigence de production de schème), Kant ne lâche jamais le principe de l'inconsistance radicale de l'infini, entendons par là, en un sens partiellement étymologique, le principe selon lequel l'infini ne donne pas matière à *thèse* dans le registre discursif, ne fait pas partie de ce que nous pouvons *poser* en le contrôlant. Kant écrit ainsi juste après le paragraphe que nous avons lu :

> « Mais, et voici ce qui est le plus important : que l'on puisse seulement penser l'infini, comme un *tout*, c'est là ce qui indique une faculté de l'esprit, qui dépasse toute mesure des sens. Il faudrait à cet effet exiger une compréhension, qui livrerait une mesure en tant qu'unité possédant un rapport déterminé à l'infini, susceptible d'être exprimé en nombres ; et cela est impossible. Toutefois *pouvoir*, même *seulement penser* l'infini *donné*, ceci suppose en l'esprit humain une faculté, qui elle-même est supra-sensible. »[23]

L'extra-territorialité de l'infini est ainsi à nouveau marquée à l'instant où nous découvrons un nouveau mode sur lequel son excès se laisse éprouver : le mode du sublime. Le côté intuition, c'est l'ouverture de l'espace, dédié à l'effort de l'imagination. Le côté sublime, c'est la faillite de l'imagination itérant le schème pour ce qui se produit dans l'entendement, lui-même aiguillonné par la raison : cette faillite se déploie nécessairement dans cette ouverture, elle « arrive » au plan sensible et spatial. Mais bien évidemment, lorsque Kant, dans l'exposition métaphysique de l'espace, dit que l'ouverture spatiale est infinitaire, il ne le sait au fond que par l'analytique du sublime, qui décrit la tentative de « couvrir » l'ouverture de l'espace par un processus schématisé actuel repéré par un nombre, ou plutôt l'échec nécessaire de cette tentative. L'infini est donc hors champ des deux manières, comme familier, parce qu'il « est là » dans la texture et la globalité de l'espace (mais cet être-là est à la vérité un faire-question, la familiarité est un dessaisissement), et comme raté-dans-le-processus, processus à la fois calculant et figuratif. Mais le hors-champ de la seconde espèce (lié au sublime)

22. Qui s'identifie dans l'affaire à l'instance de l'imagination, soumise aux deux contraintes.
23. *Ibidem*.

est une *ratio cognoscendi* du hors-champ de la première espèce (lié à l'offrande de l'espace[24]).

Dans l'analytique du sublime, cela dit, Kant est plus explicite que dans l'exposition métaphysique de l'espace sur l'inaccessibilité aux mathématiques d'un concept de l'infini actuel : ce sur quoi bute l'imagination, c'est non seulement sur l'incapacité du processus schématisant à se prolonger indéfiniment, mais sur l'inexistence d'un *nombre infini*, nombre qui serait le schème fourni par une compréhension imaginative de l'infini (c'est ainsi que Kant formule son argument).

Nul doute donc que Kant confirme la doctrine aristotélo-intuitionniste. Mais en même temps, il confie la géométrie à l'intuition pure, et rive dans son « modèle herméneutique » l'espace à l'infini actuel. En ce sens, il désigne donc la tâche de dégager un discours mathématique cohérent explicitant cette part d'énigme sous la gouverne de laquelle se tient la mathématique géométrique. Si nous avons raison de comprendre que Kant a interprété la géométrie, voire plus largement les mathématiques, comme dépositaires de l'herméneutique de l'espace, et du même coup, des herméneutiques du continu et de l'infini, nous pouvons conclure que la nécessité d'une herméneutique non métaphysique de l'infini, donnant un sens à sa familiarité géométrique, apparaît avec une force singulièrement nouvelle dans le dispositif critico-transcendantal. Même si Kant, de son côté, ne connaît encore rien d'une telle herméneutique, et n'envisage pas même sa possibilité, au moins en première analyse. Nous allons voir que cette position en porte-à-faux de la pensée de l'infini chez Kant trouve un écho dans sa pensée du continu, qui va au devant de certaines exigences thématiques sans les laisser s'intégrer à une herméneutique mathématique.

### 2.2.3 *L'herméneutique du continu*

Kant, nous l'avons dit, attribue le caractère de continuité à l'espace et au temps. Nous avons aussi vu que cela n'était pas dit dans l'exposition métaphysique, qu'à ce niveau Kant parlait seulement de l'implication de l'infini actuel dans l'espace, dans et au titre de sa globalité. Nous voudrions maintenant examiner ce que contient le texte kantien en fait de conception explicite du continu. De telles conceptions ne peuvent être trouvées que là où Kant définit et thématise le continu, à savoir dans l'analytique des principes, au chapitre des « anticipations de la perception ». Kant y aborde le continu, nommément, dans le courant de la preuve du principe

> « Dans tous les phénomènes, la sensation et le réel qui lui correspond dans l'objet ont une *grandeur intensive* , c'est-à-dire un degré. »[25]

24. Nous décalquons ici notre langage d'un propos de J.-T. Desanti, entendu au colloque *1830-1930 : un siècle de géométrie, de C.F. Gauss et B. Riemann à H. Poincaré et E. Cartan ; épistémologie, histoire et mathématiques*, en septembre 1989.

25. A 166, B 207, III, 151 ; *Critique de la raison pure*, trad. A. Tremesaygues et B. Pacaud, Paris, PUF, 1944, p. 167.

Dans ce développement, Kant définit en général la continuité d'une grandeur et s'empresse de citer l'espace et le temps en exemples :

> « On nomme continuité des grandeurs la propriété qu'elles ont de n'avoir en soi aucune partie qui soit la plus petite possible (aucune partie simple). L'espace et le temps sont des *quanta continua* ... » [26]

Suit alors une explication de ce que sont l'espace et le temps, qu'on peut considérer comme un additif à l'exposition métaphysique. Avant d'en invoquer le contenu, il convient de prendre en considération l'organisation d'ensemble du texte de Kant. Dans les *axiomes de l'intuition*, première rubrique des principes de l'entendement pur (dont l'ensemble constitue la « métaphysique », i.e. la connaissance ontologique, le « projet de la nature » selon Kant), Kant affirme que tous les phénomènes sont, du point de vue de l'intuition, des grandeurs *extensives*, et justifie essentiellement cette thèse par le caractère *extensif* des grandeurs spatiales et temporelles. La seconde rubrique, celle des anticipations de la perception, donnant lieu au principe que nous avons cité, dégage le caractère *intensif* de la sensation, soit de l'effet de réalité comme tel. Le caractère continu, Kant le définit quant à lui *après* avoir mis en évidence cette intensivité de la sensation, et l'attribue tout à la fois à la grandeur intensive et à la grandeur extensive :

> « Tous les phénomènes en général sont donc des grandeurs continues, aussi bien sous le rapport de leur intuition, en tant que grandeurs extensives, que sous le rapport de la simple perception (sensation et par suite réalité), en tant que grandeurs intensives. » [27]

Il est donc intéressant de confronter les trois définitions données par Kant, celle de l'extensivité, celle de l'intensivité, celle de la continuité, même si c'est surtout cette dernière qui nous intéresse. Kant dit « J'appelle grandeur extensive celle dans laquelle la représentation des parties rend possible la représentation du tout (et par conséquent la précède nécessairement) » [28] ; et il illustre immédiatement par l'espace et le temps. La grandeur extensive est représentée comme *agrégat* , soit comme « multitudes de parties précédemment données ». Inversement, la grandeur intensive est définie comme celle « (...) qui n'est appréhendée que comme unité et dans laquelle la pluralité ne peut être représentée que par son rapprochement de la négation = 0 » [29].

Si nous nous arrêtons à ces définitions, nous voyons donc que le caractère « extensif » correspond à une vue *compositionnelle*, conceptuellement analogue à celle qu'on peut avoir du nombre discret. D'ailleurs, dans la preuve du premier principe (celui qui affirme que tous les phénomènes sont des grandeurs extensives), Kant invoque le fait que le phénomène ne peut être appréhendé que « (...) par la composition de l'homogène et par la conscience de l'unité synthétique de ce divers (homogène) » [30].

26. A 169, B 211, III 154 ; *op. cit.*, p. 169.
27. A 170, B 212, III, 154 ; *op. cit.*, p. 170.
28. A 162, B 203, III 149 ; *op. cit.*, p. 165
29. A 168, B 210, III 153 ; *op. cit.*, p. 169.
30. A 162, B 202, III 148-149 ; *op. cit.*, p. 165

Ceci est à rapprocher de la façon dont Kant définit le nombre comme schème du groupe catégoriel de la quantité :

> « Le schème pur de la quantité, considérée comme un concept de l'entendement, est le *nombre* qui est une représentation embrassant l'addition successive de l'unité (à l'homogène). Ainsi **le nombre n'est autre chose que l'unité de la synthèse opérée dans le divers d'une intuition homogène en général**[31] , par le fait même que je produis le temps lui-même dans l'appréhension de l'intuition. »[32].

Le nombre, ici mis en scène avec quasiment les mêmes mots que ci-dessus l'extensivité du phénomène, est clairement le nombre discret (temporellement produit par l'addition successive de l'unité – le nombre de Brouwer, en somme). Symétriquement, la définition de l'intensivité nous renvoie plutôt au continu, si nous nous laissons aller aux associations dictées par nos références mathématiques cantoriennes et post-cantoriennes, puisqu'elle met en relief la possibilité de passage à la limite.

Le problème serait alors de savoir si l'espace et le temps, comme intuitions pures, sont *intensifs* ou *extensifs*. Kant affirme, certes, le caractère extensif de la *grandeur* spatio-temporelle, nous venons de le voir. Mais simultanément, il ne comprend pas l'espace lui-même comme extension au sens précis de la compositionnalité. Le point numéroté 4) dans la première édition de l'exposition métaphysique de l'espace, que nous avons déjà évoqué, contient en effet l'affirmation suivante, totalement dénuée d'ambiguïté :

> « Ces parties [de l'espace] ne sauraient, non plus, être antérieures à cet espace unique qui comprend tout, comme si elles en étaient les éléments (capables de le constituer par leur assemblage), mais elles ne peuvent, au contraire, être pensées qu'en lui. Il est essentiellement un ; ... »[33]

Autant dire que la « continuité » de l'espace, dont il est nous le voyons déjà question dans l'exposition métaphysique de l'espace, semble être une *intensité*, dans les termes des anticipations de la perception. Mais la *grandeur* spatiale reste extensive, elle est posée telle en parfaite analogie et dans les mêmes termes que la grandeur discrète. L'intense pour ce qui est de la grandeur est alors le legs de ce qui vient dans l'espace et le temps *en plus* de l'espace et du temps (disons, la « matière »). Pourtant la sensation est fidèlement repérée dans son degré par la « continuelle et uniforme production dans le temps », et donc relève elle aussi du continu. Comment tout cela détermine-t-il donc l'essence du continu ?

Avant d'essayer de répondre, relevons un autre marquage de l'écart séparant *a priori* l'intensité et l'extensité. Si l'extensité est corrélée, ainsi que nous l'avons vu, avec la *quantité* et son schématisme, l'intensité, de son côté, est corrélée avec le groupe catégoriel de la *qualité*, à propos du schème duquel Kant évoque déjà le « tendre vers

31. Souligné par nous.
32. A 142-143, B 182, III 137 ; *op. cit.*, p. 153.
33. A 25, B 39, II 53 ; *op. cit.*, p. 56.

zéro » comme identifiant privilégié[34]. Toutes ces oppositions seront reprises par Hegel dans la *Science de la Logique*[35] où ce dernier opère fondamentalement avec un espace quantitatif privé de concept et une qualité « continue », autorisant des effets de seuil, de catastrophe.

Mais pour en revenir à notre propos, il nous paraît tout de même intéressant de voir que Kant définit la continuité d'une part comme quelque chose qui est *au-delà* de l'extensivité, que d'autre part il la définit *après* avoir pris en compte l'intensivité, laquelle se laisse représenter finalement par le quantum continu (ce quantum continu est-il alors tout de même *extensif* ? ). Le continu de Kant apparaît comme un au-delà du discret, c'est bien le moins, mais aussi comme quelque chose qui accueille en quelque sorte à la fois l'extense et l'intense, en deux sens divergents : l'intensité est « clandestinement » présente dans le continu tacite de l'exposition métaphysique de l'espace, et d'autre part le continu prédique la grandeur intensive, mais c'est alors un continu mesurant, que nous devons supposer *extense* comme la grandeur spatio-temporelle. Cette conception duelle, contrastée, à la limite du paradoxe, nous rapproche de notre point de vue moderne. Dans ce point de vue, le tendre-vers-zéro habite un continu qui reste construit de manière *extensionnelle* ; l'intensité est « récupérée » dans l'extensionnalité d'un substrat, qui n'est pourtant pas discret. Dès lors, l'assertion de l'exposition métaphysique de l'espace, selon laquelle l'intensité habite pour ainsi dire le continu, et celle des anticipations de la perception, selon laquelle l'intensité se laisse par principe « paramétrer » par le continu temporel mesurant, sont simultanément tenables, en prenant tour à tour le continu cantorien comme le continu essentiel et ineffable et comme sa paramétrisation.

Cela dit, il faut maintenant aborder la principale difficulté, à savoir le fait que dans la citation que nous avons donnée tout à l'heure, Kant définit le continu par la propriété du *partout dense*, ce qui est à nos yeux mathématiques actuels une mauvaise caractérisation. Nul doute que ce soit autour de la tentative de comprendre ce point que nous ayons une chance de saisir le processus herméneutique en cours chez Kant, et plus généralement dans son époque et dans sa postérité.

Après avoir donc défini le continu par la divisibilité à l'infini, comme nous l'avons vu, Kant explique en quoi, comment, l'espace et le temps ont cette propriété de continuité. Il apparaît alors qu'elle est liée, dans son esprit, au moins dans le cas des intuitions pures qui l'endossent prioritairement, et malgré l'extensivité des grandeurs asso-

34. Nous lisons :

> « C'est pourquoi il y a un rapport et un enchaînement ou plutôt un passage de la réalité à la négation qui rend représentable toute réalité, à titre de quantum, et le schème d'une réalité, comme quantité de quelque chose, en tant que ce quelque chose remplit le temps, est précisément cette continuelle et uniforme production de la réalité dans le temps, où l'on descend dans le temps de la sensation qui a (...) un degré jusqu'à son entier évanouissement, ou bien où l'on s'élève peu à peu de la négation de la sensation à une quantité de cette même sensation. » [ A 168, B 210, III 153 ; *op. cit.*, p. 154]

Ce récit « schématise » en quelque sorte simultanément les trois catégories de la qualité : réalité, négation et limitation.

35. Trad. franç. P.J. Labarrière et G. Jarczyk, 3 volumes, Paris, Aubier, 1972, 1976 et 1981.

ciées, au caractère *non composé* de ces intuitions, caractère dont nous trouvions la mention, déjà, dans l'exposition métaphysique de l'espace. Kant écrit ainsi :

> « Les points et les moments ne sont que des limites, c'est-à-dire de simples places de la limitation de l'espace et du temps ; or, ces places supposent toujours les intuitions qui doivent les délimiter ou les déterminer, et ce n'est pas avec de simples places, considérées comme des parties intégrantes, qui pourraient même être données antérieurement à l'espace ou au temps qu'on peut former ni de l'espace ni du temps.[36]

Ce propos exprime très bien cette idée de non compositionnalité, la vue du continu comme essentiellement d'une autre nature que celle d'« ensemble de points », comme nous disons aujourd'hui. C'est en quoi l'image du continu alors prévalente est à première vue radicalement opposée à celle que nous avons depuis Cantor[37].

En même temps, cette insistance sur la valeur de « places de la limitation » des points, cette idée que le continu est compatible avec l'intensité comme avec l'extensité, c'est-à-dire au fond s'impose comme une sorte de grandeur dont le « tendre vers zéro » est aussi constitutif que le principe d'agrégation, ces deux traits donc, si nous leurs prêtons attention indépendamment de ce contexte anti-ensembliste, sont précisément ce qui nous porterait à chercher, dans une construction ensembliste, à mettre en scène les « individus » du continu comme des fonctions, des suites. Il ne serait pas absurde de se fonder sur ces indices pour justifier une post-interprétation du continu kantien par le continu cantorien.

Nous sommes en fait au cœur de nos problèmes herméneutiques. S'arrêter à la définition du continu par Kant comme le partout dense, c'est se laisser piéger par un point de vue qui trivialise la question : puisqu'après tout, le concept d'un continu qui contient plus et autre chose que le partout dense de $\mathbb{Q}$ ne se laisse formuler que dans le contexte de la construction de Dedekind* et Cantor et de la topologie contemporaine, n'est-il pas inexorable que le continu visé par Kant soit, conformément à la définition nominale qu'il en donne, le partout dense ? On oublie alors ce point décisif, qu'un regard historico-herméneutique doit nous révéler : que le partout dense lui-même n'est pas clairement affligé, avant les travaux de Dedekind et Cantor, des manques que nous voyons être les siens depuis. Le partout dense est seulement le mode de détermination

36. A 169, B 211, III 154 ; *Critique de la raison pure*, trad. A. Tremesaygues et B. Pacaud, Paris, PUF, 1944, p. 170.

37. Dans un ouvrage récent sur le calcul des fluxions de Newton, M. Panza insiste sur cette opposition, qui est pour lui celle du continu aristotélicien, essentiellement pensé comme un, et du continu moderne cantorien, pensé comme ensemble . Pour exprimer la conception de Pierce qu'il voit comme récurrence de celle d'Aristote, il écrit :

> « Le continu n'est, en effet, pas pensé comme un ensemble d'une quelconque cardinalité (et d'autant moins comme un ensemble dont la cardinalité soit la plus petite cardinalité transdénombrable), mais comme une entité primaire, au sein de laquelle il est possible d'individuer, en rompant la continuité, une multitude arbitraire d'invididus »
>
> « Il continuo non è, infatti, pensato come un insieme di una qualsiasi cardinalità transfinità (e tanto meno come un insieme la cui cardinalità sia la più piccola delle cardinalità piucchenumerabili), ma come un'entita primaria, entre la quale è possibile individuare, rompendo la continuità, una qualsiasi multitudine di individui. » [Panza, M., *La statua di fidia*, Milan, Edizioni Unicopli, 1989, p. 79] [notre traduction].

ordinaire[38] d'un milieu où par ailleurs sont admis des irrationnels, où est installé un calcul infinitésimal (qui apporte sa propre lumière sur l'essence du dit milieu, bien qu'elle reste dissimulée par les paradoxes qui s'y attachent), et qui finalement est supposé adéquat à l'intuition géométrique. Ces liens sont tous présents à l'esprit de Kant, on en a des indices çà et là dans la *Critique de la Raison pure* : lorsqu'il évoque dans la dialectique transcendantale le problème mathématique du statut du nombre $\pi$ et la preuve de son irrationalité par Lambert[39], lorsqu'il compare la déduction des principes de l'entendement pur au calcul du rayon d'une sphère via celui de sa courbure en tant que surface[40], par exemple.

Pour reprendre dans une perspective plus historique notre commentaire de la définition de la continuité par Kant, il faut donc accepter de voir qu'à l'époque où le partout dense, sous le nom de divisibilité à l'infini, est mis en avant comme trait caractérisant du continu, ce partout dense est éprouvé comme solidaire de la non-compositionnalité du continu. Cette solidarité est ce qui suscite le jeu relativement complexe du continu avec l'intensité, l'extensité, la quantité et la qualité, jeu que nous avons autant que nous le pouvions décrit et restitué. La pensée infinitésimale essaie de constituer un corpus théorique reflétant ces difficultés plutôt qu'il ne les résout. Le continu de Leibniz est à la fois non compositionnel et additif : si l'on se refuse à concevoir le continu, la droite réelle comme ensemble de ses points, on envisage néanmoins l'opération d'intégration comme *recomposition*, symétrique de l'*analyse* livrant l'infinitésimal. Puisque $\int_a^b dx = b - a$ est écrit et pensé infinitésimalement, le segment $[ab]$ est bien en un sens l'addition de ses parties infinitésimales, à défaut d'être l'agrégat de ses points. Comme Leibniz glose le symbole $\int$ « somme », l'écart entre les graphèmes $\sum$ et $\int$ marque exactement jusqu'à quel point il conçoit une compositionnalité, à la la limite paradoxale, du continu. Le calcul infinitésimal est donc une première tentative de prendre en charge ce trait complexe de la solidarité de l'extensivité partout dense et de la non-compositionnalité, trait qui pour nous, force à aller au-delà du partout dense. Dans la stratégie cantorienne, en effet, le continu est construit comme compositionnel, mais les points, en l'espèce, sont des entités fonctionnelles, des « suites de Cauchy »* (ou des entités de type équivalent si l'on se réfère à d'autres constructions) : c'est ce qui permet de figurer le tendre-vers-zéro de manière riche dans le substrat compositionnel interprétant le continu, de récupérer l'intensité au sein de l'extensité, comme semble déjà l'exiger Kant dans sa description métaphysique du continu. Dans ce nouveau cadre, le « sans-trou » qu'exprimait au premier ordre la divisibilité à l'infini (la densité) est « relevé » et complémenté par une propriété exprimant la non-séparabilité du continu d'avec soi-même au second ordre, au niveau dit : la propriété de *connexité*.

Si nous en croyons M. Panza, dans l'ouvrage que nous citions à la note de la page précédente, la non-compositionnalité est restée représentation directrice jusqu'à Cauchy : le passage à la conception moderne du continu comme au-delà du partout dense coïncide avec l'abandon (et la reprise) de cette représentation dans celle de la *connexité* d'un substrat compositionnel (extensionnel, si l'on veut).

38. Mais pas sous le nom littéral de partout dense, bien entendu.

39. A 480-481, B 508-509, III 332-333; *Critique de la raison pure*, trad. A. Tremesaygues et B. Pacaud, Paris, PUF, 1944, p. 367.

40. A 762, B 790, III 497-498 ; *op. cit.*, p. 520.

Le partout dense du continu de Kant peut donc être considéré, à la lumière de l'histoire mathématique où il s'inscrit, comme en attente d'une codification qui exprime ce par quoi il est fondamentalement en excès sur le partout dense dénombrable des rationnels. Ce, bien que l'on ne sache nullement, lorsque Kant écrit, que l'élargissement du concept de nombre nécessaire à la pensée du continu (qu'on croit d'ailleurs jusqu'à un certain point déjà accompli) passe par la désignation de la propriété du partout dense comme une caractérisation inadéquate de ce continu. Si l'on veut aller au bout de la thèse historiale soutenue ici, on dira que la place tenue à l'époque cantorienne par le caractère « au-delà du partout dense » du continu est tenue, dans le dispositif kantien, par le jeu complexe de l'intensité, l'extensité, la divisibilité à l'infini et la non compositionnalité ; et dans la technique mathématique contemporaine de Kant, par le discours infinitésimal, *sa paradoxalité comprise*.

Pour tenir de tels raisonnements, il faut bien entendu regarder le continu comme un ineffable qui exige quelque chose de la pensée mathématique (au sujet duquel cette dernière veut quelque chose), et qui doit être situé au-delà des juridictions formelles ou pré-formelles qui le fixent. Cela implique donc de dire que le continu n'« est » pas plus définitivement ce qu'en articule notre mathématique qu'il n'était au dix-huitième siècle le partout dense. En d'autres termes il faut se situer dans le cadre herméneutique que nous nous somme donné dès le premier chapitre de ce livre. A cette condition il est possible de suivre ce qui est pensé comme le continu d'une époque à une autre, sans tomber dans l'insoutenable opinion que ce dont parle Kant et ce dont nous parlons lorsque nous prononçons le mot continu sont radicalement étrangers, ni dans l'absurdité symétrique qui consiste, niant le processus herméneutique, l'approfondissement du sens, à postuler l'immobilité du continu comme référent.

Plus précisément, et comme nous l'avons déjà affirmé sur un mode général, nos analyses réussissent comme analyses herméneutiques lorsqu'elles parviennent à dégager ce qui était *implicitation*, par rapport à quoi autre chose qui vient après doit être regardé comme explicitation[41]. C'est ce que nous venons de faire : la non-compositionnalité, l'incompatibilité-compatible de l'intensité et de l'extensité au sein du continu, la pertinence inconsistante du discours infinitésimal, ont été décrites par nous comme implicitations de la compositionnalité au-delà du partout dense et de la connexité du continu cantorien. Mais bien entendu, pareille affirmation ne doit pas être comprise comme si elle faisait du dogme du continu ensembliste le noyau même de toute l'affaire ou l'histoire herméneutique, qui n'aurait pas fait autre chose que se dissimuler dans chaque conception ou formulation antérieure. Elle ne fait que marquer de quelle manière, à une époque, le mystère se translate et/ou s'approfondit. Et le phénomène, a priori toujours décelable, d'explicitation de l'implicite, ne signifie en aucune manière que l'implicite soit jamais réduit, ni que l'explicite acquis à un moment donné puisse jamais être considéré comme ne requérant plus un supplément d'explicitation. En bref, il faut, dans le modèle de l'herméneutique formelle qui est le nôtre, parvenir à penser l'explicitation comme tout à fait autre chose que la résolution ou l'épanchement de l'implicite. Il n'y a pas d'économie de l'annulation entre ces deux moments, mais plutôt une

41. Que cette explicitation, nous l'avons dit au chapitre I, soit celle de l'essence ou celle du mystère, du retrait.

étonnante conservation de l'ombre que l'implicite porte sur l'explicite le long du processus par lequel cette ombre se laisse reprendre comme lumière.

### *2.2.4 L'herméneutique de l'espace*

Le second rapport de filiation herméneutique que nous avons trouvé dans l'exposition métaphysique de l'espace est celui qui veut que la question « Qu'est-ce que l'espace ? » remonte nécessairement à la question « Qu'est-ce que le continu ? », le continu apparaissant comme un noyau de ce que nous anticipons comme l'espace. C'est pourquoi il est naturel de s'enquérir du *plus* qui est anticipé dans l'espace relativement au continu, ou encore, pris du côté de la question, de ce qui dans la question de l'espace questionne au-delà de la question du continu. A une telle interrogation, certes, l'exposition métaphysique ne répond pas très directement. On peut bien sûr essayer de tirer argument des éléments de géométrie auxquels Kant se réfère comme à des contenus de l'anticipation de l'espace. Kant fait en tout et pour tout état de la tridimensionnalité de l'espace, et de l'existence d'une unique droite passant par deux points. Est-ce à dire que la dimensionnalité d'une part, que nous devrions interpréter elle-même, peut-être, à la lumière de la théorie moderne (topologique) de la dimension[42], les relations d'incidence point-droite ou droite-plan, d'autre part, que nous devrions considérer dans la perspective d'une axiomatisation de type hilbertien de la géométrie, seraient les éléments déterminants de l'essence de l'espace selon Kant ? Avant d'essayer de répondre, et rendre compte de ces deux indices, nous voudrions tenter d'accéder à la richesse propre de l'anticipation de l'espace telle que Kant la comprend par une autre voie, plus fondamentale : en montrant que Kant a peut-être pressenti, dans le langage qui est le sien, que l'essence de l'espace exigeait l'adjonction de la pensée de la *localité* à celle de l'entier spatial.

Un tel discours semble, il est vrai, très informé par la mathématique ultérieure, si ce n'est même par la glose fameuse, déjà évoquée au premier chapitre, de Lautman. Cependant, nous voulons ici essayer de légitimer la considération de la localité comme essentielle à l'anticipation de l'espace autrement que par une référence quelconque aux mathématiques « modernes » : par le discours de Kant lui-même. Il nous semble en effet, pour révéler sans ambages notre thèse, que l'*intuition formelle*, en tant qu'elle se distingue d'avec la forme pure de l'intuition, est précisément l'instance qui se charge dans le dispositif kantien d'ajouter la localité dans l'anticipation de l'espace. Et que c'est en un sens seulement par là même que celle-ci devient proprement anticipation d'un espace *géométrique* (mais il faut, nous le verrons, rester prudent dans une telle affirmation). L'intuition formelle, cela dit, ne se situe pas, lorsqu'elle procède à cet ajout, sur le même rang que l'intuition pure de l'entier spatial, ce qui tout à la fois fait problème, et peut être instructif.

Tâchons d'être plus précis. Kant, on le sait, parle d'intuition formelle dans une note du paragraphe 26 de *Critique de la raison pure*, par lequel se conclut, dans la seconde rédaction où il s'insère, la déduction transcendantale des catégories. Le mouvement général de l'argumentation est de faire valoir que notre appréhension du divers, comme

42. Exposée par exemple dans Hurewicz, W. & Wallman, H., *Dimension Theory*, Princeton, Princeton Universiy Press, 1948. Les auteurs citent en introduction le propos de Poincaré selon lequel la tridimensionnalité est la propriété la plus importante de l'espace (p. 3).

appréhension *sensible*, est déjà engagée dans une *unité nécessaire*, et que la fonction synthétique des *catégories* s'en déduit. Kant écrit :

> « Nous avons des *formes* de l'intuition sensible, aussi bien externe qu'interne, *a priori*, dans les représentations d'espace et de temps, et à ces représentations doit toujours être conforme l'appréhension du divers du phénomène, puisqu'elle-même ne peut avoir lieu que suivant cette forme. Or l'espace et le temps ne sont pas simplement représentés *a priori* comme des *formes* de l'intuition sensible, mais comme des *intuitions* mêmes (qui contiennent un divers), par suite avec la détermination de l'*unité* de ce divers qu'ils contiennent (voyez l'esthétique transcendantale)°. Donc l'*unité de la synthèse* du divers, hors de nous et en nous, et, par suite, aussi une *liaison* à laquelle tout ce qui doit être représenté comme déterminé dans l'espace ou dans le temps doit être conforme, est elle-même déjà donnée *a priori* comme condition de la synthèse de toute l'*appréhension*, avec (et non dans) ces intuitions. Mais cette unité synthétique ne peut être que celle de la liaison, dans une conscience originaire, du divers d'une *intuition* donnée en général, mais, conformément aux catégories, appliquée seulement à notre *intuition sensible*. Par conséquent, toute synthèse, qui rend possible la perception même, est soumise aux catégories, et, comme l'expérience est une connaissance par perceptions liées, les catégories sont les conditions de la possibilité de l'expérience et sont donc valables aussi *a priori* pour tous les objets de l'expérience. »[43]

Ainsi donc, Kant introduit dans son raisonnement une instance unificatrice sensible a priori qui *appelle* pour ainsi dire l'unification *conceptuelle* par le « Je pense » (l'unité originairement synthétique de l'aperception transcendantale, selon la formule consacrée). Cette unification sensible est le fait de ce que Kant appelle *intuition formelle*, qu'il définit essentiellement dans la note qui s'ouvre ci-dessus juste après l'évocation de l'esthétique transcendantale (appelée par °), et constitue de fait un retour sur celle-ci. Voici le texte de cette note :

> « L'espace représenté comme objet (ainsi que c'est réellement nécessaire dans la géométrie) contient plus qu'une simple forme de l'intuition, à savoir, la synthèse dans une représentation intuitive du divers donné suivant la forme de la sensibilité, de sorte que la forme de l'intuition donne simplement le divers et l'intuition formelle, l'unité de la représentation. »[44]

Ce passage – aussi bien le corps du §26, dont nous avons cité le moment crucial, que la note dont nous venons de donner un fragment – a été commenté par d'autres, et la notion d'intuition formelle en général a été l'objet de tentatives d'appropriations antérieures à la nôtre. Nous ne prétendons pas ici à une clairvoyance qui procéderait d'une élaboration de la méditation de ces prédécesseurs, et qui, comme

43. B 160-161, III 124-125 ; *Critique de la raison pure*, trad. A. Tremesaygues et B. Pacaud, Paris, PUF, 1944, p. 138.
44. B 160, III 125 ; *op. cit.*, p. 138.

telle, prétendrait la *dépasser*. Plus simplement, ce que nous allons produire comme interprétation n'est pas autre chose que la mise à plat de ce que nous avons toujours senti dans ce passage, depuis notre première lecture, cédant à l'inexorabilité de l'unilatéralité de notre entente de la *Critique de la raison pure*. Unilatéralité à laquelle nous devons tout ce que nous en comprenons, même si, en mûrissant, nous devenons capables de l'exposer à la légitimité d'autres ententes (c'est aussi cela, l'herméneutique). Néanmoins, il nous apparaît a posteriori que notre lecture converge avec celle de Heidegger, bien que la différence de regard sur les mathématiques et leur infini, sans doute, change tout. Nous expliquerons cette identité et cette différence plus tard, dans la section finale de ce chapitre consacrée au retentissement de notre lecture herméneutique sur la compréhension globale de la *Critique de la raison pure*. Venons en maintenant sans plus tarder au fait, c'est-à-dire à ce que nous comprenons au sujet de l'intuition formelle.

« La forme de l'intuition donne simplement le divers » . Comme nous l'avons dit, la forme pure de l'espace impose l'espace comme globalité. Mais c'est une globalité sans localité, et à ce titre, tout ce qui y prend place est comme égaré, dans l'absolue indifférence de toute position relativement à toute autre, dirait Hegel (c'est ce qu'il appelle le caractère « privé de concept » de l'espace), en sorte que le divers y reste simplement divers, non coordonné, rhapsodique. L'espace pur n'est pas totalisation, unification, co-articulation[45]. Mais il y a autre chose que l'espace pur, il y a quelque chose qui est à la fois représentation de l'espace « comme *objet* », et représentation intuitive *unitive* « du divers donné ». Nous comprenons que ce quelque chose est la pluralité spatiale *prise dans une forme*, expression où *forme* veut dire cette fois autant que *figure*. L'espace de l'intuition pure n'est pas une figure, il n'est tout simplement pas un objet, mais une contrainte englobante (une globalité infinitaire excédant toute mesure objectale). La constellation singulière d'un divers en revanche, envisagée dans l'élément de la forme pure, donc dans l'a priori, se prête à l'intuition d'une figure qu'elle dessine. Cette lecture est bien cohérente avec l'expression *intuition formelle*[46]. De plus, Kant donne une indication qui va tout à fait dans le sens de notre lecture dans l'exemple qu'il propose juste après avoir achevé la déduction transcendantale, soit quasiment à la suite du passage que nous avons cité. Traitant du cas de la perception d'une maison, il écrit en effet :

> « Quand donc, par exemple, je convertis en perception l'intuition empirique d'une maison par l'appréhension du divers qu'elle présente, l'*unité*

45. Ainsi que nous avons souvent essayé de l'argumenter contre J. F. Lyotard, notamment dans *Le continu et le discret* (Salanskis, J.-M., Thèse de l'Université de Strasbourg, 1986, p 272-273) et dans un commentaire non publié de *Le Différend* (Lyotard, J.-F., Paris, Minuit, 1983), où ce dernier prend régulièrement la mise en espace comme synthèse totalisante assignante. Nous croyons ce point tout à fait important pour comprendre *jusqu'au bout* Kant comme précurseur de la perplexité moderne, ce qui est la ligne de l'enseignement que nous avons reçu de J.-F. Lyotard justement.

46. Une autre qualité de cette lecture est que l'appel à l'unification conceptuelle par l'entendement se comprend très bien dans son cadre, surtout si l'on a de plus à l'esprit la théorie du beau dans la troisième critique. En effet, Kant dit bien que l'entendement est déjà là, en plus de la sensibilité, dans l'intuition formelle ; mais il n'y est pas critériellement, ou discursivement, comme dans le moment de la *recognition*. On est toujours dans l'appréhension, mais l'intuition formelle est signe de la coopération libre, spontanée, de la sensibilité et de l'entendement, sur laquelle se fonde en dernière analyse la possibilité même de la recognition, c'est-à-dire du caractère légiférant de l'entendement.

> *nécessaire* de l'espace et de l'intuition externe sensible en général me sert de fondement et **je dessine en quelque sorte la forme de cette maison conformément à cette unité synthétique du divers dans l'espace**[47]. Or, cette même unité synthétique, si je fais abstraction de la forme de l'espace, a son siège dans l'entendement... »[48].

Nous avons souligné le passage où Kant évoque le *dessin* de la figure de la maison. C'est ce dessin qui amorce l'unité dans l'intuition, et commande la relève de celle-ci dans l'entendement, selon le parcours « empirique » de l'appréhension à la recognition (l'ensemble de notre passage est visiblement une réminiscence, dans la seconde édition, de l'exposé de la déduction de la première édition). Mais cette amorce de l'unité dans l'intuition, par la figure, si nous essayons de la penser de manière véritablement apriorique, il ne nous reste que quelque chose comme le concept de figure, justement. Voire, si nous sommes encore plus rigoureux, et si nous acceptons le fait que le « dessin » qui rassemble le divers ne peut pas être préjugé *tracé*, *surface* ou *volume*, ni même assemblage de ceux-ci, il ne nous reste que le concept indéterminé de *localité* : le divers dans l'espace, quel qu'il soit, dessine un lieu dès lors qu'il est effectivement reçu, lieu de toute nécessité autre que l'espace infini lui-même. L'intuition formelle est la saisie *locale* apriorique. De ce que la saisie est a posteriori à chaque fois, elle garde la propriété d'être *bornée* : l'intuition formelle va nécessairement du même pas que l'imagination, au sein de la forme pure, d'un divers qui compose le lieu, la figure. Si bien qu'on peut dire que la finitude du lieu est nécessaire en regard du fait que l'imagination transcendantale n'est pas par elle-même capable du sublime.

Dans une figure donc, ce qui est intuitionné est à la fois un complexe, un « ensemble » (une entité d'ordre au moins 2), et quelque chose de *local*. Là est justement le pas franchi avec la représentation de l'espace « comme *objet* ». Mais Kant dit encore que ladite représentation de l'espace comme objet est « réellement nécessaire dans la géométrie ». C'est que la géométrie est la théorie de l'espace (c'est pour une part la définition kantienne de l'espace[49]), mais théorie de l'espace *en vue de la détermination de la figure*[50] ; soit, reporté dans le langage qui est le nôtre, une théorie de l'espace intéressée par le local.

Mais évidemment, tout l'important ici est que le local est présenté comme quelque chose qui n'est pas originairement le miroir du global, sa bonne seconde moitié dialectique. Le global et le local ne surgissent pas au même niveau du rapport herméneutique à l'espace, le local venant en quelque sorte après, dans le décrochage qualitatif de la représentation de l'espace comme objet, et de l'imagination d'une collection singulière dans l'espace. Il fait partie de l'anticipation, mais d'un moment second et différent de l'anticipation ; ou encore, il est corrélatif d'une question seconde qui questionne dans la question « Qu'est-ce que l'espace ? », et qui serait quelque chose comme « Qu'est-

47. Souligné par nous.
48. B 162, III 125 ; *Critique de la raison pure*, trad. A. Tremesaygues et B. Pacaud, Paris, PUF, 1944, p. 139.
49. Point sur lequel nous rejoignons, semble-t-il, l'école de Marbourg, à ceci près que, peut-être, pour Natorp et Cohen, c'est la théorie physico-mathématique, et non pas mathématique, qui règle l'identité de l'espace kantien.
50. Cf. Gonseth : « La géométrie est la science des figures de l'espace. » (formule choisie comme « base de discussion » à la p.7 de *Les fondements des mathématiques* (Gonseth, F., Paris, Blanchard, 1974).

ce que la figure? ». D'où l'idée sur laquelle nous pensons devoir nous régler : l'espace kantien est le continu dans l'élément duquel le local se manifeste comme quelque chose qui n'est pas d'emblée raccordé, homogénéisé avec le global. Ou mieux encore, parce que l'usage du mot global peut ici introduire une confusion, l'espace kantien est un *entier* continu où surgit le local, qui fait valoir cet entier comme global, et comme essentiellement *autre* que le local à ce titre. En effet « avant » le local, l'entier de l'espace ne s'oppose pas au local, mais s'involue seulement vers l'infinitésimal, ou se déploie en l'infiniment grand : l'entier de l'espace est, à ce stade, la même chose que le continu, ou du moins que le continu distribué dans l'être-là. Par de telles formulations sont à la fois marqués la dépendance de l'espace sur le continu et ce qui en lui excède celui-ci.

Nous pouvons maintenant brièvement réfléchir sur les deux éléments mentionnés par Kant dans l'exposition métaphysique, et dont nous demandions quelle était leur contribution à l'anticipation de l'espace. La propriété selon laquelle par deux points il passe une et une seule ligne droite, axiome d'incidence essentiel, met en scène la *ligne*, soit quelque chose qui tout à la fois est et n'est pas une figure : c'est une figure *infinie*, qui exige la prolongation de l'intuition formelle à l'infini, jusqu'au global[51]. Intervient donc dans la propriété d'incidence un moment que nous pouvons qualifier de moment d'*idéalisation*, moment en lequel se construit une entité en partie globale et se pense un contenu en fin de compte global, à partir de l'intuition formelle de la rectilignité « locale ». La propriété de tri-dimensionnalité mérite la même sorte d'analyse : elle dit la localisation possible de tout point par rapport à un système de directions, donc elle met en jeu un dispositif de « figure infinie », disons la prolongation à l'infini d'un cube. Dans l'énoncé d'une telle propriété, la géométrie s'annonce donc comme opération de prolongation à l'infini de contenus d'intuition formelle, selon une procédure qui, à la limite, et comme l'a bien souligné Husserl dans *L'Origine de la Géométrie*[52] n'est même pas seulement une procédure d'entendement : plutôt une procédure *idéelle*[53]. L'exposition métaphysique de l'espace, selon ce que nous avons dit plus haut, présente la géométrie comme le discours nécessaire dont l'espace ne saurait être que la fiction. Selon notre lecture de la note du §26, nous devons ajouter que la géométrie insère dans la question de l'espace celle du lieu, et le fait par la mise en jeu de l'intuition formelle, dont seraient librement co-responsables l'entendement et la sensibilité. L'évocation de la tridimensionnalité et de l'axiome d'incidence nous permet maintenant de compléter notre représentation de l'essence de la géométrie, qui est aussi son *attitude*, représen-

51. Notons qu'ici, le global prend ici une première fois un sens géométrique explicite différent de l'entier, possibilité, qui, nous le verrons, est systématiquement exploitée par l'herméneutique mathématique contemporaine de l'espace.

52. Husserl, E., *L'Origine de la Géométrie*, trad. franç. Jacques Derrida, Paris, PUF, 1962.

53. Nous pensons à la description par HusserlHusserl, Edmund du passage des « essences morphologiques » aux idéalités géométriques :

> « ... avec ses formes finies et variées dans leur spatio-temporalité, il n'a pas encore les formes géométriques, les formes phoronomiques ; celles-là [les finités], en tant que formations nées de la praxis et conçues en vue d'un perfectionnement, ne sont évidemment que les supports d'une praxis d'un genre nouveau à partir de laquelle naissent des formations au nom semblable, mais d'un genre nouveau.
>
> Il est d'avance évident que ce genre nouveau sera un produit qui naît d'un acte spirituel d'idéalisation... »[*L'Origine de la Géométrie*, p. 212].

tation qui livre la vraie teneur, complète, de l'anticipation de l'espace. L'espace est l'entier continu en lequel s'anticipe la localité comme quelque chose de non rapporté a priori à la globalité, non égalisé ou miré a priori en elle, mais qu'il s'agit en effet de raccorder à celle-ci, de lier à celle-ci, puisqu'après tout la localité comme la globalité ont l'entier continu comme cadre. Ce qui se propose ou s'élabore en fait de raccord ne le peut que par la grâce d'une opération *idéelle*, soit une opération qui excède les facultés de présentification de l'intuition formelle (dans laquelle, nous devons le supposer, l'entendement joue). De la sorte, toute la complexité du jeu herméneutique inter-facultaire de la géométrie se trouve posée.

Nos remarques sur l'infini, le continu, et l'espace kantiens appellent une confrontation avec le développement contemporain de la mathématique. Notre hypothèse est que Kant, en donnant à la *Critique de la raison pure* son soubassement « esthétique », l'a en fait juchée sur l'herméneutique mathématique de l'infini, du continu et de l'espace : il a explicité l'orientation générale de cette herméneutique et son organisation interne, aussi loin et aussi profond qu'il les apercevait. Ce faisant, certes, il n'a pu par avance déflorer les révolutions herméneutiques à venir. Mais il ne s'est pas non plus cantonné dans la répétition du dogme de la mathématique de son temps. Son attitude herméneutico-transcendantale lui commandait de dire non pas en quoi l'espace, le continu, l'infini étaient maîtrisés, mais de quelle manière ils interrogeaient. Nous examinerons en fait au chapitre suivant dans quelle mesure la mathématique ultérieure a occupé l'espace herméneutique délimité par l'esthétique kantienne, et dans quelle mesure elle a manifesté une tendance à s'en émanciper. Car tel est bien le problème qui pour nous, étant donné le cadre dans lequel nous plaçons notre réflexion, vient à la place de celui de la supposée « réfutation » de l'esthétique transcendantale par les géométries non euclidiennes ou par l'axiomatisation de la géométrie en général.

## 2.3 L'enjeu de la lecture herméneutique proposée

Kant n'est pas un auteur indifférent, si jamais l'histoire de la philosophie en compte. Il remplit une fonction sans égale dans notre présent. Il est le seul nom propre de l'histoire de la philosophie, sans doute, qui vaut comme repère pour ainsi dire *emblématique* de la discipline philosophique pour *tous* ceux qui y travaillent de manière institutionnelle. Kant est, en effet, un interlocuteur ou un point de passage obligé tout à la fois pour les empiristes logiques, pour les néo-aristotéliciens ou pour les post-heideggeriens. Par-dessus le marché, l'aporie en termes de laquelle il décrit la délibération éthique dans la seconde critique semble être, à l'usage, le seul message auquel puisse s'accrocher la pensée démocratique, si bien qu'on se réclame souvent de quelque chose comme la loi morale formelle de Kant dans le débat juridico-politique.

Or, on sait bien que l'esthétique transcendantale est le centre organisateur de tout le dispositif critique. Ce n'est pas seulement que l'analyse philosophique montre à l'évidence comment l'affirmation de l'idéalité transcendantale de l'espace et du temps conditionne de près ou de loin chaque accent majeur des trois critiques. C'est aussi que dans la postérité de Kant, les grandes interprétations qui ont été données de son œuvre, ou la polémique philosophique qu'il a suscitée, se sont généralement ordonnées à partir d'une lecture de ou d'une réaction à l'esthétique transcendantale.

### *2.3.1 Discussion de la lecture heideggerienne de Kant*

Justement, pour essayer de prendre la mesure de la portée éventuelle de la lecture que nous proposons, nous allons partir d'une lecture-réaction exemplaire à nos yeux, celle de Heidegger. Nous la croyons exemplaire tout d'abord parce que nous devons reconnaître que nous subissons son influence : notre lecture est à certains égards une lecture heideggerienne de Kant qui s'oppose comme heideggerienne à la lecture de Heidegger. Cette opposition témoigne à la vérité d'un débat plus profond avec Heidegger, dont le premier chapitre de ce livre a déjà donné la clef. Nous nous réclamons de Heidegger parce que nous lui reprenons la compréhension de l'essence de la pensée comme herméneutique. Mais nous sommes obligé de voir que l'herméneutique, pour lui, ne pouvait pas calculer ou déduire : « l'herméneutique ne calcule pas » serait l'explicitation sous forme de slogan du fond de la pensée de Heidegger sur la science et la philosophie[54].

Mais venons en au fait, c'est-à-dire d'abord au commentaire heideggerien de l'esthétique transcendantale.

#### 2.3.1.1 L'occultation de la modalité mathématique de l'infini par Heidegger

Examinons directement comment Heidegger, dans *Interprétation phénoménologique de la « Critique de la raison pure » de Kant*[55], croit être en droit d'interpréter l'infini de l'espace, allégué par l'exposition métaphysique kantienne. On ne trouve pas, en effet, dans l'ouvrage plus officiel de Heidegger sur Kant, le fameux *Kant et le problème de la métaphysique*, dit le *Kantbuch*[56], la même analyse détaillée de l'esthétique transcendantale (bien qu'il se fonde alors implicitement sur cet examen pour argumenter en faveur de la nature *essentiellement imaginative* des formes pures) : que le premier texte cité soit en fait un cours est ici bien évidemment décisif, et profitable à notre réflexion.

Pour comprendre en quel sens Kant dit l'espace « grandeur infinie donnée », Heidegger commence par réfléchir sur l'occurrence du terme *grandeur* dans ce contexte, avant de déterminer comment doit en conséquence être comprise la prédication par l'adjectif *infinie*. La « grandeur », dit-il, est si l'on veut le *quantum*, mais à condition de distinguer ce dernier de la *quantitas*, c'est-à-dire du concept dépendant du groupe catégoriel de la quantité, signifiant l'unité d'une pluralité comme totalité : c'est ce dernier contenu notionnel qui dans la *Critique de la raison pure* est à la source (via schématisme pur) du concept de nombre. C'est pourquoi Heidegger suggère plutôt de traduire *quantum* par *magnitude*, et d'entendre par ce mot capacité d'être-grand (avec une référence à l'allemand *Grössheit*), puis en fin de compte « condition de possibilité de toute quantité » « elle-même indépendante du grand et du petit »[57]. L'infini

---

54. Comme, Jean-François Lyotard nous l'enseigne, « le travail du rêve ne pense pas » livre en un sens la clef de la démarcation processus primaire/processus secondaire chez Freud ; soit dit en passant, les deux thèses sont tout à la fois extraordinairement proches et extraordinairement lointaines.

55. Heidegger, M., *Interprétation phénoménologique de la « Critique de la raison pure » de Kant*, trad. E. Martineau, Paris, Gallimard, 1982.

56. Cf. Heidegger, M., *Kant et le problème de la métaphysique*, trad. A. de Wählens et W. Biemel, Paris, Gallimard, 1953.

57. Cf. Heidegger, M., *Interprétation phénoménologique de la « Critique de la raison pure » de Kant*, trad. E. Martineau, Paris, Gallimard, 1982, p. 124.

de la grandeur espace est en fin de compte compris comme l'infini de l'altérité de la *magnitude*, en tant que condition de possibilité, à l'égard de toute quantité effective : l'infinité de l'espace ne saurait être *quantitative*. La phrase de Kant sur le « progrès à l'infini » autorisé par l'espace est donc interprétée comme exprimant la précédence de l'espace sur le progrès quantitatif qui a lieu en lui, précédence qui est elle-même saisie comme *altérité* à toute quantité. Heidegger voit bien que c'est en tant qu'espace « nécessairement total » que l'espace enveloppe l'infini, il rattache bien comme nous l'avons fait l'infinité à la globalité. Mais la globalité elle-même est appréhendée par lui comme non-mathématique, comme en quelque sorte dans le retrait : comme une archi-condition de possibilité de la présentation pure spatiale, pourtant déjà possibilisante pour la réception du divers. Sa conclusion, telle qu'il l'énonce, est donc :

> « Le tout est essentiellement distinct, en tant que fondement de leur possibilité, de chacune de ses limitations, et c'est là précisément ce qu'exprime Kant à l'aide du terme « infini », qui doit dès lors signifier autant que : essentiellement autre, ontologico-métaphysiquement autre. »[58]

Ici les choses sont plutôt subtiles, et leur démarcation demande de l'attention. Ce que Heidegger ne voit pas, ou retranche, obéissant à un automatisme intellectuel qui peut-être lui échappe, c'est que le tout de l'espace, chez Kant, est en fait le vrai contenu de la présentation pure, et non pas ce qui la soutient. Le tout se présente et le progrès à l'infini s'y loge, en telle sorte que l'on « a » dans un seul lot l'ensemble, qui constitue proprement la tension qu'exerce l'intuition pure sur le mode conceptuel de la représentation. Nous l'avons vu exprimé en termes clairs par Kant tout à l'heure, dans le point 5) de l'exposition métaphysique, spécialement dans sa seconde rédaction (où il est alors le point 4)). Qu'on se souvienne seulement de la phrase que nous avons alors fait figurer en caractère gras, disant que « toutes les parties de l'espace existent simultanément dans l'infini ». Et c'est en cela que la « problématique » de l'intuition pure spatiale est chez Kant irréductiblement *mathématique* : elle est problématique d'une *syndose* de l'infini et du progrès fini sans limite, pour parler comme Heidegger[59]. Cette problématique est encore celle de l'infini déposé, et donc disponible pour une thématisation mathématique : elle s'oppose fortement à la problématique philosophique ou théologique de l'infini, que nous avons évoquée dans la section précédente, lorsque nous remarquions que la conception d'un infini non mathématisable, absolu étranger ou origine déterminante non déterminable, était restée dominante, y compris dans l'esprit des mathématiciens, jusqu'à Bolzano et Dedekind sans doute. Chez Heidegger, les choses ont le mérite de devenir claires, parce que radicales. Pour lui, infini ne peut se dire que de la profondeur dont vient ce qui se dépose (l'élément où se joue

---

58. Cf. *op. cit.*, p. 125.

59. Citons Heidegger :

> « Par suite, il s'impose de former ici un terme nouveau : "syndosis". Précisons sa signification : συνδίδωμι signifie : donner avec, donner ensemble, donner quelque chose avec quelque chose, σύνδοσις désigne la liaison ; nous disons : l'espace et le temps sont, en tant qu'intuitions pures, syndotiques, ce qui veut dire qu'ils donnent le divers comme un "cum" originaire à partir de l'unité comme totalité. »[*op. cit.*, p. 137].

Et Heidegger explique un peu plus loin en quoi cette syndose diffère de la synthèse, par laquelle l'entendement confère activement l'être-avec, et qui agit au sein de la démarche géométrique.

la *déposition*), comme il le dit régulièrement dans tout type de contexte. Le déposé, l'étant, est quant à lui assigné au fini. Mais la simultanéité des parties dans l'infini, les mots ne peuvent pas nous tromper ici, signifie forcément que l'être-ensemble des parties délivre l'infini comme le *vis-à-vis* de l'intuition pure, le contenu du préjugement transcendantal. Mieux, ce n'est pas exercer une violence interprétative que de rattacher cette simultanéité au trait schématico-catégoriel où Kant voit l'essence du *nombre* : l'infini se dit de la synthèse du divers (des parties) dans l'homogène, mais c'est une synthèse *présentée* (et non pas représentée). Nous nous croyons donc fondés à dire que l'infini kantien de l'espace est quantitatif, en ajoutant qu'il s'agit ici d'une quantité dont la compréhension, sans parler du contrôle, est d'emblée un défi herméneutique jeté à la pensée mathématique. Il a d'ailleurs fallu de longs siècles avant que ce défi soit simplement éprouvé comme tel, et que l'enjeu herméneutique de l'arithmétisation de l'infini, au sens le plus général du mot arithmétisation, soit connu comme enjeu de l'analyse et de la géométrie. Si l'on assimile le mot quantité à la quantité extensive et discrète, et surtout maîtrisée comme telle, alors en revanche l'intuition pure ne doit pas être prédiquée d'un tel quantitatif : ainsi que nous l'avons vu, le texte kantien le dit tout à fait clairement.

Ce qui vient d'être dit semble concerner seulement la lecture par Heidegger de l'affirmation de l'infinité intuitive de l'espace par Kant. Mais nous savons bien, pour avoir fortement marqué ce point dans notre étude sur l'esthétique transcendantale, que cette affirmation n'est pas séparable chez lui de celle de la *continuité* intuitive de l'espace. Dans nos termes, le renvoi herméneutique de l'espace à l'infini est médiatisé par le renvoi herméneutique de l'espace au continu. Le langage tenu par Heidegger au §7 de *Interprétation phénoménologique de la « Critique de la raison pure » de Kant*, dont nous nous sommes essentiellement occupé à l'instant, semble méconnaître cette solidarité.

Il est intéressant pour nous de constater qu'elle est néanmoins explicitement perçue par Heidegger, comme on peut s'en convaincre en lisant la manière dont celui-ci reprend la même analyse dans *Qu'est-ce qu'une chose ?*. Expliquant donc à nouveau ce qu'il en est de l'infini dans l'exposition métaphysique de l'espace, il écrit

> « L'espace est une grandeur (*quantum*) par rapport à laquelle les fractions finies, déterminées quant à la mesure, et les compositions arrivent toujours trop tard ; c'est une grandeur dans laquelle le fini de cette espèce n'a absolument aucun droit et ne joue aucun rôle dans la détermination de l'essence. »[60]

Cette formulation plus précise montre bien, observons le au passage, où est le problème de la lecture heideggerienne : s'il est correct par rapport au propos de Kant de décrire les déterminations finitaires comme « en retard » par rapport à l'intuition pure de l'espace, dire que ces déterminations « ne jouent aucun rôle » n'est pas possible. Parce que l'intuition pure est bien pour Kant comme une injonction d'avoir (dans la « fiction » de l'espace) un au-delà de ces déterminations sur le même mode que celles-ci. C'est intra-spatialement que l'on a l'au-delà de toute *quantitas*, et c'est ce

60. Heidegger, M., *Qu'est-ce qu'une chose ?*, trad. franç. J. Reboul et J. Taminiaux, Paris, Gallimard, 1971, p. 205.

qui fait l'intuition pure intuition plutôt que concept : c'est ce qui constitue son défi à l'entendement. De cette façon, c'est-à-dire au sein d'un tout qui fait question, l'infini intuitif est nécessairement déterminé par le fini qui se laisse fixer en lui, le statut de cette détermination étant qu'elle peut seulement être explicitée par une herméneutique mathématique. Cela dit, ce qui nous intéresse ici dans le propos de Heidegger est plutôt ce qui vient fort peu après :

> « L'espace et aussi bien le temps sont *quanta continua*, ils sont le doué-de-grandeur à titre originel, des grandeurs in-finies... » [61]

Par conséquent l'originarité de l'infinité de l'espace, détachée de l'espace lui- même selon la vue heideggerienne, est en même temps sa continuité, conformément à ce que nous comprenions : lorsque l'infini est retiré à l'espace, c'est aussi le continu qui est perdu. On conclura cette remarque en observant qu'à l'égalisation du continu et de l'infini près, Heidegger respecte la hiérarchie herméneutique, accordant à ces deux termes plus d'originarité qu'à l'espace.

Nous devons compléter cet examen de l'interprétation heideggerienne de l'esthétique transcendantale par la prise en considération de ce qu'il dit de l'intuition formelle. Il y a un fort contraste entre la brièveté de ce passage de la *Critique de la raison pure*, entre son caractère quasi-allusif, en tout cas obscur, et son importance stratégique pour la compréhension et, oserions-nous dire, l'« exploitation » de Kant. C'est que, et les divers commentateurs l'ont bien senti, le passage semble ajouter quelque chose à l'esthétique transcendantale relativement à la question de l'articulation « épistémologique » de l'intuition pure de l'espace et de la discipline « concrète » ayant nom géométrie.

La lecture que nous en avons donnée tout à l'heure est en un sens *la même* que celle donnée par Heidegger au §9 de *Interprétation phénoménologique de la « Critique de la raison pure » de Kant*, nous l'avons déjà dit. Heidegger, en effet, comprend comme nous que la fonction de l'intuition formelle est d'apporter une unité que la forme pure ne donne pas : dans ses termes, la forme pure donne l'unité de la *syndose*, mais pas celle de la *synthèse*. C'est toute la différence entre une unité englobante-reçue, et une unité *posée*, une unité qui est une unification installant son produit unaire comme vis-à-vis. Le supplément d'unité qu'apporte l'intuition formelle, Heidegger l'identifie, et nous l'avons suivi en cela, comme l'émergence de la *figure*. Il écrit ainsi :

> « Sur le fondement de l'unité originaire comme totalité, le pur divers des rapports spatiaux est maintenant limité, et dans de telles limitations, *unifié* en *figures spatiales déterminées*. » [62]

Où l'on voit encore que Heidegger associe, comme nous l'avons fait, la figure kantienne à une limitation au *fini*. En bon avocat de la lecture en faveur de laquelle il plaide, il donne d'ailleurs une citation de Kant (prise au §38 des *Prolégomènes* . . .) qui atteste

61. Cf. *op. cit.*, p. 205.
62. Cf. Heidegger, M., *Interprétation phénoménologique de la « Critique de la raison pure » de Kant*, trad. E. Martineau, Paris, Gallimard, 1982, p. 137.

de façon convaincante que la *figure* est pour ce dernier un *plus* par rapport à la forme pure de l'espace. Copions donc intégralement cette citation :

> « L'espace est quelque chose de si uniforme et, relativement à toutes les qualités particulières, de si indéterminé qu'on n'y cherchera sûrement pas un trésor de lois naturelles. En revanche, ce qui détermine l'espace en forme de cercle, de cône ou de sphère, c'est l'entendement, en tant qu'il renferme le fondement de l'unité de construction de ces figures. Ainsi la simple forme universelle de l'intuition qui s'appelle l'espace est bien le substrat de toutes les intuitions déterminables quant à des objets particuliers, et il contient vraiment la condition de la possibilité et de la multiplicité de ces intuitions ; cependant, l'unité des objets est déterminée uniquement par l'entendement, et certes selon des conditions inhérentes à sa nature propre. » [63]

Cela dit, il y a tout de même une différence. Pour Heidegger, le moment « forme pure » est complètement extra-mathématique, et le moment « intuition formelle », en revanche, complètement géométrique, sous la gouverne de l'entendement et de ses conditions (la citation précédente, reconnaissons-le, met d'ailleurs l'unification formelle intégralement sur le compte de l'entendement). D'où l'idée d'un clivage fort, opposant l'intuition pure « métaphysique » à une intuition formelle « géométrique », qui serait déjà une intuition d'entendement, en forçant un peu la thèse. Jean Petitot, qui a profondément réfléchi sur cette question, et qui cherche comme nous à rétablir dans son droit une signification de la *Critique de la raison pure* adressée à la science, suit Heidegger dans la reconnaissance de ce partage. Pour lui, l'intuition formelle est l'article du système kantien qui permet d'imaginer qu'un contenu mathématique puise valoir comme « interlocuteur intuitif » pour un schématisme généralisé des catégories propres aux diverses régions d'objectivité. Notre présente discussion avec Heidegger est donc aussi une discussion avec lui, d'autant plus que l'orientation et l'intention générales de son approche sont aussi les nôtres.

Il n'y a guère de doute que le texte de Kant peut s'entendre comme Heidegger le suggère : en particulier, on peut sentir Kant embarrassé et maladroit lorsqu'il dit dans la note du §26 de la *Critique de la Raison pure*

> « Cette unité, si, dans l'esthétique, je ne l'ai attribuée qu'à la seule sensibilité, c'est uniquement pour remarquer qu'elle précède tout concept, bien qu'elle suppose une synthèse qui n'appartient pas aux sens ... » [64].

Pourtant, cette citation elle-même reconnaît bien que l'entendement était « déjà-là » dans l'esthétique, mais déjà-là en un sens seulement. Notre lecture nous semble rendre mieux raison de ce qu'il y a de difficile dans cette affaire. Pour nous, les mathématiques en général et la géométrie en particulier sont impliquées aux deux stades, celui de la forme pure espace de l'esthétique, et celui de l'intuition formelle de la déduction transcendantale. La forme pure doit, ainsi que nous l'avons montré (et c'est

63. *Apud* Heidegger, *op. cit.*, p. 138.

64. B 160-161, III 125 ; *Critique de la raison pure*, trad. A. Tremesaygues et B. Pacaud, Paris, PUF, 1944, p. 138.

le point que Heidegger, croyons-nous, manque) inclure une modalité de l'infini actuel-global qui ne peut être assumée que de façon mathématique : elle lie justement l'infini à une herméneutique autre que la métaphysico-théologique. Le niveau d'*intuition* (comprise comme appartenance à la question) que spécifie l'exposition métaphysique de l'espace est celui du *cadre*, la note du §26 spécifie quant à elle une intuition *seconde* (plutôt que *dérivée*, comme dit Heidegger) et qui est celle de la *figure*. De même qu'on ne peut décrire comme non mathématique l'intuition de la forme pure, de même on ne peut mettre au compte du seul *concept* l'intuition formelle, bien que l'entendement y collabore. Le fait que l'entendement collabore est simplement une clause inévitable pour toute herméneutique mathématique : l'explicitation mathématique de l'énigme ne saurait avoir lieu sans jugements, prédications, assertion de connexions conceptuelles. Il faut d'ailleurs que l'intuition formelle reste intuition, passivité, rapport herméneutique à la question de l'espace, pour qu'elle puisse, conformément aux exigences de la déduction transcendantale, *appeler* la fonction recognitive de la catégorie, et non pas être d'emblée sa mise en œuvre. La « réduction » de l'intuition formelle à un moment d'entendement est donc proprement inimaginable dans le contexte où Kant fait jouer cette nouvelle instance.

Notre différence d'analyse avec Heidegger se concentre sur le point suivant : faute de comprendre l'exposition métaphysique comme mise en scène d'un infini enveloppé, actuel-global, d'un infini qui est l'affaire de la géométrie (même si cette géométrie, qui est nécessairement une mathématique du continu, n'est pas encore constituée de manière satisfaisante ou officielle à l'heure où Kant écrit), Heidegger est amené à comprendre le point de vue de la figure, comme *la* perspective (mathématique) sur l'espace en général. Le point de vue infinitaire-global, pour lui, est hors-champ par rapport à l'espace, le rapport à l'infini n'est que rapport au « tout autre ». L'intuition formelle est alors la deuxième guise, enfin mathématique, scientifique, géométrique, du rapport à l'espace (en fait elle est seule rapport à l'espace proprement dit). Mais, nous l'avons déjà fait observer, cette lecture ne colle pas du tout avec le texte et la stratégie de Kant : la géométrie est déjà là dans l'exposition métaphysique (point 3 de l'exposition), le continu et l'infini sont déjà son affaire (points 4 et 5 de l'exposition). Par conséquent « l'espace comme objet », correspond bien à un supplément de question dans une *question de l'espace* qui s'anime à partir du préconceptuel et donne lieu tout d'abord à l'explicitation et l'élaboration formelles du continu et de l'intégralité de l'espace (l'adjectif *formel* étant pris cette fois au sens logico-mathématique contemporain). Dans l'ordre herméneutique fondamental des présuppositions, la question du *local*, ou de la *figure*, renvoie à la première instance de la question au moment même où elle *surenchérit* sur elle. Le *local*, la *figure*, valent ainsi comme quelque chose d'*a priori* hétérogène avec le global, mais dont le désaccord avec ce dernier doit être pris en charge par toute géométrie, au lieu d'être désaccord de la géométrie avec des confins métaphysiques.

Ce qu'on peut évidemment concéder, c'est que cette structure est en un sens d'abord inapparente, comme en témoigne l'histoire des mathématiques. Sans doute le nœud qui lie l'étude des figures avec la pensée de l'espace comme infini est-il déjà noué chez les Grecs, dans la mesure où le raisonnement géométrique est déjà concerné par le problème du *passage à la limite* : la preuve apagogique de la proportionnalité de l'aire d'un cercle au carré du diamètre par Euclide[65] peut suffire à s'en convaincre. Néanmoins la mise au clair du fait que la théorie du local et des figures s'adresse forcément à un domaine théorique ouvert par une « interprétation » de la notion d'infini, distribuant celui-ci dans l'entier d'un espace, n'est véritablement accomplie que par la mathématique cantorienne (et c'est sans doute son grand titre de gloire, qui lui doit la ferveur de ses adeptes). Ce qu'on doit encore reconnaître, c'est que le plus de la question du local est constitutif de l'identité de la géométrie au sein de la sphère mathématique, il nous semble même que le développement ultérieur de la mathématique l'a largement confirmé. Mais il assure ainsi la démarcation de la géométrie *dans le domaine mathématique* (par rapport à l'algèbre, l'analyse, etc.), pas la démarcation de la géométrie relativement à la métaphysique, la théologie ou, pire, la pensée. De plus l'exigibilité du souci du local pour avoir la géométrie dans son identité pleine ne rejette pas hors géométrie ce qui n'est pas tout-à-fait la géométrie (à savoir, en gros, comme théorie de l'infini-continu, l'analyse), au contraire, elle l'y implique.

#### 2.3.1.2 Position, horizon, modalité

Heidegger rencontre la question de l'esthétique transcendantale dans un troisième texte, bien que cette fois elle ne soit le sujet de sa discussion que d'une manière indirecte, et même en partie dissimulée : nous voulons parler de son article « La thèse de Kant sur l'être »[66]. Dans ce texte, Heidegger commente la célèbre phrase par laquelle Kant réfute la preuve « ontologique » de l'existence de Dieu :

> « Être n'est manifestement pas un prédicat réel, c'est-à-dire un concept de quelque chose qui pourrait s'ajouter au concept d'une chose. C'est seulement la position d'une chose, ou de certaines déterminations en elles-mêmes »[67]

Dans son commentaire, Heidegger met en évidence le fait que cet énoncé est porteur d'une assignation du sens de l'Être : ce dernier est vu comme *position*, *Setzung* dans la langue d'origine. Heidegger administre la démonstration de ce qu'il s'agit en effet d'une mise en lumière du sens de l'Être en faisant voir que l'éclaircissement de la signification des *modalités* par Kant renvoie à ce concept ou cette idée de la *position*. Or, et cette fois c'est pénétrer la doctrine de Heidegger que d'en prendre conscience, le *sens de l'Être* est intimement lié au *sens des modalités* : la « différence ontologique » Être-étant procure en quelque sorte chez lui l'élément *événementiel* qui soutient la pensée modale.

Nous suivons complètement Heidegger dans l'ensemble de cet exposé, et nous le suivons toujours quand il caractérise la *position* comme essentiellement étrangère à l'entendement. Ce n'est pas une mince clarification du message kantien, à nos yeux, que celle qui fait voir le lien entre l'imputation de modalité à laquelle se ramène toute

65. Nous renvoyons à l'étude de J.-T. Desanti dans « Réflexions sur le concept de "mathesis" » : cf. Desanti, J.-T., *La philosophie silencieuse*, Paris, Gallimard, 1975, p. 196-218.

66. Cf. Heidegger, M., « La thèse de Kant sur l'Être », trad. franç. L. Braun et M. Haar, in *Questions II*, Paris, Gallimard, 1968, p. 71-116.

67. Ceci est la traduction de la citation dans notre édition de « La thèse de Kant sur l'être ». Dans notre édition de *Critique de la raison pure* (à la p. 429), il y a « simplement » à la place de « seulement » et « en soi » à la place de « en elles-mêmes ».

connaissance « objective », et le clivage entendement/intuition. Nous nous séparons de Heidegger au niveau de la manière de comprendre l'hétérogénéité des termes de ce clivage, c'est-à-dire, comme nous allons le voir en étudiant ce texte, quant à sa façon de comprendre la *position*.

Résumons donc le commentaire de Heidegger. Selon lui, la phrase disant qu'« Être » n'est pas un « prédicat réel » se comprend en termes de la différence essentielle qui sépare des prédications comme « Dieu est » d'avec des prédications comme « Dieu est puissant ». Si dans les secondes, du concept s'ajoute à l'objet, dans les premières, ce serait plutôt de l'objet qui s'ajoute au concept : de l'objet, ou plutôt *la pure position de l'existence*. Mais peut-on expliciter la teneur de cette dernière notion ? Heidegger cite Kant le niant (« Ce concept [d'être-là et d'existence] est si simple qu'on ne peut rien dire pour l'expliciter. »). Plus profondément, il repère que ce « mystère », chez Kant, est le même que celui des prédicats modaux, citant cette fois la *Critique de la Raison pure* :

> « Personne n'a encore pu définir la possibilité, l'existence et la nécessité autrement que par une tautologie manifeste chaque fois qu'on a voulu en puiser la définition uniquement dans l'entendement pur »[68]

Mais justement, Kant, dans ce propos introductif à l'exposition des *postulats de la pensée empirique*, introduit son idée majeure, selon laquelle le sens propre des prédicats d'existence, de possibilité, de nécessité (prédicats de la modalité ontico-aléthique) est tributaire du registre intuitif en tant que registre hétérogène par rapport à celui de l'entendement pur. Et c'est cette dépendance, selon Heidegger, qu'exprime la caractérisation de l'Être comme « position ». Point qu'il formule ainsi :

> « Ce n'est que la position, en tant que position d'une affection, qui nous permet de comprendre ce que signifie pour Kant l'Être de l'étant »[69]

Or, chez Kant, la position en tant que position d'une *affection* « passe par » les formes a priori de la sensibilité : son explicitation du sens de la modalité (de l'Être de l'étant, en langage heideggerien) renvoie donc à ces formes. Kant définit en effet le possible comme « ce qui s'accorde avec les conditions formelles de l'expérience (quant à l'intuition et au concept) ». Ce qui dans cette définition, excède la détermination leibnizienne du possible comme le non-contradictoire, c'est la référence aux conditions formelles de l'intuition que sont chez Kant l'espace et le temps. Lorsque Kant définit ensuite le réel comme « ce qui est en connexion avec les conditions matérielles de l'expérience (de la sensation) », puis le nécessaire comme « ce dont la connexion avec la réalité est déterminée suivant les conditions générales de l'expérience », l'espace et le temps jouent encore un rôle décisif dans ces deux définitions, bien que celles-ci se situent en aval et en amont, respectivement, des formes de l'intuition pure[70].

68. A 244, B 302, III 206 ; *Critique de la raison pure*, trad. A. Tremesaygues et B. Pacaud, Paris, PUF, 1944, p. 220-221.

69. Cf. Heidegger, M., « La thèse de Kant sur l'Être », trad. franç. L. Braun et M. Haar, in *Questions II*, Paris, Gallimard, 1968, p. 87.

70. La définition du réel se réfère à la *sensation*, que nous dirions volontiers « en aval » de l'intuition pure, celle de la nécessité à un entendement légiférant a priori « en amont » de l'intuitionné. Notre métaphore est donc celle d'une dénivellation dont le *Je pense* est le sommet, et le divers sensible le pied.

La sensation est soumise à l'espace et au temps comme contraintes de présentation, et la connexion de l'expérience instituée par l'entendement est astreinte à être une connexion selon des concepts schématisés, c'est-à-dire dont la *signification même* est en un sens passée dans l'intuitif, dans le présentatif pur.

La glose des trois postulats par Heidegger, jusqu'à un certain point, restitue cette prégnance du spatio-temporel comme ce qui, induit par le privilège de l'intuition pure, fait toute la teneur originale, et le fond philosophique des définitions kantiennes. Citons intégralement cette glose à l'appui :

> « L'*Être possible* d'un objet consiste dans la qualité d'être-posé de quelque chose, de telle sorte qu'il *s'accorde avec* ce qui se donne dans les formes pures de l'intuition, c'est-à-dire l'espace et le temps, et, en tant que se donnant ainsi, se laisse déterminer selon les formes pures de la pensée, c'est-à-dire les catégories.
>
> L'*Être réel* d'un objet est la qualité d'être-posé d'un possible de telle façon que ce qui est posé soit *en connexion avec* la perception sensible.
>
> L'*Être nécessaire* d'un objet est la qualité d'être-posé de ce qui *est enchaîné* avec le réel selon les lois générales de l'expérience. » [71]

C'est surtout le double commentaire de Heidegger venant à la suite qui est éclairant. Il explique que les modalités kantiennes « sont les prédicats d'un rapport chaque fois exigé » [72], l'exigence étant justement l'exigence adressée à l'aperception, comme aperception logique, de sortir a priori de la clôture ou la solitude de sa spontanéité pour s'ouvrir à la détermination-affection de l'intuition pure. Et Heidegger marque finalement le coup en écrivant « les différentes qualités de l'être-posé sont définies à partir de la source de la position originaire. » [73].

Mais c'est là que le débat avec Heidegger doit commencer. Si la « position originaire » est cette part du sens de l'Être dont parle l'esthétique transcendantale lorsqu'elle met en avant les formes pures de l'intuition, la *déterminabilité* mathématique de ces formes peut-elle ici être indifférente ? Problème qui revient à celui-ci : la « position » peut-elle et doit-elle être envisagée indépendamment de sa relation à un *infini qui se dépose*, relation « vue » en une intuition qui situe l'étant comme divers égaré dans l'espace et le temps ?

Commençons par préciser ce que Heidegger comprend comme l'essence positionnelle de l'être chez Kant. Cette compréhension a principalement deux aspects :

— D'un côté, Heidegger interprète *position* comme renvoyant à $\lambda\acute{\epsilon}\gamma\epsilon\iota\nu$ dans le couple que $\lambda\acute{\epsilon}\gamma\epsilon\iota\nu$ forme avec $\nu o\epsilon\tilde{\iota}\nu$, couple sur lequel il réfléchit dans *Qu'appelle-t-on penser ?* [74]. Comme dans ce dernier texte, il fait valoir que la position a deux « faces », celle du laisser-être-posé-devant (le $\lambda\acute{\epsilon}\gamma\epsilon\iota\nu$) et celle du poser (le $\nu o\epsilon\tilde{\iota}\nu$), qui est saisie, prise conceptuelle. Il montre que l'amphibologie des

71. Cf. Heidegger, M., « La thèse de Kant sur l'Être », trad. franç. L. Braun et M. Haar, in *Questions II*, Paris, Gallimard, 1968, p. 100-101.

72. Cf. *op. cit.*, p. 101.

73. Cf. *op. cit.*, p. 102.

74. Cf. Heidegger, M., *Qu'appelle-t-on penser ?*, trad. A. Becker et G. Granel, Paris, PUF, 1959, p. 192-198 (notamment).

concepts de la réflexion, forçant à voir l'espace ou le temps comme pur déterminable en attente de la détermination du poser, nous conduit nécessairement à cette compréhension biface de la position. Mais pour lui, la structure biface du poser elle-même renvoie à la présence constante comme trait directeur de l'Être : la position présuppose en quelque sorte que l'Être « donne » une rémanence en laquelle le λέγειν et le νοεῖν sont possibles.

— D'un autre côté, la signification de la fonction proprement kantienne du λέγειν que remplissent les formes a priori est appréhendée par Heidegger en termes de pro-position d'horizon. Heidegger écrit ainsi

> « la pensée comme simple acte de poser pro-pose l'horizon sur lequel quelque chose comme la qualité d'être-posé, l'objectivité, peut être aperçu. La pensée fonctionne comme proposition de l'horizon en vue de l'élucidation de l'Être comme position et de ses modalités. » [75]

A beaucoup d'égards, nous faisons nôtre la lecture heideggerienne, et tout particulièrement ces dernières affirmations. Cependant le fait de ne pas intégrer à cette description l'aspect infinitaire de l'horizon, avec le sens d'infinité précis que nous avons identifié au cours de notre lecture de Kant, conduit à notre avis Heidegger à méjuger Kant sur deux points : lorsqu'il diagnostique l'inféodation de l'ontologie kantienne à celle de l'*ουσία* comme présence constante d'une part, lorsqu'il escamote ou retranscrit péjorativement la pertinence de l'idéalisme transcendantal à l'égard de tout le développement ultérieur de la conception physique de la modalité d'autre part, ce second point engageant implicitement un méjugement de la science en général.

#### 2.3.1.3 Position et présence constante

Pour ce qui concerne le premier point, tout tient dans le fait que la *position*, selon la lecture de l'esthétique transcendantale que nous avons suggérée, n'est pas seulement position de l'étant sur son horizon proposé, elle est pré-position de l'infini de cet horizon d'abord. C'est pourquoi la position, comme « acte » signant l'existence en tant qu'autre que le simple possible (logique), n'est pas originairement liée à la *présence* comme Heidegger le pense. L'horizon qui se propose, en tant qu'infinitaire, affecte la position d'un manque essentiel (manque que nous avons vu désigné tour à tour chez Kant comme caractère non implémentable de l'infini spatial, ou comme caractère sublime de l'injonction de réitérer la synthèse imaginative).

L'horizon, Heidegger conçoit en général son retrait uniquement comme celui d'une dimension étrange, d'une dimension « en plus ». Son modèle de la déclosion, tel qu'on peut en prendre connaissance par exemple dans l'article « La Parole d'Anaximandre » [76], ou tel qu'il est plus explicitement encore campé dans « Temps et Être » [77], est l'entrée d'une dimension en une autre. Et comme tel, il a nécessairement quelque chose de *topologique*, voire d'infinitésimal : Heidegger présente toujours l'approche

75. Cf. *op. cit.*, p. 113.

76. Cf. Heidegger, M., « La Parole d'Anaximandre », in *Chemins qui ne mènent nulle part*, trad. Wolfgang Brockmeier, Paris, Gallimard, 1980, p. 387-449.

77. Cf. Heidegger, M., « Temps et Être », in *Questions IV*, trad. J. Lauxerois et C. Roels, Paris, Gallimard, 1976, p. 12-51.

vers le séjour comme approche venant d'un ἄπειρον, donnant lieu à un effet de convergence et de limite « à la jonction » avec le plan de l'étant, lors de la chute dans l'actualité. Mais cette « topologie de la déclosion » est réservée à un discours essentiellement philosophant, puisqu'elle concerne *par définition* une guise de l'infini qui se retire, ou plutôt de l'infini comme retrait. Au lieu que l'idée que nous trouvons dans l'esthétique transcendantale serait plutôt que tout se donne, rien ne se retire, il y a seulement excès sur le pouvoir d'intégration propre à la spontanéité logique de ce qui se présente, en tant que c'est un *infini esthétique*. Que l'infini suscite un *trop* pour la représentation est la figure qui lance fondamentalement une herméneutique mathématique, alors que l'idée que l'infini est infinitaire *par son retrait* est l'idée présidant à une autre tradition herméneutique. Pourtant, pour ce qui regarde la question de la présence, le trop et l'excès reviennent au même, l'étant kantien (le divers) n'accède à sa position comme existant qu'au sein d'une forme infinitaire où il vaut d'abord comme *égaré*. Kant dit bien qu'avant les synthèses de l'entendement, le divers est comme une « rhapsodie », son rapport à la pure intégralité infinitaire de l'espace ne lui confère pas d'unité, et à ce titre pas de *présence* en un sens vrai. La *permanence*, garante de l'applicabilité de la catégorie de substance en tant qu'elle est son schème transcendantal, est ce qui seulement apporte le sceau de la présence effective : la problématique kantienne du connaître est celle d'une présence constante non acquise, conquise plutôt par les synthèses qui se nomment, elles mêmes synthétisées, *objectivation*. Nous avons d'ailleurs analysé le premier moment de cet apport d'unité, qui est celui de l'intuition formelle, conférant au divers, à travers la référence à quelque chose comme le tracé d'une figure, la localité à laquelle une permanence sera relative. Même si, selon Kant, ce moment de l'intuition formelle est encore dans l'esthétique, et encore dans l'aprioricité (c'est à ce titre qu'il remplit sa fonction dans la déduction transcendantale, nous l'avons vu), il ne se situe pas « à l'origine » de l'esthétique, si l'on en juge, ainsi qu'il convient, d'après la préséance de la *forme pure a priori* sur l'*intuition formelle*, bien exposée par Heidegger lui-même dans *Interprétation phénoménologique de la « Critique de la raison pure » de Kant*[78]. L'origine, là où se décide la *position*, c'est comme le dit Heidegger la proposition d'horizon, mais cette proposition d'horizon est chez Kant déposition de l'infini en l'intuition, et l'horizon conjure ainsi la « présence constante » par excès plutôt que par défaut : c'est un horizon trop large et trop indifférencié pour que l'étant y soit effectivement logé dans une constance. Le νοεῖν est pour cela requis plus loin, sur le mode du schématisme : par ou via l'intuition formelle, selon la déduction transcendantale.

#### 2.3.1.4 La modalité « physique »

Deuxième point fort important, la conception esthétique de Kant, comme le dit Heidegger, est liée à sa conception de la modalité. Mais cette conception elle-même est en harmonie avec la signification *physique* de la nécessité, signification que Heidegger s'est trouvé conduit à manquer, peut-être dans le même mouvement qu'il manquait partiellement la thèse esthétique de Kant.

Dans un usage scientifique post-galiléen, en effet, la *position* que nous avons commentée chez Kant, l'entrée dans le champ de l'existence, est position *en un lieu et en une date*. Via l'interprétation mathématique usuelle de l'espace et du temps, le condi-

78. Cf. Heidegger, M., *Interprétation phénoménologique de la « Critique de la raison pure » de Kant*, trad. E. Martineau, Paris, Gallimard, 1982.

tionnement par l'horizon infinitaire des formes pures se produit de façon « paramétrique », la mémoire de l'excès infinitaire étant fidèlement gardée par l'herméneutique mathématique, comme nous l'avons déjà indiqué et comme nous y insisterons dans le chapitre suivant. C'est ainsi qu'en particulier deux identiques selon le concept peuvent être distincts dans l'existence, à l'encontre du principe leibnizien des indiscernables : lorsqu'ils diffèrent par le lieu et la date, une telle distinction ne compte pas comme conceptuelle. La *répétition*, comme l'a remarqué Gilles Deleuze[79], est une notion non contradictoire *grâce* à l'extériorité de l'espace et du temps relativement à l'ordre du concept.

D'où il résulte, dans la ligne des *postulats de la pensée empirique*, une interprétation non quelconque des modalités. Pour l'essentiel, cette interprétation consiste en ce que *le champ de la « possibilité » est identifié à l'espace et au temps*. La science est par suite une investigation de la *réalité* selon ce présupposé concernant la *possibilité*. Le concept corrélatif de la *nécessité* physique est alors ou bien celui de la validité d'une détermination quel que soit le système de dates et de lieux donné au départ, ou bien celui de l'existence d'un régime de transition *invariant* d'un système de lieux-dates à un autre. C'est en substance ce qu'on appelle ordinairement déterminisme mathématique, ou déterminisme laplacien des théories physiques.

Ce déterminisme nous est pour ainsi dire enseigné, on le sait, par certaines relations auxquelles on prête validité *quel que soit l'état considéré* : des lois physiques, le plus souvent écrites comme équations différentielles. Celles-ci autorisent le calcul de l'état final du système en fonction de son état initial. De la sorte n'est jamais rencontré, en principe, que la nécessité d'un *rapport* ou d'un *enchaînement*. Cela dit, certains jugements pourront être démontrés vrais dans tous les cas si nous parvenons, connaissant la nécessité de l'évolution, à prouver qu'ils sont vrais à l'issue de toute évolution. Cela fait partie, nous semble-t-il, de l'entendement physique, que de ne connaître comme figure de l'état nécessaire que celle de l'état qui est toujours nécessairement devenu.

L'ensemble de ce « jeu de la nécessité » qu'on appelle généralement le *déterminisme scientifique*, ne doit pas être regardé uniquement comme un principe de *détermination*, puisqu'aussi bien le champ d'une certaine contingence spatio-temporelle est toujours également ouvert par ce déterminisme. A la limite, « idéellement » au sens de Kant, cette contingence s'identifierait à la variabilité des conditions initiales de l'univers, exprimées spatio-temporellement.

En tout état de cause, la modalité physique se distingue profondément de la modalité métaphysique, au sens où les mondes possibles qui mesurent la possibilité physique doivent avoir une identité rapportable à celle du monde réel *dans des termes spatio-temporels*, alors que cette contrainte est supprimée dans le registre métaphysique (et, précisons-le, c'est le registre métaphysique qui habite la langue naturelle).

Tout cela, du moins tel que nous l'avons dit jusqu'ici, Heidegger ne le méconnaît pas. Il y voit seulement une interprétation de la nécessité et de la contingence qui est une *perte* par rapport à l'énoncé des postulats de la pensée empirique par Kant : précisément en ce sens que le pur concept de *position* lui semble plus compréhensif à l'égard du don de l'être que le concept paramétrique de spatio-temporalité. En bref, ce dont nous

79. Cf. Deleuze, G., *Différence et répétition*, Paris, PUF, 1968, p. 23-24.

venons de parler, il ne l'entendrait, nous semble-t-il, que comme surdétermination de la modalité de l'être par l'arraisonnement calculant.

Or ce qui importe, à nos yeux, dans cette affaire, est en effet le *nombre*, bien que ce ne soit pas le nombre comme figure du contrôle. Le champ de la variabilité spatio-temporelle, dans la pensée physique moderne, est en effet surdéterminé par le continu mathématique. Et c'est dans cette dépendance assumée de toute la pensée modale, donc de l'ontologie, à l'égard du *nombre réel*, que nous voyons la démarche centrale de la physique moderne.

Il n'est pas difficile de donner quelques exemples de cette fonction dévolue au continu réel, et de son incidence immédiate sur la pensée de la nécessité, de la contingence, de la modalité en général (sans toutefois entrer dans un commentaire approfondi des théories physiques concernées, qui serait tout à fait hors de notre propos dans le cadre de ce livre, et sans nul doute la matière d'un autre travail).

En nous limitant donc à quelques indications, si possible évocatrices, et en privilégiant ce qui est manifestement central dans la pensée physique post-galiléenne, commençons, à tout seigneur tout honneur, par évoquer le concept de vitesse instantanée : précisément le concept de cette dernière comme dérivée de la variable espace relativement à la variable temps. Selon toute probabilité, il s'agit là d'un des premiers acquis décisifs constitutif de la mécanique au sens moderne du mot[80]. Il est clair qu'au gré d'un tel concept, la capacité de *devenir* sur le plan de la localisation, pour chaque entité, est traduite comme *vecteur dérivé*. Ultérieurement, cette co-donnée de la charge en devenir avec la position, co-donnée qui reste pourtant attachée à cette position et fonctionnellement liée à elle, sera mise en scène par le truchement de l'objet *fibré tangent**, désignant le lieu géométrique des « charges en devenir » associées à une position particulière comme *espace tangent*. D'emblée, il apparaît qu'avec le concept de vitesse instantanée et le tout premier dispositif de la pensée mécanique qui l'accompagne, *devenir* s'identifie en quelque sorte à *obéir* à un vecteur tangent si nous sommes dans l'enchaînement de la nécessité, *sélectionner* un tel vecteur si nous nous situons à l'origine contingente des choses. Or la sélection, qui clarifie les choses en nous montrant comment l'univers des possibles a été interprété, est sélection parmi la richesse d'un continuum vectoriel. Par un redoublement du geste esthétique faisant de l'être-*là-daté* le seul possible pur, indifférent au concept, l'intensité *dynamique*, grosse d'une détermination du futur, se trouve semblablement interprétée par un continuum mathématique coordonné au continuum esthétique de la position. Les *champs de vecteurs* qui régissent l'évolution d'un système, limitant la contingence à la fixation de la condition initiale dynamique complète (position+vitesse) sont alors nécessairement interprétés eux-mêmes comme des entités fonctionnelles (sections du fibré tangent) qui décrivent leurs propres ensembles, fondés sur les continua mobilisés dans le fibré tangent. Cette option *ontologique* de la physique est si essentielle, si forte et si profonde, qu'elle marque la discipline une fois pour toutes. En telle sorte que depuis, la physique tend toujours à se réaliser comme mécanique : les grandes mécaniques sont les grandes époques de son histoire.

80. La thèse de Michel Blay, *Mathématisation et conceptualisation de la science du mouvement au tournant des XVIIème et XVIIIème siècles* [Doctorat de l'Université Paris X Nanterre, Paris, 1988] est consacrée à l'analyse de ce grand événement.

La mécanique hamiltonienne, ainsi, ne consiste en rien autre chose qu'en une présentation de la nécessité et de la possibilité mécanique de cette sorte, le principe de moindre action étant le grand présupposé nécessaire (indépendant de l'espace et du temps) permettant la sélection parmi les trajectoires de l'espace des phases. Son originalité consiste, de ce point de vue, en ceci qu'elle met à plat[81] la solidarité géométrique dans le fibré tangent du domaine fondamental de la possibilité spatio-temporelle et du domaine dérivé de la possibilité dynamique, domaine d'une « possibilité au second ordre ». De la sorte, il devient possible d'exprimer de manière équationnelle, au niveau d'un principe variationnel dont l'interprétation *continuiste* des « couches » d'objectivité mathématique concernées reste l'âme, la détermination du réel parmi le possible : on dispose en l'espèce d'un principe de nécessitation plus originaire que les « lois » locales.

La mécanique quantique se situe sur le même terrain. L'équation de Schrödinger exprime la nécessité du devenir d'un possible identifié comme fonction d'onde, soit comme entité mathématiquement produite à partir du continu encore. La situation est tout au plus compliquée par le fait que les particularités « positionnelles » de l'espace de Hilbert de référence, qu'on appelle des « états », ne sont à vrai dire pas des étants, selon la sémantique voulue de la théorie, mais des distributions d'amplitude de probabilités. Dès que je fais intervenir un système d'observables complet en termes duquel a été décidé le Hilbert pertinent pour le problème, chaque prétendu état donne lieu à une fonction attribuant un nombre complexe à chaque famille – indexée par le système des observables – de valeurs prises dans les spectres respectifs des éléments de ce système : l'amplitude de probabilité pour que l'état en question se projette sur l'état pur spécifié par une telle famille de valeurs[82]. Si certaines observables ont *a posteriori* un spectre discret, il n'en reste pas moins que la théorie quantique avait pour ainsi dire réservé un continuum pour elles *a priori*, comme un système d'exploitation de la place-mémoire pour une procédure. De toute façon, l'interprétation de la contingence comme choix parmi un continuum de possibilités, et de la nécessitation comme structure fonctionnelle liée au continu, demeurent, avec les corrections et décalages rendus inévitables par le fait que l'amplitude de probabilité est un nombre complexe (comprenant le continu « deux fois » en lui) et que les états sont de pseudo-états, des « entités modales ». Par dessus le marché, l'intrication de la modalité physique avec le continu est manifestée en première ligne par le caractère probabiliste de la théorie, la fonction probabilité qui intervient étant par essence une fonction réelle.

Si nous voyons juste, le fameux indéterminisme de la mécanique quantique peut être compris comme un compromis cohérent avec la « tension modale » qui tourmente la physique, compromis passé cette fois au niveau de l'assomption même de ces « entités modales » que sont les états quantiques. En effet on peut dire de la physique classique, nous l'avons remarqué déjà, tout à la fois qu'elle décrit toute évolution comme nécessaire, et qu'elle présuppose toujours la contingence (spatio-temporelle, liée au continu mathématique) de données initiales. Par conséquent, en donnant aux états une

81. Au point que S. Mac Lane, dans « Hamiltonian Geometry and Mechanics » [*Amer. Math. Monthly* 77, 1970, p. 570-586], présente le concept de fibré tangent comme essentiellement finalisé par le contexte mécanique.

82. Dirac introduit un tel point de vue au §26 de son traité *Les principes de la mécanique quantique* (Paris, PUF, 1931, p. 85-90.

sorte de statut fonctionnel, à signification probabiliste, la mécanique quantique met la contingence *à chaque instant*, au lieu que cette contingence soit renvoyée à Dieu et l'origine du monde. La mécanique est alors nécessaire, ainsi que le manifeste dans sa traditionalité rassurante l'équation de Schrödinger : c'est le « réel » comme « état » qui est contingent. À cela près que dans les conditions macroscopiques cette contingence est éventuellement gommée.

Pour saisir de façon philosophique, en se dégageant de la richesse et de l'attrait des théories physiques données dans l'histoire, le lien du problème du déterminisme physique avec le continu et la modalité, le pénétrant article « Deterministic theories » de R. Montague* [83] est en quelque sorte une aubaine. Essayons donc de résumer son propos autant qu'il nous est ici nécessaire.

Le premier geste intellectuel de l'article nous donne déjà une indication importante. Montague envisage en effet une formulation de l'hypothèse déterministe immédiatement réfutable (et réfutée par lui). Celle-ci s'énonce :

> « (...) pour tous instants $t_0$ et $t$, il y a des énoncés $\phi(t_0)$ et $\phi(t)$, exprimant l'état de l'univers à la date $t_0$ et $t$ respectivement, tels que $\phi(t)$ est déductible de $\phi(t_0)$ combiné avec les lois de la mécanique classique. » [84]

Et la réfutation suit :

> « (...) il semble inévitable de supposer que si $t$ et $t_1$ sont deux instants distincts, et $\phi(t)$ et $\phi(t_1)$ les énoncés exprimant l'état de l'univers en t et $t_1$ respectivement, alors $\phi(t)$ et $\phi(t_1)$ sont aussi distincts. Il s'en suit qu'il y a au moins autant d'énoncés qu'il y a d'instants, c'est-à-dire, de nombre réels. Mais il n'y a qu'une quantité dénombrable d'énoncés (dans tout langage standard), et comme Cantor l'a montré, il y a une quantité plus que dénombrable de nombres réels. Nous sommes donc arrivés à une contradiction (...) » [85]

En bref : l'indexation des états de l'univers par le temps interdit à elle seule que la nécessité physique soit celle de la déduction. Ceci parce que le temps est cardinalement continu. Mais en fait l'allégation $t_1 \neq t_2 \Rightarrow \phi(t_1) \neq \phi(t_2)$, incontournable selon Montague, introduit l'idée que le renouvellement du monde est « à la mesure » de la cardinalité du temps, que le monde se montre capable de varier autant que le repère de son horloge. Par conséquent l'obstacle à l'interprétation logique de la nécessité physique semble bien relever de ce que nous avons appelé ontologie continuiste de la physique, c'est-à-dire la détermination *a priori* du possible comme spatio-temporel, et comme, à ce titre, continument paramétrable.

C'est pourquoi Montague se rabat sur une autre définition, qui sera cette fois celle d'une *théorie déterministe*. Celle-ci est donnée sous plusieurs formes et cette diversité motive dans l'article diverses considérations. Cela dit, la notion de base est à peu de

83. Cf. Montague, R., « Deterministic theories », in *Formal Philosophy*, New Haven and London, Yale University Press, 1974, p. 303-359.

84. Cf. *op. cit.*, p. 303-304 ; notre traduction.

85. Cf. *op. cit.*, p. 304 ; notre traduction.

choses près que pour tout couple $(S',S'')$ de modèles de la théorie, si $t_0$ et $t$ sont des nombres réels, avec $t_0 < t$, on a

$$\text{si } St_{S'}(t_0) = St_{S''}(t_0) \text{ alors } St_{S'}(t) = St_{S''}(t) .$$

La notation $St_S(t)$ désigne génériquement l'état de l'univers à l'instant $t$ selon le modèle $S$ [c'est ici la notion de théorie *futuristement déterministe* que nous avons définie].

Par conséquent une théorie est déterministe si les états ultérieurs sont *sémantiquement contraints* par les états initiaux, en donnant à l'adverbe *sémantiquement* son sens mathématiquement dominant : contraints quant à leur identité ensembliste. Il n'y a pas là l'idée de *déduction* des états ultérieurs à partir des états initiaux, mais seulement celle de leur caractère totalement contraints quant à tous les paramètres pris en compte, dans toute réalisation possible de la théorie. On est donc tout simplement dans le cadre de la théorie des modèles. Dans le cas des mécaniques usuelles, dont Montague choisit comme exemples la newtonienne et la céleste, les réalisations sont des assignations de prédicats et de fonctions sur $\mathbb{R}$ ou sur des $\mathbb{R}^n$. La nécessité et la possibilité ainsi posées par Montague sont donc bien celles que nous analysions tout à l'heure sur un plan non logique : possibilité initiale mesurée par le choix a priori ouvert à un champ continu de l'état initial, nécessité sémantique *sous l'hypothèse de ce choix* de l'instanciation future des paramètres. Mais rien ne dit jusqu'ici sous quelle forme le déterminisme de la théorie nous deviendrait connu, se cristalliserait *pour nous*.

Dans la digression informative de l'encadré 2.1, pour « établir » le caractère non déterministe de **PM**, nous laissons de côté, spontanément, le formalisme de la définition [si $St_S(t_0) = St_{S'}(t_0)$ alors $St_S(t) = St_{S'}(t)$] pour nous ramener à un seul modèle, en considérant implicitement que le déterminisme ne pouvait être garanti que par un calcul de $St(t)$ en fonction de $St(t_0)$ (les indices de modèles étant cette fois omis). Comment peut-on formaliser cette intuition du déterminisme ?

Il suffit de demander que pour toute fonction $\delta$ (toute « observable ») intervenant dans la définition de l'état du système, (soit toute « constante élémentaire »), il existe une formule sans constantes (autres que les constantes abstraites du dispositif mathématique de la théorie) calculant la valeur $\delta t$ en fonction de $\delta t_0$ , $t_0$ et $t$. Montague écrit : il existe une formule $\psi$ à 4 variables libres au maximum, ne faisant pas intervenir le vocabulaire « physique » (purement « mathématique »), telle que

$$M_T \bigcup A_T \vdash \{R(t_0) \wedge R(t) \rightarrow [u = \delta t \leftrightarrow \psi(\delta t_0,t_0,t,u)]\}$$

Ici $M_T$ est l'ensemble des vérités mathématiques de la théorie, i.e. l'ensemble des formules bâties à partir des constantes abstraites et vraies dans tout modèle standard : c'est donc, en gros, la bibliothèque du savoir mathématique infini en principe accessible au physicien. $A_T$ est l'ensemble des axiomes de la théorie proprement physique, c'est-à-dire gouvernant l'usage des constantes élémentaires. $R$ est le prédicat « être un nombre réel ». Donc il est requis que $\delta t$ soit *mathématiquement déterminable* (cette détermination étant soutenue par une preuve formelle) dans la théorie physique considérée, en fonction de $\delta t_0$ , $t_0$ et $t$.

Montague remarque, cela dit, qu'en regard de son critère, la théorie qu'il appelle **PM** (mécanique classique des particules) n'est pas déterministe : cela suppose qu'il en ait mis à plat une formalisation, naturellement. Dans sa formulation, les « constantes élémentaires » de la théorie sont $P$, $f$, $m$, $s$, $v$ et les « constantes abstraites » sont $\mathbb{R}$, $\mathbb{N}$, $+$, $\cdot$. Comme on l'aura compris, cette distinction correspond à l'écart entre les deux niveaux « sémantiques » impliqués dans le discours physique : la sémantique orientée sur les « choses », en fait sur les data « observationnels », et la sémantique orientée sur les idéalités mathématiques. Ici $P$ est le prédicat « être une particule », $m$, $s$, et $v$ les fonctions masse, position, vitesse, en sorte que $m(x,t)$, $s(x,t)$, $v(x,t)$ sont la masse, position, vitesse de la particule à l'instant $t$. Le supplément de sémantique propre à la physique est donc complètement supporté par le prédicat $P$, ce qui conduit du côté « applicatif » aux problèmes de l'identification empirique des particules et de la procédure empirique des mesures des $m(x,t)$, etc.
Les « états » mentionnés dans la définition des théories sont les valeurs des « constantes élémentaires » dans le modèle, prises à l'instant considéré, pour toutes les particules de l'univers. Voici en substance pourquoi **PM** n'est pas déterministe : pour calculer l'état du système de particules à l'instant $t$ connaissant son état à l'instant $t_0$, j'ai besoin de connaître non pas seulement le champ des forces à l'instant $t_0$, mais encore son évolution ultérieure sur tout l'intervalle $[t_0 t]$ : alors seulement, la connaissance des fonctions accélération attachées à chaque particule permettra de déduire les valeurs de la position et la vitesse. Mais la théorie par elle-même ne fournit pas le moyen de calculer le champ des forces comme fonction du temps à partir des valeurs initiales. Comme le remarque Montague, on pourrait s'attendre à ce que l'adjonction de la loi de gravitation (qui calcule la force en fonction de $mm'/r^2$) rende la théorie déterministe : ceci correspond au passage à la mécanique *céleste*. Montague déclare ne pas savoir prouver que c'est le cas, et se contente de ramener le problème à un énoncé relativement simple sur les systèmes différentiels. Il est intéressant de remarquer que ce cheminement de pensée est celui de Hegel dans l'Encyclopédie : lui aussi critique la mécanique de $\vec{f} = m\vec{a}$ comme une théorie comprenant la force comme quelque chose de surajouté au réel et à son devenir, et se demande dans quelle mesure la loi de gravitation résorbe cette extériorité[a].

[a] Cf. *Précis de l'encyclopédie philosophique*, notamment la fin du §261 :

> « Cette réflexion, étrangère à la notion (*begrifflos*) considère naturellement que les prétendues forces sont implantées dans la matière, c'est-à-dire qu'elles lui sont originairement extérieures de sorte que cette identité du temps et de l'espace précisément, à laquelle vaguement on pense à propos de la détermination réfléchie de la force et qui constitue véritablement l'essence de la matière, est posée en elle comme une chose étrangère et contingente, apportée du dehors. » [Hegel, G.W.F., *Précis de l'encyclopédie philosophique*, trad. J. Gibelin, Paris, Vrin, 1967, p. 148].

La problématique de la correction de cette extériorité par le concept de l'attraction universelle apparaît dans la suite du texte.

Encadré 2.1 – *Déterminisme et mécanique céleste*

Le point 1) est simplement la conséquence relativement technique du fait que la formule $\psi$ peut fort bien faire dépendre la valeur $\delta t$ de certaines propriétés du modèle de la théorie, là où la variabilité est possible : puisque l'étude de Montague se place dans l'hypothèse de l'univocité des termes abstraits $\mathbb{R}$ et $\mathbb{N}$, ce sera forcément du côté de l'« univers du discours », gros réservoir où sont à puiser tous les objets dont il est question, y compris les particules. Il se peut en effet que $\delta t$ soit logico-langagièrement déterminé, mais qu'il varie selon les modèles, $\delta t_0$ restant constant, en raison de la relativité de la valeur $\delta t$ à une quantification sur l'« univers du discours ». Et Montague donne un exemple. Mais si la théorie est *prédicative*, alors les quantifications sont toujours relatives à un prédicat « mathématique » interprété de la même façon dans tout modèle, et ce genre de canular disparaît. Le caractère prouvablement déterministe entraîne le caractère déterministe : c'est le point 2).
Quant au point 3), il est ramené par Montague à la non définissabilité du prédicat « vrai » sur les nombres de Gödel des formules de l'arithmétique, résultat célèbre de Tarski. En effet, Montague construit une théorie dont la seule observable $\delta$ est définie sur $\mathbb{R}$ et vaut 1 sur les nombres de Gödel des formules vraies, 0 ailleurs : ces propriétés sémantiques de $\delta$ peuvent être contraintes par la théorie au moyen d'une liste dénombrable d'axiomes. Or, une telle théorie ne serait prouvablement déterministe que si le prédicat « vrai » était définissable en termes de la somme et du produit.

Encadré 2.2 – *Les trois théorèmes de Montague*

Ce déterminisme est baptisé *déterminisme prouvable* par Montague. Ce dernier démontre alors trois théorèmes fort intéressants :

1. Le caractère prouvablement déterministe, qui semble a priori plus fort que le caractère déterministe, n'implique pourtant pas ce dernier ;
2. Cependant, l'implication est bonne pour une théorie *prédicative* ;
3. Mais même parmi les théories prédicatives, il y a des théories déterministes qui ne sont pas prouvablement déterministes.

Ces développements théoriques de Montague nous donnent quelques aperçus profonds sur la nécessité physique. Bien que cette nécessité soit définie de manière sémantique, en termes des valeurs de sortie des paramètres, les valeurs d'entrée étant choisies dans un champ de variabilité continu, la science consiste dans l'inscription discursive d'une telle détermination sous forme de loi. Cette inscription consiste en ceci qu'il y aura en effet une procédure de calcul : si l'on formalise, une formule $\psi$ du type indiqué par Montague, livrant $\delta t$ en fonction de $t_0$, $\delta t_0$, et $t$. Montague rappelle alors que cette notion de la nécessité ne capture pas toute la nécessité mathématique dès lors que cette dernière s'adresse à des ensembles infinis : il y a des fonctions dont nous regardons les valeurs comme sémantiquement déterminées et que nous ne savons pas restituer linguistiquement à partir des briques fournies par la théorie.

Mais c'est un autre commentaire qui exprimera ce qui nous importe ici le plus. Il nous semble qu'à certains égards, toute la dignité de la nécessité physique se comprend par rapport à l'écart entre déterminisme prouvable et déterminisme.

Prenons en effet l'exemple le plus banal, celui de la chute des corps. Pour satisfaire à l'exigence du déterminisme selon Montague, il suffit que ce soit un fait sémantique que, la position et la vitesse étant déterminées comme d'habitude, il y ait une fonction de $\mathbb{R} \times \mathbb{R} \times \mathbb{R} \times \mathbb{R}$ dans $\mathbb{R} \times \mathbb{R}$ qui à un quadruplet $(x_0,v_0,t_0,t)$ associe le couple $(x_t,v_t)$. Et la fonction peut ici être un animal ensembliste très étrange. Mais la physique cherche et obtient, en fait, des formules les plus simples possible, qui tendent à la situer en permanence dans le champ du déterminisme *prouvable* : dans notre exemple, la fonction qui opère est donnée par une formule polynomiale de bas degré.

Si le domaine ontologique d'attribution des valeurs d'entrée était discret, paramétré par $\mathbb{N}$ disons, les fonctions « exprimant » le déterminisme lorsqu'il est prouvable seraient toutes celles que l'arithmétique environnante permet d'écrire, donc en particulier, dans un formalisme raisonnable, les fonctions récursives* seraient admissibles comme clefs du déterminisme. Les fonctions laissées pour compte par l'exigence du déterminisme prouvable s'agrègeraient encore en une infinité énorme, puisque les fonctions exprimables dans le langage sont en quantité dénombrable, et $\mathbb{N}^{\mathbb{N}}$ a la puissance du continu. Persisterait donc la situation où les fonctions admises, attendues, espérées, sont cherchées dans une case beaucoup plus petite que l'ensemble des fonctions possibles. Cependant, pour dire cela, il faut « posséder » la transcendance de $\aleph_1$ sur $\aleph_0$ : si l'on suspend la croyance au cardinal continu de $\mathbb{N}^{\mathbb{N}}$, la thèse de cet excès disparaît. Mais ce phénomène est accentué par l'ontologie continuiste : les fonctions acceptables sont toujours en quantité dénombrable, dès lors qu'on les veut explicitables dans un langage de référence[86], et l'ensemble des fonctions possibles a une cardinalité de l'ordre de $2^{\aleph_1}$ (nous parlons toujours en présupposant la théorie classique des cardinaux)[87].

Il nous paraît évident que le coefficient de certitude qui s'attache aux lois de la physique est lié à cette « petitesse » de l'ensemble où les lois sont espérées, dans la comparaison avec l'ensemble sémantique des corrélations déterministes mathématiquement concevables. Dans une théorie prouvablement déterministe régissant un « réel » paramétré de façon continue, toute loi discursive du déterminisme est *a priori* d'une inimaginable improbabilité. Or, cette formulation des choses ne rend-elle pas compte de l'intuition qui s'exprime par « ça ne peut pas coïncider avec l'expérience en étant si simple sans être vrai » ? Ne traduit-elle pas la profonde évidence pour toute la réfle-

86. Je suppose ici systématiquement que ledit langage n'est pas un langage idéal, contenant, par exemple, une constante nom propre associée à chaque nombre réel. Une telle hypothèse est en harmonie avec l'intention épistémologique du raisonnement : le physicien doit être capable de « repérer » et d'expliciter pour lui-même les fonctions exprimant les lois de son déterminisme sans puiser dans un arsenal transdénombrable de symboles dont il serait mystérieusement familier.

87. G. Chaitin développe de façon mathématiquement précise cette notion d'« improbabilité », qui est en rapport chez lui avec la théorie de l'information et une option sur l'essence du hasard. Il décrit même le statut des théories physiques en termes de cette improbabilité informative ; le seul « défaut », à notre goût, de son approche, est qu'elle ne prend pas en compte la « prolongation au transfini » du calcul d'improbabilité, qui affecte le cas des théories physiques dans la mesure où celles-ci mettent en scène les data comme relevant du continu. Voir Chaitin, G., « On the length of programs for computing finite binary sequences » in *Journal of the ACM* 13, 1966, p. 547-569. et Chaitin, G., « Randomness and mathematical proof », in *Scientific American* 232, mai 1975, p. 47-52 ; nous remercions Yves Gueniffey et José Tiago-Oliveira d'avoir attiré notre attention sur ces travaux.

xion sur le couple mathématique/physique dont témoigne, sur un mode plus général, la célèbre évocation par Wigner de « l'efficacité déraisonnable » des mathématiques en physique ?

Plutôt que la spéculation sur un *platonisme physique* qui pourrait ici s'ouvrir, ce qui nous intéresse est ceci : à la lumière de toute notre analyse, la pensée de la nécessité physique apparaît comme tout-à-fait autre chose que la pensée du contrôle, en particulier cette nécessité ne se laisse pas ramener à une figure technico-organisationnelle, à une sorte de mixte de volonté et d'automatisme. Le nécessaire que la science « impose » au réel à l'époque de la science moderne, entendons bien le nécessaire *inscrit dans le calcul*, est *en tant qu'inscrit dans le calcul* un nécessaire improbable, puisqu'il se marque par la loi finitaire régissant une variabilité continue assignée au divers au nom du premier moment esthétique. Il est la loi finitaire d'un divers essentiellement égaré sur le fond continu de l'espace-temps (ces « fonds » étant identifiés mathématiquement comme des constructions ensemblistes complexes à partir du continu réel). En cela, l'être-au-monde scientifique est moins « arraisonnant » que le pré-scientifique. Le « divers » de l'être-au-monde préscientifique, en effet, n'est pas un divers, c'est une collection discrète de singuliers d'abord déterminés par le fait qu'on les contrôle (la description par Heidegger du rapport « ustensilaire » à l'à-portée-de-la-main (le *Zuhanden*) dit justement cela[88]). L'esthétique, la kantienne, mais aussi l'esthétique assumée sur le mode mathématique par la jeune tradition de la science physique, ruine l'habitation simple de ce contrôle pour imposer le rapport à l'espace-temps infinitaire et continu, induisant de la sorte une ouverture sur le *divers égaré* plutôt que sur l'*étant contrôlé*. Ce rapport implique naturellement une autre pensée modale : au lieu que le modèle de la nécessité soit l'enchaînement logique, il devient la contrainte sémantique, et le fini des lois qui l'expriment ne cesse de manifester la nécessité et notre connaissance de celle-ci comme improbables.

Un souvenir de lecture peut nous aider à rendre sensible cette figure de la nécessité physique. Dans son livre *Quantum theory and path integrals*[89], R. Feynman reconstruit la mécanique quantique en termes de sa notion d'intégrale de chemin*, et se trouve ainsi amené à introduire à partir des nouvelles bases qu'il a données l'équation de Schrödinger : le fait est qu'il ne la retrouve alors que comme une *approximation au premier ordre*[90]. Dans le point de vue classique des opérateurs, cette équation est posée comme « improbablement exacte », expression de la nécessité physique (au nom du principe de correspondance). Dans le point de vue de Feynman, qui réactive la puissance dissimilante de la variation continue à un niveau plus fondatif – puisque les sommations de contributions attachées aux divers chemins reliant deux points et la méthode de la phase stationnaire prennent le statut d'éléments mathématiques cruciaux de la mécanique quantique – la « loi » est contrainte de perdre de sa superbe. Nous nous souvenons de notre surprise douloureuse en découvrant ce fait, qui nous semblait tout d'un coup trahir que le formalisme quantique ne contraignait pas le possible *qu'il mettait en scène* de manière sérieuse. Pour nous, la nécessité physique affectée à l'équation

88. Lire à ce sujet Dreyfus, H., « De la technê à la technique : le statut ambigü de l'ustensilité dans *Être et temps* » in *Cahiers de l'Herne Heidegger*, Paris, Éditions de l'Herne, 1983, p. 285-303.

89. Cf. Feynman, R., *Quantum theory and path integrals*, New-York, Mc-Graw Hill, 1965.

90. Cf. *op. cit.*, p. 76-78 ; en fait, le processus d'approximation est un petit plus complexe, il fait intervenir trois développements de Taylor, dont deux sont au premier ordre, et un au second ordre.

de Schrödinger aurait dû éclater triomphalement en étant confirmée *dans son exactitude* par la relecture en termes d'intégrales de chemin. Même si l'on peut plaider que notre attente était en l'occurrence celle d'un mathématicien ignorant de « l'esprit de la physique », nous pensons que l'idée normative de nécessité physique est bien celle que nous avons exposée ici à partir des mathématiques et de la « sensibilité mathématicienne ». Selon nous, en effet, c'est là que gît la dépendance de la physique sur les mathématiques : pas dans le besoin de l'outil de calcul, mais dans le recours à l'opposition loi finitaire/variation continue pour penser la nécessité.

On aura compris où nous voulons en venir : la non-lecture de la charge infinitaire-mathématique de l'esthétique kantienne conduit Heidegger à manquer le vrai contenu du concept de nécessité physique, c'est-à-dire précisément le cœur pensant, interprétatif et libre de la physique contemporaine *comme ontologie*. Ce dernier mot étant pris ici au sens qui se laisse construire à partir de la discussion de « La thèse de Kant sur l'être » et de tout le prolongement que nous lui avons donné : une ontologie est une interprétation du sens de la modalité. En d'autres termes, la sentence « Die Wissenschaft denkt nicht » est en quelque sorte préfigurée par la lecture heideggerienne de l'esthétique transcendantale.

### *2.3.2 Transcendantalisme et style analytique*

Autre versant de l'enjeu de la lecture de l'esthétique transcendantale : celui que met au premier plan la philosophie analytique comme postérité de la philosophie transcendantale. Son mode de rupture et son mode de continuité avec le style et le projet transcendantaux se comprennent, à notre avis, à partir de la manière qui est la sienne d'entendre l'esthétique transcendantale. Sur ce point, nos analyses sont convergentes avec celles de Jean Petitot, au point que nous ne savons pas exactement, ayant longuement réfléchi sur cette question dans l'environnement de son travail, ce que nous lui devons dans ce qui vient, et ce qui est le fruit de notre réflexion propre.

Nous ne ferons pas, pour évoquer cet enjeu et cette postérité, un véritable travail d'historien des idées. Ce que nous visons est à vrai-dire une approche moyenne du problème de l'esthétique transcendantale, qui fleurit dans le contexte de la philosophie analytique. Nous savons qu'en fait chaque auteur se distingue de chaque autre, et qu'il y a de plus un monde entre la manière autorisée d'assumer et d'argumenter un point de vue « empiriste logique » et la manière lâche, seconde, qui peut être celle d'un non-spécialiste reprenant des thèses sur le kantisme comme un dogme de fond ayant le statut de l'évidence. Nous nous limiterons quant à nous, pour ce qui est de références au sens strict du mot, au nom de Carnap, et à l'évocation de deux textes, les *Fondements philosophiques de la physique*[91] d'une part, l'article « Dreidimensionalität des Raumes und Kausalität »[92] d'autre part.

L'important pour Carnap est de montrer qu'il n'y a pas de jugements synthétiques a priori. Cette conclusion passe d'ailleurs, au delà de Carnap, pour un dogme constitutif de l'empirisme logique en tant que doctrine épistémologique. Notre auteur donc fait valoir, par exemple dans *Fondements philosophiques de la physique*, qu'il y a lieu

91. Cf. Carnap R., *Fondements philosophiques de la physique*, Paris, Armand Colin, 1973.

92. Cf. Carnap, R., « Dreidimensionalität des Raumes und Kausalität », in *Annalen der Philosophie und philosophischen Kritik* 4, 1924, p. 105-130 ; nous remercions J. Proust de nous avoir transmis une copie de cet article.

de distinguer entre géométrie mathématique et géométrie physique : que la première est a priori, mais pas synthétique (puisqu'elle est déductive, et ne peut donc, dans la perspective logiciste qui est la sienne, être qu'analytique) ; la seconde est synthétique certes, mais a posteriori.

Si l'on en juge par ce texte, mais aussi par « Dreidimensionalität des Raumes und Kausalität » , le raisonnement de Carnap s'appuie sur une conception de la géométrie et de l'esthétique transcendantale que résumeraient assez bien les deux thèses suivantes :

1. La mise en espace dont parle Kant se confond avec l'interprétation « euclidienne » du donné.
2. La nécessité des jugements géométriques tient dans le conventionnalisme qui définit les géométries comme telles, et donc l'existence des géométries non-euclidiennes est un argument contre Kant.

Ces deux thèses renvoient elles-mêmes à une autre, qui a été sans doute l'élément philosophiquement déterminant, et qui correspond à une lecture de Kant ayant sa légitimité, bien que nous fassions tout, ici et ailleurs, pour en favoriser une autre. L'espace et le temps, en effet, pourraient, pour Carnap, être dits à bon droit les objets d'une donation a priori commandant à la connaissance si la mathématique spatiale était *nécessaire*, exprimait une nécessité subjective[93], une nécessité ontico-anthropologique accessible comme telle à une enquête psychologique appropriée. Carnap débat donc en vérité avec une esthétique transcendantale assimilée à une pièce de la psychologie cognitive[94]. Tel est le sens qu'il faut donner au premier point : l'enseignement kantien serait que la géométrie euclidienne possède un privilège anthropologique. Or, Carnap sait, au moment où il écrit, que la mathématique géométrique est affaire de libre choix, de *spontanéité* en termes kantiens. Pour lui cela clôt le problème : ce qui est conventionnel, libre, et spontané ne peut par essence fournir à la connaissance un soubassement « intuitif » qui serait la clef de la synthéticité de la science.

Pour nous, il en va tout autrement .

Premièrement, le choix des conventions réalisant la nécessité du jugement géométrique signale la nécessité d'une « affection géométrique » profonde du sujet plutôt qu'il ne prouve son inexistence. Cette affection ne se laisse décrire que vaguement,

93. Dans « Dreidimensionalität des Raumes und Kausalität » par exemple, Carnap reprend en effet la critique positiviste de la conception kantienne de l'expérience et de sa légalité : celle-ci, dit-il, « (... a enseigné que la nécessité ne revenait absolument pas à tous les facteurs formels en elle auxquels Kant l'attribue » [« (...) hat gelehrt dass durchaus nicht allen Formfaktoren in ihr, denen Kant Notwendigkeit zuschreibt, solche zukommt. » Carnap, R., « Dreidimensionalität des Raumes und Kausalität », in *Annalen der Philosophie und philosophischen Kritik* **4**, 1924, p. 106] ; elle reconnaissait néanmoins, ajoute-t-il, la nécessité de l'espace et du temps jusqu'à un certain point, si elle niait le caractère incontournable, pour ainsi dire « implémenté », de la causalité. Carnap quant à lui veut prouver que la tridimensionnalité de l'espace est déjà en excès sur ce que les données anthropologiques nous indiquent (données qu'il rassemble dans une description « concrète » de l'*expérience de premier niveau* (*Erfahrung erster Stufe*), livrant le monde primaire (*primäre Welt*), au cours de laquelle il prend en compte explicitement les cinq « couches sensorielles (*Ibid.*, p. 113-117). Que le critère soit la nécessité subjective en tant qu'accessible à l'examen d'une psychologie est donc tout à fait clair.

94. Point sur lequel, nous aurons à y revenir, il converge d'ailleurs avec Heidegger, puisque ce dernier reproche toujours à Kant de se représenter les termes transcendantaux dont il essaie de penser la compatibilité comme des « sous-la-main » dans l'esprit.

comme syndose de l'infini s'enveloppant dans la présentation. Les contours conceptuels exacts de ce qui en serait le « contenu » ne nous sont pas connus. Ils se révèlent dans une certaine mesure à nous dans ce qu'on peut repérer en fait de conservativité le long de l'enchaînement des conventions qui ont lié tour à tour l'affection à un système nécessaire (à des théories formelles aujourd'hui). S'agissant du noyau de l'intuition spatiale qu'est l'intuition du continu, l'enchaînement de l'analyse non standard* sur l'analyse classique constitue un exemple de ces réinterprétations conservatives, qui peuvent, quant à tel ou tel aspect dès lors non éprouvé comme « essentiel », modifier ou décaler la vérité. Voire même, tout en conservant-relevant un trait qui autorise à regarder le nouveau comme herméneutiquement lié à l'ancien, faire subir une mutation profonde à l'énigme dont il s'agit : l'enchaînement de la théorie de Cantor-Dedekind du continu sur sa vue géométrique et son algébrisation classiques constitue un autre exemple, parfaitement analogue[95].

Deuxièmement, l'affection du sujet donnant lieu à la géométrie, son affection par l'espace, n'est pas conçue par nous comme une détermination anthropologique. Une telle détermination existe sans nul doute (il y a une théorie pertinente de la spatialité psychologique), mais ce n'est pas ce niveau que repère le concept d'esthétique transcendantale. Nous mettons plutôt celle-ci en rapport avec la permanence traditionale d'un problème de l'espace au sein de l'humanité. Quelque chose s'est noué, que nous voulons bien regarder comme contingent, chez les Grecs il y a vingt-cinq siècles, et il s'est constitué depuis une tradition de la pensée de l'espace, tradition qui déplace et modifie *ce qu'il en est de l'espace* à mesure qu'elle persiste à s'en préoccuper. Le rapport à l'espace ne fait donc pas pour nous partie de la structure ontique du sujet. L'intuition n'est pas une propriété cognitive de l'être-humain, mais l'appartenance à un problème, une tradition[96].

Troisièmement, et ceci recoupe tout le développement précédent sur la physique moderne et son concept des modalités, nous ne croyons pas, comme semble le faire Carnap, et avec lui, bien d'autres commentateurs, que l'essentiel de la question de la pertinence de l'esthétique transcendantale pour la science moderne se concentre autour de l'alternative géométrie euclidienne/géométrie non euclidienne. Le point par

95. En fait, comme nous l'avons parallèlement indiqué, l'analyse sérieuse de ces enchaînements nous commande de distinguer deux niveaux : celui de la géométrie en général, ou théorie de l'espace, et celui de la théorie du continu. L'herméneutique de la géométrie, en mathématiques, a libéré des « versions » de l'ineffable géométrique considérablement différentes les unes des autres. En revanche le continu, que nous croyons être le noyau de ce que Kant vise comme incontournable *esthétique* de toute objectivation, reste essentiellement « le même » le long de ses réinterprétations. Nous ne pouvons suivre Carnap lorsqu'il écrit :

> « Ce n'est jamais l'observation qui décide si telle valeur doit s'exprimer par un nombre rationnel ou irrationnel ; aussi s'agit-il d'une pure question de commodité : qu'est-ce qui sera le plus utile pour la formulation de certaines lois physiques, une échelle numérique discrète ou une échelle continue. » [Carnap, R., *Fondements philosophiques de la physique*, Paris, Armand Colin, 1973, p. 93].

La référence de la physique mathématique au continu est beaucoup plus qu'une affaire de commodité : en témoigne notamment la mécanique quantique, à laquelle on prête volontiers la promotion d'une image discrète du « réel », mais qui reste pourtant techniquement « adossée » à des mathématiques continues, dont la signification ontologique peut ne pas être absolument claire, mais n'est certainement pas vide.

96. Qu'une telle appartenance puisse prendre la forme d'un certain type de « voir », en quelque sorte un « voir non-anthropologique » c'est un autre problème, fort passionnant, que nous n'aborderons que de façon brève et oblique dans ce livre ; nous nous contentons ici de dire que cela ne nous gêne pas de le supposer.

où la physique contracte un rapport avec la géométrie qui conforme a priori tout savoir physique ultérieur est plutôt le recours au continu mathématique, à $\mathbb{R}$ : une physique discrète, c'est-à-dire procédant par nombres entiers uniquement[97], serait une toute autre physique, beaucoup plus aisément domesticable par une lecture empiriste logique peut-être. Mais il est de fait que bien après avoir osé confier ses modèles à des géométrisations non euclidiennes, la physique reste profondément liée, dans toute géométrisation qu'elle suscite, au continu mathématique. Elle se cantonne dans le territoire de l'analyse réelle et complexe, donnant même, à l'intérieur de ce cadre, une primauté manifeste à l'objet « variété différentiable », qui est une généralisation géométrique de $\mathbb{R}^n$. Carnap parle dans *Fondements philosophiques de la physique*[98] de ce continuisme physique, et veut y voir une option pragmatique sans importance, révisable du jour au lendemain (cf. note de la page 82). Une telle position nous paraît insoutenable : non seulement les faits ne l'accréditent en rien, mais il est toujours vérifiable, aujourd'hui, que la référence au continu joue un rôle décisif à l'égard de « ce qui est pensé » dans les modèles. Comme nous l'avons dit, la qualité ontologique des possibilités et nécessités dites par les lois en est dépendante. D'où il résulte que la signification dégagée par les théories de l'interaction, de la dynamique, par le langage des trajectoires et de leurs singularités, est elle-même en rapport avec le continu mathématique : le sens, comme la philosophie du langage récente l'a montré de mille façons, dépend de la modalité. Par exemple, interpréter une interaction par un potentiel, ou plutôt procurer à l'objet mathématique fonctionnel qu'est un potentiel la signification « ordinaire » d'une interaction, déplace de manière essentielle et décisive le retentissement du mot *interaction*, c'est-à-dire en fin de compte la pensée de l'interaction.

Pour résumer donc ces trois points, la doctrine inaugurée par Carnap, surtout si l'on regarde les attitudes et les convictions sommaires qu'elle a pu engendrer, nous semble de nature à faire manquer un trait historialement fondamental de la science post-galiléenne : l'herméneutique de la chose y est sous la dépendance de l'herméneutique du continu à travers l'herméneutique de l'espace.

En d'autres termes, nous admettons que l'humanité pensante est travaillée par la question « Qu'est-ce que la chose ? », en sus des questions « Qu'est-ce que l'Infini ? », « Qu'est-ce que le Continu ? », « Qu'est-ce que l'Espace ? », dont le triplet constitue une part du fond motivant l'aventure historiale appelée *mathématique*. Cette question de la chose peut assurément être regardée, de son côté, comme une des questions instituant *radicalement* la science physique. Par conséquent, dans les termes de notre premier chapitre, nous sommes en droit d'envisager la succession des réponses de la physique comme la mise en œuvre de ce que nous avons appelé une *herméneutique*, en l'occurrence l'herméneutique de la chose.

On peut alors décrire la voie suivie par le courant de l'empirisme logique comme voie de l'appréhension « autonome », « close » de cette herméneutique. Les attendus logiques, pour l'essentiel modèle-théorétiques, de la description de la science inspirée par ce courant ne nient sans doute pas, en effet, le caractère herméneutique de celle-ci. On peut, si l'on veut, faire l'effort de retrouver, chez chaque grand auteur rattaché de près ou de loin au courant, le moment où son discours est l'équivalent d'une évocation

97. Sans entier infiniment grand.

98. Carnap, R., *Fondements philosophiques de la physique*, Paris, Armand Colin, 1973.

de la situation herméneutique. En substance, la dynamique de l'herméneutique de la chose sera interprétée comme « dialogue » de théories formelles avec des « data » assimilés à des collections d'étants singuliers pris avec leurds propriétés (et comme tels, susceptibles de s'agglomérer en *modèles* des théories). Dialogue au cours duquel la collection des référents s'élargit toujours, et la « théorie en vigueur » s'expose en permanence à la révision. Bien que K. Popper refuse, pour de plausibles raisons, de se voir appliqué le label « empirisme logique », il nous semble que c'est lui qui a présenté de la manière la plus claire cette récupération de la théorie des modèles au service de la mise en scène de l'herméneutique scientifique, et que, dans sa clarté et sa force, sa pensée explicite sur ce point ce qui est la démarche de tout le courant philosophique concerné.

Cette interprétation de l'herméneutique scientifique a bien évidemment sa validité. On peut néanmoins lui adresser deux reproches, d'ailleurs liés :

— Elle égale en fait l'herméneutique scientifique à une herméneutique de la causalité, ou de la structure de l'ensemble des choses, plutôt qu'à une herméneutique de la chose proprement dite. Dans le cadre technique de la réécriture modèle-théorétique, on est obligé en effet, de considérer les choses comme données, à un niveau « observationnel », où le chercheur est supposé pouvoir puiser des *thèses* qui ont logiquement la forme de littéraux (« basic facts » dans *Meaning and Necessity*[99]). Donc, à proportion de cette présupposition, le problème de l'être de la chose est expulsé comme résolu. La physique est comprise comme science de la *connexion* des choses, au premier chef de la causalité.

— Elle semble méconnaître le rôle des mathématiques dans la physique. Il est de fait que la « formalisation » du réel dans la science moderne ne se présente pas directement comme écritures de théories au premier ordre à sémantique empirique ou observationnelle, mais comme *mathématisation*. Les mathématiques interviennent dans le discours physique, le traversent de part en part, avant même qu'il soit question de penser ces mathématiques dans une forme logique.

Le lien entre les deux reproches est le suivant : il n'est pas rare que le recours aux mathématiques soit le moyen par lequel la physique introduit des entités qui font apparemment partie du monde des référents (de la réalité), mais qui ont une teneur essentiellement mathématique, des pseudo-choses en quelque sorte. Qu'est-ce ainsi qu'une vitesse, une énergie, un champ, un état quantique ? Dans une approche empiriste logique, on sera contraint de montrer systématiquement que le discours des pseudo-choses a les mêmes conditions de vérité qu'un discours de choses sous-jacent, ou bien en est comme théorie une extension conservative. En dernière analyse, la complexité de l'appareil mathématique par le truchement duquel sont définies les pseudo-choses sera donc considérée comme une bizarrerie contingente.

Une telle lecture nous semble essentiellement invraisemblable, ou plus exactement, elle nous semble impliquer que l'on laisse dans l'ombre ce qui est justement l'affaire passionnante de l'épistémologie (la pertinence des mathématiques en physique sur le plan ontologique, métaphysique, et par dessus tout sur le plan du sens) au profit d'un compte-rendu juridique, dont la viabilité concrète n'a d'ailleurs jamais été établie

99. Cf. Carnap, R., *Meaning and Necessity*, Chicago, The University of Chicago Press, 1947.

à notre connaissance. Nous lui opposons une autre lecture, qui prend pour acquis que la question « Qu'est-ce que la chose ? » n'est jamais posée par la tradition physique indépendamment de la question « Qu'est-ce que l'espace ? ». Pour cette raison, l'herméneutique de la chose n'est jamais limitée au dialogue langage logique/faits de base, elle est toujours « enrichie » de la contribution de l'herméneutique de l'espace, la géométrie pour l'appeler par son nom disciplinaire. La « synthèse » ou la « définition » de la chose dans le cadre de son inscription *a priori* dans une *spatialité* ne peut se faire qu'en conformité avec le point où en est l'herméneutique de l'espace . En ce sens, la dépendance transcendantale de la physique sur un moment esthétique, telle que Kant l'a thématisée, nous paraît une donnée fondamentale. La dimension « synthétique a priori » de la connaissance en résulte naturellement. La synthèse de la chose ayant toujours lieu selon une géométrie, et la géométrie interprétant un mystère *autonome*, propre, la connaissance physique est toujours déterminée par ce qui a été mis dans l'herméneutique de l'espace. Il y a donc plus dans toute physique que la théorisation logique de l'étant. Même si un fragment de géométrie a été écrit pour les besoins d'une théorie physique (ce qui est de fait, au moins on peut le plaider, parfois le cas), ce fragment est a priori pour cette théorie, au sens suivant : la géométrie en question est possible sans la physique, et pas l'inverse (décalque du propos de l'exposition métaphysique de l'espace selon lequel nous pouvons penser l'espace sans divers, et pas l'inverse). Si bien que les actes herméneutiques à l'égard de la question de l'espace en lesquels consiste ce morceau de géométrie ont lieu « avant » la physique et « indépendamment » d'elle : autant dire que nous comprenons la physique essentiellement comme rapport à un divers offert (et pas d'emblée à de l'étant singulier), sous la gouverne de la question « Qu'est-ce que la chose ? ».

Selon nous, l'approche du courant empiriste logique manque cette structuration herméneutico-transcendantale de la science, notamment de la science la plus contemporaine : le transcendantal est dans l'articulation hiérarchique du couplage de l'herméneutique de la chose et de celle de l'espace, l'herméneutique est dans le mode de réélaboration indéfinie – dans la familiarité et le dessaisissement – qui est commun au traitement de ces deux questions.

Il va de soi néanmoins que le projet général de décrire comme théories logiques du premier ordre les ensembles discursifs ne nous choque nullement, il reçoit même notre adhésion, *y compris quand il s'agit de la physique*. Nous avons d'ailleurs utilisé, lorsque nous parlions du lien du continu avec la modalité physique, une telle réécriture de la mécanique élémentaire, due à Montague. Il convient simplement de remarquer que dans cette réécriture, Montague est obligé de se donner une double sémantique, d'un côté la sémantique des « particules » (ensemble P), de l'autre la sémantique mathématique, où il fait figurer les ensembles de nombres $\mathbb{N}$ et $\mathbb{R}$. Il nous paraît probable qu'il sera généralement possible de proposer des réécritures de ce genre (dans le cas limite, qui est celui de la mécanique quantique, où la théorie n'est pas au fond une théorie de *particules*, il faudra peut-être se donner la théorie comme pure théorie mathématique, et spécifier « à côté » un mode de corrélation à l'expérimental non-tarskien). Simplement, ces réécritures ne peuvent que rendre compte a posteriori d'une cohabitation de choses et d'entités mathématiques, sans expliquer en quoi le concept des premières est essentiellement informé par la mise en perspective géométrique des secondes. Si on les examine de ce point de vue, c'est-à-dire du point de vue de ce qu'elles présupposent ou occultent, ces réécritures peuvent d'ailleurs être d'excellents auxiliaires d'analyses transcendantales, sans doute les meilleurs en fait.

Tel était donc l'enjeu de la lecture de Kant que nous voulions dégager. Le système de la *Critique de la raison pure*, compris comme nous le suggérons, reste l'instrument philosophique privilégié pour appréhender la science – nous pensons ici à la physique de ce siècle – comme pensante. Mais il faut à cette fin rejeter avec la même vigueur d'un côté la compréhension purement métaphysique de l'esthétique transcendantale, qui vide la géométrie de sa tension herméneutique, de l'autre côté la compréhension de l'intuition pure comme facteur subjectif ontique, donnée anthropologique, qui conduit à une théorie de la physique dont le moment esthétique est évacué, et qui fait alors nécessairement manquer son dynamisme herméneutico-transcendantal.

# L'infini, le continu et l'espace

Dans ce chapitre, nous essayons d'illustrer par l'exemple la thèse principale du livre, selon laquelle le rapport des mathématiques à ce qu'on appelle parfois leur objet est en fait rapport à des questions, déterminant la continuité traditionale d'une élaboration herméneutique. La mathématique apparaît ainsi comme une *pensée*, qui ne cesse jamais d'ouvrir une perspective admettant, c'est ce qui lui est propre, le domaine formel comme théâtre pour sa mise en acte.

Nous limitons notre propos à l'examen du « traitement » des trois noms d'énigme qui ont été mis en vedette dans notre analyse du legs esthétique de Kant, à savoir l'infini, le continu et l'espace. Nous tenterons, dans notre chapitre conclusif, de réfléchir sur le fait même qu'il nous ait été possible de suivre ainsi à la trace, dans deux disciplines, la pensée du continu, de l'infini, de l'espace. Nous aborderons alors deux questions qui nous semblent fondamentales, et qui sont liées : la question du rapport entre herméneutique mathématique et herméneutique philosophique, et la question de l'essence et du statut de l'épistémologie.

Mais nous n'en sommes pas là. Suivant un plan relativement évident, celui que nous suggère la hiérarchie herméneutique dégagée au chapitre précédent, nous allons successivement parler de l'approche mathématique contemporaine de l'infini, du continu et de l'espace.

## 3.1 L'infini

Quant à l'infini, nous avons observé dans notre commentaire de la *Critique de la raison pure* que pour toute une tradition, dominée à la fois par l'aristotélisme et par l'infinitisme théologique, il n'était pas réellement envisageable de l'avoir dans une modalité mathématique. Par rapport à cette tradition, la grande mutation est bien évidemment l'apparition de la théorie des *ensembles infinis*, avec tout le succès qu'elle a connu, au point de devenir pierre angulaire de l'édifice discursif au cours du vingtième siècle. À cet égard, les noms qui priment sont sans conteste ceux de Dedekind et de Cantor, les mêmes qui doivent aussi être cités comme inventeurs du modèle moderne du continu : tant il est vrai que le forçage d'un concept nouveau, en tant que proprement et spécifiquement mathématique, de l'infini, était la condition préalable de toute avancée dans l'herméneutique du continu.

### *3.1.1 L'infini ensembliste*

On peut partir d'un texte « métaphysique » de Dedekind[1] supposé justifier le concept d'infini actuel. Dedekind y définit les ensembles comme fédérations d'objets sous un quelconque point de vue apporté par la pensée. Il définit ensuite les ensembles infinis comme ceux qu'une injection envoie sur une de leurs parties propres, et prouve

1. Cf. Dedekind, R., *Les nombres. Que sont-ils et à quoi servent-ils ?*, trad. franç. J. Milner et H. Benis-Sinaceur, Paris, « La bibliothèque d'Ornicar », 1978, p. 93-98.

l'existence d'un ensemble infini en invoquant à la première personne l'exemple de « l'ensemble de toutes mes pensées ». Sur cet ensemble, en effet, est définie l'application qui à tout objet de pensée $a$ associe la pensée [que $a$ est mon objet de pensée]. Or cette application, selon Dedekind, est sûrement injective (la pensée [que $a$ est mon objet de pensée] et la pensée [que $b$ est mon objet de pensée] ne peuvent coïncider que si $a$ et $b$ coïncident). Mon *moi*, pour finir, est un objet de pensée qui n'est pas dans l'image de cette application, c'est-à-dire qui n'est pas pensée que quelque chose est objet de ma pensée.

Les constructivistes, on le sait, critiquent la définition des ensembles infinis de Dedekind par la propriété de n'être pas équipotents à l'une de leurs parties propres : cette définition caractérise le fini par rapport à l'infini, alors que la raison voudrait qu'on partît de ce qui est le mieux connu (le fini) afin de déterminer ce qui l'est moins (l'infini). Reprenant à sa manière cette critique, Jacques Harthong, dans une étude non publiée, voit le texte de Dedekind comme l'expression exemplaire d'une volonté d'appréhender le nombre entier dans l'oubli de ses racines sensibles, et même psychologiques. Nous prendrons quant à nous une option différente. Nous nous attacherons, dans le but de comprendre la figure aujourd'hui dominante, à voir plutôt dans le discours de Dedekind le symptôme d'un préjugé plein de sens sur l'infini : celui *par lequel l'infini actuel accède à l'état de thème mathématique*.

On peut en effet extraire de ce que dit Dedekind plusieurs déterminations fondamentales aprioriques de l'infini.

Premièrement, l'infini est *ensemble* : l'actualité qui était déniée jusqu'alors à l'infini lui sera attribuée par le truchement de la notion d'ensemble. *Ensemble* veut dire essentiellement ce qui « tient-ensemble » par l'arbitraire d'une perspective. La notion d'ensemble est liée à l'« ouverture » rassemblante procurée à chaque fois par un décret de formation, qui peut utiliser tout ce qui est susceptible de surgir dans l'horizon de la pensée. Comme nous le dirons plus loin, la technique du discours d'ensembles s'est à certains égards retirée de cette liberté universelle de l'ouverture des ensembles, dès lors qu'on en est venu aux théories formalisées avec schéma de compréhension ou de remplacement. Mais ce niveau du sens du mot ensemble ne disparaît jamais totalement.

Deuxièmement, l'infini se caractérise par une propriété *paradoxale* d'ensemble (niant le rapport que le bon sens voit entre le tout et la partie), propriété qui est elle-même relative aux applications de l'ensemble en cause dans lui-même, soit à une « complication » de l'objectivité ensembliste. Il est de l'essence des ensembles de se prêter à une telle complication, d'être les points de départ pour la définition perspectiviste d'ensembles plus compliqués, relatifs aux premiers ensembles assumés : c'est la possibilité offerte par les théories des ensembles usuelles qui conduit à l'élaboration d'une hiérarchie des rangs ou des types objectifs. L'infini est donc ce qui, selon la complication résultant de soi, peut être égalisé avec une partie stricte de soi. Le tandem de cette complication et de ce paradoxe a son paradigme dans le couple formé par la complication « réflexive » et le paradoxe du sujet. Dedekind propose l'exemple de l'universel ouvert des pensées d'un sujet, et du jeu en lui de la complication apportée par l'opérateur réflexif « méta-noétique » (à toute pensée, j'associe par réflexion la pensée que cette pensée est ma pensée).

Ce paradigme nous conduit à confronter fort naturellement la détermination paradoxale de l'infini par Dedekind avec la détermination paradoxale de l'objet de l'idée chez Kant : on sait que, dans la dialectique transcendantale, Kant définit le « je pense » pur comme l'objet-limite selon la régression indéfinie dans la forme du jugement catégorique. Mes pensées, en effet, sont toujours prédicats d'un substrat thématico-logique qu'elles déterminent. À la limite, il y a le moi=âme=*je pense* : un sujet qui n'est plus à son tour prédicat. Par rapport à cet objet idéal, toutes mes pensées sont des prédicats[2]. Or l'opérateur réflexif de Dedekind est l'opérateur qui fait de toute pensée le support d'une autre pensée (la pensée que cette pensée est une pensée). C'est un opérateur qui enchaîne dans l'autre sens que l'opérateur kantien de la régression selon le jugement catégorique : au lieu de révéler toute pensée comme prédicat d'une autre, il la révèle comme sujet d'une autre. Le « moi » tel qu'il l'envisage est donc une sorte de moi anti-idéel kantien : un objet limite *de l'autre côté*, un prédicat qui n'est plus à son tour sujet, la totale explicitation de la pensée, et non pas un sujet qui n'est plus à son tour prédicat, soit son absolue implicitation originaire. De cet apparent pinaillage peut être tirée, à notre sens, une conclusion importante sur l'infini ensembliste : il est déterminé originairement comme paradoxal au regard de sa propre complication « naturelle », d'une paradoxalité parfaitement analogue à celle de l'objet idéel kantien, à ceci près qu'à cause de l'inversion de sens du processus, cet objet idéel est *dans le futur* et non pas dans le *passé pur*. Le moi de Dedekind est la limite de l'auto-complication du moi dans le futur, selon la modalité de complication ouverte, indéfiniment effectuable de la réflexion. Le « premier » ensemble infini ($\mathbb{N}$) est similairement la limite de l'auto-complication pré-ensembliste du fini : celle de l'adjonction d'une unité, qui complique $n$ en $n + 1$.[3] Mais il y a clairement analogie, entre la position du moi de Dedekind et celle du *Je pense* kantien comme objet idéel. Cela nous suggère que l'infini ensembliste est un contenu de futur pur auquel on donne un statut de passé pur. C'est d'ailleurs exactement ce qu'a toujours dit la critique constructiviste, faisant valoir notamment que la hiérarchie des rangs traitait ce qui était essentiellement inachevé (la synthèse de $\mathbb{N}$) comme un point de départ possible pour la synthèse de $\mathcal{P}(\mathbb{N})$, soit, si nous traduisons, ce qui est essentiellement un futur comme un passé.

Vue sous cette angle, et ce sera notre troisième et dernier point, la définition de l'infini par Dedekind met en évidence, sur le plan qualitatif, *l'hétérogénéité du fini et de l'infini*. La propriété paradoxale de l'infini, qu'on peut identifier comme collusion du passé et du futur dans l'idéel, met l'infini à part du fini, et l'engage dans une « transcendance ». L'infini est critériellement identifié par une propriété qu'à la lettre nous ne sommes pas véritablement capables de penser (qu'un tout qui excède strictement sa partie s'égale à elle – jugement infini, dirait Hegel –). Le développement de la théorie des ensembles vers la théorie des cardinaux souligne cet élément de « transcendance ». La preuve de l'excès de $\mathcal{P}(X)$ sur $X$, c'est-à-dire de ce que, dans l'ordre de l'infini, il existe un opérateur de dépassement toujours applicable, conduisant l'excès d'un infini donné au-delà de lui même, manifeste son lien avec le registre de la para-

2. Nous lisons :

> « Par ce « moi », par cet « il » ou par cette chose, qui pense, on ne se représente rien de plus qu'un sujet transcendantal des pensées=X, et ce n'est que par les pensées qui sont ses prédicats que nous connaissons ce sujet (...) » [*Critique de la raison pure*, A 3465, B 404, III, 265 ; trad. A. Tremesaygues et B. Pacaud, Paris, PUF, 1944, p. 281].

3. Que nous pouvons d'ailleurs voir sur le mode ensembliste comme *réflexive* : $n \mapsto n \cup \{n\}$.

doxalité en ceci qu'elle est la reprise du « truc » immémorial du *menteur*. Le problème de l'*hypothèse du continu* est un problème de *contrôle* de la hiérarchie induite par ce pouvoir d'auto-transcendance du transcendant (peut on assigner la place du continu dans la hiérarchie de l'infini que la théorie permet de postuler ?). Et la réponse apportée par Cohen illumine elle aussi le rapport de cette question, et donc de l'infini cantorien, avec la « limite » du pensable. D'une part, elle vaut en effet comme exemple de l'indécidabilité révélée incontournable par Gödel, et, d'autre part, la méthode du forcing* explore en quelque sorte l'écart entre satisfaction *constructive* d'une théorie, vérifiée pas à pas, et satisfaction classique *idéale* procurée par la théorie des ensembles. Ecart qui ressortit précisément à la transcendance de l'infini ensembliste. En choisissant l'adjectif « transfini » pour nommer l'infini, sur les cas duquel il enseignait la possibilité d'un calcul analogue mais non isomorphe à celui de l'arithmétique finie, Cantor a d'ailleurs mis l'accent sur ce caractère d'*au-delà hétérogène*, non immédiatement justiciable de nos prédications naïves, de l'infini qu'il instituait. Autre indice du même type : le choix de la lettre $\aleph$ pour préfixer les noms des repères de la hiérarchie de l'infini. Cette référence au sens biblique de la transcendance s'accompagne chez Cantor d'un discours qui la justifie de façon plus profonde qu'il n'y paraît : l'infini ensembliste, dit-il, est essentiellement hors d'atteinte de la synthèse humaine, mais il suffit pour que nous puissions l'intégrer à notre discours que Dieu le voie dans sa totalité en repos[4].

Nous disons que cette justification ou cette explication est plus profonde qu'il n'y paraît, parce qu'elle permet de comprendre en quoi réside l'événement de la pensée cantorienne. « Avant », comme nous l'avons dit, il y avait d'un côté l'infini positivement pensable de la théologie, de l'autre côté, pour la connaissance rigoureuse et profane, l'infini « potentiel ». L'infini théologique était *séparé*, et dans cette séparation, principalement pensé comme « à notre portée », du moins dans la tradition chrétienne, au sens où dans le cadre de celle-ci on a toujours estimé qu'un discours consistant et sensé pouvait être tenu sur la « personne/être-suprême/créateur de l'univers » Dieu (pour rappeler par l'évocation de quelques attributs la sorte de savoir que revendique cette théologie). Avant même d'être pensé comme « à notre portée », ce Dieu est

4. Notons au passage que Kant, dans la *Dissertation de 1770*, défend le concept de l'infini actuel contre ses détracteurs d'une manière très cantorienne. Evoquant l'argument des dits détracteurs, selon lequel une grandeur maximale ou un nombre infini sont des entités ou des représentations contradictoires, il écrit en effet :

> « Si, au contraire, ils avaient conçu l'infini mathématique comme une grandeur qui, rapportée à une unité de mesure quelconque, se révèle comme une *multitude supérieure à tout nombre*, si, en outre, ils avaient remarqué que la *capacité d'être mesuré* dénote seulement ici une relation aux moyens dont dispose l'esprit humain, qui ne peut parvenir à *définir le concept d'une multitude* qu'en ajoutant successivement une unité à une unité, et arriver à cet *achevé*, qu'on appelle un *nombre*, qu'en accomplissant ce progrès en un temps fini, ils auraient bien remarqué ceci : les choses qui ne s'accordent pas avec la loi déterminée d'un certain sujet n'excèdent pas nécessairement la capacité de toute intelligence ; car il pourrait y avoir un entendement qui, sans avoir recours à l'application successive d'une mesure, apercevrait distinctement, et d'un seul regard, une multitude, bien qu'un tel entendement ne soit assurément pas l'entendement humain. »[Kant, E., *Dissertation de 1770*, trad. franç. F. Alquié, in *Emmanuel Kant Oeuvres philosophiques, vol. I*, Paris, Gallimard, Pléiade, p. 631 ; II, 388].

N'est-on pas au plus près de l'idée cantorienne que nous venons d'évoquer ?

d'ailleurs conçu tout simplement, sinon comme *dans le monde*, du moins comme *en dialogue* avec le monde[5]. Le geste de Cantor, sur fond d'un tel contexte, est double : d'une part, il annule la séparation en introduisant dans le discours mathématique un infini qui est héritier de la tradition théologique ; d'autre part, il commute de la théologie positive à la théologie négative : l'infini mathématique sera (celui d'un) Dieu caché, transcendant, « en soi » inconnaissable.

Voici alors quelle est la conséquence absolument fondamentale de cette option en faveur d'une théologie négative : il n'y aura pas de possession empirique ou même intuitive du transfini, il n'y aura, pour résumer radicalement la chose, aucun rapport à cet infini ensembliste comme *présence*. Ceci signifie pratiquement que la relation du discours à l'infini qu'il s'est donné se réfugiera totalement dans la règle de ce discours, dans ce qu'on appelle son caractère *formel*. Ce que nous venons de dire, et qui est en substance le contenu de l'article « Sur l'infini » de Hilbert[6], implique que le passage de la théorie naïve des ensembles de Cantor à la théorie formalisée de Zermelo-Fraenkel est déjà inscrit dans la démarche de Cantor, pour un motif qui déborde largement la question de la résolution des paradoxes : l'infini cantorien, comme infini de la théologie négative, est paradoxal avant de susciter des paradoxes techniques. Aux déterminations de l'hétérogénéité et de la transcendance de l'infini, s'ajoute donc celle de l'*opacité*, que ne cesse pas de rappeler l'existence même du formalisme : l'infini est ce dont on ne peut parler que sans le voir, sans qu'il nous soit *présent*.

S'il faut en effet concevoir l'adoption de l'infini ensembliste par Cantor comme un certain mode de récupération d'une problématique « religieuse » de l'infini au sein des mathématiques, donc, cette récupération va chercher l'infini du Dieu caché, plutôt que celui, consistant et positif du Dieu personnel et créateur du monde. Mais dans une telle problématique religieuse, à la place de tout savoir ou relation personnelle possible avec Dieu, vient le rapport à des *commandements*. Dieu est caché, inconnaissable et transcendant, mais les commandements qu'on associe à son mystère sont des obligations catégoriques. Le paradoxe assumé est que l'instance absolument transcendante de la divinité (ce Dieu, qui, à la vérité, si l'on est rigoureux, ne peut même pas être dit *exister*, la piété enjoignant l'athéisme) n'entretient cependant pas un rapport d'indifférence avec ses interlocuteurs humains : ce par quoi ceux-ci peuvent prétendre tenir à ce qui les dépasse, c'est l'observance de commandements. Il n'y a pas d'accueil thématique du transcendant, que cet accueil soit pensé comme mystique, affectif, ou scientifique. Mais il y a une proximité à son égard, dans l'accomplissement de commandements qui permettent en quelque sorte un accompagnement *pratique* du mystère par le sujet.

---

5. Sans doute faut-il rappeler ici que ce que nous disons est grossier, et en ce sens injuste, sur le plan de l'histoire des idées. L'optique de la « théologie négative », décrite juste en dessous comme celle à laquelle se rallie la pensée ensembliste de l'infini, cohabite avec la théologie positive, voire l'infiltre et la module, spécialement dans le discours des philosophes. Il me semble que cela n'invalide pas mon utilisation de cette opposition : le champ théologique est celui au sein duquel la théologie négative à laquelle nous invite le thème de l'infini est rendue possible et acceptable par l'ancrage en une théologie positive simultanément donnée. La division du travail ou l'exclusion entre théologie et mathématiques consiste précisément en cela : les mathématiques avant Cantor, quant à elles, n'ont pas droit à se référer à un thème qui chez elles serait de consistance purement négative.

6. Cf. Hilbert, D., trad. franç. J. Largeault, in *Logique mathématique. Textes*, Paris, Armand Colin, 1972, p. 215-245.

Si nous nous sommes permis de chercher à formuler avec quelque précision ce « mécanisme compensatoire », c'est parce qu'il nous semble que nous avons là un bon modèle pour comprendre le rapport où Cantor, et surtout, après lui, Hilbert, Zermelo et Fraenkel nous installent à l'égard de l'infini ensembliste, pré-déterminé comme transcendant. En effet, l'aspect *commandement* est en un sens présent dans ce rapport. C'est du moins de cette manière que nous proposons de lire le résultat de la crise des fondements ensemblistes, nous voulons dire ce noyau qui en résulte pour tous les mathématiciens ultérieurs, nommément, l'axiome de compréhension ou de séparation[7].

L'antinomie de Russell, qui à première vue est la simple répétition de l'argument du menteur, avec une autre interprétation de la sui-opération négative, a pris, pour les mathématiciens occupés à protéger le discours des ensembles de son efficace, une signification déplacée, devenant en quelque sorte paradoxe de la transcendance, ou plus précisément encore, paradoxe de la *saisie discursive démesurée* dans l'univers des ensembles. Cantor, par exemple, a d'abord connu l'antinomie comme paradoxe concernant la cardinalité de l'ensemble des parties de l'ensemble de tous les ensembles : l'ensemble $\mathcal{P}(T)$ ne pouvait être strictement plus riche que $T$, si $T$ était l'ensemble de tous les ensembles. Ce qui était en cause, semble-t-il, c'était la « collectivisation sauvage », cette collectivisation spontanée qui, par ailleurs, permet d'engendrer à partir de l'objet $\emptyset$ tous les ensembles mathématiquement intéressants, tous les ensembles de la hiérarchie des rangs. Comme le libre jeu de l'ensemblisation donne lieu à des paradoxes, la formalisation de Zermelo-Fraenkel limite le droit à la formation d'ensembles, précisément au moyen du schéma de compréhension[8]. D'où l'idée, souvent avancée, que la codification de Zermelo-Fraenkel a pour signification principale la proscription des « trop grands » ensembles, qu'elle nous enseigne comment ne pas abuser de la machine à construire non constructivement.

On voit le lien avec ce qui précède : tout se passe comme si le schéma de séparation était un commandement, essentiellement une interdiction, bien qu'il soit formulé comme une permission. Ce commandement, en tant que restriction notable de notre spontanéité logico-discursive, est, si l'on veut, ce que l'infini, depuis son retrait essentiel, exige des mathématiciens pour qu'ils puissent persister à parler de lui sans le voir et le saisir, par le truchement de la seule mise en œuvre du discours formel.

La compensation de la perte de présence acceptée dès lors que l'on joue le jeu de la théologie négative comporte ainsi deux « moments » :

1. D'une part, le mode formel lui-même, indépendamment du contenu du formalisme (nature des règles logiques, signification des axiomes), sanctionne le fait que le discours sur l'infini ne peut pas valoir simplement comme discours sur un

7. L'axiome, ou mieux le schéma d'axiome stipulant qu'il est possible de rassembler les éléments satisfaisant une quelconque propriété *à l'intérieur d'un ensemble déjà donné* (et pas sauvagement, parmi l'univers total des objets). Dans l'écriture formelle ensembliste : si $P(x,t_1,\ldots,t_n)$ est une propriété sur x avec les termes-paramètres $t_1,\ldots,t_n$, alors on a l'axiome

$$\forall y \exists z \forall x (x \in z) \leftrightarrow ((x \in y) \wedge P(x,t_1,\ldots,t_n))$$

8. Laissons de côté, pour le moment, la formulation en termes du schéma de remplacement, déjà plus professionnelle, et qui n'est pas ce que tout mathématicien, même un étudiant à un niveau relativement élémentaire, connaît.

référent présent. Le sujet qui veut parler de l'infini est renvoyé à l'espace pratique du discours formel : pour autant qu'il souhaite tenir un *bon* discours sur l'infini (nous n'osons parler ici de vérité), il est renvoyé au respect des règles, de la déontologie de l'infini (en l'occurrence, la déontologie ensembliste).

2. Mais d'autre part, à un niveau second, présupposant le premier, le contenu de signification du schéma de compréhension est l'inhibition de la spontanéité ontologisante du discours. Il vient interdire le geste par lequel l'usager du discours formel se donnerait malgré tout de la présence (en l'occurrence de la présence fictive, purement corrélative de la cohérence discursive).

En bref, il y a le fait que le discours est seul, et le fait qu'il est sous surveillance.

Le lecteur aura remarqué que notre description du sens dont l'infini ensembliste est investi, au fil de la séquence historique dont nous le tenons, est convergente avec celle que nous donnions de l'intuition pure kantienne, plus exactement du sens en lequel elle « guidait » la mise en place des systématicités du jugements géométrique. Dans le premier cas, nous avons dit que l'intuition de l'espace était comme la réception infinitaire de la loi par Moïse. Dans le second cas, nous disons que l'adhésion à l'infini actuel comme infini ensembliste, avec passage forcé par le mode formaliste et inscription du schéma de compréhension comme limitation essentielle de ce qu'il est possible de dire, est comme la relation de théologie négative à Dieu, où l'observance des commandements dans leur cohérence systématique vient à la place du commerce prédicatif avec l'infini-Dieu.

Il y a plus qu'une convergence, il y a comme un enveloppement entre ces deux lectures. Dans l'analogie en effet, le renvoi herméneutique de l'espace à l'infini (en omettant ici le moment intermédiaire du continu) est mis en parallèle avec le renvoi herméneutique « religieux » de la loi à Dieu. Or la seule compréhension de Dieu que la théologie négative rigoureuse envisage est la compréhension de la loi, puisque Dieu n'est en effet pas autre chose pour elle que l'Infini enveloppé dans la Loi. En un sens donc, le parallèle est satisfaisant, parce que le renvoi herméneutique de l'espace à l'infini était bien, selon la perspective que nous avions développée à partir de Kant, l'établissement d'une *co-appartenance* des herméneutiques. D'un autre point de vue, les limites du parallèle apparaissent, dans la mesure où l'énigme de l'espace, nous l'avons vu, doit aussi être essentiellement *distincte* de celle de l'infini, originale et nouvelle en regard de celle-ci. Or il n'est pas sûr que la loi possède, dans une perspective religieuse du type envisagé, une « autonomie d'identité » semblable vis-à-vis de l'Infini de la transcendance. Mais ce n'est pas le propos de ce livre de discuter de telles questions : nous voulions seulement aider au bon usage de nos analogies.

Ce qui mérite en revanche d'être analysé un peu plus précisément, c'est la figure de l'intuition qui se dégage de ces analogies et de ces liens. Elle est particulièrement importante en vue du débat actuel de la philosophie des mathématiques. L'intuition de l'espace, avant sa détermination kantienne, est putativement intuition *optique* : ce que j'intuitionne est ce que je vois. L'infini, quant à lui, n'est pas l'objet d'un voir possible, il ne peut être, en termes kantiens, qu'un objet ineffectif, un objet idéel. L'herméneutique de l'infini ne peut donc être dite se régler sur une *intuition* de l'infini qu'au prix de l'arrachement de ce mot à toute connotation optique, voire, à toute connotation de *rapport à la présence*. Toute herméneutique, selon nos termes, s'enracine dans une familiarité-dessaisissement originaire. Mais c'est tout un problème que de savoir comment l'on conçoit celle-ci, sur quel modèle, avec quelles accentuations. En choisissant de situer le discours sur l'infini ensembliste dans une théorie formelle comportant des limitations à l'ensemblisation, la mathématique contemporaine induit de profondes conséquences sur ce que peuvent être l'herméneutique de l'espace, de l'infini et du continu quant à leur dimension *intuitive*.

En fait, dire que l'intuition spatiale est la familiarité herméneutique originaire avec l'espace, et que cette familiarité est dessaisissement, en tant que familiarité paradoxale avec l'infini, c'est porter profondément atteinte à la signification optique de l'intuition. Une des thèses fondamentales de Kant est d'ailleurs que l'espace n'est pas vu, qu'il est seulement une forme englobante : intuitionner, au moins au sens de la « forme pure de l'intuition », n'est donc pas voir. La répudiation de son assise optique par la géométrie moderne va dans le même sens. Il y aura toujours une intuition pure de l'espace, dont les géométries seront l'herméneutique, mais cette intuition sera plutôt la familiarité traditionale avec le discours géométrique pré-constitué qu'un voir. Et ce même si cette familiarité se vit toujours comme l'analogue ou l'équivalent d'un voir. L'interprétation herméneutique du rapport à l'espace, de la géométrie, que nous avons soutenue ici en prenant appui sur Kant, exige à notre avis la prise en compte d'un tel déplacement d'accent vers l'invisible, l'insaisissable, et donc la disqualification de l'optique au profit de l'*entendre* textuel de la tradition.

Mais dans le cas des mathématiques, ce virage tend à téléscoper l'un sur l'autre les trois niveaux de l'herméneutique : toute l'herméneutique dont il s'agit est en quelque manière herméneutique de la transcendance, à la limite, et l'énigme appréhendée dans l'espace tend à être ni plus ni moins celle du continu, qui elle-même tend à être égalisée avec celle de l'infini. Nous aurons l'occasion de voir de façon un petit peu plus précise dans quelle mesure il en est ainsi et dans quelle mesure il n'en est pas ainsi. L'analogie avec la théologie négative, comme nous l'avons déjà signalé, majore cette tendance : tout ce dont il s'agit du côté de la théologie négative est comme « dominé » par la figure de la transcendance, pseudo-objet de la pseudo-théologie négative.

Autre conséquence à lire dans cette affaire : l'infini, nous l'avons déjà dit, ne peut pas être pensé comme objet d'intuition en un sens normal du mot intuition, mais il est très naturellement d'un objet d'*idée*. La projection de l'herméneutique de l'espace sur l'herméneutique de l'infini (à travers celle du continu), étant projection de l'intuition originairement optique sur l'*idéation*, induit une collusion intuition/idéation qui traverse tout le dispositif de la mathématique actuelle. Ce avec quoi nous avons une familiarité que nos systèmes formels traduisent, nous le concevons à la fois comme analogue d'un vis-à-vis à intuitionner et d'un au-delà à anticiper comme idée.

Pour essayer de résumer notre bref parcours, tendant à analyser le « contenu » prêté à l'infini mathématique, à cette étape de son herméneutique que nous appelons étape de l'herméneutique ensembliste, disons que l'infini est appréhendé comme *ensemble*, comme *idéel*, comme *futur*, et comme *transcendance*. Ces quatre déterminations sont en fait solidaires, bien qu'entre elles ne règne pas forcément l'accord, et bien que, plus précisément, l'arrangement de leur quadruplet et la pondération respective de ses termes soient la matière d'un débat, qui serait en substance le débat de l'ensemblisme formel et du constructivisme.

Comme *ensemble*, cela veut dire essentiellement que l'infini est l'élément dans lequel se donne l'objectivité mathématique : il est l'ouverture et le rassemblement où elle se tient. Et voilà pourquoi, selon l'ensemblisme, et déjà avec Dedekind, le fini se dit en termes de l'infini et pas l'inverse.

Comme *futur* et comme *idéel*, cela veut dire que l'infini est lié aux paradoxalités de la synthèse inachevée : il est de manière actuelle ce qui « en fait » ne sera jamais, la synthèse complète de la totalité 0,1,2, ... ; si vous prenez le *futur* sans l'*idéel*, vous arrivez à une position constructiviste.

Comme *transcendance*, cela veut dire que l'infini est conçu, dans son contraste avec le fini, et en rapport avec son idéalité, comme sujet d'une théologie négative. C'est dans le rapport très singulier qui se noue, à travers la modalité formaliste, à cette transcendance, cette hétérogénéité, cette opacité de l'infini, que s'inscrit, en sus de la valeur *idéale* et donc future de l'infini, une valeur *intuitive*, et donc passée : seulement, il s'agit en l'occurrence d'une intuition qui ne voit pas.

### *3.1.2 Du fini de l'*Übersichtlichkeit *à l'effectivité*

Ce qui demande alors à être compris, et qui donne plus exactement son sens et sa valeur à l'analyse qui précède, c'est que dans le même temps, ou peut-être, si l'on veut être plus précis, dans une période qui fait suite à celle de l'avènement de la théorie formelle des ensembles infinis, le fini est l'objet d'un travail similaire, qui le retire également au supposé contrôle d'une intuition qui voit. Le fini, donc, ne reste pas dans l'aventure de cette mutation comme le socle inébranlable de la pensée mathématique, invariablement reçu avec le même sens évidentiel.

Ce dont on est parti, en effet, c'est d'une caractérisation du fini comme fini actuel se présentant dans son actualité, et à ce titre comme fini toujours à la portée d'une saisie : tel est encore le visage que lui donne Hilbert dans « Sur l'infini », bien que l'article, et par ailleurs plus généralement le point de vue hilbertien sur la théorie de la démonstration, participent déjà de l'époque suivante de l'herméneutique. Hilbert parle, en effet, d'*Übersichtlichkeit* pour caractériser le fini de son finitisme métamathématique. Selon cette approche, le fini est au fond aussi simplement *donné* que l'espace de la géométrie pour un dogmatisme intuitif-euclidien du genre de celui que l'on prête à Kant.

Mais ce qui est venu depuis, c'est toute l'élaboration du concept d'*effectivité*. Avant de parler du contenu de cette herméneutique du fini solidaire de l'herméneutique de l'infini, citons les propos de deux maîtres, qui nous conduisent à penser que l'émergence du concept d'effectivité n'est pas une petite affaire pour la mathématique de ce temps. Heyting, d'abord, disant, à propos de Brouwer :

> « Si les fonctions récursives avaient été inventées auparavant, il n'aurait peut-être pas forgé la notion de séquence de choix, ce qui, je crois, aurait été dommage. »[9].

Les « grandes » découvertes sont bien celles-là, celles qui ont le pouvoir d'en empêcher d'autres. Robinson, de son côté, a salué l'importance de tout le travail sur la

---

9. . Cf. Heyting, A. , « After thirty years » in *Logic, Methodology and Philosophy of science*, eds. E. Nagel, P. Suppes et A. Tarski, 1962, p. 195 ; cité par Popper dans Popper, K. R., *La connaisance objective*, trad. franç. Catherine Bastyns, Paris, Éditions Complexe, 1978, p. 122.

notion de calculabilité effective dans « Concerning progress in philosophy of mathematics » :

> « (...) l'émergence d'une notion précise de calculabilité représente peut-être un des accomplissements intellectuels les plus impressionnants de notre temps » [10].

Qu'est-ce donc que quelque chose d'effectivement calculable ? Quelque chose dont on peut anticiper la clôture du calcul *dans un certain horizon temporel des opérations*. La caractère fini, ici, est encore sous la dépendance d'un certain thème infinitaire, mais pas le thème ensembliste que nous venons d'évoquer : celui d'un infini qui est simplement un *futur* et une *ouverture* (non rassemblante). L'ouverture, c'est celle d'une gamme d'opérations indéfiniment réitérables. Le futur, c'est celui dans le temps duquel sera achevé le calcul effectif, mais où les opérations restent en général itérables sans qu'une borne soit jamais rencontrée (l'élément d'idéalité au sens kantien est supprimé, même à titre de bonne fiction). Tout le concept de la calculabilité effective tourne donc autour de la détermination de l'horizon opératoire, et de la manière dont un principe de réitération y est disponible.

Ce principe de réitération a, si l'on veut, deux racines, qui sont peut-être la même : d'une part la possibilité indéfinie d'adjonction d'une unité à un nombre entier, et ceci nous oriente vers une lecture *arithmétique* de la calculabilité effective ; d'autre part la possibilité indéfinie d'enchâssement des constructions dans la langue naturelle, et ceci nous oriente vers une lecture *linguistique* de la calculabilité effective. Si Brouwer est celui qui, sans doute le premier avec la radicalité philosophique qui compte, a développé, sous le nom de « constructivité » intuitionniste, la perspective arithmétique, c'est Chomsky, nous semble-t-il, qui est l'initiateur équivalent du côté de la perspective linguistique, puisque, en définissant le concept de grammaire formelle, où la notion de *réécriture* est fondamentale, il a systématisé l'idée d'un horizon linguistique d'écriture.

Comme on le sait, la mise au jour du concept moderne de calculabilité s'est produite d'une manière qui est en rapport avec cette dualité de racines. Même si le modèle numérique de l'ἀριθμεῖν a conservé sa force de paradigme, l'explicitation de son essence n'a pu se faire que par le truchement de *langages de programmation*, au sein desquels s'exprime mais aussi en un sens s'accomplit le calcul. L'identification de l'être du calcul à ces langages a été fort correctement perçue par les spécialistes comme un geste philosophique excédant lesdits langages : les discours qu'ils autorisaient, aussi bien que les mises en rapport techniques possibles entre eux. C'est ce qui porte, précisément, le nom de « thèse de Church ». Dans « On computable numbers, with an application to the *Entscheidungsproblem* », Turing explique pourquoi le cadre formel des machines « de Turing », qu'il propose, capture à son avis l'être du calcul [11]. Il situe ainsi sa démarche comme coup joué dans une affaire herméneutique, en telle sorte que, si nous essayons de faire usage de notre lexique heideggerien, la « thèse »

10. « (...) the emergence of a precise notion of computability represents perhaps one of the most impressive intellectual achievements of our time » ; cf. Robinson, A., « Concerning progress in philosophy of mathematics », in *Selected papers of A. Robinson tome II,*, Amsterdam, North-Holland, 1979, p. 556 ; notre traduction.

11. Minsky cite un passage significatif à ce sujet dans *Computation Finite anf Infinite machines* (Londres, Prentice-Hall, 1967, p. 108-111).

de Church devrait plutôt être dénommé « projet » de Church, au sens d'un « projet de l'essence du calcul », qui ouvre cette essence sous un angle. Comme on le sait, plusieurs langages, qui abordent chacun le calcul sous un angle original, ont été proposés depuis la percée originaire des années trente, et l'on a pu à chaque fois donner la preuve de la traductibilité absolue de chaque langage, ou plutôt chaque « cadre de programmation », vers chaque autre. Pour citer ici seulement les cadres les plus notoires, le *lambda-calcul** envisage le calcul purement comme simplification d'écritures linéaires, dont les constituants s'appliquent les uns aux autres comme des « fonctions », le noyau opératoire fondamental étant la substitution. La théorie des *fonctions récursives* envisage le calcul comme action d'une loi d'entrée-sortie sur un matériel numérique. L'éventail des possibilités du calcul est alors déterminé par les modes licites d'engendrement des fonctions récursives, le noyau fondamental de l'opérativité apparaissant comme la récursion, au double sens de la procession « sémantique » des entiers l'un après l'autre et de la « définition récursive » d'une application[12]. La théorie des *machines de Turing**, elle, voit essentiellement le calcul comme écriture/lecture de symboles et déplacement d'un « curseur » le long d'un espace de calcul, le noyau opératoire fondamental étant l'écriture conditionnelle, la boucle « *read-eval-print* », pour utiliser une formule commode de l'usage moderne.

Ces trois « herméneutiques du calcul » sont fort divergentes, à certains égards, il semble même qu'elle appréhendent le calcul dans des registres tout à fait hétérogènes. La théorie des machines de Turing est seule à se situer de manière ouverte dans un cadre de type « informatique ». Alors que le lambda-calcul développe une métaphore épurée de la manipulation littérale algébrique, la théorie des fonctions récursives, quant à elle, paraît envelopper un point de vue para-ensembliste selon lequel les calculs sont dans les fonctions, qui sont elles-mêmes au fond des ensembles (systématiquement présentés) de résultats. Si bien que la question de l'essence du calcul se trouve naturellement déplacée vers la question de la caractérisation des fonctions calculables. Néanmoins, les trois cadres sont prouvablement équivalents, et cette congruence, nous l'avons dit, passe en général, à côté des congruences similaires, comme une corroboration de la « thèse de Church » : l'ensemble confirmerait que l'essence du calcul est identifiable à ce que dit chaque formalisation. On devrait plutôt dire, à notre avis, que ces traductibilités manifestent que c'est un même mystère que les différents formalismes interprètent, mystère de l'essence du *fini*, délivrée ou révélée à travers l'essence du calcul. En tout cas, un point est certain : le faisceau des cadres formels ou de programmation disponibles détermine une essence communément reçue de l'*effectif*, et le fini est compris en termes de l'effectif. Là est le renversement radical par rapport au stade antérieur, dont le propos de Hilbert était encore un symptôme, stade où l'effectif se conçoit en terme du fini : ce qui est réalisable ou concret est ce qui est fini, au lieu que dans le point de vue nouveau, fini tend à se dire de ce qui est au bout d'un processus effectif.

12. Formalisée dans la règle : si $f$ est une fonction récursive de $\mathbb{N}^p$ dans $\mathbb{N}$, $h$ une fonction récursive de $\mathbb{N}^{p+2}$ dans $\mathbb{N}$, et $g$ une fonction de $\mathbb{N}^{p+1}$ dans $\mathbb{N}$ telle que

$$g(0,n_1,n_2,\ldots,n_p) = f(n_1,n_2,\ldots,n_p)$$
$$g(n+1,n_1,n_2,\ldots,n_p) = h(n,g(n,n_1,n_2,\ldots,n_p),n_1,n_2,\ldots,n_p),$$

alors $g$ est récursive.

Cette mise en rapport du concept du fini avec quelque chose que nous avons appelé *cadre*, et qui est, selon le cas, un cadre d'écriture, de construction ou de programmation, est justement ce qui souligne et manifeste l'accès du fini au statut d'*énigme* interrogée par une herméneutique : le fini est la propriété cruciale de ce qui est substrat ou résultat de cette activité très particulière qu'instituent certaines règles explicites stipulées dans un langage. La pluralité et l'inter- recouvrement des règles, ainsi que leur assise langagière, le fait que ce soit *depuis l'itérativité présupposée et réfléchie du langage* que le processus calculant puisse être mis en scène, confèrent au fini, tout à la fois, sa *certitude*, en tant que fond intersubjectivement incontestable (au même titre et aussi profondément que la signifiance du langage lui-même), et son caractère *énigmatique*. Ce caractère lui-même possède alors deux aspects :

1. La non univocité des moyens de dire l'ouverture réitérative qui engendre le fini ;
2. Le fait que cette ouverture installe déjà la pratique de la réitération dans un horizon infini, bien que cet infini ne soit pas alors pensé comme substantif, ni même peut-être officiellement comme horizon. Cependant la plurivocité de la calculabilité a quelque chose à voir avec ce fait que le fini est pensé dans l'ouverture infinitaire et que, conformément aux formulations agaçantes mais incontournables de Heidegger, l'essence du fini n'est pas elle- même quelque chose de fini.

Il y a donc, à propos du finitaire lui-même, quelque chose comme une « théologie négative », car, à vrai-dire, au vu de la manière dont nous avons déterminé la situation et l'aventure herméneutiques au premier chapitre, quelque chose de la théologie négative est présent dans *toute* telle situation, *toute* telle aventure. L'énigme est toujours ce dont le nom est nom de notre impouvoir en même temps que de ce qui nous est proche. Dès lors que le fini intervient comme nom d'énigme, il est donc placé à cette distance qui permet de dire que l'essence du fini n'est pas en notre maîtrise. Mais par surcroît, la « position » de l'essence du fini que les théories de l'effectivité accomplissent est tributaire d'une certaine modalité du rapport herméneutique à l'infini, modalité qui n'est pas la modalité que nous avons analysée auparavant, et qui concernait l'infini ensembliste. Ce dont il s'agit en l'occurrence est plutôt l'infini « potentiel » aristotélicien ou le mauvais infini de Hegel : ce qui prouve que la ligne herméneutique du rapport à cet infini est elle aussi vieille et noble. Donc l'énigme de l'essence du fini participe aussi de l'énigme de l'essence de l'infini, et l'énigme de la non-clôture du fini suscite une herméneutique elle même engagée dans la théologie négative : plus encore que dans le cas de l'herméneutique ensembliste – en raison de la tradition aristotélicienne – il est exclu de concevoir cette non-clôture en termes d'une *présence* de l'infini.

Tout ce qui précède, et concerne l'herméneutique du fini sous l'angle de l'effectivité, figure comme message philosophique dans l'œuvre de Wittgenstein, et c'est à notre avis une des raisons profondes pour laquelle on reconnaît si largement une telle importance à la pensée de celui-ci. La plurivocité et le recouvrement des explicitations de cadre « donnant » le fini est en effet ce qu'approche philosophiquement le concept de *jeu de langage* et surtout celui d'*air de famille* (qui est un concept de l'intuition, présenté sous l'angle grammatical). Nous donnons plus loin quelques précisions sur le lien du statut du fini que nous dévoilons avec la pensée de Wittgenstein (cf. Encadré 3.2, p. 120).

L'herméneutique mathématique moderne donne aussi un autre statut au fini, pareillement lié à l'herméneutique de l'infini : c'est le statut du fini ensembliste, qui, en raison de la nécessaire adoption d'un point de vue formel dans l'herméneutique de l'infini ensembliste, est un statut de *fini formel*. La définition de Dedekind est en effet conservée dans le contexte formel, et un ensemble de ZFC est donc dit fini s'il n'existe pas d'injection de cet ensemble vers une de ses parties propres. Cette détermination du fini n'est pas congruente avec la détermination du fini comme l'actuellement présent, saisissable, selon l'*Übersichtlichkeit* : c'est d'emblée clair au niveau du sens porté par la définition. Mais on sait que par dessus le marché, pour dire les choses sans finesse et sans prudence, la mathématique fondationnelle de ce siècle a montré que ce fini ne coïncidait pas nécessairement avec le fini de l'*Übersichtlichkeit*, voire même qu'il pouvait excéder l'ouverture dans laquelle le fini est mis en scène pour les besoins de l'herméneutique de l'effectivité. Nous reviendrons largement sur tous ces points en parlant de l'apport de la mathématique non standard à l'herméneutique de l'infini.

Pour le moment, nous voudrions simplement introduire à cette autre section en mettant en valeur la symétrie qui existe entre l'herméneutique de l'infini et celle du fini, symétrie que la présente section a révélée. Nous avons vu en effet que l'herméneutique du fini (en fait, de l'effectivité), bien qu'essentiellement orientée sur le nom d'énigme qu'est le fini, s'ouvrait aussi, par un renvoi nécessaire, sur une énigme de l'infini (celle du « mauvais » infini). Ce renvoi étant à la fois de l'ordre de la *présupposition* (la détermination de l'essence du fini via la détermination de l'essence de l'effectivité présuppose quelque chose de l'infini inachevé), et de la *relance* (la détermination de l'essence du fini suscite des éléments de détermination de l'essence de l'infini de l'horizon, comme « suppléments herméneutiques » à l'herméneutique de l'effectivité). De la même manière, l'herméneutique ensembliste, essentiellement orientée sur le nom d'énigme qu'est l'infini, suscite un certain rapport à l'essence du fini, rapport qui est d'abord dogmatique (une détermination de l'essence du fini résulte du projet herméneutique donnant l'essence de l'infini), mais qui, ensuite, relance la « question du fini » à proportion de l'inattendu ou du paradoxal qu'elle induit. Nous pouvons en résumé décrire la situation herméneutique quant au fini et à l'infini, avant toute analyse non standard, simplement à l'issue des grandes avancées de la théorie des ensembles et de la théorie de l'effectivité, par un diagramme rectangulaire, que montre la figure 3.1 (les flèches épaisses marquent l'excès ou le dépassement, en étant orientées du dépassé ou de l'excédé vers le dépassant ou l'excédant ; les flèches fines marquent l'analogie de position ; cette double convention est gardée pour les autres diagrammes de l'infini dans la suite du chapitre).

Ce diagramme ne peut que susciter des questions horizontales : quel est le rapport entre l'infini inachevé et l'infini formel, quel est le rapport entre le fini formel et le fini de l'effectivité ? Ces questions sont problématiques avant même que l'on cherche à s'enquérir de leurs réponses : car comment comparer des thèmes pris dans des lignes herméneutiques étrangères ? Nous laissons cette interrogation en l'état et passons à l'évocation de l'herméneutique de l'infini (et, de façon liée, du fini) qu'on doit à l'analyse non standard.

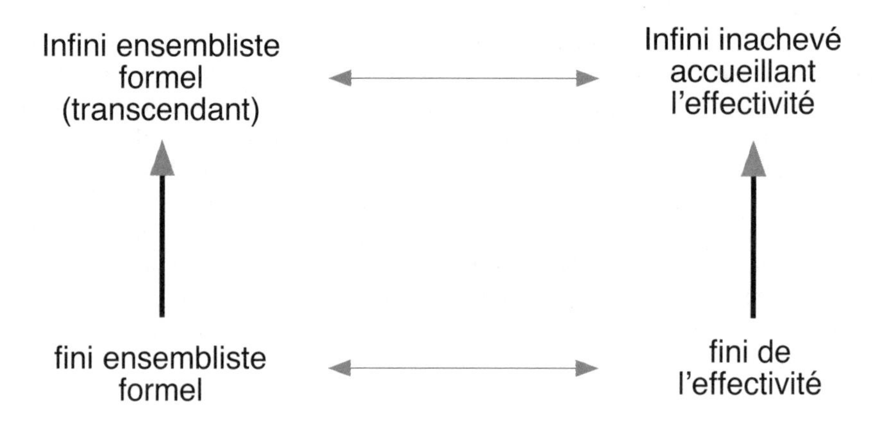


FIG. 3.1 – *Diagramme du fini et de l'infini*

### *3.1.3 Infini et fini non standard*

Notre nouveau propos est donc de dégager la contribution herméneutique de l'analyse non standard à la question de l'infini, dont nous avons déjà vu qu'elle entretenait un rapport herméneutique profond avec la question du fini [13].

Cette tâche est rendue délicate d'une part par les niveaux variés où il est possible d'installer sa sensibilité herméneutique pour faire un relevé de l'état du préjugé, d'autre part par les différences tout à fait essentielles qu'il faut prendre en compte entre les formulations successives de l'analyse non standard. Il convient de distinguer soigneusement, donc, entre la première formulation de l'analyse non standard, la robinsonienne, la seconde comme *théorie des ensembles internes*, due à Nelson, et les nouvelles formulations, plus franchement constructivistes, qui se présentent de manière plurielle, et le plus souvent pas comme cadre de travail absolu et complet. Nous pensons pour ce qui concerne ces dernières aux propositions de Harthong, Cartier, Nelson à nouveau, Lutz, et autres Callot (Laugwitz et Schmieden sont sans doute les précurseurs de ces approches, comme ils le sont du non standard en général).

### *3.1.4 Compacité logique et idéalisation infinitésimale*

Un premier niveau d'examen, relativement superficiel, concernerait simplement la manière dont l'analyse non standard réélabore pour son compte le rapport entre le fini formel et l'infini formel de l'univers ensemblistes : il s'agit donc d'une incidence au niveau de ce qui est connu en mathématiques classiques comme phénomènes de

13. En quelque sorte « malgré » la très grande disparité de « contenu » entre les deux questions : pour nous, il ne va nullement de soi qu'il doive y avoir symétrie, égalisation, ou quelque autre effet proprement dialectique entre les deux questions. Nous tenons ferme d'une part à l'intuition de l'étrangeté de ce qui est anticipé « de toute éternité » dans le fini d'un côté, l'infini de l'autre côté. D'autre part nous sommes attentifs, et ce qui précède l'aura croyons nous montré, à ce qui dans le registre technique vient redoubler cette étrangeté : comme par exemple l'hétérogénéité sensible entre le « style » formaliste de l'herméneutique ensembliste de l'infini et le style procédural de l'herméneutique de l'effectivité. Mais cela ne nous empêche pas de voir et reconnaître le lien, l'effet de renvoi entre les deux questions.

*compacité*, de compacité logique* en l'espèce. Dans le diagramme de la figure 3.1, en effet, il est possible, dans de nombreux cas, de passer du fini formel (case du bas à gauche) à l'infini formel (case du haut à gauche) en suivant un principe de compacité : cette notion, que le mathématicien intuitif connaît comme de nature topologique, est aussi une notion logique, en laquelle on peut voir la clef technique de l'analyse non standard robinsonienne. Cela dit, en fin de compte, l'aide que l'analyse non standard apporte au traitement des problèmes relevant de la compacité est indépendante de la formulation choisie, en particulier on en bénéficie aussi bien dans un cadre nelsonien que dans un cadre robinsonien.

Pour prendre la mesure de cette incidence de l'analyse non standard sur les affaires liées à la compacité, prenons deux exemples :

— Le concept d'espace topologique compact en topologie générale, tout d'abord. On peut dire dans le cadre classique qu'un compact est un espace topologique ne permettant pas de fuite à l'infini, c'est une façon de phraser hors formalisme le sens de la compacité. Le savoir de cette caractérisation guide souvent les démonstrations, comme par exemple celle du fait que l'équation différentielle associée à un champ de vecteur sur une variété compacte admet des solutions maximales définies sur $\mathbb{R}$ entier[14]. Dans un cadre non standard, un compact pourra être défini par la propriété que tout point est *presque-standard* (définition externe), et cette définition correspondra exactement à la notion-guide de non fuite à l'infini, les points presque standard étant ceux qui sont encore adhérents (infinitésimalement) au fini.

— Les exposés classiques de l'intégrale de Riemann la présentent comme sommation *idéale* : ce qu'on fait, « moralement », c'est qu'on découpe l'intervalle de définition de la fonction, on calcule la surface d'une aire multirectangulaire et on passe à la limite. Mais il n'est pas permis de maintenir un vrai calcul d'aires « à l'infini », si bien que l'idée visiblement régulatrice de la sommation de la fonction sur une subdivision de pas infinitésimal reste une arrière-pensée informelle. Dans un contexte non standard en revanche, l'intégrale sera naturellement définie (lorqu'elle existe) par une sommation de ce type. On dira que

$$\int_a^b f = {}^{\circ}\left(\frac{1}{N}\sum_{i=1}^{N} f\left(a + \frac{i(b-a)}{N}\right)\right) \quad \text{pour } N \text{ entier infiniment grand}$$

pourvu que la partie standard qui est le membre de droite soit indépendante de la subdivision de pas infinitésimal choisie.

14. L'idée de cette preuve est que si l'intervalle maximal admet une borne supérieure finie $c$ par exemple, si $(t_n)_{n\in\mathbb{N}}$ est une suite de points tendant vers $c$ strictement croissante, et si $\phi$ est une solution sur $]0, c[$ supposée maximale, alors la suite $(\phi(t_n))_{n\in\mathbb{N}}$ admet une sous-suite convergente, et on peut prolonger la solution sur $]0c[$ par une solution locale valant en $c$ la limite d'une telle sous-suite. Ce n'est pas l'opération technique d'extraction d'une sous-suite convergente qui nous intéresse ici, mais le fait qu'elle actualise démonstrativement la vue intuitive ou méta-mathématique selon laquelle dans la variété compacte considérée, les solutions ne trouvent aucun motif topologique de s'essouffler vers un seuil inaccessible.

Ces modes d'interventions de l'analyse non standard ont été dépeints de manière fort clairvoyante par Robinson lui-même, qui dit quelque part [15] qu'on peut alternativement, en quelque sorte *selon sa préférence herméneutique*, dire que les raisonnements non standard se substituent à l'usage de la compacité logique, ou que les principes de compacité ont assuré l'intérim des raisonnements infinitésimaux pendant la période où ils ne semblaient plus admissibles.

Cela dit, ce qui mérite évidemment d'être souligné, c'est que l'infinitésimale, dans ce mode d'intervention, remplit une fonction *idéelle* au sens kantien. D'une part, elle donne un statut « objectif » à ce qui était simplement un horizon sur lequel se guidait le discours. D'autre part l'objectivité infinitésimale est introduite en termes du passage à la limite à partir d'une régression à l'infini possible, ce qui est tout à fait consonnant avec la manière dont Kant présente lui-même le concept d'idée dans la section « Des idées en général » de la *Critique de la Raison Pure* [16]. Cette nature de l'infinitésimale est d'ailleurs bien marquée par le nom donné par Nelson au schéma d'axiome qui l'autorise dans sa théorie IST* (dont nous parlerons bientôt) : *schéma d'idéalisation*. Il apparaît ainsi que l'analyse non standard souligne la valeur *idéelle* de l'infini ensembliste, valeur dont nous diagnostiquions la présence dans le portrait herméneutique de l'infini zermelien dressé plus haut, à côté du sens de *transcendance* et du caractère d'*ensemble* notamment. Et ce, ayant en vue dans l'idéel les deux déterminations qui lui sont essentielles dans le système kantien : celle de limite logique du fini, et celle de contenu régulateur.

Mais il est clair que, jusque là, l'interprétation herméneutique de l'infini suggérée par l'analyse non standard reste homogène à celle dont nous sommes partis, son interprétation ensembliste formelle. On dira que ce n'est guère étonnant, puisque les formulations que nous avions principalement à l'esprit, celles de Robinson et de Nelson, se situent juridiquement dans le cadre des ensembles. On aura tort, parce qu'il ne va pas de soi que dans un cadre formel donné, on ne puisse jamais produire des coups ou des jeux qui excèdent l'herméneutique que ce cadre propose originairement, ou qu'il a eu avant tout pour mission de faire vivre. L'herméneutique formelle, et c'est là un de ses aspects tout à fait fondamentaux, permet l'éclosion de variantes dérivantes *à l'intérieur* d'une convention. Qu'on pense simplement à l'exemple des géométries non euclidiennes, développées dans le contexte euclidien comme géométries de la sphère ou du demi-

15. Voici le passage auquel nous pensons :

> « Il y a beaucoup d'autres domaines des mathématiques où des arguments de compacité peuvent être remplacés par l'usage de l'analyse non-standard ... C'est une affaire de goût de décider si nous souhaitons regarder notre présente méthode comme une reformulation éloignée de tels arguments, ou si nous souhaitons plutôt affirmer que les arguments de compacité (par exemple les principes de sélection) ont été introduits en analyse pour combler le manque créé par le déclin historique de la méthode des infinitésimaux »
>
> [« There are many other fields in Mathematics where compactness arguments can be replaced by the use of Non-standard Analysis ... It is a matter of taste whether we wish to regard our present method as a remote reformulation of such arguments or whether we wish to assert rather that compactness arguments (e.g. selection principles) were introduced into Analysis in order to fill a gap due to the historical breakdown of the method of infinitesimals. »] [Robinson 1966, p. 185] [notre traduction].

16. Cf. *Critique de la raison pure*, A 312-320, B 368-377, III, 244-250 ; trad. A. Tremesaygues et B. Pacaud, Paris, PUF, 1944, p. 262-266.

plan. Bien qu'il s'agisse ici de variantes tout d'abord obtenues par circonscription *sémantique* d'un domaine, leur invention peut aussi être regardée comme exploitation de moyens syntaxiques originairement mis au service d'une intuition (d'une couche herméneutique) en vue de la promotion d'une autre intuition. Cette invention semble appeler, en effet, une description en termes du concept logique d'*interprétation* d'une théorie dans une autre.

### *3.1.5 Le fini seulement formel*

On entrera plus dans l'essentiel de ce que l'analyse non standard apporte quant au fini et à l'infini en prenant en considération l'émergence du concept du *formellement et seulement formellement fini*. Georges Reeb, dont l'avis n'est pas mal autorisé, voit dans ce concept la « grande » nouvelle idée de l'analyse non standard sur le fini et l'infini. Le *formellement et seulement formellement fini*, c'est le fini d'un entier infiniment grand, d'un entier $\omega$, pour utiliser la notation préférée des non standardistes.

Il est tout à fait sûr que le concept de ce fini remonte aux grandes avancées de la logique mathématique au début du siècle, et précède de beaucoup, à ce titre, la formulation de l'analyse non standard. La paternité doit en être attribuée, sans doute, à Skolem[17] : concevoir des entiers infiniment grands, mais finis pour ce qui regarde ce qu'on en fait, soit des entiers infiniment grands mais tout à fait ordinaires à part cela, est à peu de choses près concevoir un modèle non standard de l'arithmétique. Cependant, l'analyse non standard apporte une mise en perspective de ce *formellement et seulement formellement fini* qui est sans doute le cœur de l'affaire. Elle incite à voir l'*intercalement* du formellement fini d'un segment $[0,\omega]$, entre l'infini ineffectué de l'énumération $0,1,2,\ldots$, soit l'infini de l'effectivité, et l'infini totalisé du $\mathbb{N}$ de la mathématique formelle ensembliste. De fait si $\omega$ est un entier formellement fini, cet intercalement vaut en termes d'inclusion ordinaire d'ensembles, à ceci près que l'infini de l'effectivité n'est pas un ensemble *de la théorie*. Au lieu que, comme dans le concept *logique* de modèle non standard, l'attention se tourne uniquement vers l'anormalité *globale* du modèle, le point de vue de l'analyse non standard privilégie un « jalon » choisi dans le modèle qui en marque l'anormalité, et qui distribue de part et d'autre de soi deux des pôles de notre diagramme du fini et de l'infini.

Qui plus est, l'analyse non standard va donner un rôle technique essentiel à ce *formellement et seulement formellement fini* : autour de lui s'articule la distinction entre ensembles *standard*, *internes*, et *externes*. $\mathbb{N}$ est standard, $[0,\omega]$ est interne, et $\mathbb{N}\backslash[0,\omega]$ est externe. De cette distinction l'analyse non standard ne cesse de jouer, notamment lorqu'elle recourt aux principes de permanence, lemmes de Robinson ou autres principes de Fehrele. Dans une certaine mesure, tout le régime du passage à la limite, y compris dans son aspect synthèse d'objets (construction), est pris en charge à partir de cette distinction. La disponibilité de ce qui est *interne* pour une manipulation normale, algébrique ou ensembliste, jouant à cet égard un rôle essentiel.

Sur le plan herméneutique, le *formellement et seulement formellement fini* interprète les rapports entre fini et infini de l'effectivité, et fini et infini formel-ensemblistes. Elle insiste sur le fait que la transcendance à l'égard de l'ouverture qu'est l'infini de l'effectivité peut être déjà donnée dans le fini formel, et que l'infini formel apparaît à cet

17. Nous ne sommes pas assez savant pour dire jusqu'à quel point Skolem est déjà dans Löwenheim.

égard comme un « supplément » de transcendance (celui de la totalisation). On assiste ainsi tout à la fois à une généralisation et une stratification de la signification de transcendance attachée à l'infini. De même, la dépendance de la position du concept de fini sur l'herméneutique de l'infini y prend cette forme officielle et radicale que le fini posé dans l'optique de l'infini « transcendant » est éventuellement déjà lui-même « infini » au sens de transcendant (à l'égard de toute donnée effective). Cela n'est pourtant pas un effet de spécularité ou de dialectique : au moment où il acquiert cette valeur, le fini reste aussi étranger que le veut la syntaxe zermelienne à l'infini.

### *3.1.6 L'infinitésimal vicaire*

Ce qu'il en est profondément du rapport de ce fini formel déjà transcendant avec l'infini ensembliste classique, E. Nelson contribue à nous le faire comprendre dans la « refonte » de l'analyse non standard comme théorie des ensembles internes, qu'il propose dans son article de 1977. Il est raisonnable, ici, de ne plus procéder par allusion, et de donner un aperçu quelque peu méthodique de cette théorie. D'autant que, à l'inverse du travail de Robinson, elle n'a pas jusqu'ici fait l'objet d'exposés et de commentaires épistémologiques nombreux.

Nelson institue une *mathématique non standard* plutôt qu'une analyse non standard, et il nous délivre naturellement cette mathématique comme une *nouvelle* théorie des ensembles, analogue à la théorie de référence ZFC. En fait, il s'agit plus précisément d'une *extension* de cette théorie : elle comporte une constante extra-logique supplémentaire, soit, en sus de l'égalité et du prédicat binaire $\in$, un prédicat unaire noté $st$ ($st(x)$ se dira « l'objet $x$ est standard »). Elle est donc, sur le plan purement linguistique, un langage enrichi. Ceci conduit naturellement à distinguer, parmi toutes les formules que l'on peut assembler dans le contexte du nouveau langage, celles qui appartiennent à l'ancien langage (les formules *internes*), et celles qui contiennent le nouveau prédicat $st$ (les formules *externes*). Le prédicat $st$ est donc, Nelson y insiste, *a priori* non défini par rapport à la signification ambiante de ZFC [18]. Conformément à ce que nous savons être la méthode axiomatique, ce concept primitif sera déterminé de manière implicite : en l'espèce par trois schémas d'axiome, qui, ajoutés à ceux de la théorie ZFC intégralement repris, constituent le contenu axiomatique de la nouvelle théorie, baptisée IST (pour *Internal Set Theory*). Ces schémas d'axiome sont les suivants (noter que Nelson note le « et » logique avec le symbole &, plutôt que l'habituel $\wedge$) :

— Le schéma de transfert

$$\text{(T)}\quad \forall^{st}t_1\ldots\forall^{st}t_k([\forall^{st}xA(x,t_1,\ldots,t_k)] \Rightarrow [\forall xA(x,t_1,\ldots,t_k)])$$

où $A(x,t_1,\ldots,t_k)$ est une formule interne dont $x$, $t_1,\ldots,t_k$ sont toutes les variables libres.

18. Essayons au passage de lutter contre une confusion fréquente chez ceux qui sont habitués au propos robinsonien : $st$ n'est plus chez Nelson un symbole fonctionnel, donnant la partie standard de quelque chose, mais un symbole relationnel à une place. La continuité de notation sur l'opérateur *partie standard* est néanmoins assurée par la persistance de l'écriture $^\circ x$, $^\circ A$.

— Le schéma d'idéalisation

$$\text{(I)} \quad [\forall^{stfin} z \exists x \forall y \in z \;\; B(x,y)] \Leftrightarrow [\exists x \forall^{st} y B(x,y)]$$

où $B(x,y)$ est une formule interne dont $x$ et $y$ sont deux variables libres.

— Et le schéma de standardisation

$$\text{(S)} \quad \forall^{st} x \exists y \forall^{st} z \; [(z \in y) \;\Leftrightarrow (z \in x \;\&\; C(z))]$$

où $C(z)$ est une formule *quelconque* dont $z$ est une variable libre. [Il est sous entendu que $\forall^{st} u$, $\exists^{st} u$, $\forall^{stfin} u$ sont des abréviations pour $\forall u \; st(u) \;\Rightarrow\;$ ..., $\exists u \; st(u) \;\&$ ..., $\forall u \; [st(u) \& (u \text{ fini})] \;\Rightarrow$ ..., ($u$ fini) étant à son tour une abréviation]

La motivation de ces schémas d'axiomes, ainsi que Nelson nous le dit d'ailleurs, est évidente ; il s'agit de capturer les propriétés des ensembles internes des *élargissements** (*enlargements* dans le texte) de Robinson. Et plus profondément, d'inscrire dans une syntaxe l'intuition infinitésimale accompagnant l'exercice robinsonien. Nous pouvons ainsi gloser les trois schémas d'axiome comme suit :

— Le schéma (T) assure qu'une propriété exprimée dans l'ancien langage [19] sera vraie pour tout objet si elle l'est pour tout objet standard : il apparaît ainsi que d'une certaine manière, les objets standard représentent déjà tout l'univers (on dirait volontiers, si le discours topologique était ici légitime, que les objets standard sont denses dans l'univers).

— Le schéma (I) assure que pour toute relation binaire *concurrente* au sens de Robinson (c'est-à-dire telle que, pour toute donnée finie de valeurs standard pour la place de droite, on puisse trouver un élément dont la substitution à la place de gauche satisfait la relation vis-à-vis de chacune de ces valeurs), on peut introduire un objet « à l'horizon » dominant, au sens de la relation considérée bien entendu, tout élément standard substitué à droite. C'est ce schéma d'axiome qui permet d'affirmer l'existence d'objets non standard dans les ensembles infinis, à commencer par $\mathbb{N}$. Comme nous l'avons dit, l'idéalisation ainsi autorisée est formellement analogue à la kantienne, en ce qu'elle se réfère à une régression à l'infini (la différence est que cette régression n'est pas conçue de manière sérielle : les données finies que l'on peut toutes « dépasser » ne sont pas ordonnées, enfilées en une seule série) ;

— Le schéma (S) assure la possibilité de pseudo-collectiviser les formules, même externes, dans tout ensemble de référence *standard* : bien qu'il n'existe pas, pour une telle formule $C$, en général un sous-ensemble d'un ensemble standard $x$ donné dont les éléments sont exactement ceux de $x$ qui satisfont $C$, il existe un ensemble (d'ailleurs standard) dont les éléments *standard* sont exactement les standards de $x$ satisfaisant $C$. Ce schéma d'axiome est le plus délicat à manipuler, celui qui conduit le plus facilement à des erreurs. Cela dit, son rôle est très

19. D'après la forme du schéma, il est même possible que la formule possède des paramètres, pourvu qu'ils soient standard.

important, à la fois pour le traitement des ensembles externes, et pour la fabrication d'objets standard, notamment de fonctions prolongeant un critère définissant l'image des éléments standard.

Jusque là, nous ne pouvons pas prétendre que la théorie apporte quelque chose à l'herméneutique de l'infini, sauf pour ce qui regarde l'explicitation du principe d'idéalisation sous une forme absolument générale (mais nous avons déjà commenté, pour l'essentiel, ce principe). L'élément novateur qui nous intéresse est en substance contenu dans l'enseignement des trois premiers théorèmes fondamentaux d'IST, à savoir

— que tout objet défini de manière univoque par une formule de ZFC est standard ;
— qu'il existe un ensemble fini contenant tous les objets standard de l'univers ;
— que tout ensemble infini admet un élément non standard.

Le premier point, logiquement, vient de la manière suivante : le schéma de transfert, par passage à la négation, est également valable pour des formules existentielles. Il dit alors que s'il existe un objet satisfaisant une condition interne, où interviennent peut-être des paramètres standard, alors il existe un objet standard satisfaisant la même condition. Par conséquent, s'il existe un unique objet satisfaisant une telle condition, cet objet est standard. Or il se trouve que dans la pratique usuelle de ZFC, il est fréquent qu'on associe un nom propre, une nouvelle constante individuelle, à des propriétés dont on a prouvé qu'elles caractérisent un unique objet : tous les noms propres introduits de cette manière classique désignent donc des objets standard. Ainsi, comme le dit Nelson, les entiers 0, 1, 2, ... les ensembles $\mathbb{N}$, $\mathbb{R}$, $\mathbb{C}$, $L^2(\mathbb{R}^3)$, etc. Sont standard, en résumé, les objets que le discours peut expliciter selon la norme ZFC (en faisant référence éventuellement, de manière « récursive », à des objets précédemment introduits), ceux dont la « construction » est possible avec les moyens de ce langage, en entendant ici par construction tout à fait autre chose que ce que vise l'exigence constructiviste : un simple protocole d'introduction univoque (le discours zermelien est en quelque sorte l'aboyeur qui effectue symboliquement l'entrée en scène des ensembles standard).

Le second et le troisième théorème ont quelque chose à voir avec le schéma d'idéalisation, ils viennent à leur tour préciser ce qu'il en est des rapports du fini et de l'infini.

Le second théorème, quant à lui, exprime que la « standardité » a quelque chose à voir avec le fini : la collection de *tous* les objets standard de l'univers, soit une collection représentative du tout, à ce que nous avons vu (« dense »), mais néanmoins particulière et privilégiée, peut être plongée dans un ensemble fini. La prise en considération d'objets standard, par elle-même, ne conduit donc pas à quitter la sphère du fini. Mais attention, il s'agit ici du *formellement* fini. Un ensemble fini qui contient tous les ensembles standard, il est facile de le voir, ne saurait être un ensemble standard, et il est nécessairement inépuisable, bien que fini. Par exemple, la suite inépuisable des entiers effectifs 0,1,2..., est une suite d'objets standard, chaque entier « intuitif » possède sa formule caractérisante dans ZFC, comme les logiciens le savent bien. Il y a par suite un ensemble fini pour contenir cette suite, pourtant intuitivement infinie : c'est dire que cet ensemble sera seulement formellement fini. La situation d'inclusion de l'infini inachevé dans le formellement fini, que nous avions déjà commentée dans le cas des entiers, se généralise donc à l'univers des ensembles au gré de la théorie

IST. La perspective créée par cette théorie est telle que les objets standard, dont la tribu inclut et généralise les objets nommables, apparaissent comme ceux dont la prise en compte ne nous fait pas « vraiment » sortir du fini. On peut rattacher la collection des objets standard à l'infini de l'effectivité, si on pense l'accumulation de ses éléments comme accumulation de leurs dénominations. Mais attention : on prouve dans IST que les objets nommables sont standard, mais pas la réciproque. En fait, on ne peut pas élaborer rigoureusement l'idée que les objets standard sont *exactement* les nommables ; en particulier, l'incorporation de la notion métamathématique de ce qui est *nommable* à IST ferait apparaître des nommables non standard[20].

Cependant, le troisième théorème enseigne que tout ensemble formellement infini contient des objets non standard : la non standardité noue donc un rapport avec l'infini de même que, nous l'avons vu, la standardité est liée avec le fini. Pourtant, dans un premier temps, les objets non standard n'ont rien à voir avec l'infini, ils sont seulement des objets en quelque sorte clandestins, non-univoquement déterminables, non véritablement identifiés par le discours formel-ensembliste[21]. Mais, et c'est ce que dit le troisième théorème, ces objets apparaissent du seul fait que la profusion formellement infinie, échappant à la logique du fini, est postulée : cette profusion permet l'application du schéma d'idéalisation, et fournit ainsi des éléments non standard.

Pour comprendre un peu mieux ce que veut dire ce troisième théorème, comment il interprète le fini et l'infini dans leurs rapports, il est utile à notre avis de passer par le *lexicon*, sorte de logiciel fourni par Nelson « en prime » avec la théorie IST, et qui est d'ailleurs à lui tout seul une curiosité valant le détour épistémologique.

Ceci nous amène à présenter en général le « projet de conservativité » de Nelson. Comme celui-ci formule l'analyse non standard comme mathématique non standard, en proposant une théorie des ensembles enrichie, la question de la compatibilité avec les mathématiques classiques se pose naturellement, et de manière radicale puisqu'il s'agit d'évaluer sous ce rapport une *nouvelle juridiction*. Cette question elle-même se divise en deux sous-questions : l'une, dogmatique, est celle de la vérité, ou plutôt, dans le contexte formel choisi, celle de la *déductibilité* ; l'autre, plus ouvertement herméneutique, est celle de la *signification*. En d'autres termes, les questions sont les suivantes : les énoncés valides selon IST sont-ils autres que les énoncés valides selon ZFC ? Avons nous un accès « classique » au sens des énoncés d'IST ?

À ces deux questions, Nelson donne deux réponses précises.

Premièrement, IST est une extension conservative de ZFC. Déjà, Kreisel, dans son article de 1969, avait démontré la conservativité d'un mode d'inférence non standard. Suivant les traces de Robinson et de sa présentation des élargissements, il avait défini

20. Sur le modèle de ce qu'expose Robinson dans « On Languages which Are Based on Nonstandard Arithmetic » [in *Selected papers fo A. Robinson*, tome II, Amsterdam, North-Holland, 1979, p. 12-46].

21. Citons à l'appui l'ouvrage de Lutz et Goze :

> « D'habitude, lorsque l'on désire parler d'un objet, on pose une définition. La seule nouveauté « non classique » est d'introduire des objets non définis, assortis de restrictions convenables » [Lutz, R., & Goze, M., *Pratique commentée de la méthode non classique*, Strasbourg, IRMA, 1980, p. 7 ; l'ouvrage a été traduit en anglais par la suite sous le titre *Non Standard Analysis: a Practical Guide with Applications*, New-York, Springer, Lecture Notes in Mathematics 881, 1981].

un enrichissement syntaxique d'une théorie des types finis fondés sur $\mathbb{N}$[22]. L'analyse usuelle étant interprétée comme une telle théorie « higher order » de l'arithmétique, avec des outils assez puissants pour autoriser le raisonnement infinitaire (principes d'induction et de choix), il avait conçu l'analyse non standard comme l'élargissement de la théorie à une famille de nouveaux types $\tau^*$ systématiquement « adjoints » aux types $\tau$ originaires, un nouveau symbole fonctionnel monadique $^*$ étant supposé associer à tout objet de type $\tau$ un objet de type $\tau^*$. Il est facile de voir que cette syntaxe suit au plus près l'exposition sémantique de Robinson, l'opérateur $^*$ correspondant notamment à l'association à tout objet de la structure de départ de celui qui dans la structure élargie répond au même nom formel. Cette version syntaxique codifie comme théorie logique l'*analyse*, et l'analyse seulement (la classique et la non standard). Avec IST, en revanche[23], nous avons un résultat de conservativité énoncé pour une théorie qui embrasse l'ensemble des mathématiques, et se présente de la même manière que ZFC, la codification couramment en vigueur : précisément comme une théorie au premier ordre sans symboles fonctionnels et avec trois prédicats fondamentaux (le prédicat unaire $st$ s'ajoute à $\in$ et $=$, utilisés par ZFC). La preuve de conservativité est non triviale : s'il va de soi qu'un théorème de ZFC est un théorème d'IST, la réciproque ne se prouve que par une technique de « modèle intérieur » faisant appel au concept d'ultralimite.

Deuxièmement, Nelson définit[24] un algorithme de traduction des formules externes en formules internes, en d'autres termes des nouvelles formules en formules classiques : étant donnée une formule où figure le prédicat $st$, on construit une formule où il ne figure pas, et qui est équivalente à la première dans IST, du moins pour les valeurs standard des variables libres[25]. Lorsque la formule est close, et en l'absence de toute complication liée à l'application du principe d'extension (d'une fonction), on a en fait une équivalence bon teint, si bien qu'on dispose d'une formule usuelle qui dit *la même chose* que la formule externe : elle en est synonyme par exemple en ce sens qu'elle lui est substituable dans toute preuve. De la sorte, l'irréductibilité a priori du nouveau prédicat ($st$) se trouve pour ainsi dire surmontée. Grâce à la définition implicite que donnent de lui les trois schémas d'axiome qui le concernent, nous pouvons l'éliminer de toute phrase[26], bien que ce ne soit pas en remplaçant systématiquement $st(x)$ par quelque chose d'interne qui lui serait équivalent. Il nous est ainsi loisible d'utiliser le *lexicon* pour nous faire une meilleure idée de la signification de toute formule d'IST qui nous intéresse. Prenons donc, étant donnée la nature de notre investigation, la formule qui correspond au troisième théorème de base enseignant les rapports du fini et de l'infini selon l'IST, soit $\forall x\ x$ infini $\Rightarrow \exists y\ y \in x\ \&\ \neg st(y)$.

22. Cf. Kreisel, G., « Axiomatisations of Nonstandard Analysis That Are Conservative Extensions of Formal Systems for Classical Analysis », in Luxemburg, W.A.J., (ed.), *Applications of Model Theory to Algebra, Analysis and Probability*, New York, Holt, Rinehart and Winston, 1969, p. 93-106.

23. Nous ne faisons pas un historique complet, et nous nous permettons donc de passer sous silence un travail analogue et antérieur comme celui de Hrbacek, ce qui ne signifie nullement que nous le regardions comme mineur ou dénué d'intérêt.

24. Cf. Nelson, E., « Internal Set Theory », in *Bulletin of the American Mathematical Society*, vol. 83, n°6, nov. 1977, p. 1170-1175.

25. Modulo une petite complication technique que nous négligeons ici.

26. Au moins, de toute formule prise dans une classe très large, suffisant à l'expression des mathématiques usuelles.

Voici comment nous faisons tourner ce que les non-standardistes appellent volontiers la « moulinette » (le lexicon) dans ce cas :

| | |
|---|---|
| $\forall x\ x \text{ infini} \Rightarrow \exists y\ y \in x\ \&\ \neg st(y)$ | |
| $\forall x\ x \text{ infini} \Rightarrow \exists y\ y \in x\ \&\ \forall^{st} z\ z \neq y$ | [transfert de $st$ sur un quantificateur externe] |
| $\forall x\ x \text{ infini} \Rightarrow \exists y \forall^{st} z\ y \in x\ \&\ z \neq y$ | [quantificateur et conjonction] |
| $\forall x \exists y \forall^{st} z\ x \text{ infini} \Rightarrow y \in x\ \&\ z \neq y$ | [quantificateur et implication] |
| $\forall x \forall^{st\,fin} z \exists y \forall z' \in z\ x \text{ infini} \Rightarrow y \in x\ \&\ z' \neq y$ | [idéalisation] |
| $\forall x \forall^{st\,fin} z\ x \text{ infini} \Rightarrow \exists y \forall z' \in z\ y \in x\ \&\ z' \neq y$ | [quantification et implication] |
| $\forall^{st\,fin} z \forall x\ x \text{ infini} \Rightarrow \exists y\ y \in x\ \&\ (\forall z' \in z\ z' \neq y)$ | [commutation ; quantification et conjonction] |
| $\forall^{fin} z \forall x\ x \text{ infini} \Rightarrow \exists y\ y \in x\ \&\ (\forall z' \in z\ z' \neq y)$ | [transfert] |
| $\forall^{fin} z \forall x\ x \text{ infini} \Rightarrow \exists y\ y \in x\ \&\ y \notin z$ | [sens ensembliste] |
| $\forall^{fin} z \forall x\ x \text{ infini} \Rightarrow \neg(x \subset z)$ | [sens ensembliste] |

Encadré 3.1 – *Exemple d'action du « lexicon »*

Sa traduction selon le lexicon (cf. Encadré 3.1) est

$$\forall x \forall y\ (x \text{ infini})\ \&\ (y \text{ fini}) \Rightarrow \neg(x \subset y)$$

Cette dernière formule dit en substance qu'aucun ensemble infini ne se laisse inclure dans un ensemble fini. Elle dit donc la transcendance de l'infini formel sur le fini formel : en quelque sorte, le *propre* de la transcendance de l'infini ensembliste des totalités infinies, puisque, nous l'avons vu, le fini formel est capable de son côté de transcender *à sa manière* l'infini de l'effectivité. Le troisième théorème exprime ainsi le « hiatus » correspondant au rapport vertical gauche de notre diagramme du fini et de l'infini (cf. figure 3.2).

Ceci nous conduit à réinterpréter la thèse de l'existence d'éléments non standard dans tout ensemble infini de ZFC : les éléments non standard ainsi « instaurés » par IST « reflètent » en quelque sorte, à l'intérieur des totalités infinies, *l'infinité même* de ces totalités, entendue au sens de la transcendance qui leur est formellement conférée sur le fini lui-même formel. Ces éléments non standard, que nous voyions tout à l'heure surtout comme *inassignables*, perdus au-delà de la saisie finitaire offerte par le langage de ZFC,« témoignent » si l'on veut de l'excès sur le fini accepté avec l'axiome de l'infini, et codifié de la manière que l'on sait. Ce témoignage est *élémentaire* : ce sont des *éléments* qui témoignent, et par suite l'infinité de la totalité est en un sens dicible au premier ordre (sans référence aux injections de l'ensemble vers ses parties).

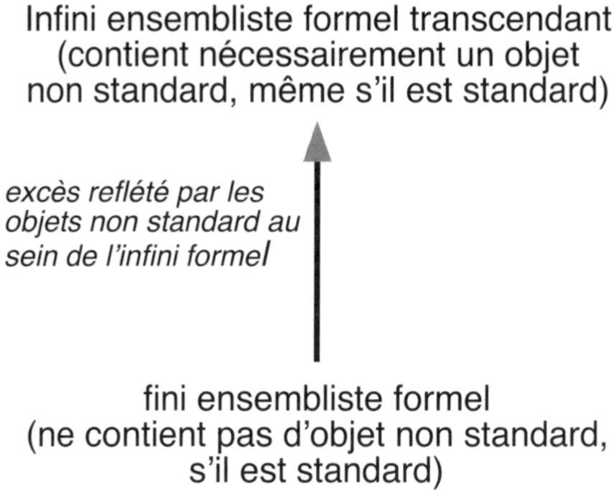

Infini ensembliste formel transcendant
(contient nécessairement un objet
non standard, même s'il est standard)

*excès reflété par les
objets non standard au
sein de l'infini formel*

fini ensembliste formel
(ne contient pas d'objet non standard,
s'il est standard)

FIG. 3.2 – *Le rapport vertical gauche du diagramme du fini et de l'infini*

Ce supplément de perspective sur le rapport de l'infini et du fini achève de contracter en quelque sorte le diagramme de la figure 3.1 sur lui-même. En effet, les éléments non standard, ainsi que nous l'avons dit, d'après le lexicon, interprètent la transcendance de l'infini formel sur le fini formel (soit le rapport vertical gauche du rectangle). Mais d'un autre côté, en tant qu'objets de ZFC qui ne sont pas nommables, individuables, qui échappent à la procédure canonique d'individuation-dénomination de ZFC et « tombent » donc au-delà, dans le flou, nous sommes fondés à considérer ces éléments non standard comme interprétant l'excès de l'infini formel (celui de la richesse générale de l'univers des ensembles) sur le fini effectif (pris du côté linguistique), soit un rapport diagonal du rectangle (celui que montre la figure 3.3).

Par dessus le marché, si nous revenons à la valeur d'*intercalation* du fini seulement formel entre l'infini de l'effectivité et l'infini formel, nous voyons que les éléments non standard (en l'occurrence ceux de $\mathbb{N}$) interprètent aussi la transcendance du fini formel sur le fini effectif, ou même sur l'infini de l'effectivité, son ouverture, soit le rapport horizontal inférieur du rectangle, et le second rapport diagonal (cf. la figure 3.4). Nous verrons plus loin que, d'après une autre approche de Nelson, les éléments non standard peuvent aussi interpréter la transcendance de l'infini effectif sur le fini effectif (rapport vertical droit). Mais, dès à présent, observons que si, tirant argument de ce que les mêmes objets les interprètent, on superpose les trois rapports concernés, et si, de la congruence des rapports, on conclut à celle des termes rapportés, on voit s'effondrer toute la déterminité du diagramme. Telle n'est pas, bien entendu, la bonne conclusion. Notre analyse des axiomes, des premiers théorèmes ou des orientations pratiques de l'analyse non standard indique en fait plutôt que l'analyse non standard vient *compliquer* le diagramme résumant le face à face des herméneutiques ensemblistes et constructives de l'infini et du fini dans leurs rapports. Essentiellement, elle vient réinterpréter les divers rapports de transcendance ou de non-congruence constituant ce diagramme, pour leur donner un autre statut et une autre valeur. Alors que dans

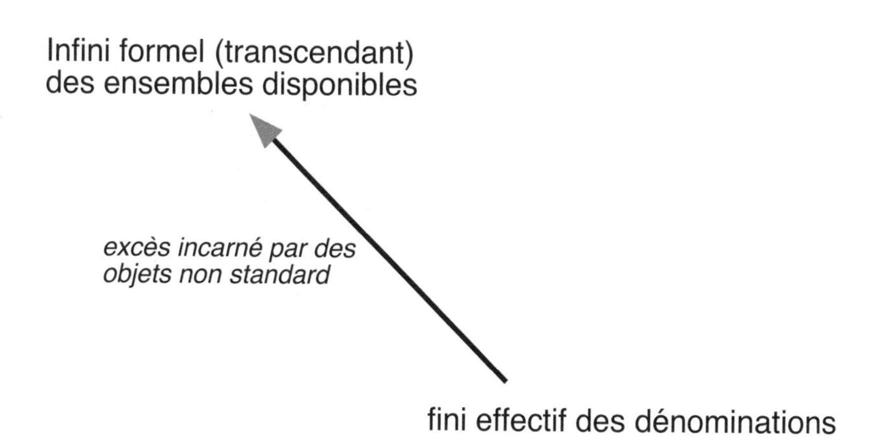


FIG. 3.3 – *Le rapport diagonal gauche du diagramme du fini et de l'infini*

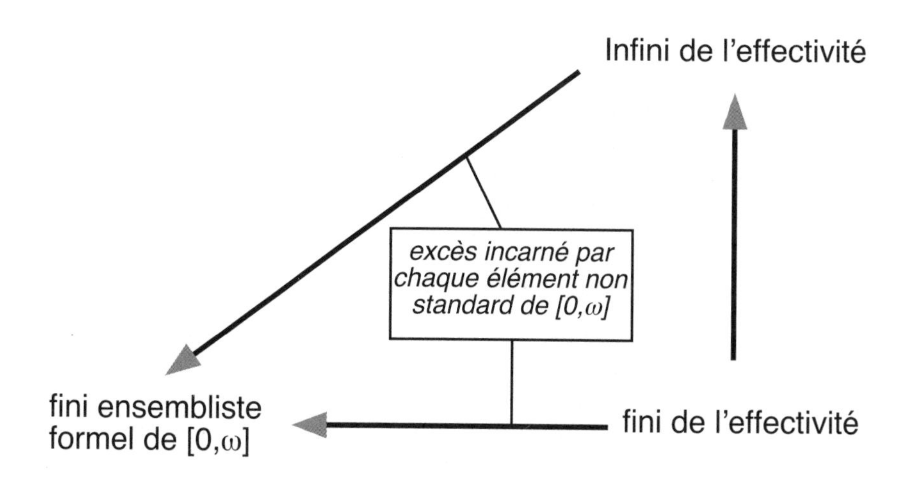


FIG. 3.4 – *Le triangle de droite du diagramme du fini et de l'infini*

l'herméneutique ensembliste, mais aussi dans l'herméneutique constructiviste, les rapports de transcendance sont pensés comme rapports de l'ouverture où se tient un multiple avec les membres du multiple (l'infini formel de l'ensemble $\mathbb{N}$ étant l'ouverture de la collection-ensemble où se logent tous les ordinaux finis, l'infini de l'effectivité étant l'ouverture disponible à la réitération où chaque nouvel assemblage de bâtons vient s'inscrire en vue de l'énumération illimitée des entiers), l'herméneutique non standard permet de concevoir cette transcendance comme celle d'entités imprévues, inassignables ou partiellement indéterminées, qui s'ajoutent *dans la même ouverture*. Un entier non standard, infiniment grand, interprète ou reflète ainsi la transcendance de l'infini de $\mathbb{N}$ sur tout ensemble fini, ou de l'infini formel sur le fini effectif. Il institue par ailleurs la possibilité de la transcendance du fini formel sur tout fini effectif, et à vrai dire, sur l'infini de l'effectivité lui-même. Et il fait tout cela sans endosser à chaque fois la stature de l'*ensemble*, sans se manifester comme totalité : il demeure *élémentaire*, il signale, reflète ou exprime l'excès d'une totalité dont il est simplement membre.

La question qui se pose alors est de savoir comment ce déplacement du sens de transcendance, sa désolidarisation d'avec la figure de l'ouverture abritant le multiple, comment ce mouvement herméneutique, donc, affecte la valeur de transcendance elle-même. Elle se pose même si, comme c'est le cas avec la théorie IST, le contexte est toujours celui d'une théorie des ensembles : la théorie des ensembles, comme telle, n'est pas une théorie des *ensembles*[27], c'est une théorie au premier ordre d'objets sans teneur et sans identité. Dans son usage classique néanmoins, on ne cesse pas d'y mettre en scène ce qui est construit comme *totalité* dans son vivant contraste avec ce qui est pris localement ou momentanément comme *simple*. La théorie IST permet dans de nombreux cas de remettre à plat cette perspective hiérarchique, la réduction de la complication de type du discours ensembliste faisant qu'à la limite, on n'a plus vraiment d'ensembles, ou du moins, la référence à la totalité, à son ouverture se trouve réduite au minimum (cette référence n'intervient alors que pour définir un cadre de travail et de recherche). Notre question est donc précisément celle-ci : la contestation du rôle fonctionnel et métaphysique de la figure de la *totalité* tend-elle à dégonfler la baudruche de l'infini mathématique, pour restaurer la séparation entre l'infini consistant non mathématisable de la théologie et l'infini inconsistant, inachevé de la mathématique (séparation que nous avons vu être le schéma directeur du pré-ensemblisme) ?

### *3.1.7 Le fini et l'infini dans* Predicative arithmetic

Pour répondre à cette question, il sera prudent de prendre connaissance des enseignements (éventuellement implicites) que nous donne à ce sujet le récent ouvrage fondationnel d'E. Nelson, *Predicative Arithmetic*[28]. Cet ouvrage, en effet, n'est pas autre chose qu'une minutieuse investigation de ce qu'un formalisme strict peut penser du rapport entre fini, infini et ensemble. Cette méditation, c'est là tout à la fois son intérêt et sa force, ne se place pas d'emblée sur le terrain de la théorie d'un substrat numérique présupposé comme $\mathbb{R}$, ni d'une syntaxe du discours ensembliste qu'il s'agirait avant

27. Formule démarquée d'une formule de R. Lutz.
28. Cf. Nelson, E., *Predicative Arithmetic*, Princeton, Princeton University Press, 1986.

tout de conserver ou restituer : elle a lieu entièrement dans le cadre d'une arithmétique (et même, nous allons le voir, d'une arithmétique primitive).

#### 3.1.7.1 L'induction bornée : lien entre le couple fini/infini et le processus herméneutique

Nelson, donc, se livre à un examen critique de la théorie arithmétique de Peano. Il ne se satisfait pas du schéma d'induction qu'elle incorpore. En effet, le schéma d'induction, en tant que schéma justement, signifie que la théorie n'est pas actuellement donnée, qu'elle est un objet idéal au sens de l'infini de l'effectivité. Ceci introduit, selon Nelson, un rapport d'imprédicativité : ce que « sont » les entiers dépend de la liste complète des axiomes de Peano, et tout particulièrement, de la liste complète des formules inductives, puisque chacune d'elle spécifie une formule qui doit être valide dans $\mathbb{N}$ [si $A(0)\&(A(x) \rightarrow A(Sx))$ est une thèse, $A(x)$ sera un théorème, donc $\mathbb{N}$ devra satisfaire $A(x)$, c'est-à-dire $\forall x A(x)$]. Lorsque une formule doit alors être prouvée par induction, et si cette formule [notons la $P(n)$] comporte une quantification, Nelson débusque le cercle vicieux suivant : pour savoir si un entier $n$ satisfait $P(n)$, je puis être obligé, pour établir la valeur de vérité de la quantification que comporte $P$, de traverser l'ensemble $\mathbb{N}$ dans son entier ; mais cet ensemble lui-même est caractérisé par la théorie qu'il satisfait, donc par la détermination exacte de la collection des formules inductives, collection dont justement $P$, objet de l'interrogation, fait peut-être partie. Grâce à une telle remarque, la suspicion du schéma d'induction est ramenée au thème de l'imprédicativité qu'ont mis en avant Russell et Poincaré[29].

Nelson va formuler une condition abstraite sous laquelle des raisonnements du type induction peuvent néanmoins être admis, condition qui le mène à une certaine conception de l'herméneutique des nombres entiers et, médiatement, de l'essence du fini (d'où résulte, implicitement et explicitement, une certaine « estimation » de l'infini).

La condition est la suivante : soit $C$ un prédicat défini dans la théorie courante $T$ de l'arithmétique (à l'origine du processus, cette théorie est la théorie minimale de R. Robinson, baptisée $Q_0$, théorie sans schéma d'induction), c'est-à-dire en fait une formule ayant exactement une variable libre (on la note $C[x]$, conformément à l'usage) ; supposons de plus que $C$ est inductif (il satisfait $C[0]\&(C[x] \rightarrow C[Sx])$), c'est-à-dire que $C$ est ce genre de formule que le schéma d'induction de Peano permet d'asserter universellement (on écrit $\vdash \forall x\ C[x]$ à l'issue d'un *modus ponens*). Nelson dit que nous pourrons obtenir la thèse souhaitée non pas en tant que déduction, mais en tant qu'adjonction axiomatique donnant lieu à une *extension de théorie acceptable*. En d'autres termes, au lieu qu'un schéma d'induction *ad hoc* nous autorise à écrire $T \vdash C[x]$, il y aura une extension acceptable $T'$ de $T$ telle que $T' \vdash C[x]$. Reste alors à savoir ce qu'est une extension acceptable de $T$.

Le critère de Nelson est en l'occurrence l'*interprétabilité* : une théorie $T'$ extension de $T$ en est une extension acceptable si elle est interprétable dans $T$. Or le concept d'interprétabilité d'une théorie $T'$ dans une autre ($T$), exprime syntaxiquement, en substance, le fait « sémantique » suivant : dans tout modèle de $T$, il y a moyen de faire apparaître une sous-collection qui est un modèle de $T'$ (cette sous-collection est la référence du *prédicat d'univers* de l'interprétation de $T'$ dans $T$).

29. Nous montrons, dans « L'herméneutique logique des entiers », reproduit à la fin de ce volume (cf. p. 231-249), que la réflexion de Poincaré peut apparaître comme un précédent pour celle de Nelson.

Cependant, le langage des modèles est ici incorrect, parce que Nelson se place *avant* le geste de l'instauration de la perspective ensembliste. Les entiers lui sont présents simplement en tant qu'entités « corrélatives » de la théorie courante de l'arithmétique, soit, si l'on veut, à titre de membres d'une multiplicité absolument fictionnelle, faisant face à la théorie par la vertu de la simple puissance radicale et métaphysique du langage, qui le fait toujours valoir comme référentiel ou référentiant. Au lieu que, quant on parle de *modèle*, on a accepté de privilégier une fois pour toute la multiplicité – elle-même purement corrélative – qu'est un univers zermelien – métaphysiquement suscité par l'écriture ou la déclaration de l'axiomatique ZFC –, et l'on « identifie » alors toute multiplicité corrélative de toute théorie logique à quelque chose de prélevé sur cet univers ensembliste (le mode de « prélèvement » et le mode de la corrélation étant en l'occurrence pensables uniquement à l'intérieur de ZFC : on est passé d'un niveau philosophique, celui que les anglo-saxons appellent niveau de la théorie *uninterpreted*, à un niveau technique-ensembliste).

Donc, nous devons essayer de formuler cette idée de l'interprétabilité à un niveau purement métaphysique, avant la notion d'ensemble : l'interprétabilité de $T'$ dans $T$ signifie alors foncièrement (en gommant l'aspect purement traductif de remplacement des symboles) que la théorie $T'$, où $C[x]$ est une thèse, est « valide » dans $T$, c'est-à-dire que ses thèses sont déductibles dans *$T$ à condition de se restreindre aux « individus » satisfaisant le prédicat d'univers de l'interprétation*. Nelson dit que « en raffinant le concept d'entier », soit en retenant désormais a priori moins d'entiers qu'à l'étape précédente, on arrive à un cadre où $C[x]$ est une thèse, et où par ailleurs la situation logique, l'environnement théorique sont exactement les mêmes. Dans le cas de l'arithmétique, qui nous intéresse, ceci veut dire que pour les nouveaux entiers, c'est-à-dire ceux des anciens qui satisfont le prédicat d'univers de l'interprétation, on retrouve les opérations d'addition, de produit et de prise du successeur avec leurs propriétés.

À l'occasion de ce problème du schéma d'induction, Nelson introduit donc un « principe herméneutique » absolument général, une sorte de maxime de la faculté de juger mathématique : il est loisible au mathématicien d'enrichir son discours et le monde des propriétés qu'il attribue à ses objets fondamentaux, peut-être en suivant son « intuition », c'est-à-dire en essayant de poser comme loi ce qu'il ressent comme devant l'être, *à condition que le geste d'extension de théorie qui accomplit l'enrichissement donne lieu à une théorie interprétable dans la théorie courante*. Ce principe lie l'herméneutique mathématique, notamment dans la mesure où elle cherche à satisfaire à des fins, nécessairement spécifiées à un niveau informel, et où elle va de l'avant sur le chemin de la prolifération. Pour le dire sommairement, l'imagination mathématique est contrainte à une conservativité radicale, dont Nelson explicite logiquement l'exigence.

Nous avons annoncé que ce principe fondamental conduisait Nelson à une approche originale du fini. Pour nous expliquer là-dessus, nous devrons d'abord préciser comment ce principe s'applique systématiquement aux prédicats inductifs.

Nelson établit un métathéorème qui permet de procéder à l'induction pour tout prédicat « borné ». Un prédicat borné est un prédicat $C[x]$ tel que tout fragment existentiellement quantifié[30] de la forme $\exists y \ B[y]$ figurant dans son écriture complète soit

30. On suppose qu'on a partout réécrit $\forall$ comme $\neg\exists\neg$, donc il n'y a d'autre quantification qu'existentielle, en fait.

prouvablement équivalent à une formule de la forme $\exists y\ y \leqslant a\ \&\ B[y]$, où $a$ est un terme de la théorie construit sans recours à la variable $y$, au moyen de constantes ou de variables libres de $B$ autres que $y$. Un prédicat est donc borné si les thèses d'existence qu'il contient ne se réfèrent pas *vraiment* à l'infinité ouverte des entiers, mais se réduisent à l'affirmation qu'un entier est trouvable dans un segment initial de cette infinité : segment dont la borne sera exprimée en fonction des constantes et des variables mises en jeu dans la formule, et pas en fonction de la variable quantifiée. À titre d'exemple, dans le contexte de l'arithmétique de R. Robinson, où l'on ne dispose, en fait de constantes fonctionnelles, que de la somme, du produit et du successeur, la formule $C_1[x] \ :\ \exists m\ x(x+1) = 2m$ est bornée, parce qu'elle est prouvablement équivalente à

$$\exists m\ \ m \leqslant x(x+1)\ \&\ x(x+1) = 2m \tag{3.1}$$

En revanche, la formule $C_2[x]$ :

$$\exists m \forall d\ \ d \leqslant x \rightarrow d \mid m \tag{3.2}$$

n'est pas *a priori* bornée, parce que nous ne savons pas, avec la somme et le produit, exprimer en fonction de $x$ une borne *a priori* à la recherche de $m$.

Le métathéorème dont nous parlions dit alors que si $C$ est une formule inductive bornée, et $T$ une « théorie courante », alors il y a un prédicat d'univers construit d'une façon systématique à partir de $C$ (noté $C^3$)[31] qui permet d'interpréter une extension où $C$ est une thèse.

Dans ce cas donc, l'exigence d'interprétabilité se traduit par une exigence de déterminabilité du champ dans lequel est à trouver ce dont on affirme l'existence, déterminabilité qui doit être « contextuellement effective » : une formule inductive pourra être affirmée comme thèse dans une extension pertinente lorsque les « moments existentiels » qui interviennent dans la composition (frégéenne) de son sens sont tous de nature bornée. C'est-à-dire que l'élément dont l'existence est posée en un tel moment est su a priori devoir être trouvé « avant » un entier complètement explicitable en termes des opérations disponibles et des paramètres nommés dans le contexte du problème de sa recherche. Pour la formule (3.1), par exemple, la borne $x(x+1)$ est explicitée en fonction de $x$, paramètre d'entrée du problème de la recherche de $m$, et des opérations du contexte, qui sont l'addition et le produit (plus le successeur si l'on veut). Pour la formule (3.2), en revanche, on n'a pas une telle explicitation. On en aurait une si la fonction factorielle faisait partie du langage du contexte de la recherche (il suffirait de prendre alors $x!$). Mais précisément, introduire des opérations plus puissantes fait partie du travail du mathématicien, dont Nelson trace l'épure sur un mode logico-herméneutique, en partant d'une base minimale (ici, la théorie $Q_0$ de R. Robinson). La formule (3.2) n'est pas à prendre comme l'écriture d'un problème posé à une arithmétique mûre, mais elle est précisément l'inscription du problème de l'introduction de la fonction factorielle. Plus généralement, Nelson parlera d'introduction bornée de symbole fonctionnel, en définissant la chose comme ceci : le (nouveau) symbole fonctionnel $f$ est introduit de façon *bornée* dans la théorie courante $T$ si la formule

31. Pour l'expliciation de la façon dont $C^3$ est construit à partir de $C$, cf. p. 236-237.

$y = f(x) \leftrightarrow A(x,y,u_1,u_2,\ldots,u_n)$ est adjointe comme axiome[32] pour constituer une extension $T'$, et si $\exists yA$ est alors une formule bornée.

Donc, la situation herméneutique suggérée par la formule (3.2) est en fait la suivante : si la formule (3.2) était bornée, je pourrais introduire grâce à elle le symbole factorielle et l'adjoindre aux moyens de calcul de mon arithmétique. La situation aporétique où l'on se trouve à cet égard témoigne de ce que la fonction factorielle prend des valeurs beaucoup plus grandes que les valeurs polynomiales que l'on peut écrire comme termes d'une théorie où sont disponibles la somme et le produit. L'introduction de la factorielle (génériquement, de l'exponentielle) est ainsi un problème herméneutique non trivial, non réglable par le procédé mécanique de « relativisation »[33] (fabrication de $C^3$ à partir de $C$) dont le métathéorème de l'induction bornée exprime la puissance. Nelson expose, dans *Predicative Arithmetic*, comment on peut définir une extension interprétable de l'arithmétique où l'exponentielle est partiellement définie ; il fait de plus observer que l'exponentielle ne peut pas être prouvée totale dans l'arithmétique prédicative (c'est en fin de compte une retombée du résultat d'incomplétude de Gödel)[34].

N'entrons pas ici dans les méandres du propos de Nelson sur l'incomplétude et la consistance. Ce qui nous intéressait était seulement de remarquer comment le critère d'application du schéma d'induction[35] établissait un lien entre la question herméneutique de l'enchaînement des théories et la question de la « transcendance » de l'infini formel sur le fini effectif. En effet, une formule existentielle non bornée s'adresse implicitement à la totalité ouverte des entiers : on est invité à chercher un entier facteur de vérité pour elle dans $\mathbb{N}$ entier, $\mathbb{N}$ voulant dire ici cette multiplicité fictive que vise ou pose l'arithmétique formelle que l'on habite. L'infini de cette recherche est donc un infini de même type que l'infini formel des ensembles, à ceci près qu'il n'est pas *thématisé* dans la théorie du premier ordre considérée, puisqu'il est son univers plutôt qu'un de ses objets. En revanche, une formule bornée limite le champ de la recherche à quelque chose de déterminé selon une procédure « effective » (la borne est programmable dans le langage du contexte). Le principe nelsonien, qui exige l'interprétabilité de $T[A]$ pour assumer l'étape herméneutique de l'adjonction de l'axiome $A$, est plus large que cette affaire de fini et d'infini, mais il s'y applique. L'infini apparaît ainsi dans une figure qui a quelque chose à voir avec la constellation de la transcendance et de la théologie négative, mais qui est nouvelle par rapport à ce que nous avons vu jusqu'ici : il apparaît comme ce dont le discours ne se laisse pas interpréter, traduire, dans les termes contextuellement disponibles, finitairement à partir du fini.

En même temps, il est clair chez Nelson que l'ouverture sur l'infini « transcendant » en ce sens est donnée. Il inaugure l'arithmétique avec une théorie ($Q_0$) qui institue bien un infini de cette sorte : cette théorie fournit les moyens récursifs d'écrire des noms propres d'entiers aussi grand que l'on voudra ; de plus, ses axiomes, formules ouvertes (dont toutes les variables sont libres), ont une « portée » universelle qui concerne l'infini dans son ouverture, ou plutôt, qui participent à la décision de l'essen-

32. Sous réserve qu'on ait les thèses exprimant la fonctionnalité de $A$ par rapport à $x$ en $y$.

33. Cf. à nouveau p. 236-237.

34. Cf. Nelson, E., *Predicative arithmetic*, Princeton, Princeton University Press, 1986, p. 175-176.

35. Qui peut être mis à plat comme schéma d'induction bornée, donnant lieu à une théorie non pas interprétable, mais localement interprétable : tout ce qui se prouve en elle peut être interprété.

ce de l'infini formel que la théorie pose, devrait-on dire en accord avec le point de vue formaliste. Cette assomption du rapport à un tout infiniment ouvert se marque encore par la fidélité au tiers-exclu logique. Nelson ne suit donc pas la voie brouwerienne, il ne se limite pas à parler de la collection des entiers pré-formellement, et selon une perspective constructive, comme de quelque chose d'en-train-de-se-faire. Il accomplit plutôt le geste formaliste de déterminer d'un seul coup la collection dans sa totalité (« à l'avance ») par des axiomes : sa critique du schéma d'induction et sa maxime de l'extension interprétable témoignent de ce qu'il comprend dans quelle mesure une telle option met nécessairement le mathématicien formaliste aux prises avec une transcendance. Donc le fini de l'effectivité apparaît comme ce dans l'élément de quoi progresse une herméneutique *interrogée par l'infini formel* (énigme qui équivaut à l'installation même dans la formalité).

#### 3.1.7.2 Le thème du prouvablement fini

Mais il y a aussi une approche *directe* de la question du fini dans *Predicative Arithmetic* : non seulement Nelson définit comme nous venons de le voir un nouveau régime du discours finitaire (le régime « prédicatif »), mais il étudie comment le fini peut être introduit comme *thème* dans un tel discours.

Commençons par rappeler le statut du fini « absolu » du métamathématicien vis-à-vis de l'arithmétique formelle peanienne courante, et de toute théorie du premier ordre en fait : dans une telle théorie, il n'est pas possible d'écrire le caractère fini d'un entier, ou le caractère fini de l'extension d'un prédicat (au sens naïf-absolu du mot fini, donc). Si l'on est dans l'arithmétique de Peano, en principe, cela est normal puisque, selon l'intention de la formalisation, tout entier est fini. Mais nous savons que, si l'on identifie les multiplicités supposées satisfaire la théorie de Peano à des ensembles zermeliens, et si l'on adopte le concept de satisfaction spécifié par la sémantique tarskienne, il est en fait possible qu'il y ait des entiers infinis dans un modèle de la théorie de Peano. Lorsque tel est le cas, néanmoins, l'on ne peut pas écrire la détermination de finitude ou sa négation dans le langage fixé au départ comme celui de la théorie : elles ne s'attribuent donc aux entiers que « du dehors », au nom de la métathéorie ensembliste de la théorie des modèles. Ceci est un cas particulier du fait qu'en général, à l'intérieur d'une théorie au premier ordre, et ce, toujours, sans recourir à ZFC comme à une clef externe, il n'est pas possible d'écrire le fait que l'extension d'un prédicat est finie.

Si P est un prédicat à une place d'une théorie du premier ordre $T$ qui contient un prédicat d'égalité nommé $I$, je peux écrire par exemple, que l'extension de $P$ a exactement deux éléments :

$$\exists a \exists b\, P(a)\ \&\ P(b)\ \&\ \neg I(a,b)\ \&\ (\forall x P(x) \rightarrow (I(x,a) \vee I(x,b)))$$

Je peux de la même manière écrire que l'extension de P a exactement trois, quatre, etc. éléments ; en revanche, écrire que l'extension de P est *finie*, ce serait écrire la disjonction *infinie* de toutes les formules de cette sorte. Pour exprimer le fini effectif le plus élémentaire, celui qui se met en scène au moyen de la procédure d'adjonction d'un bâton à chaque fois (le fini brouwerien), j'aurais besoin de l'achèvement *dans mon langage* de l'infini de l'effectivité lié à la construction récursive de la formule définitoire de chaque « cardinalité » absolument finie. Or cet infini est par essence inachevé. La compréhension de ce point est même une des meilleures façons d'éprouver ce qu'il en est du formalisme, de la métamathématique et autres choses de cette espèce. Cependant, dans cette approche, on fait comme si, tout de même, la notion métamathématique du fini (celle du fini « absolu », dit-on justement) était claire, et, à sa manière préformelle, catégorique. L'impossibilité de la signifier dans un langage du premier ordre, de la signifier *selon elle* en quelque sorte (dans une écriture qui relève d'elle) est seulement ce qui ouvre la voie à la variabilité du fini formel *en face*, révélée par Löwenheim-Skolem et exploitée par l'analyse non standard. C'est bien ainsi que la plupart du temps, l'on « philosophe » la doctrine métamathématique véridique et nécessaire dans le milieu des logiciens et des mathématiciens intéressés à ces affaires.

Cependant, si nous avons raison de dire que la thèse de Church et l'ensemble du travail contemporain élaborant le concept d'effectivité situent de manière herméneutique une « énigme du fini », on peut s'attendre à ce que le manque de détermination inhérent à toute situation herméneutique puisse se manifester *à l'intérieur même de la sphère de l'effectivité* : que l'on puisse se passer, pour enregistrer l'indétermination, du contexte ensembliste de la théorie des modèles, dans lequel on la saisit usuellement. Nelson, de fait, suscite une telle manifestation dans *Predicative Arithmetic*.

Le processus herméneutique d'extensions de théorie successives, que nous avons décrit, conduit en effet dans cet ouvrage la théorie arithmétique formelle vers toujours plus d'enrichissement, en sorte qu'elle se prête à l'expression d'une part toujours plus grande de la pensée mathématique. Dans un premier temps, on conquiert surtout des possibilités algébriques élémentaires. Puis on passe à la retranscription d'une théorie des ensembles finis, avant de chercher à intégrer l'*exponentielle* aux moyens de calcul, ainsi que nous l'avons déjà évoqué. Mais le moment vient où il faudrait aussi incorporer le concept de *finitude*. Le motif pour le faire, dont Nelson ne fait état qu'à demi-mot, mais que nous savons être le vrai et grand motif, est que la disposition d'un entier infini autorise la réécriture de l'analyse (comme analyse non standard) dans le cadre de l'arithmétique. Or, pour avoir un entier infini, il faut avoir une notion de finitude non universelle, un prédicat de finitude non toujours satisfait.

Nelson pose donc le problème comme suit : si $T$ est la théorie courante, on suppose qu'on lui adjoint un prédicat supplémentaire $\phi$ satisfaisant l'unique axiome

$$\phi(0)\&(\phi(x) \to \phi(Sx))$$

soit un prédicat duquel il est seulement exigé qu'il soit inductif : la nouvelle théorie $\hat{T}$ est interprétable (on peut interpréter $\phi(x)$ par $x = x$, comme le remarque Nelson!). Cependant, l'intention est que $\phi(x)$ voudra dire « $x$ est fini ». Nelson pose alors un problème philosophico-logico-mathématique qui lui sert à introduire son point de vue : si $t$ est un *terme* de la théorie (écrit au moyen de ses symboles fonctionnels et ses constantes, donc), sommes-nous sûrs de pouvoir prouver $\phi(t)$ ? Il s'agit de lutter contre l'évidence d'une réponse positive, et Nelson donne ici trois arguments.

Le premier argument concerne le cas, inhomogène avec la problématique générale de Nelson, où la théorie courante $T$ contiendrait un schéma d'induction : on serait alors tenté de dire que le schéma d'induction donne $\vdash \forall x\ \phi(x)$, donc $\vdash \phi(t)$. Nelson fait observer que le raisonnement est tout simplement incorrect : le schéma d'induction de $T$, s'il existe, ne concerne que les formules de $T$, et non pas les formules du langage élargi, comme $\phi$.

Le second argument se réfère au théorème d'incomplétude de Gödel. En bref, il établit la possibilité de produire des contre-exemples, au moins en termes sémantiques, en raison même d'un « fait » qui intervient dans la preuve d'incomplétude de Gödel : on peut exhiber une formule de l'arithmétique de Peano de la forme $\exists x\ P(x)$ déductible, mais telle que pourtant aucune formule du type $P(\bar{n})$ ne soit déductible, pour $n$ effectif, $\bar{n}$ désignant le « numéral » réplique de $n$. La théorie de Peano, que nous avons implicitement prise comme exemple de théorie courante $T$, permet alors de définir un terme $N$ par un axiome qui l'égale au plus petit entier $k$ tel que $P(\bar{k})$, et il apparaît que $N$ ne saurait être prouvé satisfaire $\phi$[36]. Ce semi-contre-exemple est convaincant, mais il joue manifestement sur l'écart qui existe entre l'infini formel et l'infini de l'effectivité. Or nous avions dit que la pensée de Nelson permettait d'aller plus loin et penser jusqu'à un certain point la transcendance de l'infini complètement *dans* le cadre de l'effectivité. C'est à quoi nous conduit le troisième argument.

Celui-ci consiste à répliquer à l'interlocuteur qui, supposant toujours qu'on est dans le cadre d'une arithmétique formelle, prétend qu'une preuve en $\langle t \rangle$ étapes de $\phi(t)$ est administrable, en notant $\langle t \rangle$ la valeur numérique de $t$. En effet, ne suffit-il pas d'écrire

$$
\begin{array}{l}
\phi(0)\ \&\ (\phi(x) \rightarrow \phi(Sx)) \\
\text{donc } \phi(1 \\
\phi(1)\ \&\ (\phi(x) \rightarrow \phi(Sx)) \\
\text{donc } \phi(2) \\
\text{etc. ?}
\end{array}
$$

Nelson rétorque en affirmant qu'une telle preuve n'est pas une preuve, mais un schéma de preuve, soit au fond une preuve idéale. La preuve est en effet fondée sur la compréhension supposée claire, à travers l'intuition brouwerienne des entiers naïfs, de l'essence du fini. Mais si nous travaillons dans une théorie formelle de l'arithmétique, pour Nelson, et plus encore si nous formalisons dans cette théorie de concept de finitude, c'est que nous ne détenons pas une telle compréhension comme un support dogmatique : nous avons tout au plus en la matière une précompréhension, à laquelle la formalisation essaie de donner un statut juridique, comme d'habitude. Si donc le fini n'est pas clair « au départ », et si la question sur la prouvabilité de $\phi(t)$ est censée exprimer cette non-clarté, alors l'argument de la preuve en $\langle t \rangle$ étapes n'est pas admissible : on ne peut pas se donner dans le métalangage la facilité à l'égard du fini que l'on met en question dans le langage.

Nelson, donc, nie que dans une extension de l'arithmétique formelle donnant place à un prédicat inductif de finitude, on puisse toujours montrer de tout terme de la théorie qu'il satisfait le prédicat. Il réfute la réponse excipant de notre possession de l'horizon récursif, envisagée au paragraphe précédent, parce qu'il la juge idéaliste : ceci manifeste clairement que pour lui, la batterie de « grammaires de la récursivité » que nous

36. C'est cette dernière partie de la spéculation qui ne peut être purement syntaxique : on met en avant un modèle de la théorie consistante obtenue en adjoignant à $T$ la liste des formules $\neg P(\bar{0})$, $\neg P(\bar{1})$, $\neg P(\bar{2})$, ..., $\neg P(\bar{n})$, ..., et on interprète $\phi$ par le sous-ensemble des dénotations des numéraux – soit par les tenant-lieu, dans le modèle, des entiers effectifs – ; comme $\phi(N)$ n'est manifestement pas vrai dans ce modèle, cet énoncé n'est pas non plus déductible (cf. Nelson, E., *Predicative arithmetic*, Princeton, Princeton University Press, 1986, p. 74]).

Ce qui précède est encore, si l'on y réfléchit, équivalent à l'argument sur l'indétermination de toute règle dès lors que, rigoureusement finie, elle est néanmoins ouverte sur le non-fini, argument que l'on appelle usuellement argument de Wittgenstein. Cet argument, on le sait, consiste à dire que l'énoncé d'une règle de portée infinie consignée dans un texte fini ne saurait jamais « fixer » l'application de la règle : ou bien le texte fini consiste, à côté d'une formulation de la règle, en une liste d'exemples, et on peut toujours imaginer une autre règle qui a les mêmes applications, mais qui diverge « ultérieurement » d'avec celle que l'on voulait spécifier ; ou bien le texte est un texte prescriptif à variables sujettes à un nombre d'instanciations infini, et la compréhension du champ couvert par la variable, du domaine des instanciations, est présupposée. Or, dans l'option formaliste, et Nelson l'assume complètement, on se donne les entiers comme une collection ouverte non-finie « identifiée » par la liste d'axiomes qui constitue la théorie. Chaque fois qu'intervient une propriété inductive qu'on désire intégrer à la « règle du jeu », on procède à une extension interprétable qui, du point de vue de la sémantique métaphysique de la théorie *uninterpreted*, correspond à une restriction du domaine illimité-ouvert des entiers. Comme chez Wittgenstein donc, ce domaine est réputé non assigné à une identité par le texte formel fini qui l'intronise ; comme chez Wittgenstein, également, le domaine est réaménagé a posteriori en fonction de ce que l'on rencontre en fait de propriété voulue, les formules inductives ayant ici le même rôle que les exemples supplémentaires évinçant certaines interprétations de la règle.

Dans le cas de la propriété inductive spéciale de *finitude*, Nelson envisage qu'un terme opératoirement construit avec le langage de la théorie excède le fini donné dans la théorie par un prédicat inductif de référence (cf. p. 119). Est ainsi mis en scène un rapport qui, pour ne pas coïncider exactement avec celui que présente Wittgenstein, illustre de façon convergente l'indétermination du fini et de l'infini effectifs. Wittgenstein a montré qu'en faisant fond sur la précompréhension de cet infini effectif (comme ouverture où se tient le fini effectif), on pouvait mettre en évidence la sous-détermination des règles opératoires par leurs applications. Nelson montre que la même indétermination peut donner lieu à un hiatus dans l'autre sens : au lieu qu'un horizon récursif serve à problématiser l'interprétation d'une règle opératoire, une règle opératoire peut « excéder » un horizon récursif dont on serait porté à croire qu'il est l'horizon où elle se laisse installer. Cela parce que la règle opératoire se situe dans l'ici-et-maintenant de la loisibilité de l'écriture des termes, et que la sémantique métaphysico-corrélative qui lui est associée ou associable n'a jamais besoin d'être exhibée, alors que l'horizon récursif est celui, non absolument déterminable, d'une construction.

Encadré 3.2 – *Nelson, Wittgenstein et l'horizon du fini*

possédons ne fait pas de cet horizon une substance actuellement cernée (cf. l'encadré 3.2). Mais cette réfutation ne clôt pas le problème.

Nelson cite le cas d'un terme $t$ trop grand pour donner lieu à une preuve en $\langle t \rangle$ étapes, mais dont on peut néanmoins prouver la finitude, du moins dans une extension interprétable. Il suffit à vrai dire de trouver un prédicat inductif $\alpha$ respectant les opérations de la théorie et tel que $\alpha \rightarrow \phi$ soit une thèse : en partant de petits entiers satisfaisant $\alpha$, on peut alors utiliser la « stabilité » de $\alpha$ par addition et multiplication, par exemple, pour montrer *en un nombre d'étapes accessible à l'opérateur* la finitude d'entiers fort grands. Nelson montre de cette manière $\phi(2 \Uparrow 5)$, en passant par la relativisation $\phi^3$, qu'on sait posséder la propriété $\phi^3 \rightarrow \phi$ et respecter la multiplication ; de proche en proche, on obtient donc aisément $\phi^3(2 \Uparrow 5)$, et par suite $\phi(2 \Uparrow 5)$[37]. Le problème est de savoir si cela peut toujours être fait. Nelson explique pourquoi il n'en est rien à son avis, et s'engage même à donner un contre exemple, l'entier $2 \Uparrow (2 \Uparrow 5)$. Sans entrer dans les détails, disons que Nelson envisage les modes d'extension de théorie qui interviennent naturellement dans une pratique démonstrative, et raisonne sur la taille éventuelle des démonstrations (qu'il estime au moyen de « grands » entiers naïfs, fabriqués librement avec l'exponentielle, hors de l'arithmétique prédicative donc), pour établir qu'une preuve de $\phi(2 \Uparrow (2 \Uparrow 5))$ n'est pas accessible[38] : toute supposée preuve abrège une preuve triviale, où l'on applique autant de fois qu'il le faut l'axiome $\phi(0)\&(\phi(x) \rightarrow \phi(Sx))$ et le *modus ponens*, et cette preuve est si longue que la preuve abrégée est elle-même nécessairement trop longue. Citons-le, expliquant le sens de ce *trop* :

> « Qu'est-ce que cela signifie, de parler du terme $S \ldots S0$ avec $2 \Uparrow 5$, ou $2 \uparrow 2 \uparrow 2 \uparrow 2 \uparrow 2$, ou $2^{65536}$ occurrences de $S$ ? Cela fait intervenir le concept génétique de nombre. Mais si l'on produit des occurrences de $S$ à un taux d'une toutes les $10^{-24}$ secondes, ce qui correspond au temps que prend la lumière pour traverser le diamètre d'un proton, et si l'âge de l'univers est supposé être de vingt milliard d'années, alors il faudra attendre $10^{19684}$ fois l'âge de l'univers avant que $2 \Uparrow 5$ occurrences de $S$ aient été produites (et de même, quel sens génétique peut avoir le nombre $10^{19684}$ ?) »[39]

37. $a \Uparrow b$ est le $b$-ième itéré pour l'exponentielle de $a$, en associant à gauche d'abord ; avec la notation de Knuth ($\uparrow$) pour l'exponentielle, on a donc $a \Uparrow b = ((\ldots(a \uparrow a)\ldots) \uparrow a$, avec $b$ occurrences de $a$. La preuve consiste à écrire

$$a_0 = 2, a_1 = a_0.a_0, a_2 = a_1.a_1, ... a_{16} = a_{15}.a_{15},$$

à l'issue de quoi $a_{16} = 2 \Uparrow 5$ est clair (ce qui veut dire, clair à un niveau absolument finitiste, bien que la paresse ait conduit à écrire des petits points). Alors, le fait que $\phi^3$ respecte le produit donne successivement $\phi^3(a_0), \phi^3(a_1), \ldots, \phi^3(a_{16})$, *id est* $\phi^3(2 \Uparrow 5)$, d'où finalement $\phi(2 \Uparrow 5)$[*Predicative arithmetic*, p. 75].

38. Cf. Nelson, E., *Predicative Arithmetic*, Princeton, Princeton University Press, 1986, ch. 18, spécialement p. 78.

39. « What does it mean to speak of the term $S...S0$ with $2 \Uparrow 5$, or $2 \uparrow 2 \uparrow 2 \uparrow 2 \uparrow 2$, or $2^{65536}$ occurrences of $S$ ? This involves the genetic concept of number. But if one produces occurrences of $S$ at the rate of one every $10^{-24}$ seconds, which is about the time it takes light to traverse the diameter of a proton, and if the age of the universe is taken to be twenty billion years, then it will take more than $10^{19684}$ ages of the universe before $2 \Uparrow 5$ occurrences of $S$ have been produced (and by the same token, what genetic meaning can $10^{19684}$ have ?). » ; cf. Nelson, E., *Predicative arithmetic*, Princeton, Princeton University Press, 1986, p. 74-75 ; notre traduction.

Après avoir prouvé l'assertion 18.1, qui minore la taille d'une preuve de finitude avec quantificateurs d'un grand entier, Nelson écrit encore :

> « Plus haut j'ai dit de manière plutôt dogmatique que personne ne prouverait jamais la formule $\phi(2 \Uparrow (2 \Uparrow 5))$. L'assertion 18.1 apporte quelques éléments à l'appui. (...). Néanmoins, dans l'assertion 18.1, nous nous sommes servis d'une notion restreinte de preuve. Il y a divers procédés, (...), qui raccourcissent les preuves (...). On a le sentiment, en prenant connaissance de ces procédés, qu'ils raccourcissent les preuves d'un facteur au plus exponentiel, qui est tout à fait négligeable en comparaison avec la borne de l'assertion 18.1 »[40]

Tout ceci nous oblige à deux mises au point philosophiques : l'une sur l'exigence d'accessibilité *physique* des preuves, l'autre sur le recours au concept naïf, non soumis à la critique formaliste que développe pourtant *Predicative Arithmetic*, des nombres entiers grands et de l'exponentielle dans l'argumentation sur l'inaccessibilité d'une preuve de $\phi(2 \Uparrow (2 \Uparrow 5))$. Y-a-t-il là une inconséquence de Nelson ?

L'exigence d'accessibilité de la preuve se comprend sans difficulté dans la perspective de la déontologie formaliste. On peut raisonner de manière intuitionniste, c'est-à-dire en faisant fond sur une familiarité préthéorique avec le fini, au sujet du langage formel de la mathématique ensembliste, voire de l'arithmétique formelle de Peano, où des principes logiques puissants, et un schéma d'axiome systématisant cette familiarité, ont été institués. Mais si la théorie formelle où l'on se place, comme c'est le cas avec l'arithmétique prédicative, doit servir à élucider ce qu'il en est du fini, si donc elle se situe « avant » tout dogme ou toute certitude concernant l'essence de l'effectif, c'est-à- dire si elle n'institue aucun horizon récursif (position qui est d'emblée arrêtée dans le livre de Nelson, dès lors qu'on n'y adopte pas le schéma d'induction), alors un « schéma de preuve » qu'un entier est fini, se référant à une compréhension présupposée de ce qu'est le fini, n'est pas admissible. Or, dès qu'on refuse tout « schéma de preuve », on demande implicitement des démonstrations *en chair et en os*. Ou encore, d'un point de vue formaliste, lorsqu'on en est arrivé au point ultime de la formalisation, là où aucune métaformalisation n'est plus disponible, il faut bien cette fois que les preuves soient *absolument* présentes, puisqu'elles gouvernent tout sans n'être plus gouvernées par rien. Tout « schéma » s'adresse à un niveau sémantique partagé : à la pointe extrême du repli sur soi syntaxique, il n'y a plus de tel niveau, et donc les décisions-preuves doivent être en quelque manière présentables, *übersichtlich* aurait dit Hilbert.

Mais tout ceci ne frappe-t-il pas d'inconsistance l'argument au moyen duquel Nelson établit l'improbabilité d'une preuve de $\phi(2 \Uparrow (2 \Uparrow 5))$ ? En effet, cet argument consiste à évaluer, en utilisant le théorème de Hilbert-Ackermann sur l'élimination des quantificateurs, ce que pourrait être la longueur d'une telle preuve, et au vu du résultat,

---

40. « Earlier I said rather dogmatically that no one will ever prove the formula $\phi(2 \Uparrow (2 \Uparrow 5))$. Assertion 18.1 gives some evidence for this. (...). However, in Assertion 18.1, we used a restricted notion of proof. There are various devices, (...), that shorten a proof : (...) . One has the impression on reading about these devices that they shorten proofs by at most exponential factors, which are quite negligible in comparison to the bound of Assertion 18.1. » ; cf. Nelson, E., *Predicative arithmetic*, Princeton, Princeton University Press, 1986, p. 78 ; notre traduction.

déclarer qu'il n'y a pas assez de temps et de surface d'inscription dans l'univers et son histoire pour la « dérouler », en quelque sorte. Un tel argument semble pêcher exactement par où nous venons de critiquer, puisqu'il présuppose manifestement une vision « sémantique » intuitionniste de la syntaxe de l'arithmétique prédicative. Par dessus le marché, il a recours au savoir physique actuel sur la taille et l'âge de l'univers.

Bien entendu, le cercle vicieux n'est qu'apparent : ces recours sont légitimés par la situation argumentative. On ne pourrait accepter qu'une *vraie* preuve *in concreto* de $\phi(2 \Uparrow (2 \Uparrow 5))$. S'ouvre alors une discussion où le parti adverse (ceux qui croient à une telle preuve) doit être débouté. Il est permis dans cette discussion de faire fond sur la croyance arithmétique naïve qui inspire ceux qui défendent la possibilité d'une telle preuve : cela conduit à mettre l'adversaire en situation d'auto-réfutation, puisque c'est la conviction intuitionniste elle-même qui retire toute crédibilité à la possibilité de prouver $\phi(2 \Uparrow (2 \Uparrow 5))$, en dépit de l'évidence, pour cette conviction, du « fait » $\phi(2 \Uparrow (2 \Uparrow 5))$. L'invocation des paramètres configurant l'univers physique n'est ici qu'une aggravation de la riposte : il est d'emblée clair que la longueur de preuve nécessaire est trop grande pour un sujet, voire pour l'humanité, il s'agit simplement de voir qu'elle est même trop grande pour le « domaine empirique » tel que nous le connaissons.

Dernier point fondationnel : le *prouvablement fini*, dans l'approche de Nelson, coïncide avec le fini : il n'y a plus de fini sémantique à la pointe extrême de la formalisation. Il y a un niveau sémantique du domaine des entiers métaphysiquement ouvert en face de l'arithmétique prédicative, mais il n'y a pas d'autre concept du fini que celui de la théorie.

En fait, pour être totalement exact, il y a encore un niveau sémantique du fini : c'est celui qui est sous-jacent au traitement des listes de formules dans la métathéorie de Nelson. Par exemple, pour établir l'interprétabilité locale de $Q_2$ dans $Q'_1$, il envisage une liste $B_1, \ldots, B_\lambda$ de résultats prouvés dans $Q_2$ et forme librement leur conjonction $B$, pour se ramener au cas de l'extension de $Q'_1$ par *un seul* théorème de $Q_2$[41]. À ce niveau est en effet sous-entendue la possession (perspective ?) d'un certain fini : nous devons comprendre qu'il s'agit là d'un fini de « dimension humaine », ne posant aucun problème, d'un petit fini en fait.

Tout ceci donne en fait beaucoup à penser : la thèse de l'indistinction entre être-prédiqué-de et être-prouvablement-prédiqué-de, thèse voisine du *esse = construi* des constructivistes, est reprise à son compte par Nelson à propos de cela même qui était fond de certitude pour Brouwer : le fini.

#### 3.1.7.3 Transcendance dans le fini

Mais ce que nous voulons, c'est prendre la mesure du *sens* que le point de vue de Nelson donne au fini et à l'infini. Ce sens est à examiner en prenant en compte les deux aspects du développement ultime que donne Nelson à son dispositif :

— D'une part, il propose une formalisation de l'analyse moderne dans le cadre d'une arithmétique du premier ordre où est donné un prédicat de finitude et une constante ne le satisfaisant pas (la théorie $Q^*$) ; une telle théorie donne un sens au fini et à sa distinction d'avec l'infini, qui a son originalité par rapport à ce qu'offrait IST

41. Cf. Nelson, E., *Predicative arithmetic*, Princeton, Princeton University Press, 1986, p. 25.

essentiellement en ce que la référence aux ensembles zermeliens y est supprimée (les ensembles doivent être gérés arithmétiquement au premier ordre).

— D'autre part, l'argumentation que nous avons évoquée dans la section précédente permet à Nelson de mettre en avant une *interprétation* (au sens technique) de cette théorie, où l'infinitude de certains entiers apparaît comme engendrée par l'exponentielle.

Ce que nous devons faire, c'est comprendre ce qu'apportent ces deux points quant à la question herméneutiquement essentielle de la transcendance de l'infini, et notamment quelle incidence ils ont sur le diagramme du fini et de l'infini.

Le premier aspect, celui qui est mis à plat dans la formulation de la théorie $Q^*$, est logiquement indépendant de la réflexion fondationnelle sur la consistance et l'incomplétude qu'on trouve par ailleurs dans *Predicative Arithmetic*. La théorie $Q^*$, en effet, n'est pas autre chose qu'une grammaticalisation de l'arithmétique suffisante, on l'espère, pour développer l'analyse non standard. Quant au problème de l'infini et du fini, ce que cette théorie apporte est essentiellement :

— La limitation du schéma d'induction, pour garantir l'interprétabilité de la base $Q_4$ (dont $Q^*$ est une extension) dans $Q_0$, soit l'adoption d'une règle d'induction bornée en lieu et place de l'induction peanienne libre. Cette limitation « exige » pour ainsi dire qu'on affecte l'*infini de l'effectivité* d'un coefficient d'absence : l'itération naïve ne court plus jusqu'au terme de cet infini de façon non problématique, ou encore l'identification *a priori* du référent de l'arithmétique minimale avec le fruit de la synthèse des nombres *génétiques* selon cette réitération est abandonnée. L'infini de l'effectivité se retrouve ainsi au même rang que l'infini formel zermelien : on lui dénie le rôle de prémisse acceptable, que lui confèrent encore le discours de Brouwer et, avec lui, la majeure partie de la logique et des disciplines apparentées. Il nous semble donc correct de dire que la limitation du schéma d'induction élargit à l'infini de l'effectivité le constat d'absence fondamental de la « théologie négative » (ou de l'athéisme, en l'occurrence ils ne se distinguent pas). Point que Nelson explicite lapidairement en écrivant :

> « Le propos fameux de Kronecker, selon lequel Dieu a créé les nombres entiers, mais tout le reste est l'œuvre de l'homme, n'était probablement pas conçu pour être pris au sérieux. Nulle part dans la Genèse nous ne trouvons le passage : et Dieu dit, que les nombres entiers soient, et les nombres entiers furent ; pairs et impairs il les créa, et il leur dit, soyez féconds et multipliez vous ; et il leur commanda d'obéir à la loi d'induction »[42].

— L'abandon de la détermination d'ouverture collective ou ensembliste comme propre de l'infini : l'ouverture du multiple n'est plus ce dans quoi se tient l'infini, ce dans quoi il n'est l'infini qu'à condition de se tenir. Une théorie des ensembles,

42. « The famous saying by Kronecker that God created the numbers, all else is the work of Man, presumably was not meant to be taken seriously. Nowhere in the book of Genesis do we find the passage : And God said, let there be numbers, and there were numbers ; odd and even created he them, and he said unto them, be fruitful and multiply ; and he commanded them to keep the law of induction » ; cf. *loc. cit.*, p. 80.

certes, est maintenue[43], mais ce n'est pas une théorie règlementant le geste par lequel on suscite des collections, comme abris ouverts pour un divers indéterminé d'éléments. C'est la théorie d'ensembles dont le « cardinal » est un entier, et qui ne satisfont pas les axiomes de prolifération puissants de ZFC (l'axiome de l'ensemble des parties et le schéma de remplacement). Qui plus est, ces ensembles sont complètement traités au premier ordre à travers un procédé de codage : un ensemble ne pouvant exister que si son code existe et possède certaines propriétés, la construction d'ensembles est soumise à la même vigilance que celle des opérations sur les entiers. Notamment, les problèmes concernant l'ensemble des parties et le schéma de remplacement, ou encore l'existence de fonctions, sont liés, dans ce contexte, aux problèmes de définition de l'exponentielle. Pour être plus fidèle dans la description du livre de Nelson, nous dirons que l'ouverture infinitaire-collective existe encore (au niveau du geste formaliste de base, décidant d'un univers des entiers), mais elle n'a pas une logique propre et libre à l'intérieur de la théorie ; et d'autre part les principes prédicatifs-finitistes l'encadrent beaucoup plus sévèrement que dans ZFC.

Le second aspect, c'est en fait celui de la formalisation de l'infini dans le fini, ou plutôt dans l'arithmétique. Pour disposer d'un concept de l'infini permettant d'écrire l'analyse, il suffit d'avoir un entier ne satisfaisant pas le prédicat de finitude, bien que ce dernier soit supposé inductif et opératoirement consistant avec l'arithmétique prédicative[44]. La « transcendance » qui caractérise l'infini est ainsi ramenée à cela : il est *au-delà* de ce qui commence en 0 et se transmet le long de l'opération syntaxique de passage au successeur, tout en étant dans l'univers des objets, cet univers qui est un pur corrélat métaphysique de la syntaxe (l'univers du discours arithmétique, si l'on veut). C'est une transcendance par rapport à l'ouverture du fini effectif ; dire que c'est une transcendance par rapport à l'infini effectif, comme c'était le cas à l'étape IST, pose problème, puisque, nous allons le voir, cet « infini » formel intra-arithmétique peut être « réalisé » comme « plus petit » qu'une variante de l'infini effectif.

En effet, Nelson justifie la théorie formelle $Q^*$ en l'interprétant dans l'arithmétique prédicative $Q_4$. Le prédicat de finitude $\phi$ est alors interprété par le prédicat $\epsilon^4$, qui affirme la possibilité d'un certain calcul riche, notamment exponentiel, sur un entier $n$. L'entier infini $\omega$, dans l'interprétation, sera alors un entier qui satisfait $\epsilon$ et pas $\epsilon^4$, c'est-à-dire qui est trop grand pour un certain luxe d'opérations, mais pas pour une gamme plus modeste. $\epsilon$ et $\epsilon^4$ étant tous les deux inductifs, on voit que l'interprétation met en évidence, au sein de l'arithmétique, des *échelles inductives incommensurables*. L'infini et sa transcendance sont donc essentiellement interprétés comme cela, comme l'incommensurabilité d'une échelle inductive à l'autre. Qui plus est, cette incommensurabilité n'a pas besoin d'être donnée en quelque sorte *du dehors* pas un décret axiomatique, elle est, selon l'analyse de Nelson, déjà « imposée » par des termes très grands de l'arithmétique, comme le fameux $2 \Uparrow (2 \Uparrow 5)$. Ces termes sont construits avec des fonctions mal définies (non bornées), qui ne laissent pas inscrire dans une extension interprétable. Comme ces termes sont par ailleurs, regardés d'un œil brouwerien, des

43. Dans $Q^*$, qui est une extension de $Q_4$, peut être développée la théorie des ensembles exposée aux chapitres 10-12 de *Predicative Arithmetic*.

44. En fait, techniquement, il faut aussi que cet entier se prête à un calcul exponentiel suffisant.

Infini inachevé accueillant l'effectivité
(identifié avec l'infini formel pauvre et signifié
comme incommensurabilité des échelles)

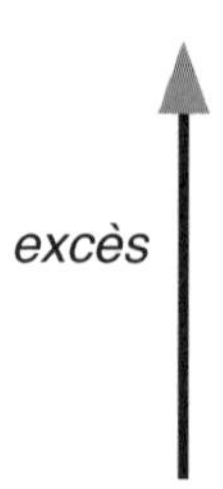


fini de l'effectivité
(contient des objets incarnant
l'incommensurabilité des échelles)

FIG. 3.5 – *Quatrième côté du diagramme du fini et de l'infini*

entiers constructifs, on peut voir en eux la « trace », au niveau d'un terme, de l'ouverture du fini effectif (ouverture qui s'appelle, si l'on veut, infini effectif) assumée avec une conviction intuitionniste ordinaire, de la même manière que les objets non standard étaient les « traces » de l'assomption zermelienne de l'infini. Dans le nouveau point de vue, l'infini de l'effectivité est identifié à l'infini formel *pauvre* (non pourvu du schéma d'induction classique) qui affecte une « collection » satisfaisant $Q^4$ ou $Q^*$, et il accueille le fini effectif, l'itération, de manière *plurielle* : il y a une diversité d'échelles, avec de l'une à l'autre des effets d'incommensurabilité. Une telle incommensurabilité est « incarnée », exprimée au niveau d'une « trace », par un terme appartenant à une échelle mais excédant une autre, terme qui relève néanmoins toujours du fini effectif de Brouwer, dont l'ouverture est réinterprétée comme *formelle* et plurielle. D'où la mise en perspective nouvelle du quatrième côté du diagramme du fini et de l'infini, qui donne lieu au diagramme représenté à la figure 3.5.

À titre récapitulatif, nous proposons de plus à la figure 3.6 la synthèse de toutes nos surcharges du diagramme du fini et de l'infini.

L'ensemble du tableau, maintenant, doit être complété par la juste estimation de la qualité philosophique de la nouvelle transcendance, disons celle qu'incarne $2 \Uparrow (2 \Uparrow 5)$, pour fixer les idées. Nous avons déjà donné une indication selon laquelle le travail de Nelson doit être lu comme radicalisation de la théologie négative. Cette radicalisation porte, à l'évidence, sur le degré d'adhésion « ontologique » à l'infini. Si l'infini zermelien est déjà *absent* en tant que formel, le fait qu'il soit conçu comme *ensemble* lui donne, dans le registre fictionnel qui est le sien, une stature ontologique : ce qui est multiplicité est ; le « rassemblement » est un propre de l'être. Je puis penser des entités comme fictives, mais je ne peux pas penser leur être-ensemble comme fictif : un être-ensemble fictif, ce n'est plus un être-ensemble du tout, à la limite cela ne veut rien dire. Certes, le suivi rigoureux de la syntaxe ZFC m'évite en principe de penser tout cela, mais il n'est pas douteux que la théorie est faite pour encourager cette libre

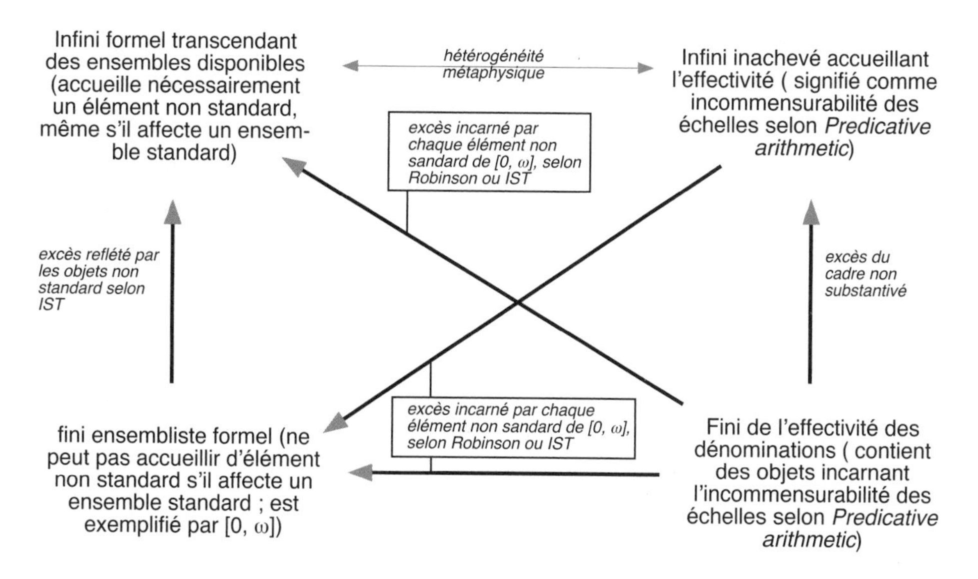


FIG. 3.6 – *Forme complète du diagramme du fini et de l'infini*

pensée de la collection : en témoigne par exemple le platonisme irrésistible des mathématiciens. Qui plus est, l'infini zermelien se déploie sur l'avant-scène sous la protection ou la « couverture » de l'infini de l'effectivité, admis et reconnu dans la métamathématique, et qui constitue une sorte de deuxième rideau de l'infinitisme. Et cet infini là, qu'on l'appelle ou non infini, on lui fait crédit, estimant avoir suffisamment payé en ne le tenant pas pour un *ensemble*.

Une formalisation et une analyse herméneutique comme celle de Nelson fournissent le moyen d'avoir une *ouverture indéterminée* où peuvent être logés les entiers naïfs d'une façon plus radicalement non ontologisante : cette ouverture est le simple corrélat d'un système formel où ne règne pas le schéma d'induction. L'être-ensemble y sera essentiellement réinterprété comme coprésence de segments scripturaux dans le codage d'un entier[45], donc sera débarrassé de sa puissance infinitisante. La décision formelle d'origine, excluant le libre usage du schéma d'induction, destitue l'infini de l'effectivité, l'intègre à la négativité de la théologie.

Quel est alors le sens de la transcendance, puisqu'après tout, il y a toujours transcendance ? Notre opinion est qu'il s'agit avant tout d'une transcendance *fantastique*. L'infini est ce qui excède une échelle inductive dans *l'ouverture du fini effectif*, parce que l'arithmétique prédicative n'est pas autre chose qu'une interprétation de plus de cette ouverture, au même titre que le lambda-calcul, la théorie des fonctions récursives, etc. Son originalité est qu'à travers un certain traitement du principe inductif, elle parvient à exprimer *en elle* (au lieu que ce soit par confrontation des différents langages allégués) la relativité de cette ouverture comme pluralité des échelles. Une théorie de la calculabilité purement orientée vers l'informatique ne s'intéresse pas à cette plu-

45. Cf. Nelson, E., *Predicative arithmetic*, Princeton, Princeton University Press, 1986, p. 36-42 et 46-50.

ralité. La mathématique au contraire a tout à y trouver, puisque c'est dans la « non catégoricité » de la notion d'échelle que réside son objet le plus propre et son ressort le plus décisif : Nelson a montré qu'on pouvait concevoir la pluralité d'échelles incommensurables, qui déjà chez Veronese « est » le continu, au sein de l'ouverture du fini effectif[46].

Mais alors, l'infini *dans* (et pas *de*) l'ouverture du fini effectif, est *fantastique*. Il est un excès absolu, irrémédiable, mais qui est au bout de notre opération quotidienne. Il se cristallise comme mystère de ce qui nous échappe dans ce qui est venu par nous, de notre pratique et dans notre environnement. N'est-ce pas la définition du fantastique, justement ? Du moins si l'on prend soin de ne pas conserver la connotation de *fantasme* ou *fantaisie*, qui renvoie à l'*image*, mais seulement la notion moderne du genre littéraire fantastique, telle que l'expose, par exemple, T. Todorov : le *necronomicon* de Lovecraft est fantastique sans être l'objet d'une *visualisation* en rapport avec cette fantasticité.

La fantasticité de la transcendance de l'infini, c'est ce qu'exprime Nelson dans le passage suivant :

> « Peut-être l'infinité n'est-elle pas loin dans l'espace, le temps ou la pensée ; peut-être est-ce lorsque nous sommes engagés dans l'activité ordinaire – en train d'écrire une page, de préparer un enfant pour l'école, de parler avec quelqu'un, de faire un cours, de faire l'amour – que nous sommes plongés dans l'infinité »[47]

Qu'est-ce qui différencie donc cette modalité du fantastique du retrait de l'infini ensembliste, ontologiquement biffé, mais assumé dans le registre formel ? Comme nous l'avons déjà dit en essayant de situer à sa juste valeur la pensée du rassemblement dans l'ensemble, la différence réside dans la perte de la « localisation » de l'infini dans la *totalité*, qui, dans le dispositif classique, donne à l'*ailleurs* de l'infini un sens spécifique : selon ce dispositif, la séparation de l'infini est comme *quantifiée* par l'idée que l'infini, s'il était, serait le tout de ce qui est. Lorsque l'infini possède la modalité du fantastique, sa séparation et son retrait ne se laissent plus assigner ces sortes de « valeurs » ou « dimensions » : la transcendance est plutôt comme un point d'excès et de fuite, en lequel s'équilibre et se charge de son sens l'expérience immanente, elle est d'autant plus absolue qu'elle est familière, et que la modalité de son absence est elle-même mystérieuse, ou encore ne se laisse exprimer « à la limite » qu'en référence à l'horizon toujours présupposé d'une pratique.

Cela dit, il est un point sur lequel la réinterprétation de l'infini par Nelson est tout à fait analogue à l'infini ensembliste, et ce point est extrêmement important, par ce qu'il illustre la constance du formalisme contemporain dans la théologie négative. Il y a en effet parfaite analogie entre la procédure de Nelson vis-à-vis de l'infini de l'effectivité et celle de Hilbert ou Zermelo vis-à-vis de l'infini actuel de totalité : l'un comme l'autre décrètent le statut de fiction pour l'infini qu'ils sont en train de révolutionner, et « compensent » la perte de présence enregistrée par un supplément de loi. Ce supplément de

46. La même idée est exprimée, le plus souvent de façon plus directe, et sans passer par le registre logique, par Harthong ou par Cartier, dans différents textes.

47. « Perhaps infinity is not far off in space or time or thought ; perhaps it is while engaged in an ordinary activity – writing a page, getting a child ready for school, talking with someone, teaching a class, making love – that we are immersed in infinity » ; cf. *loc.cit.*, p. 50 ; notre traduction.

loi était le mode formel en général et l'interdit de la collectivisation naïve dans le cas de la théorie formelle des ensembles, il sera : 1) le mode formel à nouveau (l'imposition du mode formel même pour penser le *fini comme tel* au sein de l'arithmétique, ce qui nous semble une vraie novation) ; et 2) l'interdit de l'induction naïve (le principe d'interprétabilité ou le schéma d'induction bornée jouent le rôle de cette règle supplémentaire qui nous empêche d'être dans la croyance et la spontanéité substantivante à l'égard de la suite indéfinie des entiers naïfs, fût-ce secrètement, à l'abri du comportement formel). Nous avons une trace de cette « valeur » en termes de théologie négative du travail de Nelson dans son écrit, lorsqu'il pastiche la Bible, et allègue que Dieu n'a pas soumis les entiers, après les avoir créés, à la loi d'induction. Le schéma d'induction, de fait, est une loi qui fixe l'essence de l'ouverture de l'infini effectif plutôt qu'elle ne s'en déduit. Ce sont les hommes et non les entiers qui s'y sont soumis : des hommes qui, déjà, disposaient de l'infini de l'effectivité d'une manière plus relative, et moins fondée sur l'adhésion à la présence de cet infini, du fait de la formalisation (disons peanienne) de cette « loi ». L'interdit sur l'induction libre, implicite dans toute la démarche de Nelson, et la formulation des règles restrictives du maintien d'une quasi-induction *bornée* (adjectif qui change tout) sont les suppléments de loi qui tout à la fois marquent le progrès dans l'athéisme, et le maintien de la transcendance sous une nouvelle forme « plus athée ».

En résumé, la tradition de l'infini en mathématiques nous semble faire de l'athéisme à l'égard de l'infini une question *pratique*, plutôt que *théorique* : il dépend des mathématiciens de se donner des règles telles que la transcendance de l'infini soit située de manière toujours moins ontologique. L'athéisme mathématique est essentiellement une tâche, dont l'accomplissement est toujours dans le futur. L'horizon est donc celui d'un athéisme toujours plus radical, athéisme conquis au nom de la transcendance du transcendant.

## 3.2 Le continu

Nous en venons donc au continu, qui, dans l'organisation de notre triade herméneutique, suit l'infini. Conformément au rapport de fondation herméneutique dont nous avons fait état, une partie de la discussion sur l'infini qui précède est appelée à faire retour dans cette nouvelle section : les déterminations diverses de l'infini et du fini que nous avons rencontrées pourront intervenir à nouveau au titre de leur incidence sur les dispositifs interprétant l'intuition du continu.

Bien que la question du continu soit assignée par notre plan à une certaine relativité, étant située comme moins fondamentale que celle de l'infini et comme moins urgente que celle de l'espace (le continu est le moyen de la détermination de l'essence de l'espace, qui elle-même, dans une perspective transcendantale, est requise pour la connaissance de la nature), elle est peut-être la plus grande ou la plus importante : le grand carrefour et le grand conflit de la pensée, depuis les Eléates, n'est-il pas le continu ? Le continu n'est-il pas, à côté de la liberté, le nom d'un des deux « labyrinthes » primordiaux nommés par Leibniz ? En tout cas, dans l'historique de notre recherche, la question du continu a été première : c'est dans le souci de réfléchir sur ce qu'il en était du continu que nous avons rencontré, suivant les deux chemins de régression possible (du côté de ce en quoi le continu se fonde et du côté de ce en quoi il s'exprime, respectivement), les questions de l'infini et de l'espace.

Commençons donc par examiner, étant donné les limites temporelles du corpus historique qui est spontanément le nôtre, la version ensembliste classique du continu.

### *3.2.1 La transcendance classique du continu sur le discret*

Il faut procéder d'abord à quelques distinctions absolument incontournables.

En premier lieu, ce que nous appelons le continu classique, c'est le continu de la droite réelle, de l'ensemble $\mathbb{R}$. Il s'agit donc du continu *substantif*, celui qui se dit d'un certain « élément », identifié comme une certaine sorte de multiplicité dans le discours mathématique classique, et non pas du continu au sens *adjectival*, permettant de distinguer entre les processus *continus* et *discontinus* dans la langue naturelle, entre les applications continues et discontinues dans le cadre technique-mathématique. Ces deux dimensions de signification sont coordonnées, nous aurons l'occasion de dire de quelle manière, mais elles ne se superposent pas. Nous restreignons donc pour le moment le champ de l'attention au continu substantif.

Deuxièmement, il convient de distinguer entre deux modes de lecture de l'essence du continu, qui, dans le langage actuel de la mathématique, nous sont donnés sous le nom d'approche *en termes de cardinalité* d'une part, approche *topologique* d'autre part. La dualité de ces perspectives conduit à une évaluation diverse des rapports du continu avec les ensembles dont il provient selon la construction classique : $\mathbb{Z}$ et $\mathbb{Q}$.

Si nous regardons les choses avec les yeux de la topologie, nous devons dire que $\mathbb{Z}$ est discret, $\mathbb{Q}$ dense, et $\mathbb{R}$ connexe. Si nous parlons en termes de cardinalité, $\mathbb{Z}$ et $\mathbb{Q}$ sont dénombrables, $\mathbb{R}$ est trans-dénombrable. C'est pourquoi le nom d'énigme lui-même, le *continu*, peut s'entendre, pour un logicien professionnel, comme exclusivement nom du problème de la localisation du cardinal $C = 2^{\aleph_0}$ dans l'échelle des cardinaux. Problème où l'affaire topologique est oubliée : il en va ainsi dans la locution *hypothèse du continu*. Alors que pour le mathématicien ordinaire, le problème du continu est problème de ce *substrat* fascinant qu'est $\mathbb{R}$, dont toutes les propriétés interviennent simultanément, les topologiques à côté des propriétés de cardinalité par exemple.

En fait, le tableau qui précède est encore trop simplifié, dans la mesure où il existe une troisième détermination du continu, qu'on pourrait appeler détermination *algébrique* : nous voulons parler de sa structure de corps ordonné, où l'élément topologique est déjà présent si l'on veut, mais seulement à travers la donnée de la relation d'ordre sur $\mathbb{R}$ avec ses propriétés, soit de manière *élémentaire* au sens des logiciens.

Techniquement, l'approche classique enseigne que $\mathbb{R}$ est caractérisé comme un corps ordonné connexe dans lequel $\mathbb{Q}$ est dense. L'approche algébrique fait valoir que c'est un corps ordonné *réel clos*.

Il est assez facile de voir quelle relation entre $\mathbb{Q}$ et $\mathbb{R}$ la détermination de connexité souligne. $\mathbb{Q}$ est un corps ordonné *dense*, ce qui veut dire qu'aucun intervalle ouvert n'est vide, fait qui correspond à l'attribut classique de la divisibilité à l'infini. Cette propriété de $\mathbb{Q}$ est une première approche de la *cohésion* intuitionnée dans le continu : elle dit qu'il n'y a pas de trous, que deux éléments quelconques « tiennent » les uns aux autres en ce sens qu'ils sont médiatisés par d'autres. Selon l'herméneutique moderne, cette manière d'être sans trou ne caractérise pas suffisamment le continu : il faut lui ajouter l'idée de la non séparabilité *topologique* du continu d'avec lui-même. Non séparabilité qui cette fois s'exprime au second ordre : $\mathbb{R}$ ne peut pas être écrit comme réunion de deux *sous-ensembles* ouverts non triviaux. Ou bien, alternativement, cette propriété de non séparabilité s'exprimera comme propriété de *complétude*, par l'énoncé que toute suite de Cauchy converge. La référence aux *suites* de Cauchy, à nouveau, fait monter le discours en termes de *types* d'objets, et c'est encore l'idée de la cohésion, de l'absence de trou qui est dite, puisqu'une suite de Cauchy non convergente marquerait un « trou » thématisé au second ordre. Du point de vue technique, cette idée de cohésion ou de complétude est volontiers exprimée par un axiome de *saturation* : il en va ainsi par exemple dans le système axiomatique de Hilbert, rendant compte de l'intuition du continu linéaire géométrique[48]. La saturation signifiant ici l'*inextensibilité* de la structure dans le cadre de certaines propriétés. Cette dernière notion est une notion logique, qui appartient en droit à la théorie des modèles, et qui ouvre la voie à une capture modèle-théorique de la problématique du continu.

Cela dit, dans la construction classique, la cohésion, la complétude et l'inextensibilité du continu sont dans un rapport de concomitance et de complicité avec sa cardinalité. Tout se passe comme si la « richesse » du continu était ainsi saisie sous deux angles principaux, mais demeurait identique en elle-même, cause intelligible de ces effets ou propriétés en résonance. Pour être explicite, c'est parce qu'il y a en lui une suffisamment vaste infinité de nombres que le continu d'admet pas de méta-trous, ou de lieux vides destination d'une convergence, ou qu'il n'est pas possible d'introduire de nouveaux éléments dans le cadre de la structuration donnée. Réciproquement, toutes ces propriétés, dont la formulation même ouvre sur les types plus élevés de la théorie des ensembles, confèrent à l'ensemble qui les possède son caractère plus que dénombrable. Sur un certain nombre de points, ce qui vient d'être dit peut être traduit comme pur et simple théorème de mathématiques. Mais de manière plus archaïque, c'est ce qui est *ressenti* du continu, la façon dont il est visé dans cette pratique ensembliste moderne qui a l'impression de si bien le posséder. Dans le fameux propos par lequel il conclut son livre, Paul Cohen invoque l'intuition de « l'incroyable richesse du continu » pour laisser entendre que l'hypothèse du continu est sans doute « fausse »[49]. Cette richesse, à notre avis, ne peut-être, dans la logique de son propos, que la richesse topologique de la cohésion-complétude-saturation, ou plutôt du substrat intuitif que ces propriétés sont supposées décrire. Pour Cohen, les propriétés que le logicien-théoricien des ensembles déduit dans la sécheresse de son formalisme du transfini devraient conserver la mémoire de cette richesse « topologique », qui devrait donc se refléter par une position dans l'échelle des cardinalités.

On doit à notre avis comprendre en rapport avec cette dualité du dispositif classique – qui met en scène la richesse du continu à la fois sur un plan topologique et sur le plan des cardinalités – les théorisations jusqu'à un certain point concurrentes fournies par le concept de corps réel clos d'Artin et Schreier d'une part, par la *classe* $No$ des nombres de Conway d'autre part. Si la richesse du continu classique est le résultat d'une « saturation » qui passe essentiellement par la technique de l'approfondissement des types

48. Gonseth le cite sous le nom d'axiome d'intégralité dans *Les fondements des mathématiques* (Paris, Blanchard, 1974, p. 33).

49. Cf. Cohen, P. *Set Theory and the Continuum Hypothesis*, Reading, Massachussets 1966 Benjamin, p. 151.

mis en jeu (la prise en considération des suites ou des sous-ensembles, en l'occurrence), la construction classique éveille naturellement l'idée de voir ce qui reste si l'on n'entre pas dans cet approfondissement d'une part, ce qu'on obtient si on cherche à l'itérer plus avant, voire indéfiniment, d'autre part. La première idée conduit à dégager le concept d'un continu *élémentaire*, identifié par le concept de corps réel clos, la seconde idée peut mener à la fabrication des nombres de Conway.

Pour ce qui concerne donc le premier point, rappelons donc qu'un corps *réel* est un corps tel qu'une somme de carrés ne peut y être nulle que lorsque chaque terme est nul. Le corps $\mathbb{R}$ est bien évidemment un exemple de corps réel, le corps $\mathbb{C}$ des complexes, en revanche, n'est pas réel, puisque l'on a $i^2 + 1^2 = 0$. Un corps *réel clos* est un corps réel ayant une certaine propriété de maximalité parmi les corps réels (nous préciserons ce point plus loin). On montre que cette maximalité équivaut à la conjonction de deux thèses :

1. L'ensemble des carrés du corps définit le cône positif[50] d'un ordre pour le corps, qui est alors l'unique structure d'ordre faisant de ce corps un corps ordonné ;
2. Tout polynôme* de degré impair sur le corps admet au moins une racine.

$\mathbb{R}$ est le paradigme des corps réels clos, mais il y a beaucoup d'autres corps réels clos, en particulier des corps non archimédiens. La structure de corps réel clos se laisse caractériser au premier ordre, elle est en fait la *modèle-complétion* de la théorie elle-même rédigeable au premier ordre des corps réels[51]. Le point important est qu'un certain nombre de « faits » de la théorie des nombres réels qu'on a d'abord pensés en rapport avec le continu, avec la connexité de $\mathbb{R}$ pour être plus précis, sont démontrables dans le simple contexte des corps réels clos : essentiellement, les théorèmes sur les polynômes irréductibles, sur les signes des polynômes, et par suite ceux sur leurs zéros. Le théorème des valeurs intermédiaires, le théorème de Rolle et le théorème de Sturm sont vrais dans tout corps réel clos. La théorie des corps réels clos est donc une théorie du premier ordre dont les modèles sont des corps ordonnés denses où sont définissables certaines fonctions irrationnelles, théorie qui exprime bien un certain « minimum » de la pensée du continu : tout ce qui, dans ce cadre, relève du topologique, en relève par l'intermédiaire de l'ordre canonique du corps réel clos, et donc se laisse a priori transcrire en termes purement algébriques. La théorie obtenue est prouvablement complète[52], et on peut la voir, via l'identification cartésienne, aussi comme une théorie minimale complète de la géométrie. Le corps $\mathbb{A}$ des nombres réels algébriques, qui est la *clôture réelle* du corps réel $\mathbb{Q}$[53], est un exemple de corps réel clos *dénombrable*.

La théorie des corps réels clos est donc en un sens la déconstruction du continu classique, le privant de sa splendeur sans en perdre néanmoins l'ambiance.

50. Un sous-ensemble $P$ du corps $K$ tel que $P+P \subset P, PP \subset P, P\cup-P\cup\{0\} = K, P\cap-P = \{0\}$ : ces propriétés garantissent que la relation binaire $R$ définie par $xRy \Leftrightarrow y - x \in P$ définit sur $K$ un ordre compatible avec la structure de corps.

51. Cela dit, dans les deux cas, on a affaire à des théories récursivement et pas finiment axiomatisables.

52. Cf. Tarski, A. « The completeness of elementary algebra and geometry », trad. française G. Kalinowski in *Logique, Sémantique, mathématique*, , tome 2, G.G. Granger Ed., Paris, Armand Colin, 1974, p. 205-242.

53. Se référer pour tout ce dont traite ce paragraphe à *Corps et modèles* (Benis-Sinaceur, H., Paris, Vrin, 1991) ; pour quelques indications mathématiques rapides, regarder Lang, S., *Algebra*, Reading, Massachusetts, Addison-Wesley, 1965, p. 273-279.

Complètement à l'autre bout par rapport au « pathos de saturation », on trouve la construction des nombres de Conway.

Peirce, déjà, avait fait sur la construction de Cantor-Dedekind un commentaire insatisfait et relativisant lié à la question de la saturation : il avait observé que le continu intervenait comme complétion de $\mathbb{Q}$ selon un certain procédé, et qu'il y avait un certain arbitraire à arrêter là le processus de saturation, en décrétant qu'il n'y avait plus de trous (c'est-à-dire de trous pensables)[54]. Comme le remarque P. Ehrlich[55] il y a en effet relativité du continu à un certain type de saturation : le continu est toujours défini comme maximal selon un certain critère de saturation, mais le choix variable du critère et du cadre dans lequel on l'applique permet d'obtenir des continus variés. Les corps réels clos sont des corps réels saturés par rapport à l'adjonction d'objets finiment définissables en termes des objets déjà donnés et des opérations de la structure[56]. Le continu classique est la structure *maximale* de corps ordonné *archimédien*, en un sens de *maximal* qu'Ehrlich explicite par le concept de modèle *universellement extensif* (ou celui de modèle *absolument homogène-universel*)[57]. Une telle structure est obtenue par exemple au moyen du procédé de saturation (suppression des trous) qu'est la substantivation de l'ensemble des coupures de Dedekind. Le *continu absolu* des nombres de Conway, de même, peut être vu comme structure maximale (en le même sens) parmi les corps ordonnés quelconques (*non nécessairement archimédiens*). Une telle structure peut être obtenue par un procédé de saturation fondé sur la notion de coupure de Cuesta-Dutari, comportant une itération transfinie de ce qui n'est accompli qu'une fois dans la construction de Dedekind[58]. C'est donc fort logiquement qu'Ehrlich appelle *continu absolu* la structure $No$. La maximalité de ce continu se manifeste encore par ceci qu'il intègre tous les ordinaux non-nuls, et leur attribue des inverses, ce qui veut

54. Nous devons remercier Marco Panza et A. Machuco, qui ont attiré notre attention sur ces vues de Pierce. Marco Panza les évoque dans *La statua di fidia* [Panza, M., Milan, Edizioni Unicopli, 1989].

55. Cf. Ehrlich, P. ,« The Absolute Arithmetic and Geometric Continua », in *PSA*, 1986, vol. 2, p. 237-246.

56. C'est exactement ce que Robinson a montré : la théorie des corps réels clos est la « modèle-complétion » de celle des corps réels. Son caractère modèle-complet équivaut à la propriété d'« existentielle-complétude », qui s'énonce comme suit : pour tout corps réel clos $K$, il n'existe pas d'extension stricte $K'$ de $K$ dans laquelle une formule existentielle écrite dans le vocabulaire de $K$ soit satisfaite sans l'être déjà dans $K$ ; une telle formule serait en quelque sorte l'aveu par $K$, en termes de lui-même et de la théorie qu'il satisfait, de ce qui lui manque (voir notamment Robinson, A., « Model Theory as a framework for algebra » in *Selected papers of A. Robinson*, tome I,, Amsterdam, North-Holland, 1979, p. 60-83.).

57. « Un modèle $A$ pour une théorie $T$ dans un langage $L$ sera dit universellement extensif si pour tous modèles $B$ et $C$ de $T$ dans $L$ où $B$ est une sous-structure de $A$, $C$ une extension de $B$, et les univers de $B$ et $C$ sont des ensembles, il y a un modèle $C^*$ de $T$ dans $L$ qui est une sous-structure de $A$ tel que $C$ est isomorphe à $C^*$, l'isomorphisme étant un prolongement de l'application identité sur $B$. Nous dirons aussi qu'un modèle $A$ pour une théorie $T$ dans $L$ est absolument homogène-universel s'il est absolument universel relativement à $T$, i.e. tout modèle de $T$ dans $L$ peut être plongé dans $A$, et s'il est absolument homogène relativement à $T$, i.e., étant données deux sous-structures de $A$ qui sont des modèles de $T$ dans $L$ (dont les univers sont des ensembles) et un isomorphisme entre eux, l'isomorphisme peut être étendu à un automorphisme de $A$, i.e., un isomorphisme de $A$ sur $A$. » (cf. Ehrlich, P. ,« The Absolute Arithmetic and Geometric Continua », p. 240, librement traduit par nous). On voit d'après l'énoncé de la définition que le concept de « modèle » est ici pris au sens généralisé d'une interprétation dans une théorie des ensembles dont le prédicat de référence peut ne pas être ensemblisant : dans son article, Ehrlich précise que cette sémantique généralisée est formalisable dans la théorie des ensembles NBG, parce que les théories envisagées sont des théories $\forall\exists$ (alors qu'elle ne l'est pas en toute généralité).

58. En fait, Ehrlich confronte $\mathbb{R}$ et $No$ au niveau de leur propriété de maximalité parmi une classe de modèles, et non pas au niveau des « procédés de saturation ».

dire, et c'est bien conforme à l'intention du procédé de saturation, qu'on a épuisé toutes les possibilités de « division » de ce continu rapportables à la théorie des ensembles environnante.

Il apparaît que la classe des nombres de Conway est aussi un corps réel clos, c'est-à-dire qu'elle est un *continu algébrique* acceptable. D'autre part, il est flagrant que cette classe contourne et infirme le verdict de Cantor, selon lequel il y avait incompatibilité absolue entre les infiniment petits et son concept du transfini (alors que l'ANS[59], en un sens, est beaucoup plus respectueuse du dogme cantorien sur ce point)[60]. $No$ contient tous les réels classiques *et* tous les ordinaux non nuls de Cantor-Von Neumann avec leurs inverses : comme le dit Conway, « *All Numbers Great and Small* ».

Ce qui, philosophiquement, nous intéresse ici, doit être assez clair pour notre lecteur : c'est le fait que le point de vue classique comprend le continu comme *ensemble*, et, au-delà, divise son essence en un minimum exprimable au premier ordre (identifié par le concept de corps réel clos), et un supplément, qui est une propriété de saturation non exprimable au premier ordre, seulement thématisable en termes d'une théorie des ensembles ambiante (la « complétude » de $\mathbb{R}$). La construction de Conway (vue à la lumière des travaux d'Ehrlich et Alling) montre simplement qu'une saturation peut être obtenue sans exclure les infiniment grands et petits (ce qui est perdu est alors l'archimédianité d'une part, l'assignabilité du continu comme objet de ZFC d'autre part). Dans la construction de Cantor-Dedekind, la propriété de saturation du continu se reflète de deux façons contrastées, par la transcendance de la cardinalité du continu à l'égard de celle du dénombrable d'une part, par la connexité topologique d'autre part. Au niveau de la classe des nombres de Conway, la saturation, en profondeur *analogue* en termes modèle-théorétiques, se traduit similairement d'un côté par la transcendance superlative de la classe $No$ (à l'égard du dénombrable, certes, mais aussi à l'égard de toute mesure ensembliste), de l'autre côté par la propriété d'existence d'un élément intercalaire pour toute coupure ensembliste[61]. Au niveau du « continu algébrique », il n'y a pas d'autre saturation que la saturation au premier ordre contenue dans le fait que la théorie des corps réels clos est modèle-complète.

Nous voudrions encore évoquer, pour conclure cette section consacrée à la détermination classique de l'excès du continu sur le discret, le « modèle » brouwerien du continu. Cela peut paraître surprenant, puisque Brouwer assurément ne s'inscrit pas dans le classicisme dont nous parlons. Mais nous pensons que l'examen et la prise en compte de sa pensée nous aident singulièrement à comprendre ce qui est le propre de l'approche classique.

Brouwer, on le sait, commence de diverger d'avec le classicisme en ne concevant pas le continu comme ensemble, mais comme *déploiement*. En substance, un déploiement est l'indication d'un mode de formation de suites, précisant comment peuvent être opérés les choix de termes à chaque étape, et ce de manière acceptable aux yeux d'un constructiviste. La collection des « composants » du continu est donc

59. Conformément à un usage assez largement répandu, nous utilisons ce sigle comme abréviation de « analyse non standard ».

60. Voir aussi l'article d'Ehrlich sur ces points ; nous remercions notre collègue José Tiago-Oliveira d'avoir attiré notre attention sur ces travaux et de les avoir mis à notre disposition.

61. Propriété qu'Ehrlich écrit $\forall X \forall Y X < Y \rightarrow \exists z\ X < z < Y$ (cf. « The Absolute Arithmetic and Geometric Continua », p. 243).

introduite sur un mode *temporel*, comme quelque chose dont on connait la règle de déploiement et non pas quelque chose qui se tient là devant le regard, avec le statut de multiplicité infinie. Cette collection est sans doute dense[62], mais il est difficile, étant donné qu'elle n'est pas pensée comme ensemble, de donner un sens à la question de sa connexité ou de sa cardinalité. Tout au plus peut on dire que d'un point de vue ensembliste, le déploiement du continu, considéré comme achevé, aurait peut-être une cardinalité excédant le dénombrable, puisqu'il relève de quelque chose comme $\mathbb{N}^{\mathbb{N}}$[63]. D'ailleurs, on montre que le continu brouwerien n'est pas équipotent comme *species*[64] au dénombrable[65]. Il y a aussi dans son continu un écho de la « connexité », écho qui fait en même temps penser à la propriété plus primitive de non compositionnalité : le continu n'a pas de sous-species *détachable* autre que lui-même et le vide, une sous-species détachable étant une sous-species telle que pour tout membre de la species, on puisse *décider* qu'il est membre de la sous-species ou qu'il ne l'est pas. De plus, cette forme de connexité est mise en rapport avec le caractère non dénombrable (puisqu'il en est cité comme la preuve[66]). Si donc Brouwer se meut dans un cadre de référence où la transcendance de cardinalité et la connexité sont nécessairement perdues, il est intéressant de voir que, dans son approche profondément anti-cantorienne, certains thèmes viennent exprimer, semble-t-il, un « contenu herméneutique » proche ou analogue : c'est typiquement cette sorte de recouvrement qui incite à penser que toutes les *constructions rationnelles* du continu dialoguent avec certains « tenants-de-question » préformels, et même préthéoriques.

Mais nous voudrions être plus attentif encore à ce qui, dans son « modèle », ouvre une porte semblant conduire à un renversement complet de perspective par rapport à la perspective classique : l'option en faveur d'une synthèse *temporelle* et non pas *spatiale* du continu. En effet, le concept décisif de *déploiement*, pour la présentation brouwerienne, est essentiellement un concept temporel : il correspond à la constitution progressive d'un arbre, rythmée par une horloge discrète. Sans anticiper ici sur la section à venir, consacrée à l'herméneutique de l'espace, on peut dire que l'interprétation du continu comme ensemble est solidaire de l'assimilation du continu à l'espace, d'une égalisation du continu avec l'espace, amorcée depuis la géométrie de coordonnées de Descartes, et toujours plus en vigueur par la suite. Cette *égalisation* surenchérit sur le rapport herméneutique dégagé par nous à partir de Kant, et qui dit la *dépendance* de la

62. Bien que les complications liées à la logique intuitionniste obligent à des reformulations adéquates de tout ce qui concerne la relation d'ordre sur le continu, celle-ci n'étant pas décidable.

63. Le $\mathbb{N}^{\mathbb{N}}$ de la récursivité, certes, tendrait à être dénombrable, mais l'engendrement du déploiement du continu selon Brouwer semble excéder les critères du *récursivement énumérable*, dans la mesure précisément où l'on autorise, dans le déploiement, des suites qui ne sont pas déterminées *à l'avance* par une loi. Il y a même un argument contre la thèse selon laquelle ces suites (les *ips*) seraient toutes donnables par voie récursive : cela contredirait le « Brouwer's principle for numbers » ; cf. Beeson, M., *Foundations of constructive mathematics*, Berlin-Heidelberg, Springer Verlag, 1985, p. 56.

64. Les *species* de Brouwer sont en quelque sorte les analogues des « collections » de ZFC : les collectivisations purement verbales (une *species* est une propriété formulée, une collection est un prédicat unaire défini dans le langage de ZFC). J'ai gardé le terme latin (ou anglais), plutôt que de le traduire par « espèce », afin d'éviter toute sur-détermination sémantique incontrôlable, en m'en tenant à un vocable de résonance technique (en français).

65. Cf. Heyting, A., *Intuitionism, an introduction*, Amsterdam, North-Holland,1971, p. 40.

66. Cf. *loc.cit.*, p. 47 ; $\mathbb{N}$ a des sous-species détachables, par exemple la sous-species des nombres pairs.

pensée de l'espace sur celle du continu[67]. Les traits classiques, la connexité ou la transcendance de cardinalité, renvoient implicitement à quelque chose comme l'espace, du moins sont-ils une caractérisation de la multiplicité du continu dans sa *simultanéité*. En ce sens, le projet de Brouwer est révolutionnaire : nous prétendons que l'interprétation non standard la plus récente du continu reprend et accomplit en partie ce projet.

On peut noter, néanmoins, qu'il reste quelque chose de l'élément temporel dans la thématisation classique du continu : dans l'idée de saturation, qui comporte la référence tacite à un *historique* de l'extension des modèles. Comme nous l'avons vu en suivant Ehrlich, une telle référence est présente dans toutes les constructions du continu, celle du continu élémentaire, celle du continu cantorien, ou celle de Conway. La théorie générale de cette historicité intra-mathématique de l'extension vers la saturation des modèles a été, on le sait, un point de départ de Robinson dans son travail en logique, travail depuis lequel il en est venu à l'ANS[68].

### *3.2.2 Le continu et la possibilité de la discontinuité*

La compréhension du continu comporte un autre aspect, qui concerne non pas tant ce que le continu *est*, mais une possibilité qu'il abrite, mieux qu'il invite pour ainsi dire à explorer : nous voulons parler de la possibilité de la *discontinuité*. Un troisième trait caractérisant le continu de Cantor-Dedekind, selon nous, est qu'il contient la possibilité de la discontinuité, mieux qu'il est finalisé vers l'étude de la discontinuité.

L'histoire des mathématiques montre en effet que, dans la première approche de la notion de fonction numérique, la discontinuité en un point n'est pas prévue, pas attendue. Le simple exemple de Lagrange, introduisant la considération de l'*analyticité* des fonctions, mais la concevant alors comme propriété de *toute* fonction, l'illustre de manière probante. L'expérience de l'enseignement des mathématiques, d'ailleurs, ne cesse de confirmer l'inéluctabilité de ce premier moment, où les fonctions sont envisagées comme procédés de calculs, et où leur caractère continu, pour autant qu'on contraigne celui qui est dans ce moment à se poser la question, semble aller de soi.

Bien évidemment, la représentation des nombres et solidairement des objets fonctionnels comme des ensembles éléments d'ensembles a complètement changé les choses à ce niveau. Désormais, dans le contexte cantorien, on « voit » la pluralité *a priori* des fonctions d'une source vers un but, et la discontinuité d'une fonction numérique en un point, par exemple, devient tout d'abord rigoureusement définissable, ensuite « infiniment probable » : un graphe tiré au hasard définissant la fonction comme ensemble a toutes les chances de faire une fonction discontinue. La propriété de continuité de $f$ en $x_0$ apparaît comme n'ayant aucune raison d'être satisfaite « sauf exception ».

Il est clair, cela dit, que le sens de discontinuité ainsi dégagé, et la probabilité de son occurrence, sont liés aux présuppositions fondamentales dégagées dans la section précédente. L'infinie variété des fonctions non continues dépend en effet de la thèse concernant la cardinalité et la connexité de tout intervalle ouvert de $\mathbb{R}$ d'une part, de la réitération de l'argument de transcendance de cardinalité au sujet de $\mathbb{R}^{\mathbb{R}}$ d'autre part. À l'énorme infinité des façons de tendre vers $x_0$ dans le substrat $\mathbb{R}$ correspond

67. Cela dit, il semble, nous le verrons, qu'on ait aujourd'hui les moyens et le désir, en mathématiques, de penser l'espace indépendamment du continu.

68. Cf. Benis-Sinaceur, H., « Une origine du concept d'analyse non standard », in *La mathématique non standard*, Paris, Éditions du CNRS,1989, p. 143-156.

Voici un exemple de fonction fabriquée avec les moyens cantoriens maximisant la discontinuité : sur $\mathbb{R}$, on définit la relation de congruence modulo $\mathbb{Q}$

$$x\mathcal{R}y \text{ ssi } y - x \in \mathbb{Q}$$

on s'intéresse ensuite au quotient $\mathbb{R}/\mathcal{R}$ ; chaque classe est de la forme $x+\mathbb{Q}$, donc équipotente à $\mathbb{Q}$ (dénombrable) ; l'union disjointe des classes devant donner $\mathbb{R}$, le cardinal de ce quotient est strictement plus que $\aleph_0$ , et inférieur ou égal à $2^{\aleph_0}$ ; si l'on se donne l'hypothèse du continu, on peut donc conclure que ce cardinal est $2^{\aleph_0} = \aleph_1$. Il s'ensuit qu'on peut composer à gauche la surjection canonique
$x \mapsto x + \mathbb{Q}$ par une bijection à valeurs dans $\mathbb{R}$ ; l'application obtenue est une surjection de $\mathbb{R}$ dans $\mathbb{R}$ qui prend toute valeur sur un ensemble translaté de $\mathbb{Q}$, donc aussi près que l'on veut de tout point . Cette application est par suite partout discontinue, tout en possédant la propriété des valeurs intermédiaires[a].
On voit bien sur cet exemple comment les présupposés ensemblistes (axiome du choix, propriété des cardinaux, hypothèse du continu) permettent la fabrication de l'objet exceptionnellement discontinu.

[a] C'est Y.-M. Visetti qui a mis au point cet exemple pour moi, quoi qu'il en soit de sa présence éventuelle dans la littérature.

Encadré 3.3 – *Fonction improbable*

nécessairement, dans la représentation cantorienne, une infinité encore plus énorme de fonctions à valeurs réelles, puisque chaque suite de points incarnant une telle façon est un ensemble sur lequel les valeurs de la fonction peuvent être *choisies*, et que la multiplicité des choix pour une telle suite est elle-même démultipliée par la profusion analogue des choix disponibles pour toute autre suite du même type disjointe d'avec la première : ici, c'est la cardinalité, de manière solidaire celle du substrat et celle des ensembles de fonctions sur ce substrat, qui intervient surtout. Mais cette diversité infinie de fonctions ne donne lieu à la discontinuité qu'en raison de la non-discrétion radicale du support (en l'occurrence, sa connexité ; mais la densité serait suffisante ici) : si le support était discret, les multiples fonctions possibles ne se distingueraient pas les unes des autres selon le critère de continuité, elles seraient toutes continues ; le fait que les approches de $x_0$ sont « accrochées » topologiquement à $x_0$ joue (cf. Encadré 3.3 pour une illustration frappante de cette possibilité de la discontinuité).

Cette capacité à être le théâtre où paraît la discontinuité est à vrai dire une propriété essentielle du continu cantorien. En témoignent à la fois, de manière positive, les travaux accomplis depuis la synthèse du continu classique, et de manière négative, le sort que subit cette possibilité de la discontinuité dans le cadre de l'ébauche de réécriture constructive de l'analyse proposée par Brouwer.

On sait en effet, pour commencer, que l'époque du développement de l'analyse moderne dans le cadre cantorien fut aussi celle de la découverte de toutes sortes de fonctions « pathologiques », auxquelles manquaient des propriétés de régularité qu'on eût a priori regardées comme inévitables : fonctions extrêmement peu continues, fonctions extrêmement peu dérivables, non mesurables, fonctions dont l'ensemble image a des propriétés paradoxales, etc.. En solidarité avec l'examen de tels cas exceptionnels, l'analyse moderne s'est donné pour tâche de trouver les critères de réponse à un certain nombre de questions sur les comportements locaux des êtres fonctionnels (fonctions, trajectoires, champs). Ces questions relèvent, directement ou non, de la notion de *discontinuité* : elles portent par exemple sur la continuité de ces objets, sur leur régularité selon une exigence plus forte, ou sur leurs singularités (la dérivabilité d'une fonction en un point est le caractère prolongeable par continuité de son taux d'accroissement, une singularité est une discontinuité de la fonction rang de la différentielle).

La multiplicité infinie des comportements irréguliers, parmi lesquels les comportements continus apparaissaient comme rares, se prête en fait de manière exemplaire au programme de recherche de la *classification*, qui domine la mathématique de ce siècle, notamment celle de l'après-guerre. On cherche à faire émerger, parmi les ensembles superlativement riches (d'ordinaire construits de façon complexe à partir du continu des nombres réels) rassemblant des objets de tel ou tel type général, des classes ayant une unité de signification (généralement « géométrique ») auxquelles soient attachés des invariants algébriques ou arithmétiques. Le programme consiste donc à *maîtriser*, au sens de la classification justement, la diversité que les présupposés cantoriens ont mis en position de « fait » défiant la connaissance mathématique. Dans la mesure où la classification a pour modèle idéal le rangement dans des cases bien isolées les unes des autres, on peut dire que cette mathématique, souvent, tend à faire advenir du discret dans un domaine préalablement mis en scène comme continu.

Nous ne pouvons proposer une meilleure illustration, pour ce qui précède, que la fameuse « théorie des catastrophes » de R. Thom*. L'objet qu'on s'y donne à étudier, au départ, est l'ensemble des germes de fonctions $C^\infty$ *singuliers*, sur $\mathbb{R}^n$ en 0 disons. La propriété de singularité, comme nous l'avons déjà dit, même si elle s'attribue à des fonctions $C^\infty$, est en elle-même une propriété liée à la notion de discontinuité, puisque les points singuliers sont ceux en lesquels seuls le rang de la différentielle est possiblement discontinu. On peut donc dire que le regard de la théorie de Thom est posé sur une multiplicité d'objets attestant la discontinuité. Cette multiplicité d'objets est cependant la pré-image par l'application *jet-d'ordre-1* d'une sous-variété de la variété des jets, et peut se voir, d'autre part, en revenant des germes aux fonctions, dans la variété de dimension infinie (« de Fréchet ») des fonctions $C^\infty$ sur $\mathbb{R}^n$. L'idée régulatrice concevant cet objet comme apparenté aux substrats continus de la géométrie usuelle peut donc guider l'enquête, ce qui se traduit entre autres choses par le recours à des considérations de *transversalité*. Le théorème de classification des singularités élémentaires découpe dans cette grosse entité des strates, repérant en général les singularités par un certain nombre d'entiers stratégiques. Pour nous, ce qui importe est de relever le type d'accomplissement dont il s'agit, et qui consiste à dégager, parmi la multiplicité – où le continu est impliqué – des comportements discontinus, des classes dont les identités soient saisissables par des moyens discrets (ici au moyen des codimensions, corangs ... qui leur sont associés). Plus essentiellement encore, nous saisissons l'occasion, sur cet exemple, de voir comment la mise en scène de la possibilité de la discontinuité convient à l'*intérêt* de la classification.

Vis-à-vis de la possibilité de la discontinuité, l'incidence de l'intuitionnisme brouwerien, nous l'avons dit, est également intéressante. Rappelons ce qu'il en est en suivant l'ouvrage classique de Heyting déjà cité[69]. Un *générateur de nombre réel* est une suite de Cauchy au sens constructif : pour chaque entier $n$, un entier $N$ au-delà duquel les termes de la suite sont proches de moins de $1/n$ peut être *explicité* (comme construction à partir de $n$, donc). On reformule de même la relation d'équivalence classique exprimant que deux générateurs de nombre réel définissent le même réel, en exigeant que le rang à partir duquel les termes des deux suites sont $1/n$-proches soit explicitable en fonction de $n$. Reste à présenter « l'ensemble » des nombres réels sans parler d'ensemble justement.

On définit d'abord la notion de *déploiement* : un déploiement $M$ est la donnée d'une loi de déploiement $\Lambda_M$et d'une loi complémentaire $\Gamma_M$. La loi de déploiement permet de discriminer, parmi les suites finies d'entiers, les *admissibles* et les *non-admissibles*, de la manière suivante :

— Elle stipule constructivement quels entiers constituent à eux tous seuls une suite de longueur 1 admissible ;
— Si elle stipule l'admissibilité d'une suite $a_1, \ldots ,a_n,a_{n+1}$, elle stipule aussi celle de son ancêtre immédiat $a_1, \ldots ,a_n$ ;
— Si $a_1, \ldots ,a_n$ est une suite admissible, elle stipule constructivement quels entiers $k$ prolongent $a_1, \ldots ,a_n$ en une suite admissible $a_1, \ldots ,a_n,k$ ; et d'ailleurs, elle le fait de telle manière qu'aucun démarrage admissible n'est un cul de sac, il y a toujours au moins un tel $k$.

On remarquera que le (relatif) infinitisme de cette définition réside en ceci que les décisions de prolongation de la loi ne sont pas nécessairement limitées à un choix fini à chaque étape, il est licite qu'un nœud de l'arbre représentant naturellement la procession ait une infinité de « fils », pour peu que cette « infinité » soit spécifiée constructivement (par exemple, il serait possible d'autoriser à un nœud la continuation par n'importe quel nombre pair). La notion de déploiement *finitaire* (pour lequel le nombre des fils d'un nœud est toujours fini) apparaît donc comme une restriction naturelle, garantissant le caractère *contrôlable* du déploiement. La loi complémentaire, maintenant, attribue à chaque suite finie admissible une entité mathématique bien précise.

Par ailleurs, on a en toile de fond la notion d'*ips* : *infinitely proceeding sequences*, suites se poursuivant indéfiniment. On nomme ainsi toute suite d'entités pouvant être indéfiniment poursuivie, sans qu'on exige que le mode de poursuite soit à l'avance fixé par une loi (comme le dit Heyting « La question de savoir comment les composants de la suite sont déterminés les uns après les autres, par une loi, par des choix libres, en jetant un dé, ou par quelque autre moyen, est complètement non pertinente »[70]). Les « éléments » du déploiement sont alors les *ips* d'entités mathématiques associées par la loi complémentaire aux troncatures d'une *ips* d'entiers $(a_1, \ldots ,a_n, \ldots)$ dont toute troncature est admissible. Donc on a des suites d'entiers admissibles, et si l'on suit un chemin licite dans l'arbre, en lui associant à chaque étape une entité, on obtient à chaque fois une *ips* membre du déploiement. On peut alors introduire le continu

69. Cf. Heyting, A., *Intuitionism, an introduction*, Amsterdam, North-Holland, 1971.
70. Cf. Heyting, A., *Intuitionism, an introduction*, Amsterdam, North-Holland, 1971, p. 32.

comme constitué des *ips* (comme le *species*[71] des *ips*) du déploiement défini de la manière suivante :

— La loi $\Lambda_M$ s'énonce comme ceci : les rationnels ayant été supposés rangés en une suite $r_1, r_2, \ldots, r_n, \ldots$ (ceci est l'occasion de se souvenir que le classement des rationnels au moyen d'un tableau, par exemple, est constructif), elle dit que tout entier est admissible en première place, et que $k$ peut être adjoint à $a_1, \ldots, a_n$ ssi $|r_k - r_{a_n}| < 2^{-n}$

— La loi complémentaire $\Gamma_M$ associe à toute suite admissible le rationnel $r_{a_n}$ , $a_n$ étant le dernier terme de la suite.

Il est clair que ce continu ressemble à ce qui, dans le point de vue classique, est posé comme l'ensemble des réels définissables par des suites de rationnels $(r_n)_{n \in \mathbb{N}}$ satisfaisant $|r_{n+1} - r_n| < 2^{-n}$ pour tout $n$ : or il est facile de voir que cet ensemble coïncide avec $\mathbb{R}$ pour le point de vue classique. Il n'est donc pas d'emblée patent que le continu de Brouwer ne soit pas « assez riche ». En fait, sa différence vis-à-vis du continu classique découle surtout de ce qui est permis à son sujet. Pour en donner une idée, citons la définition d'un intervalle fermé : $[a,b]$ est le *species* des nombres réels $x$ tels qu'il est impossible que $x > a$ et $x > b$ d'une part, que $x < a$ et $x < b$ d'autre part. Un *species*, nous l'avons vu en note, est une propriété que des entités mathématiques peuvent posséder, notamment celle de figurer dans un déploiement : il s'agit donc d'un concept informel de collection, qui n'a a pas toutes les caractéristiques du concept booléen courant. Notamment, une sous-propriété ne crée pas en général, avec sa négation, une partition du *species* de référence : nous avons vu comment ce fait était illustré par une propriété de la droite réelle intuitionniste faisant écho à la connexité classique ou la non-compositionnalité « primitive » (la non-détachabilité de toute partie propre du continu). Similairement, la forme étrange de la définition d'un intervalle fermé vient de ce que la relation d'ordre entre réels n'est pas généralement décidable, et la double impossibilité mentionnée est dès lors ce qui est le plus proche *a priori* de la notion classique.

Pour en venir comme annoncé à la notion de discontinuité, Brouwer prouve le théorème « toute fonction réelle bien définie sur un segment du continu est uniformément continue ». Ce résultat, surprenant pour l'entendement cantorien actuel, découle de l'exigence qui porte sur la notion de fonction : il faut qu'à tout réel $\xi$ du segment, défini par un générateur de nombre réel $(\xi_n)_{n \in \mathbb{N}}$[72], puisse être associé sans ambiguïté un générateur de nombre réel $(\eta_n)_{n \in \mathbb{N}}$ définissant l'image $\eta = f(\xi)$. Brouwer montre qu'on peut se ramener à des écritures dyadiques entières $\sum \frac{\eta_n}{2^{-n}}$ , $\sum \frac{\xi_n}{2^{-n}}$, des réels[73], et que l'exigence de bonne définition se ramène à l'exigence de bonne définition de chaque fonction composante entière $\eta_n$ sur le segment. Cette dernière exigence, qui se formule apparemment par la phrase « pour chaque $\xi$, il y a un entier $N(\xi,n)$ spécifiant la troncature de $\xi$ qu'il faut connaître pour calculer $\eta_n$ », se réduit en fait, en raison du principe logique de *bar-induction*[74], à l'exigence de l'explicitabilité d'un entier $N(n)$

71. Cf. la note de la page 135.
72. Notation bien peu intuitionniste, mais si familière !
73. Ce qui correspond à une présentation du *species* de l'intervalle à partir d'un déploiement finitaire.
74. Qui classiquement, équivaut au lemme de König, soit à un principe de choix faible.

donnant une longueur de troncature autorisant le calcul de $\eta_n$ *uniformément en* $\xi$. Mais ce qui précède, on le vérifie, n'est pas autre chose que l'uniforme continuité de $f$.

Notre commentaire coule de source : Brouwer voit le continu comme *déploiement*, à travers la notion éminemment temporelle d'*ips* (en l'occurrence régie par les deux lois d'un déploiement). En ajoutant à cette reconfiguration du continu substrat la mise en avant de critères de constructivité naturels, mais non-satisfaits en général par les fonctions de l'analyse cantorienne (la très banale fonction partie entière n'est pas une fonction bien définie au sens de Brouwer), Brouwer post-justifie les préjugés des pionniers de l'analyse, qui attendaient toute fonction comme continue. Dès lors le problème ouvert est le suivant : la possibilité de la discontinuité est elle une dimension ineffaçable de l'essence du continu, l'herméneutique du continu doit-elle s'y considérer comme définitivement liée ? Et s'il en est ainsi, y-a-t-il une version du continu privilégiant le registre temporel et non pas le registre spatial, et faisant droit à l'exigence de constructivité, qui préserve néanmoins cette possibilité de la discontinuité ? L'analyse non standard récente, à notre avis, est une telle théorie.

### *3.2.3 L'approche finitiste du continu offerte par l'ANS, sa confrontation avec l'approche classique*

L'analyse non standard est concernée par le problème du continu depuis l'origine. Mais le mouvement de l'herméneutique du continu à l'intérieur de l'analyse non standard ne va pas du même pas que celui de l'herméneutique de l'infini. En substance, ce dernier accompagne fidèlement les formalisations successives proposées pour la pratique du non standard : chaque geste juridique adopte et préconise une certaine conception de l'infini et de son rapport au fini. En revanche, la novation que peut l'ANS à l'égard du continu est pour l'essentiel indépendante de cette question juridique, et de l'enchaînement des réponses qui lui ont été apportées : le « continu-discret » introduit par l'analyse non standard a besoin de l'avancée dans l'herméneutique de l'infini qui permet de disposer d'un entier infiniment grand, mais il est indifférent à la nature de la juridiction par laquelle vient cet entier.

Soyons plus précis : S. Albeverrio a remarqué qu'on pouvait, par le truchement de l'analyse non standard, substituer au continu classique tout à la fois un *continu lisse* et un *discret dense*. Or l'un comme l'autre sont disponibles déjà dans le cadre robinsonien. Il est certain que les cadres plus ou moins « constructivistes » les plus récents, proposés par Cartier, Harthong-Reeb ou Nelson, sont principalement faits pour légitimer le discret dense, le continu lisse n'y étant plus pris en charge : ce dernier présuppose le $\mathbb{R}$ classique, qui ne saurait se passer d'un environnement ensembliste-infinitiste. Mais le continu lisse est en tout cas développable dans le cadre d'IST comme dans celui des élargissements, et le discret dense l'est dans toutes les présentations de l'analyse non standard connues de nous.

Nous parlerons peu, en fait, du continu lisse. Albeverrio désigne ainsi le continu enrichi de toutes les façons de tendre vers quelque chose dans $\mathbb{R}$ qui sont associées dans le discours classique à des êtres fonctionnels, plus abstraitement à des ultrafiltres : à toutes les suites tendant vers un $x_0$ réel standard, avec des vitesses ou des styles de convergence variés, correspondent (dans un élargissement ou dans $\mathbb{R}$ vu depuis IST) des éléments infiniment proches de $x_0$, dont la collection constitue le *halo** de

$x_0$, ensemble externe ; de même, aux diverses suites tendant vers $+\infty$, correspondent des réels infiniment grands positifs. On ne saurait sous-estimer l'importance de ce continu lisse : les théorèmes sur les canards*, le théorème de Bernstein-Robinson sur un opérateur dans un espace de Hilbert dont un polynôme est compact, ou les travaux d'Edwin Perkins en théorie des probabilités, pour citer quelques conquêtes essentielles de l'analyse non standard, sont, au moins à l'origine, des « rejetons » du continu lisse. Par ailleurs, nous verrons dans nos réflexions sur l'herméneutique de l'espace que le continu lisse est adéquat pour exprimer la nouvelle compréhension du *local* qui serait la contribution de l'analyse non standard à cette herméneutique. Notre motif pour ne pas nous consacrer au commentaire du continu lisse est simplement que, du point de vue des traits que nous avons relevés dans notre analyse herméneutique du continu classique, le continu lisse n'apporte rien, il confirme l'image du continu classique : celle d'un ensemble de cardinalité « transcendante », cohérent au sens fort de la connexité topologique, et où la notion de fonction discontinue peut être pensée.

Nous passons donc immédiatement à une présentation du « discret-dense », ou, comme on l'appelle parfois, majorant l'effet paradoxal, le « continu-discret ».

#### 3.2.3.1 Présentation sommaire du « continu-discret »

Nous prendrons comme point de départ l'article « Éléments pour une théorie du continu » de J. Harthong[75]. Le cadre est celui de l'arithmétique (formelle si l'on veut, dirait l'auteur), avec ces deux suppléments insolites au discours classique que sont :

1. D'une part un élément $\omega$, plus grand que 0, 1, et en général que tous les entiers *standard* dont la procession récursive est usuellement supposée épuiser $\mathbb{N}$.
2. D'autre part la distinction standard/non standard, à laquelle nous venons de faire appel.

En principe il faudrait donc une codification du discours employant cette distinction. Harthong ne s'attache pas à expliciter une telle règle du jeu, mais se borne plutôt à signaler que les procédés de formation d'ensemble devront être manipulés avec circonspection, s'ils font intervenir le concept de la distinction standard/non standard. Comme nous l'avons dit, toutes les versions de l'ANS permettent d'élaborer le discret-dense. Cependant, il est naturel de chercher à lui donner un fondement économique. Puisque le discret-dense est un continu obtenu sans passer par la construction de l'ensemble $\mathbb{R}$, il semble devoir être présenté au sein d'une arithmétique qui ne serait pas une théorie des ensembles : de telles présentations existent, on peut notamment citer les axiomatisations de P. Cartier, à notre connaissance non publiées[76], ou l'arithmétique prédicative d'E. Nelson, largement évoquée dans ces pages. Cela dit, il est licite et commode d'entendre l'histoire du discret-dense en se plaçant dans IST, auquel cas les règles gouvernant l'emploi de la distinction standard/non standard, la récurrence

75. Cf. Harthong, J., « Éléments pour une théorie du continu », in *Astérique*, 109-110, 1983, p. 235-244. Cet article est plus explicite sur la motivation et la perspective de base de son auteur que « Le continu et l'ordinateur » (Harthong, J., *L'ouvert* 46, 1987, p. 13-27), qui en reprend en partie le contenu, et qui est mathématiquement plus riche. Se référer aussi à « Une théorie du continu » (Harthong, J., in *La mathématique non standard*, Barreau, H. & Harthong, J., éds, Paris, Éditions du CNRS, 1989, p. 307-329).

76. On trouve, dans *La mathématique non standard* (Barreau, H. & Harthong, J., eds, Paris, Éditions du CNRS, 1989, p. 331-353), une esquisse de la première de ces formalisations.

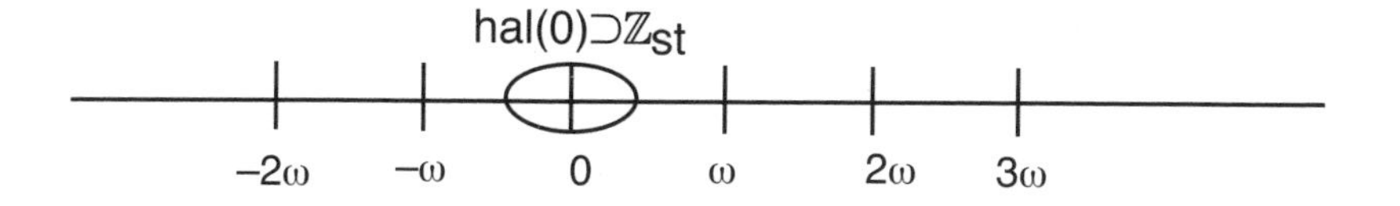


FIG. 3.7 – $\mathbb{Z}$ *vu de loin*

externe et la récurrence internes, sont connues avec exactitude. L'essentiel de ce qui suit, en fait, ne présuppose pas cet appareillage technique.

L'idée de Harthong est de regarder $\mathbb{Z}$ « de loin », c'est-à-dire en l'espèce en le rapportant à une *échelle* dont l'unité est énorme : c'est l'entier $\omega$ qui comptera pour une unité. L'entier usuel 2 est alors assimilé à $2\omega$, 3 à $3\omega$, $-1$ à $-\omega$, etc. La figure 3.7 représente la droite entière dans ce nouvel aspect.

Il apparaît aussitôt, c'est évidemment pour cela qu'on a choisi une telle échelle, que l'entier 1, en termes de la nouvelle unité, vaut $1/\omega$, c'est-à-dire moins que n'importe quel $1/n$ pour $n$ standard, soit *infiniment peu*. Ceci est d'ailleurs aussi le cas pour 2, 3, et de proche en proche pour n'importe quel entier standard, élément du faux ensemble $\mathbb{Z}_{st}$ de tous les entiers standard (toutes les codifications de la distinction standard/non standard devront refuser le caractère d'ensemble à cette collection d'objets, sous peine de tomber dans des contradictions évidentes). Ce faux-ensemble constitue donc désormais une partie du *halo* de 0 : du (faux)-ensemble des éléments *infiniment proches* de 0. On définit, en effet

$$x \simeq y \Leftrightarrow (\forall n \; n \text{ standard} \Rightarrow n|x-y| \leq \omega) \; ,$$

et dans la foulée

$$x \in hal(0) \Leftrightarrow x \simeq 0 \; .$$

Il n'y a pas que les éléments de $\mathbb{Z}_{st}$ dans ce halo : l'entier $\sqrt{\omega} = Max(\{k \mid k^2 \leq \omega\})$ est visiblement lui aussi « infiniment proche » de 0, puisque pour tout $n$ standard $n\sqrt{\omega} \leq \sqrt{\omega}\sqrt{\omega} \Rightarrow n\sqrt{\omega} \leq \omega$.

Comme on a introduit avec $\omega$ une nouvelle « échelle », il est naturel de supposer que chaque entier $x$ « vaut » désormais le rationnel $\frac{x}{\omega}$. Ceci nous conduit à regarder les choses dans l'ensemble $\mathbb{Q}$ : cet ensemble existe naturellement si l'on travaille dans un cadre comme celui d'IST, sinon, il faudrait, pour un exposé rigoureux, envisager une reconstruction au premier ordre de la théorie des rationnels, moyennant un procédé de codage (pour commencer, il faut coder les couples). Si $\mathbb{Q}$ est disponible, donc, nous pouvons formuler en lui l'infinie proximité : $x \simeq y$ signifie exactement que les fractions $\frac{x}{\omega}$ et $\frac{y}{\omega}$ sont proches de moins de $\frac{1}{n}$ pour tout $n$ standard dans $\mathbb{Q}$. En effet, on a

$$\left|\frac{x}{\omega} - \frac{y}{\omega}\right| \leq \frac{1}{n} \Leftrightarrow n|x-y| \leq \omega$$

Harthong définit quant à lui ses « réels » comme les classes dans $\mathbb{Z}$ pour la relation $\simeq$ : il est licite de penser que la valeur correspondant à $Cl(x)$ est le rationnel $\frac{x}{\omega}$, *à un infiniment petit près* ; un réel est donc un halo dans $\mathbb{Q}$, ou une tache dans $\mathbb{Z}$. Si l'on ne veut que des réels limités (comme les réels usuels), on se restreindra aux classes d'éléments limités de $\mathbb{Z}$, avec la définition évidente

$$x \text{ limité} \Leftrightarrow \exists^{st} n \; |x| \leq n\omega$$

On peut à l'inverse souhaiter disposer dans son continuum de réels infiniment grands, auquel cas on retiendra par exemple toutes les valeurs de $x$ du segment $[-\omega^2, \omega^2]$. Dans cette seconde hypothèse, le continu est interprété par un ensemble fini, qu'on peut présenter comme l'ensemble des rationnels de la forme $(\frac{k}{\omega})_{|k| \leq \omega^2}$.On a donc affaire à une discrétisation hyperfinie du continu ; le continu est vu comme un réseau discret de pas infinitésimal $\frac{1}{\omega}$. Cette interprétation ressemble à celle que n'importe quel ordinateur donne du plan à l'écran.

Pour traiter maintenant de la notion de fonction numérique réelle, Harthong choisit d'instaurer une dissymétrie entre le $\mathbb{R}$ de départ et le $\mathbb{R}$ d'arrivée : le $\mathbb{R}$ de départ est vu comme $\mathbb{Z}$ avec l'échelle donnée par $\omega$, cependant que le $\mathbb{R}$ d'arrivée est vu dans $\mathbb{Q}$. Une fonction de $\mathbb{Z}$ dans $\mathbb{Q}$ qui envoie deux éléments de $\mathbb{Z}$ infiniment proches selon $\simeq$ sur deux éléments de $\mathbb{Q}$ infiniment proches selon la relation naturelle $\approx$ ($r \approx r' \Leftrightarrow \forall^{st} n \; |r - r'| \leq \frac{1}{n}$) donne alors lieu à une fonction « du continu dans le continu ». Mais, nous le verrons un peu plus loin, Harthong préfère envisager l'émergence des fonctions numériques réelles du point de vue de la *moyennisation*.

Ce jeu sur les deux « modèles » de $\mathbb{R}$, en tout état de cause, est motivé par le désir d'avoir la discrétion du support avec toute sa force au niveau de l'ensemble source : Harthong souhaite, en particulier, comme l'exemple d'application de la méthode qu'il donne l'indique, travailler les problèmes d'intégration en termes purement arithmétiques. Par ailleurs le jeu est inoffensif, puisque l'application

$$Cl_1(x) \mapsto Cl_2(\frac{x}{\omega})$$

(où $Cl_1$ désigne la classe selon $\simeq$, et $Cl_2$ la classe selon $\approx$) réalise évidemment un isomorphisme d'un modèle sur l'autre (à cette condition que l'on harmonise les frontières des deux modèles du côté de l'infiniment grand, c'est-à-dire en fait qu'on choisisse pour modèle dans $\mathbb{Q}$ l'image par cette application du modèle dans $\mathbb{Z}$). L'isomorphisme réciproque est donné par

$$Cl_2(\frac{p}{q}) \mapsto Cl_1(p\omega \text{ div } q)$$

(où l'on a noté div la division euclidienne dans Z – et, disons le pour simplifier, on a supposé $q > 0$)

La première chose qu'on est pressé de constater, c'est que des nombres réels comme $\pi$ et $\sqrt{2}$ ont leur réplique dans ces modèles : il suffit de les retrouver dans l'un ou dans l'autre. $\pi$ pour en revenir à lui, est défini à partir du cercle (cf. figure 3.8 ; sur cette figure, $\sqrt{\omega}$ désigne la racine entière de $\omega$, que nous avons définie plus haut). Ledit cercle contient comme points à coordonnées entières tous les $M(k,l)$ tels que $k^2 + l^2 \leq \omega$. Formons alors dans $\mathbb{Z}^2$ l'ensemble $A = \{(k,l) \in \mathbb{Z}^2 \mid k^2 + l^2 \leq \omega\}$), ensemble licite car collectivisé sans faire appel à la distinction standard/non standard. La classe de $card(A)$ est le codage cherché de $\pi$. Justifions le approximativement

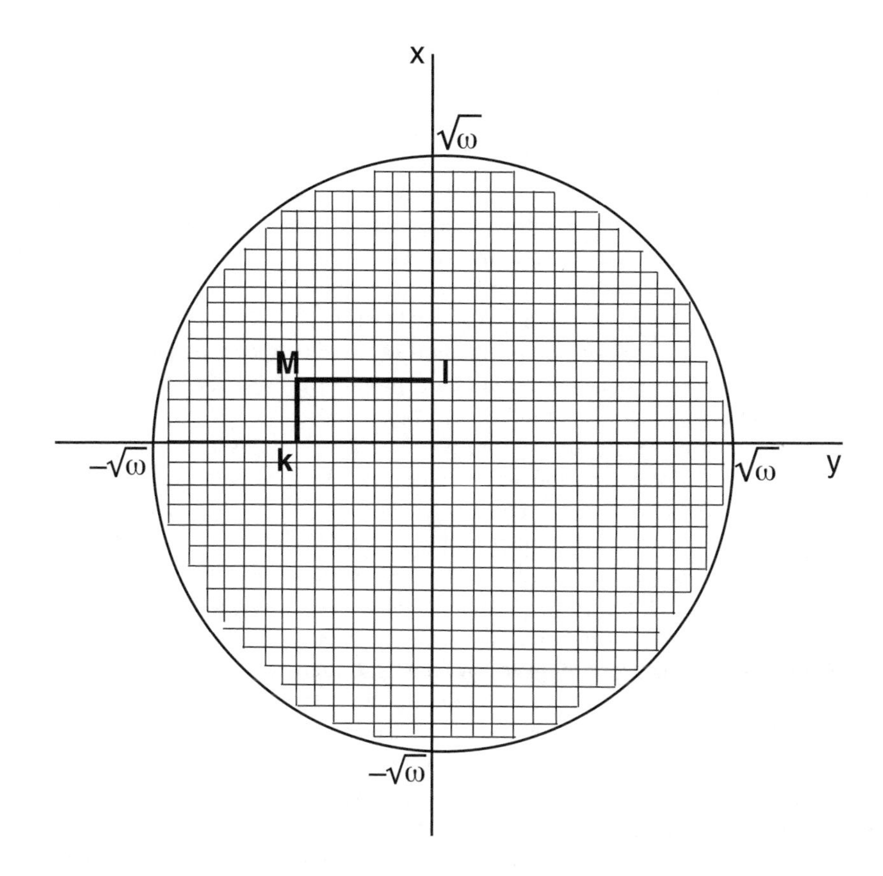


FIG. 3.8 – *Quadrilllage infinitésimal du cercle de rayon* $\sqrt{\omega}$

comme ceci : l'application qui à un petit carré du réseau de pas 1 (qui matérialise l'unité de surface d'origine) associe son sommet supérieur droit est une quasi-bijection ; donc

$$card(A) \simeq \pi \left(\sqrt{\omega}\right)^2, \text{ id est } \frac{card(A)}{\omega} \approx \pi.$$

Selon la déontologie mise en place, il faut bien sûr une preuve *arithmétique* de ce que $card(A)$ a la même suite de décimales que le $\pi$ classique : Harthong nous signale qu'elle est possible sans nous la donner in extenso. L'argument que nous avons utilisé visait simplement à rendre crédible le choix de l'entier $card(A)$.

De même $\sqrt{2}$ est représentable par la classe de $card(\{k \in \mathbb{N} \mid k^2 \leq 2\omega^2\}$ Et la justesse de la représentation choisie est évidente, puisque, si $B = \{k \in \mathbb{N} \mid k^2 \leq 2\omega^2\}$, on a $card(B) = Sup(B) + 1$ et par une estimation facile

$$\left(\frac{card(B)}{\omega}\right)^2 \approx \left(\frac{Sup(B)}{\omega}\right)^2 \approx 2.$$

Dans son article, Harthong prouve de façon purement combinatoire, à partir de telles prémisses, la formule $\int_{-\infty}^{+\infty} e^{-x^2} dx = \sqrt{\pi}$, qu'on obtient classiquement avec la formule de Fubini[77] : la preuve consiste en la comparaison de deux rationnels, l'un défini comme une *sommation finie* qui correspond à l'intégrale (le fini de la sommation étant un hyperfini, bien entendu), l'autre incarnant $\sqrt{\pi}$ dans le modèle rationnel (on le déduit de l'entier que nous venons de définir). Cette démonstration, améliorée dans la deuxième version de l'article, reste plus longue que le calcul classique. Mais telle quelle, la comparaison n'est pas équitable : Harthong ne présuppose rien en dehors de l'arithmétique, alors que le calcul classique roule sur la capitalisation de la théorie de l'intégration. Or chacun sait que son contenu n'est pas chose négligeable, notamment ce n'est pas apprendre rien, qu'apprendre un exposé correct du théorème de Fubini et du théorème du changement de variable.

Quelques remarques techniques sur ce continu-discret, ou discret-dense.

Tout d'abord, si l'on se place dans le cadre fort d'IST, on peut montrer l'isomorphie partielle, en veillant à donner à ce mot un sens correct, compte tenu de la présence de notions externes, d'un modèle quelconque « à la Harthong » avec le $\mathbb{R}$ de Cantor-Dedekind. La chose est par exemple présentée avec soin dans « Applications du calcul de Harthong-Reeb aux routines graphiques »[78]. Ceci ouvre la voie à un type de recherches que priseront surtout ceux qui, en profondeur, restent attachés au continu classique : l'étude de la façon dont les notions se traduisent d'une version à l'autre du continu, en essayant de déterminer quelle est la contrepartie arithmétique de telle notion d'analyse réelle (comme le $\sum$ est la contrepartie du $\int$) ou inversement quel est l'écho « continu-réel » de telle notion arithmétique[79].

Dans cette première remarque est en germe une autre : nous avons dit « un modèle quelconque à la Harthong-Reeb ... » ; en effet, il est clair que le continu-discret peut être réalisé dans $\mathbb{Z}$ d'une infinité de façons. Pour tout couple d'entiers infiniment grands $(\alpha,\beta)$, avec $0 \ll \alpha \ll \beta$ (on note $x \ll y$ pour $\forall^{st} n \; n|x| \leq y$), les fractions $(k/\alpha)_{|k|\leq\beta}$ constituent un continu-discret acceptable, englobant, en sus du $\mathbb{R}$ classique, une gamme riche de manières de tendre vers l'infini. $\mathbb{Z}$ vu à l'heure du continu-discret, donc, est, comme la droite géométrique de Veronese[80], le support d'une myriade de

77. $e^x$ peut être défini par exemple, pour un $x$ du modèle rationnel, par $(1 + \frac{x}{\omega})^\omega$. Naturellement, une telle définition nous oblige à prouver de manière combinatoire la propriété de morphisme $e^{x+y} = e^x e^y$.

78. Cf. Diener, M., « Applications du calcul de Harthong-Reeb aux routines graphiques », in *Série du Séminaire Non Standard de Paris 7*, 88/1, 1988, p. 1-16 ; repris dans Salanskis, J.-M. et Benis-Sinaceur, H., eds, *Le Labyrinthe du continu*, Paris, Springer, 1992, p. 424-435 ; on y lit que l'application (externe) $p \mapsto st(p/\omega)$, en passant au quotient externe, est un isomorphisme d'anneaux croissant de $\mathbb{HR}$ vers $\mathbb{R}^{st}$ ($\mathbb{HR}$ est le « corps de Harthong-Reeb », dans les notations de l'article).

79. Citons un exemple, qui nous semble instructif et intéressant : l'étude de la correspondance nombre-fonction par J.P. Reveillès. Elle est fondée sur le principe suivant : si $\omega$ est un entier positif non standard, et $n$ un entier positif, je peux écrire sa décomposition $\omega$-adique $n = \sum_{k=0}^{K} n_k \omega^k$ et associer à $n$ la fonction $k \mapsto n^k$. Moyennant quelques conventions sur la taille de $n$ et le choix d'une unité hyperfinie $\eta$, je parviens à assimiler cette fonction $k \mapsto n_k$ à une fonction numérique classique. Il apparaît alors un certain nombre de choses amusantes, comme par exemple le fait qu'au produit d'entiers correspond le produit de convolution de fonctions (devinable en raison de la règle $n''_N = \sum_{k=0}^{k=N} n_k n'_{N-k}$ qui calcule le chiffre de rang $N$ de l'écriture $\omega$-adique de $n''$ en fonction des chiffres des écritures de $n'$ et $n$).

80. R. Peiffer a dégagé la figure de la droite de Veronese, en tant que version du continu, dans « L'infini relatif chez Veronese et Natorp. Un chapitre de la préhistoire de l'analyse non standard » (cf. Barreau, H., et Harthong, J., (eds), *La mathématique non standard*, Paris, Éditions du CNRS, 1989, p. 117-142).

continus naissant naturellement de l'incommensurabilité entre échelles[81] J.-L. Callot a récemment réfléchi la question du continu du point de vue de cette pluralité de discrétisations possibles[82]. Il arrive notamment à présenter la notion de fonction continue (S-continue dans le langage robinsoniano-nelsonien) comme la notion adéquate pour garantir la « portabilité » d'une fonction d'un continu à un autre, dans le cas où cet autre coincide avec soi. La relativisation du continu est une perspective qui fait partie de son inscription dans $\mathbb{Z}$. On a là, semble-t-il, quelque chose comme une alternative : si l'on efface la discrétion en construisant le continu comme complétion ensembliste, on a un continu *un* et saturé ; si on se donne l'effet continu directement dans le discret (avec une stature ensembliste qui n'est pas la même), on se trouve « jeté » dans la relativité du continu. Cela dit, l'habitation d'une théorie comme IST permet une ambivalence rassurante : les continus relatifs sont accessibles, mais restent rapportables au continu absolu classique (par surcroît lissé).

Pour compléter cette présentation du continu-discret, nous devons expliquer ce qu'il en est dans cette approche de la notion de discontinuité, dont nous avons dégagé l'importance en commentant le dispositif du continu classique. L'essentiel à ce sujet est que dans le contexte discrétisé les discontinuités demeurent , même si la chose semble au premier abord étonnante.

Nous l'avons dit, Harthong étudie les fonctions numériques réelles comme fonctions $f$ de $\mathbb{Z}$ dans $\mathbb{Q}$ : le $\mathbb{Z}$ de la source représente une dispersion microscopique de points sur fond de laquelle émerge le continu. Du coup, il peut sembler au premier regard que l'on retrouve l'aporie de Brouwer. En effet, pour être une « bonne fonction », c'est-à-dire pour produire quelque chose de « macroscopiquement observable », une fonction doit être d'ombre[83] constante sur chaque réel : il faut que $x \cong y \Rightarrow {}^\circ f(x) = {}^\circ f(y)$ ; à cette condition, $f$ associe à chaque « tache » représentant un réel sur la droite entière un point rationnel localisé à un infiniment petit près. Or, ladite propriété n'est pas autre chose qu'une propriété de continuité. Mais, comme nous l'avions annoncé tout à l'heure, Harthong (et Christine Reder[84] qui a exploré cette question en liaison avec lui) envisagent une condition plus faible permettant de déduire une fonction macroscopique (=usuelle) à partir de la donnée d'une fonction microscopique ($f : \mathbb{Z} \to \mathbb{Q}$), à savoir la condition de *moyennisabilité* en un point : la fonction $f$ est dite moyennisable en $p$ si et seulement si la moyenne des $f(k)$ pour $k \in [p - \alpha\, p + \alpha]$, pour tout $\alpha$ infiniment proche de zéro *assez grand,* a une ombre indépendante du choix de $\alpha$.

Cette définition permet de définir, pour une fonction moyennisable partout, des valeurs moyennes en les divers points de $\mathbb{Z}$. Si ces moyennes ne dépendent pas du point choisi dans chaque « tache » définissant un réel, une fonction moyennisable donne donc

81. Voir aussi à ce sujet Reveillès, J.-P., « Structure arithmétique des droites de Bresenham », in *Série du Séminaire Non standard de Paris 7*, 88/3, 1988, p. 1-31.

82. Cf. Callot, J.-L., « Analyse grossière intrinsèque », exposé au séminaire de l'UPR n°265 du CNRS, Fondements des sciences, section mathématiques pures et appliquées, 1990.

83. L'ombre d'un rationnel limité est par définition le réel (la classe d'équivalence) auquel il appartient ; on note ${}^\circ r$ l'ombre de $r$.

84. Cf. Reder, C., « Observation macroscopique de phénomènes microscopiques », in Diener, M., & Lobry, C., Eds. *Analyse non standard et représentation du réel* , Paris, Alger, O.P.U., Éditions du CNRS, 1985, p. 195-244 ; sa définition de la moyennisabilité a lieu dans le cadre réel d'IST, et diffère quelque peu de celle reprise ici de J. Harthong, bien que l'esprit de sa démarche soit la même.

lieu à une fonction classique (observable dit-on dans « Observation macroscopique de phénomènes microscopiques »[85]).

En particulier soit la fonction $f$ définie par

$$f(k) = 0 \text{ si } k < 0 \quad (3.3)$$
$$1 \text{ si } k \geq 0 \quad (3.4)$$

Elle est moyennisable en dehors du halo de zéro parce que constante. En 0 lui-même, on évalue pour un $\alpha$ quelconque de $\mathbb{Z}^+$ :

$$\text{moyenne de } f \text{ sur } [-\alpha\ \alpha] = \frac{1}{2\alpha+1} \sum_{j=-\alpha}^{j=\alpha} f(j) = \frac{\alpha+1}{2\alpha+1}$$

Ce nombre est infiniment proche de 1/2 si $\alpha \gg 0$ (comme cela finit par se produire loin de 0 dans son halo).

En $\beta$ du halo de zéro, l'expression de la moyenne varie selon que $\alpha$ est pris plus petit ou plus grand que $|\beta|$, et ne devient $1/2$ que pour un choix beaucoup plus grand que $|\beta|$ de l'infiniment petit $\alpha$. Cet exemple fait comprendre la nécessité d'adopter une définition comme celle citée à l'instant, où la constance de l'ombre n'est exigée que pour $\alpha$ assez grand. En tout cas, $f$ est moyennisable, sa moyenne a une ombre fixe sur tout halo, et le graphe de la fonction « réelle » associée est celui d'une fonction discontinue classique, représentée à la figure 3.9.

Ainsi donc, les fonctions du type « partie entière », qui, au gré des exigences brouweriennes, n'étaient pas de vraies fonctions, existent dans une approche à la Harthong du continu-discret. Elles sont même des fonctions tout ce qu'il y a de plus constructives sur les entiers, transposées au continu par passage au regard macroscopique (via moyennisation) : c'est le passage au continu, plutôt que la fonction, qui est non constructif.

La notion de discontinuité, cela dit, n'est alors pas prise exactement dans le même réseau de sens.

Dans le cadre classique, la discontinuité est le probable en termes du *choix* qu'incarne nécessairement toute fonction, parmi la simultanéité ensembliste offerte des couples $(x, f(x))$ possibles. Il s'ensuit qu'elle est la mise en défaut de l'improbable de la *régularité*, et qu'elle intervient dans une *échelle de la régularité* comme modulateur possible : échelle en bas de laquelle se situe la simple continuité, puis sur laquelle se placent le caractère dérivable, la classe $C^1$, la classe $D^2$, la classe $C^2$, etc.. L'appartenance à la classe $D^n$ des fonctions $n$ fois dérivables et pas à la classe $C^n$ des fonctions $n$ fois continûment dérivables exprime l'existence d'une discontinuité (de la dérivée $n$-ième). Présenter une discontinuité *tout court*, c'est n'être pas de classe $C^0$.

Dans un cadre harthongien, la propriété de dérivabilité n'implique plus celle de continuité : on définit, en substance, la dérivée pour n'importe quelle fonction, au niveau microscopique, comme taux de variation sur un intervalle infinitésimal (entre deux entiers successifs). Le problème de régularité se retrouve comme problème de

85. Cf *op. cit.*.

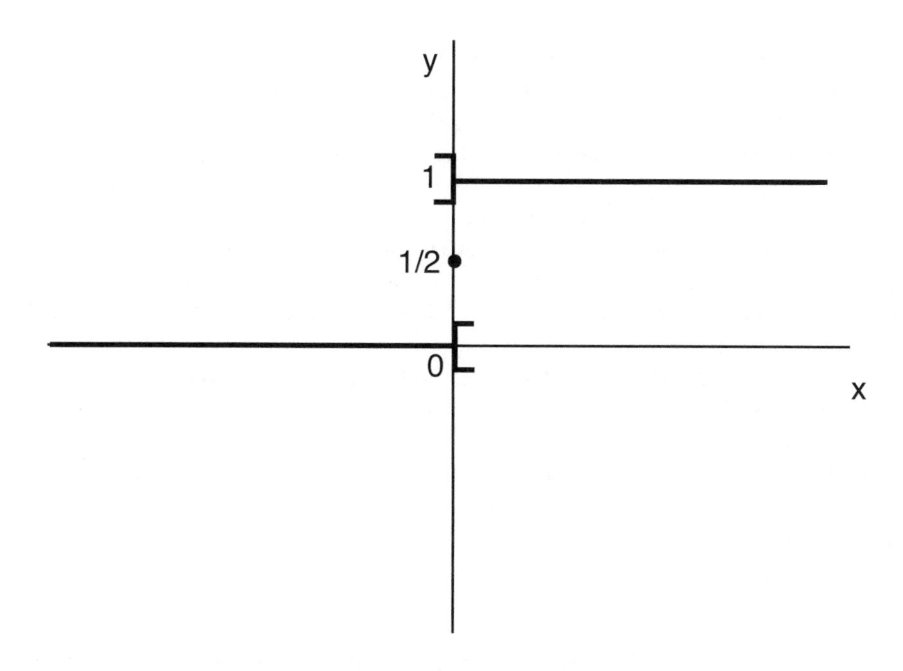


FIG. 3.9 – *Discontinuité dans le contexte du continu-discret*

relève macroscopique d'une fonction : bien sûr, la discontinuité reste liée à une possibilité de choix, en l'occurrence celle des valeurs de la fonction sur $\mathbb{Z}$ (« microscopique »), mais il ne s'agit plus d'un choix *dans le continu*, relatif à la virtualité infinitaire de son objectivité ensembliste. La dépendance essentielle du discontinu sur le continu se supprime en ce sens. Le continu est l'effet de prise de distance à l'égard de $\mathbb{Z}$ (changement d'échelle, assimilation infinitésimale), et la discontinuité fait partie des « effets » que le continu délivre[86]. Mais il n'y a plus cette synthèse du discontinu à partir de la pré-donnée spatiale du continu : le continu et le discontinu sont en quelque sorte « simultanés ». De telles remarques, en fait, nous font presque entrer déjà dans la problématique de la localité, et donc de l'espace, c'est pourquoi nous mettrons un point d'arrêt provisoire à cette réflexion. Nous reviendrons sur ce qui concerne l'espace et la localité dans la troisième section de ce chapitre.

#### 3.2.3.2 Lecture herméneutique de l'enchaînement du continu classique au continu-discret

Nous avions dégagé une identité du continu classique qui s'explicitait en trois traits, deux traits de *richesse* solidaires et coopérants (la transdénombrabilité et la connexité), et un trait modal-final s'appuyant sur le groupe des deux premiers pour en révéler la portée (le trait de *possibilité* de la discontinuité). Nous avions, déjà dans notre commen-

86. Nous pouvons encore dire : avec le continu de Harthong-Reeb, on trouve le continu en quelque sorte « dans » le discret, au lieu que le discret apparaisse sur fond d'un arrière-plan continu, comme c'est le cas lorsque $\mathbb{Z}$ est vu sur fond de $\mathbb{R}$.

taire de Kant, présenté ces traits comme reprise herméneutique de la non-compositionnalité, soit de ce qui recouvrait l'énigme du continu dans son acception pré-cantorienne.

Nous voudrions maintenant proposer une analyse semblable à propos du continu-discret : dans le même mouvement, qualifier la perspective sur l'énigme qui lui est propre, et comprendre celle-ci comme réassomption de l'énigme telle qu'elle est entendue au stade du continu classique, cantorien.

Sur le plan de la méthode, nous ne devons pas nous laisser impressionner par l'existence, évoquée plus haut, d'isomorphismes de nos modèles vers le $\mathbb{R}$ classique, pour peu qu'on se donne par exemple le cadre IST. Ce qui nous importe, c'est l'interprétation du continu que donnent les modèles continus-discrets *par eux-mêmes* : les déterminations qu'ils confèrent au continu et l'importance relative accordée dans l'usage à chacune de ces déterminations, l'ensemble constituant un nouveau visage du continu.

Le premier groupe de remarques sur lesquelles nous pouvons nous appuyer dans cet examen concerne les deux dimensions de l'excès du continu sur le discret selon sa figure classique : la connexité et la transdénombrabilité. La nouvelle approche déplace manifestement ces deux déterminations, affecte leur teneur régulante pour la pensée de la mathématique active.

C'est pour le caractère transdénombrable que la chose est la plus claire. Harthong, dans son article, dénonce tout à fait explicitement le lien classiquement vu entre le continu et une certaine cardinalité superlativement infinie. Il argue de la possibilité de concevoir le continu avec les moyens du fini, et considère que son article est l'ébauche d'une telle approche. On doit certes lui donner acte que le concept cantorien d'une richesse quantitative au-delà du dénombrable n'est plus invoqué dans son approche : même si, vus avec les lunettes classiques (c'est-à-dire regardés en termes des modèles de leur théorie qu'on peut construire au sein d'un univers de Zermelo-Fraenkel), les « nouveaux réels » formaient à nouveau un ensemble de forte cardinalité, ce fait ne serait pas appelé à jouer de rôle dans leur considération selon la nouvelle approche. On n'y fait pas référence à la richesse « exponentielle » du continu en termes de cardinalité ; en substance, le clivage continu-discret a été articulé autrement, en telle sorte qu'il s'agit toujours si l'on veut d'un rapport entre infinis, mais plus du face-à-face d'un infini avec un autre qui en est la complication exponentielle.

Pour être plus précis, notons que le geste de base consiste, comme nous l'avons vu, à susciter l'image du continu à partir de l'ensemble des rationnels de dénominateur un $\omega$ non standard et de numérateur borné par quelque $n\omega$ avec $n$ standard, ensemble totalement saisissable *dans le fini*. Maintenant, que ce fini soit seulement formel, soit un fini *ineffectuable*, est ce qui fait le lien avec l'approche antérieure. Un effet de transcendance du continu sur le discret subsiste, mais il est désormais gouverné par le diagramme quaternaire de l'infini tel que le module l'herméneutique non standard.

1. La transcendance est portée, à un premier niveau minimal, par le statut de la ou des marques symboliques *supplémentaires* du type $\omega$ : marques d'objets *au-delà* du et-ainsi-de-suite de l'échelle de base, de l'énumération des entiers « naïfs », « effectifs », « constructifs » [selon qu'on emploie un langage intuitionniste, para-informatique, ou logique]. Il s'agit alors, en l'espèce, de la transcendance du fini formel sur le fini et l'infini de l'effectivité liés à l'échelle de base.

2. À un niveau *maximal*, maintenant, le continu se dira non pas d'un modèle de ce type, mais de la pluralité ouverte de ceux qu'on peut construire. Alors, par le truchement de la loisibilité variée du choix d'entiers infiniment grands, c'est l'infini formel de $\mathbb{N}$ qui se signale. Cet infini, sans être caractérisé comme puissance, élévation à un certain exposant de l'infini de l'effectivité, se manifeste donc comme porteur d'une diversité illimitée d'inscriptions de la forme de l'excès d'un nombre sur une échelle : tel est donc le visage *maximal* de la transcendance mise en jeu dans le rapport du continu au discret (pour quelques commentaires, cf. Encadré 3.4).

Nous pouvons peut-être approfondir philosophiquement notre compréhension de ce nouveau type de transcendance par une observation fort élémentaire : l'au-delà de $\omega$ à l'égard de la suite 0,1, 2, ... est *temporel*, alors que l'au-delà de $\mathbb{R}$ à l'égard de $\mathbb{N}$ dans le modèle continu est spatial. $\mathbb{R}$ est le plein spatial submergeant le squelette de $\mathbb{N}$, et les constructions de $\mathbb{Q}$ puis de $\mathbb{R}$ par les suites de Cauchy racontent la façon globale d'obtenir ce plein en « étoffant » le squelette. La commensurabilité arithmétique transfinie de $\mathbb{R}$ à l'égard de $\mathbb{N}$ ou $\mathbb{Q}$ est cohérente avec la *donnée en simultanéité* du continu comme une actualité spatiale infinie[87], au niveau de laquelle se corrige l'incommensurabilité élémentaire des nombres irrationnels (si $\sqrt{2}$ n'est pas commensurable à 1, le cardinal de $\mathbb{R}$ se laisse assigner comme $2^{\aleph_0}$). À l'inverse, $\omega$ est placé originairement dans un modèle de l'arithmétique, soit dans un ensemble ordonné *plus loin* que toute énumération ; mais l'énumération étant un procès, ce *plus loin que* est en fait un *après*. L'étrangeté de cet après est qu'il n'est pas un après *déterminable* en regard de la mesure du temps donnée par l'énumération, c'est un « après incommensurable ». D'ailleurs $\omega$, dans la tradition notationnelle de la théorie des ensembles, est le nom *ordinal* de $\mathbb{N}$, et ce n'est sûrement pas pour rien que Nelson, Reeb et Harthong privilégient le choix d'un tel nom pour désigner un « premier » entier non standard qu'on se donne. On peut aussi penser au « je suis l'alpha et l'omega » de l'Apocalypse ; ici cependant $\omega$ est non pas *la* fin d'une histoire *finie*, mais *un* après d'une histoire *infinie*.

L'incommensurabilité de l'après, à l'instant rappelée dans le caractère indéfini de l'article, ne peut probablement être pleinement comprise qu'en ajoutant la dimension modale. Comme nous y avons plus longuement insisté dans notre article « Le Potentiel et le Virtuel »[88], il faut en effet tenir compte de ceci que, depuis la critique intuitionniste et grâce à elle, mais aussi sous l'effet de tout le travail contemporain de la logique et de l'informatique, et de la mathématique finitiste-discrète en général, l'ouverture de la suite naïve des entiers est associée à cette nuance du concept modal de possibilité que nous appelons le *potentiel* – ce qui sera le cas dans un futur (idéalisé, mais pris comme futur tout de même –, par opposition au *virtuel*, qui n'est pas le cas et ne le sera jamais, soit qui est seulement le cas dans une *réalité parallèle* (le virtuel est ce que Diodore Chronos niait[89]). Etant au-delà de tout le potentiel, $\omega$ ne peut être qu'un nombre

87. Pour les lecteurs soucieux de la cohérence de notre propos, précisons qu'il s'agit ici du pré-spatial de la pure infinité déposée-distribuée, et non du spatial authentique et complet, avec sens de localité.

88. Cf. Barreau, H., & Harthong J., eds, *La mathématique non standard*, Paris, Éditions du CNRS, 1989, p. 278-303.

89. Dans l'argument célèbre dit « le dominateur » ou le « maître argument ». Voir à ce sujet Barreau, H., *La construction de la notion de temps*, Thèse d'état, Paris X, 1982, p. 922-939 ; et Vuillemin, J., *Nécessité ou contingence*, Paris, Minuit, 1984, p. 15-57.

Notons, sur un plan technique, que dans la théorie IST, la disponibilité pour le choix des divers entiers infiniment grands est techniquement équisignifiante, nous l'avons vu, à l'excès de l'infini formel sur le fini formel, cependant que l'infini de l'effectivité n'a pas de place dans le système (il donne lieu à un ensemble « externe »). Dans le cadre de *Predicative Arithmetic*, les choses sont plus complexes. L'infini formel, devenu infini formel *pauvre englobant*, prétend s'égaliser à l'infini de l'effectivité dans sa seule signification acceptable, il l'évince en quelque sorte, et la diversité des échelles exprime alors le fait que l'infini formel englobant interprète l'infini de l'effectivité de manière *plurielle* : la transcendance maximale du continu résulte alors de la capacité générale de débordement des échelles garantie par cet infini formel. Dans la théorie AST, la « transcendance » dont nous venons de parler est mise en scène dans une *analogie* avec la théorie ZFC : la théorie des ensembles considérée possède en tout et pour tout deux cardinalités, l'une qui est là pour le continu et qui est celle de $N$, l'autre qui est là pour l'infini de l'effectivité, lequel existe comme classe (classe $A_n$ [a]). Cependant, même dans ce cas, la réduction drastique de l'échelle des cardinaux à deux items, qui sont associés à des classes propres, et qui pour l'œil classique seraient le même, marque bien le divorce avec le schéma d'une commensurabilité arithmétique transfinie entre l'infini de l'effectivité et le continu, par le biais de laquelle s'inscrirait la transcendance du second sur le premier. Cette commensurabilité n'a-t-elle d'ailleurs pas toujours eu quelque chose de paradoxal, alors qu'il s'agissait d'exprimer la transcendance, et le fameux propos de Cohen à la fin de *Set Theory and Continuum Hypothesis* [b] fait-il autre chose que le souligner, l'auteur s'y réclamant d'ailleurs, par le truchement de l'adverbe « obviously », du pré-savoir herméneutique ?

[a]. Cf. Sochor, A., « The alternative set theory », in *Set Theory and Hierarchy Theory*, Springer, 1976, p. 259-279 ; particulièrement p. 264.

[b] Le texte précis est :

> « Ce point de vue regarde $C$ comme un ensemble incroyablement riche donné à nous par un axiome tout neuf, qui ne peut jamais être approché par un processus de construction agrégative »
>
> « This point of view regards $C$ as an incredibly rich set given to us by one bold new axiom which can never be approached by any piecemeal process of construction. » ; cf. Cohen, P., *Set Theory and the Continuum Hypothesis*, Reading, Massachussets, Benjamin, 1966, p. 151 ; notre traduction.

Et l'occurrence de « obviously » un peu plus haut est

> « Un point de vue que l'auteur sent qu'il pourrait en venir à adopter est que $CH$ est *évidemment* fausse »
>
> « A point of view which the author feels may eventually come to be accepted is that $CH$ is *obviously* false » ; *loc. cit.*, p. 151 ; notre traduction.

Encadré 3.4 – *Jeu de l'infini formel et de l'infini de l'effectivité* virtuel : nous savons même que dans le système IST, son existence reflète l'infinité virtuelle dans sa transcendance à l'égard du fini. Cela dit, il s'ajoute au *potentiel* épuisé dans ce qui est encore un « temps » discret (un bon ordre). Le type de transcendance de $\omega$ sur le discret théorique est donc complexe, à la fois temporel ($\omega$ est après) et modal-ontique ($\omega$ est virtuel alors que les nombres standard sont potentiels). Dans le modèle classique, le clivage virtuel/potentiel se superpose au clivage infini/fini plutôt qu'au clivage continu/discret : $\mathbb{N}$ est déjà – comme totalité – un référent virtuel, tout autant que $\mathbb{R}$. En revanche, dans l'approche nouvelle, le continu apparaît comme contemporain de l'émergence d'une nouvelle nuance de la possibilité.

En résumé, plutôt que d'avoir un continu qui transcende le discret de façon arithmétique, assignable et spatiale au sein de la catégorie d'infini, et dans l'homogénéité d'une même nuance de la modalité (celle du virtuel), on a un continu qui transcende le discret de façon non quantifiable et temporelle, comme fini formel ou infini formel « dépassant » l'infini de l'effectivité, et comme virtuel excédant le potentiel.

Examinons maintenant de la même manière ce qui regarde la connexité. Il semble clair que la nouvelle approche évacue la propriété de connexité, puisque les parties de $\mathbb{Q}$ du type $\{(\frac{k}{\omega}|k \text{ limité}\}$ ou $\{(\frac{k}{\omega}||k| \leq \omega^2\}$ sont purement et simplement *discrètes*. Certes, la « logique du continu » proposée par le modèle comporte aussi l'assimilation infinitésimale (l'identification de ce qui est très proche), et il est sûr que si l'on passe au niveau des « taches d'assimilation », on retrouve la connexité, puisqu'on retrouve $\mathbb{R}$, ou du moins $\mathbb{R}^{st}$ : mais, nous l'avons dit, ce passage, quand il est rendu licite par la théorie environnante, ne fait pas partie, du moins comme une composante nécessaire, du modèle. À côté de cette connexité bon teint disponible par rabattement sur Cantor-Dedekind, le modèle diffuse une sorte de « connexité potentielle » : chaque degré de discrétisation de la droite est surpassable infiniment, au sens où les nouveaux « trous » du réseau seront négligeables par rapport aux anciens. Le défaut de connexité du modèle peut donc toujours être rendu négligeable, notamment dans la mesure où ce défaut se fait sentir numériquement, quantitativement. Une discrétisation[90] peut, relativement à une tâche mathématique particulière, être « suffisamment connexe ». N'importe quelle discrétisation, par exemple, est suffisante pour trouver un approximant infinitésimal de $\sqrt{2}$. À quoi on peut ajouter que *l'idée de toutes les discrétisations possibles*, idée associée à l'infini virtuel déployé de $\mathbb{N}$, avions-nous dit, délivre en même temps l'idée d'un horizon du continu *absolu* « au bout » de toutes les discrétisations, continu qui serait alors connexe (telle était, semble-t-il, l'idée du continu pour Veronese). Au lieu de la connexité techniquement posée dans le modèle cantorien, nous avons donc une connexité suffisante ou une connexité à l'horizon.

Le thème de la connexité, comme celui de la transcendance, est donc repris dans un registre temporel. La connexité se propose au futur, c'est au moins ce qui est contenu dans le thème de la connexité à l'horizon. Mais il y a aussi l'idée d'une « connexité suffisante » fournie par une division à l'infini *achevée* : l'après-l'énumération-naïve incommensurable permet, par passage à l'inverse, le rattrapage des résidus d'une division indéfinie seulement *effective* du substrat (que nous pouvons ici poser comme ni temporel, ni spatial). Si l'on veut, on a divisé « après » l'écoulement indéfini du temps, ce qui dans le cas du temps lui-même, voudra dire qu'on a rétracté la durée

90. Dans tout ce passage, « discrétisation » est à entendre au sens de « discrétisation hyperfinie ».

sur elle-même plus que selon toute procédure effective. L'élément virtuel du futur de l'entier non standard est ce qui donne cette « connexité suffisante », en une seule discrétisation. Bien évidemment ces types de « connexité » ne sont pas superposables avec la connexité « spatiale », propriété déterminée au second ordre en termes topologiques dans le dispositif cantorien.

Reste à comprendre, si ce tableau philosophique est clair, par où passe l'enchaînement d'un dispositif sur l'autre, reste à localiser l'articulation herméneutique des deux discours.

Cette articulation, à notre avis, réside précisément dans ce trait qui venait « en plus » dans le dispositif classique, et qui caractérisait la manière de considérer le continu et de l'explorer plutôt que son essence déclarable, bien qu'il soit dans une dépendance technique stricte à l'égard de cette essence, telle que les deux autres traits (les traits de transcendance) la déclinent : le trait de la *possibilité de la discontinuité.*

Le concept classique de discontinuité, en effet, ne peut manquer d'ouvrir sur la dimension *modale*. Le substrat continu apparaît comme un réservoir de *possibilités*, rendant à leur tour possibles, sous réserve d'un second choix parmi un éventail de possibilités co-déterminées par l'ensemble-but, une multiplicité de fonctions « généralement » discontinues. Ce possible est celui du *virtuel*, selon la terminologie à laquelle nous nous sommes liés : le continu est champ pour des variations *possibles*. Cette interprétation s'impose déjà spontanément au mathématicien dans la lecture des quantificateurs existentiels subordonnés à des quantificateurs universels, omniprésents en analyse (pour tout ... *il est possible de trouver* un ...).

Or cet élément modal contient implicitement une temporalisation du continu : le continu apparaît comme ce qui autorise une gamme de choix ou de variations le long d'un type de chemin canonique, celui de l'*approche d'un point*. Tout se passe comme si la construction de $\mathbb{R}$ avait naturellement dramatisé les diverses suites tendant vers un $x_0$ donné comme autant de diachronies d'approche. La première analyse non standard, la robinsonienne, peut déjà se décrire à ce niveau comme l'intégration de ces diachronies, avec le statut d'éléments infiniment proches de $x_0$, au modèle-substrat lui-même. La promotion du modèle du continu-discret indépendamment de toute référence à $\mathbb{R}$ correspond à une compréhension du continu comme riche d'une temporalisation excédant le fini, « ouverte » à tout niveau, à toute échelle. La fonction centrale occupée par l'investigation de la discontinuité dans l'analyse moderne manifeste l'importance de la « temporalité de l'approche », mais simplement au niveau d'un programme de recherche, d'un aspect constatable de l'heuristique du continu, sans intégrer cet élément explicitement à l'essence déclarée du continu. En revanche, le modèle du continu-discret inscrit cette temporalité – devenue plus généralement temporalité de l'*après-incommensurable* (après l'infini de l'effectivité ) du fini formel – comme élément fondamental de l'essence du continu. Tout se passe comme si la mise en place du continu-discret explicitait un mystère de la signification temporelle de la discontinuité et de son approche qui faisait déjà partie du rapport au continu codifié par la construction classique, selon le témoignage de la mathématique développée à partir de celle-ci.

Ce n'est pas seulement sur la valeur temporelle du continu environnant un point que se fait la transition herméneutique du continu classique au continu-discret, mais aussi sur la charge modale de cette valeur temporelle : en fait, dans le retour réflexif sur le modèle classique que nous venons d'effectuer, nous sommes partis de cette valeur modale. Il convient de rappeler que dans notre commentaire de l'essai de théorisation logique du déterminisme physique par Montague, nous avions dégagé le fait que tel était bien un rôle essentiel du continu mathématique cantorien : permettre de présenter la simplicité de l'écriture algorithmique des lois physiques comme une très haute improbabilité. Or ceci présuppose la valeur « modale » de la richesse du continu. La version spatiale, on devrait même dire hyper-spatialisante, du continu donnée par le modèle de Cantor-Dedekind s'ouvre donc d'elle même, par sa destination intra-mathématique comme par sa destination ontologico-physique, vers la dimension modale et temporelle, qui s'affirme en quelque sorte comme le cœur de l'essence du continu avec le continu-discret.

Un des indices les plus flagrants de cette destination est le développement contemporain de la théorie des systèmes dynamiques. Cette théorie, en effet, peut être définie comme l'étude des configurations spatiales du continu (entendez : les variétés différentiables) du point de vue d'une *temporalisation* donnée en elles sous la forme d'un difféomorphisme (temporalisation discrète) ou d'un flot (temporalisation continue). Par le truchement de la complication fonctionnelle de l'objectivité qui constitue le système dynamique comme tel, les discontinuités et leurs théâtres pourront être analysés dans une perspective temporelle et/ou modale. Naturellement, cette remarque épistémologique en appelle une autre, philosophique : cette temporalisation de l'étude de la discontinuité nous fait d'une certaine manière déjà sortir de la question du continu proprement dit, pour entrer dans celle de l'espace. En effet, la propriété de discontinuité ou de continuité d'une fonction fait partie de ce qu'on appelle dans le lexique classique propriétés *locales* d'une fonction, et donc présuppose cette perspective de la localité où nous avions vu le propre différenciant de la question de l'espace par rapport à celle du continu. La temporalisation/modalisation du continu est en revanche un trait *absolu* du modèle continu-discret, qui lui revient indépendamment de sa mobilisation aux fins d'une géométrie des dynamiques : ce trait peut être présenté comme relève dans le modèle du continu lui-même de ce qui existait surtout avant comme enjeu d'étude du continu lorsque celui-ci est pris comme élément d'une spatialité. Par la grâce de cette relève, l'élément modal et temporel que le continu recèle sans doute depuis toujours se trouve libéré de tout lien avec la localité spatiale.

Cela dit, les outils non standard permettent aussi une relecture de la localité comme telle, proposent un « pas » dans l'herméneutique de l'espace. Mais de cela, nous parlerons dans la section prochaine. La nature de ce « pas », on le verra, n'est d'ailleurs pas techniquement solidaire du continu-discret.

## 3.3 L'espace

Nous voudrions maintenant dire de quelle manière la signification de l'espace a été élaborée par la mathématique de type cantorien, étant entendu que nous désignons de la sorte à la fois toute la mathématique résolument « moderne », écrite selon la juridiction ensembliste, et un certain nombre de travaux du XIX$^{e}$ siècle qui lui sont visiblement apparentés dans l'esprit. Ce dont nous traitons est bien entendu l'espace au sens strict dont nous avons dégagé le concept herméneutique dans notre chapitre sur le legs esthétique kantien : l'espace comme théorie du local en tant que désaccordé avec le global au sein de l'entier infinitaire, théorie qui fait usage de l'outil idéel.

Nous nous contenterons dans ce but de commenter quelques contenus mathématiques fondamentaux, dont on sait bien qu'ils jouent un rôle régulateur pour le développement de la géométrie au sein de cette mathématique, puis d'évoquer des travaux plus récents, soit pour marquer la constance d'une orientation, soit pour envisager la possibilité de certaines dérives.

### *3.3.1 La mise au clair de la logique de la localité*

À notre avis, plusieurs éléments sont à prendre en compte avant tout pour comprendre comment la *localité* a pu être thématisée, interrogée par la mathématique d'inspiration ensembliste. Le premier est le fort célèbre point de vue dit « *Erlangen** »[91] sur la géométrie. Le second est la formulation du concept d'espace topologique. Mais finalement, la localité proprement spatiale est plutôt identifiée au sein du discours mathématique comme celle que met en scène la géométrie différentielle, et l'on doit donc reconsidérer l'enseignement de la topologie à la lumière de ce qu'il devient dans le contexte différentiable.

Comment ces divers contenus se rattachent-ils à la question de la localité ? La chose est peut être non-immédiatement évidente pour ce qui regarde le point de vue *Erlangen*. Cependant, si l'on examine de plus près, le lien apparaît avec netteté. Le slogan de base du point de vue Erlangen redéfinit la géométrie comme l'étude d'un substrat muni d'un groupe de transformations. Mais les « transformations » sont des applications au sens ensembliste, c'est-à-dire des choix simultanés d'images prises dans l'ensemble substrat pour chaque élément de cet ensemble substrat : chaque transformation « bouleverse » généralement la *localité*, en interprétant cette dernière comme localité *ponctuelle*, c'est-à-dire au fond, au gré d'une perspective ensembliste, localité ultime, absolue. La localité que nous avions reconnue comme le thème supplémentaire caractéristique du géométrique, dans notre réflexion sur Kant, n'était pas cette localité ponctuelle, mais plutôt la localité de la *figure*, soit celle d'un *sous-ensemble* intéressant, visé comme tel, du substrat (sous-ensemble qui devait, pour satisfaire à la contrainte de finitude apportée par l'imagination transcendantale, être « finiment saisissable », finiment composable, identifiable, intentionnable). Dans la perspective *Erlangen*, chaque *figure* en ce sens définira un sous-groupe du groupe de transformations fondamental de la géométrie considérée. Pour citer un cas tout à fait élémentaire, le triangle équilatéral définit dans la géométrie euclidienne un sous-groupe du groupe des isométries, qui est son sous-groupe d'invariance.

En termes d'une métaphysique de la localité, on pourra dire que le « groupe fondamental », exigible pour qu'il y ait *géométrie* selon la doctrine Erlangen, inscrit au niveau d'un objet complexe (un ensemble de fonctions) l'écart entre le local ponctuel et un global qui se confond avec l'intégralité du substrat spatial (dans le cas de la géométrie euclidienne plane, ce sera le global-intégral de $\mathbb{R}^2$, qui est une version du continu). Bien sûr, on voit tout de suite qu'un tel point de vue est par essence capable

91. Nous prenons ce point de vue comme une « banalité de base » de la tradition orale, sans nous référer au texte de F. Klein, par rapport auquel nos affirmations pourraient à la limite être fausses : c'est du mot d'ordre ou du point de vue tel qu'il s'est sommairement divulgué que nous parlons, pas du propos précis d'un auteur.

d'être transposé à une situation où le substrat choisi comme celui de la géométrie est en fait prélevé dans un substrat plus vaste qui jouera le rôle de l'intégral (lequel se sépare alors du global). Le groupe fondamental, en tout cas, inscrit l'écart de l'« intégral-global » du substrat avec le local ponctuel en ce sens que ses éléments actualisent la loisibilité d'échanger le local ponctuel avec l'autre lui-même, loisibilité qui procède de la richesse ensembliste du substrat, c'est-à-dire de l'écart entre l'intégral-global et le local ponctuel. Lorsqu'en revanche le groupe d'invariance d'une figure s'oppose au groupe fondamental, leur différence est le retentissement de l'écart entre local-ponctuel et local-figural-fini : respectivement local *absolu* apporté par la perspective ensembliste, et local *relatif* institué par l'intentionalité imaginative [ce dernier étant par excellence ce qu'interroge l'esprit géométrique, puisque c'est le local de l'intuition formelle kantienne].

Plutôt donc que de commenter le point de vue *Erlangen* comme celui d'une algébrisation, nous aurions tendance à y voir un effort remarquable pour *fixer* objectivement ce dont il s'agit dans le souci de l'espace : le local absolu et relatif, l'intégral-global, et les divers écarts fondamentaux qu'ils entretiennent. Cette fixation objective survient, comme c'est toujours le cas dans le contexte ensembliste, par le truchement d'une complication « typale » des ensembles : elle passe par la prise en considération d'ensembles de fonctions, et de sous-ensembles de ces ensembles de référence. Mais le retrait et le détour qui se marquent dans cette complication, aussi bien que dans la nature algébrique des objets suscités, sont à comprendre comme *attitude dans le souci du local* plutôt que comme abandon de l'intuition, ou pire, abandon de l'espace : bien plutôt, par la prise en considération des groupes de transformation et de la logique de leur corrélation avec les *figures*, on se donne un moyen thématique d'entrer dans ce que l'intuition éprouve comme le plus essentiellement l'espace.

Cela dit, l'émergence du concept moderne de géométrie comporte un deuxième aspect : la promotion de la *géométrie différentielle*, devenue aujourd'hui un immense continent de recherches et de résultats. L'image actuelle de la géométrie est celle d'une discipline partagée entre deux tels continents, celui de la géométrie différentielle d'une part, celui de la géométrie algébrique d'autre part. Nous avons déjà évoqué le développement considérable et récent de la théorie des systèmes dynamiques. Il nous semble que ce développement est une forme, peut-être la plus vivace aujourd'hui, de l'extension et de l'amplification naturelles de la géométrie différentielle. Nous réfléchirons plus tard sur le rôle qu'il convient d'attribuer à la géométrie algébrique dans l'herméneutique de l'espace, plus précisément dans l'herméneutique de la localité.

Mais pour juger pertinemment de l'apport de la géométrie différentielle à cette même herméneutique, il faut à notre avis passer par l'examen du concept d'espace topologique. Même si, historiquement, les premiers pas dans l'acquisition de l'idée et des méthodes de la géométrie différentielle précèdent l'invention de la notion d'espace topologique, et même si, aujourd'hui encore, on peut présenter une partie de la géométrie différentielle, éventuellement une partie déjà fort riche, fort générale et fort intéressante, dans le cadre de la notion de sous-variété de $\mathbb{R}^n$ (ce qui évite d'avouer frontalement[92],

92. Bien entendu, les concepts topologiques seront tout de même là, mais uniquement par le truchement de leur instanciation dans $\mathbb{R}^n$. Voir par exemple *Topology from the differentiable viewpoint* (Milnor, J., Charlottesville, University Press of Virginia, 1965) : l'introduction des variétés comme sous-variétés est faite au ch. 1.

comme le fait la définition classique d'une variété différentielle, le caractère régulateur du concept général d'espace topologique), la « pensée de la localité » qui accompagne tout exercice de la géométrie différentielle est celle que déploie de façon nue et générale la topologie générale. Si bien que nous ne comprendrons le fond de ce que la géométrie différentielle pense quant à la localité qu'en nous référant au concept d'espace topologique.

Essayons donc d'expliciter comment le langage topologique envisage la localité. Pour commencer, est mise en avant la notion d'*ouvert*, notion qui en fait est celle d'une *localité indéterminée* : d'une localité qui peut être d'ampleur quelconque entre le minimum du vide et le maximum de l'ensemble substrat entier. L'important est

1. D'abord que la localité est conçue par le truchement de *sous-ensembles* rassemblant les éléments du lieu visé parmi ceux d'un substrat, ce point étant ce où nous reconnaissons l'influence encadrante de la mathématique ensembliste ;
2. Ensuite que certains axiomes prescrivent le mode de comportement à l'égard des opérations ensemblistes des *ensembles porteurs d'une localité indéterminée* que sont les ouverts.

Ces axiomes disent en substance que la fédération, la *réunion* d'une famille quelconque de tels ensembles en est encore un et que l'*intersection* de deux d'entre eux en est à nouveau un. Ils sont suffisants pour procurer une certaine logique à la notion, empêchant la collection complète de ces ensembles d'être n'importe quoi. Mais ils ne fixent en aucune manière le degré d'éloignement d'un *foyer* ou *centre* du lieu que ne devrait pas excéder la localité pour rester localité : le concept de localité topologique n'est donc nullement un concept métrique, ainsi qu'on l'a souvent remarqué. À vrai dire, lesdits axiomes suscitent une autre question que la question métrique : celle de la « résistance » au progrès vers l'infinitésimal de la notion de localité.

En effet, les axiomes des ouverts ne sont pas symétriques à l'égard des opérations de réunion et d'intersection, en telle sorte que, si l'on est assuré que la fédération de localités est une nouvelle localité plus embrassante, plus abritante dirait Heidegger, lorsqu'en revanche on intersecte des localités, on ne tombe sur un nouvel ensemble abritant la localité que si l'on se limite à une intersection *finie*. L'axiomatique comporte donc cette idée que l'intersection d'une famille infinie de lieux peut n'être plus abritante d'un lieu. La situation typique où il en est ainsi est celle où l'on envisage l'ensemble des lieux abritant un point donné, et où on les intersecte tous. Si l'espace topologique est non-pathologique[93], cette intersection sera réduite au point lui-même, point qui, toujours dans le contexte non pathologique, ne sera pas à son tour un sous-ensemble définissant de la localité.

La formalisation topologique, ainsi, a « décidé » le sens du mot *local* comme dissocié de celui du mot *figure* ou du mot *tracé* : il est naturel de regarder n'importe quel ensemble de points, peut-être avec cette seule restriction que la dispersion obtenue ne fuie pas vers l'infini, comme une figure. Mais si toute figure pourra être pensée dans un lieu, toute figure ne définira pas un lieu. Le *lieu*, ce sera seulement ce qui « abrite de la

93. C'est-à-dire s'il vérifie un axiome de *séparation* plus faible que celui que satisfont spontanément la plupart des espaces topologiques, à commencer par ceux, paradigmatiques, qui sont co-donnés avec les continua classiques, les $\mathbb{R}^n$.

localité »[94] : ce sera l'ouvert. L'axiomatique topologique, en ce sens, reprend et requalifie le concept du lieu corrélat de l'intuition formelle kantienne envisagé au chapitre précédent.

Ce que nous affirmons là, il faut bien le noter, n'est pas dit au niveau de l'axiomatique topologique elle-même, mais est implicite dans l'usage de l'adjectif *local* en relation avec les notions topologiques, usage que trahissent la majorité des discours géométriques : nous y viendrons par la suite. Mais nous voulons d'abord, en prenant pour acquis le fait que l'ouvert topologique est l'interprétation du local dominant la géométrie moderne, dégager la « logique » de cette interprétation, c'est-à-dire distinguer les modes de localité que cette interprétation connaît ou invente.

De ce que, donc, la persistance du caractère abritant-la-localité n'est pas assurée lorsqu'on procède à l'intersection infinie de lieux, notamment de lieux abritant un point donné, il résulte une difficulté fondamentale à thématiser l'alentour infinitésimal d'un point. Aucun ouvert contenant un point ne peut prétendre incarner son alentour infinitésimal, puisque je puis en général (notamment dans le cas d'un continuum) fabriquer un ouvert strictement plus petit contenant le point. Mais si j'intersecte tous les lieux contenant le point, je ne récupère en général que le point, c'est-à-dire quelque chose de privé d'alentour, et qui pour cette raison, n'est plus une vraie localité : le « local ponctuel » n'est pas un vrai local, n'étant pas abritant. Cependant la théorie du continu réel et de ses fonctions, déjà, exige qu'on donne un statut au *local-infinitésimal* : la propriété, pour une fonction numérique réelle, disons, d'être continue en un point, n'est liée à aucun ouvert particulier contenant le point, et pourtant, implique plus que le local-ponctuel lui-même, elle est une propriété de la fonction sur l'alentour infinitésimal du point.

La manière classique de résoudre cette difficulté du local-infinitésimal est de transférer le « passage à l'infinitésimal » au niveau de la *fonction*. Au lieu de dire que la continuité est une propriété de la fonction sur l'alentour infinitésimal du point, comme cet alentour « n'existe pas », on dira que la continuité est une propriété du *germe* de la fonction en le point : une propriété d'un objet plus complexe, fabriqué en assimilant, au sein de l'espace de toutes les fonctions possibles, celles qui coïncident sur au moins une localité abritant le point. L'objet super-fonctionnel ainsi fabriqué est donc « relatif à l'alentour infinitésimal » du point sans que cet alentour ait été substantialisé.

L'analyse non standard, elle, permet d'objectiver directement l'alentour infinitésimal du point, qu'on appelle sa *monade*. Encore faut-il dire que, dans un cadre robinsonien ou nelsonien-IST, cet ensemble sera *externe* : quelque chose de la difficulté demeure. Néanmoins, à l'usage, la disponibilité des « points infiniment proches » rend à l'évidence la thématisation du local-infinitésimal plus simple, moins contournée.

En même temps, il faut remarquer que la manière d'avoir l'infinitésimal qui est celle du discours classique, à travers des objets super-fonctionnels réclamant des constructions spécifiques, est profondément significative de l'esprit géométrique moderne : elle correspond à la réinterprétation de la géométrie comme mise en œuvre du point de vue faisceautique, réinterprétation qui a son importance maximale dans le contexte de la géométrie algébrique contemporaine. Mais nous viendrons à cela plus tard.

94. En conformité avec ce qu'en dit Heidegger dans le célèbre texte « Bâtir-habiter-penser » ; cf. Heidegger, M., *Essais et conférences*, trad. A. Préau, Paris, PUF, 1958, p. 170-193.

Le concept topologique de localité est donc comme animé par cette première tension fondamentale qui s'établit entre le local-indéterminé de l'ouvert quelconque, de chaque ouvert quelconque en particulier, et le local-infinitésimal. À côté de cela, un second moment de l'herméneutique topologique de la localité est celui du dégagement de la notion du *local-compact*. C'est cette notion, en fait, qui peut passer pour une interprétation fidèle de la notion de localité que nous avions trouvée chez Kant, en tant que contenu de l'intuition formelle, à savoir la notion de *diversité locale accessible à la synthèse finie*. L'axiome définitoire de la compacité, en effet, si l'on excepte la stipulation du caractère séparé (nécessaire comme nous l'avons vu, à la non-pathologie de l'infinitésimalité), énonce que de tout recouvrement par ouverts de l'espace (d'une partie de l'espace total munie de la « topologie-trace »* dans le cas pour nous générique du sous-ensemble), on peut extraire un sous-recouvrement fini. En d'autres termes, si une synthèse infinitaire de points de vue locaux particuliers a été utilisée pour couvrir le domaine considéré, l'infinité en question était superfétatoire, on pouvait en vérité se contenter d'un nombre fini de ces points de vue. Mais ceci revient à dire que le domaine, le *lieu*, relève essentiellement d'une synthèse topologique finie. Il semble que ce qui « est » compact corresponde, retraduit dans le langage ensembliste, quantifié, et dans une certaine mesure toujours idéal de la topologie, à ce que nous avions présenté comme corrélat de l'intuition de la localité dans notre analyse de l'intuition formelle kantienne.

Mais en même temps, les parties compactes d'un espace ne sont pas généralement ouvertes, et donc n'entrent pas dans le concept de localité tel qu'il est interprété par le discours topologique : les compacts ne sont généralement pas « abritants ». Et, point qui accentue pour ainsi dire le premier, dans la propriété définitoire même des compacts, sont envisagés des *recouvrements* qui font valoir certaines parties de ce compact comme de vrais lieux-du-compact (des ouverts de la topologie trace) quant à eux. La présentation axiomatique du compact met donc en scène celui-ci comme *recollement de localités* : on a tendance en général à qualifier de *global* tout recollement de ce type, à distinguer de l'entier de l'espace. Le global pris en ce sens entretient des rapports techniques fondamentaux avec le local, rapports qui expriment tous la non concordance apriorique du local avec le global, et qui ouvrent le programme de recherche du passage de l'étude locale à l'étude globale, dans des conditions techniques à spécifier dans chaque cas. Le local-compact est donc quelque chose qui, par un côté, doit être situé au dessus du local-indéterminé, puisqu'il se présente comme recollement de ce dernier, mais qui d'un autre côté, regardé dans l'élément de l'entier de l'espace, est volontiers englobé par le local indéterminé. Dans un espace métrique, par exemple, on a des voisinages* ouverts d'un compact aussi serrés que l'on veut ; comme incarnation générale de l'assemblage finitaire, le compact est la généralisation du point ; dans un espace muni d'une mesure *régulière*, la mesure d'une partie est le *sup* de la mesure des compacts inclus en elle, et l'*inf* de la mesure des ouverts la contenant[95]. Le rapport d'englobement du local-compact au local-indéterminé est donc réversible, à proportion de l'indétermination du local-indéterminé certes, mais aussi de la bivalence du local-

95. Cf. Lang, S., *Real Analysis*, Reading Massachsetts, Addison-Wesley, 1969, p. 327-328.

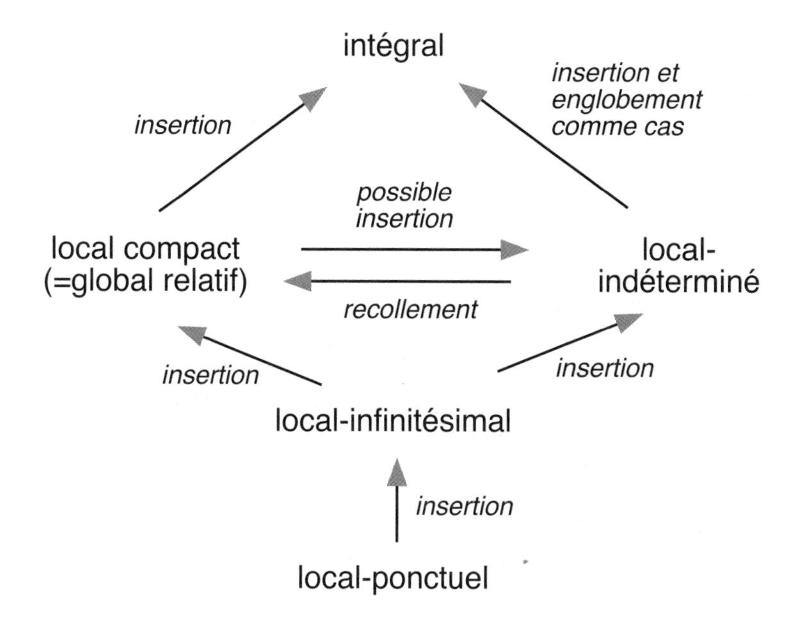


FIG. 3.10 – *Diagramme de la localité*

compact, qui est aussi bien un global. Le diagramme complet de la localité topologique serait donc celui que montre la figure 3.10[96].

Ce diagramme décline le contenu le plus général de la localité, celui de la localité topologique. Comme tel, il comporte de nombreuses possibilités de dégénérescences, de trivialisations inattendues ou de relations pathologiques. À tel point que, bien que la topologie puisse être présentée comme l'assomption herméneutique de la question du lieu en mathématiques, on peut se demander si, à elle seule, elle est une herméneutique du lieu *en tant que polarisation de l'espace*. L'espace, selon l'herméneutique que nous avons trouvée chez Kant, ne doit-il pas, en effet, être riche de la déposition de l'infini en un continuum ? Et cela n'est nullement garanti au niveau topologique.

En fait le diagramme que nous avons proposé fonctionne comme schéma directeur de la pensée du lieu au sein d'une présupposition plus restrictive qui délimite un « continent » proprement géométrique : la géométrie différentielle. C'est pourquoi il nous faut maintenant parler de la notion de variété différentiable.

Une variété différentiable est un domaine destiné à être le cadre d'une géométrie : il est défini comme un espace topologique localement homéomorphe à une partie ouverte d'un continuum euclidien du type $\mathbb{R}^n$, de telle manière que les applications de transition qui surgissent naturellement, lorsque deux zones d'homéomorphie locale (deux *cartes*) se rencontrent, jouissent d'un certain degré de différentiabilité. « Localement homéomorphe » signifie ici qu'il y a une famille d'ouverts de la variété, recouvrant

96. Nous devons, cela dit, relativiser l'insertion du local-infinitésimal dans le local-compact : si je me place en un point-frontière d'un compact, le local-infinitésimal correspondant ne s'insère pas dans le compact, il peut déborder sur le complémentaire. Cette dégénérescence correspond au fait que le compact n'est pas une vraie localité, il est loisiblement non abritant.

celle-ci, possédant la propriété d'homéomorphie : la terminologie consacre donc le concept du *local-indéterminé* dont nous avons parlé auparavant, dans le cadre général des espaces topologiques. En fait, c'est le langage de la géométrie différentielle qui a largement imposé cette perspective, c'est sans doute en lui et par lui que s'est accomplie l'herméneutique de la localité qu'il est désormais possible de phraser dans le contexte topologique le plus général. L'idée de domaines géométriques qui ne soient pas « globalement » contrôlés par un repérage métrique, mais qui ne le soient que *localement*, avec une notion de ce *localement* qu'interprètent des « coordonnées locales », remonte on le sait à la grande avancée de Riemann, notamment à son célèbre mémoire *Über die Hypothesen, die der Geometrie zugrunde liegen*[97]. Le concept du l*ocal indéterminé* prend donc naissance dans le cadre d'une théorisation géométrique cherchant à prendre ses distances avec la métrique, mais encore indéchirablement liée au continu. Cela dit, la formulation aujourd'hui ressentie comme la seule exacte et satisfaisante de la notion de variété fait référence à la « généralisation » *topologique* de la notion de localité que nous avons d'abord évoquée. L'histoire veut que le mouvement permettant de penser la métrique de manière locale au sein d'un continuum ait conduit à la possibilité de penser la localité indépendamment du continu, et que le concept de base de la géométrie continue non-euclidienne, le concept de variété différentiable, ne puisse désormais se présenter sans une référence à ce discours plus général de la localité. Les concepts topologiques eux-mêmes, d'ailleurs, fournissent en premier lieu un langage pour parler des continua euclidiens et des variétés différentiables. Leur fonctionnement au-delà de ces contextes correspond à un stade supérieur de la pensée, c'est-à-dire de la pratique mathématique.

Dans le cadre des variétés différentiables, le diagramme de tout à l'heure est surdéterminé par un certains nombres d'aspects propres. Le local-indéterminé, tout d'abord, comme nous l'avons dit, est rapportable au local euclidien, mais a priori relativement à une carte, par le truchement de *tel* homéomorphisme local vers un ouvert euclidien parmi ceux a priori disponibles. La tension entre local-indéterminé et local-infinitésimal va, de ce fait, se doubler du problème de la détermination *intrinsèque* des objets qu'on veut introduire. Pour prendre le premier, le plus simple et à certains égards le plus important des exemples, la notion de *vecteur tangent* en un point est censée rendre compte d'un aspect *local infinitésimal* d'une variété. La complexité et l'intrication non négligeable de la définition d'un vecteur tangent tient à l'obligation éprouvée de donner une définition *intrinsèque*, indépendante de toute carte particulière. De toute façon (même dans le cadre topologique général), le local-infinitésimal ne peut être défini que par *synthèse* de tous les local-indéterminés : mais ici survient en plus la problème de la pluralité des homéomorphismes carte. Le *global*, selon le discours constant de la géométrie différentielle, s'identifie avec l'entier de la variété, et le type de problème que pose par principe le recollement de vérités ou de constructions locales est bien connu, identifié par le titre *problème global* justement. Certains outils ont été forgés spécialement pour ces problèmes, comme les partitions différentiables de

97. En fait, dans ce mémoire, la localité, à ce qu'il nous semble, n'est pas thématisée comme telle : son concept est seulement implicite dans l'idée de la détermination infinitésimale de la métrique. Au début du §III, par ailleurs, Riemann expose de manière « métaphysique » l'inéluctabilité du repérage par coordonnées si l'on admet la variation continue [cf. *Œuvres mathématiques de Riemann*, Paris, Blanchard, 1968, p. 284-285].

l'unité. Certains objets sont introduits pour apporter « de la synthèse » parmi la diversité des localités infinitésimales (en court-circuitant les localités indéterminées) comme les *connexions*[98]. Autant dire que la géométrie différentielle ne peut ignorer le profit, entendez la vie théorique, qu'elle retire de la tension entre le local et le global qu'elle instaure ou présuppose. Le global de la variété n'est pas officiellement la même chose que ce que nous avons appelé tout à l'heure local-compact, mais il s'identifie à lui dans le cas, paradigmatique à l'évidence, où les variétés considérées sont en fait des sous-variétés compactes de $\mathbb{R}^n$ : une part significative de la géométrie différentielle moderne, nous semble-t-il, est une spéculation sur les sphères et les tores*. Dans ce cas, la distinction entier/global n'est pas effacée. En fait, un des apports de la géométrie différentielle moderne est d'avoir manifesté l'indépendance de la tension local/global à l'égard des niveaux « absolus » où l'on peut la poser. L'écart local-indéterminé/ local-infinitésimal peut être considéré comme un report de l'écart local/global, avec ce retournement subtil que c'est ce qui est le plus petit (le local infinitésimal) qui est synthétique à l'égard de ce qui est le plus gros (le local indéterminé). L'écart local/global bon teint, celui du problème de recollement, peut être envisagé à des niveaux divers, celui du recouvrement de la variété, celui du recouvrement d'une sous-variété, ou même celui du recouvrement d'un ouvert de la variété, un local indéterminé prenant ici le rôle du global : notamment, lorsque l'on met en perspective, selon le point de vue faisceautique, la détermination d'une fonction sur un ouvert à partir de sa détermination locale sur des ouverts recouvrant l'ouvert de départ. Par rapport à la situation la plus générale des espaces topologiques quelconques, le contexte des variétés apporte d'ailleurs ceci que chaque local-indéterminé assez petit, étant homéomorphe à une boule ouverte d'un $\mathbb{R}^n$, est homéomorphe à $\mathbb{R}^n$ entier : le pôle du local-indéterminé, dans son écart vis-à-vis du global, est en même temps susceptible d'exprimer quelque chose de l'entier.

### *3.3.2 L'espace contre le continu ?*

Cette herméneutique du local, ainsi surdéterminée dans le contexte différentiable, commence à poser des problèmes passionnants pour notre lecture philosophante de la géométrie contemporaine lorsqu'elle tend à couper le « cordon ombilical » qui relie la géométrie au continu. Les éléments techniques autour desquels se joue ce drame sont le concept d'espace topologique, déjà évoqué, le concept de faisceau*, mentionné de manière seulement allusive jusqu'ici, et la machinerie de la géométrie algébrique, dont nous n'avons pas véritablement parlé jusqu'à présent.

#### 3.3.2.1 Des coordonnées aux faisceaux

Tout d'abord, en même temps que se développe la géométrie différentielle, et que le concept de localité s'y exprime comme nous l'avons décrit, apparaît un autre concept de l'essence du géométrique, où l'on peut voir une sorte de reprise de « l'intention

98. « chaque fibre est véritablement affectée par l'extériorité indomptée des autres », écrit en substance G. Châtelet, présentant les « fibrés de connexion » dans son article « Le retour de la Monade » [cf. Châtelet, G., « Le retour de la Monade. Quelques réflexions sur le calcul différentiel et mécanique quantique », in *Fundamenta Scientiae*, vol. **6**, n° 4, 1985, p. 327-345]. Cet article fait fonctionner par ailleurs, dans un style chaleureux et spéculatif fort agréable, les divers pôles du diagramme de la localité. Un exposé synthétique sur la notion de connexion à différents niveaux de puissance et de généralité est donné par R. S. Millman et A. K. Stehney dans« The Geometry of Connexions » (Millman, R. S. , & Stehney, A. K. , *American Monthly*, may 1973).

de divorce » originaire de la géométrie différentielle, que nous avons évoquée plus haut en la prêtant à Riemann : l'intention de séparer la géométrie de la métrique. En effet, la notion de variété différentiable réalise ce divorce dans la mesure où elle rompt l'universalité de la validité du repérage numérique des points par leurs coordonnées. Mais ce faisant, elle conserve le principe d'un tel repérage au niveau local, de manière *pluralisée*. Cet élément de conservativité à l'égard de la classique « géométrie analytique » (ou « cartésienne » si l'on veut) est fondamental et permet la réussite de nombreuses preuves et stratégies de preuves, notamment elle est la clef de l'utilisation du calcul différentiel. Le geste nouveau consiste alors à instituer un point de vue géométrique moins cartésien, moins numérique, moins métrique encore ; il joue un rôle central et fondateur pour la géométrie algébrique, mais manifeste aussi son importance dans le domaine différentiable. L'idée est qu'on concevra désormais la possibilité de la géométrie non plus comme émanant de l'homéomorphie locale d'un espace topologique avec un espace euclidien, mais comme délivrée par la donnée d'un ensemble d'entités inter-opérables « au-dessus » de chaque ouvert d'un espace topologique. Ce que nous venons d'énoncer correspond à la notion de faisceau[99]. Dans l'intuition qui lui préside, les entités inter-opérables correspondent à la possibilité de définir des *fonctions* localement, sur un ouvert au-dessus duquel elles flottent. Dans le cadre différentiable, on peut se donner localement une fonction numérique, par exemple en explicitant sa façon d'agir sur des coordonnées locales ; et les ensembles de fonctions d'une certaine qualité définies de cette façon sur un ouvert possèdent spontanément une structure algébrique, généralement une structure de $\mathbb{R}$-algèbre (ceci mène ainsi à la définition des espaces $\mathcal{C}^k(U,\mathbb{R})$ – $k$ variant de 0 à $\infty$ –). Le concept de faisceau permet d'envisager *directement* des entités inter-opérables au-dessus de chaque ouvert d'un recouvrement de l'espace, même si elles ne s'identifient pas à des fonctions à valeurs dans un ensemble déterminé, et même si l'on ne dispose pas non plus, grâce à des coordonnées locales, de capacités de traitement de ces entités capitalisées de longue date, comme celles qu'offre, en géométrie différentielle, l'analyse. Cependant, l'idée d'avoir des « entités inter-opérables » au-dessus de chaque ouvert conserve quelque chose du paradigme de la géométrie de coordonnées : on n'a plus de coordonnées, mais on a en quelque sorte des fonctions qui « seraient » définies en termes de ces coordonnées, et la possibilité de les composer selon des opérations.

Les faisceaux interviennent essentiellement comme un langage, permettant de développer des considérations où les coordonnées des cartes locales, si jamais elles sont disponibles, n'ont pas lieu d'être prises en vue, parce qu'en quelque sorte l'information qui compte, par exemple sur la topologie de la variété, a été suffisamment stockée dans les configurations associées à la variété par le point de vue faisceautique. C'est ainsi notamment que les techniques de cohomologie des faisceaux, purement algébriques, et relevant même plus précisément de l'algèbre des objets et flèches (dite algèbre homo-

99. D'après la contribution de Ch. Houzel au colloque *Le continu mathématique*, le concept de faisceau a d'abord été introduit par Leray pour les besoins de la topologie algébrique, plus précisément comme auxiliaire de l'approche cohomologique. En ce sens, le concept de faisceau apparaît comme d'abord lié historiquement à la tentative de penser l'infinitésimalité dans le cadre différentiable. Nous commentons ici le concept tel qu'il fonctionne aujourd'hui, dans une présentation due à H. Cartan (nous suivons toujours Ch. Houzel pour cette information historique).

logique), pourront être mises en œuvre dans le contexte différentiable (ou le contexte analytique complexe).

Dans la mesure où de nombreux résultats géométriques (pour l'essentiel, ayant trait à ce qu'on peut rencontrer en fait de particularité topologique parmi les variétés) ont été obtenus à l'aide de l'homologie ou la cohomologie, qui « mémorisent » d'un seul coup la structure topologique des variétés dans des familles d'objets algébriques pour faire jouer librement ces objets selon la logique de l'algèbre homologique ensuite, dans la mesure où le concept de faisceau apparaissait comme un instrument privilégié du déploiement de ces approches, et dans la mesure où par ailleurs la géométrie algébrique moderne accorde une importance décisive au concept de faisceau, on en est venu à franchir le « pas herméneutique », comme il est fréquent en mathématiques, et à qualifier de *géométrique* toute situation où un faisceau, une correspondance faisceautique, sont donnés. La géométrie, à cette aune, serait redéfinissable comme l'étude d'espaces topologiques au-dessus desquels sont données des « fonctions » locales (fonctions qui ne sont même pas des fonctions). Nous pouvons en tout cas témoigner que des géomètres s'expriment spontanément ainsi. Il est juste de parler ici de *pas herméneutique*, puisque nous voyons ce qui semble au premier abord pur instrument d'investigation d'un objet devenir soudain ce en termes de quoi on redéfinit l'objet, et en fait bien plus que l'objet au sens circonscrit et dogmatique du mot : l'objet comme instance de la question, la *géométrie* étant par essence ce dont l'être est en débat, demande à être interprété par la mathématique. D'ailleurs, nous reconnaissons ce statut de la redéfinition du *géométrique* à ceci que l'égalisation de la géométrie avec l'étude des espaces topologiques munis de faisceaux ne fera jamais l'objet d'une définition explicite d'un traité. Cette égalisation ne peut jamais être autre chose que la thèse devenue dominante à la suite d'un coup de force herméneutique, comme il y en a eu beaucoup en mathématiques, puisque celles-ci ont beaucoup pensé. C'est pourquoi nous avions cité dans notre chapitre introductif le niveau des « noms de branche » (comme analyse, algèbre, géométrie) comme un des niveaux où travaille l'herméneutique, en liaison avec les niveaux plus internes de l'instance de la question.

Cela dit, il nous importe au premier chef de comprendre de quelle manière le point de vue faisceautique *récupère* la pensée résumée par le diagramme de la localité dégagé plus haut. La remarque qui s'impose est alors la suivante : beaucoup de ce qui fait la teneur de ce diagramme, et que nos commentaires ont visé à souligner, est pour ainsi dire mis en vedette par le concept de faisceau.

Pour commencer, le principal axiome définitoire de la notion de faisceau parle de la tension *local-global*, le local de l'affaire étant le *local-indéterminé* de l'ouvert quelconque, et le *global* s'identifiant à une localité indéterminée particulière, prise comme le tout de la perspective : une « fonction » définie sur un ouvert (qui peut, mais ne doit pas être égal à tout l'espace) est caractérisée par ses « restrictions » à des ouverts constituants locaux de cet ouvert, mais on ne peut remonter de données locales à une fonction globale que si ces données sont *compatibles*. Le problème mis en exergue par le concept de faisceau est donc celui du *recollement* des pseudo-fonctions que sont les entités habitant les ensembles associés par le faisceau aux ouverts.

Deuxièmement, la problématique du local-infinitésimal se laisse développer dans le cadre des faisceaux comme si l'on avait de vraies fonctions : on définit une *fibre* de germes qui sont la « valeur infinitésimale » du faisceau sans être, à ce stade et dans cet exposé, de vrais germes de vraies fonctions[100]. Dans cette généralisation, il est clair que l'écart entre le *local ponctuel* et le *local infinitésimal* se conserve tout aussi bien. L'élaboration du langage des faisceaux manifeste en fait que cet écart était « depuis toujours » pensé de manière faisceautique dans la géométrie différentielle moderne. Autant dire que le contexte des faisceaux restitue le diagramme de la localité, surdétermine son sens purement topologique à l'instar du contexte différentiable.

#### 3.3.2.2 Vers une logique « catégorique » de la localité

Mais, nous l'avons dit, ce qui nous intéresse surtout, dans le concept de faisceau, c'est la perspective qui s'ouvre de l'abandon du lien herméneutique de l'espace avec le continu. En effet, le diagramme de la localité, qui, selon la ligne de notre commentaire, est le contenu profond de la pensée mathématique moderne de la spatialité, apparaît comme non-dépendant de la donnée de substrats continus, ou provenant du continu par des constructions ensemblistes standard (les $\mathbb{R}^n$, $\mathbb{C}^n$, les espaces fonctionnels associés). On peut envisager des faisceaux de groupes, d'anneaux etc. sur des espaces topologiques quelconques, associant à chaque ouvert des groupes ou anneaux quelconques. Et c'est bien évidemment ce que fait la géométrie algébrique : il lui est naturel d'envisager des espaces substrat munis de la topologie de Zariski sur un $k^n$ affine, $k$ étant le corps de référence, ou la topologie qui lui fait écho sur $Spec(R)(^*)$, où $R$ est un anneau. Les propriétés de telles topologies contrastent fortement avec celles de la topologie de $\mathbb{R}$, et les faisceaux les plus spontanément considérés sont des faisceaux d'anneaux de polynômes à coefficients dans un anneau général $k$, qui peut parfaitement être très différent de $\mathbb{R}$ et $\mathbb{C}$, par exemple être $\mathbb{Z}$ ou un corps fini.

Une explication supplémentaire est ici nécessaire, parce qu'il faut bien évaluer comment se distribue « l'abandon du continu », ou du moins l'émergence de la possibilité d'un tel abandon, entre le concept absolument général de topologie d'une part, le concept de faisceau d'autre part.

Il est clair que la notion d'espace topologique, par elle-même, et c'est d'ailleurs ce que son intitulé annonce, généralise le sens du mot espace, et le rend indépendant de la structure particulière qu'est le continu. Notre développement sur le diagramme de la localité topologique est donc déjà l'indication de la possibilité d'une pensée de la localité, soit de la spatialité dans ce qui lui est essentiel, sans la présupposition du continu. Mais, nous semble-t-il, les mathématiciens n'éprouvent pas les purs espaces topologiques comme des objets vraiment *spatiaux*, ou plutôt vraiment *géométriques* : ils ressentent qu'il leur manque quelque chose, correspondant peut-être au pendant du suffixe *métrie* dans géométrie. Comme si le véritable espace, celui dont il y a *géométrie*, était un espace dont la localité devait être chargée de quelque chose comme une *mesure*, ou tout au moins comme une *dimension numérique*. Nous n'entendons pas les mathématiciens employer les mots *géométrie* et *topologie* comme des synonymes, bien qu'il n'y ait, depuis que les langages et les pratiques sont mûrs, à notre connaissance guère de topologues qui seraient de « purs topologues » sans être en même temps « géomètres ». On dénomme néanmoins topologues ceux dont l'intérêt principal, dans des recherches où ils prennent en considération les objets de la géométrie différentielle, par exemple,

100. Mais on peut les réinterpréter comme de tels germes en introduisant l'*espace étalé* associé au faisceau.

est l'obtention de résultats de validité topologique générale, ou d'intérêt topologique général : et dans cet usage, le sentiment de distinction se vérifie.

Comme nous le disions à l'instant, le concept de variété différentiable est une première réponse, une première tentative d'élucidation de ce qui dans l'essence de la géométrie viendrait en plus du thème de la localité. Ce serait le caractère localement codable par des nombres, autorisant un certain degré de mesure locale : en général non intrinsèque, ou si elle est intrinsèque, ne possédant pas globalement les propriétés d'une distance [101]. Le plus en question vient d'ailleurs surcharger et surdéterminer le thème de la localité, de l'écart ou de la tension local/global, puisque le codage numérique est notamment ce qui n'est pas global, et ce à partir de quoi peuvent être suscités ou envisagés des objets non-globalisables, ou globalisables sous condition.

Le concept de faisceau survient alors comme quelque chose qui conserve ce plus d'un élément « numérique » local *sans le lier au paramétrage par un continu numérique* : en lieu et place de ce paramétrage vient, ainsi que nous l'avons dit, la donnée d'entités inter-opérables locales, de « pseudo-fonctions ». Ce concept rend donc la pleine signification de l'essence du géométrique, de l'espace comme espace géométrique, pour la première fois indépendante du continu. Et de fait, la géométrie algébrique, qui fonctionne fondamentalement, dans son orientation moderne, inspirée par Grothendieck, à partir du concept de schéma (dérivé de celui de faisceau), est ressentie comme *géométrie* au sens fort du terme, même lorsqu'elle se meut dans un domaine absolument indépendant du continu. C'est pourquoi nous voyons dans l'apparition du concept de faisceau l'élément essentiel de la nouvelle donne herméneutique concernant l'espace comme espace géométrique.

En fait, si l'on regarde certaines possibilités extrêmes indiquées par la machinerie de théorie des catégories mise en œuvre par la géométrie algébrique, on aperçoit une éventualité herméneutique plus radicale encore, qui remonterait de l'herméneutique de l'espace au niveau de l'herméneutique du continu lui-même, pour en déconstruire l'interprétation ensembliste aujourd'hui dominante. La teneur ensembliste du continu (pris comme substrat de la géométrie) subsiste en effet dans la géométrie faisceautique, en un sens du moins, avec la référence au concept ensembliste d'espace topologique. La géométrie ne se déroule plus dans ce qui, ne serait-ce que localement, relève du continu réel (ou complexe), mais elle reste liée à des *substrats* (les ensembles de base des schémas) qui sont des espaces topologiques, et qui fournissent, en termes de la notion de localité, une prestation analogue à celle des continus classiques. Par ce biais, on peut dire qu'une certaine présence du continu dans la théorie de l'espace se maintient en géométrie algébrique, même si c'est une présence faible ou une présence d'ersatz. Cette présence est d'ailleurs renforcée par certains aspects eux-mêmes analogiques du discours de la géométrie algébrique : celle-ci, volontiers, essaie de construire, à partir de sa situation de base fort différente, l'analogue des objets de la géométrie différentielle (comme les espaces tangents, ou les formes différentielles). Ceci manifeste une persistance du continu comme modèle, ou comme horizon, en quelque sorte.

Mais la machinerie de la théorie des catégories permet d'envisager la rupture avec cette forme faible du lien elle-même. Le concept de faisceau, dont nous venons de voir l'importance herméneutique, et qui est l'ingrédient basique de la définition du concept

101. Ce genre de problèmes nous envoie dans la direction de la théorie des variétés riemaniennes.

de *schéma*[102], se définit en effet en termes de théorie des catégories, de manière très « simple ». Un faisceau d'entités du type $T$ sur un espace topologique $X$ est en effet un foncteur contravariant de la catégorie des ouverts de $X$ vers la catégorie des entités de type $T$, jouissant en plus d'une propriété décisive concernant le recollement local-global : étant donnée une famille de données $f_i$ d'éléments des $\Gamma(U_i)$ [la notation $\Gamma(V)$ désignant généralement l'anneau associé à l'ouvert $V$ par le faisceau], famille supposée compatible [c'est-à-dire qu'on a $\rho_{U_i, U_i \cap U_j}(f_i) = \rho_{U_j, U_i \cap U_j}(f_j)$ systématiquement, $\rho_{V'V}$ désignant, pour $V \subset V'$ l'opération de restriction de $\Gamma(V')$ vers $\Gamma(V)$ – soit « de $V'$ à $V$ » – donnée avec le faisceau], il existe *exactement un élément* $f$ de $\Gamma(U)$, $U$ étant la réunion des $U_i$, dont la restriction selon le faisceau à chaque $U_i$ est $f_i$.

On voit donc que le concept d'espace topologique intervient ici par le truchement de la catégorie des ouverts d'un espace topologique, et que plus précisément, le seul concept a priori étranger au langage catégorique qui joue est celui de *recouvrement* d'un ouvert par des ouverts. Il est donc naturel que naisse l'idée de court-circuiter cette référence en redéfinissant de manière purement catégorique les recouvrements : ceci mène au concept de *site*, c'est-à-dire de catégorie où chaque objet est muni d'un ensemble de « recouvrements », familles de flèches de but l'objet, avec trois propriétés qui axiomatisent le comportement des recouvrements[103]. Le concept de faisceau peut donc être défini indépendamment de toute référence à un *substrat* topologique, un faisceau étant simplement un foncteur contravariant sur un site.

Nous n'allons pas essayer, nous n'en serions pas capable, de raconter ce qu'on peut développer dans une telle ligne, ni même d'en donner à la vérité une idée « sérieuse ». Nous voudrions seulement identifier ce qui nous semble être l'événement herméneutique apporté par ce type de redéfinition. Le geste que nous venons de rapporter ne garde, de la conceptualité topologique, qu'une part concernant l'élargissement de la localité indéterminée, retraduite par une axiomatique des flèches d'inclusion d'ouverts dans d'autres ouverts. Ce qui est abandonné est alors l'espace, le substrat ensemble de points : l'espace sans localité, pur divers déposé dans son éventuelle infinité assumée (le « continu », dans le sens métaphysique minimal que notre analyse herméneutique dégageait à partir de Kant). Ce qui est conservé est, sinon le diagramme de la localité dans son intégralité, du moins certains aspects substantiels de lui, qui n'auraient donc pas besoin de l'ensemble substrat.

En fait, cet abandon de l'ensemble substrat comme ancrage de la pensée de la localité n'est pas seulement la libération virtuelle de la pensée de la spatialité à l'égard de celle du continu, c'est aussi, si du moins l'on regarde une tendance extrême du discours actuellement évoqué, la remise en question générale du rôle fondationnel du concept d'ensemble, et donc, à l'horizon, du concept d'infini actuel qui régit depuis assez longtemps désormais la mathématique[104]. C'est que, le choix de se passer des ensembles substrats, à l'intérieur desquels il faut entrer pour trouver les points et écrire leur appar-

102. Un schéma étant un faisceau d'anneaux locaux sur un espace topologique, localement isomorphe comme faisceau au faisceau paradigmatique $o_{Spec(R)}$ pour un certain anneau $R$.

103. Ce sont les trois propriétés de *pré-topologie* : un objet est recouvrement de soi, des recouvrements d'objets entrant dans le recouvrement d'un objet s'assemblent en un nouveau recouvrement (« plus fin ») de cet objet, et on peut prendre la trace d'un recouvrement sur un sous-objet ; cf. Goldblatt, R, *Topoi : the categorial analysis of logic*, Amsterdam, North-Holland, 1984, p. 374-375.

104. Et ce, paradoxalement, alors que la géométrie algébrique est peut- être le plus beau fleuron de la mathématique bourbachique.

tenance à leur cage, correspond à une orientation générale de la géométrie algébrique : par exemple, la géométrie algébrique aime à généraliser la notion de « point » d'un schéma en appelant « point $k$-valué » tout morphisme d'un schéma affine $Spec(k)$ vers le schéma considéré. Cette généralisation s'autorise du fait que dans la plupart des catégories usuelles, on retrouve les éléments de l'ensemble substrat à partir des flèches de source un objet final de la catégorie et de but l'objet considéré [105] : les éléments d'un ensemble $X$ sont ainsi assimilables aux applications du singleton $\{1\}$ vers $X$. L'orientation qui se manifeste ici est celle de la reformulation catégorique de ce qui est ensembliste (l'appartenance, l'inclusion), reformulation qui permet de regarder les rapports ensemblistes fondamentaux pour ainsi dire « de l'extérieur », de manière déterritorialisée. Le concept de topos, si nous comprenons bien, s'inscrit dans cette ligne : il consiste en la mise à plat de toutes les propriétés que doit posséder une catégorie pour se comporter *comme la catégorie des ensembles*. En harmonie avec cette tendance de la géométrie algébrique, certains mathématiciens-logiciens [106] ont tenté d'aller au bout de la tentative de reconstruire les mathématiques sur la notion de topos, en lieu et place de celle d'ensemble. Nous n'entrerons pas non plus dans les détails de ces travaux, mais nous voudrions indiquer comment la démarche donne lieu à une « sémantique » qui manifeste une certaine convergence du point de vue catégorial ou toposique avec l'intuitionnisme et la logique de Heyting : une telle convergence est un indice de ce qu'il s'agit implicitement, dans ce point de vue aussi, d'une critique de l'infini actuel.

La théorie des topoi, donc, permet de développer une « théorie des modèles » pour la logique des prédicats du premier ordre, parallèle à la théorie des modèles classique, se distinguant par ceci que ses *modèles* sont des objets dans des topoi plutôt que des ensembles. Pour nous limiter à évoquer l'essentiel de l'idée de cette sémantique, à une constante relationnelle à $n$ variables sera associée par l'interprétation un sous-objet de la $n$-ième puissance de l'objet $A$. Le fait qu'on est dans un topos garantit que la notion de $n$-ième puissance a un sens, et que les *sous-objets* (classes d'équivalence de flèches moniques) se comportent d'une façon booléennement, ou plutôt quasi-booléennement satisfaisante. Sur une telle base, les procédés de construction disponibles dans un topos permettent de produire une sémantique en donnant des « réalisations » au plan catégorique des modes d'assemblage récursif des formules (connexion logique, quantification [107]). En fin de compte, un sous-objet de $A^n$ sera associé par la sémantique à toute formule à $n$ variables libres ; la formule sera dite vraie dans le modèle si ce sous-objet est le sous-objet plein, défini par la flèche $1_{A^n}$. Un théorème de complétude peut être énoncé pour cette sémantique : les énoncés vrais dans tout objet $A$ de tout topos sont exactement ceux qui sont déductibles dans la logique de Heyting. La sémantique selon les topoi semble donc reconnaître un privilège de la logique intuitionniste. Ce pri-

105. Cf. Mumford, D., *Introduction to Algebraic Geometry, Preliminary version of first 3 Chapters*, 1968, p. 218-223.

106. Lawvere est le père de cette démarche.

107. Techniquement, on est conduit à associer à une formule donnée non pas un sous-objet d'un $A^n$ « en personne », mais son caractère, c'est-à-dire la flèche de $A^n$ vers le « classifieur de sous-objets » $\Omega$ du topos caractérisant le sous-objet (ces caractères généralisent à un topos quelconque la notion de fonction caractéristique d'un sous-ensemble). Alors les connecteurs logiques et les quantificateurs s'expriment par la composition à gauche par des flèches judicieusement choisies, de source un objet construit sur $\Omega$ (cf. Goldblatt, R. , *Topoi : the categorial analysis of logic*, p. 245-248).

vilège est-il à mettre en rapport avec une prise de distance critique à l'égard de l'infini actuel (puisqu'une telle prise de distance est l'origine philosophique du système de Heyting) ? Bien qu'il soit naturel de le supposer, cela n'est, il faut le concéder, pas d'une évidence immédiate, à regarder sommairement la théorie des topoi. Cependant, Goldblatt [108] établit une sorte de pont entre l'attitude philosophique intuitionniste et la technique des topoi en montrant comment cette dernière permet de présenter facilement, au moyen de la notion de foncteur, la notion d'ensemble « en devenir ». Dans un tel cadre, la sémantique inventée par S. Kripke pour la logique de Heyting peut être complètement retrouvée comme sémantique dans des topoi [109].

En prenant les choses de beaucoup plus loin, il semble bien que le point de vue de base de la théorie des catégories, qui consiste à « ramasser » l'identité ensembliste complexe d'une application dans une flèche, induise quelque chose de *constructif* : la logique « globale » des applications peut-elle être aussi riche que la logique qui prend en considération leur détail (éventuellement infinitaire) ? Poser cette question, c'est interroger au niveau le plus profond le rapport de la théorie des topoi à la théorie des ensembles. Telle qu'on l'expose usuellement, la théorie des topoi est présentée dans le cadre de la théorie des catégories, qui elle-même présuppose largement la théorie des ensembles : la collection des morphismes d'un objet dans un autre est un ensemble, et nombre de constructions ou de démarches de la théorie font appel à ce titre à la théorie des ensembles. La collection des objets des catégories, souvent, est d'ailleurs elle-même posée comme un ensemble (notion de « petite catégorie »). La première raison d'être de la théorie était de servir aux desseins des géomètres et topologues algébristes, et ceux-ci n'entendaient pas renoncer à l'environnement et l'outil ensemblistes, après tout. Cependant, dès lors que le projet fondationnel d'un Lawvere existe, il y a lieu de reméditer le problème et de se demander jusqu'à quel point on pourrait effectivement court-circuiter la théorie des ensembles pour l'exposition et le maniement de la connaissance mathématique. Cette question, notons le au passage, est également pertinente pour juger de la portée des résultats de « théorie des modèles à valeur dans des topoi » cités tout à l'heure : dans la présentation ordinaire de cette notion de modèle, le processus de correspondance d'une constante non-logique du langage à son interprétation est « incarné » dans une *application*, soit un objet ensembliste clas-

108. Cf. *Topoi : the categorial analysis of logic*.

109. Un modèle de Kripke lié à un graphe $P$ est réinterprété comme modèle dans le topos $Set^P$ des foncteurs de la catégorie associée à l'ordre $P$ vers la catégorie des ensembles [cf. *Topoi : the categorial analysis of logic*, p. 256-263]. Ceci est une illustration de l'idée générale, défendue par Goldblatt après Lawvere, selon laquelle la théorie des topoi est apte à formaliser la notion d'ensemble « potentiel » ou « en évolution », dont la collection d'éléments n'est pas fixée une fois pour toutes. La citation suivante, prise dans un autre traité, évoque cette idée :

> « Selon Lawvere, les faisceaux peuvent être perçus comme des ensembles continûment variables, peut-être changeant avec le temps, d'une façon réminiscente de Héraclite et implicite dans la vision d'origine de Brouwer, ainsi que, plus formellement, dans l'interprétation de Kripke de la logique intuitionniste »
>
> « According to Lawvere, sheaves might be perceived as continuously variable sets, perhaps changing in time, in a manner reminiscent of Heraclitus and implicit in Brouwer's original view and, more formally, in Kripke's interpretation of intuitionnistic logic. » [Lambek, J. , & Scott, P.J. , *Introduction to higher order categorical logic*, Cambridge, Cambridge University Press, 1986, p. 126] [notre traduction].

sique. Aucune théorie des modèles ne peut s'autonomiser à l'égard de la théorie des ensembles si elle se contente de proposer une alternative *référentielle* aux modèles : des modèles qui ne soient pas des ensembles ou des structures ensemblistes. Il faut aussi qu'elle soit en mesure de définir dans des termes qui lui soient propres la correspondance interprétative [110]. La force et le privilège fondamental de la théorie des ensembles sont d'être une théorie du premier ordre qui donne place à des *applications* parmi les objets, en récupérant sans problème les fonctions naïves, et en introduisant une grande richesse de fonctions non naïves. C'est ce qui lui permet d'être tout à la fois le langage de mathématiques sophistiquées et le métalangage de la théorie des modèles.

Il y a une amorce de réponse technique à la question de la puissance de la théorie des topoi à cet égard dans un chapitre du livre de Goldblatt. On y apprend qu'une théorie des ensembles faible, notamment sans schéma de remplacement, est interprétable dans la théorie des topoi [111]. Nous avouons n'avoir pas examiné si le concept d'interprétation

110. Dans le passage suivant de son article « Generalizing classical and effective model theory in theories of operations and classes » [ Mancosu, P. ,« Generalizing classical and effective model theory in theories of operations and classes », à paraître dans les *Annals of pure and applied logic*], Paolo Mancosu nous semble exprimer essentiellement la même exigence :

> « En théorie récursive des modèles, de nombreuses notions classiques sont conservées avec leur signification classique, et non relativisées. Ce trait de la théorie récursive des modèles la rend problématique dans la perspective d'un développement plus abstrait. Par exemple, en théorie des modèles décidables, un modèle premier décidable est défini comme un modèle décidable qui est (classiquement) plongeable dans tout modèle de la théorie. J'adopterai une autre approche : un modèle $A$-premier est défini comme un modèle qui est $A$-plongeable dans tout $A$-modèle de la théorie, où $A$ représente l'univers d'objets pris en compte dans la théorie analogue. Par conséquent, pour une telle démarche, un modèle premier décidable est un modèle qui est récursivement plongeable dans tout modèle décidable de la théorie.
>
> En envisageant cette reformulation je me sépare de la plupart de la théorie des modèles récursives, où l'on adopte souvent un mixte de notions récursives et de notions classiques. Ma façon de rendre compte des analogues sera tel que, lorsque nous interpréterons un résultat modèle-théorique dans l'une des interprétations de la métathéorie, alors nous nous trouverons pour ainsi dire immergés dans un univers purement analogue (qu'il soit récursif, hyperarithmétique ou admissible), sans être capables de dire ce qui se passe classiquement tant que nous n'avons pas basculé vers l'interprétation classique »
>
> [ « In recursive model theory many of the classical notions are retained in their classical sense and not relativized. This feature of recursive model theory makes it problematic for a more abstract development. For example in decidable model theory a decidable prime model is defined to be a decidable model that is (classically) embeddable in every model of the theory. I will take another line of approach : an $A$-prime model is taken to be one which is $A$-embeddable in any $A$-model of the theory, where $A$ represents the universe of objects dealt with in the analogue. Thus, in this account, a decidable prime model is a model that is recursively embeddable in any decidable model of the theory.
>
> Considering this reformulation I part company with much of recursive model theory in which a mix of recursive and classical notions is often adopted. My rendering of the analogues will be such that once we interpret a model theoretic result in one of the interpretations of the metatheory then we will be immersed, so to speak, in a purely analogue universe (be it recursive, hyperarithmetic or admissible) without being able to see what happens classically unless we switch to the classical interpretation. »].

111. La conclusion du ch. 12 de *Topoi The Categorical Analysis of Logic* est

> « En somme, donc, il y a une correspondance exacte entre les modèles de la théorie des ensembles $Z$ et les topoi bien pointés, partellement transitifs. Le concept d'un « topos bien pointé partiellement transitif » peut être exprimé dans le langage du premier ordre des

alors mis en jeu pouvait être formalisé dans la théorie des topoi, mais cela ne nous semble pas exclu.

Nous n'entrerons pas ici dans le problème de savoir si, à supposer que tous les obstacles techniques soient levés, la théorie des topoi formaliserait de manière *satisfaisante* la notion d'application : en telle manière que l'intuition pré ou post-formelle de l'application dialogue commodément avec la formalisation en cause. Nous ne sommes pas en train d'écrire un article sur les prétentions fondationnelles de la théorie des topoi.

Nous voulions seulement montrer que les reformulations dans le langage de la théorie des catégories de la notion d'espace topologique, et de la notion de point d'un ensemble, avancées dans le cadre de la géométrie algébrique, pouvaient être regardées comme faisant partie d'un projet général de « remplacement » de la doctrine ensembliste par une autre. Nous avons donc évoqué les moments fondamentaux par lesquels un tel projet devait nécessairement passer, à savoir, le dégagement d'une logique alternative du « point », de l'appartenance, de l'infini, et la systématisation de cette logique en une théorie qui puisse entrer en compétition avec la théorie des ensembles : qui, notamment, contienne un concept d'*application* rival de l'ensembliste, lui permettant de se substituer à celle-ci dans sa fonction de métathéorie de la théorie des modèles. Les quelques indications rassemblées suffisent pour se convaincre que dans l'éventualité de l'accomplissement de ce projet, la pensée de l'espace, en tant que pensée implicite d'un continu lui-même conçu comme ensemble infini, ne se survivrait sans doute pas telle quelle.

En résumé, le mouvement par lequel la pensée géométrique novatrice se montre capable de rompre le lien herméneutique de l'espace avec le continu, est peut-être l'ébauche d'un acte herméneutique plus radical, qui désolidariserait aussi le continu de l'infini, ou bien, si l'on envisage les choses autrement, proposerait une nouvelle version des trois pôles, version au sein de laquelle leur hiérarchie serait à tout le moins à reconsidérer. Il faut, bien entendu, ne pas comprendre ce que nous venons de dire au-delà de ce qui est raisonnable. Nous n'avons pas prétendu qu'un tel remaniement radical du sens de l'espace et de la triade herméneutique soit *de fait* accompli aujourd'hui : il s'agissait seulement d'une conjecture prenant acte de la profondeur des refontes conceptuelles apportées par le point de vue catégorique, conjecture à laquelle nous

---

catégories, et de la sorte nous avons une correspondance exacte entre les modèles de deux théories du premier ordre. En fait tout cet exercice peut être traité comme un exercice syntaxique, la définition ensembliste de « fonction (flèche) » et la définition catégorique de « objet de type ensemble » fournissant deux interprétations préservant les théorèmes des deux système formels l'un dans l'autre. »

« In summary then, there is an exact correspondence between models of the set theory $Z$ and well-pointed, partially transitive, topoi. The concept of a « well pointed partially transitive topos » can be expressed in the first-order language of categories, ans so we have an exact correspondence between models of two first-order theories. Indeed the whole exercise can be treated as a syntactic one, the set-theoretic definition of « function (arrow) » and the categorial definition of « set object » providing theorem-preserving interpretations of two formal systems in each other. » [*Topoi The Categorical Analysis of Logic*, p. 330] [notre traduction].

Goldblatt ajoute que la théorie des topoi peut « s'égaler » semblablement aux théories des ensembles plus fortes (telle ZFC) en donnant des références.

ne saurions pas donner de contenu plus précis. On doit, à vrai dire, dans une telle matière, garder à l'esprit au moins les limitations suivantes :

— La reprise de tout le discours mathématique dans le cadre de la théorie des topoi n'est pas autre chose que la perspective tracée par un petit groupe de chercheurs ; il est constatable qu'aujourd'hui le concept d'ensemble formel est toujours le point d'ancrage juridique et le configurant principal de l'activité mathématique.

— À l'intérieur de la géométrie algébrique, la possibilité de court-circuiter en termes de théorie des catégories la notion d'espace topologique n'a pas, pour ce que nous en savons, totalement envahi le champ, au point que l'on pourrait prétendre que des notions comme celle de site sont *premières* pour la pratique des géomètres algébristes. À ce qu'il nous semble, plutôt, une grande partie de cette pratique consiste à reconduire le langage topologique ordinaire dans le contexte « algébrique », en se référant à des schémas qui présupposent des espaces topologiques classiques. Mieux, comme nous l'avons dit, le cordon ombilical de la recherche d'analogie avec la géométrie différentielle n'est pas coupé, et en ce sens, le fait que la pensée topologico-faisceautique de la localité est généralisation d'une pensée géométrique traditionnelle arrimée au continu réel, et reste indexée sur ce qu'elle généralise, pèse tout son poids.

— Enfin, la pensée du local libérée du continu et même du topologique, donc la pensée du local radicalement autonomisée dont la géométrie algébrique suggère au moins la viabilité, n'est pas la *totalité* du message de la mathématique actuelle. Nous avons déjà parlé du développement considérable au cours des dernières années de la théorie des systèmes dynamiques. Or il est bien clair que dans cette branche, non seulement le caractère régulateur des concepts topologiques est reconnu, mais la dépendance de la pensée de la localité, composante absolument décisive des travaux en question, à l'égard du *continu réel* n'est nullement remise en question. Les développements dont nous parlons manifestent au contraire que la localité en tant qu'effet associé aux variétés différentiables reste un mystère à interroger, au sujet duquel il y a beaucoup de mathématiques à produire.

Nous voudrions marquer encore plus cette dernière limitation en évoquant ce qui nous semble être l'amorce d'un autre événement dans l'herméneutique de la localité : nous voulons parler des éléments spécifiques apportés par l'analyse non standard.

#### 3.3.2.3 Classicisme de l'herméneutique non standard de la localité

Ce qui nous révèle le mieux la nature de ces apports, justement, est la contribution récente de la méthode à la théorie des systèmes dynamiques : nous voulons parler des travaux sur les « canards »[112] et plus récemment sur les « fleuves ». On peut partir, pour faire sentir ce dont il s'agit, des termes dans lesquels A. Chenciner rend compte de ces travaux dans « Systèmes dynamiques différentiables »[113]. Ce dernier écrit en

112. Travaux auxquels ont contribué, à des degrés divers, E. Benoit, F. et M. Diener, J.-L. Callot et C. Lobry, pour nous borner à nommer les membres du groupe originaire des « chasseurs de canards ».

113. Cf. Chenciner, A., « Systèmes dynamiques différentiables », in *Encyclopaedia Universalis*, Tome XVII, Paris, 1985, p. 594-630.

effet, évoquant les équations de la forme $\epsilon\frac{d^2x}{dt^2} + (x^2 - 1)\frac{dx}{dt} + x - 1 + \mu = 0$ – une famille paramétrée par $\epsilon$ et $\mu$ qui pour $\epsilon = 1$ donne une équation de Van der Pol – que leur étude « montre bien le caractère *local*[114] des affirmations du théorème de Hopf »[115]. En effet, le théorème de bifurcation de Hopf enseigne qu'au voisinage de 0 pour $\mu > 0$, c'est-à-dire, autrement exprimé, « localement en 0 pour les valeurs positives de $\mu$ », le champ de vecteur du plan associé à l'équation admet une solution périodique dont la taille est asymptotiquement celle d'un cercle de rayon $\sqrt{\mu}$. Pourtant, l'expérience numérique réalisable sur ces équations, qui consiste à demander le traçage des trajectoires sur un écran d'ordinateur, montre que pour de petites valeurs de $\epsilon$, les solutions périodiques ont une forme et une taille imprévues (elles sont trop grandes) pour certaines très petites valeurs de $\mu$. Il n'y a pas là le moindre paradoxe selon le point de vue classique sur la localité : selon ce dernier, localement en zéro veut dire « dans un ouvert contenant zéro (de taille absolument indéterminée) », et le « phénomène » dont il s'agit indique simplement que l'ouvert dans lequel le système se comporte à la Hopf est plus petit qu'on ne pouvait le supposer. C'est d'ailleurs exactement ainsi, nous l'avons vu, qu'Alain Chenciner expose l'affaire. Il joint au dossier une illustration graphique, où l'on voit, pour $\epsilon = 0{,}01$ et $\mu = 0{,}0012595488$ l'aspect et la taille *imprévus* du cycle-limite, et pour $\epsilon = 0{,}01$ encore mais $\mu = 0{,}0012595487$ cette fois, l'aspect Hopf du même cycle. Ce qui est intéressant en la matière est que, selon la compréhension normale de l'objet de la théorie des systèmes dynamiques, théorie œuvrant dans le cadre du concept classique de la localité, cette affaire ne devrait nous semble-t-il même pas être rapportée dans l'article d'A. Chenciner : une telle étude de ce qui se passe pour des valeurs concrètes, de la frontière numérique définissant pour un théorème donné l'*assez petit* (soit le « local ») ne fait pas partie du contexte problématique de la géométrie différentielle contemporaine, en tant que discipline strictement mathématique (elle relèverait plutôt de l'analyse numérique ou de la physique). On observera d'ailleurs que dans tout l'article de Chenciner, ce passage est le seul où figurent des valeurs *numériques*[116].

La raison de la présence du passage dans l'article est en fait l'existence d'un point de vue selon lequel le phénomène dont il s'agit appartient non pas à l'étude de ce qui se passe *empiriquement* lorsque $\epsilon$ et $\mu$ sont tous les deux petits, mais de ce qui se passe *idéalement* pour $\epsilon$ et $\mu$ infiniment proches de zéro : ce point de vue, qui est celui de l'analyse non standard, est d'ailleurs celui auquel on doit tout simplement l'observation du phénomène. Il conduit à prédire, pour certaines valeurs infiniment petites de $\mu$, une morphologie spéciale du cycle-limite, correspondant à une trajectoire du système dynamique associé à l'équation de Van der Pol du type *canard*[117] : c'est cette « vérité infinitésimale » qui « explique » l'aspect et la taille imprévus mentionnés à l'instant.

Cet exemple suffit à nous indiquer que l'analyse non standard apporte une autre conception de la localité. Il sera donc intéressant d'essayer d'indiquer ce qui la carac-

114. Souligné par nous.

115. Cf. *op. cit.*, p. 602-603

116. Nous ne comptons pas pour des « valeurs numériques » les nombres algébriques coefficients des équations et développements divers.

117. Pour des précisions sur le concept de solution-canard, voir Diener, M., « Canards ou comment bifurquent les systèmes différentiels lents-rapides », in Barreau, H., & Harthong, J., (dir.), *La mathématique non standard*, Paris, Éditions du CNRS, 1989, p. 401-421.

térise, sans nous enfermer dans les limites de l'exemple allégué, mais sans renoncer à y revenir pour l'éclairer non plus.

Ce qui est le plus apparent de l'apport de l'analyse non standard est certes l'*actualisation* du local-infinitésimal : puisque ce dernier figure dans le diagramme de la localité que nous associons à la conception classique du local, cette actualisation, par elle-même, semble valoir comme réélaboration de la question du local. Cependant, ce n'est pas là que se situe l'essentiel, à notre avis. Ce qui compte, en effet, c'est que le local-infinitésimal est *diversifié* selon un critère *quantitatif*. Une telle diversification ne serait, certes, pas possible sans l'actualisation élémentaire de l'infinitésimal, ou de l'infiniment-proche-de, mais elle constitue un supplément de sens par rapport à cette actualisation.

L'analyse non standard permet de distinguer, dans le *halo* d'un nombre réel $x$ (ensemble externe des réels infiniment proches de $x$), des sous-ensembles (à leur tour externes) incarnant des degrés quantitatifs de proximité. Ainsi la $\epsilon$-galaxie de $x$ (où $\epsilon$ est un infiniment petit strictement positif), définie par [118]

$$\epsilon\text{-gal}(x) = \{y | \exists^{st} n \; |y - x| \leq n\epsilon\}.$$

Ainsi encore le $\epsilon$-halo de $x$, défini par

$$\epsilon\text{-hal}(x) = \{y | \forall^{st} n \; n|y - x| \leq \epsilon\}.$$

La $\epsilon$-microgalaxie et le $\epsilon$-microhalo de $x$, de même, sont définis respectivement par

$$\epsilon\text{-microgal}(x) = \{y | \exists^{st} n \; |y - x| \leq e^{-1/n\epsilon}\}$$

et

$$\epsilon\text{-microhal}(x) = \{y | \forall^{st} n \; |y - x| \leq \epsilon^{n}\}$$

On a la suite d'inclusions à peu près évidente

$$\epsilon\text{-microgal}(x) \subset \epsilon\text{-microhal}(x) \subset \epsilon\text{-hal}(x) \subset \epsilon\text{-gal}(x) \subset \text{hal}(x)\;.$$

Et ces distinctions de proximité interviennent effectivement de manière essentielle dans les théorèmes prouvés par les non standardistes sur les canards et les fleuves. Le procédé typique de démonstration qu'est le changement de variable à facteur infinitaire (loupes, microscopes, macroscopes) convertit un type de proximité en un autre, une échelle en une autre, et s'avère, couplé avec la technique du passage à l'ombre, un outil puissant d'investigation de ce qui se passe aux divers ordres de proximité. On peut citer, en guise de résultat exemplaire, le théorème énonçant que deux solutions canard longeant la courbe lente sur un même intervalle ont sur cet intervalle même développement en $\epsilon$-ombres à tout ordre [119], ce qui correspond à une proximité du type microhalo. Ce théorème doit être couplé avec celui affirmant que « les canards ont la

118. Cf. pour la série de définitions qui vient, Diener, F., & Reeb, G. , *Analyse non standard*, Paris, Hermann, 1989, p. 73 ; nous avons utilisé sans vergogne la notation $\{\ldots|\ldots\}$ pour des ensembles externes.

119. Cf. Schubin M.A. & Zvonkin A.K., « Non standard analysis and singular perturbations of ordinary differential equations », in *Russian Math. Surveys* 39 : 2, p. 69-131 ; le th. cité est aux pages 94-95.

vie brève », c'est-à-dire que les valeurs du paramètre pour lesquelles on constate une solution canard ont elles aussi même développement en $\epsilon$-ombre, et diffèrent en fait d'une quantité de la forme $e^{-1/k\epsilon}$, $k$ étant un nombre strictement positif non infiniment petit. Ce dernier résultat indique quant à lui une proximité d'ordre microgalactique entre les valeurs « à canard » du paramètre[120].

Pour bien comprendre en quoi consiste la mutation de point de vue, il faut, croyons, nous, effectuer une confrontation entre le discours classique et le discours non standard dans leurs rapports avec la simulation informatique. D'un point de vue classique, les canards n'existent pas (il n'y a pas de courbe infiniment proche d'une autre). Ceux dont les non standardistes prouvent l'existence dépendent de la présupposition d'un réel infiniment petit positif $\epsilon$, présupposition qui, en termes classiques, comme l'expliquent Diener-Reeb dans leur livre[121], lorsqu'elle concerne un paramètre d'une fonction, équivaut à la considération d'une « limite simple » de fonctions. Le premier théorème d'existence de canards, projeté dans le langage classique, exprime donc l'existence de suites de fonctions qui convergent (au moins simplement) vers la partie de la courbe lente qui est dans le discours non standard l'ombre du canard[122]. Si maintenant, nous passons à une simulation informatique, il arrivera, si les paramètres ont été correctement choisis en fonction de la définition maximale de l'écran, que le traçage selon un algorithme classique d'une solution associée à un $\epsilon$ assez petit et un $a$ bien choisi, proche du $a_0$ où la courbe lente admet son extremum ($a$ étant le nom du second paramètre dans les notations de Zvonkin-Schubin, plutôt que $\mu$ dans notre présentation ci-dessus), donne une solution qui coïncide purement et simplement avec la courbe lente. Pour le regard classique, cela indique l'insuffisance de la précision de l'ordinateur : les tracés devraient être assignablement distincts. Mais il faut bien voir qu'un tel jugement confronte le tracé discret de l'ordinateur avec l'idéalité du $\mathbb{R}^2$ classique, carré cartésien du $\mathbb{R}$ transdénombrable, connexe, etc. Dans la confrontation avec ce type d'idéalité, on a donc un double discours de l'inadéquation avec le discret inspiré par ladite idéalité : dans le cas que nous venons d'évoquer, on dit que ce qui devrait être distinct (les deux tracés) est confondu ; dans le cas où l'on observe, en lieu et place d'un cycle à la Hopf, un cycle *canard*, on dira que le *local* dont parle le théorème de Hopf est plus resserré que l'usage de la machine n'a permis de le simuler. Mais bien entendu, dès lors qu'on se donne l'idéalité de référence sous la forme logico-syntaxiquement équivalente (cf. la conservativité d'IST) mais sémantico-intuitivement différente que fournit l'analyse non standard, on est amené à tenir un langage de l'inadéquation et de l'adéquation autre : on dira « ce qui devrait être infiniment proche est confondu », ou bien on dira, si d'aventure on a obtenu des cycles-canard, que la définition de l'écran et la précision des calculs sont assez bonnes pour que la théorie infinitésimale soit simulée.

On peut encore analyser dans la perspective du continu-discret les tracés fournis par un ordinateur pour les trajectoires d'un système dynamique : on se souvient qu'on peut substituer, jusqu'à un certain point sans perte, un segment discret de la forme $\{\frac{k}{\omega}| -\omega^2 \leq k \leq \omega^2\}$ à l'ensemble $\mathbb{R}$ . Or, l'ordinateur calcule conformément à

120. Cf. *op. cit.*, p. 108-110 ; le résultat est dû à J.-L. Callot.

121. Cf. Diener, F, & Reeb, G. , *Analyse non standard*, p. 97-98.

122. Voire dans « Non standard analysis and singular perturbations of ordinary differential equations » une formulation précise de la contrepartie classique de ce premier théorème, p. 91-93.

une sorte de modèle du continu-discret, dont la nature précise est liée à la gestion du dépassement de capacité dans les opérations. On peut ainsi introduire une valeur $\omega$ de référence assignable finie, qui vaut comme infiniment grande pour les calculs internes de la machine, ainsi qu'une autre valeur $\omega'$ assignable finie de référence, qui spécifie le modèle du continu-discret auquel l'écran graphique est assimilable. La théorie non standard (disons IST) est alors en mesure de prévoir les résultats affichés dans le cas où $\omega$ et $\omega'$ sont de *vrais* infiniment grands, en se montrant sensible à la taille de tous les termes infinis en présence : les paramètres non standard du système dynamique, $\omega$, et $\omega'$. Dans une tentative d'illustrer le phénomène-canard, le fait qu'une trajectoire apparaisse sur l'écran comme *confondue* avec la courbe lente sera ainsi compris comme traduisant imparfaitement l'infinie proximité des deux courbes. Si au contraire il y a distinction à l'écran, cette distinction vaudra comme symbolisation de l'infinie proximité sous réserve de certaines conditions « esthétiques » (que la distance des courbes soit « visuellement négligeable » par rapport à la dimension de l'écran, essentiellement). De toute manière, l'adéquation ou l'inadéquation entre ce que l'on voit et ce que l'on prévoit sera analysée en termes de la façon dont les rapports numériques des paramètres *effectifs* de la situation simulent les incommensurabilités de la théorie infinitésimale.

Donc, selon l'idéalité de référence à l'aune de laquelle on juge le « phénomène informatique », on l'évalue différemment. On voit un tracé comme faussement confondu avec la courbe lente par endroit, alors qu'il devrait s'en distinguer de façon finie ; ou, alternativement, faussement confondu alors qu'il devrait en être infiniment proche. Ou encore, dans l'exemple du cycle-limite de Van der Pol, on l'interprète comme ne correspondant pas à l'aspect *vraiment local* au sens d'une localité indéterminée « assez resserrée » ; ou alternativement on le regarde comme symptomatique d'une localité infinitésimale qualifiée. Le mot localité se disant, dans ce dernier contexte, du second paramètre $\mu$ (en revenant à nos notations de départ) dans son rapport à 0. Pour redire les choses et marquer les problèmes, les cycles de forme canard « existent » pour le point de vue classique, bien qu'ils ne longent pas *infinitésimalement* la courbe lente par endroit. Mais faute de disposer d'une théorie qui fait envisager le phénomène dans le cadre d'un concept *absolu* du local, le discours classique n'avait aucune chance de les deviner. De même, c'est à notre avis parce que, bien informé de ces théories, Alain Chenciner sait que l'étude du phénomène canard peut être revendiquée comme une étude *vraiment locale* qu'il l'évoque dans son article de synthèse, bien que le texte qu'il écrit, comme il est naturel, s'en tienne à la présentation du phénomène dans une optique classique, et se trouve ainsi par force conduit à occulter partiellement sa motivation d'auteur à présenter ces travaux.

Au titre de la contribution de l'analyse non standard à l'élaboration de la question de l'espace, il faut aussi parler de la *géométrie discrète* qu'a commencé de développer J.-P. Reveillès, dans la perspective de son application à l'infographie essentiellement, au moins dans un premier temps. Le point de départ est cette fois exclusivement le continu-discret. Tout simplement, si $\mathbb{R}$ peut être mathématiquement simulé par des segments de rationnels hyperfinis discrets, nous l'avons déjà fait remarquer tout à l'heure, alors le plan $\mathbb{R}^2$ peut être simulé de la même manière par un réseau discret. On peut par suite récupérer les concepts élémentaires de droite et de cercle de la géométrie plane, par le truchement de leurs équations dans le dictionnaire cartésien classique[123], et s'interroger sur les intersections. Comme les objets géométriques sont discrets, on voit d'emblée que les possibilités d'intersection seront autres et plus diverses que la géométrie euclidienne immémoriale ne le prévoit. Deux droites sécantes pourront avoir quelques points en commun au niveau d'un « palier » d'intersection, par exemple. J.-P. Reveillès a commencé l'investigation de cette sorte de problèmes. Dans l'immédiat il cherche surtout à traiter, à partir de l'heuristique non standard, qui lui assure la disponibilité de l'idéalité du continu-discret, les problèmes de traçage paramétré de formes, de reconnaissance d'intersections, voire de détermination de squelette de formes, qu'on se pose en infographie[124]. Ultérieurement, il pourrait examiner l'apport d'un tel point de vue à l'investigation géométrique proprement mathématique.

Nous voudrions maintenant essayer une synthèse conceptuelle de ce qui, dans les travaux accomplis avec l'outil non standard, est propre et nouveau en fait d'approche de l'espace. Si nos hypothèses herméneutiques générales sont justes, et s'il y a effectivement une contribution non standard à l'herméneutique de l'espace, il doit se proposer dans les travaux que nous avons évoqués une nouvelle approche de la localité, c'est le premier point à établir (1). Mais ce qui nous intéresse dans un deuxième temps (2), c'est de souligner en quoi la nouvelle couche herméneutique de la géométrie ainsi mise en évidence, à l'inverse de ce qui arrive dans le cas de la géométrie algébrique moderne, ou tout au moins d'une tendance de celle-ci, est respectueuse de la hiérarchie herméneutique classique.

(1) Pour ce qui concerne le premier point, l'essentiel a en fait, déjà été dit : la nouveauté apportée par le non standard est l'intervention de la *quantité* comme déterminant de ce qui est authentiquement local, et du degré de localité de ce local. Le diagramme de la localité, quant à lui, propose en fait une sorte d'échelle *ordinale* de la localité : le local-ponctuel est plus resserré que le local-infinitésimal, qui lui-même l'est plus que le local-indéterminé, qui lui-même l'est plus que l'intégral. Le local-compact est plus local que l'intégral et moins local que le local-infinitésimal dans le cas où il le porte (cas des variétés différentiables compactes, notamment). La hiérarchie du local-compact et du local-indéterminé est essentiellement indéterminée (!), et cette indétermination fait partie de ce que pense de manière vivante la topologie. Chacun de ces rapports hiérarchiques est, de plus, techniquement corrélatif d'un écart *logique*, accentuant son caractère qualitatif : pour la relation local-indéterminé/intégral, c'est l'écart entre ensemble et sous-ensemble, pour la relation local-indéterminé/local-infinitésimal, c'est l'écart entre le particulier (un ouvert) et l'universel structuré (le germe), pour la relation local-infinitésimal/local-ponctuel, c'est l'écart entre l'objet de type complexe *germe*, à l'instant évoqué, et la simplicité logique absolue du point ; pour la relation entre le local-compact et l'intégral, l'écart ensemble/sous-ensemble est sur-déterminé par la propriété quantifiée complexe de l'extraction des sous-recouvrements. On comprend que l'ensemble du dispositif ne puisse être véritablement dominé que par un entendement mathématique mûr (notamment, si l'on peut, dans une certaine mesure sans dommage, faire de l'algèbre élémentaire (linéaire, commutative) sans une pro-

123. Ou plutôt, selon l'approche de J.-P. Reveillès – pour laquelle G. Reeb est à nouveau une « muse » mathématique –, par le truchement des équations ou systèmes différentiels dont les courbes correspondantes sont classiquement solutions.

124. La première publication disponible abordant le sujet est « Structure arithmétique des droites de Bresenham », Reveillès, J.-P., in *Série du Séminaire Non standard de Paris 7*, 88/3, 1988, p. 1-31.

fonde compréhension de la théorie des ensembles, cela est radicalement impossible dans le cas de la topologie).

La relecture non standard de ce diagramme (au moins dans le cas métrique) *quantifie* les modes de la localité, substitue aux écarts logiques des incommensurabilités numériques, et redistribue autrement l'échelle, en la ramifiant et l'étalant. Le local-infinitésimal, dans un espace métrique, est identifié par le caractère infinitésimal de la distance au point, alors que le local-indéterminé devient associable à une distance standard (ou presque standard – première complication liée au changement de cadre). Dans une certaine mesure, la distinction entre « à distance limitée » et « à distance infinie » prend le relais de la distinction entre local-compact et intégral. Mais cet écart, comme le précédent, est itérable vers des incommensurabilités « ultérieures » : on peut à la fois envisager un degré de proximité infinitésimal qui est à l'égard d'un autre comme l'infinitésimal général à l'égard du fini standard, ou bien un infiniment grand qui excède la galaxie d'un autre infiniment grand. Ces déplacements et ramifications sont ce que nous avons décrit dans le cas de l'infiniment petit lorsque nous avons, citant Diener-Reeb, défini les $\epsilon$-halos, $\epsilon$-microhalos, $\epsilon$-galaxies et autres $\epsilon$-microgalaxies.

Il y a une commodité mathématique dans la disponibilité de ces repérages quantitatifs de la localité, et les spécialistes insisteront naturellement sur ce point, citant à bon droit les opérations et les preuves que ces repérages permettent. Mais du point de vue de ce livre, l'important est de bien voir comment cette reprise quantitative de la pensée de la localité *s'enchaîne* avec le changement d'accent de l'herméneutique du continu. Nous avions vu que l'analyse non standard, essentiellement dans sa prestation du continu-discret, imposait une compréhension *temporelle* et *modale* de l'énigme du continu, en lieu et place de sa compréhension spatiale. Si nous remarquions que cette mutation affectait les traits de transdénombrabilité et de connexité du continu classique, nous insistions sur le fait qu'on pouvait la regarder comme un approfondissement « herméneutiquement émergeant » à partir du trait classique de *possibilité de la discontinuité*. Ce trait, au sein d'une problématique de façon prépondérante spatiale, relevait en effet déjà du temporel et du modal, et l'on pouvait d'une certaine manière décrire le continu-discret non standard comme une élucidation du sens et de l'importance de ce trait, grâce à la promotion d'un cadre où le temporel-modal passait au premier plan. Nous avions ajouté que dans cette affaire, la problématique de la discontinuité était déjà la problématique de la localité, puisque, dans le discours classique comme dans le non standard, l'investigation de ce que pouvaient être les discontinuités des fonctions était déjà mise en perspective de la teneur locale du $\mathbb{R}$ ou plus généralement du $\mathbb{R}^n$ sur lequel elles étaient définies. L'exemple sur lequel nous avons inauguré cette section est d'ailleurs celui de la bifurcation de Hopf, c'est-à-dire l'étude géométrico-locale d'une singularité « mise en scène » dans le langage classique (elle procède de la discontinuité de la fonction *signe* sur les parties réelles des valeurs propres de la dérivée du champ de vecteur au point stationnaire) : la solidarité de la problématique de la discontinuité avec celle de la localité y est manifeste.

Ce qu'il faut dire pour parfaire le compte-rendu herméneutique de ce que propose en la matière l'analyse non standard, c'est qu'il s'agit à nouveau, avec le repérage quantitatif de la localité, d'une reprise temporelle de ce qui est surtout spatial dans le discours classique. Dans une certaine mesure, l'herméneutique non standard de la localité, en l'occurrence, interprète l'espace comme le temps, dévoile l'essence de l'espace comme temporelle. Le nombre, nous l'avons déjà rappelé dans ce livre, est le schème du groupe catégoriel de la quantité chez Kant, mais il l'est au titre de la dramatisation fondamentale de la *succession* par laquelle il « interprète » l'unité-de-la-pluralité-comme-totalité [125]. De fait, il faut, en accord avec Kant, comprendre la quantité, la quantité numérique plus exactement, comme *temps*, justement, dans notre affaire de localité non standard. Dans la compréhension classique de la localité, la localité infinitésimale s'obtient en *rassemblant* d'un seul coup toutes les localités indéterminées, dans une synthèse simultanée « spatiale au second ordre » (reste seulement de l'élément temporel le fait que ces localités sont envisagées selon le caractère *filtrant* de la relation d'ordre d'inclusion sur les voisinages ouverts d'un point). À cette *exponentiation* de la synthèse spatiale, le point de vue non standard substitue la nomination de valeurs infiniment petites qui sont au-delà et après la procession décroissante des proximités standard. Et l'introduction des degrés, des échelles multiples dans l'infiniment proche redouble cette réinterprétation temporelle du local, énonçant en quelque sorte que le local n'est jamais simultané, co-présent à lui-même, et que c'est là que réside sa richesse, sa capacité à susciter une géométrie profonde et difficile. Selon cette piste, donc, l'essence problématique de l'espace apparaît comme résidant effectivement dans le secret de la localité, mais comme chargée à cet endroit même de quelque chose de temporel. Que ce temporel du local soit néanmoins sommé de se prêter à un régime de l'actuel, de la simultanéité ensembliste [126] prouve qu'il ne faut pas voir là une *Aufhebung* de l'espace vers/en le temps, mais juste ce que nous avons dit, l'affectation d'une charge temporelle au mystère de l'espace, qui maintient la spatialité de l'espace.

Le problème se pose de savoir si la géométrie discrète à la Reveillès participe de l'orientation herméneutique en question. Dans la mesure où elle fait fond sur le continu-discret, elle met en jeu la même version « temporalisée » du continu ; a priori, il n'y a pas de réelle difficulté à ce que l'interprétation quantitative de la localité puisse être produite sans qu'on ait le cadre du $\mathbb{R}$ d'IST. Bien que personne, à notre connaissance, n'ait écrit jusqu'au bout la chose, il est peut-être même possible de raconter les canards dans le cadre du continu-discret [127]. Mais la géométrie discrète de Reveillès semble relever d'une autre intention. Ce qui est visé par elle serait non plus un local paramétré, mais la stricte analyse arithmétique du niveau microscopique, c'est-à-dire d'un local ponctuel non dissout dans un grossissement permettant d'identifier des points les uns aux autres ; le local ponctuel de l'intersection de deux droites, dans un tel point de vue, semble pluralisé plutôt que paramétré (deux droites, en général, s'intersectent en un nombre fini petit de points). Nous éviterons de pousser plus loin notre réflexion sur cette topologie arithmétique, n'étant pas dans l'immédiat capable d'en extraire la teneur philosophique.

125. Cf. notre commentaire du couple intensité/extensité dans les « anticipations de la perception », au chapitre 2.

126. Celle des ensembles de nombres pour commencer, en l'occurrence ; mais l'ensemble qu'est l'espace métrique substrat n'est pas annulé par ailleurs.

127. Notons à ce propos que J.-L. Callot expose d'ores et déjà un théorème d'existence des équations différentielles et un « lemme de l'ombre courte » dans un cadre de ce type (Callot, J.-L., « Analyse grossière intrinsèque », exposé au séminaire de l'UPR n°265 du CNRS, Fondements des sciences, section mathématiques pures et appliquées, 1990).

(2) Pour insister en revanche sur un point qui fait tout de suite partie de ce que nous savons dire, et qui est de grande importance pour le propos de ce livre, il convient d'en venir au deuxième temps annoncé, pour remarquer que l'interprétation quantitative de la localité, dont nous avons essentiellement parlé, témoigne d'une remarquable fidélité de l'analyse non standard à la triade herméneutique infini/continu/espace, telle que nos analyses l'ont mise en lumière. En effet cette réinterprétation, qui, techniquement, ne peut avoir lieu que dans le contexte d'un espace métrique, rapporté au continu réel, tire sa ressource fondamentale de la transformation induite par l'analyse non standard au niveau du modèle du continu lui-même (sa nouvelle richesse infinitésimale, compatible avec une algébricité de corps ordonné). Si nous nous restreignons au cas, paradigmatique, et qui est effectivement celui de l'approche non standard de la théorie des systèmes dynamiques, où l'espace métrique de référence est un $\mathbb{R}^n$ ($\mathbb{R}^2$ ou $\mathbb{R}^3$ essentiellement), nous voyons que la mutation dans la pensée de la localité est *conséquence* de la mutation dans le modèle du continu dont l'espace « dépend » à travers sa classique interprétation en termes de coordonnées. Si nous remontons maintenant à cette dernière mutation elle-même, à l'acquisition de la richesse infinitésimale par le continu réel, nous devons alors constater, comme nous l'avons fait dans les sections antérieures, qu'elle est tributaire d'une *nouvelle théorie de l'infini*. Jusqu'à un certain point, on peut dire que les non standardistes (et ce récit décrit par excellence l'attitude du premier d'entre eux, Robinson), sachant qu'un nouveau coup dans le jeu de l'infini avait été joué, ont « suivi » l'affaire jusqu'à une nouvelle mise en œuvre de la théorie du continu d'abord, puis jusqu'à une nouvelle pensée de la localité, c'est-à-dire de l'espace. Ce « suivi » est en profondeur un suivi de la hiérarchie herméneutique constituée espace/continu/infini, hiérarchie que présuppose et ravive donc la géométrie non standard dont nous avons parlé. En ce sens, ce développement contemporain est en fort contraste avec la tendance que nous avons décrite comme dans une certaine mesure « imputable » à la géométrie algébrique : il est aussi « conservateur » qu'elle est « révolutionnaire ».

Dès lors, un des aspects les plus passionnants de ces recherches géométriques à nos yeux, surtout dans la perspective du futur, est que, semble-t-il, il y aurait néanmoins des points de convergence entre la problématique du local, et même plus précisément de la proximité infinitésimale, en géométrie algébrique, et la problématique non standard. Ces convergences, ou ces recoupements seraient à lire en examinant simultanément, pour les confronter, d'une part les développements récents de la théorie des canards[128], notamment du point de vue de l'importance qu'y prennent les hypothèses et les considérations d'analyticité, d'autre part les travaux de J.-P. Ramis et J. Ecalle. Bien que nous devions avouer que nous ne sommes pas l'homme d'une telle réflexion, notre compréhension étant par trop en retard sur l'événement, l'ouverture de cette fenêtre sur l'actualité mathématique nous était une agréable façon de conclure ce chapitre.

128. Notamment dans les travaux de G. Wallet et de F. et M. Diener.

# L'épistémologie comme philosophie

Nous voudrions conclure ce livre par une réflexion sur l'épistémologie, que nous voudrions lier à une tentative de comprendre les rapports, implicites d'après la structure de ce livre, qui existent ou peuvent exister entre herméneutique philosophique et herméneutique mathématique. Nous commencerons, à cette fin, par discuter de ce qui sépare le point de vue *généalogique* du point de vue *transcendantal* en philosophie. Puis nous interrogerons l'épistémologie, comme le titre du chapitre le veut. Pour finir, nous reviendrons sur la question du transcendantal et de son appropriation, pour conclure sur une sorte de tableau à la fois unifiant et distinctif, supposé attribuer leurs rôles et leur place à l'épistémologie, au transcendantalisme et à la philosophie « généalogique ».

## 4.1 Généalogie, transcendantalisme

Il est clair que le plan suivi par nous au cours de ce livre présuppose un lien, mystérieux mais fort, entre herméneutique philosophique et herméneutique mathématique. Nous avons en effet commencé par plaider que Kant libérait un rapport herméneutique à l'espace, à l'infini, au continu (que tel était essentiellement le message de la partie *esthétique* de la *Critique de la Raison Pure* ), puis nous avons prétendu dégager quels contenus il déterminait comme noyau de l'anticipation préconceptuelle de ces trois « tenants-de-question ». Nous nous sommes ensuite laissés guider par les résultats de l'herméneutique kantienne du continu, de l'infini et de l'espace : d'une part, nous avons organisé notre enquête en fonction de la hiérarchie herméneutique de la triade trouvée chez Kant, et d'autre part, nous avons dans une certaine mesure lu l'herméneutique moderne de chaque terme dans la perspective d'une confrontation avec ce que Kant avait pu verbaliser à son sujet. De la sorte, nous avons quasiment fait comme si le discours de Kant appartenait à la même filiation herméneutique que celui de la mathématique cantorienne et post-cantorienne. Pourtant, ceci n'est pas sans poser problème : c'est même socio-institutionnellement faux, si l'on admet qu'une filiation herméneutique coïncide nécessairement avec une discipline, et que la philosophie n'est pas la mathématique. Là-contre, on peut objecter que précisément, l'optique transcendantale traduit la décision d'établir un lien indéchirable entre l'herméneutique philosophique et l'herméneutique mathématique. Comment préciser ce débat ?

### *4.1.1 Le contre-modèle hégélien*

Il peut être commode d'évoquer un contre-modèle, celui du discours de Hegel sur l'infini, le continu et l'espace. Ce discours comprend et dit quelque chose de l'espace, et qui plus est, il met en avant une temporalité, par laquelle il se prétend affecté : cette temporalité néanmoins est celle de la genèse de ce dont il s'agit, c'est une temporalité de la substance, et pas une temporalité *herméneutique* de l'élaboration de l'énigme dans l'unilatéralité. Le continu, l'infini, l'espace, sont impliqués par Hegel dans une *généalogie*, qui comme toute généalogie hégélienne, est généalogie du *concept*, fin se reconnaissant comme le vrai début et s'égalant au temps.

Cette généalogie commence par l'espace, que Hegel détermine *d'abord* par ce que nous appellerons *espacement*, et qui signifie de manière irrémédiable l'absence de pensée. Voici en effet la définition qu'il donne de l'espace au §254 du *Précis de l'encyclopédie des sciences philosophiques* :

> « La détermination première ou immédiate de la nature est l'universalité abstraite de son *être-en-dehors-d'elle* son état d'indifférence sans médiation est l'*espace* . » [1].

« première ou immédiate », cela nous dit le commencement de la généalogie. Quant au contenu, donc, l'espace est identifié comme l'être-en-dehors-de soi élevé à la puissance de l'universel, de l'englobant. Mais cet être-en-dehors-de-soi envahissant est de plus *indifférence sans médiation* : c'est précisément le propre de l'espace, vu par Hegel, que ce qui se trouve distribué selon l'extériorité du côte-à-côte soit dénué de tout rapport, que la juxtaposition soit l'échec de toute aventure du sens rassemblant les juxtaposés. Être-avec-autre-chose-dans-et-selon-l'espace, c'est n'avoir pas un rapport qui fasse sens ou qui lance la pensée. N'était le contexte généalogique et la charge du jugement, on pourrait entendre là une réminiscence de la notion kantienne de forme de l'intuition (mais nous l'avons vu, le caractère *intuitif* de l'espace, chez Kant, l'oppose au logico-discursif, pas à la pensée, puisque l'espace, dans son excès intuitif, donne à penser). Dans le passage qui suit, et qui présente aussi l'espace, dans la *Science de la Logique*, on trouvera l'explicitation tout à la fois de la rétro-référence à Kant et du « jugement » de non-pensée :

> « D'un autre côté, l'ob-jet abstrait est encore l'espace, – quelque chose de non sensiblement sensible ; l'intuition est élevée dans son abstraction, il est une forme de l'intuition, mais est encore intuition, – un sensible, l'extériorité réciproque de la sensibilité elle-même ; sa pure absence de concept . » [2]

Chez Kant, la teneur de l'espace dans la perspective de la *pensée*, notamment si nous comprenons cette dernière comme travail de la médiation, ainsi que le contexte hégélien nous y invite, se manifeste pleinement dans la *géométrie*, c'est-à-dire dans la discipline mathématique corrélée avec l'intuition spatiale. Il est donc normal que le discours hégélien sur l'espace qui l'identifie comme « absence de concept » retentisse sur le discours de Hegel concernant plus généralement les mathématiques. De fait, on observe que l'espace est pour lui si fondamentalement l'ennemi du concept que la « science » mathématique, qui se pose éminemment comme science de l'espace, est emportée dans l'absence de concept par sa seule complicité avec l'objet espace. On sait ce que la fameuse préface de la *Phénoménologie de l'Esprit* énonce avec une certaine violence :

> « La matière au sujet de laquelle la mathématique garantit un trésor consolant de vérités est l'espace et l'Un. Or l'espace est l'être-là dans

1. Cf. Hegel, G.W.F., *Précis de l'encyclopédie philosophique*, trad. J. Gibelin, Paris, Vrin, 1967, p. 142.

2. Cf. Hegel, G.W.F., *Science de la Logique (La logique subjective, ou doctrine du concept)*, trad. franç. P.J. Labarrière et G. Jarczyk, Paris, 1981, Aubier, p. 352.

> lequel le concept inscrit ses différences comme dans un élément vide et mort, au sein duquel ces différences sont également sans mouvement et sans vie. (...) . Dans un tel élément sans réalité effective il y a encore seulement un vrai sans réalité effective, fait de propositions rigides et mortes ; (...) »[3].

Où l'on voit comment le « défaut-de concept » de l'espace se transmet à la mathématique, dont sont dénoncées les « propositions rigides et mortes ».

Pour résumer ce premier moment de la généalogie, l'espace possède pour Hegel *d'abord* la pure valeur de l'écart : de ce qui s'appelait, à la plus belle heure du structuralisme français, si notre souvenir est exact, l'*espacement* (mais alors, la dureté séparatrice impliquée par ce mot était accueillie comme le vrai, comme le riche plein d'enseignements). Nous avons donc repris à notre compte, en hommage à cette « belle heure », le mot *espacement*, pour donner un label à cette estimation philosophique de l'espace par Hegel, dans ce qu'elle a d'entier, d'abusif, et de profond[4].

Au second temps de la généalogie, l'espace est attaqué par la corrosive machine dialectique, et ne tarde pas à s'ouvrir sur la puissance, qui lui est intérieure, mais qui le déborde, de l'infini et du continu précisément. Il y a donc, pour Hegel, un au-delà spatial de l'espace, qui à la limite autoriserait la récupération de l'espace par le concept. Mais les choses ne sont à notre connaissance pas dites dans ces termes par lui : tant il est vrai que pour lui, le mot *espace* appartient à ce que nous appelons perspective de l'espacement, et ne peut jamais profiter de ce que le procès dialectique fait gagner. Une telle résistance de la langue de Hegel à sa propre volonté de signification conciliatrice est le symptôme de l'importance et de la gravité du jugement contenu dans la figure de l'espacement.

Nous rencontrons ce second temps par exemple dans le propos qui complète la définition de l'espace citée tout à l'heure, dans le *Précis de l'encyclopédie philosophique* :

> « Il n'est pas admissible de parler de points spatiaux comme s'ils constituaient l'élément positif de l'espace, puisqu'à cause de son indifférenciation, il n'est que la possibilité et non la *position* de l'état de séparation et de négation et que pour cette raison, il est continu ; le point, l'*être pour soi*, est par suite au contraire, la *négation* de l'espace posé en lui. C'est aussi ce qui résoud la question de l'infinité de l'espace (§100, Rem. ). »[5]

Ainsi se trouve rapidement dit tout à la fois que le continu et l'infini se disent de l'espace, ou du moins comparaissent dans l'histoire qui est celle de l'espace, et que leur entrée en scène ne se peut qu'au prix de l'espace, suppose le sacrifice du nom de l'espace pour le plus grand bien du procès dialectique : le »point » spatial est ce en quoi se jouerait l'inhérence du continu et de l'infini à l'espace, mais cette inhérence ne peut

---

3. Cf. Hegel, G.W.F., *Phénoménologie de l'Esprit*, vol. I, traduction Jean Hyppolite, Paris, Aubier, 1939, p. 38.

4. Cela dit, nous devons préciser que nous ne mettons pas dans le mot espacement tout ce qui lui revient dans son acception derridienne, bien que celle-ci soit peut-être l'acception « maîtresse » de cette époque.

5. Cf. Hegel, G.W.F., *Précis de l'encyclopédie philosophique*, trad. J. Gibelin, Paris, Vrin, 1967, p. 142-143.

pas être dite positivement, elle est nécessairement, comme retour du concept, négation de l'espace. Il est à remarquer que le continu et l'infini entrent ici en lice de conserve, sans hiérarchie qui les ordonne, tous deux par le truchement de l'être-pour-soi du point.

Cette référence à l'être-pour-soi n'est pas un emblème neutre : ce dernier est le nom officiel, dans le livre I de la *Science de la Logique*[6], de l'infini qualitatif. Ceci nous renvoie à une autre généalogie hégélienne, celle de la qualité et de la quantité, plus profondément, celle de la limite. Certains des aspects de la question herméneutique de l'espace que nous avons rencontrés au cours de notre étude trouvent leur écho dans le déploiement de cette seconde généalogie. Pour nous, ce qui importe, c'est que dans cette autre généalogie, l'infini qualitatif s'oppose à l'infini quantitatif comme le bon infini au mauvais, et ce bien que, du point de vue de la temporalité dialectique, le rapport soit inversé : la qualité vient *avant* la quantité, alors que l'infini qualitatif, nous venons de le voir, tend à *sursumer*[7] l'espace immédiat-privé-de-pensée qui s'est *d'abord* présenté. La figure, dans ce cas, est que le conceptuel s'est d'abord trouvé de manière limitée, et doit s'aliéner pour s'accomplir. En tout cas, il résulte que notre citation assimile le sans-âme de l'espacement à sa compréhension *quantitative*, dont l'entendement géométrico-mathématique est accusé au premier rang. Le continu et l'infini de l'espace sont donc regardés comme des déterminations qui lui reviennent, mais au prix de sa destruction (par l'instance de l'être-pour-soi, infini qualitatif) comme ce qu'il ne peut néanmoins pas cesser d'être : l'objet de l'appropriation de la mathématique géométrique.

Cette exclusion de toute la positivité conceptuelle de l'espace par rapport à ce que la considération mathématique peut saisir, nous en trouvons d'autres témoignages dans les écrits de Hegel. Comme dans cette citation de la préface de la *Phénoménologie de l'Esprit* :

> « En effet, ce que la mathématique considère, c'est seulement la grandeur, la différence inessentielle. Ce qui scinde l'espace en dimensions, et détermine le lien entre elles, c'est le concept ; mais la mathématique fait abstraction de cela ; elle ne considère pas, par exemple, la relation de la ligne à la surface, et quand elle compare le diamètre du cercle à la périphérie, elle se heurte à leur incommensurabilité, – une relation vraiment conceptuelle, un infini qui échappe à la détermination mathématique. »[8]

On pourrait encore invoquer la grande remarque sur le calcul infinitésimal, dans la *Science de la logique*[9], qui ne traite que de l'infini du calcul, et pas directement du continu, mais qui aboutit exactement à la même sorte de verdict, au même type de partage entre mathématique et philosophie. D'ailleurs nous avions observé, à propos

---

6. Cf. Hegel, G.W.F., *Science de la Logique (L'Être)*, trad. P. J. Labarrière et G. Jarczyk, Paris, 1972, Aubier.

7. J'utilise ici la traduction du terme hégélien *Aufhebung* proposée par P. J. Labarrière et G. Jarczyk : le mot exprime donc à la fois le dépassement et la conservation.

8. Cf. Hegel, G.W.F., *Phénoménologie de l'Esprit*, vol. I, traduction Jean Hyppolite, Paris, Aubier, 1939, p. 39.

9. Cf. Hegel, G.W.F., *Science de la Logique (L'être)*, trad. franç. P.J. Labarrière et G. Jarczyk, Paris, 1972, Aubier.

de la citation p. 185, le lien que voit Hegel entre continu et infini. Les déterminations conceptuelles et donc trans-spatiales de l'espace, qui se rangent du côté de l'infini ou du continu, sont en fait, pour Hegel, toujours les mêmes : la tridimensionnalité, la possibilité de l'incommensurabilité des grandeurs spatiales, et les notions infinitésimales.

Nous l'avons dit, quoi qu'il en soit du destin qui prend son origine dans la figure de l'espace, et exige d'en briser le joug pour atteindre la plénitude en laquelle il se réalise et se pense, destin que Hegel célèbre, le mot *espace* reste rivé à la préconceptualité bornée de l'espacement. Ce point nous est même remémoré par Hegel dans la phrase conclusive de la *Science de la Logique*. Il écrit en effet, alors qu'il ne s'agit rien moins que de donner le dernier mot à l'*Idée absolue* :

> « En raison de cette liberté, la *forme de sa déterminité* est aussi bien purement et simplement libre, – *l'extériorité de l'espace et du temps* qui est absolument pour soi même sans subjectivité » [10].

Cette phrase est l'affirmation de la réconciliation de l'idée absolue avec soi dans sa liberté, mais elle n'a pas perdu la mémoire de ce qui était l'obstacle principal sur un tel chemin : le caractère « pour soi-même » *sans subjectivité* de l'espace et du temps, caractère qui est dans une complicité essentielle avec leur *extériorité*. Et cette extériorité est celle de l'espacement, de l'espacement dans sa bêtise obstinée refusant la relation et la pensée. « Sans subjectivité », pour Hegel, est un autre nom de l'absence de pensée : ce qui est véritablement *pensée* est pour lui à la fois pensé et pensant, sujet et objet. L'espace comme tenant-de-question de l'herméneutique, en revanche, est, nous l'avons vu, radicalement « en face », transcendant au sens phénoménologique : excédant le sujet.

Dans une ambiance absolument différente, ainsi que nous en prenons la mesure, la méditation de Hegel ne laisse pas de croiser certains des thèmes techniques que nous avons traités dans ce livre. Par exemple Hegel semble apercevoir clairement que l'idée d'une *ensemblisation* de l'espace, et du continu en l'espace, idée qui préside, nous l'avons vu, à la grande réinterprétation mathématique « moderne » de la tradition du continu, va dans le sens de l'espacement, donne en quelque sorte la primauté à l'espacement. Les mathématiciens eux-mêmes ont éprouvé le caractère non-satisfaisant de l'ensemblisation, comme nous l'avons vu sous certains aspects, et comme l'atteste cette phrase de Poincaré :

> « Le continu que nous offre la nature et qui est en quelque sorte une unité est-il semblable au continu mathématique, tel que l'ont défini les plus récents géomètres, et qui n'est plus qu'une multiplicité d'éléments, en nombre infini, mais extérieurs les uns aux autres et pour ainsi dire logiquement discrets. » [11]

10. Cf. Hegel, G.W.F., *Science de la Logique (La logique subjective, ou doctrine du concept)*, trad. franç. P.J. Labarrière et G. Jarczyk, Paris, 1981, Aubier, p. 393

11. Cf. Poincaré, H., *Dernières pensées*, Paris, Flammarion, 1913, p. 187.

Or Hegel se tient exactement dans une telle problématique lorsqu'il explore le sens du continu dans la perspective de la dialectique du continu et du discret, dans la *Science de la Logique*. Lisons le :

> « La *continuité* est donc rapport égal à soi-même, simple, qui n'est interrompu par aucune limite et exclusion ; non pas pourtant l'unité immédiate, mais l'unité des Un étant-pour-soi. Est donc contenue là l'*extériorité-réciproque* de la *multiplicité*, mais en même temps comme une [multiplicité] non différenciée, *ininterrompue*. La multiplicité est posée, dans la continuité, telle qu'elle est en soi ; en effet les multiples sont chacun ce que sont les autres, chacun égal à l'autre, et la multiplicité, par conséquent, égalité simple, dépourvue-de-différence. La continuité est ce moment de l'*égalité-à-soi-même* de l'être-en-extériorité-réciproque. » [12]

Cette citation nous indique fort nettement que le continu est du côté de l'égal et de l'un, et que par conséquent son rapport au principe d'espacement de l'espace ne peut être qu'un rapport d'antagonisme, ainsi qu'il était d'ailleurs dit dans la citation donnée page 185. Elle suggère aussi que l'espacement « insiste » dans la présentation du continu (mais cela ne peut que valoir aussi pour l'espace) comme *ensemble*, dirions-nous aujourd'hui, comme *multiplicité* dit Hegel. Mais après tout, Cantor aussi a utilisé ce langage.

### *4.1.2 Le partage de l'énigme mathématique par la réflexion transcendantale*

Où voulions-nous en venir avec cet exposé extrêmement succinct, plutôt de la structure du propos de Hegel et de quelques uns de ses accents que de ce propos lui-même ? Nous l'avons dit, il s'agissait pour nous de produire un contre-modèle en regard duquel le type de complicité qu'entretient la réflexion transcendantale de Kant avec l'herméneutique mathématique pourrait être mis en valeur, et pour commencer, décelé et compris.

Tout réside, on s'en doute, dans cette alternative entre discours dialectique de/sur la substance, et approche transcendantale. Hegel raconte la geste de l'espace, de l'infini, du continu, selon l'ordre où ils se présentent certes, mais en dénonçant sans relâche cet ordre et les points ou moments par lesquels il passe (comme le sujet ou l'extériorité à soi de l'espace) *du point de vue de la totalité conceptuelle de cette présentation* : d'une part c'est d'un récit qu'il s'agit, d'autre part ce récit est écrit du point de vue de sa fin. Il s'en suit que le continu, l'infini et l'espace dont il s'agit ne sauraient être ceux de la mathématique (dont l'ordre de présentation est chargé de sens, n'est pas révocable), mais des homonymes philosophiques. Bien entendu, Hegel considère ces homonymes comme les totalités directrices pour leurs tenant-lieu mathématiques. Mais cette « direction du sens » s'accomplira volontiers par le truchement du coup de gaule punitif du maître, comme il arrive dans le cas du calcul infinitésimal. Les homonymes en question, d'autre part, ne sont pas considérés du point de vue de ce qui, en eux, fait énigme en s'adressant à nous, mais depuis cette totalité où ils s'insèrent au sein de laquelle notre face-à-face avec eux n'est qu'un faux-semblant partiel.

12. Cf. Hegel, G.W.F., *Science de la Logique (L'être)*, trad. franç. P.J. Labarrière et G. Jarczyk, Paris, 1972, Aubier, p. 168.

Le rapport entre cette élaboration pensante et celle de la mathématique ne peut donc être que du type d'un recouvrement par la philosophie des « réponses » apportées par l'herméneutique mathématique. Hegel ne partage pas philosophiquement l'énigme du continu et de l'infini avec la mathématique, mais il peut valider partiellement le discours infinitésimal comme énonçant dans une certaine mesure la vérité du « bon infini ». Pour ce qui concerne l'énigme, mathématique et philosophie sont complètement étrangères, puisque seule la première se tient sous sa gouverne : la philosophie construit son installation en une totalité achevée-résolue-réconciliée homonyme de l'énigme, ou plutôt dont le nom indicible recouvre plusieurs noms d'énigme auxquels s'attache l'herméneutique mathématique. Peut-être, sans doute y-a-t-il quelque chose dont le discours dialectique hégélien est l'herméneutique, mais ce ne sont pas le continu, l'infini et l'espace : plutôt la vie même, le mouvement, l'*Unruhigkeit*. Encore fait-il partie de la méthode même de Hegel que l'affrontement avec de tels termes ne soit jamais assumé dans le style herméneutique : c'est irrémédiablement et seulement *pour nous* que les nombreuses pages qu'il nous a laissées les interrogent.

En raison de cette profonde différence d'appartenance (à l'énigme) avec la mathématique, le discours de Hegel, nous l'avons dit, ne peut guère que *croiser* celui des mathématiques : par exemple, nous avons déjà considéré ce cas, en tant qu'il se conçoit comme « directeur » de certaines réponses mathématiques. Mais il peut aussi se faire que le croisement soit encore plus externe, soit un croisement seulement *pour nous*, et pas du tout quelque chose qui se manifeste dans le discours de Hegel comme appréciation, évaluation de ce que dit la mathématique. Par exemple, un lecteur des mathématiques est tenté de reconnaître dans ce que Hegel dit de la limite qualitative, ou dans sa manière d'envisager une *position* non spatiale qui est un ressort du procès dialectique, quelque chose de consonnant avec le concept moderne du topologique, indépendant de la métrique et de l'espace sensible. Cette fois, c'est nous qui validons Hegel comme validant une mathématique qu'il n'a pas connu : de la sorte nous prolongeons, en l'assumant, l'extériorité herméneutique de l'appartenance hégélienne à l'appartenance mathématique.

En contraste avec cette relation de dévisagement désimpliqué, la spécificité du discours transcendantal se fait connaître de façon criante : la clef de voûte du système kantien, la *Critique de la Raison Pure*, commence par une section (l'esthétique transcendantale) qui exprime le partage d'une énigme de la mathématique, d'une énigme, même, situant la mathématique comme telle (celle de l'espace). Ce partage a comme aspect décisif l'assomption de la finitude : l'unilatéralité, l'impuissance à intégrer un excès par lequel on est néanmoins affecté, l'irréductibilité de la structure « oppositive » – qu'on l'appelle sujet/objet ou autrement – l'impossibilité d'un discours de la substance[13].

Ce rapport de partage est important, mais il n'est pas tout. Il faut aussi comprendre comment le supplément d'appartenance qui dans l'affaire kantienne est le propre de la philosophie, s'exprimant par ce qui s'appelle désormais posture transcendantale, instaure la possibilité d'un rapport d'adéquation, ou de résonance, entre le contenu philosophique et l'herméneutique mathématique. La posture transcendantale se caractérise

13. Dans l'*Opus Posthumum*, Kant nomme cette impossibilité impossibilité de la vision-en-Dieu ; cf. Kant, E., *Opus Posthumum*, Liasse VII F° V, p. 4, trad. franç. J. Gibelin, Paris, 1950, Vrin, p. 127.

par la *réflexion transcendantale*. Et cette réflexion elle-même, on le sait, s'accomplit comme dédoublement interne, comme regard sur ce qui se fait, se pense, se décide, ainsi que comme orientation de l'auto-examen vers *ce qui possibilise*. Cette orientation a toujours deux aspects, qu'on a du mal à distinguer, et sur la confusion desquels on fonde une éternelle polémique pour, contre, et avec Kant.

Elle est d'un côté analyse rétrospective : je prends la mesure de ce que j'ai toujours déjà pensé, toujours déjà décidé, comme de ce qui possibilise l'ensemble de ce que j'arrive à dire. J'identifie mon préjugé et je le reconnais comme ce qui me porte dans l'exercice le plus ambitieux de ma raison, j'avoue le simple dont je parviens quotidiennement à faire procéder le complexe. Ainsi, l'inscription par Kant de la table des jugements peut être vue comme essentiellement le « résultat de recherche » d'un analyste du langage[14].

Mais, par un autre côté, l'orientation de la réflexion est une orientation sur le futur. L'analyse va chercher le préjugé qui guide non pas seulement ce qui est dit, fait, mais ce qui pourra l'être. L'analyse transcendantale interroge le savoir humain du point de vue de ce *préjugé* qui ne cesse de le commander et où se tient la possibilité d'un futur qui excède son actualité.

Tout ceci peut-être dit en une phrase : la réflexion transcendantale est l'herméneutique liée à la question « Que puis-je savoir ? ». Disant cela, nous rendons compte à la fois de l'aspect rétrospectif et de l'aspect prospectif de l'analyse transcendantale. La fonction de l'esthétique transcendantale célébrée par nous tout à l'heure serait donc d'instituer une *dépendance* de l'herméneutique du savoir sur l'herméneutique mathématique. Mais il s'agit alors d'une dépendance plus forte que celles que nous avons rencontrées à l'intérieur de l'herméneutique mathématique, comme la dépendance de l'herméneutique de l'espace sur celle du continu, et qui résidait dans le renvoi de la question « Qu'est-ce-que l'espace ? » à la question « Qu'est-ce que le continu ? ». Le « partage de l'énigme », cela veut dire plus radicalement que je ne puis me poser la question « Que puis-je savoir ? » qu'en tant que j'appartiens aux questions « Qu'est-ce que l'espace ? », « Qu'est-ce que le continu ? », « Qu'est-ce que l'infini ? », et plus généralement aux questions gouvernant l'herméneutique mathématique. Le savoir ne renvoie pas à l'espace (ou l'infini, ou le continu) comme l'espace au continu, l'espace (ou l'infini, ou le continu) n'est pas enveloppé dans le savoir comme un noyau qui y serait *d'abord* à connaître. Le lien est plus étrange et plus mystérieux : c'est comme si je ne pouvais authentiquement m'interroger sur l'être du savoir, sur l'être de mon savoir,

---

14. C'est semble-t-il ce niveau de l'analyse rétrospective que Kant vise lorsqu'il distingue la « définition philosophique » (*expositio*) de la définition mathématique, dans la *Discipline de la raison pure*. Il écrit ainsi :

> « Qu'en philosophie on ne doit pas imiter la mathématique en commençant par les définitions (...). En effet, comme ces définitions ne sont que des analyses de concepts donnés, nous avons d'abord ces concepts, bien qu'ils ne soient encore que confus, et l'exposition imparfaite précède l'exposition parfaite de telle sorte que, de quelques caractères, que nous avons tirés d'une analyse encore incomplète, nous pouvons en conclure plusieurs autres, avant d'être arrivés à l'exposition parfaite, c'est-à-dire la définition. » [ Cf. *Critique de la raison pure*, A 730, B 758, III, 479 ; trad. A. Tremesaygues et B. Pacaud, Paris, PUF, 1944, p. 503].

En fait, le raisonnement aporétique de Wittgenstein et Kripke sur certains noms communs est presque déjà là, dans cette définition kantienne des « définitions », y compris avec des exemples comme celui de l'or, qui seront repris par ces auteurs.

à moins de partager la relation à l'objet mathématique comme énigme. Il s'agit en quelque sorte d'une *exemplarité* des mathématiques, si l'on veut expliciter ; mais cette exemplarité serait *contraignante*. On touche peut-être ici à la glose la plus convaincante du « Nul n'entre ici s'il n'est géomètre ». Ce nœud herméneutique, nous le baptiserions volontiers le nœud *épistémologique*, tant il est vrai qu'il s'agit d'un lien de la question du contenu à celle de l'acte, de la question du connu à celle de la connaissance. Mais ce n'est pas un lien universel et métaphysique, c'est un lien particulier et disciplinaire : il vaut de *cette* question (« Que puis-je savoir ? ») et de cette discipline (la mathématique).

Avant de passer justement à une méditation sur l'épistémologie, remarquons qu'on peut comprendre, à la lumière de ce lien ou de ce nœud, la *convenance* de l'herméneutique kantienne de l'espace, de l'infini, du continu avec l'herméneutique mathématique. Comme herméneute transcendantal du savoir, Kant doit être herméneute des grands contenus d'énigme de la mathématique : il partage l'énigme. Mais il la partage dans l'attitude de la réflexion transcendantale, ce qui veut dire que sa régression analytique vers le préjugé est en même temps concernée par le futur. Ainsi que nous l'avions d'ailleurs déjà dit dans notre chapitre kantien, il est donc tenu de chercher à régresser vers un noyau qui ouvre sur plus que la mathématique de son temps. C'est sa responsabilité envers la question « Que puis-je savoir ? » qui est susceptible de conférer à son travail cette ouverture supplémentaire. Selon nous, le deuxième chapitre de ce livre a montré que Kant avait été à la hauteur de cette responsabilité, sans pour autant laisser entendre, d'une manière un peu ridicule, qu'il aurait tout prévu. Qu'une herméneutique soit liée par le futur ne signifie pas qu'elle le maîtrise ou le possède, bien entendu. Et nous avons vu par exemple en quoi l'émancipation de l'espace à l'égard du continu était un thème non-anticipé par Kant.

## 4.2 Diversité actuelle de l'épistémologie

Le problème de l'épistémologie se présente donc naturellement comme ceci : que vient faire l'épistémologie *en plus* de la réflexion transcendantale, ainsi définie par un certain type d'assomption du partage de l'énigme mathématique ? L'épistémologie est-elle autre chose que le mode herméneutique de la philosophie opérant dans la complicité *transcendantale* que nous venons de définir avec l'herméneutique mathématique, et, au-delà, l'herméneutique scientifique ? Est-elle plutôt une autre discipline, extérieure à la réflexion transcendantale, voire à la philosophie peut-être ? Et après tout, quoi qu'il en soit de la réponse à ces questions de positionnement, qu'est-ce que l'épistémologie, si nous cherchons à la caractériser en elle- même ?

Le mot *épistémologie*, d'après G.-G. Granger dans l'article qu'il lui consacre dans l'Encyclopaedia Universalis [15], vient de l'anglo-saxon ; selon l'encyclopédie Larousse de la langue française [16], il semblerait que son assimilation soit attestée dans les dictionnaires pour la première fois en 1906. G.-G. Granger oppose dans le même article l'acception de l'aire linguistique d'origine (anglo-saxonne donc), au gré de laquelle

15. Cf. Granger, G., « Epistémologie », in *Encyclopaedia Universalis*, vol.7, Paris, Encyclopaedia Britannica, 1985, p. 61-68.

16. Cf. *Grand Larousse de la langue française*, vol. 2, Paris, Librairie Larousse, 1971, p. 1692.

l'épistémologie coïncide avec la théorie de la connaissance en général, et l'acception française (ou même continentale) qui « privilégie volontiers l'étude spécifique des sciences »[17]. Il y a, cela dit, un autre clivage, plus en rapport avec le propos de ce livre, et que nous avons déjà rencontré dans notre chapitre sur le legs esthétique de Kant, sous une de ses formes. Selon cet autre clivage, l'épistémologie s'oppose globalement à la philosophie générale et spéculative, dont la figure est liée, dans le contexte où j'envisage ce second clivage, particulièrement prégnant en France, à la filiation philosophique allemande post-kantienne. Les deux clivages entrent en résonance, cette philosophie philosophante étant une affaire essentiellement continentale. On peut donc comprendre que là où la « théorie de la connaissance » est a priori supplantée par le discours « transcendantal », « idéaliste », « spéculatif », l'épistémologie ne puisse revendiquer que le rôle de discipline du commentaire spécialisé au texte scientifique, et qu'en revanche, là où ne règne pas un tel discours, une « théorie générale » d'un autre type, sous le nom d'épistémologie, en tienne la place.

L'hypothèse d'un rapport d'exclusion entre épistémologie et métaphysique (ce mot étant ici supposé désigner exactement le plan sur lequel une philosophie générale de type gréco-allemand peut parler du connaître) trouve un antécédent et un appui forts dans le *Kantbuch* de Heidegger. Ce dernier, en effet, s'y inscrit en faux contre la réduction de la *Critique de la Raison Pure* à l'horizon épistémologique :

> « L'intention de la *Critique de la Raison Pure* est donc foncièrement méconnue lorsqu'on explique cette oeuvre comme une « théorie de l'expérience », ou encore comme une théorie des sciences positives. La *Critique de la Raison Pure* n'a rien à voir avec une « théorie de la connaissance ». »[18]

L'exclusion serait donc entre la position *métaphysique* de la philosophie, qui la conduit à ne jamais avoir *seulement* en vue les sciences positives, ni même probablement le connaître, lorsqu'elle en parle, et une épistémologie acceptant de se donner ces sciences, et le connaître se manifestant en elles, comme objets bornant l'horizon. L'épistémologie est « théorie de », pas la métaphysique de la connaissance. Il est à noter, au passage, qu'au XVIII^e siècle la locution *métaphysique de* signifiait souvent « théorie générale de » : « j'ai donné une métaphysique des infiniment petits », à cette époque, semble vouloir dire autant que « j'ai présenté ma conception épistémologique de l'infinitésimale » aujourd'hui. Comme quoi le clivage ne peut se prononcer comme Heidegger le veut que sous la condition d'une certaine appropriation du mot *métaphysique*, point dont Heidegger est fortement conscient, puisqu'il commence le *Kantbuch* par là[19].

Nous n'avons pas l'intention de prendre pour argent comptant ce clivage, sous l'une ou l'autre de ces formes. D'une certaine façon, tout notre travail tend à montrer, par

17. Cf. Granger, G., « Epistémologie », in *Encyclopaedia Universalis*, vol.7, Paris, Encyclopaedia Britannica, 1985, p. 61.

18. Cf. Heidegge, M., *Kant et le problème de la métaphysique*, trad. franç. A. de Waehlens et W. Biemel, Paris, 1953, Gallimard, p. 76-77.

19. Par ailleurs, Heidegger a forgé un sens nouveau du mot *métaphysique*, à la lumière duquel il relit ce sens « épistémologique » du XVIII^e siècle : il ne faut en aucun cas entendre le mot tel que nous l'employons dans ce passage en ce sens heideggerien (entente de l'être privilégiant sa fonction d'être de l'étant).

l'exemple, que l'étude « particulière » de la mathématique n'est pas dans un rapport d'exclusion avec la théorisation générale du connaître, et que cette théorisation elle-même peut être attentive au fait le plus moderne de la méthode scientifique sans s'être solennellement coupée de la « métaphysique ».

Mais nous allons jusqu'à penser que ce qui, factuellement, s'appelle aujourd'hui épistémologie est *déjà* engagé dans une position autre que ce que le préjugé de l'exclusion donne à croire, de part et d'autre de la ligne frontière. Aussi bien les déclarations de principe d'un certain empirisme logique que les distinctions protégeant le repli sur soi d'un certain post-heideggerianisme (par exemple) méconnaissent, à notre avis, la véritable nature de l'épistémologie, en ignorant ce qui meut ici et maintenant le producteur et le consommateur de discours épistémologique. Pour plaider cela, nous proposons d'abord un tour d'horizon des styles, modes ou guises de l'épistémologie.

### *4.2.1 L'épistémologie restitutive*

Comme le dit G.-G. Granger, il y a tout d'abord des discours visant à établir la signification exacte de telles ou telles productions scientifiques : des études portant directement sur le texte de la science, et visant en général à des éclaircissements conceptuels. En principe, cette épistémologie ne doit rien ajouter de non-scientifique à la science. Elle se donne pour simple tâche de rendre plus saillante l'organisation du texte scientifique, d'expliciter ce qui doit l'être pour que le dire scientifique soit à la mesure de son vouloir dire. Cependant, presque immanquablement, cette épistémologie faite de monographies et méthodiquement assignée au commentaire de texte, cette épistémologie ne revendiquant que l'intelligibilité, participe de l'*histoire des sciences*. En effet, elle appréhende forcément le texte de la science avec un *recul*, depuis lequel elle vise à secourir l'intelligibilité. Comment alors ne profiterait-elle pas de la possibilité de faire état de tout le sens *environnant* les assertions actuellement contenues dans les textes considérés ? Celui qui est à puiser dans les discours contemporains d'autres disciplines ayant quelque rapport pertinent avec eux, aussi bien que celui des textes antérieurs, qu'ils présupposent ou bien auxquels ils se réfèrent. En général, on le sait bien, la compréhension, y compris la compréhension logico-conceptuelle, est favorisée par la possibilité d'entrer dans la *provenance* des propos, qu'il s'agisse ici de la provenance culturelle (des éléments de signification extérieurs à la discipline qui soutiennent le sens qu'ils ont dans la discipline), ou de la provenance historique (les significations antérieurement attribuées aux termes dans la même discipline). Il est clair que le projet épistémologique *restitutif*, en tant qu'axé sur l'intelligibilité, se commet naturellement avec toute une investigation littéraire des discours dans leur interdépendance et leur historicité, investigation qui est l'histoire des sciences.

Cela nous permet de comprendre qu'une telle démarche soit tout à fait compatible avec la prise en compte du contemporain. Je prendrai à cet égard deux exemples, tirés à dessein de travaux portant sur l'intelligence artificielle* récente, c'est-à-dire sur un présent « frais » de la science. L'article « Le cognitivisme orthodoxe »[20], assume assez

20. Cf. Andler, D., « Le cognitivisme orthodoxe en question », in *Cahiers du C.R.E.A.* n° 9, Paris, 1986. Cet article nous semble offrir tout à la fois un accès idéal aux sciences cognitives actuelles, en raison de la synthèse des travaux et méthodes qu'on y trouve, et une présentation aiguë de la diversité des affaires philosophiques liées à ces démarches scientifiques récentes. Ceci pour saisir l'occasion de préciser que notre classification des formes de discours épistémologique n'a rien à voir avec une tentative de juger ou hiérarchiser

clairement, croyons-nous, le propos de ce que nous appelons épistémologie *restitutive* (visant le supplément d'intelligibilité), et entre naturellement dans la perspective historique. Les travaux qui sont le thème de l'exposé vont jusqu'au maintenant de l'auteur du texte, mais sa présentation du « néo-connexionnisme » le plus actuel est chargée d'une mise en perspective historique des travaux concernés comme contestation du modèle « computo-représentationnel », dont il a tout d'abord tenté de rassembler les traits principaux à la faveur d'un recul déjà acquis. Une des sections de l'article, ainsi, admet pour titre « Trente ans d'I.A., de la simulation cognitive à l'ingénierie de la connaissance »[21], et témoigne tout à la fois de ce recul, et de la lecture temporalisante de l'« âge d'or » du cognitivisme donnée par l'auteur. Un autre indice de cette fonction du recul dans l'article est la confrontation raisonnée du néo-connexionnisme avec l'ancien, celui de McCulloch-Pitts[22]. Que l'intervalle temporel utilisé par le discours pour obtenir son angle de vue soit éventuellement très restreint, du moins à l'échelle épistémologique (une quarantaine d'années, en l'occurrence), ne change rien au fait qu'on est dans une temporalisation « historique ».

Le discours de l'épistémologie apparentée au propos restitutif manifeste ainsi tout un dégradé de possibilités. À un extrême, la mise au point érudite sur la mathématique grecque, franchement située du côté de l'histoire, même lorsqu'elle utilise les progrès les plus récents du discours mathématique pour procéder à sa lecture conceptuelle de la conceptualité historiquement transmise. À l'autre extrême, l'article de synthèse sur les travaux des cinq dernières années dans un domaine, ou l'ouvrage d'officialisation et de mise à plat d'un auteur qui vient d'effectuer une recherche. Ces derniers quant à eux auront toute chance d'être perçus comme des écrits scientifiques, où l'élément historique n'intervient quasiment plus thématiquement, se dissimule entièrement dans le fait même que l'après-coup rend possible, précisément, l'articulation systématique et l'explicitation.

Qu'on songe, ainsi, à mon second exemple, le grand article de Smale sur les systèmes dynamiques différentiables[23]. Il ne se présente pas du tout comme épistémologique, et encore moins comme historique. Pourtant, son propos central évident est bien la *restitution*, sous une forme sensiblement plus comestible, d'un ensemble de résultats trouvés au cours d'une période récente, dont on pourrait, en parcourant l'ensemble de l'article et en relevant les dates d'apparition des théorèmes cités, expliciter les bornes[24]. Les théorèmes, cela dit, ne sont pas clarifiés en termes de leur *provenance*, et c'est par où l'article reste dans le champ mathématique. Pourtant, même de ce point de vue, il est sans doute possible de citer des cas où l'articulation clarifiante suggérée par Smale lui est en fait inspirée par la connaissance de la provenance[25].

---

ce qui se fait. En substance et en général, la littérature épistémologique de ce temps nous semble d'une très haute qualité, bien supérieure à ce qu'on suppose lorsqu'on ne la connaît pas ou qu'on la connaît mal.

21. Cf. *op. cit.*, p. 32.

22. Cf. *op. cit.*, p. 77.

23. Cf. Smale, S., « Differentiable Dynamic Systems », *Bull. Amer. Math. Soc.*, Volume 73, n° 6, 1967, p. 747-817.

24. La tranche décisive, à ce qu'il nous semble, s'étend de 1960 à 1966.

25. Ponctuellement, Smale renvoie à un résultat ancien, qui donne une origine à un type de recherche ; fréquemment, il présente une « motivation » pour un groupe de travaux qui en fait gît dans l'acquis d'un autre groupe de travaux : nous devons donc supposer qu'il nous décrit en l'occurrence une temporalisation importante de la recherche.

En tout cas, l'épistémologie, dans cette version *monographique* stricte, plus ou moins engagée dans l'élément historique, ne pense pas plus et pas autre chose que ce que la science pense : elle ne saurait en particulier dégager, aux fins de clarification qui sont les siennes, qu'un implicite *scientifique*, ou à tout le moins un implicite prêtant son concours à la signification scientifique en tel ou tel sens. Cette épistémologie n'est structurée par aucune méthode qui la consacre comme *science* des sciences dont elle vit thématiquement. Sa proximité éventuelle avec le mouvement et le débat de la science ne fait rien pour la rapprocher *statutairement* de la science : elle est un reflet ou une restitution qui ne sont pas un savoir original. Bien entendu, ceci n'est pas de notre part un commentaire des travaux effectivement produits : nous pensons en profondeur, comme nous l'avons annoncé, que le « visage restitutif » de l'épistémologie n'est qu'un masque, et qu'il s'accomplit en fait toujours autre chose, qui est l'essentiel, dans les textes épistémologiques effectifs. La notion d'épistémologie restitutive recouvre donc à nos yeux une manière qu'a l'épistémologie de se dissimuler. Pour des raisons socio-historiques évidentes, l'orientation restitutive est d'ailleurs l'une des plus volontiers affichée au sein de l'épistémologie contemporaine.

À quel titre peut on se représenter cette épistémologie restitutive comme résolument à l'extérieur de la problématique transcendantale ? Tout simplement au nom de l'ouverture de la perspective historique elle-même. Si les concepts décisifs d'un moment daté de la science sont étudiés en termes de leur provenance, de leur émergence, même si c'est dans le cadre d'une analyse purement conceptuelle de l'avènement stratifié d'une théorie ou des horizons d'une théorie, la prise en considération des enchaînements de la pratique cognitive avec elle-même passe pour l'abandon de la posture transcendantale. À tout le moins les historiens et les philosophes transcendantaux se sont en général accordés à le dire, respectant un *agree to disagree* sans faille. Bien entendu, notre intention est de soutenir tout le contraire : ce serait même une des manières de résumer la totalité de ce livre.

### *4.2.2 L'épistémologie analytique*

Notre première espèce d'épistémologie était, vue sous un angle un peu différent, la continentale de Granger, celle des monographies volontiers historiques. La seconde sera donc tout naturellement celle que Granger lui oppose, la « théorie générale de la connaissance » à la mode anglo-saxonne, c'est-à-dire ce qu'on appelle communément de l'un ou l'autre de deux noms que l'on ne prend pas la peine de distinguer comme il le faudrait sans doute : empirisme logique ou philosophie analytique de la connaissance. Un trait commun (ou plutôt presque commun, acceptons ici le défaut d'universalité inhérent à un propos tel que le nôtre) entre les démarches fort nombreuses et fort différentes que l'on associe ordinairement à ce label est la référence à la discipline constituée *logique*. De Russell à Kripke, la plupart des discours relevant de la théorie de la connaissance que l'on rattache à cette épistémologie analytique prennent en compte, et utilisent même comme clef, la mathématisation somme toute récente du champ traditionnellement baptisé *logique*, qui s'accomplit dans la présentation moderne de la logique des prédicats, aspects syntaxiques et sémantiques compris. Il s'agit en fait d'une connivence permanente de la réflexion avec la problématique logique. Les thèses, les arguments, les exemples, les objectifs et les perspectives ne se laissent pas comprendre en dehors de ce jeu de langage syntactico-sémantique exemplaire, qu'on est supposé avoir en quelque sorte toujours sous les yeux lorsqu'on lit Quine, Carnap ou Hintikka.

Si l'on veut bien prendre alors une vue d'ensemble sur les travaux de ce type, on reconnaîtra que ceux-ci suivent deux sortes de directions, qui conduisent à deux catégories de résultats.

D'une part, et c'est ce qui constitue en principe l'aspect proprement épistémologique, on reprend l'interrogation de Hume afin de comprendre le pourquoi et le comment de la pertinence des théories scientifiques, à la lumière du modèle logique offert par la sémantique formelle de Tarski. Citons, pour fixer les idées, quelques titres d'ouvrages traduits en français principalement voués à cette tâche : *La connaissance objective*[26], *Faits, fictions et prédictions*[27], ou *Le mot et la chose*[28].

D'autre part, on essaie d'aborder avec une rigueur et une positivité en rapport avec la forme logique – et surtout en acceptant la mise à l'épreuve des notions et des critères par les énoncés de la langue naturelle qui leur correspondent – des problèmes relevant classiquement de la « métaphysique » (le mot étant pris ici au sens « étude du suprasensible »).

Dans l'œuvre de Wittgenstein, le *Tractatus logico-philosophicus*[29] serait à classer dans la première case, les *Recherches philosophiques*[30] dans la seconde, si du moins on joue le jeu de trancher « grossièrement », sans entrer dans les subtilités et les difficultés. Le *Meaning and necessity* de Carnap[31], pour ce qu'il contient de description canonique du discours de connaissance et de sa vérité, appartient au premier genre, pour ce qui en lui est effort d'élucidation de l'essence de la modalité, au second[32]. Le *Naming and Necessity* de Kripke[33], qui reprend les mêmes problèmes, accentue sensiblement l'aspect métaphysique par son questionnement du concept d'identité. Il s'achève on le sait par une discussion du recouvrement entre état mental et état cérébral, qui touche au problème métaphysique traditionnel de l'identité de l'âme et du corps.

Qu'en est-il alors de la position de cette épistémologie, dans ses deux orientations, par rapport à la démarche transcendantale ? Nous avons fait remonter à Hume la première de ces deux directions de recherche, mais il est bien évident qu'il eût été

---

26. Popper, K. R., *La connaisance objective*, trad. franç. C. Bastyns, Paris, Éditions Complexe, 1972.

27. Goodman, N., *Faits, fictions et prédictions*, trad. franç. M. Abran, Paris, Minuit, 1984 ; la sémantique tarskienne n'y est pas évoquée formellement et officiellement, mais la problématique de la *projection des prédicats* lui est, nous semble-t-il, essentiellement liée : la discussion de Goodman est cousine des travaux de Kripke, ou d'arguments de Putman, qui se placent, eux, ouvertement dans un cadre de théorie des modèles.

28. Cf. Quine, W.O., *Le mot et la chose*, trad. franç. J. Dopp et P. Gochet, Paris, Flammarion, 1977 ; encore une fois, la sémantique tarskienne est présente comme toile de fond plutôt que comme thème explicite : ce qui est décrit comme *l'embrigadement*, c'est la soumission du langage naturel à la norme de la logique des prédicats du premier ordre. Les célèbres conclusions sur l'*engagement ontologique* des théories, qui situent ce dernier au niveau de l'assignation d'un champ référentiel aux quantificateurs, nous paraisssent renvoyer nettement à la sémantique tarskienne.

29. Cf. Wittgenstein, L., *Tractatus logico-philosophicus*, trad. franç. P. Klossowski, Paris, Gallimard, 1961.

30. Wittgenstein, 1945-49.

31. Cf. Carnap, R., *Meaning and Necessity*, Chicago, The University of Chicago Press, 1947.

32. La même chose, tant que nous y sommes, pourrait sans doute être dite de *Faits, fictions et prédictions*, que nous avions d'abord classé uniquement dans le premier genre (ce qui, si l'on veut, se justifie par le fait que le livre se présente lui-même comme essentiellement une réflexion sur l'induction, alors que *Meaning and Necessity* affiche un titre métaphysique, et assume jusqu'à un certain point cette coloration).

33. Cf. Kripke, S., *La logique des noms propres*, trad. franç. P. Jacob et F. Recanati, Paris, Minuit, 1982.

au moins aussi pertinent de citer le nom de Kant. Réfléchir sur les conditions de pertinence d'une pensée caractérisée comme logique est-il en effet réellement étranger à la problématique transcendantale ? Si l'on répond positivement, c'est peut-être parce qu'on se sera fortement laissé impressionner par ceci que la logique de l'empirisme logique est exclusivement *formelle*, et pas du tout *transcendantale*. De même, si l'on insiste sur le fait que la consigne kantienne de la *Dialectique transcendantale* est en quelque sorte de ne pas formaliser les questions touchant au supra-sensible, alors on verra la deuxième orientation mentionnée comme la pure et simple transgression des normes kantiennes, comme relevant d'un logicisme leibnizien. C'est en effet ainsi que l'épistémologie analytique pourra être conçue comme étrangère au propos transcendantal : par la considération de son inféodation exclusive au logique, lui-même pris comme formel. Dans les questions qui relèvent de la théorie de la connaissance, cette épistémologie serait en défaut par rapport à l'exigence transcendantale en tant qu'elle manque la dimension esthétique, dans celles qui relèvent de la *metaphysica specialis*, elle serait en défaut comme manquant la dimension idéelle. À un certain niveau de polémique, on peut dire cela. Peut-être notre lecteur jugera-t-il d'ailleurs que nous l'avons fait nous-même dans notre chapitre sur Kant. Mais, annonçons-le tout de suite, il y a dans cette évaluation, à notre avis, un présupposé contestable sur la valeur de la glose « formelle », logico-langagière, qui est mise en œuvre dans les écrits de l'épistémologie analytique : cette glose opère-t-elle comme une réduction au calcul, au contrôle ? Il faut ici nous garder de partager les œillères de Heidegger, notamment dans sa lecture de Kant (et nous renvoyons cette fois positivement à ce que nous avons écrit dans le chapitre que nous évoquions à l'instant).

### *4.2.3 L'épistémologie interne de la science*

Autre type d'épistémologie, qui compte parce qu'il semble remettre en question, si du moins l'épistémologie est prise comme part de la philosophie, la frontière science-philosophie : l'épistémologie directement produite par la science dans son activité autonome. Ce que nous entendons par là, ce n'est pas tant l'ensemble des textes produits par des scientifiques et présentés par eux comme épistémologiques, puisqu'aussi bien ces œuvres, au gré de l'idiosyncrasie de chacun, pourront relever de tous les types d'épistémologie. Mais plutôt, ces livres ou articles qui se conçoivent et sont reçus comme des contributions à la science elle-même, tout en comportant à l'évidence une dimension épistémologique, en tant qu'ils *réfléchissent* d'une manière ou d'une autre les modèles.

Relèvent selon nous de cette catégorie, pour commencer, certains aspects des grandes théories physiques ayant vu le jour au début du siècle et par lesquelles, on le sait, la nature de la science a été révolutionné : la mécanique quantique et les théories de la relativité.

En effet, l'exposé clair et cohérent des théories en cause ne peut faire l'économie d'une certaine modélisation de la situation épistémique elle-même. Les théories de la relativité font entrer en jeu le concept d'observateur et le problème de la concordance des observations. Cette considération, on le sait, conduit à mettre en lumière de la façon dont le contenu d'une théorie est contraint par un groupe de transformations sous lesquelles son écriture doit être en un certain sens invariante : le concept technique de *symétrie d'une théorie* et l'exigence de *covariance* appartiennent au registre épistémologique. La mécanique quantique passe par une redéfinition des notions d'objet et de prédication d'objet (cf. le concept d'*observable*) pour déployer sa logique. Aucun traité de mécanique quantique élémentaire ne fait l'économie d'un tel préambule, à notre connaissance du moins.

Au-delà de ces moments méthodologiques inauguraux, la discussion d'un certain nombre de difficultés ou paradoxes répertoriés, soulevés par ces théories, est devenue un exercice obligé auquel se consacrent les spécialistes, dans une réflexion épistémologique *publiée*, et, qui plus est, souvent publiée *comme scientifique*. Ainsi les expériences d'Aspect sur les inégalités de Bell sont un travail scientifique, non dénué d'un caractère technique, mais qui se donne comme contribution épistémologique à la controverse des « variables cachées ». Cette élaboration épistémologique intra-physique des théories, et c'est là un aspect fort important de l'« épistémologie interne », gagne les mathématiciens, qui se piquent de porter secours mathématiquement aux théories physiques. Pour citer un cas prestigieux, le livre de Von Neumann sur la théorie spectrale dans les espaces de Hilbert et la mécanique quantique, outre le fait qu'il contient une prise de position sur le problème de la « réduction du paquet d'ondes », se positionne comme livre d'une *mathématique épistémologique*. Certains travaux en géométrie différentielle, et notamment en géométrie symplectique, de A. Lichnerowicz à J.-M. Souriau, nous semblent relever d'une même position[34]. Ici se présente une figure tout à fait importante pour notre discussion. Il y a un point de vue, explicite chez certains, implicite chez d'autres, plus fermement ancré à notre avis chez les mathématiciens que chez les physiciens – mais ces derniers sont prêts à se laisser convaincre peut être – selon lequel ce ne serait pas la *philosophie*, comme épistémologie, qui opérerait la médiation rendant compréhensible la pertinence de certaines mathématiques dans les théories physiques, et dégagerait la signification des concepts physiques par cette médiation, mais plutôt la *mathématique* qui, par sa capacité auto-explicitante, éclairerait la mathématique toujours-déjà impliquée dans la théorie physique, et rendrait de la sorte sa conceptualité intelligible.

L'épistémologie interne peut même assumer une plus grande prétention. Elle peut se présenter comme « gestion » des modèles dont le discours de science fait usage, et à ce titre, exploration de son futur : notamment si elle s'accomplit comme commentaire mathématique des théories, elle peut accueillir une analyse a priori des possibilités de modélisation et de l'adéquation potentielle de chacune d'elles. Alors, assumant en quelque sorte la stratégie de la science, l'épistémologie semble pouvoir non seulement participer de l'activité scientifique, mais encore la guider. Une telle position anticipative de la réflexion sur les modèles se rencontre essentiellement, à ce qu'il nous semble, en sciences cognitives. Essayons d'en donner quelques exemples.

Un certain nombre de travaux publiés en intelligence artificielle nous semblent entretenir un rapport lâche à la réalisation « effective », c'est à dire, dans l'ordre considéré, à l'*implémentation* : soit qu'ils consistent dans l'explicitation de principes de représentation de données et/ou de traitement de ces données qui n'ont pas encore été appliqués, et qui, à la limite, pourraient ne jamais l'être (à moins qu'ils le soient seulement après que ces principes auront été profondément réinterprétés) ; soit qu'ils

34. . Pour un point d'entrée sur ce que j'évoque ici (et qui ne m'est plus guère présent à l'esprit, vingt ans après), cf. Libermann, P., & Marle, C.M., *Symplectic Geometry and Analytical Mechanics*, Dordrecht/Boston/Lancaster/Tokyo, D. Reidel Publishing Company, 1987.

évoquent dans l'après-coup des implémentations effectives, mais que leur *valeur de communication* ne réside pas dans ces implémentations. Cette distance, ou ce degré de liberté, nous semble engendrer une discussion des modèles *apriorique* même si elle vient après leur mise en œuvre. Une discussion qui, tout en se permettant d'avoir recours à des considérations et des argumentations extérieures au régime d'énonciation scientifique (surtout si, comme on est tenté de le faire, on l'identifie dans le contexte au régime logique), compte directement et de façon non problématique comme contribution de science. Le célèbre article de M. Minsky* sur les « frames »[35], ainsi, vaut d'entrée de jeu comme un apport majeur pour la nouvelle science, *en raison* semble-t-il du caractère séduisant de la théorie de la cognition qu'il exprime[36], et ce indépendamment d'implémentations précises, qui passent nécessairement par toute une technicité non-réellement couverte par l'article, et qui requièrent à vrai dire un supplément de créativité d'une autre forme[37]. Ce qui nous semble frappant, en l'occurrence, c'est que la discussion sur les « frames » est ouverte comme discussion scientifique sans liaison obligée et « cruciale » au sens de l'*experimentum crucis* avec les réalisations effectives de programmes s'inspirant des principes minskiens, et que le contenu largement épistémologique de cette discussion n'est pas perçu comme un saut de côté hors de l'I.A. À vrai dire, il n'est pas certain qu'il soit perçu comme contenu épistémologique ; et pourtant, les attendus de Minsky relèvent parfois de toute évidence, pour un jugement moyen et classique, de ce genre[38].

---

35. Cf. Minsky, *Computation Finite anf Infinite machines*, Londres, Prentice-Hall, 1967 ; « A Framework for representing Knowledge » in Metzing, D., Ed.), *Frame conceptions and text understandling*, Berlin, New-York, de Gruyter,1979, p 1-25 ;« A Framework for representing Knowledge » in Brachman, R. & Levesque, H., (Eds.), *Readings in Knowledge Representation*, Los Altos, Morgan Kaufmann Publishers, 1985, p. 245-262.

36. Faut-il la résumer comme Minsky lui-même par

> « Lorsque l'on rencontre une nouvelle situation (ou lorsque l'on accomplit un changement substantiel dans sa vision du problème en cours), on sélectionne dans sa mémoire une structure appelée un cadre. C'est une structure mémorisée, destinée à être adaptée pour coller à la réalité en modifiant des détails si nécessaire » ?
>
> « When one encounters a new situation (or makes a substantial change in one's view of the present problem), one selects from memory a structure called a frame. This is a remembered framework to be adapted to fit reality by changing details if necessary. » ['A Framework for representing Knowledge », p. 246] [notre traduction]

En fait, l'article donne tout de même une idée plus précise du mode de représentation par *frames*, notamment en introduisant l'idée de *default assignment* ou en évoquant des aspects plus techniques du *frame-system*, comme l'*information retrieval network* ou le *matching-process*.

37. Comme l'écrit d'ailleurs Minsky :

> « À titre d'excuses : les schèmes proposés ici sont incomplets à plusieurs égards. D'abord, je propose souvent des représentations sans spécifier les processus qui vont les utiliser. Quelquefois je me contente de décrire les propriétés que devraient manifester les structures en cause. Je parle de marqueurs et d'assignations comme si la manière dont ils sont reliés et connectés était évidente ; elle ne l'est pas. ».
>
> « An apology : the schemes proposed herein are incomplete in many respects. First, I often propose representations without specifying the processes that will use them. Sometimes I only describe properties the structures should exhibit. I talk about markers and assignments as though it were obvious how they are attached and linked ; it is not. » [« A Framework for representing Knowledge », p. 247] [notre traduction].

38. Dans la version de 1979 de l'article sur les *frames* nous relevons, ainsi : la discussion rapide des mérites des modèles du type »parallel processing » (p.2-3), qui relève par excellence de l'évaluation épisté-

Certes, le discours de science peut inclure, de manière générique, des « causeries » générales en langue naturelle, préambules de la proposition de nouveaux modèles. Mais la recherche actuelle en Intelligence Artificielle semble entretenir avec ce moment un rapport quelque peu différent. D'une part, il est permanent et multiple, tant il est vrai que l'on envisage des possibilités extrêmement nombreuses, chacune donnant lieu à un approfondissement d'« épistémologie interne » indépendamment des implémentations. D'autre part, ces approfondissements comportent la plupart du temps une esquisse de la technicité future, qui, bien qu'elle ne livre pas le secret de son effectuation, suffit à faire valoir les articles en question comme par eux-mêmes scientifiques, et plus précisément comme base de discussion scientifique par eux-mêmes. Si nous évoquons maintenant l'article de Brachman dans le même *Readings in Knowledge Representation*[39] il s'annonce tout à fait nettement comme appartenant au genre que nous avons appelé épistémologie restitutive, puisque son propos premier est le passage en revue des modes de structuration de *réseaux sémantiques* depuis Quillian ; mais il se conclut par le plaidoyer de l'auteur pour certains types de représentation, qu'il adopte dans des implémentations réalisées ou en cours, et en lesquelles il voir le bon outil du futur. Dans aucune autre discipline, nous semble-t-il, la transition de la restitution à la proposition ne pourrait être aussi évidente et aisée, au sein de la communication scientifique reconnue. Plus précisément, ce qui est propre, c'est que des textes dont *l'essentiel du propos* se situe avant la modélisation, tout en se rattachant de manière explicite et terminale à des modèles effectifs (au moins visés), constituent un ordinaire possible de la publication *scientifique*.

Cette modalité d'épistémologie interne, à la fois récapitulative, logico-mathématique et prospective, n'est pas propre aux travaux cognitivistes classiques : les travaux dits »connexionnistes » adoptent essentiellement la même attitude, ou le même style. Les articles de l'ouvrage de référence synthétique *Parallel distribued Processing*[40], par exemple, même dans le cas où ils sont techniques, ont tendance à ne présenter de modèle que de manière concommittante avec une discussion des modèles possibles. De plus ils contiennent eux aussi des considérations réflexives-épistémologiques-interdisciplinaires. Il se trouve que Smolensky, dans son article « On the proper treatement of connectionism », qui a fait date, exprime de manière aiguë et lucide cette situation de discours auto-épistémologique et prospective, que nous essayons de caractériser.

mologique interne des modèles en compétition ; la discussion du caractère dimensionnel et topologique de la perception (p.6-7), qui n'est pas seulement de l'ordre de la psychologie cognitive, mais concerne aussi les principes représentatifs d'IA chargés de valoir pour la présumée continuité et tridimensionnalité de l'espace ; une confrontation rapide du principe des frames aves les dogmes linguistiques chomskiens (p 11-12), qui relève de l'épistémologie comparative ; une théorie absolument générale de la temporalité comme « before-after » (p. 13-14), qui se situe sur le même plan, implicitement philosophique, que les commentaires déjà évoqués sur continuité et dimensionnalité de l'espace perceptif ; et une évocation du problème des « classes de similarité » sans critère, définies seulement par un seul « air de famille », qui semble affronter le « terrain » logico-philosophique de Wittgenstein (p. 20-21).

39. Cf. Brachman, R. & Levesque, H., (Eds.), *Readings in Knowledge Representation*, Los Altos, Morgan Kaufmann Publishers, 1985.

40. Cf. Feldman, J. , Hayes, P. , Rumelhart, D. , Eds., *Parallel distribued Processing*, Cambridge, London, MIT Press, 1986.

Répondant à ceux qui objectent aux modèles connexionnistes leur non conformité aux données actuelles de la science neurologique, il écrit en effet :

> « La seconde erreur de raisonnement procède de l'inaptitude à reconnaître le rôle des modèles particuliers dans le paradigme subsymbolique. Une contribution extrêmement significative d'un tel modèle est de fournir un soutien empirique pour des principes généraux qui caractérisent une large classe de systèmes subsymboliques. La valeur potentielle des « ablation studies » du système NETtalk de conversion du texte en parole (Sejnowski & Rosenberg, 1986) ne dépend pas entièrement de la conformité neurologique du modèle, ou même de sa conformité psychologique. NETtalk est un système subsymbolique qui accomplit une tâche très complexe. Qu'arrive-t-il à sa performance lorsque une partie de ses entrailles est endommagée ? Le savoir procure des indices importants concernant les principes généraux de la dégradation de tous les systèmes subsymboliques complexes : des principes qui s'appliqueront à des systèmes futurs plus conformes en tant que modèles. » [41]

Tout est dit : le caractère réflexif comme le caractère orienté vers le futur de la modélisation, ainsi que le caractère « interne » à la science (technique) de cette réflexion. De plus, cette fonction des travaux connexionnistes est, dans le contexte, dégagée dans un contraste avec leur éventuelle valeur psycho-neurologique.

En résumé, l'I.A. semble donc avoir fait de son épistémologie prospective un moment tout à la fois autonome par rapport au pôle de « science dure » que serait l'implémentation, et interne à l'I.A. comme science, non déporté vers la philosophie. Moment qui est inséparable de celui de la compréhension réflexive de ses propres modèles, avec leur teneur technique.

Comme nous venons de l'accentuer après avoir cité Smolensky, ce que nous avons développé jusqu'ici concerne l'auto-épistémologie comme épistémologie réflexive-prospective interne de l'*Intelligence Artificielle*, entendue comme la recherche de programmes susceptibles de conférer à des ordinateurs des comportements « intelligents ». Il ne s'agissait donc pas de *psychologie cognitive*, science étudiant la manière dont *de fait* l'appareil psychique humain produit de la connaissance au sens large. Cette seconde face des sciences cognitives a sa propre manière de secréter un discours épistémologique *interne* à la science. Ici, l'affaire est toute simple, la psychologie cognitive est en droit de se présenter comme l'épistémologie en le seul sens où celle-ci pourrait se dire une science. Elle est en effet l'étude du savoir, ce dernier ayant été réduit à

41. Ceci est ma traduction de l'anglais suivant : « The second fallacy rests on a failure to recognize the role of individual models in the subsymbolic paradigm. An extremely significant contribution of a model is providing evidence for general principles that are characteristic of a broad class of subsymbolic systems. The potential value of « ablation studies » of the NETtalk text- to-speech system (Sejnowski & Rosenberg, 1986) does not depend entirely on the neural faithfulness of the model, or even on its psychological faithfulness. NETtalk is a subsymbolic system that performs a very complex task. What happens to its performance when parts of its innards are damaged ? This provides an important clue to the general principles of degradation in *all* complex subsymbolic systems: principles that will apply to future systems that are more faithful as models. » ; il figure à la page 9 dans le *pre-print* de l'article distribué par l'auteur en 1987 à Cerisy-la-Salle publié ensuite dans BBS : Smolensky, P. , « On the proper treatment of connectionism », in *The Behavioral and Brain Sciences*, 11, 1988, p. 1-23.

la seule dimension qui le rende scientifiquement déterminable, celle du savoir comme prestation de l'homme, de l'homme biologique par surcroît. La psychologie cognitive réaliserait donc le programme qu'affiche le nom d'épistémologie, mais en assumant les contraintes méthodologiques dont le respect ouvre pour une telle recherche le statut de science. Nous retrouvons ici le modèle au nom duquel Carnap, dans certains écrits auxquels nous renvoyions au chapitre II, critiquait Kant : l'esthétique transcendantale était pour lui une mauvaise psychologie cognitive.

Assez bizarrement, l'existence de ce point de vue intégrant l'épistémologie à la science comme psychologie cognitive (ou plus généralement anthropologie cognitive) contamine la recherche en Intelligence Artificielle (I.A.). Dans certains travaux d'I.A., on voit les auteurs conclure, du simple fait qu'un programme écrit selon certains principes tourne, ou bien même au vu du simple contenu de théorèmes démontrés sur telle ou telle classe de machines abstraites, à un enseignement essentiel sur la pensée humaine, à un morceau de savoir en psychologie cognitive. H. Dreyfus* a critiqué ce genre d'attitudes, auxquelles sont enclins les chercheurs en I.A., dans la première partie de *Intelligence artificielle, mythes et limites*[42]. Elles fournissent cependant un nouvel exemple du se-manifester-comme-épistémologie de l'I.A. : le discours lié à l'informatique pure de l'I.A. se donne *directement* comme enseignement épistémologique, l'épistémologie ayant été implicitement réduite à la psychologie cognitive.

À titre d'exemple totalement localisé dans la littérature, mentionnons le §4.4.4 de *Computation Finite anf Infinite machines*[43], qui vient après l'étude des pouvoirs des circuits « neuraux » de McCulloch-Pitts (dans une perspective plus générale donc, des automates à nombre d'états finis), et notamment de leur « mémoire », à travers l'énoncé et la preuve du théorème de Kleene[44]. Le théorème de Kleene énonce que les ensembles de suites de symboles reconnaissables par des machines finies $M$ sont exactement les ensembles dits *réguliers* : des ensembles caractérisés par une suite finie d'instructions, pouvant consister en

1. L'injonction d'écrire un symbole particulier.
2. L'injonction d'écrire un symbole quelconque pris dans une liste finie de symboles possibles.
3. Ou l'injonction de répéter un nombre arbitraire de fois une sous-suite bien déterminée de symboles.

Le théorème dit donc que tout tel ensemble peut être re-caractérisé comme ensemble des suites qui, proposées à une machine, la font passer d'un état bien déterminé à un autre, et vice-versa.

D'après Minsky, MacCulloch et Pitts commentent le fait que l'ensemble des « historiques de stimulation » ne peut pas être mieux spécifié, les états initiaux et finaux d'une machine étant connus, que par une liste d'instructions d'ensemble régulier, dans les termes suivants : qu'à certaines places de l'historique il y ait un choix illustre le caractère non rétrospectivement déterministe de la machine, et qu'à d'autres places il

42. Cf. Dreyfus, H., *Intelligence artificielle, mythes et limites*, Paris, Flammarion, 1984.
43. Cf. Minsky, M., *Computation Finite anf Infinite machines*, Londres, Prentice-Hall, 1967.
44. Le paragraphe que nous citons figure à la page 95. Les ensembles réguliers sont définis aux pages 71-74. Le théorème de Kleene est énoncé et prouvé aux pages 79-91.

puisse y avoir répétition de motif de longueur arbitraire illustre le fait que la stimulation *initiale* ne peut pas en général être datée a posteriori. Et selon la phrase de MacCulloch et Pitts citée par Minsky, ceux-ci, se plaçant implicitement dans l'hypothèse que les machines considérées sont de bons modèles du cerveau humain, poussent même leurs commentaires plus loin : ils font l'hypothèse qu'une telle ignorance rétrospective – en quelque sorte « systématique » – est la contrepartie du *pouvoir d'abstraction de l'esprit*. Ce qui nous intéresse, bien évidemment, est que Minsky dénomme sans état d'âme « conséquences épistémologiques » ces attendus de psychologie cognitive hypothétique accolés à un théorème de mathématique constructive.

Symptôme parallèle de cette non-démarcation entre la dimension réflexive-prospective de l'épistémologie interne de l'Intelligence Artificielle et sa dimension psycho-anthropologique : le fait que les articles qui développent le plus évidemment la première dimension restent en permanence attentifs à, soucieux de, pour ainsi dire branchés sur la seconde. Cette remarque peut notamment être faite au sujet de l'article de Minsky et de l'article de Smolensky cités plus haut. On accordera toutefois que ce dernier, d'une certaine manière, n'est pas loin de couper les ponts, *pour ce qui regarde son propos propre* sinon pour ce qui concerne le paradigme connexionniste, avec l'exploration psychologique au sens large.

Appartient en droit aux sciences cognitives, à notre avis, la spéculation mathématique développée à la fin des années 60 et au début des années 70 par René Thom sur la dynamique mentale, linguistique et narrative. On peut la présenter comme l'ancêtre du connexionnisme actuel. Les vues de Thom anticipent en effet l'orientation profonde de ce dernier, qui est de rejoindre les méthodes de la physique mathématique. De plus, la grande idée de comprendre le sens comme émergent au niveau d'*attracteurs* de systèmes dynamiques a véritablement son origine chez Thom[45]. Nous nous devions donc d'évoquer cette autre famille de travaux, en traitant comme nous le faisons de l'épistémologie interne des sciences cognitives. D'autant que, à ce qu'il nous semble, cette seconde famille donne lieu à essentiellement la même position d'épistémologie réflexive-prospective. Nous nous contenterons d'évoquer, pour l'illustrer, la façon dont Jean Petitot expose, profondément et puissamment, la possibilité d'appliquer à la linguistique les idées de Thom dans *Morphogenèses du sens*[46]. Dans cet ouvrage, l'auteur critique la modélisation *univoque* du fait linguistique par le générativisme chomskien, aussi bien que toute autre approche purement formaliste du langagier, qu'il s'agisse de phonétique ou de sémantique des phrases. Il défend une modélisation catastrophiste qui *constitue* les distributions structurales en cause avant de recenser les propriétés du message sur un mode classificatoire. Cette modélisation est celle d'une linguistique qui existe à peine, et dont son travail est un des premiers produits. Elle doit par exemple autoriser une nouvelle compréhension de l'actancialité en général[47], et de la diversité

45. Consulter à ce sujet l'article « Forme » de Jean Petitot (in *Encyclopædia Universalis*, Paris, Encyclopædia Britannica, 1989, t. XI, p. 712-728), et l'article « Modèles connexionnistes et représentations structurées »d'Y.-M. Visetti (in *Intellectica*, n° 9-10, 1990, p. 167-212.), le premier à notre connaissance à présenter une discussion comparative des pouvoirs et des limites de ces deux classes « cousines » de modèles.

46. Cf. Petitot, J., *Morphogenèses du sens*, Paris, PUF, 1985.

47. Nous résignons de ce nom le fait que chaque proposition détermine un certain nombre d'*actants* correspondant aux rôles de l'histoire qu'elle raconte. Ainsi, dans 'Jean donne le livre à Paul', on a trois actants, qui sont en substance l'agent, l'objet subissant l'action, et le bénéficiaire de celle-ci.

des espèces actancielles en particulier. Nous avons donc affaire à un texte méthodologiquement épistémologique au sens où il affronte la problématique de la légitimité des présupposés d'une science (ici la linguistique), mais qui par son aspect prospectif tend à s'intégrer au propos de ladite science, puisqu'il plaide pour un certain choix de son avenir. L'ancrage dans cet élément scientifique est souligné par le recours à un outil mathématique sophistiqué, bien entendu. Comme dans le cas connexionniste, ainsi que le soulignait tout à l'heure Smolensky, la technique formelle-mathématique joue ici un rôle essentiel. On ne pourrait simplement pas comprendre et réfléchir l'écart entre les modèles chomskiens et les modèles thomiens si l'on n'entrait pas d'abord dans la différence entre la théorie des catastrophes, comme théorie relevant de la topologie différentielle et de l'étude des systèmes dynamiques d'une part, et la théorie des grammaires formelles ou des automates finis d'autre part.

Il nous semble assez facile de voir comment cette épistémologie interne de la science, dans les modalités variées que nous venons d'envisager, peut se concevoir comme en opposition avec le style transcendantal : dans l'exacte mesure où elle se comprend elle-même comme discours qui confie à une discipline positive les différentes fonctions du système transcendantal. La « mathématique épistémologique » dont nous avons parlé tout à l'heure attend de la mathématique elle-même qu'elle dévoile le sens de l'implication de la mathématique dans la conceptualité physique, tâche qui était éminemment, a priori, celle d'un discours transcendantal. La psychologie cognitive se substitue à l'analyse kantienne des « facultés », avec le statut de science. La réflexion prospective sur les modèles prend le futur de la modélisation dans une science comme bien mesuré dans son extension virtuelle par la marge de manœuvre mathématique offerte par les modèles actuels, alors qu'un point de vue transcendantal demande qu'on prenne en compte l'éventualité d'intuitions directrices essentiellement autres, qui commanderaient le recours à des instruments mathématiques radicalement autres. Sans doute aucune de ces estimations n'accompagne-t-elle nécessairement les travaux épistémologiques du genre considéré, mais on voit bien que c'est de cette manière que l'anti-transcendantalisme diffus de la communauté épistémologique contemporaine peut se considérer comme conforté par l'épistémologie interne de la science : en la concevant essentiellement comme *rivale*, pleine de supériorité et de succès, de la démarche transcendantale. On a au moins un indice fort que le problème est *au fond* plus complexe, avec l'épistémologie proposée par Jean Petitot dans *Morphogenèse du sens*. Celle-ci, en effet, tout en épousant à notre avis la démarche de l'épistémologie interne de la science comme prospection des modèles, se présente ouvertement comme reprise du motif transcendantal. C'est que, en l'occurrence, deux catégories hétérogènes de modèles sont en compétition (les « logiques » et les « dynamiques »), et la mise en perspective de leur compétition ne peut avoir lieu dans le strict cadre d'une variation technique sur un même canevas mathématique.

### 4.2.4 *L'épistémologie discursive (interne de la philosophie)*

Inversement, pour ainsi dire, il existe aussi une épistémologie spontanément produite par la philosophie, nous voulons dire la philosophie générale, a priori non épistémologique. Cette secrétion épistémologique de la philosophie, apparemment, a été rendue possible par l'effort d'arrachement à la tradition allemande post-kantienne, transcendantale et phénoménologique, auquel se sont livrés les meilleurs héritiers de cette tradition au cours des années soixante et soixante dix. Cet effort a cru pouvoir arriver à ses fins dans le structuralisme. Mais le passage à une orientation épistémologique supposait l'abandon de cette orientation structurale, ainsi que l'expose canoniquement, nous semble-t-il, Michel Foucault dans *L'archéologie du savoir*[48]. Alors que le structuralisme proposait aux philosophes qui l'adoptaient quelque chose comme une installation dans la science (humaine), ce virage définit un style d'épistémologie *philosophique*, par la grâce duquel s'accomplit une sortie hors de la grande tradition allemande qui n'est pas abandon absolu de la philosophie, mais plutôt reconduction de celle-ci sur un autre mode (sans doute celui du *savoir*, terme plus général que celui de science). Essayons donc de résumer les thèses de *L'archéologie du savoir*.

En fait, le livre dont nous parlons est ouvertement centré sur des problèmes de légitimité. Après la parution de l'*Histoire de la Folie*[49] et surtout de *Les Mots et les Choses*[50], on avait questionné Foucault sur le statut exact de la notion d'*épistèmè* qu'il utilisait, par rapport aux structures du structuralisme, aux infra-structures du marxisme, et aux « totalités culturelles » vagues de la sociologie ou de l'histoire des idées et des mentalités[51]. En répondant à ces questions, dans *L'archéologie du savoir*, Foucault cherche à caractériser en profondeur la méthode et le sens de ses enquêtes antérieures, et c'est ainsi qu'il est conduit à définir ce qui est selon nous un mode essentiellement *philosophique* de l'épistémologie. Il affirme que sa démarche consiste à construire théoriquement une *régularité du discours*, qui ne précède pas ce dernier depuis le recul et la distance d'une *structure*, ou de toute autre instance à laquelle revient nécessairement une stabilité ontologique de cause ou de fondement : une régularité qui n'est pas autre chose que *ce que le discours manifeste en s'accumulant*. Alors que le structuralisme en général, où Foucault inclut le marxisme et le freudisme, décrit le mécanisme qui contrôle le discours depuis l'extériorité du lieu de la constitution structurale (la langue, l'économie, l'ordre symbolique), l'archéologie du savoir décrit le mécanisme où se prend le discours a posteriori et sans sortir de lui-même. En principe, un tel programme d'étude ne devrait pas être limité au domaine cognitif ; mais en fait, Foucault s'intéresse tout spécialement au discours en tant qu'il institue de la connaissance. Son intention ultime est d'expulser l'illusion subjective du poste rationnel où elle pouvait se réfugier après avoir dû concéder la détermination du sujet par l'économie, la langue, le désir. De faire porter, en somme, la démystification sur l'instance qui démystifie. Il veut donc montrer le discours comme s'échappant à soi-même *en tant que rationnel*. Les épistèmès sont ainsi des unités stratégiques déterminant ce qui peut être objet, ce qui peut être méthode pour un savoir à une époque donnée, unités qui sont conçues comme trans-subjectives, bien qu'immanentes au discours et *a posteriori*.

Cette archéologie du savoir est clairement *philosophique* et non pas historique, et se distingue comme telle de l'épistémologie restitutive, dont elle est néanmoins fort proche. Ce qui est philosophique en elle, c'est d'abord le fait d'adopter comme fil conducteur le discours lui-même. Comme ce dernier n'est rien moins que l'acte de

48. Cf. Foucault, M., *L'archéologie du savoir*, Paris, Gallimard, 1969.

49. Cf. Foucault, M., *Histoire de la Folie*, Paris, Plon, 1961.

50. Cf. Foucault, M., *Les Mots et les Choses*, Paris, Gallimard, 1966.

51. Ces observations étaient notamment formulées et adressées à Foucault par le Cercle d'épistémologie de l'E.N.S. dans les *Cahiers pour l'Analyse* n° 9.

toute pensée, l'enquête archéologique est enquête menée par le discours en tant que tel sur le discours comme régulation auto-engendrée. Elle œuvre donc dans le même genre d'absence de point d'appui, de fragilité orientée sur l'universel sans en avoir la promesse, de cercle vicieux du sujet et de l'objet, que la conscience transcendantale de Husserl ou la faculté de juger de Kant. Symétriquement, est philosophique dans cette archéologie son refus de se laisser confiner dans la continuité de ce qui est déjà reconnu comme science, et que l'épistémologie restitutive, au contraire, accepte comme champ clôturant l'horizon. L'archéologie doit quant à elle être prête à inclure dans les *formations discursives*, et à faire valoir pour en dévoiler le sens, *tout type de savoir* dès lors qu'il est bien « discursif ». Et de fait, le choc ressenti à la lecture de *Les mots et les choses*, à l'époque, fut en grande partie fonction de ce brassage synthétique de l'hétérogène, où l'économie, l'histoire naturelle et la logique, sans parler de la littérature et de la peinture, intervenaient sur le même rang. De la même manière, l'épistémologie discursive dégage une régularité qui, par hypothèse, n'est pas la règle *explicite* à laquelle le discours de savoir considéré se plie, ni même une règle à laquelle il aurait pu se soumettre. Elle ne saurait donc « restituer » la conceptualité légale ou valant comme légale d'un discours, mais tend plutôt à mettre au jour une configuration implicite qui se manifeste dans les choix d'objets, les visées stratégiques et les points d'ancrage intersubjectifs propres à un type épistémique.

Cela dit, il est remarquable de voir que l'archéologie du savoir telle que Foucault la définit, et malgré la référence à l'*archè* contenue dans son titre, est conçue par lui comme un autre de la phénoménologie transcendantale, comme c'est affirmé avec suffisamment de clarté dans l'ouvrage :

> [(Foucault parle à ses adversaires)]
>
> « (. . .) car, si vous reconnaissiez à une recherche empirique, à un mince travail d'histoire le droit de contester la dimension transcendantale, alors vous cédiez l'essentiel. De là une série de déplacements. Traiter l'archéologie comme une recherche de l'origine, des *a priori* formels, des actes fondateurs, bref comme une sorte de phénoménologie historique (alors qu'il s'agit au contraire de libérer l'histoire de l'emprise phénoménologique), et lui objecter qu'elle échoue dans sa tâche et ne découvre jamais qu'une série de faits empiriques »[52]

Pourtant la pensée de Foucault, comme celle de ses compagnons d'armes des années soixante, nos maîtres, était inspirée et mise en branle par la phénoménologie, dans une mesure à déterminer dans chaque cas. Le couple de cette provenance et de l'arrachement voulu par ceux qui s'y tenaient est un beau sujet de méditation dans l'après-coup.

Aujourd'hui, l'archéologie du savoir est à notre avis, comme on pourrait le montrer sans doute de manière érudite, pratiquée dans beaucoup de textes qui se donnent comme philosophiques (et ce au-delà des auteurs qui relient explicitement leur travail à Foucault). Il est sans doute important pour notre recherche de noter que J.-T. Desanti, lorsqu'il a cherché à définir l'originalité de sa démarche comme démarche *épistémologique* (en l'occurrence d'épistémologie des mathématiques) a spontanément fait

52. Cf. *L'archéologie du savoir*, p. 265.

référence à Michel Foucault[53]. Nous croyons en fait que la voie tracée par Desanti et Foucault est déjà la voie herméneutique que nous essayons ici de suivre. Si l'on nous suit, ce serait seulement par l'effet contingent de l'atmosphère d'une époque que cette orientation se serait d'abord présentée comme anti-transcendantale et anti-phénoménologique. Il est d'ailleurs à noter que ces traits polémiques sont moins nettement attestés chez Desanti : le choix des *mathématiques* comme thème pourrait y être pour quelque chose[54].

Ceci clôt notre tour d'horizon. Il va sans dire que nous n'avons pas été exhaustif d'une part, que les styles d'épistémologie, d'autre part, ayant été définis par des propriétés de niveau différent (par un mode d'approche dans les cas 1 et 4, par une localisation discursive et institutionnelle dans le cas 3, par un effet de communauté historique récent et la connexion avec une théorie – la théorie des modèles – dans le cas 2), ont toutes les chances de se prêter à des combinaisons variées non envisagées ici. Il importait pour nous de prendre pied dans notre problème en évoquant ces formes d'épistémologie, qui à notre avis existent comme telles et ont chacune leur poids vis-à-vis du problème fondamental du statut de l'épistémologie, que nous allons maintenant aborder.

## 4.3 Essence philosophique de l'épistémologie

Ce qui est à retenir de ce bref panorama, c'est la gêne évidente de l'épistémologie. À des degrés divers, jusque dans le cas où l'épistémologie se développe comme interne à la philosophie, tout ce qui prend le nom d'épistémologie, ou le mérite aux yeux d'un public assez large et assez significatif, essaie de se marquer, grossièrement, comme *scientifique* et extérieur à la démarche phéno-transcendantale. Ce qui est mis en œuvre, dans les divers cas, est fort varié, et se laisserait semble-t-il difficilement regrouper sous un thème commun. Sauf celui, négatif, de l'extériorité à l'égard d'un certain mode du philosophique. Nous avons vu, et même de façon répétitive, qu'il y avait une genèse historique de ce dévisagement conflictuel, en remontant par exemple à l'antagonisme Heidegger-Carnap. Mais, est-ce la seule explication du rôle de repoussoir que joue ici la philosophie de l'axe Kant-Husserl-Heidegger ?

Nous aimerions reprendre le problème en profitant de la prétention actuellement émise par la psychologie cognitive, et soutenue par une intelligence artificielle qui se conçoit comme en phase avec elle, voire comme son instrument. La prétention consiste dans la thèse que l'épistémologie est la connaissance de la connaissance, et que ceci ne peut vouloir dire que la connaissance de la connaissance humaine, soit en fin de compte la connaissance des facultés cognitives de l'animal humain, relativement auxquelles l'appareil psychique joue sans doute un rôle dominant. La connaissance est donc considérée comme un processus du monde, et de ce fait, elle devient « sans problème » l'objet d'une science positive. Seul le retard de la neurologie et de la psychologie scientifiques peuvent expliquer que la connaissance de la connaissance ait été

53. Cf. Desanti, J.-T., *La Philosophie silencieuse*, Paris, Le Seuil, 1975, p. 148 : passage où Desanti définit les tâches d'une « épistémologie matérialiste faible ».

54. Au sujet de Desanti, cf. Salanskis, J.-M., « Jean Toussaint Desanti, ou la portée d'un long regard sur les mathématiques », in *Préfaces* n° 16 (décembre 89-janvier 90),Paris, 1990, p. 94-98.

longtemps considérée comme partie de la philosophie. À moins que ce ne soit la jalouse protection de la sublimité de l'âme par la « théologie honteuse » qui hante le discours philosophique.

Bien entendu, une telle prétention s'oppose frontalement à la philosophie transcendantale-phénoménologique. L'opposition est d'autant plus virulente que les grands auteurs de ce courant, à leur manière, ont bel et bien proposé une compréhension philosophique de la connaissance en termes de son sujet, et que, même, leur propos semble se rapprocher de l'anthropologie, quand il ne la croise pas explicitement[55]. Mais, vu depuis la prétention positivisite moderne, ces auteurs se seraient arrêtés en chemin, auraient en particulier négligé d'interroger ce qu'il en est du subjectivement nécessaire « directement », c'est à dire par l'investigation expérimentale et/ou la modélisation physico-chimique. Si bien qu'en fin de compte, rien n'est plus ennemi du positivisme de la psychologie cognitive que l'apriorisme transcendantal : les contenus aprioriques apparaissent à ce positivisme comme l'hypostase de résultats anthropologiques mal établis.

Certes, tout le monde n'adhère pas spontanément à la prétention de la psychologie cognitive, ou plus généralement de l'épistémologie anthropologique. Par exemple, l'empirisme logique contient aussi un assez fort courant conceptualiste-logiciste qui nie que la connaissance puisse être bien décrite à partir d'une étude scientifique du fait psychique qui la porte. Un tel empirisme met l'accent au contraire sur l'étude de la forme logique dans laquelle se manifeste la connaissance. Ce courant est même à vrai dire peut-être mondialement dominant : que, chez ses auteurs, comme chez Carnap nous l'avons observé, on puisse rencontrer une composante anthropologique n'est pas nécessairement important. Si l'on ré-énumère les types d'épistémologie que nous avons parcourus, on verra qu'à la vérité aucun d'eux, en dehors de la psychologie cognitive, n'adopte la thèse réduisant l'épistémologie à la connaissance de faits psycho-anthropologiques de connaissance. L'épistémologie restitutive s'attache à la pure intelligibilité, sans s'interroger sur l'explication anthropologique de la production du discours scienti-

---

55. Ainsi que le fait Husserl, mettant en rapport son projet phénoménologique avec la psychologie positive. Il écrit par exemple, dans *Ideen I* :

> « Je suis certain que dans un avenir qui n'est pas trop éloigné cette conviction sera devenue un bien commun, que la phénoménologie (ou la psychologie eidétique) est à l'égard de la psychologie empirique la science fondamentale au point de vue méthodologique, dans le même sens que les disciplines mathématiques matérielles (par exemple la géométrie et la cinématique) sont fondamentales pour la physique. » [Husserl, E. , *Idées directrices pour une phénoménologie*, trad. Paul Ricœur, Paris, Gallimard, 1950, p. 269].

Cette citation, certes, établit le rapport en telle sorte que la phénoménologie « domine » transcendantalement la psychologie, sans être a priori contaminée par elle. Et telle est bien, naturellement, la position de principe de Husserl, qui est un représentant du courant trancendantal. Cependant, le transcendantal, chez lui, s'atteint dans l'immanence conscientielle, et ne s'en distingue que par un élément en quelque sorte formel, qui fait passer du côté de l'essence et de l'invariance, du point de vue d'une conscience absolue. Il en résulte que le transcendantalisme husserlien reste toujours au plus près d'une enquête psychologique descriptive. On en trouvera confirmation dans les §75 et 76 des *Ideen*, dont j'extrais la phrase suivante :

> « La phénoménologie ne laisse tomber que l'individuation mais elle retient tout le fond eidétique en respectant sa plénitude concrète, l'élève au plan de la conscience eidétique, le traite comme une essence dotée d'identité idéale qui pourrait comme toute essence s'individuer non seulement hic et nunc mais dans une série illimitée d'exemplaires ». [*op. cit.*, p. 239].

fique. Lorsqu'elle adopte le point de vue historique, elle recherche l'intelligibilité par le truchement de la provenance, mais n'invoque toujours pas la causalité anthropologique – pas même la causalité historique, à vrai dire. L'épistémologie interne de la science interroge le *modèle* de façon *finale*, à travers son inscription mathématique, et ne se soucie nullement du mécanisme qui l'a produit. L'épistémologie discursive s'intéresse à des régularités qui émergent de manière immanente, mais, selon sa visée méthodologique, *après* le discours de savoir, et n'en sont pas du tout conçus, par conséquent, comme la cause.

En dépit de la force de la prétention positiviste, donc, et en dépit, tout aussi bien, de l'assez grand degré de compromission et de sympathie (essentiellement idéologique, à notre avis) qu'entretiennent les épistémologies avec cette prétention, il persiste donc, au niveau des discours effectivement produits par les épistémologues, une tendance marquée à ne pas se placer sur le terrain positiviste. D'où notre idée que l'épistémologie se méconnaît elle-même profondément, sous l'influence du grand partage conflictuel qui s'est établi en Europe avant la deuxième guerre mondiale.

À la fin des fins, il faudrait en effet que l'épistémologie avoue son point de vue. Lorsque je me livre à une étude épistémologique d'une aire de savoir, qu'est-ce qui m'intéresse ? Est-ce la *cause* du savoir propre à l'aire, compatible avec un système causal scientifique ayant pignon sur rue ? Est-ce la genèse, conformément à une certaine théorie expérimentalement fondée du devenir ontique, des faits de savoir considérés comme faits de comportement humain ? L'approche du savoir par la psychologie cognitive est bien entendu possible et légitime, mais il serait malhonnête, croyons nous, d'y voir *ce que vise* la recherche épistémologique. Il faut une fois pour toutes comprendre que l'épistémologie consiste avant tout à regarder le savoir sous l'angle *destinal*. Non pas rechercher les causes du savoir, mais étudier quelle sensibilité (à quel enjeu ?) exprime le savoir, et quelle incitation à savoir plus et autrement il adresse. Dit dans un autre langage : l'épistémologie consiste à ressaisir le savoir comme réponse à une question et comme relance de cette question. Donc l'épistémologie consisterait dans l'appréhension du savoir, notamment scientifique, comme *herméneutique* au sens où nous avons pris le mot dans ce livre.

Si nous envisageons à nouveau les différents types d'épistémologie que nous avons recensés, il nous semble que ce qu'il y de meilleur et de plus propre à chacun de ces styles est cette dimension. Ce qui prouverait, au passage, non seulement que la modalité de l'herméneutique, et notamment du trajet herméneutique, est diverse, comme nous l'avons déclaré dès le chapitre introductif de ce livre, mais aussi, en quelque sorte à un niveau « méta », qu'il y a plusieurs manières de faire valoir le caractère herméneutique d'un discours, d'un savoir.

L'épistémologie restitutive, nous l'avons dit, vise à la simple mise au clair de l'enseignement scientifique de la science, à la plénitude de l'intelligibilité du discours de science. Nous avons remarqué que, dans cette démarche, elle rencontrait presque inévitablement l'élément historique. Ceci est à tel point vrai qu'en France tout au moins, le rapport s'inverse, et le but d'étude le plus connu, le mieux célébré et qui occupe le plus grand volume universitaire est le but historique : l'histoire des sciences est la figure dominante, dont l'épistémologie apparaît comme un rejeton minoritaire et discret. Pourtant, les spécialistes d'histoire des sciences, quelque luxe d'érudition historique qu'ils apportent à leurs travaux, se placent rarement sous la seule gouverne d'un impératif de connaissance historique. Ils savent bien, et leurs écrits en témoignent, que leur but n'est pas la détermination véridique du passé, ou le diagnostic fondé des causes du discours de science. Ils pratiquent une histoire qu'ils appellent *intrinsèque*, et dont l'objectif principal reste une exploration de l'intelligibilité *intemporelle* des discours. La dénomination « histoire des sciences » est trompeuse, celle d'« herméneutique scientifique de l'archive scientifique » serait à la limite plus exacte.

La signification herméneutique de l'histoire « épistémologique » a été lumineusement exposée par Husserl dans *L'origine de la géométrie*[56]. Dans ce texte, parlant de la géométrie, celui-ci ose la caractériser d'abord et essentiellement comme *tradition*. Puisque l'étude d'une tradition comme telle semble, a priori, appartenir au champ historique, il est amené à préciser la bifurcation entre son point de vue et celui d'une histoire historiciste. Il écrit ainsi :

> « (...) l'ensemble du présent de la culture, compris comme totalité, "implique" l'ensemble du passé de la culture dans une universalité indéterminée, mais structurellement déterminée. Plus exactement, il implique une continuité de passés s'impliquant les uns les autres, chacun constituant en soi un présent de culture passé. Et cette continuité dans son ensemble est une *unité* de la traditionalisation jusqu'au présent qui est le nôtre et qui, en tant qu'il se trouve lui même dans la permanence d'écoulement d'une vie, est un traditionaliser. »[57]

Et plus loin

> « Aussi la mise en évidence de la géométrie, qu'on en ait ou non une claire conscience, est le dévoilement de sa tradition historique. »[58]

Mais l'histoire, ici,

> « (...) n'est d'entrée de jeu rien d'autre que le mouvement vivant de la solidarité et de l'implication mutuelle de la formation du sens et de la sédimentation du sens originaires. »[59]

Husserl critique donc la conception historiciste de l'histoire, qui révèle sa faiblesse lorsqu'elle s'applique à l'histoire des idées :

> « N'y a-t-il pas déjà dans la tâche que se propose une science de l'esprit comme science du « tel-que-cela-a-effectivement-été », une présupposition allant de soi, un sol de valeur qui n'a jamais été pris en considération, qui n'a jamais été pris pour thème, un sol d'une évidence absolument inattaquable sans laquelle une histoire serait une entreprise dépourvue de sens ? Toute problématique et toute monstration historiques, au sens habituel, présupposent déjà l'histoire comme horizon universel de question, non pas expressément, mais toutefois comme un horizon de certitude implicite

56. Cf. Husserl, E., *L'Origine de la Géométrie*, trad. J. Derrida, Paris, PUF, 1962.
57. Cf. *L'Origine de la Géométrie*, p. 202.
58. Cf. *op. cit.*, p. 203.
59. *Idem.*

qui, dans toute indéterminité vague d'arrière-fond, est la présupposition de toute déterminabilité, c'est-à-dire de tout projet visant à la recherche et à l'établissement de faits déterminés. »[60]

Et Husserl soutient, dans l'ensemble de ce texte, l'idée que cet horizon général de l'histoire est en fait *fondé* dans le renvoi du présent à la sédimentation de sens, renvoi qui traverse de façon permanente et quotidienne la vie humaine en communauté. La remontée vers la provenance, que l'on effectue dans une démarche épistémologique au nom de l'*intelligibilité*, apparaît ainsi comme liée au secret universel et essentiel de la temporalisation qui fait l'historique comme tel. En un sens, l'histoire présuppose l'objet de l'épistémologie, et non l'inverse. Ce qui se dit, dans le langage phénoménologique de Husserl, sensiblement comme suit :

> « C'est seulement le dévoilement de la structure universelle d'essence, qui se tient en notre présent historique et par suite en tout présent historique passé ou futur en tant que tel, et du point de vue de la totalité, à l'intérieur seulement du temps historique concret dans lequel nous vivons, dans lequel vit notre pan-humanité considérée dans la totalité de sa structure universelle d'essence, c'est ce dévoilement seul qui peut rendre possible une histoire vraiment compréhensive, pénétrante, et, en un sens authentique, scientifique. »[61]

Sur cette chute qui pourrait conduire à déterminer l'épistémologie comme *science*, nous ne serions pas en accord avec Husserl. Encore que, bien entendu, le sens du mot science chez lui rende l'assertion beaucoup plus tolérable. Mais il est bien clair que l'ensemble du propos de Husserl, appliqué ici, comme par hasard, à la géométrie, situe l'épistémologie restitutive, y compris au sens où elle se fait « historique », comme analyse *herméneutique* du discours géométrique, et simultanément comme analyse de ce discours en tant qu'herméneutique. À cette réserve près que l'instance de la question n'est pas marquée comme telle chez Husserl, et que donc, son »modèle » de l'herméneutique diffère de celui qui a été présenté ici. Par ailleurs, on peut noter que le trajet herméneutique est conçu par Husserl comme toujours de l'ordre de l'élucidation, en accord avec certains de nos accents.

Si l'on s'intéresse maintenant au cas de l'épistémologie analytique, il apparaîtra que celle-ci, elle aussi, lutte pour la légitimité de son approche contre la psychologie cognitive, et en général contre la réduction anthropologique. Le recours à l'instrument logique a aussi ce sens polémique : le logique est pris comme un niveau non anthropologique du fait cognitif. Etudier les savoirs, la science, du point de vue de la forme logique, c'est les étudier sous un angle tel que ce n'est plus la provenance causale du discours qui est en cause, mais son adéquation à certaines normes, à certaines finalités. De toute façon, pour connaître quoi que ce soit, y compris pour connaître pyschologiquement le comportement de connaissance, nous devons passer par une norme logique, et celle-ci est en partie en notre responsabilité conventionnelle. Dans *Raison, Vérité et Histoire*[62], Putnam va jusqu'à réhabiliter, à partir de considérations de cette sorte,

60. Cf. *op. cit.*, p. 206-207.
61. Cf. *op. cit.*, p. 204.
62. Cf. Putnam, H., *Raison, Vérité et Histoire*, trad. franç. A. Gerschenfeld, Paris, Minuit, 1984.

les arguments qu'il nomme lui-même « de type transcendantal »[63]. Mieux, il dégage cette idée que la convention discursive où se tient la science exprime ou accomplit une option de type éthique : elle vise à privilégier parmi les discours en accords avec les faits ceux qui satisfont certains impératifs de communicabilité « transcendantaux » et à la limite extra-théoriques[64]. Dans l'esprit de l'épistémologie analytique, il est clair que le caractère décisif et incontournable de la logique tient à sa position « transcendantale ». La logique est pour cette orientation quelque chose comme le cadre invisible auquel est subordonné toute *adresse* discursive – en particulier l'adresse d'une théorie à une postérité – mais aussi bien n'importe quel effet de sens d'un individu vers un autre dans n'importe quel contexte quotidien. À la fois, la science ne peut abjurer la logique, et celle-ci est présente au niveau de la précompréhension du monde la plus banale ; également, elle est liée au droit et aux fins, en ce sens que son canon régit le discours, et l'adhésion à ce canon exprime des fins, comme nous le voyons à partir de Putnam*.

Pour toute ces raisons, l'usage de la logique en épistémologie analytique peut et doit être vu, selon nous, comme méthode pour rendre les sciences à leur herméneuticité.

D'une part, la prégnance et l'importance de la forme logique dans les sciences correspond au fait que le *trajet herméneutique*, dans le domaine formel, et par extension, dans tous les domaines scientifiques où l'on a recours à l'outil formel, s'accomplit essentiellement dans l'élément de l'intersubjectivité, comme nous l'avons expliqué dans notre chapitre introductif. Or le logique est le noyau juridique en lequel cette *motivation* et cette *destination* intersubjective de l'herméneutique scientifique trouvent leur appui et s'expriment tout à la fois.

D'autre part, la forme logique, pour de telles herméneutiques, est par excellence ce qui recueille la *trace* du mouvement herméneutique, et permet de reconstruire celui-ci, y compris à un niveau informel. Par suite effectuer des analyses sur le texte scientifique qui régressent de sa forme logique, ou d'une transcription logique qui lui convient, jusqu'au « projet de l'essence », ou à la « parole d'appartenance à l'énigme » que ce texte accomplit, est de bonne méthode.

Il est d'ailleurs frappant de voir que beaucoup d'auteurs du courant analytique en sont venus à une mise en scène plus ou moins régionale de l'élaboration herméneutique. Popper, ainsi, fait fond sur l'assimilation du discours de science au modèle des théories logiques pour interpréter l'évolution de la science comme mise en œuvre d'une *herméneutique hypothético-déductive*, où notre schéma fondamental se retrouve, bien que les tonalités de l'énigme, de l'appartenance, de la non maîtrise, de l'explicitation n'y soient pas présentes. Kripke restitue Wittgenstein, dans *Wittgenstein On rules and private language*[65], comme l'auteur ayant compris que le sens des termes de portée infinie n'avait une détermination que dans la pratique, celle-ci surmontant l'indétermination indépassable qui les hante. Pratique qu'il conçoit comme transmission communautaire, comme dans *La logique des noms propres*[66], où la même figure est invoquée pour le

63. Cf. *Raison, Vérité et Histoire*, p. 26-27.

64. Cf. le chapitre « Faits et valeurs » (*Raison, Vérité et Histoire*, p. 145-168) ; cette surdétermination « éthique » des théories sélectionne, pour Putnam, parmi des théories ne projetant pas les mêmes « références » sur le monde, mais empirico-pragmatiquement non départageables.

65. Cf. Kripke, S., *Wittgenstein On rules and private language*, Oxford, Blackwell, 1982.

66. Cf. Kripke, S., *La logique des noms propres*, trad. franç. P. Jacob et F. Recanati, Paris, Minuit, 1982.

sens des noms propres. N. Goodman, dans son analyse de l'essence de la possibilité dans *Faits, fictions et prédictions*[67], décrit d'une manière assez saisissante l'aporie critérielle de la situation herméneutique, et la résolution « pratique » de cette aporie dans un enchaînement traditional-herméneutique[68]. On pourrait continuer cette liste, les exemples étant nécessairement d'une pertinence variable. Mais il reste assez clair, à notre avis, que la mobilisation de la forme logique pour définir le champ clos d'un discours épistémologique correspond, chez les épistémologues analytiques, à une volonté de concevoir l'épistémologie comme étude de la science au niveau de sa *destination* et pas de son fait *anthropologique*. Selon les cas, les auteurs s'approchent plus ou moins d'une compréhension de cette destination en termes herméneutiques.

L'épistémologie interne de la science, quant à elle, reste prise dans une certaine ambiguïté. En tant qu'elle participe du projet de substitution à l'épistémologie d'une anthropologie, elle ne s'inscrit évidemment pas dans cette dimension herméneutique où nous essayons de voir le propre de l'épistémologie moderne. Qu'en est-il alors de l'autre cas intéressant, celui où cette épistémologie interne consiste au fond dans le commentaire mathématique des théories « déjà-là » ? Ce cas est lui-même ouvert sur deux finalités, qui correspondent tout simplement à la récurrence de la frontière science/philosophie. Une telle épistémologie interne peut en effet être *scientifiquement finalisée*, c'est-à-dire orientée sur le choix de nouveaux modèles meilleurs, tâche en vue de laquelle la caractérisation des modèles en vigueur comme ce qu'ils sont au sein d'un horizon mathématique plus large peut être un moment important. Ou bien elle peut être *compréhensivement finalisée*, c'est-à-dire qu'elle ne vise rien d'autre que donner à comprendre de façon plus profonde *ce qu'il y a* dans les modèles. Dans cette deuxième hypothèse, l'épistémologie interne devient éminemment herméneutique, puisqu'elle élabore mathématiquement les modèles comme *réponses* à des questions. L'hypothèse de l'herméneutique formelle, en la matière, et qui est typiquement de l'ordre de ce que Heidegger ne prévoyait pas, est en effet que le trajet formel est susceptible de *reconstituer la question*.

Il nous semble, pour prendre simplement deux exemples, que le travail de mise en perspective de la linguistique à partir des idées de Thom effectué par Jean Petitot, dans *Morphogenèses du sens*[69] déjà cité par nous, est plutôt orienté vers la finalité scientifique[70] : les formalismes logiques de la linguistique contemporaine sont commentés du point de vue d'autres formalismes considérés comme susceptibles de les inclure, de les expliquer, et de rendre compte de ce sur quoi les premiers sont sans pouvoir[71]. Exemple symétrique : le travail d'interprétation du formalisme hilbertien de la mécanique quantique élémentaire en termes des treillis de la *logique quantique* par C. Piron dans *Foundations of Quantum Physics*[72] relève à notre avis complètement de l'activité herméneutique. Il s'agit en fait de comprendre le Hilbert des états comme « réponse » à une question qui se formulerait à peu près « Qu'est-ce que l'expérience ? », et qui

67. Cf. Goodman, N., *Faits, fictions et prédictions*, trad. franç. M. Abran, Paris, Minuit, 1984.

68. Cf. « La nouvelle énigme de l'induction » section 2 et 3, p. 78-86 ; lire surtout le second paragraphe de la page 80, où, sous le nom d'« ajustement mutuel », Goodman assume le cercle herméneutique.

69. Cf. Petitot, J., *Morphogenèses du sens*, Paris, PUF, 1985.

70. Et ce, bien que l'auteur suive par ailleurs, à travers ce livre, un cheminement dont l'élément moteur est sans doute philosophique.

71. Lire notamment la section « Pour une linguistique pure "etic" » [*Morphogenèses du sens*, p. 120-130].

72. Cf. Piron, C. , *Foundations of Quantum Physics*, Readings, Massachusetts, Benjamin, 1976.

serait reçue comme équivalente à la question « Quelle est la logique (formelle) de l'expérience ? ». Les démonstrations du théorème[73] de plongement d'un treillis « de type quantique » dans le treillis des sous-espaces fermés d'un Hilbert, et du théorème d'existence et d'unicité d'une fonction probabilité ayant les propriétés souhaitées (on retrouve l'interprétation classique, dite de Born) n'apportent rien sur le plan scientifique, et ne s'inscrit même pas dans une recherche de nouveaux modèles. Il s'agit bel et bien d'épistémologie, d'herméneutique, et, osons le dire par anticipation, de philosophie, bien que le texte soit *apparemment* un texte mathématique.

Nous avons gardé pour la bonne bouche l'épistémologie discursive. En tant qu'attitude interne au champ philosophique, on peut prévoir qu'elle se situe au plus près de ce que nous essayons de déterminer comme l'élément *herméneutique* qui serait le propre de l'épistémologie. De fait, le programme de Michel Foucault, si on y regarde bien, semble jusqu'à un certain point guidé par la problématique herméneutique. Le niveau de la régulation immanente à l'ordre du discours, par exemple, est celui où s'impose le « choix d'objet » d'une discipline. Dans ses analyses sur les ruptures de configuration des épistèmès, Foucault insiste sur ce fait surprenant que, parfois, dans l'espace de vingt ans, ce ne sont plus du tout les mêmes « questions » qui se posent à un domaine de savoir, et que l'identité des domaines bascule et se redistribue au gré de ces mutations[74]. Ceci nous indique déjà que le niveau *immanent* de Foucault a quelque chose à voir avec le niveau de l'« appartenance à la question » où nous avons vu l'aspect fondamental de la « situation herméneutique » : la réélaboration de l'objet est par essence l'acte par lequel une discipline avoue sa fidélité à la question. Le concept de trajet herméneutique, quant à lui, est implicite dans l'idée d'immanence que développe Foucault, l'idée selon laquelle les « règles » qui définissent les aires épistémiques ne sont ni plus ni moins que le « résultat » immanent de l'exercice du discours. Le niveau de régulation dont il s'agit dépasse le sujet, le contraint ou le détermine, si l'on tient à le dire ainsi, mais d'autre part ne se distingue pas du niveau de sa liberté discursive. À cet égard, c'est de l'herméneutique formelle que le modèle de Foucault semblerait le plus proche. Dans cette herméneutique en effet, nous l'avons vu, l'élaboration est susceptible d'être « inconsciente ». On peut identifier la question pour ce qu'elle est, lui répondre et la relancer « sans le savoir », ou plutôt dans un savoir qui se réserve en

---

73. Le théorème de plongement est le théorème 3.23 (*Foundations of Quantum Physics*, p. 53) ; le théorème concernant l'interprétation probabiliste est le théorème de Gleason (*op. cit.*, p. 75). Feynman attribue à Born l'invention du concept d'amplitude de probabilité complexe, dont le carré du module est une probabilité bon teint (Feynman, R., *Quantum theory and path integrals*, New-York, Mc-Graw Hill, 1965, p. 451).

74. Citons le, ne serait-ce que pour le plaisir de donner à lire son beau langage :

> « D'où vient brusquement cette mobilité inattendue des dispositions épistémologiques, la dérive des positivités les unes par rapport aux autres, plus profondément encore l'altération de leur mode d'être ? Comment se fait-il que la pensée se détache de ces plages qu'elle habitait jadis – grammaire générale, histoire naturelle, richesses – et qu'elle laisse basculer dans l'erreur, la chimère, dans le non-savoir cela même qui, moins de vingt ans auparavant, était posé et affirmé dans l'espace lumineux de la connaissance ? À quel événement ou à quelle loi obéissent ces mutations qui font que soudain les choses ne sont plus perçues, décrites, énoncées, caractérisées, classées et sues de la même façon, et que dans l'interstice des mots ou sous leur transparence, ce ne sont plus les richesses, les êtres vivants, le discours qui s'offrent au savoir, mais des êtres radicalement différents ? » [*Les mots et les choses*, p. 229].

partie dans l'opérativité-opacité de la pratique discursive formelle, pratique par ailleurs absolument « libre ».

Cela dit, il ne faut pas dissimuler que Foucault conçoit l'épistémologie discursive comme liée à une enquête socio-historique, dont il persite à attendre, nous semble-t-il, la mise au jour d'un déterminant externe de la science, ou du moins du savoir. En substance, les développements du chapitre « Science et Savoir »[75] nous semblent impliquer que l'archéologie travaille les « positivités », qui sont dans le champ du *savoir*, mais que l'intérêt pour les discours ayant passé le « seuil de scientificité », ou mieux, le « seuil de formalisation », est d'une autre nature[76]. Tout à fait solidairement, il ne dégage pas, dans le propos qu'il assume (et qui n'est évidemment pas celui que nous lui avons fait tenir au paragraphe précédent) la dimension de la *question*, ni surtout n'envisage ce qui en fait tout de même partie, à nos yeux, de façon essentielle, et qui est son éventuelle (non pas fatale) intemporalité.

Le point qui nous fait nous sentir proche du propos de Foucault est à la vérité le suivant : il montre d'une manière très claire et convaincante qu'il y a un niveau du discours irréductible et propice au questionnement immanent, et qui est celui de la *règle*. Mais nous aurions envie de compléter par : c'est en même temps le niveau de la *destination*. Or la considération des sciences sous l'angle herméneutique passe nécessairement par là : l'épistémologie se distingue d'une recherche des causes du comportement de science par ceci qu'elle interroge le discours de science du point de vue de sa *pragmatique*, bien qu'il s'agisse ici d'une *pragmatique métaphysique*, décalée par rapport à celle d'Austin. Les questions sont : quelle est la norme qui est implicite dans la règle suivie par le discours ? Quelle prescription reçue de la tradition scientifique reprend-elle ou modifie-t-elle ? En quel sens le discours de science répond-il à des questions qui le dominent, et destine-t-il ses lecteurs, relançant la question, réaménageant les règles ? On voit bien que le langage herméneutique que nous avons utilisé depuis le début de ce livre est celui d'une telle pragmatique métaphysique, et on voit bien aussi que ce langage installe l'épistémologie dans une autonomie radicale à l'égard de la science[77].

La question qu'on posera le plus naturellement, si l'on nous accorde que l'épistémologie moderne est traversée de part en part par une intention qui l'oppose au point de vue anthropologique, et lui fait retrouver spontanément le thème herméneutique, c'est celle qui demande la raison d'être de l'orientation anti-transcendantale, anti-phénoménologique qu'on trouve chez la plupart de ses courants. Pourquoi le discours de la règle et de la destination, par exemple, est-il ressenti par Foucault lui-même comme incompatible avec la tradition philosophique phéno-transcendantale ?

À de telles questions, nous pensons qu'il faut répondre par l'existence d'une querelle, principalement implicite jusqu'ici, mal thématisée par les gardiens de la « grande » tradition phéno-transcendantale eux-mêmes, et qui serait la querelle de l'*appropriation du transcendantal*. L'attitude de l'épistémologie moderne dans sa diversité se comprend dans une large mesure par rapport à une appropriation « standard » du phéno-transcendantal qui fait obstacle à sa reprise en épistémologie, et qui est son appropriation par la voie d'une sorte d'« anthropologie métaphysique ». Nous voudrions

75. Cf. *L'archéologie du savoir*, p. 232-255.

76. Bien que peut-être, Foucault discerne qu'ils peuvent faire l'objet d'une lecture herméneutique (cf. *op. cit.*, p. 247-248).

77. Même lorsque l'épistémologie emprunte, comme il peut arriver, le visage de la science.

maintenant remonter à la lecture de Kant par Heidegger pour donner corps à ce que nous disons.

### *4.3.1 L'appropriation du transcendantal*

Nous allons donc essayer de montrer que l'épistémologie telle que nous la comprenons peut et doit être pensée comme l'expression d'un nouveau mode d'appropriation du transcendantal. Ce qui ne veut pas dire qu'elle se confonde pour autant avec l'exercice de la raison transcendantale. Dans ce but, nous partirons du symptôme de ce problème d'appropriation qu'est pour nous le commentaire par Heidegger de la *déduction transcendantale* kantienne.

Cette « déduction transcendantale » des concepts de l'entendement, rappelons-le, est la partie centrale de la *Critique de la Raison pure*: Kant y établit la légitimité avec laquelle les *catégories* sont invoquées dans toute synthèse cognitive d'un divers sensible nécessairement spatio-temporel. Dans une lecture épistémologique grossière, inspirée par les préoccupations du vingtième siècle, on sera tenté de reconnaître dans ce problème de la déduction transcendantale cela-même dont s'occupe l'empirisme logique dans beaucoup des productions qui l'illustrent: n'est-ce pas le problème de la compatibilité de la forme et du traitement logiques (assimilés au niveau catégoriel kantien) avec l'entrée externe du sensible (= de l'expérimental ?) ? Heidegger refuse une telle lecture de Kant. Il veut que l'on s'abstienne de tout assentiment à la connotation juridique apportée par Kant lui-même au mot *déduction*. Aux yeux de Heidegger, il n'y a pas de problème *juridique* de l'application des catégories au divers, il y a seulement un problème *ontologique* d'élucidation de l'enracinement commun du système notionnel de l'entendement (spontanéité pensante) et de la forme pure de toute phénoménalité (le temps). Cet enracinement s'accomplit dans l'imagination transcendantale, qui elle-même exprime plus profondément l'*ouverture* du *Dasein* (son essence ek-statique). Heidegger écrit ainsi

> « Concluons-en également qu'une problématique juridique n'a ici aucun sens, il n'est plus possible de demander comment un concept pur de l'entendement, qui appartient à la subjectivité désormais clarifiée, doit avoir de la validité objective, car l'appartenance à la subjectivité suffisamment dévoilée est précisément ce qui met au jour le mode et la possibilité de la réalité objective des catégories. » [78]

Avoir de la réalité objective, c'est s'appliquer légitimement au divers, et même normativement, au sens où le divers ne fera *objet* pour le sujet qu'autant qu'il aura été soumis à une synthèse mettant en œuvre les catégories.

Mais cette normativité, Heidegger veut la voir à partir du plan ontologique, et non pas de manière juridique. Il prête à Kant l'aveuglement d'avoir voulu soutenir devant le tribunal une cause qui n'avait aucune partie, dès lors que la dissolution de la question juridique avait eu lieu, au niveau ontologique de l'élucidation du *Dasein* :

> « On a bien plutôt l'impression qu'il s'efforce, à l'aide justement de la dimension d'origine une fois dévoilée, de résoudre la « Déduction tran-

78. Cf. Heidegger, M., *Interprétation phénoménologique de la « Critique de la raison pure » de Kant*, trad. E. Martineau, Paris, Gallimard, 1982, p. 336.

> cendantale » entendue au sens juridique, alors qu'il a déjà la réponse au problème, réponse qui rend impossible sa position juridique ! [79]

La dimension d'origine est celle de l'imagination transcendantale comme *unité*, dévoilée par Kant partiellement à son propre insu, de la spontanéité catégoriale et de la réceptivité pure temporelle. C'est parce qu' « il y a » cette unité, et que son originarité se décèle, que la problématique juridique est jugée perdre son sens.

Mais comment Heidegger rend il compte de la connotation juridique introduite par Kant, du langage assumé sans fard par Kant ? Il essaie de le faire au §23 de l'ouvrage cité. Il commence par rappeler le sens que Kant donne lui-même à sa notion de *déduction*. Cette dernière consiste à répondre à la question *quid juris ?*, qui dans l'usage juridique fait suite à la question *quid facti ?*, soit la question qui demande « quelles prétentions peuvent être sérieusement élevées », quelles perspectives sont ouvertes selon le droit, à partir des faits supposés établis.

Pour Heidegger, l'analogie de la situation de Kant avec celle du tribunal réside dans le seul fait que la *Critique de la Raison pure* critique les « prétentions » de la métaphysique dogmatique antérieure à la sienne. C'est parce que cette dernière use des concepts les plus universels de l'entendement dans le champ du supra-sensible avec arrogance que Kant entrevoit comme matière soumise à un tribunal l'application des catégories. Heidegger écrit

> « *L'orientation polémique de Kant contre la métaphysique théorétique*, voilà ce qui fournit son occasion à la *conception juridique du problème de la possibilité de la connaissance ontologique.* » [80]

et il regrette :

> « Kant abandonne pour ainsi dire la voie d'une exposition autarcique du problème ontologique et fait place à une problématique dont l'orientation est primairement polémique » [81]

.

Plus essentiellement, comme il l'expose dans les paragraphes $\beta$) et $\gamma$) du a) du §23, Heidegger pense que la dénaturation de la problématique kantienne par Kant lui-même résulte de sa conception erronée des concepts de l'entendement comme *objectivité intra-psychique* (« comme quelque chose de sous-la-main dans l'esprit », *op. cit.* p. 280), elle-même corrélative de sa méconnaissance de ce que Heidegger appelle la *Transcendance* : comprenez l'être-en-dehors-de-soi de l'étant *Dasein*. En effet cette conception des concepts purs comme essentiellement *internes*, selon Heidegger, conduit à la vision d'une séparation absolue entre ceux-ci et les intuitions, donatrices du seul *externe* qui compte. C'est sous l'hypothèse de cette séparation que s'élève alors la question juridique

> « Avec quel droit ce subjectif peut-il quand même être pris pour un objectif que fondamentalement il n'est pas ? » [82]

79. Cf. *Ibid.*.
80. Cf. *op.cit.*, p. 275.
81. *Ibid.*
82. Cf. *op. cit.*, p. 280. À la fin du même paragraphe $\gamma$), Heidegger nous livre un indice, assez surprenant dans le contexte, permettant peut-être de saisir ce dont il s'agit pour lui dans tout ce débat avec Kant. Il

Nous comprenons ainsi dans quel esprit Heidegger regrette que la visée polémique ait pris le pas chez Kant sur la visée ontologique. En voulant établir sa métaphysique *contre* la métaphysique dogmatique, Kant a perdu le fil conducteur ontologique pour la finalité polémique, il s'est écarté du bon ordre des choses mêmes. C'est pourquoi il s'égare sur le chemin de la pensée que la réalité objective est une « prétention » des catégories. Alors qu'elle est inhérente à leur essence si le problème est bien replié sur l'imagination transcendantale et le *Dasein*.

Ce débat contient l'essentiel d'un conflit qui travaille la philosophie transcendantale (au sens le plus large) depuis Kant. Il nous donne l'occasion d'apercevoir, à vrai dire, sa plus grande originalité parmi les « styles de pensée » et sa plus grande profondeur. Avec lui, il y va de l'essence du transcendantal, et comme nous l'avons annoncé, de l'autonomie de l'épistémologie.

Ecartons en effet l'« explication » du langage juridique de Kant par son obsession polémique et sa méconnaissance de la transcendance. Cela revient, d'ailleurs, à faire comme Heidegger dans le *Kantbuch*, au §18 duquel la *quaestio juris* comme forme extérieure de la déduction transcendantale est évoquée sans ces explications-

---

ajoute en effet à l'analyse qu'il vient d'achever l'affirmation que la méconnaissance de la transcendance fait également tort à la philosophie *pratique* de Kant. Et il argumente :

> « (...) car c'est seulement parce que le *Dasein*, sur la base de la transcendance, peut être auprès de lui-même qu'il peut aussi être dans le monde avec un autre soi-même en tant que « toi ». La relation Je-Tu n'est pas déjà elle-même la relation de transcendance, elle se fonde bien plutôt dans la transcendance du *Dasein*. Il est erroné de croire que la relation Je-Tu serait comme telle primairement constitutive de la possible découverte du monde, car elle peut justement la rendre au contraire impossible ; la relation Je-Tu du ressentiment, par exemple, peut m'empêcher de voir le monde d'autrui. Les problèmes de relation Je-Tu ressassés par la psychologie et la psychanalyse sont dépourvus de toute fondation philosophique s'ils ne sont pas d'abord enracinés dans l'ontologie fondamentale du *Dasein* en général. » (*op. cit.*, p. 281).

Sur le fond des choses, c'est un élément crucial de la phénoménologie heideggerienne que la subordination de la transcendance d'autrui à celle du monde, qui n'est en fait même pas celle du monde mais celle du *Dasein* (son être-au-monde). Dans *Sein und Zeit* semblablement, l'*être-là avec* est introduit comme une dimension de l'être-au-monde qui se comprend sur le fond de la préoccupation et de la spatialité originaire du *Dasein*, c'est à dire d'un engagement ontologique d'abord campé sur le mode impersonnel. Qui plus est, l'être-là avec n'est pas relation éthique à autrui (« expérience » originaire de l'obligation envers lui), mais de façon plus neutre *coopération* avec lui, déterminée par l'existential ambigu de la *sollicitude*, dont l'ambiguïté concerne l'authenticité du soi-même et la menace de sa chute. Le « risque » lié à l'ambiguïté de la sollicitude est celui de l'inauthenticité du « soi-même », et pas celui de la fermeture à la demande d'autrui, de la « sécheresse de cœur ».

Heidegger écrit : « D'où il résulte qu'il est erroné de croire que la relation *Je-Tu* serait comme telle primairement constitutive de la possible découverte du monde ». Si cela « résulte », c'est du présupposé relatif à la transcendance, et pas de l'étrange argument, peu heideggerien, que donne ici Heidegger. Que la relation *Je-Tu* du ressentiment puisse me voiler le monde d'autrui, cela devrait en effet plutôt conduire à penser qu'elle est maîtresse de l'accès au monde, dans son accomplissement ou son ratage, selon une figure de raisonnement mille fois utilisée par Heidegger. Et il faut noter au passage la modification de l'objet du débat dans l'argument donné par Heidegger, qui choisit pour exemple de monde le « monde d'autrui », c'est à dire un monde qui est un *Tu* à la fois. Savoureuse est enfin ici l'indication d'une polémique de Heidegger contre la psychologie et la psychanalyse, qui seraient coupables de penser la relation *Je-Tu* comme première. Avec qui, au détour de son commentaire de Kant Heidegger en décout-il ? Freud, Buber, ou le Husserl qui donne à l'intersubjectivité transcendantale une fonction constituante ?

imputations. En fait, Heidegger se contente, dans cette nouvelle rédaction, de condenser en une phrase le point de vue qui est le sien :

> « C'est l'explicitation de leur essence qui doit décider de la portée légitime des catégories »[83]

Lorsqu'on prend les choses de la sorte, la teneur objective des catégories, le bien-fondé de leur intervention dans la synthèse empirique *a posteriori* et dans la synthèse pure *a priori*, sont estimées résulter de l'essence des catégories, c'est à dire de *ce qu'elles sont avec la nécessité que cela comporte*. L'implication des catégories dans la synthèse pure, telle est la lecture de Heidegger, est *légitime* parce qu'elle est *nécessaire*, au regard de ce que les catégories « sont » en profondeur. Or, quel que soit le soin que met Heidegger, dans cette nouvelle rédaction, à ne plus polémiquer avec Kant, il reste certain qu'en rapportant les choses à la *nécessité* on dissout toute question de *légitimité*. Ce dernier mot en effet ne s'utilise pas si la loi est celle du nécessaire : essayez les phrases « Est-il légitime que disant une chose, j'aie omis de dire toutes les choses autres qu'elle ? » « Est-il légitime que toute chose soit temporelle ? ». En fait c'est toujours improprement qu'on parle de *légitimité*, s'il s'agit de nécessité.

Pour Heidegger, l'autre d'une interprétation de la déduction transcendantale comme dévoilement de la nécessité de la fonction *objectivante* des catégories est son interprétation comme justification de la *validité logique* des jugements catégoriels, comme il le dit à la fin du même §18 du *Kantbuch* (et nous retrouvons là, en filigrane, sa polémique avec l'école de Marburg et la lecture épistémologique de Kant en général). Mais cette assignation même de l'autre est caricaturale : elle correspond à une conception erronée du domaine logique. Elle consiste à saisir l'épistémologie comme exclusivement en charge de la question de la validité, comme unidimensionnelle et close dans une méthodologie que nous appellerions aujourd'hui *procédurale* : il arrive à Heidegger de faire assez clairement barrage à une telle figure. En d'autres termes, il faut convenir avec Heidegger que la *quaestio juris* de Kant *n'est pas* le problème de la validité logique des jugements par rapport à un supposé système de règles : il n'empêche que toute tentative de mettre de côté la formulation juridique comme revêtement extérieur de la pensée critique est évidemment une trahison de Kant, chez qui ce thème juridique est omniprésent, et d'une importance décisive : cela, nous ne sommes certes pas le premier à le dire[84].

Il faut donc se demander *au prix de quoi* Heidegger peut proposer une solution strictement ontologique du problème kantien de la séparation de l'entendement et de la sensibilité. Au simple vu de l'importance évidente du thème juridique, on se doute que la solution heideggerienne doit laisser de côté ou dénaturer quelque chose. La réponse, à notre avis, est que Heidegger méconnait l'étrangeté de *régime* entre les deux facultés, qui renvoie en substance à l'opposition du continu et du discret. Il méconnait, plus exactement, la profondeur et la charge de cette hétérogénéité, qui se signale notamment par ceci qu'aucun phénomène *imaginatif* (au sens d'une activité représentante) ne peut – sans parler de la relever – l'éprouver avec justesse.

---

83. Cf. Heidegger, M., *Kant et le problème de la métaphysique*, trad. franç. A. de Wählens et W. Biemel, Paris, Gallimard, 1953, p. 144.

84. Citons, comme exemple récent et notable, l'article « *Lapsus judicii* » de Jean-Luc Nancy (cf. Nancy, J.-L., « Lapsus judicii » in *L'Impératif catégorique*, Paris, Flammarion, 1983, p. 35-60.).

À notre sens, la *quaestio juris* surgit parce que la *Critique de la Raison Pure* est déjà dans l'élément du droit avant sa mention. L'entendement et la sensibilité sont en effet caractérisés par Kant, dans la logique transcendantale et l'esthétique transcendantale, comme solidaires de deux juridictions étrangères, deux législations implicites des jugements (il s'agit en effet de loi, mais pas dans une perspective logico-procédurale). L'entendement est caractérisé par le régime gouvernant les jugements en tant que synthèses représentatives spontanées, régime emblématisé par la systématique d'une *table des jugements* que Kant prend comme une donnée incontournable. La sensibilité intervient par le biais de l'*intuition pure*, « supplément » formatif apporté par l'espace et le temps, qui lègue à la connaissance une certaine légitimité du jugement géométrique (en ce sens que le jugement géométrique *nécessaire*, ainsi que nous l'avons vu, est toujours relève du défi de l'intuition pure). Alors la *quaestio juris* est la question du droit de la légitimité catégorielle à s'implanter dans le champ intuitif, alors que celui-ci requiert « déjà » ou « par ailleurs » une légitimité discursive qui lui soit corrélée en propre : notamment, qui prenne au sérieux l'élément infinitaire qui s'impose en lui.

Et cette question est complètement dans le territoire subjectif, à l'encontre de la façon dont Heidegger la restitue : « Avec quel droit ce subjectif peut-il quand même être pris pour un objectif que fondamentalement il n'est pas ? ». La résolution de l'extériorité pure en extériorité sensible est déjà accomplie lorsque le problème de la déduction se pose. Si l'on aborde les choses ainsi, on comprend que l'enjeu est juridique. Pour le dire sommairement et disciplinairement, c'est celui de la possibilité de surimposer une règle logique de l'énoncé d'objet à une règle mathématique du « discours-du-divers-en-excès ».

C'est d'ailleurs une tâche grave et difficile que de dire en termes juridiques la réponse de Kant, car, à rebours de ce que prétend Heidegger, Kant a tendance à masquer dans des formulations ontologiques ses conclusions qui devraient être juridiques. Un des nœuds du problème serait de déterminer le statut juridique du schématisme, opération par laquelle un élément de règle logico-catégoriel devient un élément de règle mathématico-intuitif[85].

Pourquoi disons-nous que l'enjeu du débat entre ces deux lectures de la déduction transcendantale est purement et simplement la nature du transcendantal ? Le minimum sur lequel tout le monde s'accorde est que Kant nous délivre le transcendantal comme *ce qui est a priori et qui possibilise*. Cette définition minimale est déjà extraordinairement riche, elle ouvre la voie à une réflexion infinie sur le fait de la science. Mais une fois qu'elle est accueillie, s'engage une dispute profonde. L'*a priori* possibilisant peut-il rester dans cette double détermination modale (le modal temporel de *a priori* et le modal ontique de *qui possibilise*) où il est d'abord posé ? Ou bien doit-il être lui-même éclairé par la considération de structurations originaires du sujet humain qui seront *nécessitantes* par rapport à lui ? Répondre de cette dernière façon est bien évidemment le choix de Heidegger : pour lui, le caractère *a priori* et le caractère possibilisant des *facteurs transcendantaux* renvoie à ce qu'est l'imagination transcendantale,

85. Qu'on nous comprenne bien : voir le schématisme comme passage de règle à règle n'implique pas le désaveu du mode *phénoménologique* d'approche et d'exposition du schématisme. En bref, nous proposons de réinterpréter le discours transcendantal comme *phénoménologie de la règle*.

et plus radicalement, à la structure fondamentale de la transcendance du *Dasein*, qui donne à ces facteurs et à leur rapport leur *nécessité* ontologique.

À quoi nous avons envie de répondre : n'y-a-t-il pas en un sens dissolution du thème du transcendantal dès lors que de telles remontées à des structures ontologiques sont réussies ? En effet les entités et les opérations transcendantales kantiennes apparaissent alors comme le déploiement, conformément à leur essence, des structures premières, elle-mêmes accueillies comme « étantes » ou du moins données en quelque manière. Et l'enquête transcendantale est par suite rabattue, comme elle l'est dans les réductions scientistes du kantisme sur une anthropologie positive, sur une *anthropologie philosophique*, dont elle énoncerait les conséquences nécessaires. La lecture heideggerienne du transcendantal, en l'occurrence, a quelque chose de commun avec une psychologie cognitive : d'ailleurs, le *Kantbuch* s'achève par une discussion sur l'anthropologie[86]. Le fond du débat, par rapport auquel Carnap et Heidegger sont à la lettre sur la même position, c'est de savoir si le transcendantal, niveau du possibilisant, est « installé » sur un noyau nécessaire.

Si l'on veut un autre transcendantal, il faut maintenir *hors-être* l'espace, le temps, les catégories, le schématisme, l'idéation etc.. Il faut les traiter comme autre chose que des aspects divers et nécessaires de la finitude, des prédicats effectifs de la subjectivité qui concourent à son authenticité. Plutôt que comme des structurants donnés-nécessaires, il faut les envisager comme *noms* recouvrant chacun un *droit en vigueur*, qui ne compte pas et ne vaut pas pour la constitution d'être de la subjectivité qu'il concerne. L'espace, ainsi, sera le régime de l'intuition pure, le cadre de toute annonce de divers pour tout sujet, non pas en tant que c'est sa nature, mais au titre d'une législation qui peut-être ne convient pas du tout à ce qu'il est : pas seulement à ce qu'il est ontiquement comme une psychologie peut le révéler, mais aussi à ce qu'il est ontologico-existentialement. Si l'on accepte la description heideggerienne de l'ouverture de l'être-au-monde, nous pensons ainsi qu'un enseignement majeur de Kant est que l'espace comme forme imposant le continu disconvient à l'être-en-dehors-de-soi canonique du *Dasein*, le perturbe : dans le mouvement propre de cette ouverture, le *Dasein* va au devant de complexes ustensilaires discrets, comme Heidegger le décrit dans *Sein und Zeit*. La forme espace se maintient néanmoins comme « loi de la science », que rien ne soutient, et qui est toujours consignée dans un droit géométrique.

Evidemment l'épistémologie telle que nous la pensons correspond à ce second mode d'appropriation du transcendantal, mode qu'on pourrait appeler *juridique*. L'intérêt philosophique pour le discours de science ne peut que conduire à la recherche de son a priori possibilisant. Mais en le cherchant comme loi, qui détermine un droit en vigueur (éventuellement inexplicite), on ne le trouve pas de la même manière. Si, de toute façon, on est amené à reconstruire le transcendantal, selon une méthode régressive, à partir du fait culturel de la science, on le fait autrement que dans une démarche centrée sur la nécessitation ontologique. Et ce, même si on trouve en fin de compte « la même chose ». Et bien que l'on bute sur les mêmes *noms*, celui de l'espace par exemple. L'espace comme image cognitive interne, ou comme horizon

86. Peut être peut on éviter cette conclusion si l'on réinterprète le thème heideggerien de la transcendance du *Dasein* lui-même, et si l'on s'efforce de lui retirer non seulement sa localisation « subjective » (ce qui est fait par Heidegger jusqu'à un certain point), mais aussi son sens de structure *nécessitante* pour le transcendantal.

ontologiquement structurant du *Dasein* métaphysique, n'est en effet pas la même chose que l'espace comme *instance de question* suscitant un droit géométrique. L'épistémologie serait donc le transcendantalisme qui élabore le transcendantal comme le droit-répondant-à-la-question-qui-fait-loi.

On devine, nous l'espérons, comment cette conception du transcendantal est en rapport avec le thème herméneutique de ce livre : on aura remarqué que dans notre lecture de Kant, à chaque facteur transcendantal nous associons une herméneutique. Nous entendons « derrière » le nom du facteur une instance de question, et nous regardons les régulations ayant rapport à ce nom qui interviennent effectivement dans l'histoire des sciences comme autant de consignations de droit qui recouvrent et relancent la question. L'élaboration herméneutique, charriée à chaque « tour » de l'herméneutique (mais l'herméneutique ne cesse jamais de tourner), s'accomplit toujours comme droit. Comme nous l'avions dit en parlant de l'herméneutique mathématique de l'infini, toute herméneutique relève nécessairement de la *théologie négative*, simplement parce que l'objet (abus de langage) auquel elle adhère originairement, au niveau de l'*instance de la question*, dépasse le pouvoir de contrôle de tout sujet, et que par conséquent, il n'est jamais connu qu'autant qu'il est simultanément décidé. L'herméneutique est donc ce mouvement d'élaboration d'un droit qui se substitue à la connaissance au sens naïf d'un objet transcendant, comme la loi se substitue à la théologie dans une perspective biblique. Cette formulation est, si l'on veut bien y réfléchir, une manière de décliner le contenu de la « révolution copernicienne » kantienne. Au lieu que le sujet se conforme à l'objet dans sa science, c'est l'objet qui n'a de statut que conforme au droit qui inscrit le dessaisissement du sujet : ceci dans le cas des pseudo-objets qui sont les *tenants-de-question*. Pour ce qui concerne l'objet ordinaire, la chose de la nature, le message kantien se laisse reformuler comme suit (nous avons d'aileurs déjà esquissé cette présentation de la problématique kantienne dans la section *Transcendantalisme et style analytique* de notre deuxième chapitre) : la connaissance de l'objet empirique est toujours transcendantalement dépendante de la question « Qu'est-ce qu'une chose ? », dont l'herméneutique renvoie elle-même aux questions « Qu'est ce qu'un jugement non-vide ? » et « Qu'est-ce que l'espace, le temps ? ». L'herméneutique de la question « Qu'est-ce que l'espace ? » (dont le résultat est dans la *Critique de la Raison pure* reporté sur l'herméneutique de la question « Qu'est-ce que le temps ? ») est la *géométrie*, comme tradition du droit géométrique. L'herméneutique de la question associée à la logique transcendantale (« Qu'est-ce qu'un jugement non vide ? ») est en rapport avec la logique comme discipline, bien qu'il n'y ait pas, cette fois, sans doute, identité. Il est néanmoins clair, et l'empirisme logique en donne d'ailleurs la preuve, que l'élaboration herméneutique intra-disciplinaire de la logique a une incidence sur l'herméneutique transcendantale de la logique. Notamment, la théorie des modèles est jusqu'à un certain point la reprise de la question « Qu'est-ce qu'un jugement non vide ? ».

Cette conception du transcendantal, comme ce-qui-s'accomplit-comme-droit-en-réponse-à-la-question, met par ailleurs en jeu, comme nous l'avons déjà indiqué de plusieurs façons, l'intersubjectivité et l'histoire. C'est tout particulièrement notre développement sur Husserl qui était clair à ce sujet. Les questions qui lancent des lignes herméneutiques ne sont pas pensables au niveau individuel. L'espace ne fait pas question indépendamment ou en dehors de la communauté traditionale des mathématiciens.

Husserl, lorsqu'il retrace la naissance de l'instance « Europe » dans la conférence-Krisis[87], remonte à Thalès, mais Thalès est déjà pris dans une école (la sienne, l'ionienne). Le « miracle grec », en ionienne tant que miracle de la venue au jour d'une mathématique idéale-infinitaire, émane en quelque sorte d'une succession et d'une connexion d'écoles, dont les noms quasi-mythiques nous parlent encore (les Eléates, les Pythagoriciens, l'Académie ...). La question ne peut « faire question » que dans cette épaisseur collective, qui est aussi, et d'emblée, l'épaisseur traditional-temporelle : le *collectif* est ce qui place la question « au-dessus » de chaque sujet, ce qui transmet la question aux nouveaux arrivants de l'herméneutique (dans ce qui s'appelle, pour le cas qui nous occupe, tout simplement l'école) ; ce qui accueille le droit élaboré en réponse, accueil par lequel a lieu la temporalisation (le passage à la nouvelle époque). C'est la dimension collective qui fonde la double dimension temporelle du texte reçu et du texte destiné.

Il faut que les sujets soient reliés les uns aux autres par des rapports *prescriptifs*, en l'occurrence ceux qui fondent l'école, pour qu'il puisse y avoir de l'herméneutique telle que nous l'avons décrite. En ce sens, il est clair que l'épistémologie comme *herméneutique* est renvoyée de l'en-soi « ontologique », ou du « réalisme » positiviste à une relativisation qu'on sera tenté de baptiser « socio-historique ». Mais il faut se garder néanmoins, ici, de mal comprendre notre propos, et de nous classer aux côtés de la sociologie des sciences (il serait fâcheux pour nous, cherchant à éviter le réductionnisme épistémologique psychologique, de tomber aux mains du réductionnisme sociologique). Renvoyer le dispositif herméneutique dans son ensemble à l'intersubjectivité, ce n'est pas le faire dépendre de la facticité du social, ou du socio-historique. Si l'on examine de plus près comment l'intersubjectif entre en ligne de compte ici, on voit que c'est comme nom du plan où les fonctions de prescription (au sens large) doivent être situées en tant qu'efficientes. La question « Qu'est-ce que l'espace ? » doit s'adresser aux sujets, pour « élire » mathématiciens ceux à qui elle s'adresse. Mais elle doit le faire en telle manière qu'aucun sujet qui s'interroge sur l'espace ne puisse croire suivre une lubie individuelle, et de telle façon aussi qu'aucun recouvrement de la question par une formulation reçue d'un autre sujet ne puisse valoir comme la question épuisée. La question doit être adressée, transcendante par rapport aux occurrences-de-formulation, destinale pour ceux qu'elle atteint. Tout ceci implique en effet qu'elle « se place » au niveau intersubjectif, mais cela implique tout aussi bien qu'il s'agit d'un intersubjectif non immanent. Dans notre article « Le Potentiel et le Virtuel »[88], nous avions voulu caractériser cette « sorte » d'intersubjectif, dont nous envisagions un exemple avec le consensus sans critère de la communauté additionante, dans la ligne de l'argument de Wittgenstein sur le langage privé repris par Kripke. Pour ce faire, nous avions écrit tout à la fois que la seule identité de la procédure additive résidait dans l'usage consensuel de la communauté additionante, et que cette identité n'était pas au pouvoir de cette communauté, au sens où cette communauté ne pouvait par exemple pas en disposer par vote. La façon dont l'identité de la procédure additive est « inscrite » dans la communauté additionante, expliquions nous, est infinie, au sens

87. Cf. Husserl, E., *La crise de l'humanité européenne et la philosophie*, trad. franç. Paul Ricœur, Paris, Aubier, 1977.

88. Cf. Salanskis, J.-M., « Le Potentiel et le Virtuel », in Barreau, H., & Harthong, J., (dir.), *La mathématique non standard*, Paris, Éditions du CNRS, 1989, p. 275-303.

où elle inclut en droit une infinité de confirmations croisées-redoublées (dont il n'était pas difficile de décrire l'engendrement récursif grâce à la mise à plat du problème par Kripke). Etant infinie, elle n'est pas en le pouvoir *actuel* de la communauté. Pourtant l'addition dépend de ce que cette communauté fait au jour le jour, dans l'immanence. Plus généralement, l'instance de la question, par exemple, « existe » dans un groupe d'une manière telle que tout à la fois elle « repose » sur l'activité immanente par laquelle le groupe considéré se maintient comme tel en manifestant son être-concerné-par-la-question, et « transcende » ce niveau de fondation. Cette double détermination, en particulier, est ce qui permet de comprendre simultanément les *réponses* à la question, qui l'interprètent, et la *persistance* de la question, le fait que les réponses la relancent.

Il est légitime d'observer que cette description du plan intersubjectif dans sa fonction à l'égard de l'herméneutique rejoint complètement le thème de la régulation *a posteriori* dans *L'archéologie du savoir*[89]. La différence est

1. D'une part que nous identifions plus nettement, nous semble-t-il, ce qui se prête à une synthèse à partir de l'immanence comme étant le sens ou le contenu de la *prescription*, profitant, entre autres choses, du travail de Kripke sur Wittgenstein, que nous évoquions à l'instant. Foucault dit que les « *a priori* discursifs » sont des règles, mais il ne souligne pas, à notre connaissance, le fait que c'est tout le registre de la demande, de la question, de la commande qui par excellence « produit » cette distanciation de l'immanent-collectif ;
2. D'autre part, nous osons la thèse de l'identité de ce mode de l'*a priori* avec le *transcendantal*. Ce qui est a priori et qui possibilise, c'est ce qui vaut comme règle : pas ce qui participe d'un type d'être plus originaire. Le transcendantal dans sa fonction normative échappe à l'être, comme cela est nécessaire pour tout concept sérieux du normatif : « concrètement » cela veut dire que le transcendantal est la règle (ou la question, la loi) en tant qu'elle échappe à l'immanence où elle se fonde.

La discussion que nous avons menée à l'instant avec la lecture heideggerienne du transcendantal visait à montrer qu'une interprétation de l'a priori par la règle était peut-être plus fidèle au criticisme kantien. D'une certaine façon, il nous semble que c'est ce que l'empirisme logique a pensé, et que là résidait un des grands motifs de son adhésion au logique, de sa mise en scène d'une priorité du logique. En réduisant le transcendantal au logique, l'empirisme logique dévoilait l'identité du transcendantal avec la règle échappant à sa propre immanence : ce statut n'est nulle part aussi évident qu'en logique (n'importe quelle règle de logique formelle domine ses instanciations et ses interprétations tout en n'ayant pas d'autres fondements que celles-ci). Ce que nous aurions tendance à identifier comme le tort de l'empirisme logique aura été de croire que les *a priori* esthétiques n'étaient pas justiciables d'une interprétation semblable. Pour nous, ils se comprennent en termes d'une instance de la question d'une part, d'une série transcendantale de recouvrements qui sont autant de délivrements de règle (géométrique dans le cas de l'espace) d'autre part .

89. Cf. Foucault, M., *L'archéologie du savoir*, Paris, Gallimard, 1969.

### *4.3.2 Conclusion : épistémologie, philosophie, transcendantalisme*

Reste à conclure ce livre, comme promis, par une tentative de dire à partir de ce qui précède ce qu'est l'épistémologie : pas seulement ce qu'elle doit être, donc, mais aussi ce qu'elle est déjà, de façon plus ou moins dissimulée dans ses diverses variétés. Bien entendu, nous avons déjà explicité une réponse, lorsque nous avons dit que l'épistémologie était l'étude du savoir dans la perspective d'une « pragmatique métaphysique » : l'étude du savoir en tant que réponse à des questions ou des exigences reçues dans une tradition, en tant que discours injonctif, destinant à l'égard du futur, relance de la question. L'épistémologie est l'étude du savoir sous l'angle herméneutique, avons nous dit aussi, voyant dans cette formulation l'expression alternative de ce qui précède. Mais nous voudrions compléter cette double formulation par une autre, qui, en un sens, achève de mettre au clair le sens de ce que nous plaidons : aussi bien, nous pouvons dire que l'épistémologie est *philosophie*.

En effet, l'analyse du savoir sous l'angle herméneutique, c'est aussi, pour employer à nouveau le langage heideggerien, ici commode, l'analyse de l'*existentialité* du savoir : l'analyse du savoir en tant que celui-ci m'oblige, me transmet une appartenance à la question, en tant que ce que j'accomplis en lui (donc en elle) a valeur destinale pour la communauté du savoir. En droit, on le sait bien, cette communauté, c'est tout le monde. De plus, en nos âges où la démocratisation du savoir commence enfin de s'accomplir, la retombée destinale de l'assomption de la question par les maîtres de la communauté savante déborde la frontière apparente, historiquement restreinte, de cette communauté, pour atteindre une fraction signifiante des personnes scolarisées, dans de nombreux cas. L'épistémologie, donc, c'est la considération du savoir dans l'optique de « ce-dont-il-y-va » dans le savoir : considération qui embrasse tout à la fois la subtilité conceptuelle et technique de l'assomption et de la relance de la question, et le problématique message qu'adresse le savoir à la collectivité humaine, message en lequel le savoir informe et prescrit celle-ci au sujet de sa possibilité de penser. Le savoir ne cesse pas de mettre au jour, en la décidant, la pensée possible, c'est-à-dire en un sens, l'existence possible.

Or, la discipline qui s'attache à formuler le destinal, l'existential, n'est-elle pas la philosophie ? Dans le mot *philosophie*, qu'y-a-t-il au fond d'autre que dans le mot *épistémologie* ? *Epistèmè* à la place de *sophia*, *logos* à la place de *philè*. L'épistémologie explicite l'existential du savoir, alors que la philosophie accomplirait l'amour de la sagesse. Mais justement, un des grands effets – observables dans l'après-coup – de l'invention grecque de la philosophie, c'est qu'on tend à assimiler profondément la sagesse au savoir. La sagesse n'est pas la bonté : elle ne peut être, rigoureusement, qu'une forme de *connaissance*, bien que son concept soit aussi pratique. Après Platon, y-a-t-il eu d'ailleurs un seul philosophe pour échapper au mirage exaltant d'une convergence de la sagesse et du savoir ? Un autre effet de la « révolution philosophique » n'est-il pas, pour achever ce propos, qu'on tend depuis elle à égaliser l'amour au *dire explicitant* ? De Platon à Heidegger, encore une fois, la philosophie « aime » le savoir en l'explicitant. Expliciter, dire d'une manière qui laisse être dans son être, comme aime (!) à le dire Heidegger, c'est cela, semble-t-il, l'amour philosophique : un amour essentiellement respectueux, en principe.

Il est possible d'affirmer, donc, que l'épistémologie est philosophie. Cela ne voudra pas dire, bien entendu, que toute philosophie est épistémologique, les faits sont là pour indiquer l'invraissemblance d'un tel énoncé. Il y a bien entendu des modes de la philosophie qui s'adressent à ce qui de la *sophia* excède le savoir, voire qui cherchent à développer un autre amour que celui de l'explicitation (encore qu'à ce niveau, la question se pose si toute véritable sortie hors du mode explicitant n'est pas déjà abandon de la philosophie). Nous ne prétendons pas nier l'existence de la philosophie morale ou esthétique, par exemple. Mais nous voulons dire que le projet épistémologique n'est pas essentiellement distinct du projet philosophique général, il en est un des modes. Nous voulons dire que l'épistémologie est, à sa façon, l'âme et le cœur de la philosophie, au même titre que la philosophie morale, la philosophie politique, ou la philosophie esthétique : elle n'est pas plus particulière et plus périphérique que ces dernières. Et, avant tout, nous voulons combattre chez l'épistémologie contemporaine l'illusion de sa scientificité ou de sa positivité, où elle devrait voir qu'elle s'égare et se perd, compromettant notamment sa plus sûre séduction, qui est celle de la philosophie « éternelle ».

Mais alors, si l'épistémologie est déjà, à sa manière, dans sa démarche propre, autonome, « toute » la philosophie, qu'en est-il de la distinction que nous faisions au début de ce chapitre entre la philosophie « généalogique » de Hegel et le transcendantalisme kantien ? La première, rappelons le, ne partage pas l'énigme de la mathématique, le second se laisse caractériser comme ce discours qui, tout en étant voué à la question « Que puis-je savoir ? » et à l'attitude de la « réflexion transcendantale », c'est-à-dire de la réflexion par moi de mon pouvoir, partage authentiquement les questions fondamentales de la mathématique, du type « Qu'est-ce que l'espace ? » (« Qu'est ce que l'infini ? », « Qu'est ce que le continu ? », « Qu'est ce que le nombre ? »). L'épistémologie est « déjà » la philosophie, comme interrogation herméneutique du savoir dans la perspective de son existentialité, mais la philosophie, même la philosophie du registre théorique, celle qui généralement questionne « l'être en tant que tel », n'est pas forcément l'épistémologie. Le partage des questions de la mathématique fait critère parce que la mathématique est, on le sait bien, le lieu de la clôture méthodologique et herméneutique de l'humanité langagière, le lieu où l'unilatéralité impériale, absolue d'un *pour nous* qui n'a plus à connaître de l'*en soi* se déclare et prévaut : partager l'énigme de la mathématique, c'est implicitement partager l'unilatéralité de la mathématique. Telle est l'option du transcendantalisme, dont il résulte que la question du savoir n'est plus « Qu'est-ce que le savoir ? », question qui ouvre éventuellement sur la façon dont l'être, avec lequel nous aurions un pré-rapport non unilatéral, place, distribue, et en dernière analyse *engendre* le savoir, mais « Que puis-je savoir ? », question par laquelle nous sommes renvoyés à notre *pouvoir*, c'est-à-dire à nos actes susceptibles de faire sens, et enfermés dans ce cadre destinal.

Le transcendantalisme, donc, marque un choix philosophique par lequel la philosophie se décide jusqu'à un certain point « épistémologique », tout en restant autre que l'épistémologie, même comprise comme déjà philosophique de son côté. L'écart correspond à ce « supplément » propre à la philosophie (en l'occurrence transcendantale), qui est celui de l'interrogation autonome non-anthropologique de notre « pouvoir savoir » à partir de la réflexion transcendantale. La philosophie transcendantale suppose une herméneutique lancée au niveau d'un pré-savoir non-anthropologique et non-ontologique de notre pouvoir-savoir. Elle parie que le « pouvoir-penser » qui se manifeste le long de chaque herméneutique de la science, en particulier de la mathématique, est en quelque sorte gouverné ou « mesuré » par le contenu qu'elle gagne dans cette pré-herméneutique qui lui est propre. Cela n'est en fait, jamais acquis, bien entendu : essayer de reprendre la tradition transcendantale, c'est jouer le jeu de croire à un tel acquis transcendantal, et conséquemment chercher à l'attester. Ce que nous avons le sentiment d'avoir fait ici. Notre second chapitre prenait les choses au niveau de la réflexion transcendantale, notre troisième chapitre au niveau de l'herméneutique intra-mathématique, en essayant de voir jusqu'à quel point l'analyse transcendantale kantienne avait bien le rapport prévu, « exigible » avec le contenu de cette herméneutique : si elle l'accueillait, le gouvernait, le « mesurait » anticipativement. Il nous paraît souhaitable qu'un discours épistémologique, aujourd'hui, suive ces deux chemins, d'orientation contraire : lire la question transcendantale en elle-même, à son niveau autonome, en pensant à l'herméneutique de la science, et déployer philosophiquement celle-ci, comme épistémologie au sens strict, en examinant comment elle se range sous tel ou tel contenu du transcendantal.

Mais l'autre attitude de la philosophie, la généalogico-ontologique, celle qui ne partage pas l'énigme de la mathématique, celle qui a pour maître-mots l'être et la genèse, et non pas l'unilatéralité et le destin, comment partage-t-elle le caractère philosophique avec, tout à la fois, le transcendantalisme et l'épistémologie ? Pour répondre, il nous faut remonter à la détermination la plus générale de la philosophie : la philosophie est l'exploration pure de la possibilité de penser. Elle se spécialise en philosophie théorétique lorsque la possibilité de penser est envisagée comme possibilité de déployer un contenu de *savoir*. L'épistémologie, le transcendantalisme, et la philosophie généalogique, comme formes de la philosophie théorétique, exposent en effet la possibilité de penser en rapport avec le procès du savoir. L'épistémologie dégage cette possibilité à partir de l'indication d'ouverture d'un champ donnée par l'herméneutique propre des sciences. Le transcendantalisme la met en scène à partir de l'herméneutique du pré-savoir du pouvoir-savoir. La philosophie généalogique donne à éprouver cette possibilité en exhibant la forme pure de la *dramatisation* dans la pensée, du temps dans la pensée : tout savoir, à la fin, s'énonce, et donc, il est corrélatif d'un « drame », le drame de l'épellation de son contenu. La philosophie généalogique explore ainsi la possibilité de penser un contenu de savoir à partir de la forme temporelle du drame, à laquelle le savoir doit satisfaire.

Une fois que l'unité et la distinction des trois démarches a été dite de cette manière, on se doute que les accomplissements « empiriques » des chercheurs, accomplissements savants ou philosophiques, ne peuvent faire autrement qu'osciller entre ces trois gestes ou attitudes, dont l'entrelacement nécessaire est presque « tangible » avant toute considération d'exemple. On peut même dire par avance qu'il faut encourager le dialogue entre les trois jeux ou les trois modalités du philosophique *théorétique*.

Mais dans ce but même, il est infiniment préférable de faire la part des choses, de discerner ce que fait tel propos, dans quel enjeu s'inscrivent tels ou tels développements de telle ou telle discipline. Le maximum de distinction, de séparation, est la meilleure chance d'un dialogue entre les attitudes. Beaucoup, trop souvent, espèrent des coïncidences impossibles entre les discours, avant de, frappés par la déception, se replier sur la conviction d'insularité de celui qu'ils habitent. Ils ont alors manqué ce que les discours partageaient vraiment, et qui était tout à la fois beaucoup moins et beaucoup plus que ce qu'ils attendaient.

C'est pourquoi nous avons jugé cette conclusion, pour sommaire qu'elle puisse paraître en regard de ce dont elle traite, utile. Elle visait à faire éprouver, dans un cas qui nous semble assez exemplaire de « jonction confuse » entre genres de discours, les bienfaits de la séparation, *y compris dans la perspective du dégagement de l'élément commun*.

# Annexes

# L'herméneutique logique des entiers

## A.1 Introduction

[1] On peut comprendre une certaine mauvaise humeur à l'égard de la logique mathématique. L'évaluation sous-jacente à cette humeur est à peu près la suivante : la logique mobilise beaucoup d'énergie sur des problèmes fort délicats, dont néanmoins le mathématicien non logicien se moque presque universellement. Si bien qu'en dépit de ce que les logiciens ne cessent d'affirmer et d'écrire, leur travail n'a pas sa légitimation du côté du profit qu'en tireraient les mathématiciens. Par ailleurs, la logique refuse obstinément le langage et l'attitude philosophiques, se cantonnant dans la démarche technique qui est la sienne, en telle sorte qu'elle constitue un objet de plus pour une épistémologie philosophique, plutôt qu'une aide. Quelle est donc sa raison d'être ?

À notre avis, le malaise vient de ce que la question utilitariste « À quoi sert la logique mathématique ? » méconnait une dimension essentielle, celle de l'*herméneutique*. La logique mathématique est une voie de l'herméneutique, et comme telle, elle entretient un certain rapport, qui n'est pas une connexion technique dans le cadre d'une tâche ou d'un fonctionnement communs, avec l'herméneutique mathématique d'une part, l'herméneutique philosophique d'autre part. C'est ce que nous nous proposons de montrer à propos d'un texte particulier de logique mathématique, texte qui nous intéresse à plus d'un titre : l'ouvrage *Predicative Arithmetic*[2] d'Edward Nelson.

Nous exposerons d'abord une partie du contenu de ce livre, puis nous en viendrons à la question de l'herméneutique.

## A.2 La méthodologie de l'extension interprétable

### *A.2.1 Le rejet du schéma d'induction peanien*

Nelson nous présente un travail à partir de et au sein de *théories formelles de l'arithmétique*. Cependant, il ne choisit pas comme théorie de référence la théorie classique de Peano : il s'efforce en quelque sorte de retrouver une mathématique « puissante » et « riche », au point d'inclure à la limite l'analyse classique, *en se passant des services de la théorie de Peano*.

Le rejet de la théorie de Peano comme référence, appui et origine, provient de la critique adressée par Nelson au *schéma d'induction*. Dans sa plus grande radicalité et sa plus grande simplicité, cette critique consiste à nier en général qu'un *schéma d'axiome* soit acceptable dans une matière aussi primitive que l'arithmétique : un tel

1. Ceci est la troisième publication de ce texte. Une première version, très proche, a été publiée dans la revue *L'Age de la Science* (*Philosophie de la logique, Philosophie du langage*, 1991, p. 69-91). Le texte a été repris dans Salanskis J.-M., *Le temps du sens*, Orléans, Éditions HYX, 1997, p. 129-147. Dans ces deux premières publications, le titre était « L'arithmétique prédicative, ou l'herméneutique des nombres entiers ».

2. Cf. Nelson, E., *Prédicative arithmetic*, Princeton, Princeton University Press, 1986.

schéma assume l'infini dans la métamathématique, non seulement comme quelque chose d'« existant », mais comme quelque chose d'en un certain sens déjà connu. C'est cette inspiration qui conduit Nelson à écrire

> « C'est-à-dire que le principe d'induction traite le système des nombres entiers comme donné »[3]

Mais cette critique se précise comme critique d'*imprédicativité* : elle contient alors une perspective intéressante sur le rapport qu'entretient nécessairement une théorie formelle comme celle de Peano avec une collection d'entités qui la satisfait, un « référent », qu'il ne faut pas appeler *modèle* puisque nous ne sommes pas ici dans un cadre ensembliste. Cette critique prend son sens dans le cas où l'on utilise le schéma d'induction pour une formule quantifiée. La formule qu'il s'agit d'établir de proche en proche, pour les valeurs successives de la variable, fait alors en effet intervenir, de par sa signification, la totalité de ces valeurs possibles à chaque étape où il s'agit de la vérifier, ou de la prouver.

Or si l'on estime, en tant que formaliste, que la collection-référent de la théorie n'existe que comme corrélat de la théorie, dépend absolument de celle-ci, et si l'on n'accepte comme donnée de sens claire qu'un texte fini, alors on devra interpréter le schéma d'induction de Peano comme l'indication d'une détermination progressive de la collection-référent des entiers par une liste (infinie) d'axiomes : l'extension du concept d'entier évolue et varie au fur et à mesure que cette liste est dévidée. Pour être encore plus exact dans la restitution du propos de Nelson, il faut ajouter que celui-ci s'intéresse avant tout aux instances du schéma d'induction portant sur une formule $A$ *effectivement inductive* (la prémisse $A(0)\&[A(x) \rightarrow (Sx)]$ est déductible). De telles formules produisent, selon le schéma d'induction justement, des thèses du type $\forall x A(x)$, thèses auxquelles la collection-référent doit se soumettre. La « déterminité » (symbolique, fictive) de cette collection n'est donc, aux yeux de Nelson, acquise que si la liste de toutes les formules a été parcourue et si toutes celles qui pouvaient être prouvées inductives l'ont été : si elles ont pu contribuer à cette déterminité en apportant leur information.

Dès lors, une formule quantifiée à laquelle on veut appliquer le schéma d'induction suscite un « cercle d'imprédicativité ». Son sens et sa décision à chaque étape présupposent en effet « l'identité » de la collection complète des entiers, identité qui elle-même renvoie à la détermination du caractère inductif ou non de toutes les formules à une variable libre assemblées en accord avec la syntaxe arithmétique, formules dont celle qu'on essaie de prouver fait partie. Nelson nous communique tout cela de manière condensée et laconique, notamment dans le passage suivant :

> « Un nombre est conçu comme un objet satisfaisant toute formule inductive ; pour une formule inductive particulière, par suite, les variables liées sont supposées prendre comme valeurs les objets qui satisfont toute formule inductive, y compris celle dont il s'agit »[4]

3. « That is the induction principle assumes that the natural number system is given » ; cf. Nelson, E., *Prédicative arithmetic*, Princeton, Princeton University Press, 1986, p. 1 [ma traduction].

4. « A number is conceived to be an object satisfying every inductive formula ; for a particular inductive formula, therefore, the bound variables are conceived to range over objects satisfying every inductive

Par un tel propos, Nelson rejoint Poincaré. Ce dernier, en effet, dans le courant d'une réflexion générale sur les paradoxes liés à l'infini, notamment en tant qu'ils relèvent de la figure de la « classification instable », est amené, pour présenter un exemple, à exposer une conception de l'essence des nombres entiers :

> « Alors un entier est par définition un nombre qui possède toutes les propriétés récurrentes, c'est-à-dire qui appartient à toutes les classes récurrentes. »[5]

Et Poincaré présente ensuite une démonstration, qu'il qualifie d'*imprédicative*, de la proposition « la somme de deux entiers est un entier ». En effet la preuve en question est une récurrence sur « $x + n$ est entier », $n$ étant la variable sur laquelle se fait la récurrence, et elle fait donc intervenir implicitement, à travers la mention du concept *entier*, la classe supposée bien déterminée des classes récurrentes, alors même qu'il s'agit justement d'établir si une certaine classe est récurrente. Poincaré envisage alors une hiérarchie des propriétés récurrentes, la propriété litigieuse méritant par exemple d'être opposée, comme propriété de degré 1, aux propriétés de degré 0 ne comportant pas la mention de *entier*[6]. On pourrait, en effectuant une typologie selon la profondeur de quantification, présenter semblablement de manière graduelle la détermination de $\mathbb{N}$ par le schéma d'induction peanien tel que le critique Nelson.

### A.2.2 *L'induction bornée*

Cela dit, il n'est pas pensable de reconstituer, à partir d'un noyau indiscutable et élémentaire, la pratique courante des mathématiques en se passant *complètement* de l'induction. Nelson présente donc une alternative au schéma d'induction : lorsqu'on rencontre une formule inductive $C$, et que pour une raison ou une autre, on souhaite l'affirmer comme propriété vraie « des entiers », l'alternative consiste à asserter $C$ dans une extension *interprétable* de la théorie courante de l'arithmétique.

#### A.2.2.1 Le concept d'interprétation

Ceci renvoie donc au concept d'*interprétation* d'une théorie dans une autre, dont nous allons rappeler le contenu. Si $T'$ et $T$ sont deux théories, chacune a son *langage*, entendez par là qu'elle met en jeu certains symboles extra-logiques spécifiques : en général, des constantes prédicatives, des constantes fonctionnelles et des constantes individuelles ($\leqslant$,$+$ et 0 pour l'arithmétique formelle, par exemple). Une interprétation de $T'$ dans $T$ est essentiellement une traduction des énoncés du langage de $T'$ dans le langage de $T$, doublée d'une « relativisation » imposée à l'arrivée, en telle sorte que les axiomes de $T'$ traduits et « relativisés » deviennent des théorèmes de $T$. Plus précisément, une interprétation I de $T'$ dans $T$ consiste dans la donnée

— d'une traduction $u_I$ pour chaque symbole non logique $u$ du langage de $T'$, qui est un symbole non logique du langage de $T$ de même type (par exemple, relationnel à trois places si $u$ l'est) ;

formula, including the one in question. » ; cf. Nelson, E., *Prédicative arithmetic*, Princeton, Princeton University Press, 1986, p. 1.

5. . Cf. Poincaré, H., *Dernières pensées*, Paris, Flammarion, 1913, p. 15.

6. Cf. *idem*.

— d'une constante relationnelle à une place $U$ du langage de $T$, dite « prédicat d'univers » ;

avec les propriétés suivantes :

— $\vdash_T \exists x\, U(x)$

— $\vdash_T (U(x_1)\& \ldots \& U(x_n)) \rightarrow U(f_I(x_1, \ldots, x_n))$ pour tout symbole fonctionnel $f$ du langage de $T'$

— $\vdash_T A^{(I)}$ pour tout axiome $A$ de la théorie $T'$

[où l'on note $A^{(I)}$ l'énoncé obtenu en traduisant les constantes de $A$, puis en relativisant[7] complètement à $U$ la formule obtenue, et enfin en préfixant le résultat par $U(x_1)\& \ldots \& U(x_n) \rightarrow \ldots$, si $(x_1, \ldots, x_n)$ sont les variables libres de $A$].

Il est assez facile de comprendre en termes sémantiques ce que veut dire cette définition : lorsque $I$ est une telle interprétation, si $M$ est un modèle de $T$, et si $T'_I$ est l'ensemble des axiomes de $T'$ où l'on a simplement remplacé les constantes non logiques par leurs traductions selon $I$, l'ensemble $\bar{M}$ obtenu en collectivisant $U$ dans $M$ est un modèle de $T'_I$. La première condition dit que $\bar{M}$ est non vide, la seconde que $\bar{M}$ est stable par les opérations de $T'_I$, la troisième que les énoncés de $T'_I$ sont vrais dans l'environnement $\bar{M}$.

En fait, la définition, telle que nous l'avons donnée, est trop restrictive pour être intéressante. On veut en effet pouvoir interpréter une théorie dans une autre en choisissant comme prédicat d'univers non pas une constante relationnelle du langage de $T$, mais un prédicat à une place défini dans ce langage. Cela revient, si l'on reste ferme sur la définition donnée à l'instant d'après Schönfield[8], à considérer une interprétation de $T'$ dans une *extension par définition* de $T$ (celle qui « crée » une constante pour le prédicat défini que l'on a élu). Cette option nous permet aussi, si nous le souhaitons, de « traduire » les relations, fonctions de $T'$ par des prédicats ou fonctions définies du bon type. Dans ce qui suivra, on considèrera généralement des interprétations où le langage de $T'$ est le même que le langage de $T$, où les traductions de constantes sont des traductions identiques, et où le prédicat d'univers est un prédicat défini.

Le principal et premier théorème concernant les interprétations est le *théorème d'interprétation*[9], justement. Ce dernier affirme que si $T'$ s'interprète dans $T$ selon $I$, et si $A$ est un théorème de $T'$, sa traduction-« relativisation » $A^{(I)}$ est déductible dans $T$. Ce résultat montre donc que le substitut syntaxique de la notion de modèle offert par la notion d'interprétation se comporte comme on est en droit de l'espérer : la validité dans l'interprétation se conserve le long de l'inférence dans $T'$. Mais nous tirons de ce résultat un corollaire essentiel du point de vue du problème, central en métamathématique, de la *consistance* : si une théorie s'interprète dans une théorie consistante, elle est consistante (en effet, si $T'$ était inconsistante et s'interprétait dans $T$, un énoncé $A$ de la forme $B\&\neg B$ se laisserait prouver dans $T'$, donc sa traduction-« relativisation » $B^{(I)}\&B^{(I)}$ serait un théorème de $T$, et $T$ serait elle aussi inconsistante). Par conséquent, tant qu'on modifie la théorie de référence (pour la pensée et la pratique

7. Sans guillemets : il s'agit de la notion classique de relativisation utilisée pour les *énoncés*, celle d'un traitement qui ne porte que sur les quantifications. Nous dénommons « relativisation » l'opération qui fait passer de la traduction $A_I$ de $A$ à $A^{(I)}$. La « relativisation » se définit donc en termes de la relativisation.

8. Cf. Schönfield, J.R., *Mathematical Logic*, New York, Addison Wesley,1967.

9. Cf. Schönfield, J.R., *Mathematical Logic*, New York, Addison Wesley,1967, p. 62.

de l'arithmétique) en optant pour une nouvelle théorie *qui s'y laisse interpréter*, on ne risque pas de susciter de l'inconsistance. On peut voir ici la justification essentielle de la maxime de l'extension interprétable que nous délivre Nelson : reprenant fondamentalement le problème de Hilbert, qui était celui de la possibilité de disposer dans la métamathématique d'une preuve de consistance *finitaire* pour l'inférence dans une théorie formelle adaptée aux besoins des mathématiciens (bien que cette théorie formelle évoquât un univers fictif infinitaire), Nelson propose une stratégie qui est de partir d'une théorie suffisamment élémentaire pour qu'une preuve finitaire de consistance, on du moins une quasi-preuve de consistance, soit possible, et de définir une méthodologie de l'extension réitérée qui sauvegarde cette « qualité de consistance ». De ce point de vue, on comprendra que les extensions par définition ne posent pas de problème, comme nous l'avons suggéré tout à l'heure : une extension par définition est toujours une extension conservative, et elle ne saurait donc changer quoi que ce soit à la qualité de consistance.

Un second fait métamathématique indique la bonne compatibilité de la notion d'interprétabilité avec celle d'extension par définition [10] : si $T_1'$ est une extension par définition de $T_1$ et si $T_1$ est interprétable dans $T$, $T_1'$ est interprétable dans une extension par définition de $T$. Je peux donc toujours considérer que les extensions par définition ont été faites « au début », au niveau de la théorie la plus primitive, la plus « sûrement » consistante oserions nous dire, et que le passage à une procession de théories, chacune interprétable dans la précédente, donc toutes dans la théorie de base, est survenu ultérieurement.

Pour compléter nos remarques sur le concept d'interprétation, destinées à en rendre le contenu, comme la motivation et l'usage, aussi clairs que possible à notre lecteur, disons que ce concept *syntaxique* qui, nous l'avons dit, supplée au concept de modèle, n'entretient bien évidemment pas la même dépendance que lui à l'égard de la notion d'*ensemble*. C'est pour ce motif précisément que Nelson, qui envisage un fondement beaucoup plus pauvre que l'ensembliste, y fait recours. On peut cependant retrouver des *modèles* à partir d'interprétations dans un cas particulier : lorsque d'un côté la théorie $T$ vers laquelle on interprète est la théorie ZFC, lorsque d'autre part la correspondance de traduction intervenant dans l'interprétation est totalement finitaire ou plus généralement récursive (les constantes extra-logiques du langage de $T'$ étant elles-mêmes présentées récursivement), et lorsque finalement le prédicat d'univers $U$ et les prédicats utilisés pour traduire les relations et fonctions de $T'$ définissent des *ensembles* dans un univers de ZFC. Alors, en effet, il est à peu près immédiat que l'interprétabilité de $T'$ dans ZFC signifie que l'ensemble associé à $U$ est un modèle de $T'$ (en fait, plutôt de $T_I'$), cette propriété de modèle pouvant même être exprimée dans la métathéorie ZFC. Kreisel et Krivine définissent une notion de *réalisation généralisée* obtenue en abandonnant en tout cas la troisième exigence : cela conduit au concept de « modèles » en quelque sorte « trop gros » [11]. Ainsi, la preuve de consistance relative de ZF+AF est donnée dans *Théorie axiomatique des ensembles* (de Krivine) par une interprétation

10. Cf. *ibid.*, p. 64.

11. Cf. Kreisel, G., & Krivine, J.-L., *Éléments de logique mathématique Théorie des modèles*, Paris, Dunod, 1967, p. 162-163.

qui ne donne pas lieu à un modèle, induite par le prédicat d'univers $V(x)$, qui n'est pas ensemblisant[12] (cela s'appelle dans le contexte méthode des « modèles intérieurs »[13]).

A.2.2.2 Le « truc » de la relativisation

Venons en donc maintenant à la forme particulière d'application de la maxime de l'extension interprétable qui permet à Nelson de pallier le manque de schéma d'induction dans l'arithmétique minimale choisie par lui. Si $C$ est un prédicat inductif (prouvablement inductif) dans la théorie courante où l'on travaille, et si l'axiome supplémentaire $\forall x\ C(x)$ apparaît en quelque sorte comme « souhaitable » pour la suite, Nelson recommande de se placer dans l'extension $T[C]$, où $C$ est la formule qu'on veut asserter, sous réserve qu'on puisse interpréter $T[C]$ dans $T$. Mais il va plus loin, et met en évidence une situation générale où il en sera ainsi.

A priori, l'idée d'interprétation la plus simple serait de prendre comme prédicat d'univers $C$, les traductions de $T[C]$ vers $T$ étant les traductions identiques (comme c'est toujours le cas, nous l'avons dit, dans les interprétations qu'envisage Nelson) : après tout, si $C$ n'est pas quantifiée, il ne fait pas de doute que la « relativisation » à $C$ de la formule à exactement une variable libre $C$ est un théorème de $T$, puisque cette « relativisation » est alors $C \rightarrow C$ (sémantiquement, $C$ est vrai des individus satisfaisant $C$). Mais on a le problème suivant : la théorie $T$, elle, n'a pas de raison en général d'être valide dans la relativisation complète à l'environnement $C$, comme il est prescrit pour que l'interprétation en soit une. La difficulté, pour le formuler simplement, est tout d'abord que les opérations de la théorie $T$, a priori, ne se laissent pas restreindre à l'environnement $C$ : c'est le problème, bien connu en mathématiques, de stabilité. Dire qu'un sous-ensemble $H$ d'un groupe $G$ est un sous-groupe, par exemple, n'est pas autre chose qu'affirmer que le prédicat $x \in H$ fournit une nouvelle interprétation de la théorie formelle des groupes dans la théorie des ensembles ; le critère classique $H \neq \emptyset \ \&\ (x,y) \in H^2 \rightarrow xy^{-1} \in H$ correspond en substance aux deux premières conditions définissant une interprétation. Pour surmonter cette difficulté dans son contexte arithmétique, Nelson indique un moyen général de fabriquer un prédicat *stable par les opérations de* $T$ qui prouvablement implique $C$ : dès lors, les chances d'avoir une interprétation sont bien meilleures. Plus précisément, la procédure dite de *relativisation*[14] d'une formule à exactement une variable libre A est la suivante : A étant donné, on fabrique successivement :

$A^1$ : $\forall y\ y \leq x \rightarrow A(y)$
(dit que $A$ est vrai jusqu'à $x$)

12. Cf. Krivine, J.-L., *Théorie axiomatique des ensembles*, Paris, PUF, 1969, p. 58-59.

13. Cf. *ibid.*, p. 5.

14. Ceci est un nouveau sens du mot relativisation ! Nous écrirons *relativisation* (en italique) pour nous référer à cette relativisation nelsonienne. Récapitulons : il faut distinguer

— La relativisation d'une formule à un prédicat, qui s'obtient simplement en traitant les quantificateurs.

— La « relativisation » d'une formule à un prédicat, qui consiste à effectuer la relativisation, puis à préfixer la formule par une clause forçant les variables libres à satisfaire le prédicat.

— La *relativisation* d'un prédicat d'entier à une variable libre définie par Nelson, et qui elle-même se fait à une profondeur variable, indiquée par un exposant.

$A^2$ : $\forall y\ A^1(y) \rightarrow A^1(y+x)$
(dit que la « vérité-jusqu'à » de $A$ est toujours prolongeable de $x$)
$A^3$ : $\forall y\ A^2(y) \rightarrow A^2(yx)$

(dit que si la « vérité-jusqu'à » de $A$ peut être systématiquement prolongée d'une valeur, elle peut l'être de $x$ fois cette valeur) Lorsque $C$ est une formule inductive, on prouve que $C^3$ est *héréditaire* $[(C^3(x)\&\ u \leq x) \rightarrow C^3(u)]$ et inductive, et que $C^3$ est conservé par les opérations arithmétiques (par exemple, on a $\vdash_T\ (C^3(x)\&C^3(y)) \rightarrow C^3(x+y)$). Si $I$ est la candidate-interprétation déterminée par $C^3$ et les traductions identiques de constantes, elle satisfait donc la seconde condition exigée dans la notion d'interprétation ; d'autre part, au moins dans les cas simples[15], on s'assure sans peine que les traductions-« relativisations » $A^{(I)}$ des axiomes $A$ de $T$ sont des thèses de $T$, ce qui est une partie de la troisième condition exigée. On prouve dans la même foulée que $C$ se déduit de $C^3$, id est on prouve $\vdash_T\ C^3 \rightarrow C$. Mais pour que la troisième condition soit complètement satisfaite, et que $T[C]$ soit effectivement interprétée par $I$ dans $T$, il faut encore que la traduction-« relativisation » de $C$ soit une thèse de $T$, id est que $C^{(I)}$ soit une thèse de $T$. En général, ceci ne se déduira pas simplement de ce que $C$ est une thèse : $C^{(I)}$ diffère essentiellement[16] de $C$ si du moins $C$ est quantifié, puisque les quantifications de $C$ y sont relativisées à $C^3$.

Mais Nelson montre que $C^{(I)}$ sera en effet prouvable, dans la situation générique qui l'intéresse, lorsque la formule $C$ est *bornée*. Pour clarifier ce point, nous allons regarder un exemple. Supposons que $T$ est, disons, la théorie $Q_1'$, sommairement décrite plus loin, et soit $C$ la formule qui affirme que le produit de deux entiers consécutifs est pair :

$$\exists m\ 2m = n(n+1)\ .$$

C'est une formule à exactement une variable libre, à savoir $n$, et c'est une formule quantifiée (elle comporte une quantification sur $m$). On montre sans peine que $C$ est inductif (essentiellement, si $M$ est une constante satisfaisant $2M = n(n+1)$, alors on déduit $2(M+n+1) = (n+1)(n+2)$, dont $C(n+1)$ vient par généralisation existentielle). D'après la théorie générale, on a donc $\vdash_T\ C^3(n) \rightarrow \exists m\ 2m = n(n+1)$. Mais on voudrait en fait déduire $C^{(I)}$, $I$ étant la candidate-interprétation associée à $C^3$ ; cette formule $C^{(I)}$ s'écrit

$$C^3(n) \rightarrow \exists m\ C^3(m)\ \&\ 2m = n(n+1).$$

Or il se trouve que $\exists m\ 2m = n(n+1)$ équivaut à $\exists m\ m \leq n(n+1)\ \&\ 2m = n(n+1)$ : s'il existe un entier dont le double est $n(n+1)$, cet entier est certainement inférieur à $n(n+1)$. Comme, d'après les propriétés d'héréditarité et de stabilité de toute formule du type $A^3$ fabriquée à partir d'un $A$ inductif, $\vdash_T\ (C^3(n)\ \&\ m \leq n(n+1)) \rightarrow C^3(m)$, il est à peu près immédiat que l'on parvient à écrire effectivement une preuve de $C^{(I)}$, ce qui achève d'établir que $I$ est bien une interprétation, et que $T[C]$ est donc

15. Notamment, cette conclusion est valide lorsque $T$ est la théorie $Q_1'$, la première appelée dans la chronologie du livre de Nelson à subir des « extensions bornées » de ce type.

16. C'est le problème que nous aurions pu envisager tout à l'heure en évoquant la « relativisation » de $C$ à $C$ (mais nous avions alors supposé $C$ non quantifiée).

interprétable dans $T$. Cette preuve a pour nerf l'équivalence de $\exists m\, 2m = n(n+1)$ avec $\exists m\, m \leq n(n+1)$ & $2m = n(n+1)$. On se convainc qu'une preuve analogue peut être conduite chaque fois que la formule $C$ sur laquelle on travaille a la propriété suivante : chacun de ses segments quantifiés de la forme $\exists x\, B$ est prouvablement équivalent à quelque chose de la forme $\exists x\, x \leq a$ & $B$, où $a$ est un terme fabriqué avec, en sus des symboles fonctionnels de $T$, des constantes ou des variables *libres dans* $B$ uniquement (essentiellement, donc, sans $x$). De telles formules sont ce qu'on appelle des formules *bornées*. La conclusion obtenue par Nelson est donc que, chaque fois qu'on rencontre une formule inductive *bornée*, on peut sans dommage l'adjoindre aux axiomes de la théorie courante : tel est l'ersatz de schéma d'induction dont on dispose.

### *A.2.3 Le chemin des extensions successives*

Nous nous sommes quelque peu étendu sur l'infrastructure technique de cet ersatz de schéma d'induction. Le motif en était que nous voulions donner à comprendre l'importance que prend dans la démarche de Nelson la notion de formule *bornée*. Cela dit, il ne faut pas perdre de vue que cette manière de mettre en œuvre le « raisonnement par induction » se présente comme un cas particulier d'application de la maxime de l'extension interprétable. Celle-ci, rappelons le, autorise le mathématicien à enrichir sa théorie, en lui ajoutant des axiomes non déductibles de la base, *pour peu que les extensions ainsi obtenues restent toujours interprétables dans la base*. Cette maxime accompagne, dans le contexte « dramaturgique » de *Predicative arithmetic*, la pensée d'un mathématicien qui cherche à reconstruire l'ensemble du discours mathématique usuel à partir d'une arithmétique minimale.

Soyons maintenant plus précis au sujet de ce point de départ de « l'aventure » de l'arithmétique prédicative : Nelson part de la théorie $Q_0$, qui est l'arithmétique minimale $Q$ de R. Robinson rendue *ouverte*[17] par l'adjonction de la fonction *prédécesseur*. La liste de ses axiomes est donc la suivante :

Ax1 : $Sx \neq 0$
Ax2 : $Sx = Sy \rightarrow x = y$
Ax3 : $x + 0 = x$
Ax4 : $x + Sy = S(x + y)$
Ax5 : $x \times 0 = 0$
Ax6 : $x \times Sy = x \times y + x$
Ax7 $Px = y \leftrightarrow Sy = x \ \vee \ (x = 0 \,\&\, y = 0)$

Nelson arrive alors assez rapidement à une théorie qu'il baptise $Q_1'$, en procédant à quelques enrichissements élémentaires : en adjoignant les axiomes d'associativité, de commutativité et de distributivité[18], et l'axiome de définition de la relation d'ordre[19]. Il montre, comme il est requis par sa méthode, que $Q_1'$ est interprétable dans $Q_0$, ou plus exactement que $Q_1$, la théorie où les axiomes d'associativité, de commutativité et de distributivité ont été ajoutés, mais le symbole $\leq$ pas introduit, l'est. D'après ce que nous avons dit plus haut sur les extensions par définition, c'est en fait suffisant.

17. On appelle théorie ouverte une théorie dont les axiomes ne comportent pas de quantification explicite.

18. $(x + y) + z = x + (y + z)$ [associativité de $+$] ; $x \times (y + z) = x \times y + x \times z$ [distributivité de $\times$ sur $+$] ; $(x \times y) \times z = x \times (y \times z$ [associativité de $\times$] ; $x + y = y + x$ [commutativité de $+$] ; $x \times y = y \times x$ [commutativité de $\times$].

19. $x \leq y \ \leftrightarrow \ (\exists z\, y = x + z)$

Il franchit ensuite une étape décisive du processus d'enrichissement en intégrant à la théorie de référence le principe d'inférence par induction dont nous avons expliqué la validité de manière métamathématique tout à l'heure. C'est-à-dire qu'il passe à une théorie $Q_2$, où l'on s'est décidé à se donner un *schéma d'induction*, énoncé bien sûr *pour les formules bornées seulement*[20]. Si l'on se souvient de tout ce que nous avons dit dans la section « Le rejet du schéma d'induction peanien », on pourrait voir là un abandon de la ligne dure finitiste : les positions de principe de Nelson n'impliquaient-elles pas le refus de toute théorie « inactuelle », rendue telle par la présence d'un schéma d'axiome ? Mais en fait le schéma d'induction bornée de Nelson n'a pas la même signification métamathématique que le schéma peanien qu'il a d'abord critiqué. Si Nelson peut se placer dans la théorie qu'il appelle $Q_2$, c'est parce que, comme il le montre, celle-ci est une extension *localement interprétable* de $Q'_1$. On appelle localement interprétable dans $T$ une extension $T'$ de $T$ lorsque, pour toute liste $B_1, B_2, \ldots, B_n$ de théorèmes prouvés dans $T'$, $T[B_1, B_2, \ldots, B_n]$ est interprétable dans $T$. Par conséquent, si l'on travaille dans la théorie $T'$, et si, au bout d'un temps fini, humain, empirique, on relève les yeux de sa feuille pour collecter les résultats obtenus, on peut adjoindre ceux-ci comme axiomes et les asserter dans une extension interprétable. La théorie $Q_2$ est donc *heuristiquement admissible* en regard de la maxime de Nelson. Ceci suppose une certaine optique sur la métamathématique, que résume assez bien la phrase suivante du livre :

> « Les métathéorèmes sont censés être des énoncés corrects disant ce que l'on peut réellement faire, et les démonstrations sont supposées montrer comment accomplir effectivement les constructions dont elles affirment l'existence »[21]

C'est donc ainsi que l'on doit comprendre le *schéma d'induction bornée* : il est en fait une « règle d'inférence bornée », par rapport à laquelle la perspective est simplement de s'en servir un nombre « empirique » de fois, en sachant que la théorie enrichie des résultats obtenus restera interprétable. On n'envisage pas effectivement la théorie « actuellement infinie » constituée de l'énumération complète de toutes les formules inductives bornées, et encore moins le corrélat idéal de cette théorie (un avatar de $\mathbb{N}$).

Cela dit, une fois qu'on s'est placé dans la perspective de l'enrichissement pas à pas de $Q'_1$ dans $Q_2$, le problème se pose de savoir si la situation favorable de l'interprétabilité locale survit à la procédure d'extension par définition.

### *A.2.4 L'introduction de relations et de fonctions*

En substance, la réponse est que tant qu'on se limite à introduire des fonctions ou des relations *de façon bornée*, on ne compromet pas la validité de la règle d'induction bornée : on ne suscite que des théories localement interprétables dans une extension par définition de $Q'_1$ (c'est-à-dire interprétables dans $Q'_1$ modulo un problème d'adjonc-

20. En fait, le schéma d'induction bornée est donné médiatement dans $Q_2$, à travers le schéma (MBI) (cf. Nelson, E., *Predicative arithmetic*, Princeton, Princeton University Press, 1986, p. 24-26).

21. « The metatheorems are intended to be correct statements about what one can actually do, and the demonstrations are intended to show how to actually carry out the constructions they assert to exist. » ; cf. *ibid.*, p. 27 [notre traduction].

tion de symboles). Nous devons donc définir ce qu'on entend par « introductions de fonctions ou relations de façon bornée ».

Un nouveau symbole relationnel $R$ à $n$ places est introduit de façon bornée s'il est introduit par un axiome de la forme

$$R \leftrightarrow D(x_1, \ldots, x_n)$$

où $D$ est une formule de la théorie courante ayant comme variables libres précisément $x_1, \ldots, x_n$ et bornée au sens que nous avons défini plus haut. Un nouveau symbole fonctionnel $f$ à $n$ arguments est introduit de façon bornée s'il est introduit par un axiome de la forme

$$y = f(x_1, \ldots, x_n) \leftrightarrow \exists y\, D(x_1, \ldots, x_n, y)$$

où $\exists y\, D(x_1, \ldots, x_n, y)$ est une formule bornée ayant comme variables libres précisément $x_1, \ldots, x_n$.[22]

Pour commenter les métathéorèmes concernant ces introductions licites de nouveaux symboles, disons que le prototype de ce qui n'est pas couvert par eux est l'introduction de la fonction factorielle à partir d'une preuve par induction de

$$\exists m\, \forall k\ \ 1 \leq k \leq n \rightarrow k|m$$

(en minimisant sur la propriété de $m$, c'est-à-dire en allant chercher la plus petite valeur de $m$ ayant une telle propriété). En effet, la formule $\exists m\ D(n,m)$ dont il s'agit ici n'est pas bornée, en substance parce que le $m$ cherché ne peut pas être trouvé dans un domaine de taille polynomiale en $n$ : dans le cas où la théorie de référence admet comme symboles fonctionnels la somme et le produit, une formule quantifiée existentiellement, on le voit, est bornée si et seulement si on peut majorer polynomialement, *a priori*, la borne de l'intervalle dans lequel un entier dont l'existence est affirmée est à chercher.

Dans presque tout son livre, Nelson fonctionne avec une telle théorie de référence, si bien qu'on peut retirer de sa lecture l'impression que l'exigence philosophique d'*interprétabilité* se réduit à l'exigence plus technique de ne jamais accepter de « solution formelle » d'un problème si le champ de recherche d'une solution n'est pas majorable a priori polynomialement en termes des données du problème. D'autant que cette exigence technique rejoint une problématique bien connue de l'informatique. Néanmoins, l'exigence d'interprétabilité a un sens plus vaste chez Nelson. Non seulement le propos philosophique qui l'introduit, et dont nous avons rendu compte, est important, et la question des introductions bornées de fonctions apparaît comme une conséquence de ce propos, qui ne l'épuise pas, mais encore on rencontre dans le livre un cas d'enrichissement de théorie qui ne relève pas du principe de l'introduction bornée : l'opération # ($x\#y = 2^{np}$, où $2^n \leq x < 2^{n+1}$ et $2^p \leq y < 2^{p+1}$) est adjointe à la théorie $Q_2$, pour donner lieu à une théorie $Q_3$, alors que l'axiome qui la définirait

22. Il est à noter que, pour qu'une introduction de symbole fonctionnel soit correcte, il faut en général (indépendamment de notre contexte) que l'on puisse prouver dans $T$ les formules exprimant la fonctionnalité de $D(x_1, \ldots, x_n, y)$, en l'espèce $\exists y D(x_1, \ldots, x_n, y)$, et $(D(x_1, \ldots, x_n, y) \& D(x_1, \ldots, x_n, y')) \rightarrow (y = y')$.

naturellement n'est pas une formule bornée. La théorie $Q_3$ est néanmoins conforme à la maxime de l'extension interprétable, puisqu'elle se laisse interpréter dans une extension par définition de $Q_2$, par le truchement du prédicat d'univers $\exists k\, x \leq 2^k$ (qui n'est pas borné)[23].

Comme ce pas dans le chemin herméneutique de l'arithmétique prédicative n'est pas homologue aux autres, Nelson doit, après l'avoir accompli, redémontrer des méta-théorèmes garantissant que dans le nouveau cadre, on peut reprendre le développement comme avant, c'est-à-dire en recourant à la règle d'induction bornée et en procédant à des introductions bornées de symboles[24].

Par ailleurs, après ce pas, la théorie courante est essentiellement riche de trois symboles fonctionnels, ceux de la somme et du produit, et $\#$, si bien que le type de majoration requis pour avoir des formules bornées, désormais, n'est plus le type polynomial, mais un type un peu plus compliqué.

Nous espérons avoir donné une idée de ce que, par anticipation sur les considérations qui suivent, nous avons appelé *chemin herméneutique* de Nelson, et qui consiste en fait en une suite d'extensions de la théorie arithmétique. Ces extensions ont pour but d'enrichir le discours et les moyens techniques, afin de restituer de plus en plus un paysage mathématique usuel. Bien entendu, on peut demander pourquoi Nelson nous engage dans ce processus au lieu de nous donner d'un seul coup la « meilleure théorie » et prouver son interprétabilité. À cette question, on pourrait donner des réponses philosophiques, en faisant valoir que la méthode de Nelson permet de savoir à quoi engagent les diverses extensions prises individuellement, puisque, nous l'avons vu, elles ne sont pas toutes techniquement équivalentes.

Mais il y a aussi, nous dit Nelson, un motif purement logique à ce que le processus d'enrichissement de la théorie de base soit ainsi *séquentiel* : le fait qu'il ne sait pas répondre à la question[25] de savoir si, lorsque $T[A]$ et $T[B]$ sont interprétables dans $T$, et lorsque, disons, le groupe $\{A,B\}$ est consistant, $T[A,B]$ est ipso facto interprétable dans $T$.

Estimant avoir donné une idée suffisante du propos et de la méthode de Nelson dans *Predicative arithmetic*, nous voudrions maintenant essayer de justifier notre manière de dénommer la suite des extensions de théories auxquelles il procède « chemin herméneutique ». Ceci nous oblige à nous déplacer d'un seul coup vers une toute autre région intellectuelle, celle où l'on peut discuter du sens du mot *herméneutique*.

## A.3 L'herméneutique des entiers

### *A.3.1 La situation herméneutique d'après Heidegger*

Les concepts herméneutiques dont nous allons faire état ont été dégagés par Heidegger essentiellement. Non seulement ils ont été mis en avant dans un contexte et dans une visée absolument étrangère à ce dont nous parlons, mais ils ont été utilisés de

23. Cf. Nelson, E., *Prédicative arithmetic*, Princeton, Princeton University Press, 1986, Def 14.8 p. 57, et Metatheorem 15.1 p. 60.

24. Cf. *ibid.*, ch. 15, p. 60-63.

25. Posée dans *Prédicative arithmetic*, p. 63.

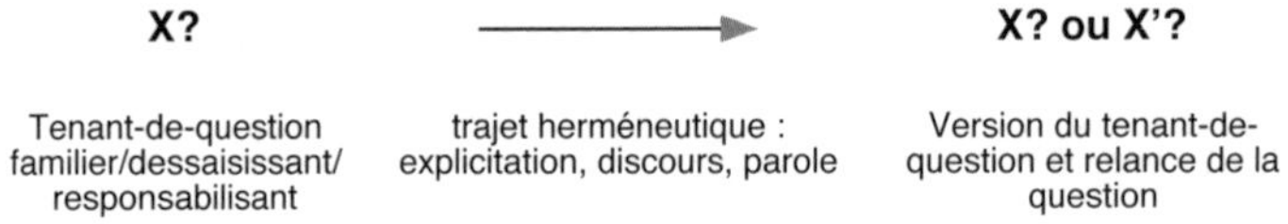

| **X?** | ⟶ | **X? ou X'?** |
|---|---|---|
| Tenant-de-question familier/dessaisissant/ responsabilisant | trajet herméneutique : explicitation, discours, parole | Version du tenant-de-question et relance de la question |

FIG. A.1 – *Schéma de la trajectoire herméneutique*

manière polémique contre la science et la philosophie de la science ou l'épistémologie. Pour les besoins de cet article, on pourra considérer que les concepts herméneutiques fournissent simplement un langage dans lequel parler des phénomènes d'enchaînement intra- ou inter-théoriques auxquels s'intéressent tous les spécialistes : les phénomènes d'*historialité* scientifique. Encore plus précisément, notre approche herméneutique nous permet de comprendre ce qu'il y a de commun à la première analyse non standard (modèle-théorique, celle de Robinson), à la seconde (syntaxique, celle de « Internal Set Theory » [26]) et à l'arithmétique prédicative, qui peut sembler, comme pur travail de logique, étrangère à la problématique de l'analyse non standard.

Après ce bref préambule, résumons la manière dont nous comprenons la pertinence du point de vue herméneutique pour le domaine logico-mathématique.

La mathématique, à nos yeux, tire son identité du fait qu'elle a rapport avec des « tenants-de-question », dont les plus essentiels et les plus profonds sont le nombre, l'espace, l'infini, le continu, le calcul, la preuve. Ces tenants-de-question se présentent à la fois et contradictoirement comme familiers, déjà connus (mais *implicitement*) à la faveur d'un dévoilement de sens originaire, et comme en excès sur toute compréhension, comme défiant la maîtrise et le contrôle du mathématicien. Par dessus le marché, dans le moment où ils nous sont familiers et nous dessaisissent, ces tenants-de-question nous obligent. Nous ne pouvons « éprouver » cette familiarité, ce dessaisissement, que si nous avons pris la place ou la posture du mathématicien, et celle-ci est immédiatement responsabilité, assomption de la question, prise en charge conduisant à la tentative de produire sa réponse. La prise en charge du tenant-de-question, cela dit, est toujours élaboration d'un discours, et ce discours, en général, déplace la question en même temps qu'il lui répond : tout à la fois, il restitue quelque chose du non-dit de la familiarité-dessaisissement originaire, et il la « décale ». Dans la mesure où ce discours sera à nouveau reçu, il délivrera auprès des destinataires une familiarité-dessaisissement héritière de la « première », mais autre. On a donc le schéma philosophique de la figure A.1.

« En principe », dans la case de gauche, le tenant-de-question et le « projet » implicite qui en dévoile le sens ne se distinguent pas comme sujet et objet, ils sont les deux faces d'une situation originaire, qui s'entre-appartiennent en même temps qu'elles se distinguent. C'est seulement au niveau de la case de droite, avec l'émergence d'une version explicite du tenant-de-question, que celui-ci acquiert le statut d'un objet faisant front dans son unilatéralité à un discours-sujet. « En fait », la situation originaire ne se rencontre pas, ce qui en tient lieu est toujours la version courante d'une question

26. Cf. Nelson, E., « Internal Set Theory », in *Bulletin of the American Mathematical Society*, vol. 83, n° 6, nov. 1977, p. 1165-1198 ; trad. fanç. J.-M. Salanskis, dans *La mathématique non standard*, Barreau, H., et Harthong, J., éd., Paris, Éditions du CNRS, 1989, p. 355-399.

traditionalement[27] transmise, version qui « délivre pour nous » la situation originaire : nous recevons la version comme version de quelque chose à quoi nous avons un rapport primitif au-delà de la version. Le tenant-de-question reste-t-il le même ou change-t-il ? Le « vrai » tenant de question n'a pas le statut d'un terme ou d'un objet, on voit donc mal comment on diagnostiquerait son changement. Mais les versions changent, de manière observable, par exemple les versions de l'espace depuis deux mille ans. Qui plus est, il peut apparaître, *a posteriori*, dans l'examen de l'enchaînement herméneutique d'une version à une autre, qu'un texte 2 témoigne d'une autre entente de la question que le texte 1 qui l'a transmise, autre *au niveau le plus fondamental*, et que donc, en raison de l'entre-appartenance originaire postulée, le tenant-de-question lui-même n'est plus le même, encore qu'en lui s'accomplisse la persistance de l'ancienne question. Ceci ne peut apparaître, bien entendu, qu'à un regard *épistémologique*, qui « reconstruit » autant qu'il le peut la question dans sa teneur profonde, au-delà des versions dont il dispose qui la « recouvrent » en lui répondant. Peut-être, à la limite, toute élaboration herméneutique déplace-t-elle la question, comme nous l'avons d'abord suggéré. Cependant, on observe aussi dans l'histoire des mathématiques des effets de persistance assez extraordinaires : il semble bien, par exemple, que le tenant-de-question *continu* soit invariant depuis les Grecs, en dépit des événements intellectuels grandioses qu'ont été ses « versions ». Mieux vaut peut-être laisser cette interrogation sans réponse. L'herméneutique produit quelque chose qui peut sans doute toujours passer pour version du même, mais qui tout aussi bien est nécessairement de l'ordre du nouveau, puisque la version reçue a été reconduite à une question qui la dépasse, et qu'un trajet discursif a été suivi, au bout duquel quelque chose a été capté de l'excès de la question sur la version reçue. Et comment l'identité de la question, qui sera désormais « calculée » à partir de la nouvelle version, n'en aurait-elle pas été déplacée ? Il faut s'habituer à cette indécidabilité pour se servir avec profit de la lecture herméneutique des mathématiques.

### *A.3.2 Sens herméneutique de la maxime de l'extension interprétable*

Nous proposons de comprendre en termes du schéma philosophique de l'herméneutique la maxime de l'extension interprétable de Nelson. Dans ce cas, le tenant-de-question sera le *nombre*, d'emblée interprété comme nombre entier, comme l'herméneutique la plus primitive l'a toujours déjà fait.

Au commencement donc, est donnée une familiarité herméneutique avec le nombre, qui n'est pas supposée « originaire » au sens où elle existerait sur le mode préverbal qui est en principe celui du premier moment de l'herméneutique. Chez Nelson, à l'inverse de ce qui a lieu chez Brouwer, le premier moment est à vrai dire déjà celui d'une formalisation, en l'occurrence la formalisation $Q_0$, qui joue ici le rôle d'inscription textuelle minimale de ce qui est anticipé au sujet du nombre entier. Comme le mode formel est accepté, les nombres entiers sont d'emblée conçus comme une collection de frontière indéterminée corrélative d'un système d'axiomes : comme un référent *a priori purement métaphysique*, c'est-à-dire n'ayant pas de consistance ontologique autre que celle

27. La traduction de *L'origine de la géométrie* (Husserl, E., *L'origine de la Géométrie*, trad. franç. Jacques Derrida, Paris, PUF, 1962) utilise le mot *traditionalisation* ; nous nous servons librement des néologismes apparentés *traditional* et *traditionalement*.

conférée par notre souci de lui, qui nous conduit à écrire une théorie formelle à laquelle les objets qui le composent seraient soumis. Le « trajet herméneutique » s'accomplit ensuite comme *enrichissement* de la théorie formelle, enrichissement qui doit toujours donner lieu à une théorie interprétable dans la précédente.

Si l'on veut, on peut concevoir cet enrichissement comme un approfondissement de ce qu'il en est de l'essence du nombre entier, cette essence se déterminant en toujours plus de propriétés listées comme axiomes. Symétriquement, et c'est une des grandes originalités du schéma herméneutique présenté par Nelson, la collection idéale des entiers, purement corrélative, est conçue comme ne cessant pas de se restreindre : toute extension de théorie, regardée à l'aune de la théorie antécédente, c'est-à-dire, à la limite, à l'aune du « projet » originaire, correspond à l'adoption d'un prédicat d'univers auquel tout se relativise, soit, comme le dit Nelson, à un « raffinement du concept d'entier », ne laissant subsister parmi les entiers acceptés que certains de ceux que l'on avait.

L'enchaînement herméneutique nelsonien, de plus, est *libre*. Lorsque $T$ est la théorie courante, et que $A$ est une formule unaire inductive, c'est moi qui choisis d'introduire $A$ comme axiome, de passer à $T[A]$, sous réserve que cette théorie soit interprétable : je ne suis pas guidé par une nécessité syntaxique du type $T \vdash A$. L'introduction du point de vue herméneutique correspond donc ici à un dépassement de l'assimilation sommaire du mathématiser au déduire, dépassement dont l'importance épistémologique ne saurait, bien entendu, être sous-estimée.

La version du schéma herméneutique mise en vedette par Nelson, où la source et le but de l'herméneutique sont des théories formelles, et où le trajet herméneutique est celui d'une extension interprétable, souligne un aspect vraisemblablement propre à l'herméneutique mathématique : sa conservativité. La maxime d'interprétabilité dit en effet que la « nouvelle théorie » ne sera en un sens jamais absolument nouvelle, puisqu'elle apparaîtra toujours comme la même chose que l'ancienne *appliquée à des entiers particuliers* : ceci revient à décrire ou prescrire le nouveau qui émerge comme toujours justiciable d'une traduction *régrédiente*. Or on sait bien, indépendamment de toute cette analyse logico-formelle, que les mathématiques se singularisent par une étonnante conservativité, dans une large mesure mystérieuse et jamais comprise d'une façon vraiment satisfaisante. Seulement cette conservativité, nous avons plutôt l'habitude de la concevoir comme s'accomplissant en une ou des traductions *progrédientes* : les exemples qui nous viennent naturellement à la tête sont des exemples où un nouveau langage concernant a priori une nouvelle classe d'objet (presque toujours, « plus générale »), tolère qu'on y écrive un résultat en lequel nous reconnaissons tel ou tel résultat classique. Il est inévitable de citer le cas du théorème de Pythagore: on peut considérer que l'énoncé selon lequel dans tout espace euclidien, $x \perp y \leftrightarrow ||x+y||^2 = |||x||^2 + ||y||^2$ en est la traduction dans un contexte moderne. Mais chacun voit bien que les situations de ce genre sont légion. Il n'y a en principe pas un résultat « classique » (en visant par cet adjectif la production de toute l'histoire des mathématiques) qui, dans une formulation qui doit être à chaque fois précisée, ne se retrouve comme résultat bourbachique. Cette conservativité progrédiente est intégrée à la terminologie familière des mathématiques, en ce sens que l'on apprend aujourd'hui des notions et des théorèmes qui sont de telles traductions progrédientes sous l'estampille du nom propre de mathématicien auquel est attribué la source de la traduction.

Ainsi, on apprend la notion de « suite de Cauchy » dans un espace métrique ou mieux dans un espace uniforme, alors que ces concepts étaient inconnus de Cauchy, on énonce la formule de Taylor ou la formule de Leibniz dans des espaces vectoriels normés, pour des produits symétriques quelconques, etc.

Le miracle de conservativité de la mathématique, surtout depuis la mutation formaliste et l'émergence de l'encyclopédisme ensembliste bourbachique, se vit comme miracle de traductions progrédientes. Nelson, lui, raconte l'enrichissement du discours mathématique autrement : l'univers des référents ne s'élargit pas, en fait, il se restreint plutôt, si l'on prend la peine de se faire une opinion (nécessairement métaphysique) à ce sujet. Et la traduction opère dans l'autre sens : du nouveau vers l'ancien. L'hypothèse qu'on peut faire, c'est que la traduction progrédiente, qu'on ressent ordinairement comme le mode majeur de la conservativité, et qu'on reçoit peu ou prou comme une bénédiction à chaque fois, est en fait « préparée » par le choix des cadres formels successifs : ces choix, que leurs auteurs le sachent ou non, sont faits en sorte que les théories développées restent *interprétables*. Ce serait donc parce que les mathématiques, y compris les mathématiques bourbachiques qui introduisent toujours de nouveaux objets, sont secrètement conformes à la maxime nelsonienne, que des traductions progrédientes se laisseraient toujours trouver.

Il y a une pièce à porter au dossier de cette hypothèse, qui a dû jouer un rôle dans l'inspiration d'E. Nelson : nous voulons parler du cas de l'analyse non standard. Celle-ci, on le sait, a d'abord été présentée par Robinson sur un mode « progrédient », ou du moins en apparence progrédient. Elle consistait en effet en un *élargissement* de l'univers des objets ; et de plus, ce que Robinson a nommé principe de *transfert* est (pour moitié) le principe de la récupération tels quels de tous les résultats de l'analyse classique dans le nouveau contexte objectif (avec éléments non standard), soit le principe de la traduction progrédiente lui-même. Dans la formulation IST proposée par E. Nelson, cet aspect progrédient demeure (puisque, notamment, tout théorème de ZFC est un théorème d'IST), bien qu'il ait désormais un statut syntaxique et non plus sémantique. Mais il apparaît à côté de cela un aspect régrédient avec le *lexicon*, algorithme permettant d'associer à toute formule de la nouvelle théorie une formule classique équivalente pour les valeurs standard des variables libres. En vertu de l'existence du lexicon, les assertions de la théorie IST sont essentiellement traductibles dans le langage de ZFC, bien que ce ne soit pas à la faveur d'une interprétation d'IST dans ZFC, le nouveau prédicat $st$ n'étant pas *définissable* dans ZFC[28]. Il semble normal de penser que l'aspect régrédient est le secret de la viabilité générale des ré-identifications progrédientes : c'est l'aspect régrédient qui exprime la manière dont la « nouvelle cohérence » reconduit ou redit l'ancienne.

Le problème serait d'examiner jusqu'à quel point on peut ainsi expliquer le progrédient par le régrédient dans des cas suffisamment exemplaires, bien représentatifs de l'herméneutique mathématique moderne. Pour prendre un exemple difficile et séduisant, il serait intéressant, ainsi, de réfléchir sur les enchaînements successifs à la faveur desquels l'objet privilégié de la géométrie algébrique a changé de nom et de teneur : des courbes algébriques ou projectives à la notion de variété algébrique (Serres) puis à celle

28. S'il l'était, les entiers standard formeraient un ensemble. C'est J.-L. Callot qui nous a fait voir ce point. Une définition de $st$ dans ZFC fournirait aussitôt une interprétation « triviale » d'IST (avec traduction identique de $\in$ et non-restriction de l'univers).

de schéma (Grothendieck)[29]. Des théorèmes de « raccord », comme celui[30] qui dit que les variétés sur un corps $k$ algébriquement clos sont essentiellement des schémas sur le même corps $k$ semblent relever de la logique progrédiente : en l'occurrence, l'ancien objet se laisse ré-identifier dans le nouvel univers englobant[31]. Ici, nous sommes au niveau d'une logique de l'objet, logique naturellement favorisée par le contexte bourbachique, sous l'influence duquel faire de nouvelles mathématiques passe le plus souvent par l'introduction de nouveaux objets. La question serait alors : se pourrait-il que l'on puisse comprendre même une telle récupération progrédiente au niveau de l'objet en termes d'une interprétation logique, ou tout au moins d'une traduction régrédiente opérant au niveau langagier, syntaxique ? Interprétation ou traduction qui livrerait alors le secret de conservativité de la géométrie algébrique contemporaine ? Ceci supposerait, entre autres choses, qu'on associe des théories rigoureusement spécifiées aux différentes étapes de l'objet, ce qui, bien entendu, n'est déjà pas une petite affaire : nous avions dit que l'exemple était choisi extrême. Une motivation pour ce choix est que l'histoire récente de l'objet de la géométrie algébrique induit, avant toute argumentation, quelque chose comme une intuition qu'elle relève du schéma philosophique de l'herméneutique.

### *A.3.3 L'herméneutique de l'herméneutique*

Ce que nous avons dit est que le concept d'extension interprétable ou localement interprétable chez Nelson, ainsi que la maxime associée, illustrent l'herméneutique dans le registre formel. Mais cette illustration, on l'aura sans doute senti, n'est pas purement passive. En fait, il y a un jeu, une indétermination, un « degré de liberté » au niveau de l'identité la plus générale de l'herméneutique, ainsi qu'il apparaissait d'ailleurs d'une certaine manière dans la description que nous en avons donnée en termes philosophiques. Il en résulte que l'herméneutique donne lieu à des « versions », par exemple des versions *régionales* associées aux diverses « disciplines ».

On peut considérer ainsi que la description par Popper du développement de la science est une telle « version de l'herméneutique ». L'ancrage en la question y est interprété comme l'acceptation provisoire d'une théorie de référence $T$. Le trajet herméneutique y est conçu comme la recherche de faits expérimentaux infirmant un énoncé universel de cette théorie. Et l'accomplissement de l'ultime moment y est interprété comme la formulation d'une nouvelle théorie $T'$. Bien entendu, la théorie provisoire $T$ est une prémisse logique, si bien que le statut extrinsèque à toute « logique de la conséquence », voulu pour l'origine du « cercle herméneutique » par Heidegger au §63 de *Sein und Zeit*, est violé. On peut donc dire que l'on a en l'espèce une projection déformante et grossière de l'herméneutique. En même temps, il suffit de lire autrement

29. Kenneth L. Manders relève dans « What Numbers are Real ? » cet exemple comme indice d'une « recherche de légitimité » des structures en mathématiques, au titre de laquelle le dogme formaliste selon lequel tout ce qui est consistant se vaut apparaît comme de courte vue (cf. Manders, K., « What Numbers are Real ? », in *PSA*, Vol. 2, 1986, p. 253-269.). De telles remarques, à notre avis, envisagent déjà les mathématiques dans l'élément herméneutique, comme nous le proposons.

30. Cf. Hartshorne, R., *Algebraic Geometry*, New-York-Berlin-Heidelberg, Springer Verlag, 1977, p. 78-79 ; le raccord, en l'occurrence, est assuré par un foncteur canonique (« pleinement fidèle »), le concept de foncteur fournissant une autre manière, non purement logique, de penser l'herméneutique sous l'angle de la traduction progrédiente.

31. Cf. dans ce volume, p. 166, et l'entrée de glossaire $Spec(R)$, GÉOMÉTRIE ALGÉBRIQUE.

FIG. A.2 – *Rectangle herméneutique*

pour suspendre une telle évaluation : la « situation herméneutique originaire » sera non pas $T$ comme discours, mais $T$ plus cet aspect du rapport d'acceptation provisoire qui en fait le caractère provisoire (le fait qu'on cherche à infirmer $T$).

Techniquement, la version de l'herméneutique donnée par Popper nous fait penser à la théorie des modèles. Robinson, d'une manière qui nous semble extrêmement profonde, a également développé dans l'ensemble de son œuvre une version de l'herméneutique fondée sur la théorie des modèles, et l'a utilisée pour mettre en évidence l'herméneutique mathématique comme telle.

Robinson envisage en effet souvent des « rectangles herméneutiques » du type représenté par la figure A.2.

$K \to K'$ est une extension de théorie ($K'$ s'obtient à partir de $K$ en ajoutant des axiomes), cependant que $M \to M'$ est une extension de modèles (la structure $M$ est la restriction à l'ensemble de base de $M$ de la structure $M'$). Le schéma est censé vouloir dire, par son aspect vertical, que $M$ est un modèle de $K$, et $M'$ un modèle de $K'$. Lorsque Robinson travaille sur la modèle-complétude, $K'$ est égal à $K$, et on s'intéresse à l'éventualité que la dynamique de l'extension des modèles soit bloquée : qu'il n'existe pas une extension $M'$ de $M$ significative par rapport à $M$. On veut dire par là une extension qui contienne des objets dont le caractère nouveau puisse être thématisé au premier ordre en termes du langage de $K$ et des noms des objets de $M$.

Cette notion une fois définie, on étudie une autre « dynamique », un autre éventuel devenir, au niveau des théories cette fois : $K$ étant donnée, on cherche une extension $K'$ de $K$ telle que la dynamique d'extension du modèle soit bloquée à partir de tout modèle de $K'$ (on appelle une telle extension *modèle-complétion* de $K$).

On peut encore s'intéresser à ce troisième problème de devenir : supposant que $K'$ est la modèle-complétion de $K$ et que $M$ est un modèle de $K$, on cherche à plonger $M$ dans un modèle $M'$ de sa modèle-complétion $K'$ (problématique de la « clôture »).

L'ensemble de cette réflexion logique est ce par quoi Robinson « commente » le concept de corps algébriquement clos[32], et donne à penser les extensions de champs opératoires sous l'angle herméneutique, à travers une interprétation de l'herméneutique évidente : la « précompréhension », le moment originaire de familiarité/dessaisissement, sont supposés « capturés » dans l'explicitation d'une théorie *et* la donnée d'un *modèle* de celle-ci dans un univers d'ensembles. Cette interprétation de l'herméneutique n'est pas propre à Robinson, elle est tout simplement le geste fondamental de la théorie des modèles. Cette discipline nous invite en effet à concevoir les « tenants-de-

32. Notamment dans Robinson, A., « Model Theory as a framework for algebra » in *Selected papers of A. Robinson tome I*, Amsterdam, North-Holland, 1979, p. 60-83.

question » qui sont derrière l'objectivité mathématique comme des modèles, artifice par la grâce duquel une certaine valeur oppositive leur est attribuée (bien que cette valeur soit en dernière analyse tributaire de la syntaxe ensembliste), en même temps que l'angle sous lequel nous les comprenons est identifié à une théorie logique. Dans ce cadre, l'affaire herméneutique ne peut se symboliser que par des « rectangles herméneutiques », du type décrit plus haut. La notion d'*élargissement*, en particulier, relève aussi d'un tel rectangle : un élargissement correspond à un cas où $K'$ est une « saturation » selon un principe d'idéalisation d'un $K$ *complet* au sens classique (d'ailleurs déduit de son modèle $M$), et où $M'$ apparaît à nouveau comme une extension jusqu'à un certain point non significative. Un des grands intérêts de cet exemple est de souligner le caractère non trivial du moment d'inscription de la situation herméneutique par un couple théorie-modèle. Il est clair que la grosse affaire du chapitre introductif de *Non Standard Analysis*[33] est de présenter le rapport usuel au continu comme le vis-à-vis d'une théorie « higher order » avec la structure pleine sur $\mathbb{R}$, pour le retraduire ensuite comme le vis-à-vis d'une théorie au premier ordre – nantie de prédicats de types et prédicats d'appartenance typée – avec la même structure pleine.

La version de l'herméneutique de Nelson, sur laquelle le corps de notre article était fondé, est bien évidemment proche de celle, modèle-théorique, de Robinson. Elle évite seulement le concept technique de modèle et la sujétion aux ensembles, en sorte que le vis-à-vis discours/référent y apparaît dans une figure plus primitive, dont les mathématiciens ont trop souvent oublié l'importance : le référent provient en quelque sorte de la pure « générosité » référentielle du discours, de ce fait que, quotidiennement et sans état d'âme, toute phrase suscite dans notre esprit un corrélat métaphysique, le fantôme intentionnel de « ce dont elle parle ». Dans *Prédicative arithmetic*, $\mathbb{N}$, qui n'est pas nommé, mais qui se réduit peu à peu tout au long du livre, est seulement un tel fantôme répondant à l'appel de la théorie courante de l'arithmétique, un remplissement de son intentionnalité (même si, par ailleurs, une « pseudo-synthèse » intuitive de ce référent, par le biais de la familiarité primordiale avec la récursion, nous confère le sentiment de contrôler *une partie* du fantôme).

Une dernière remarque, pour conclure cette annexe : tous ces travaux de logiciens sont des herméneutiques de l'herméneutique au sens où ils interprètent le schéma philosophique général de celle-ci, c'est ce que nous venons de voir. Mais ils sont aussi des herméneutiques de l'herméneutique au sens où ils « relisent » l'herméneutique *spontanée* qu'est selon nous la mathématique. Dans l'exemple de Robinson, nous avons en fait déjà vu cela. La théorie logique de la modèle-complétude post-interprète la construction de $\mathbb{C}$ à partir de $\mathbb{R}$ et la définition par Artin-Schreier du concept de corps réel clos. Elle permet de comprendre ces aspects de l'élaboration interne à la mathématique dite « intuitive » comme des trajets herméneutiques, puisque l'introduction de ces objets ou de ces concepts élucide ce qu'il en est de telle ou telle structure, et ce qu'il en est de la notion de sa « clôture ». Par exemple, cette herméneutique « travaille » à la fois la question « Qu'est-ce qu'un corps algébriquement clos ? », la question « Qu'est ce que la clôture d'une structure ? » et la question « Qu'est-ce que l'algèbre réelle ? », bien que ce dernier point ne se voie pas directement, et suppose une prise de recul his-

33. Robinson, A., *Non Standard Analysis*, Amsterdam, North-Holland, 1966.

toriale. L'ensemble de ce travail est rendu manifeste par Hourya Benis-Sinaceur dans *Corps et modèles*[34], qui est notre source principale pour ce que nous venons d'exposer.

L'herméneutique de l'herméneutique en ce second sens correspond à ce qu'on pourrait appeler la valeur *épistémologique* de la logique, valeur qui va bien au delà de la capacité à dresser une carte et classer dans l'après-coup l'activité mathématique : la logique se montre capable, éventuellement, de mettre en vedette le caractère *pensant* de la mathématique, dans la perspective où *penser* veut dire bouger dans une situation herméneutique.

---

34. Cf. *Corps et modèles*, Paris, Vrin, 1991.

# La réflexion des mathématiques

Les mathématiques sont là, elles existent depuis de long siècles. Même si la conviction commune de leur force, de leur centralité, du rôle qu'elles jouent dans l'inimaginable succès du connaître, même si l'incomparable prestige de leur rite initiatique, le crédit d'une mythique excellence accordé à leurs héros, venaient à se dissoudre soudain, par la vertu d'un étrange sortilège, on devine qu'il resterait encore, dans la simple considération de ce monument de pensée accumulée qu'elles sont, de quoi reconstituer en leur faveur l'amour que leur portent tous ceux qui les sentent pour ce qu'elles sont. Mais cette valeur, comment la dire ? Cette modalité nonpareille de l'approfondissement, de la recherche, de la littérature, comment la réfléchir, la faire valoir devant quelque tribunal universel ? Comment rendre aux mathématiques l'hommage qu'elles méritent loin des facilités que fournissent leur utilité séculaire ou la chevalerie compétitive qu'elles motivent ?

Nous avons le sentiment, les uns et les autres, qu'il y a une valeur des mathématiques par delà ces indices trop commodes, que cette valeur fait d'elles un bien commun de l'humanité, singulier parmi les biens de même calibre, et, notamment, singulier par sa destination illimitée : nulle manière d'être homme ne coupe de la vraie grandeur des mathématiques, nulle conformation raciale, nul entêtement traditional, nulle langue, nulle coutume, nulle voie politique. Donc, cette valeur, cette grandeur devraient pouvoir se dire dans un langage de même qualité, de même universalité, de même illimitation. Il semble contradictoire qu'on soit à ce point sûr de cette densité, de cette épaisseur, de ce rayonnement des mathématiques, et qu'on puisse concéder ne pas savoir les *réfléchir* fidèlement.

Pourtant, il semble bien qu'il y ait à cela une difficulté essentielle : les mathématiques sont un faire si spécifique que toute tentative d'en restituer l'importance et le sel hors du régime de discours qu'elles sont échoue, ne pouvant jamais être autre chose, peut-être, qu'une trahison. Et en même temps, ce discours tel quel, tel qu'il se dit et se vit, se réserve à la très minoritaire confrérie de ceux qui en ont longuement enduré les méandres et les complexités. C'est ainsi qu'en fin de compte, la plus ouverte des écoles, le moins excluant des exercices de la pensée, retombe dans un confinement élitaire qui l'égale *a posteriori* à tout ce dont il est en principe le divorce même : les mathématiques sont le jeu d'une race de surdoués, la tradition schizophrène d'une ethnie dissimulée comme telle, la langue inventée qui forclot le lien avec les réseaux partagés du sens, la coutume déviante de subjectivités moins adhérentes à l'amour que les autres, la non-politique de personnes qui ne supportent aucune cité réelle.

Cette impasse, pourtant, un certain nombre de démarches, elles-mêmes vénérables, prétendent nous éviter de venir nous y enfermer. Au premier rang de celles-ci, l'histoire des mathématiques. Mais aussi, la philosophie des mathématiques, l'élaboration pour une large part technique de la question des fondements des mathématiques, et pourquoi ne pas les nommer aussi, la sociologie des mathématiques, la psychologie cognitive des mathématiques, etc. On dispose donc d'une série d'approches prétendant à la réflexion des mathématiques, apparentées à ce qu'on appelle « sciences humaines et sociales » pour la plupart.

Mon sujet, je peux désormais le délimiter : je veux ici m'interroger sur ce que *peut* la réflexion des mathématiques, sur les styles qui lui sont disponibles et sur les pouvoirs de ces styles, que j'essaierai d'évaluer par rapport à l'exigence ultime de la non-trahison. Y a-t-il une réflexion des mathématiques qui ne les trahit pas, plus simplement même qui ne les oublie pas, qui ne s'engage pas dans un problème et un régime de pensée absolument étrangers à elles ?

Pour répondre, il faut commencer par décrire un peu mieux cette difficulté en évoquant ce qui se fait en matière de réflexion des mathématiques.

## B.1 Immanence de l'histoire des mathématiques

L'histoire des mathématiques est déjà présente à l'exercice même de la mathématique : le mathématicien n'a pas besoin de sortir de soi pour être conducteur de sa propre histoire. Certains contenus s'enseignent naturellement en termes de leur histoire. Dans son petit livre rouge, David Mumford remonte à Klein pour nous convaincre de ce que le *schéma* était l'objet attendu par ceux qui étudiaient les corps de nombres et les corps de fonctions [1]. Cela fait partie du rythme même de l'accumulation et de la communication du savoir que, de temps à autre, un livre récapitulatif ou un grand article de synthèse raconte dans quel ordre les concepts ont été introduits et par qui. Les mathématiciens sont même enclins naturellement – en dépit de l'adoration qu'ils portent généralement à la présente façon de dire, à ce langage chèrement acquis où tout se place et se laisse comprendre – à minimiser la différence entre les grands anciens et les grands modernes, et à écouter tel ou tel fragment d'un maître fameux des temps révolus en étant prêt à lui reconnaître la prescience, non seulement du présent, mais encore du futur : Gauss, Euler, Poincaré, seront relus dans ce climat de religiosité intemporelle qui rend l'histoire vivante en la niant.

Plus simplement, les historiens des mathématiques, du moins dès que la mathématique est suffisamment proche, sont génériquement des mathématiciens, la plupart du temps de haute compétence. Leurs colloques incorporent volontiers les artisans de la nouvelle compréhension mathématique. Retracer l'histoire de la mathématique, c'est, sans doute, débroussailler l'entrelacs des mémoires, des notes de cours, des traités, retrouver l'information qui permet de comprendre le cheminement de la trouvaille. C'est, en bref, situer le développement de la trame conceptuelle de la mathématique dans le temps objectif/universel/historique. Mais c'est aussi et avant tout comprendre ce qui a été affirmé, démontré, conjecturé, et saisir dans sa précision ce qui a été l'enchaînement de pensée d'un moment à l'autre de l'aventure. Jean Dhombres, à Genève en 1992, exposant l'histoire fort récente de la théorie topologique de la dimension, concluait en concédant que l'histoire ne faisait jamais autre chose que dire « Z est venu après Y qui venait après X » : il me semble comprendre qu'il voulait dire qu'elle n'ajoutait rien à la teneur technique des œuvres que le marquage de leur succession. Mais bien sûr, il ne l'ignorait pas et voulait sans doute aussi le signifier, c'est tout un

1. Mumford, D., *Introduction to Algebraic Geometry, Preliminary version of first 3 Chapters*, 1968, p. 122.

travail de marquer la succession comme telle, de dire et montrer en quoi consiste la reprise, la généralisation, l'approfondissement. Ce travail, pourtant, ne se sépare pas essentiellement de la mathématique, de son projet, de son tribunal, de l'amour de ce qui la motive, oserait-on dire. Enrico Giusti, au petit déjeuner à Marseilles-Lumigny, en 1987, nous disait que l'historien était celui qui recensait et localisait les si nombreuses pierres qui composent telle voûte, vestige romain, et que l'*insight philosophique*, de ce point de vue, ne pouvait jamais être que la mention de la *pierre angulaire*, celle qui fait tout tenir mais ne le peut qu'en raison de la présence de toutes les autres. Fidélité du détail et proximité à son objet de l'histoire des mathématiques, réduisant la mission d'une philosophie manifestant la pensée de la mathématique à un supplément infinitésimal, même si l'on est prêt à le dire nécessaire.

Pourtant, cette histoire n'est pas, comme réflexivité, suffisante à elle-même. De son intérêt passionné pour la mathématique naissent forcément des questions qui échappent radicalement à sa compétence. Soit par exemple la discussion archi-classique sur l'origine du calcul infinitésimal : faut-il acquiescer à la tradition qui nous dit que le calcul infinitésimal a été inventé par Newton et Leibniz de manière indépendante et à des dates comparables ? Faut-il proposer au contraire une réécriture révolutionnaire de la tradition, et prêter à Barrow, Cavalieri ou Pascal la véritable initiative de cette mutation prodigieuse ? Quelques arguments purement historiques, sur ce qui, de fait, est inscrit dans les œuvres de tel ou tel, peuvent sans doute être échangés. Mais le fond de l'affaire est bien évidemment de savoir si tel raisonnement de Pascal qui se donne le pouvoir du calcul différentiel sans en avoir le langage et la thématique, tel calcul mis sur pied par Cavalieri sans conscience évidente de sa systématicité et de sa généralité, valent comme découverte du calcul infinitésimal. Qu'est-ce qui fait critère pour l'acquisition d'une époque de la mathématique : le frayage de la résolution d'un problème, l'institution d'un langage, ou la circonscription pensante d'un objet ? Mais cette question, de toute évidence, appelle une méditation de *philosophie* des mathématiques.

C'est, de fait, un trait de notre « histoire des mathématiques intrinsèque » qu'elle ne cesse de confiner à la philosophie ; un peu comme notre critique littéraire, ce qui nous rappelle que la France est le pays du tour philosophique de la critique, plus certainement que celui de la critique ou de la philosophie.

## B.2 Histoire et philosophie des mathématiques

Mais justement, qu'en est-il de la philosophie des mathématiques, que je nomme comme une rivale possible de son histoire vis-à-vis de la tâche de réfléchir les mathématiques ? Elle n'est pas conçue de la même manière ici et là, et notamment de part et d'autre de l'Atlantique (ou de la Manche, déjà). Mais si nous commençons par prendre en considération celle qui a cours chez nous, nous découvrons aussitôt une dépendance symétrique, et plus surprenante que la première. La philosophie des mathématiques ne sait pas si bien se distinguer de l'histoire des mathématiques. J.-T. Desanti, auteur avec *Les idéalités mathématiques* d'un des ouvrages les plus représentatifs de la philosophie des mathématiques au cours des dernières décades, n'a pas écrit en la matière un texte qui s'écarte beaucoup des standards de l'histoire des mathématiques. La part centrale du livre, en effet, est d'abord une reconstitution minutieuse du parcours suivi par Zermelo après Cantor pour arriver à la formulation moderne de la théorie des ensembles. Et l'histoire ne s'arrête pas là : *Corps et Modèles* de Hourya Benis-Sinaceur est solidement organisé autour d'un thème historique ; même le récent livre de G. Châtelet, en dépit de l'intention sienne de réanimer la vision de la *Naturphilosophie*, ou plus radicalement peut-être, de manifester la vie et la force du tour dialectique de la pensée, passe par une évocation des textes qui se coule pour une part dans l'humus historique[2].

C'est que la philosophie des mathématiques ne veut pas trahir, et pour ne pas trahir le génie de la mathématique, elle ne trouve d'autre moyen que de la faire parler. Mais alors, c'est une simple conséquence de l'assomption de son poste de parole, en tant qu'il se distingue de celui de la mathématique en marche, qu'elle brosse l'histoire de la mathématique au moment où elle lui donne la parole, qu'elle le veuille ou non. J'ai écrit ailleurs[3] cette complicité essentielle entre le projet de restituer la mathématique et celui de faire son histoire, en y voyant ce qui définit une des modalités fondamentales de l'épistémologie aujourd'hui.

N'y a-t-il pas, pourtant, moyen de faire une philosophie au plus près de la mathématique sans en faire l'histoire ? A. Lautman a proposé une façon de faire qui paraît remplir ce programme. Lautman, on le sait, tient que la mathématique est le développement dialectique d'*idées problématiques*, à travers les théories qui s'affichent dans l'histoire des mathématiques. Il identifie ces idées – en partie en se réclamant de la méthode platonicienne de la dichotomie – au moyen d'un couple de contraires, ainsi le couple *local/global*. Il ne lui reste alors qu'à retracer comment les théories connues de lui, qu'il choisit préférentiellement parmi la recherche contemporaine de son travail, donnent une signification plus complète et plus saisissable – en même temps que plus pénétrante – au potentiel contrastif de tels couples. Ce cheminement parmi les démarches de la mathématique présente est aussi à ses yeux ce qui en manifeste l'*unité* : l'unité n'est pas dans le fondement commun – logique ou relation à un mode archétypal de l'objet – mais elle est l'inter-résonance des théories. Il s'agit de ce qu'on peut appeler avec Jean Petitot[4] une unité *sémantique*, unité du grand récit de la mathématique en quelque sorte, à comprendre comme unité du drame du développement des idées problématiques.

Lautman, donc, semble avoir trouvé une façon de faire parler la mathématique dans la philosophie qui ne manque pas simultanément à la tâche de réfléchir philosophiquement la mathématique. Et, qui, corrolairement, évite le piège de l'histoire comme lieu impuissant mais privilégié de la réflexion du mathématique.

Mais est-il si sûr qu'il ait tracé pour nous une telle voie ? Ou plutôt, sa façon de l'avoir tracée ne confirme-t-elle pas le piège autant qu'elle le déjoue ? L'examen de l'opération effective du texte de Lautman, en effet, nous révèle que l'intégration des segments restitutifs de la mathématique aux segments proprement philosophiques n'y est pas certaine, n'y est pas évidente, ou en tout cas n'est pas commandée par la facture

2. Cf. Châtelet, G., *Les enjeux du mobile*, Paris, Le Seuil, 1993.

3. Cf. *L'herméneutique formelle*, Paris, Éditions du CNRS, 1991, p. 213-216 ; dans ce volume, p. 193-195.

4. Lequel est certainement, parmi les auteurs qui font vivre la philosophie des mathématiques en France aujourd'hui, celui qui, s'attachant à reprendre le projet de Lautman, reste le plus à distance du point de vue historique : sauf peut-être, de manière implicite et négative, en voulant toujours prendre en compte de manière privilégiée les résultats les plus récents de la mathématique.

et le rythme propre de son exposition. Il y a d'un côté l'explication de la conception directrice pour lui des idées problématiques et de leur incarnation dans des théories, explication qui se fait dans le genre philosophique et sans recours aux illustrations techniques : discussion du rapport entre les *Idées* et les *Nombres* chez Platon[5], de la proximité de la notion de *genèse* mise en avant pour décrire l'effectuation des Idées dans les théories et la notion de *déclosion* chez Heidegger[6], etc. Et il y a de l'autre la restitution des théories mathématiques jugées pertinentes. Certes, le raccord se fait en ce sens que Lautman dit bien comment la théorie « distribue » les rôles du couple contradictoire de l'idée, il y a un travail de rattachement au contenu idéel qui est en fait un travail d'ordre interprétatif, à chaque fois. Et ce travail serait la réflexion philosophique des mathématiques proprement dite. Mais c'est justement la part du travail de Lautman que sa philosophie n'assume pas, au sens où elle ne la relève pas au plan d'un discours de la méthode, ayant valeur d'institution et de promotion d'un genre.

Il en résulte que le texte de Lautman est menacé d'un éclatement auquel son projet ne survivrait pas. De cet éclatement résulterait le face à face sans rapport de sens entre

— Une restitution des mathématiques qui tôt ou tard, céderait à la conceptualité purement mathématique, l'unité ne se donnant plus à lire par rapport à l'esquisse idéelle, mais dans l'explicitation unifiante/structurante procurée par les objets et les stratégies du mathématique lui-même.
— Et une théorie philosophique des idées problématiques source du déploiement conceptuel de la mathématique purement sous juridiction philosophique, la tentative d'établir la communauté de sens entre les contenus esquissés dans ces idées et les contenus articulés dans les théories n'étant plus assumée.

Mais, demandera-t-on, dans quelle mesure est-il possible de soutenir que ce danger est évité, qu'il n'en est pas ainsi ? Dans la mesure, bien évidemment, où l'activité interprétative des théories mathématiques est accomplie, et où l'identité des idées mathématiques transcendant ces théories, mais de part en part responsables d'elles, est recherchée pas seulement comme une variante philosophique de l'idée d'*idée*, mais aussi comme singularité historiale appartenant à la tradition mathématique autant qu'elle en est le ressort secret. Mais le lieu ou l'élément qui sauve ainsi le projet lautmanien est à l'évidence un lieu de l'histoire. Ce n'est sans doute pas toute histoire des mathématiques qui est par là impliquée, mais l'interprétation des théories par rapport à la transcendance idéelle qui leur convient ne saurait accéder à la rectitude à laquelle elle se doit ailleurs ou autrement que dans l'histoire. En d'autre termes, c'est l'histoire des mathématiques qui avère si tel contenu informel présentable comme esquisse peut en effet valoir comme le coup de dés problématique en regard duquel les théories sont des incarnations, des réponses, des élaborations recouvrantes.

5. Cf. « Essai sur les notions de structure et d'existence en mathématique », in Lautman, *Essai sur l'unité des mathématiques*, Paris, Union générale d'Éditions, 1977, p. 143-146.

6. Cf. « Nouvelles recherches sur la structure dialectique des mathématiques », *ibid.*, p. 204-209.

## B.3 La réflexion fondationnelle

Mais n'y a-t-il pas, après tout, une réflexion des mathématiques ayant pignon sur rue, ayant prouvé sa profondeur, son efficacité, sa fécondité depuis un siècle environ, et dont l'étrangeté à l'égard de l'histoire est certaine ? Comment, traitant d'une telle question, négliger ce qui est sans nul doute le mode de réflexion des mathématiques le mieux installé à l'échelle mondiale, à savoir le mode *fondationnel* ?

Le point de départ à la fois conceptuel et historique de cette réflexion est un mouvement intérieur à la mathématique. Ce sont les mathématiciens eux-mêmes, à la fin du siècle précédent et surtout au début de celui-ci, qui, pour un ensemble de motifs complexes et variés, en sont venus à penser – et plus précisément à penser techniquement – les fondements des mathématiques. D'un côté, l'exigence de l'évolution de l'analyse – c'est-à-dire au fond le vœu de plus en plus marqué de représenter les nombres et les fonctions au sein d'un monde infiniment vaste de possibilités – de l'autre les difficultés logiques soulevées au fur et à mesure par l'ébauche de reformulation des mathématiques comme connaissance des *ensembles*, ont conduit à la nomination d'un certain nombre de problèmes fondationnels, à la définition de la notion de *système formel* et de méta-mathématique, et de proche en proche au déploiement de tout le continent logico-mathématique, avec les théories de l'effectivité, la théorie des modèles, la théorie de la démonstration, la théorie axiomatique des ensembles et ses développements (théorie descriptive, grands cardinaux), la théorie des catégories et ses emplois fondationnels ou logiques divers (versions catégoriques de la constructivité, fondements toposiques).

En principe, le caractère intérieur aux mathématiques des recherches fondationnelles est d'emblée garanti par la technicité de ces recherches. La méthode pour arriver à des résultats, énoncer des conclusions, même dans ce que celles-ci ont de relativement, apparemment ou extérieurement philosophique, est en effet le raisonnement constructif ou la déduction dans des systèmes formels convenablement spécifiés, comme il en va – de nouveau en principe – dans les mathématiques ordinaires, non fondationnelles, dites en général « intuitives ».

La question que je veux poser est simplement : les recherches fondationnelles réfléchissent-elles réellement les mathématiques ?

En un sens, les recherches fondationnelles réfléchissent certainement les mathématiques : partant de celles-ci comme un *factum rationis*, elles en élucident certains aspects absolument décisifs. Il est de fait que la mathématique se manifeste spontanément comme discours prédicatif quantifié, et la définition canonique de la logique des prédicats du premier ordre aussi bien que la théorie de la démonstration – disons le système de la déduction naturelle – explicitent de manière achevée ce que sont les phrases formelles et la déduction dans un système formel. Nul doute que ces concepts, ces règles, ces théorèmes n'expriment une structure attestée ou un usage en vigueur dans l'activité mathématique. L'énorme distance, reconnue même par Bourbaki* dans son traité inaugural, qui existe entre le parler effectif d'un mathématicien en activité et l'épure formaliste du langage et de la preuve, n'empêche pas un tel constat. De même la théorie des modèles est sans nul doute une expression adéquate, comme résultat de réflexion, du dialogue naturellement engagé dans la mathématique entre les listes d'axiomes et leur réalisations. Donc, en un certain sens du mot *réflexion*, il est indéniable que les développements fondationnels sont une réflexion.

Mais en même temps, ils n'en sont pas. Le mot *réflexion* désigne ici le travail par lequel un immanent est abstrait : à vrai dire, est inventé comme possiblement abstrayable. Le réfléchi incarne alors une idéalité de la justification possible, un espace de légitimation où pourrait se projeter l'exercice de la mathématique sans se défigurer d'une manière essentielle : mais au prix d'un travail de projection justement, qui soustrait la mathématique à sa vie propre.

C'est que la mathématique est en fait un jeu qui refuse la séparation du fondement, la limitation de l'exactitude au fondement. L'exactitude, y compris scripturale, conceptuelle, linguistique, anime de part en part la mathématique. L'énonciation de n'importe quelle règle du jeu, la caractérisation de n'importe quel objet en mode axiomatique, la conduite de n'importe quel calcul, quel que soit le degré de profondeur ou de solidité fondationnelle que la réflexion logique lui accorde, est porteuse de l'exactitude mathématique dans toute son envergure. En sorte que la réflexion fondationnelle, en ne retenant en quelque sorte du mode exact de la mathématique que sa fonction structurante, en perd la trame essentielle : le récit qu'elle est, la vision prophético-fantasmagorique d'un monde d'objets qu'elle ne cesse d'accomplir, vision et récit dont l'état et la force de suggestion ne cessent de la motiver dans son évolution. Une réflexion « grammaticale » n'est pas une réflexion au sens plein du mot, surtout pas, en dépit de ce qu'une pensée courte pourrait croire, pour une discipline qui habite en permanence l'exactitude grammaticale. Et tel est bien le grief latent toujours adressé par les mathématiciens aux logiciens, leurs semblables, leurs frères.

On pourrait objecter à cela, non sans pertinence, que la logique mathématique contemporaine est justement largement sortie de cette position. La théorie des modèles telle que la concevait A. Robinson, et comme l'a expliqué de façon très pénétrante Hourya Benis-Sinaceur, n'était pas une pure et simple réflexion fondationnelle des mathématiques comme discours de vérité ou axiomatique réalisée. Il s'agissait plutôt d'une « méta-algèbre générale » ou d'une heuristique supérieure[7]. La possibilité technique et contingente de voir les classes d'objets comme classe des modèles de certaines théories du premier ordre ouvrait la voie à une animation intelligente des stratégies de démonstration : à la fois à une saisie unitaire mathématiquement intéressante des théories existantes et à l'introduction de nouvelles notions liées à la recherche modèle-théorique, comme la notion de corps différentiel clos, ou celle d'*élargissement* du corps des réels ouvrant la voie à l'analyse non standard. De même la théorie des catégories est-elle originairement une réflexion des mathématiques (autre que la théorie des ensembles) dégagée pour les besoins du développement de l'algèbre homologique, elle-même outil au service de la topologie et de la géométrie algébriques. Mais les théorisations de type logique que la théorie des catégories apporte depuis quelques années ne sont généralement pas, ou pas toutes, ou guère, des réflexions fondationnelles au sens strict. Que la théorie des topos bien pointés supporte l'interprétation en elle de ZF – et soit donc un fondement possible de la mathématique sans axiome du choix – est sans doute un aspect moins important de la moderne logique catégorique que la mobilisation de la notion de catégorie de faisceaux au service de l'intuition d'ensembles « en évolution »[8], ou que l'analyse profonde des conditions catégoriques d'un

7. Cf. notamment l'article « Une origine du concept d'analyse non standard », in *La mathématique non standard*, Paris, Éditions du CNRS, 1989 , p. 143-156.

8. Cf. ce volume, p. 170.

discours de la *localité* autorisée par la théorie des topologies de Grothendieck ou de Lawvere-Tierney[9].

En résumé, on peut dire que la logique mathématique s'est justement émancipée de l'intérêt fondationnel depuis l'après-guerre en gros, et qu'elle serait maintenant une authentique réflexion de l'intrigue mathématique elle-même, et non plus de son soubassement ou sa norme d'exactitude.

Certes. Mais cette évolution, d'une part, n'emporte pas la totalité de la logique, d'autre part, modifie le sens du mot *réflexion*. Il n'est pas généralement vrai que la mobilisation de l'outil logique, lorsqu'elle est de ce nouveau type, fournisse une réflexion au sens d'un rapatriement de la signification mathématique auprès du rapport de soi à soi du sujet, auprès de son auto-affection pensante pré-formelle. Si l'explicitation des doctrines fondationnelles, en rigidifiant ce qui est à entendre comme objet, construction, calcul, phrase, opère ce genre de retour, le jeu passionnant de la réflexion logique du mathématique, le plus souvent, passe par un outil logique de bonne complexité mathématique, en sorte que c'est en termes mathématiques seulement, en fin de compte, que la réflexion peut être comprise comme telle.

Donc l'évolution de la logique semble nous mettre en présence d'une part d'une véritable réflexion fondationnelle, mais qui perd une part essentielle de ce qui est à réfléchir, et d'autre part d'une fausse réflexion mathématique, bien en prise sur le jeu vivant de la mathématique, mais non réellement réflexive au sens fixé depuis le début de cette annexe.

Mais peut-on combler cet écart entre la réflexion fondationnelle et la réflexion mathématique ? Une élaboration technique des fondements devrait, à cette fin, satisfaire à une double exigence :

— Être un véritable discours conceptuel, et pas un calcul, dire et situer des significations, et non pas déployer une intrigue objective.
— Exprimer quelque chose de ce qui est l'enjeu et la vie pour les mathématiques, et qui a tout à voir, on le sent, avec les structures et les objets dont il s'y agit.

Le problème, peut-être, découle de la différence des temporalités concernées par les deux exigences, avant même qu'il soit question de la difficulté la plus évidente, et qui est que tout discours technique est de prime abord une dissimulation du sens. Un discours, une théorie, un schème fondationnel, se présentent comme antérieures *au sens de l'antériorité logique* au discours mathématique fondé. La mise en place du calcul des prédicats, avec un de ses modes d'inférence, la réduction des mathématiques à la dérivation en ce sens au sein de la théorie du premier ordre particulière qu'est ZFC, sont à la fois une œuvre intemporelle, détachée de tout cheminement démonstratif particulier et daté, et quelque chose qui, pour autant que la réduction réussisse, sera présenté comme « l'avant » de chaque production de savoir mathématique répertoriée de l'histoire.

À côté de cela, « ce qui est l'enjeu et la vie » pour les mathématiques est une notion nécessairement liée à un temps singulier de l'activité et j'oserais dire du désir mathématiques. On ne peut l'expliciter que par rapport à une certaine représentation du paysage

9. Cf. Mac Lane, S. & Moerdijk, I., *Sheaves in Geometry and Logic*, New York-Heidelberg, Springer-Verlag, 1992.

des objets et des problèmes, un certain état des valorisations ambiantes, et même la sédimentation d'une certaine histoire de la recherche, de l'encyclopédie, de l'université, de l'institution d'enseignement. Pour les membres d'un assez large groupe d'âge en France, la géométrie algébrique grothendickienne vaut comme épicentre mythique de la vie mathématique, et cette valeur n'est indépendante, ni de la place qu'a tenu l'encyclopédisation bourbachique dans la conscience nationale (que J. Dieudonné soit co-rédacteur des EGA [10] compte), ni de ce que les outils de cette géométrie algébrique ont été progressivement investis dans l'approche des grands problèmes de la théorie des nombres, jusqu'au problème de Fermat, ni finalement de l'implantation – puis du démantèlement – des mathématiques dite modernes dans l'enseignement. Mais d'autres assignations de l'« enjeu et la vie », plus présentes à d'autres esprits abordant la mathématique autrement, et souvent à un autre moment, sont possibles : ainsi la vision de la géométrie – ou de la théorie des systèmes dynamiques – comme la grande affaire, ou encore l'appréhension de l'essor des mathématiques discrètes et du point de vue constructif comme l'élan majeur.

La tâche d'une réflexion fondationnelle qui serait une véritable réflexion des mathématiques serait au fond de produire une systématisation fondationnelle qui soit en rapport avec ce qui est senti comme et se manifeste comme l'enjeu et la vie à un moment. De mettre en quelque sorte le temps de l'antériorité logique au service du temps propre de la mathématisation : du temps en lequel et par lequel la tension de la mathématique vers son accomplissement s'exerce. Le discours fondationnel montrerait en quelque sorte avec quel jeu sur les grandes options logiques fondamentales concernant les moments catégoriaux de la mathématique le développement vivant de cette dernière dans sa complexité se conjugue. Il le ferait en emportant quelque chose de cette complexité dans la grande simplification/épuration qu'il opérerait afin de dégager le rôle de ces moments catégoriaux. Il s'agirait au fond d'un emploi des ressources logiques ou fondationnelles analogue de l'emploi préconisé par Lautman des « idées problématiques platoniciennes ». On établirait la connivence philosophique entre les mathématiques et certains éléments conceptuels, mais ceux-ci seraient plutôt vus comme les moments présupposés par un usage logique que comme des esquisses transcendant tout système inscrit (les *idées* de Lautman).

Pour moi, ce qui compte, on l'aura deviné, c'est que cette véritable réflexion fondationnelle, telle que je l'anticipe, n'est plus exempte d'attitude historique. Elle passe nécessairement par une appréhension historique d'une situation mathématique, au moins en un certain sens du mot *histoire*, puisqu'elle doit dégager le fondationnel pertinent pour un enrichissement daté de la théorisation mathématique. L'impossibilité d'échapper à la fenêtre historique pour la réflexion des mathématiques s'affirme à nouveau, d'une façon assez semblable à ce que nous avions vu à propos de la philosophie des mathématiques lautmanienne.

Mais, dira-t-on, toutes les modalités de la réflexion mathématique envisagées jusqu'ici ont quelque chose de commun. Il s'agit de réflexions qui prennent le parti de respecter infiniment la mathématique effective et son régime de vérité. Ce n'est guère

10. Le sigle désigne les *Éléments de géométrie algébrique*, publication par laquelle ont été communiquées les idées d'Alexandre Grothendieck, renouvelant au point de la refonder la discipline *géométrie algébrique*. La publication s'est accomplie de 1960 à 1967, en huit fascicules, et Jean Dieudonné fut l'assistant de Grothendieck dans ce travail.

surprenant puisque nous avions inclus l'exigence de fidélité dans la définition de ce que nous appelions réflexion des mathématiques. Mais la fidélité ne peut-elle s'accomplir que par la voie de ce type d'attention et de proximité ? Une autre hypothèse est que l'essence de la mathématique est son caractère de science, et que la réflexion fidèle est donc celle qui réfléchit les mathématiques *de manière scientifique*. De nos jours, deux sortes de démarche prétendent réussir une telle opération : la démarche cognitive et celle des *science studies*.

## B.4 Réflexion cognitive ou anthropologique

L'idée est qu'il est possible de décrire dans le langage et avec les concepts d'une autre science le processus de la mathématique. Mais en quoi consiste ce processus ? En une activité de l'esprit, ou en la production/reproduction d'un certain rapport social, telles sont les deux réponses principalement disponibles aujourd'hui. La première donne lieu à la réflexion *cognitive* des mathématiques, la seconde à leur réflexion *anthropologique*.

### *B.4.1 La réflexion cognitive*

La réflexion cognitive des mathématiques est puissamment crédibilisée, dans le milieu mathématicien et para-mathématicien, par l'importance de l'appareil institutionnel du mouvement cognitif, l'engagement dans les recherches cognitives étant, on le sait, l'une des valorisations possibles de la compétence mathématique. En d'autres termes, la contribution méthodologique des mathématiques aux disciplines de la recherche cognitive constitue une sorte de cheval de Troie pour la réflexion cognitive des mathématiques. On observe d'ailleurs que les mêmes esprits qui, il y a dix ou quinze ans, s'orientaient naturellement, à partir d'un intérêt intellectuel très vaste pour la science et la philosophie, vers l'histoire ou la philosophie des mathématiques, suivent aujourd'hui volontiers la voie d'une spécialisation du côté des sciences cognitives et de leur débat.

L'approche dite *cognitiviste* de l'intelligence artificielle et des sciences cognitives est en fait restée à distance de toute réflexion des mathématiques, ou plutôt elle en a seulement redoublé la réflexion logique. Ce qui a été historiquement la pensée de Hilbert, que les propositions mathématiques pouvaient s'inscrire comme énoncés bien formés d'un langage logique du premier ordre, et l'activité mathématique être décrite comme activité de dérivation dans un système formel, conformément à un mode d'inférence – l'ensemble de cette fresque constituant globalement une réflexion des mathématiques – a simplement été transposé en une réflexion de la pensée en général, qui s'est donc vue assimilée à l'inférence dans un système logique par le point de vue dit *computo-représentationnaliste*. Tout au plus la psychologie cognitive associée à ce courant[11] a-t-elle spéculé avec timidité sur une notion de « modèle mental » suggérant que l'inférence logique elle-même, à l'instar de la saisie élémentaire des relations géométriques et du raisonnement élémentaire sur celles-ci, présupposait la « locali-

11. J'évoque ici le célèbre article de Johnson-Laird, « Mental Models in Cognitive Science », *Cognitive Science* 4, 1980, p. 71-115.

sation » interne, dans un « espace » psychologique, des objets concernés. Il s'est donc marqué à l'occasion que la psychologie cognitive du cognitivisme rejoignait en partie la profonde description kantienne de l'activité mathématique comme raisonnement par *construction de concepts*.

Mais en fait, une telle vision, qui réactive, au plan d'une psychologie, le thème kantien du schématisme – et donc, implicitement, concède la non réductibilité de la pensée logico-mathématique à la discursivité logique en affirmant le rôle essentiel d'un principe de figurabilité – appartient déjà par l'esprit à la seconde époque des sciences cognitives, celle de la modélisation connexionniste, des grammaires cognitives, et du programme dit de la « vie artificielle ». Peneloppe Maddy, dans son *Realism and Mathematics*, propose justement une interprétation cognitive de l'intuition des ensembles finis, qui se réfère à la psychologie hebbienne*, c'est-à-dire, à travers un de ses prédécesseurs, à la modélisation connexionniste. Son but est de valider la conception *réaliste* des mathématiques, c'est-à-dire la conception défendant que les mathématiques sont le discours vrai sur un (réel) externe. Elle prétend l'établir à deux niveaux et de deux façons. D'une part, elle s'appuie sur l'argument dit d'*indispensabilité*, selon lequel, puisque les mathématiques sont l'instrument d'une physique mathématique en phase avec le monde, elles participent de la vérité réaliste au sens quinien : une « vérité-cohérence » qui de toute manière est la seule sorte de vérité à laquelle puisse prétendre la science selon cet auteur. D'autre part, elle soutient qu'il y a un soubassement intuitif des mathématiques, un ensemble de vérités pourvues d'une garantie évidentielle, et descriptibles comme liées à des propriétés objectives : un soubassement et un ensemble que la systématicité théorique de la mathématique intègre. Au-delà, il lui reste à montrer que la rationalité qui préside à l'investigation mathématique au sein du système pleinement élaboré de sa théoricité coïncide avec la rationalité hypothético-déductive ambiante de la science. L'aspect « cognitif » important est donc ici la description de l'appréhension de la vérité finitaire. P. Maddy fait l'hypothèse que les réseaux de neurones en charge de la reconnaissance et la configuration des scènes perceptives deviennent capables, par un processus d'apprentissage qu'elle serait sans doute d'accord pour concevoir à la Edelman[12], de détecter des objets, puis des distributions plurielles typiques de deux ou trois objets : un ou plusieurs « *pattern* d'activation » d'« assemblées neurales » de plus ou moins haut niveau, formant une constellation hiérarchique, sont à chaque fois l'instantiation physiologique de la faculté de détection considérée. Plus généralement, on pourrait ainsi fonder au niveau de la perception des objets dans l'espace et de l'implantation neurologique des *Gestalt* finitaires le contenu théorique de la théorie des ensembles finis[13].

La question que je veux simplement poser est celle du caractère réfléchissant d'une telle objectivation psychologique de la mathématique. Le problème, au fond, est de savoir si une connaissance des *pourquoi* peut être une réflexion. Peneloppe Maddy a tendance à répondre à cette sorte de question en invoquant le slogan de l'épistémologie naturalisée* : même si la référence à cette organisation psychologique du sujet n'a, comme toute épistémologie naturalisée, aucune valeur de justification fondationnelle,

12. Cf. Edelman G.M., *The Remembered Present A Biological Theory of Consciousness*, New York, Basic Books, 1989.

13. Pour tout le contenu de ce paragraphe, cf. Maddy, P., *Realism in Mathematics*, Oxford, Clarendon Press, 1992.

elle constituerait un discours dont l'adjonction à l'ensemble du réseau interdépendant des discours scientifiques procurerait une corroboration sinon satisfaisante, du moins substantielle et indépassable de la mathématique comme de la totalité du dispositif cohérent de la science. En somme, cette esquisse de théorie cognitive de la mathématique finitaire mettrait en rapport notre intuition de vérités finitaires avec une théorie en troisième personne – présupposant naturellement, entre autres chose, les vérités mathématiques finitaires elles-mêmes – dans laquelle notre intuition et ses référents ont des répondants objectifs, et leur corrélation est pensée objectivement. Du point de vue strictement logique, il s'agit d'une confirmation par des implications revenant de façon non contradictoire sur le thème, la source mathématique. Implications qui en l'occurrence n'ont pas cours à l'intérieur du système conceptuel de la science considérée, la mathématique, mais se situent dans un contexte plus large où figure aussi le discours psychoneurologique. La discussion classique à l'égard du projet et de la mise en œuvre d'une telle épistémologie porte sur l'acceptabilité de l'abandon de la perspective fondationnelle. Putnam, par exemple, affirme que le besoin d'une auto-justification de la raison ne peut pas être éliminé, et que l'épistémologie naturalisée ne saurait, quelle que soit sa valeur, nous tenir quitte de l'épistémologie véritable, qu'il conçoit d'ailleurs, quant à lui, comme essentiellement relativiste[14]. Mais le problème que je veux poser ici est tout autre. En supposant que l'on valide comme justification de la mathématique finitaire, au sens qui vient d'être précisé, l'ébauche d'explication cognitive proposée par P. Maddy, je demande en effet plutôt si cette explication *réfléchit* les mathématiques. En d'autres termes, donne-t-elle à voir la pensée des mathématiques ? L'exercice partiellement opaque de l'arithmétique élémentaire est-il éclairé pour l'investigation pensante qu'il est par de telles explications ? Le rapport vivant de la mathématique aux objets finitaires, tel qu'il ne cesse de donner lieu aux constructions et aux affirmations les plus passionnantes et les plus complexes, est-il élucidé ? Il me semble que non.

Certes, le discours de P. Maddy réfléchit la mathématique finitaire en tant qu'il l'objective doublement : dans les configurations plurales d'objets d'une part, dans les modes d'activation des assemblées neurales d'autre part. Il y a bien là à la lettre *réflexion*, mais c'est d'une réflexion vers une strate objective, et non pas d'un retour vers et d'une reprise par le *pour soi* (ou le *pour nous* de la culture) qu'il s'agit. À tel point que, de ce point de vue, la mathématique elle-même est plus réfléchissante que son explication cognitive : l'axiomatisation de Peano, ou la caractérisation du fini par la non existence d'une injection vers une partie propre dans le contexte de la théorie des ensembles, ou encore le discours de la constructivité et de la récursivité, constituent à chaque fois une manière pour l'esprit d'assumer autrement, avec plus de richesse et plus de profondeur, la mathématique finitaire. Ce qui est pensé et compris dans les objets finitaires est modifié d'autant que les règles de leur prédication et leur colligation/combination sont altérées, renouvelées : je désigne ici typiquement le ressort de ce que j'ai appelé dans le présent ouvrage *herméneutique formelle*. Je reviendrai plus loin sur la valeur que possède cette vue mienne par rapport à la question de la réflexion des mathématiques. Mais il est en revanche absolument clair, je crois, que l'explication cognitive de Maddy n'a aucune espèce d'incidence sur notre mode de possession, mathématique ou pensant en général, des objets finitaires. La réflexion cognitive, en

14. Cf. *Définitions. Pourquoi ne peut-on pas « naturaliser » la raison*, Paris, Éditions de l'Éclat, 1992.

bref, est un report d'une partie de la mathématique sur une surface d'objectivité, son incidence sur le *pour soi* et le *pour nous* est médiate et à tout prendre minime. Tout au plus procure-t-elle un réconfort de la non-contradiction, et une harmonisation heureuse du territoire des connaissances dans son ensemble, à proportion de ce que certaines connaissances parviennent à revenir sur d'autres, de ce que le « lien » logique général de la connaissance s'y montre capable d'opérer dans tous les sens sans exploser, de produire de la cohérence ou de l'effet de cohérence. La réflexion n'est une réflexion au sens fort d'un retour vers le *pour soi* ou le *pour nous* que comme réflexion globale de la connaissance et pas comme réflexion des mathématiques proprement.

On peut s'attendre à rencontrer des difficultés philosophiques voisines en prenant en compte la réflexion anthropologique, puisque cette dernière semble être une démarche de réflexion objectivante à nouveau. Mais il convient à la vérité, étant donné la grande différence qu'induit ici l'intervention d'une science humaine, de regarder les choses d'un peu plus près.

### *B.4.2 La réflexion anthropologique*

La réflexion dont il s'agit maintenant peut à vrai dire se présenter comme histoire des mathématiques elle-aussi : il s'agira alors de ce qu'on appelle ici histoire des mathématiques *externaliste*. On la baptise ici réflexion *anthropologique* parce qu'elle peut adopter les régimes disciplinaires, au moins, de l'histoire, de l'ethnologie et de la sociologie.

Rappelons brièvement, et en nous excusant de notre mauvaise information, ce que tentent de dire les discours auxquels nous pensons. Ils s'efforcent, pour l'essentiel, de décrire l'apparition datée du discours de science dont on s'occupe selon les catégories relativisantes du mode anthropologique concerné. Ainsi, s'agissant des mathématiques, on pourra étudier :

— La genèse socio-historique de la discipline, en cherchant dans les textes à quelle époque, en liaison avec quels intérêts sociaux ambiants, s'est émancipée une figure des mathématiques, autonome à la fois vis-à-vis de la philosophie (dont elles étaient indistinctes, par exemple, au Moyen-Âge) et de la physique et de la technique (ne peut-on pas prétendre que les recherches que nous appelons aujourd'hui *mathématiques* furent longtemps finalisées par des enjeux astronomiques ou balistiques, jusqu'au dix-huitième siècle inclus en tout cas ?).

— Les savoir-faire tacites qui opèrent en deçà de l'auto-présentation théorique de la mathématique, ce qui, en l'occurrence peut d'une première manière se faire sans sortir de l'histoire dite *intrinsèque*, en regardant de près les calculs ou les justifications offerts de fait par les textes. Mais on peut aller plus loin du côté de ce genre d'enquête, en étudiant le rapport des mathématiques à certaine façon d'écrire, de lire, de dessiner. En analysant, sous l'angle des traits qu'elle manifeste de façon saillante au niveau statistique, la gestualité qui fait la mathématique.

— Les variantes culturelles du projet mathématique : la manière dont se place la mathématique dans une vie nationale est différente selon la nation considérée. Cette variation peut également être regardée selon l'axe historique, bien entendu. Les « programmes de recherche » dominants dans tel ou tel pays, de même, peuvent être mis en rapport avec telle ou telle option ou particularité socio-politique du pays considéré.

— On peut encore examiner la production mathématique comme textualité littéraire standard. S'intéresser à l'évolution de la typographie mathématique, de l'industrie de l'édition mathématique, au sein de celle de l'édition universitaire en général. Aux différents genres littéraires propres à la mathématique, comme le mémoire, le traité, la communication à l'Académie, l'article, l'encyclopédie, le polycopié etc.

— On peut enquêter sur l'institutionnalisation, sur l'école mathématique et la recherche mathématique telles qu'elles s'organisent. Sur le rôle de l'enseignement des mathématiques dans une politique générale du savoir, sur la fonctionnarisation de la recherche, le développement des départements de mathématiques dans les universités, sur la fonction des grandes écoles dans la sélection d'un corps de mathématiciens éminents (en France). Des questions de ce type peuvent, à nouveau, être posées en répertoriant la diversité des réponses qui leur sont données dans le fait à la fois selon l'axe historique et selon l'axe géographique par exemple.

On comprend bien le principe de cette sorte d'approche : dire tout ce qui est peut être dit d'universel dans certaines limites du discours mathématique sans l'écouter pour ce qu'il dit, mais en analysant la distribution dans l'espace et le temps des valeurs de tels ou tels paramètres de signification plus large qui le concernent. S'agit-il en l'occurrence d'une *réflexion* des mathématiques ? En un sens, à nouveau, oui : le discours mathématique est projeté sur un certain nombre de plans non mathématiques où une image de lui peut être prise : chacune de ces images, par principe, emporte quelque chose de son essence. À la différence de ce qui a lieu dans la réduction cognitive, ce n'est pas sur une couche constituée de l'*objectivité* que la mathématique est réfléchie, elle est plutôt réfléchie en tant que projetée sur l'*intersubjectivité* elle-même. Ce que retient l'anthropologie du mathématiser afin d'en faire le matériau de son analyse, c'est quelque chose de la mathématique qui est reçu bien au-delà du cercle mathématicien : tel ou tel aspect plus largement intersubjectif de la mathématique.

La frontière entre l'étude intrinsèque et l'étude externaliste peut d'ailleurs être extrêmement fine. Par exemple, une étude des *styles* des mathématiciens, si elle est étude de la manière dont ils mettent en œuvre des moyens conceptuels, une structure d'exposition, dont ils privilégient tel ou tel mode calculatoire, tel ou tel cadre théorique, est principalement intrinsèque. Cependant que la remarque selon laquelle les manuels anglo-saxons de l'apogée du bourbakisme étaient infiniment plus parlants et imagés que les manuels français – remarque qui, dans ma jeunesse, était fréquente et s'argumentait, par exemple, en opposant le style des ouvrages de S. Lang à ceux de J. Dieudonné – semble faire déjà partie de l'approche externaliste, alors même qu'elle reste très « immanente » en un sens à la communauté mathématique.

Le problème de l'assignation du caractère authentiquement réflexif à l'anthropologie des mathématiques est au fond celui de savoir si quelque chose *revient* au discours mathématique de la signification qu'il projette sur des plans d'intersubjectivité autres que le plan qui lui est propre. La recherche mathématique elle-même peut être décrite comme l'élaboration de la signification mathématique dans l'enceinte de la communauté mathématique : à ce titre, elle produit des effets de dévoilement et de compréhension. Mais lorsqu'une signification systématique est associée à la projection du discours mathématique dans d'autres contextes de production/réception de discours, sur d'autres plans d'intersubjectivité, est-il clair que cette signification se laisse rattacher *a posteriori* à l'enjeu de signification de la mathématique elle-même ? En d'autres termes y a-t-il dialogue entre la mathématique et la trace qu'elle laisse dans la société et l'histoire ? Cette trace fait-elle partie de ce qui concerne la mathématique, récupère-t-on réflexivement l'entreprise de pensée qu'est la mathématique en décrivante cette trace ?

Une réponse absolument négative serait sûrement mensongère. La signification mathématique se destine à la communauté scientifique plus large qu'elle, et au-delà, à des communautés encore plus larges, celles de la culture ou de la citoyenneté. D'autre part, elle ne peut réaliser l'élaboration questionnante des contenus mathématiques que par les voies d'une intersubjectivité spécifique : les modalités très particulières de cette dernière – ainsi, l'école mathématique dans ce qu'elle a de propre – ont tout à voir avec la pensée et l'aventure que les mathématiques sont. Par conséquent la réflexion anthropologique réfléchit en effet les mathématiques sur des plans auxquels elles ont part, même si elles n'y sont guère présentes comme telles, ou sur des conditions de leur mise en œuvre qui leur sont essentielles, même s'il fait partie de ces conditions qu'elles s'effacent comme thème au sein de la vie mathématique au sens strict.

Cependant, réfléchir les mathématiques comme l'entreprise pensante, la tension vivante qu'elles sont, cela ne peut pas être simplement les réfléchir de cette manière. Nous sommes en fait partis d'un problème qui était celui de la non-visibilité au premier abord de cette entreprise/cette passion, cette pensée/cette vie que sont les mathématiques. Une telle non-visibilité doit évidemment être mise en rapport avec ceci que les projections de la mathématique sur les plans de significations extra-mathématiques semblent ne pas la réfléchir. Mais ce qui est ainsi reconnu vrai du rapport de chaque individu avec la mathématique deviendrait-il faux lorsqu'on passe au bilan statistique ou structural qui peut être tiré de ces rapports individuels ? Il est *a priori* peu naturel de supposer que la simple compilation intelligente de modes de réception des mathématiques dont leur vie est absente produise un discours ou une image qui réfléchisse cette vie.

En fait, la manière dont nous venons de poser le problème lui donne pour ainsi dire sa réponse : nous avons demandé si la signification projetée sur quelque plan externe pouvait *revenir* dans l'interne. Mais une signification n'est pas soumise à une mécanique de la *phusis*, elle ne saurait revenir qu'à la faveur d'une *adresse* qui la retourne. Autant dire que la réflexion anthropologique ne sera réflexion des mathématiques que si ce qu'elle recueille est susceptible de *parler à la mathématique*. Toute la question est donc simplement de savoir ce qui délimite la frontière du dialogue de la mathématique. Quelles significations, bien que, peut-être, dégagées selon une méthode anthropologique indifférente à l'enjeu mathématique, se laissent-elles réinsérer au dialogue propre qui fait la mathématicité ?

J'ai pris tout à l'heure un exemple positif qui peut en la matière nous aider : je crois directement évident que l'analyse anthropologique de l'école de la mathématique est une réflexion authentique de la mathématique, j'anticipe d'ailleurs que d'autres en jugeraient pareillement. J'en nommerai le symptôme suivant : un mathématicien professionnel, engagé dans la plus savante des recherches (la plus absconse et la moins communicable), plongé dans la socialité parisienne d'un dîner où le sujet de l'enseignement des mathématiques, de leur place et leur rôle de sélection dans l'enseignement secondaire, des programmes, des grandes écoles, se trouve débattu – et, comme on le sait, cette discussion s'élève fréquemment parmi les gens lettrés – un tel mathématicien donc se sentira lié à cette discussion, éprouvera qu'il doit en dire quelque chose, et cherchera même à y projeter son expérience la plus personnelle, à faire valoir ce qu'il croit avoir appris en apprenant/inventant les contenus les plus difficiles, en participant à l'école auto-formante des élus de la recherche. Et c'est la donnée de cette implication qui fait que l'anthropologie (l'histoire, la sociologie) de l'école sont des réflexions véritables de la mathématique. Le discours de la mathématique a envie de s'adresser dans le débat sur son école, le discours de ce débat est entendu de qui joute dans l'arène mathématique.

Mais le critère d'implication – formulé en l'occurrence comme critère dialogal – est le critère herméneutique. L'implication que je viens d'essayer d'établir résulte de la fonction centrale de l'école de la mathématique par rapport à ce qui fait de la mathématique une tradition herméneutique propre. Rien ne peut valoir comme objet, comme langage, comme problème, comme enjeu de la mathématique indépendamment d'une validation collective dont l'école est l'élément premier, et la forme jamais oubliée (toute socialité mathématique – si haute soit elle – a quelque chose d'une école). La mathématique est vivante comme investigation pensante d'énigmes qui lui sont propres, et dont elle propose indéfiniment des versions. Mais cette conformation herméneutique du champ mathématique, possiblement dissimulée par certaines manières de l'envisager, est à certains égards tout particulièrement manifestée par l'institution de l'école : en dernière analyse parce que la transmission est un moment clef du « modèle philosophique » de l'herméneutique, et parce que l'école mathématique a comme spécificité de rester toujours en un sens propriétaire de ce qui s'y transmet, de prédéterminer et charger d'une valeur-pour-elle tout objet de la mathématique.

Il est donc absolument concevable que des résultats de l'anthropologie des mathématiques constituent des supports pour leur réflexion. À cela il suffit seulement, d'une part, que le regard anthropologique considéré ait porté sur quelque aspect de la mathématique ayant à voir avec le mouvement herméneutique qu'elle est, et d'autre part que les significations dégagées soient de fait assumées jusqu'à leur *ré-adresse* au sein de ce dialogue des textes, des sujets, des objets qu'est ledit mouvement herméneutique. Mais, si une telle assomption a lieu, a-t-on encore affaire à un traitement *externaliste* de la mathématique ? L'extériorité revendiquée par cette catégorie d'analyses se définit-elle autrement que comme extériorité au dialogue vivant de la mathématique ?

## B.5 Conclusion

La conclusion qui se dessine à partir du panorama des approches qui précède est que le problème de la réflexion des mathématiques est dominé par la « topologie » de l'intérieur et de l'extérieur. C'est dans le champ historique que – dans le contexte de l'histoire des sciences – on en est venu à lexicaliser la difficulté, à nommer l'alternative cruciale de l'intrinséisme et de l'externalisme. Mais la double exigence de rester dans l'enceinte des mathématique et de se donner une distance depuis laquelle les réfléchir est déjà ce qui motive les débats, suscite les apories, lorsqu'il s'agit de définir une philosophie des mathématiques ou de circonscrire un domaine et une tâche des « fondements des mathématiques ». Elle persiste nécessairement à l'heure où l'on esquisse une psychologie cognitive de la mathématique, et elle est d'ailleurs ce au nom de quoi l'on reste insatisfait de l'apport de ces comptes-rendus cognitifs.

D'où la nécessité de comprendre à fond la topologie épistémique de l'intérieur et de l'extérieur. Essayons donc de formuler à cet égard quelques thèses.

L'essence de l'intériorité mathématique, c'est leur intériorité herméneutique. Ce qui est au plus près de la vie des mathématiques, ce ne sont pas des procédures, un langage ou des conventions donatrices d'objets : c'est la polarisation vers des *tenants-de-question*[15] d'un champ où tout cela figure. On passe à l'extérieur quand on échappe à la sollicitation questionnante de ces tenants-de-question. Cette intériorité herméneutique correspond au caractère *pensant* de la mathématique. C'est en tant que la mathématique entretient en elle le rapport à l'énigme, la réinvention permanente de cadres discursifs afin d'exprimer plus profondément ce qui est entendu de l'énigme, c'est en tant que toutes ses démarches calculantes et déductives valent comme réinterprétation de complexités manipulées, de liens de sens entre les régions constituées, d'horizons stipulés, que la mathématique s'affirme indubitablement comme une *pensée* conformément à une acception universelle de ce mot. Mais la mathématique est *pensée* selon une voie exceptionnelle et propre : le cheminement herméneutique dans le rapport à ce qui fait question s'y accomplit comme calcul et déduction, en général dans la modalité *formelle*. La mathématique est une herméneutique formelle. L'intériorité herméneutique de la mathématique est donc exactement ce qui a été nommé tour à tour dans cette annexe vie des mathématiques, mobilisation de celle-ci vers ses enjeux, cœur de la mathématique, etc.

Le privilège de l'histoire des mathématiques se comprend sans peine à partir de cette conception.

La relation herméneutique des mathématiques à leurs tenants-de-question, en effet, est temporalisante pour les mathématiques. Les époques de la mathématique ou de ses sous-disciplines sont décidées par le mouvement de la question et de son recouvrement pensant. L'introduction de tel objet, de tel langage, de telle procédure reconfigure ce que l'on entendait de la question, et place les mathématiciens devant une nouvelle exigence : le problème a bougé. L'histoire absolument propre de la mathématique serait, idéalement, la pure reconstruction de cette temporalité herméneutique des questions, de l'*historialité* de la mathématique, à distinguer de sa plate historicité.

L'histoire intrinsèque des mathématiques est proche de cette histoire herméneutique. Elle en diffère seulement par ceci qu'elle situe aussi l'enchaînement historial de la mathématique dans le temps objectif/universel de l'histoire humaine, voire dans ce temps comme temps investi de signification extra-mathématique. C'est bien par là qu'elle participe de la connaissance historique en général, mais c'est ce qui, déjà, l'externalise quelque peu par rapport au cœur herméneutique de la mathématique. Encore cette « chute » dans l'extériorité est-elle théoriquement inévitable, puisqu'il n'est pas de temporalité historiale dont le destin ne soit de tomber dans le temps histo-

15. Cf. *L'herméneutique formelle*, ch. I, notamment la note de la page 17.

rique universel : il en va de même, à y bien regarder, pour les époques de l'histoire de l'être chères à Heidegger.

Réfléchir les mathématiques, au sens spécifié depuis le début de cette étude, cela ne peut vouloir dire que : manifester par un discours second leur herméneuticité. Le cheminement et l'efficace de la pensée dans les mathématiques, il faut les dire, les signifier, dans un discours qui ne soit pas astreint à la voie formelle, et dont les actes-de-pensée ne soient pas pris dans l'opacité propre au formel. Cela veut dire, techniquement, beaucoup de choses : ressaisir l'ensemble de ce qui est préjugé quant à tel ou tel domaine d'objets, telle ou telle essentialité, que le discours mathématique prétend saisir, à un moment choisi de son historialité ; le ressaisir en faisant retentir les phrases, et les termes *conceptuels*, dont la signification est implicitée dans la disposition formelle du champ ; comprendre la nouvelle donne instaurée par telle œuvre, ou tel groupe d'œuvres, la comprendre comme re-compréhension de ce qui faisait question, re-définition du tenant-de-question à la faveur d'une ré-institution du domaine d'objets ou des liens systématiques de la problématicité ; la comprendre comme proposition d'une version inédite d'une énigme éventuellement séculaire, et comme relance de cette énigme à partir de la nouvelle façon d'en poser l'énigmaticité implicite à cette version.

La réflexivité, dans ce travail, tient tout entière, à chaque étape, dans le passage au phraser *conceptuel* : la réflexion des mathématiques, c'est, à la lettre, la reprise des *constructions de concepts* comme *conceptualité proprement dite*. Cette reprise n'est possible que parce que les constructions de concepts de la mathématique sont des opacifications du sens inspirées par l'énigme, agencées et projetées dans leur monde sous la gouverne de l'énigme. Parce que les constructions de concepts de la mathématique, quel que soit leur degré d'enchevêtrement, sont les traces de l'herméneutique formelle.

La tâche de la réflexion des mathématiques, décrite ainsi, est éminemment philosophique. Elle consiste dans une sorte d'inversion « universelle au-dessus d'un discours » de l'opération du schématisme, investie dans la construction de concepts des mathématiques selon la pénétrante thèse kantienne. Et l'on n'aurait pas de peine, me semble-t-il, à soutenir qu'une telle inversion relève à sa manière de ce qui s'appelle *réflexion* chez Kant. Mais ceci est une autre affaire.

Quoi qu'il en soit du caractère absolument philosophique ainsi dévoilé de la réflexion des mathématiques, l'histoire est rencontrée de façon nécessaire par cette opération réflexive. La reconstruction conceptuelle de l'historialité mathématique ne peut en effet s'appuyer que sur le symptôme historique de cette historialité, sur la connaissance et l'analyse d'un enchaînement de fait dans la discipline, d'une transition observable au niveau de ses discours, ses calculs, ses preuves, ses objets. Il n'y a pas de compréhension purement idéelle ou purement conceptuelle [16] de la mathématique qui la réfléchisse *comme pensée*, il y faut l'additif de la perspective historiale, elle-même tributaire de l'histoire proprement dite.

Le privilège de l'histoire des mathématiques intrinsèque est que, d'une certaine façon, au moins en France, son programme me semble avoir toujours été celui de cette compréhension historiale. Et l'on tient là, à mes yeux, le secret du lien intime que je repérais tout à l'heure : d'un côté, de nombreux historiens des mathématiques reven-

16. Au sens d'un *eidos* ou d'un *conceptus* détachés du temps.

diquent l'interprétation de l'évolution des mathématiques comme leur objectif plutôt que la complétude du compte-rendu historique d'une époque grâce à la prise en compte de l'aspect mathématique, et versent irrésistiblement, du coup, dans une analyse philosophique de cette évolution ; de l'autre les philosophes des mathématiques, dans leur majorité, n'offrent leur théorisation philosophique des mathématiques qu'à travers un rapport documenté sur tel ou tel segment de l'historialité mathématique.

Sans doute, dans l'absolu, l'historialité de la mathématique peut-elle être éclairée à partir d'autres prises anthropologiques. L'historialité pure ne s'accomplit pas que dans le temps historique, elle a d'autres plans d'effectivité : le cheminement herméneutique dans la question peut être envisagé et réfléchi à partir d'autres démarches, notamment des démarches dites *externalistes*. Seulement est-ce de façon plus médiate, parce que le Dit de la mathématique est alors volontairement occulté – au profit de la trace de ce Dit sur quelque plan de l'intersubjectivité. Donc, l'historialité de la mathématique-comme-pensée sera seulement rejointe, ainsi que je le disais tout à l'heure, au prix d'une ré-adresse des significations dégagées vers le discours mathématique lui-même.

La mathématique est une pensée qui s'échappe à elle-même comme pensée constitutivement, en raison de sa différence d'avec la philosophie, de sa voie formelle dans l'herméneutique. La réflexion des mathématiques, en principe, se présente comme ressaisie de la pensée qu'est la mathématique à partir du dépôt de son discours, dont la trame interprétative/pensante est retrouvée par le moyen d'une restitution conceptuelle de la situation herméneutique de ce discours. La démarche externaliste prend la mathématique encore plus loin de son caractère pensant, au niveau d'une trace intersubjective de ce discours qui est déjà occultation du Dit – et donc plus encore de la pensée – qu'il porte. Elle est ainsi astreinte à une opération de plus que l'histoire intrinsèque pour valoir comme réflexion des mathématiques, cette opération que j'ai qualifiée de *ré-adresse*, et qui consiste au fond à comprendre telles ou telles formes sociales ou ethnologiques que se donne la mathématique comme une part de la formalité en laquelle elle dépose sa pensée, ou comme soubassement intersubjectif de l'intersubjectivité herméneutique du rapport à la question, ayant quelque connexion de sens pertinente à ce rapport.

Ce qui a été dit de la philosophie des mathématiques de Lautman ou de l'analyse fondationnelle des mathématiques se plaçait par avance dans le cadre herméneutique explicité dans cette conclusion. La bonne manière de décrire les théories mathématiques comme incarnations d'idées problématiques, c'est de définir ces idées elles-mêmes par rapport à la question. S'assurer par un regard historial – nécessairement appuyé sur la donnée historique – d'une formulation conceptuelle générale acceptable de ce qui fait question, et se trouver ainsi en mesure de présenter un couple idéel comme l'esquisse conceptuelle d'une structuration du champ problématique de cette question. Ainsi, je l'ai dit dans *L'herméneutique formelle*, le couple local/global, considéré par Lautman comme nom d'une idée problématique, peut être compris comme l'amorce idéelle de l'assomption de la question « Qu'est-ce que l'espace ? ». De manière similaire, la bonne enquête fondationnelle, celle qui délivre une réflexion des mathématiques, je l'ai définie comme cette extraction de moments logico-catégoriaux présupposés qui entrent en correspondance avec les présuppositions régissant le rapport à l'énigme : dans ce cas, et dans ce cas seulement, ce qui est exhibé comme forme fondante, référence déontologique et mise en perspective conjointe du langage et de l'objet, ne se fige pas en une dimension extérieure à l'enjeu, la vie herméneutiques du discours mathématique. La réflexion fondationnelle qui est véritablement réflexion de la mathématique dévoile et institue les fondements comme la façon dont la mathématique se tourne vers ce qui l'interroge. Ainsi, il fait partie de la réflexion fondationnelle ensembliste des mathématiques de voir que toute la mise en forme logico-axiomatique de ZFC est motivée par l'exigence de penser le continu comme ensemble de points, et tous les thèmes de l'analyse comme objets sur le même rang ; et d'évaluer en de tels termes la motivation de chaque élément technique de connaissance ensembliste.

La réflexion des mathématiques est tournée vers l'herméneuticité des mathématiques, elle la manifeste et la restitue dans un parler conceptuel : c'est dire que, disciplinairement, cette réflexion ne peut pas coïncider avec la mathématique elle-même. Le poste de l'élucidation conceptuelle n'est pas celui de la mathématique, l'herméneutique formelle de la mathématique élucide autrement que sur le mode conceptuel. Les déclarations avantageuses selon lesquelles l'histoire, l'épistémologie, la philosophie des mathématiques, et pourquoi pas aujourd'hui la psychologie cognitive des mathématiques ou l'anthropologie des mathématiques, auraient vocation à contribuer au développement de la mathématique, s'harmoniseraient avec elles sur le plan de la science, ou entreraient avec elles dans une combinaison instrumentale de la connaissance, me semblent indéfendables. Chacun sait, à vrai dire, que les mathématiques sont seules à pouvoir se porter secours à elles-mêmes : ce que je répéterais pour ma part en énonçant que le geste dans l'herméneutique formelle ne peut venir que de l'habitation formelle de l'énigme. Le rapport entre un travail et sa réflexion, de toute façon, ne doit pas être pensé comme une synergie, une dynamique, faisant entrevoir leur articulation comme un agencement machinique : le pire tort de la pensée dialectique aura été de le donner à croire. Pour que le temps fût capté par le concept, en effet, il fallait que la réflexion, opération caractérisante du concept, fût pensée comme processus (négativité processuelle), soit déjà sans doute comme dispositif ou disposition machinique. La simple expérience humaine du va et vient entre l'activité mathématique et la réflexion quelle qu'elle soit nous apprend que d'un pôle à l'autre, quelque chose passe et circule, un concernement unitaire ne cesse de transiter, mais que rien de s'accumule jamais dans la réflexion comme une prémisse consistante pour l'activité – pas plus que dans l'activité pour la réflexion, d'ailleurs.

Manifester l'herméneuticité des mathématiques, ce n'est pas la même chose que l'habiter, et la réflexion des mathématiques s'installe forcément dans un autre genre de discours que la mathématique, ayant d'autres règles, d'autres risques, d'autres prestiges. Mais la réflexion n'est réflexion que si elle adhère néanmoins à l'herméneuticité des mathématiques, et cette exigence suffit à conférer à l'histoire des mathématiques un privilège, dès lors que, sans doute, il n'est pas possible d'adhérer à l'herméneuticité des mathématiques autrement qu'en les recevant dans leur historicité – même si c'est pour ne retenir qu'un aspect très pauvre et très partiel de cette historicité (dont on pensera néanmoins qu'il est historialement essentiel). C'est pourquoi je crois l'expérience de l'histoire des mathématiques, tout spécialement telle qu'on la pratique en France, essentielle à cette finalité que je nommais à l'orée de cet article : témoigner de ce qu'il y a de miraculeux et de grand dans les mathématiques, par delà leur opérationnalité et le style d'excellence qu'elles suscitent.

# Le temps du sens

[1] Le livre *Le Temps du sens* essaie de rendre publique la bizarrerie assumée d'une démarche. Celle d'un auteur qui, naturellement immergé dans la communauté épistémologique, intéressé en tout sens du terme au développement contemporain de la science mathématisée, croit devoir aller chercher la plus littéraire des doctrines philosophiques pour rendre compte de ce qu'il découvre et comprend. Celle d'un ex-gauchiste, originairement nourri de la pensée anti- subjectiviste post-heideggerienne française, qui sollicite néanmoins l'arbitrage d'une conception généralement épinglée comme pieuse et réactionnaire, l'herméneutique. Pourquoi donc, aujourd'hui, mobiliser l'herméneutique dans le domaine épistémologique ? Et, subsidiairement, ce domaine peut-il être envisagé en telle manière qu'une réflexion sur la tradition de la loi juive y prenne place ?

Tout d'abord, un mot d'éclaircissement sur le projet même d'un tel volume. Nous voulions manifester dans toute son ampleur le programme d'assomption herméneutique des savoirs exacts qui avait été le nôtre depuis quelques années. Produire un livre où le simple fait que nous abordions dans l'unité d'une approche – ancrée en une lecture de Kant et Heidegger – la mathématique contemporaine, la physique de ce siècle, les sciences cognitives récentes et la tradition de la loi juive, fût visible. À cette fin, nous avons rassemblé des articles, certains publiés précédemment dans diverses revues ou ouvrages collectifs (mais parfois introuvables à l'heure présente), d'autres en passe de l'être, d'autres enfin inédits au moins en français, et nous les avons organisés en une structure cohérente et progressive.

Nous voulions aussi faire le point sur les problèmes généraux que notre démarche nous semblait poser, problèmes sur lesquels souvent, tel ou tel collègue avait attiré notre attention avec bienveillance, mais sur le ton de la critique. C'est à quoi le premier paragraphe de cette entrée en matière voulait introduire, en marquant, avant même de nommer les difficultés qu'elles soulevait, l'improbabilité de notre approche. Selon l'ordre des raisons, il conviendra de d'abord établir le modèle herméneutique qui est le nôtre, puis de le confronter avec les objections inévitables et profondes qu'il suscite. Ensuite nous essaierons de faire admettre sa légitimité dans le double contexte de l'épistémologie et de la « philosophie française », puisque nous avouons que tel est le bain où nous nageons.

## C.1 Récapitulation du modèle herméneutique

Le principale thèse de *L'herméneutique formelle* est que la mathématique, notamment la moderne (la formelle, l'axiomatique), est en profondeur, et à tous les niveaux qui la déploient, la mise en acte *herméneutique* d'un rapport à des énigmes qui d'un côté la dessaisissent, de l'autre la situent comme cette-discipline-qui-est-familière-de-ces-énigmes.

---

1. Ce texte correspond à une partie de l'article introductif du recueil *Le temps du sens*, paru en 1997 (Orléans, Éditions HYX).

La textualité mathématique ne se présente pas comme de type interprétatif. Par conséquent cette thèse passe nécessairement par une certaine façon de recevoir cette textualité « au-delà de l'apparence », aussi bien que par une accommodation du concept herméneutique, nous autorisant à penser comme herméneutique ce qui ne relève pas du genre du commentaire.

Cette possibilité philosophique, on le sait, a été progressivement dégagée par les avocats successifs de la cause herméneutique : si déjà Schleiermacher conçoit l'opération interprétative au plan d'une universalité méthodique la détachant de tout texte particulier, Dilthey* transpose l'ambiance herméneutique à notre rapport culturel à toute sédimentation de l'esprit, fût-elle bien autre chose qu'un texte ; et finalement Heidegger énonce l'herméneutique comme immanente à l'existence, ou à la révélation/occultation de l'Être, en telle sorte que sa déterritorialisation est consommée.

Pour ce qui concerne la manière d'envisager l'accumulation savante de la mathématique, le regard que nous essayons d'imposer est bien évidemment un regard qui disqualifie la réduction de l'activité mathématique à la *résolution de problème*. Il n'y a pas en général pour l'activité mathématique, selon nous, un espace non problématique du problème ni une règle arrêtée de sa résolution possible. Il n'y a pas, surtout, lieu de concevoir simplement comme un agir instrumental pertinent l'apport novateur du mathématicien. Nous proposons une tout autre perspective sur les mathématiques, dont nous esquissons maintenant les thèmes et les plaidoyers.

Nous soutenons pour commencer que les sujets-clefs que sont, pour une philosophie ou une épistémologie des mathématiques, l'Infini, le Continu, l'Espace, ne sont pas, en quelque manière que ce soit, des *objets*, des supports substantiels pour une investigation descriptive. Ils sont plutôt ce que nous appelons « tenants-de-question », à savoir des pôles d'énigme, des termes au sujet du sens desquels une tradition s'interroge. Il y a, associée à chacun d'eux, une situation herméneutique fondamentale au sens de Heidegger-Gadamer : il retentit une question « Qu'est-ce que l'Infini ? » (resp. « Qu'est-ce que le Continu ? », « Qu'est-ce que l'Espace ? ») tout à fait analogue à la question du sens de l'être, question qui détermine une communauté – la mathématique – comme son otage. Les mathématiciens sont ceux qui sont desssaisis par l'Infini, le Continu, l'Espace *et* familiers des mêmes, toujours déjà préjugeant d'eux. Au fil des siècles sont promulguées des versions de ce qui fait énigme (de l'Infini, du Continu, de l'Espace), versions qui s'expriment comme géométries, logiques, théories des ensembles, branches disciplinaires, *etc*. La mathématique comme herméneutique d'une quelconque de ses énigmes se manifeste comme développement proliférant de théories. Un ressort de la prolifération est que chaque version est prise comme relance de la question, volontiers comme régression dans le fondement, conquête d'une signification plus proche du cœur de ce qui fait énigme depuis le début. Ce développement proliférant peut d'ailleurs avoir un caractère bifurquant.

Le schéma herméneutique que nous présentons est fondamentalement celui que nous trouvons chez Heidegger et Gadamer. Nous pouvons le symboliser comme à la figure C.1.

La spécificité de l'herméneutique formelle est simplement que le trajet herméneutique, au lieu d'y avoir lieu comme un cheminement lexical (de sémème* à sémème, avec référence ascendante au classème*, investigation du taxème*, et autres opérations interprétatives classiques, préciserait-on volontiers en utilisant le langage de François

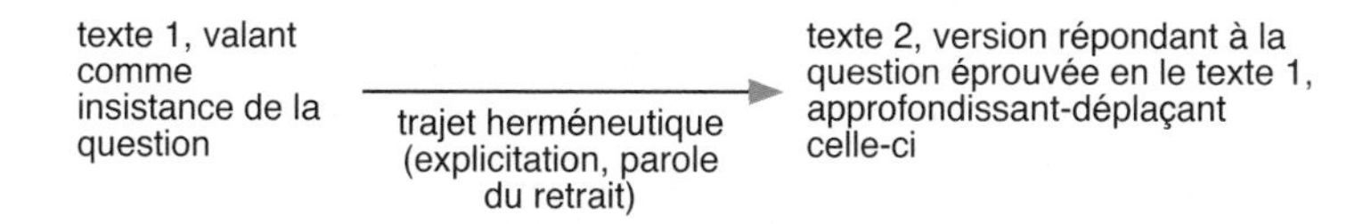


FIG. C.1 – *Schéma herméneutique*

Rastier[2]), se produit comme introduction d'un système et dérivation syntaxique en ce système. Selon notre analyse, dans cette modalité, et relativement aux tenants-de-question majeurs Infini-Continu-Espace, il n'y a pas lieu d'assigner l'herméneutique formelle plutôt à la conception du premier Heidegger de l'herméneutique comme *explicitation* (*Sein und Zeit*, §31-32, et surtout §63) qu'à la conception du second Heidegger de l'herméneutique comme *parole du retrait de la duplication* (*Qu'appelle-t-on penser ?*[3], « D'un entretien de la parole »[4]).

Enfin, il importe de bien préciser qu'on se déclare prêt à considérer comme herméneutique-en-acte, non seulement ce rapport des mathématiques à des noms d'énigme centraux comme l'Infini, le Continu, l'Espace, dont il est assez aisé, dirions-nous, de sentir la proximité avec l'Être heideggerien, mais encore chaque aspect de l'élaboration de thèmes riche et complexe qui se joue en elles : jusqu'à la réécriture réitérée en laquelle consiste tout calcul, en passant par la redéfinition délibérée des objets autour desquels gravite un réseau de problèmes (type : redéfinition de l'objet *intégration*).

## C.2 Le problème « théologico-platonicien »

Telle est la perspective que nous avons voulu mettre en avant en proposant notre notion d'herméneutique formelle. Mais comme il arrive souvent, en raison de la confondante inter-susceptibilité du sens, cette perspective, à peine l'a-t-on dégagée, non sans en passer par un difficile débat avec Heidegger, et avec Kant, ainsi que par la lecture synthétique d'un ensemble de documents de la mathématique contemporaine, désigne comme urgents toute une série de problèmes *philosophiques*, touchant à des domaines variés. Ceux qui ont pris connaissance de ces idées, depuis leur première publication, n'ont d'ailleurs pas manqué de nous faire voir tout le travail de mise au point auquel nous nous étions implicitement engagé par notre prise de position[5]. Nous allons essayer, dans ce qui suit, d'apporter quelques réponses à ce qui nous a été signalé comme difficulté, aux problèmes qui ont été légitimement soulevés.

Le premier d'entre eux est celui que nous appelerions le *problème théologico-platonicien*. On nous dit : votre conception n'oblige-t-elle pas à penser que l'Infini, le Continu, l'Espace ont du côté de l'en soi une *substantialité* suffisante pour autori-

2. Cf. Rastier, F., *Sémantique interprétative*, Paris, PUF, 1987.
3. Cf. Heidegger, M., *Qu'appelle-t-on penser ?*, trad. franç. A. Becker et G. Granel, Paris, PUF, 1959.
4. Cf. Heidegger, M., *Acheminements vers la Parole*,trad. franç. J. Beaufret, W. Brockmeier et F. Fédier, Paris, Gallimard, 1976, p. 87-140.
5. C'est le moment, sans nul doute, d'en nommer quelques uns pour les remercier, avec une pensée émue pour ceux, parmi eux, qui ne sont plus : Francis Bailly, Catherine Chevalley, Jacques Félician, Fernando Gil, Marco Panza, Jean Petitot, Yves-Marie Visetti (par ordre alphabétique).

ser la succession des versions qui en sont données dans l'histoire ? En d'autres termes, lorsque nous affirmons que la mathématique reste, depuis l'origine, liée à certaines questions, n'est-ce pas une façon dissimulée de dire qu'elle a commerce avec des objets invariants, objets qu'elle cherche à déterminer en dépit de leur transcendance et leur inépuisabilité ? Ce qui serait une formulation possible du « platonisme fondationnel ».

Mais, si l'on devait céder à cettte première évaluation, on serait conduit en fin de compte à catégoriser d'une manière encore plus fâcheuse l'herméneutique formelle : après tout, notre discours prétend que l'Infini ou le Continu – dont on suppose désormais qu'ils possèdent la dignité de l'en soi — *questionnent* les hommes, leur *demandent* quelque chose. Or, un en soi transcendant qui demande, qu'est-ce d'autre qu'un Dieu ? Ce n'est donc pas seulement du platonisme déguisé que nous proposerions, mais de la théologie rampante (l'affinité de la seconde avec le premier n'étant ignorée de personne).

À cette critique, nous voulons répondre deux choses :

— D'une part, nous croyons qu'il y a un problème du rapport entre mathématique et « théologie », problème de leur co-appartenance à quelque chose comme l'*apeiro*-logie ; le platonisme comme doctrine des fondements a le mérite de ne pas tenter d'étouffer cette épineuse affaire.

— Mais d'autre part, la thèse de l'herméneutique formelle, du moins si on l'entend correctement, ne « tombe » pas dans le platonisme et la théologie comme le décrit l'objection.

### *C.2.1 L'adresse et le tenant-de-question*

En effet, dire que l'Infini, le Continu, l'Espace sont des *tenants-de-question*, c'est dire quelque chose de difficile et d'instable, ce n'est pas pour autant désigner des *en soi*. Le passage au registre pragmatique de la *question*, pour nous, a justement cette signification. Le problème qu'on peut appeler problème du *dépassement du platonisme*, qui est aussi tout simplement le problème de l'assomption philosophique du *formalisme*, devenu le fait juridique englobant la mathématique au cours de ce siècle, est celui de penser « hors l'être » ce dont la mathématique s'occupe. Mais il se trouve que, tant que j'énonce un référent, le langage conspire à ce que je l'énonce comme participant de l'être : cette difficulté en quelque sorte logique est au centre de la philosophie depuis l'origine (disons, par exemple, depuis le dialogue du Parménide). Lorsque Wittgenstein, contemporain de l'essor du motif formaliste, a cherché à en dégager la portée générale au sein d'une philosophie du langage et de l'expérience ordinaire, il a naturellement découvert le registre *prescriptif* comme celui qui, dans le langage, suscite la fuite ou l'échappée hors l'être : soit qu'il analyse de façon méticuleuse et rigoureuse les figures de la conventionnalité, de la fixation de la règle dans sa valeur de règle, mettant en évidence une cohérence régulative du discours qui échappe à toute assignation naturaliste, soit qu'il analyse la signification de l'éthique en la rattachant à l'idée d'un impératif qui ne renvoie à aucun modèle prédéterminé, c'est-à-dire en fin de compte qui commande indépendamment de l'être.

Faut-il rappeler pourquoi les registres de l'*adresse* (la prescription, la demande, la question...) ont cette faculté de court-circuiter le règne ontologique ? C'est, essentiellement, parce que vis-à-vis de l'occurrence d'une adresse, la stature ontologique du destinateur ne compte pas. Elle est éventuellement présupposée, mais aussitôt oubliée au profit de ce qui est la grande affaire, et qui est la tension qui s'exerce sur le destinataire. Les ordres ou les questions les plus ordinaires, émis par de parfaits inconnus dont nous ne gardons pas même la mémoire visuelle, se saisissent de nous dans la rue tous les jours (« S'il vous plaît » pour que nous nous écartions, « Vous avez l'heure ? » pour que nous la donnions). L'adresse, même insignifiante dans son origine et sa teneur, fait sursauter, crée l'urgence, cristallise le temps de l'*être-requis*, au bout d'une sorte de trajectoire instantanée qui certes part du « lieu du destinateur », mais s'effondre aussitôt dans l'effet destinal, laissant le destinateur et son être en arrière. Les femmes les plus belles, on le sait, sont généralement plus captives de la demande sexuelle des hommes que leurs consœurs, alors qu'en bonne logique « ontologique », on s'attendrait à ce qu'elles ne fussent sensibles qu'aux hommages de leurs (rares) pairs dans la séduction : la vérité est plutôt qu'elles sont plus régulièrement soumises à la demande, et comme pré-acquises, pré-affectées par elle. Le cas ultime où la perte de pertinence de l'ontologie se laisse lire est celui de la relation éthique : devant l'autre homme, je vis une situation d'adresse et j'ai à « répondre » *me voici*, sans même qu'il ait formulé de requête. Si la prestance dans l'être de l'autre homme avait en la matière la moindre pertinence, je ne serais plus dans la relation éthique. Mon assujettissement éthique ne peut qu'être tourné vers sa *personne*, c'est-à-dire, au-delà de toute détermination ontique, l'instance hors-être par excellence. Telle est même, selon Levinas, l'ultime et seule irrécusable figure de Dieu. Thèse dont on mesurera à quel point elle est plus profonde que tout personnalisme.

Revenons à notre propos sur le platonisme mathématique. Le registre interrogatif, celui de la question, est pour nous un sous-genre décalé du prescriptif, ayant comme lui la force de nous orienter sur l'autrement-qu'être, mais plus originellement associé à la situation herméneutique en général : l'Infini ou le Continu sont d'abord des *tenants-de-question* et pas des prescriptions ou des contenus de prescription. C'est ensuite, dans l'élaboration « formelle-herméneutique », que le discours des otages de la question va se soumettre à des prescriptions, comme pour accomplir dans le registre prescriptif une fidélité qui s'est d'abord décidée au niveau interrogatif.

De toute façon, ce qui importe pour la présente discussion, c'est que le choix de considérer les choses à partir de la question « Qu'est-ce que l'Infini ? » (le Continu, l'Espace), est délibérément le choix de ne pas penser sur le mode descriptif le rapport des théories successives venant remplir l'herméneutique à ce dont elles sont théories. On resitue pourtant de la sorte le thème dans le registre de l'adresse, si bien qu'en principe il ne doit plus être conçu comme un *être* cause de sa théorie, mais comme une sollicitation de sens, à laquelle on cherche à satisfaire.

Donc, pour commencer, l'invariance de la question, s'il y en a une, n'est sûrement pas l'indice d'une permanence de l'objet sous-jacent, auquel les versions successives tâcheraient de s'égaler. L'invariance de la question est toujours uniquement *interprétée* ou plutôt interprétable dans l'élément de l'herméneutique mathématique. C'est dans le mouvement de reprise, d'explicitation, de régression dans le fondement, c'est à la faveur du cheminement syntaxique dans la question, de la proposition du texte 2 dans les termes du schéma, que se dessine éventuellement la certitude herméneutique touchant la prolongation du rapport à une même question. Ou peut-être faut-il attendre l'herméneutique seconde de l'historien intrinsèque des mathématiques pour en acquérir la conviction, dans certains cas. Celui-ci prend appui sur tout ce qu'il trouve, en fait de documents et de preuves, dont il évalue herméneutiquement que cela fait partie de la situation herméneutique.

Le cercle herméneutique est partout, comme il est normal. De fait, les mathématiciens inévitablement intéressés au savoir de leur appartenance à leurs questions, et les historiens des mathématiques désireux d'authentifier ces appartenances et le mouvement dans ces appartenances, se meuvent constamment dans ce cercle, par leurs discussions et leurs investigations érudites. Tout nous convainc qu'il y a là une structure indépassable. L'inévitabilité du mode herméneutique pour apprécier la permanence des questions, et le fait que la décision ou l'invalidation de cette permanence est directement perçue par tous comme une affaire *interne* à la mathématique, peuvent être envisagés comme *preuves* du caractère herméneutique de la mathématique elle-même.

Lorsque nous avons étudié des cas précis, nous avons parfois jugé devoir conclure à une permanence absolue de la même question. Ainsi, dans le cas du continu, la permanence se manifeste d'un côté par la parenté technique profonde des réponses données depuis l'origine, du système d'Eudoxe au continu-discret de Harthong-Reeb, et, de l'autre, par la très étonnante constance du récit informel dessaisissant de l'expérience de pensée du continu, récit dont les diverses versions du continu modulent inlassablement tel ou tel aspect, permettant, deux mille ans après, de mieux comprendre l'*alogos* de l'irrationnel ou le paradoxe de Zénon. Parfois, en revanche, l'analyse herméneutique de la mathématique en marche incite plutôt à repérer des effets de divergence et de bifurcation dans la question (émergence de la question pure du local avec la topologie, division de la question de l'espace avec le face-à-face moderne du point de vue algébrique et du point de vue différentiel).

Mais ne peut-on, malgré cette première mise au point, nous faire le grief du platonisme en tirant argument de cette terminologie qui nous est si chère, celle du *tenant-de-question* ? Par ce néologisme, n'avons-nous pas, au dernier moment, restitué la substantivité de ce qui devait seulement questionner ? Admettons que le destinateur d'une interrogation ne soit pas aussi immanquablement pris comme *étant* que le référent d'une description. Nous ne disons pas que l'Infini, le Continu, l'Espace, sont des destinateurs, nous disons qu'ils sont des *tenants-de-question* ; dans notre discours aussi, par suite, ils sont thématisés. Et nous voilà derechef inculpés de platonisme.

À vrai-dire, nous pourrions ici, tout simplement, renvoyer nos contradicteurs à la note 1 de la page 19 de l'édition originelle de *L'herméneutique formelle*[6], où nous nous expliquions de notre usage de « tenant-de-question » : nous avons repris la traduction de *Sachverhalt* de François Fédier, dans un contexte (celui de « D'un entretien de la parole ») où le mot est clairement dit par Heidegger ne pas désigner une chose. Pour nous, les tenants-de-question sont des thèmes portés par le registre interrogatif, et en tant que tels essentiellement exempts du registre ontique. Bien sûr, il est difficile, voire tout à fait impossible à un certain niveau, de penser cela. De même que penser comme un « état » ce qui est en fait un « porteur de virtualité » – un vecteur quelconque de l'espace de Hilbert scène d'un phénomène quantique – est jusqu'à un certain point impossible : nous racontons cette autre difficulté ailleurs, dans « La mathématique de la

6. Cf. dans ce volume, la note de la page 17.

nature, ou la problème transcendantal de la présentation »[7]. Une telle pensée, pourtant, la théorie quantique nous la demande, et l'on peut même dire qu'à beaucoup d'égards, elle l'obtient de nous. L'impossibilité, en l'occurrence, est l'impossibilité de reprendre dans la perspective ontique ce qui a été posé de façon purement modale, alors qu'avec le tenant-de-question, ce qu'on éprouve comme difficile, c'est de penser de façon non ontique ce que la langue, en le nominalisant, présente de façon au moins comme-si-ontique.

Pourtant, c'est bien tout cela qu'il faut penser. Ces terminologies conçues pour susciter des conceptualisations instables sont bien venues dans la mesure où elle disent la vérité des situations de la pensée. L'infini, le continu, l'espace, ne se présentent ni comme des objets décrits ou à décrire, ni comme des autruis interrogeants, mais plus exactement comme des thèmes dont la cohérence de thème est soutenue par l'*adresse* : ils font thème dans l'exacte mesure où un contexte nous délivre l'énigme du thème avec le thème. Il y a une situation d'adresse, émanant d'un comme-si-autrui, derrière la thématicité de ces thèmes.

Un tenant-de-question, cela dit, n'est pas sans rappeler une esquisse idéelle de structure selon Lautman : il s'agit pour nous comme pour Lautman d'un contenu pré-articulé, ce qui veut dire qu'une seconde articulation du contenu vaudra comme la première articulation, parce qu'une chose telle qu'un contenu non articulé, en fait, ne se rencontre évidemment jamais. Mais, dans la description de Lautman, ce qui soutient le contenu pré-articulé comme tel, ce qui soutient son *pré-*, c'est la réserve « platonicienne » de la dimension idéelle. Le contenu, à vrai dire, est tout-de-même de l'être, mais de l'être naissant, de la pure dynamique d'être. Et son articulation est une genèse. Pour nous, ce qui soutient le *pré-*, c'est la valeur d'adresse de la question. Le tenant-de-question, traduit en termes de l'herméneutique textuelle classique, c'est le divers discursif non encore construit comme texte, mais qu'une demande, déjà, nous enjoint de présenter comme texte, ce qui est la première étape de toute interprétation. L'Infini (le Continu, l'Espace) comme tenant-de-question, c'est, à chaque fois, telle ou telle version reçue de l'Infini, en langue naturelle ou en langue formelle, mais dépossédée par le sens d'énigme de l'énigme de la capacité de produire l'effet référentiel, comme un texte normalement textualisé (de façon non interrogative-prescriptive).

### *C.2.2 Herméneutique formelle et construction de mondes*

L'évocation des idées de Lautman nous permet fort naturellement d'aborder le second volet de l'imputation de platonisme qui nous est faite. On nous dit en effet que dans la ligne qui est la nôtre, nous devrions être platonicien pour rendre compte de la prolifération de la pensée mathématique, notamment thématico-objective : de son caractère de *construction de mondes*. Lautman, lui, peut comprendre ce devenir protéiforme : sa théorie « platonicienne » met au principe du développement de la mathématique l'*idée* comme vecteur dialectique du devenir. Mais l'idée peut avoir un destin divergeant, la téléologie de l'idée n'est nullement regardée, en général et *a priori*, comme répétitive. À rebours, la téléologie de l'interprétation est le retour au même, l'herméneutique est presque universellement prise comme confirmative, et pour tout dire, *conservatrice*.

7. Cf. Salanskis, J.-M., *Le temps du sens*, Orléans, Éditions HYX, 1997, p. 215-244.

Universellement, avons nous dit : pas tout à fait. Des philosophes américains (du nord et du sud), pragmatistes à des degrés et sur des modes divers – Putnam, Rorty*, Heelan* par exemple, mais aussi, à leur façon, Dreyfus, Winograd* et Florès* – invoquent tout au contraire – de façon explicite ou implicite – l'herméneutique comme la faculté de détabiliser les contraintes de signification où se laisse enfermer la volonté de dire le vrai dans la conversation. Ils font recours à l'herméneutique contre le dogmatisme logiciste, cognitiviste, positiviste. C'est au moins un symptôme qu'il faut inclure dans le dossier, bien qu'il ne soit pas complètement pertinent pour le débat, l'herméneutique, pour autant qu'elle est considérée, n'étant certainement pas prise par ces auteurs au sens de l'herméneutique formelle.

Pour en revenir, avant d'argumenter sur le fond, au dossier, comment ne pas entendre, dans la critique qui nous est faite, la récurrence des objections de Habermas à l'encontre de Gadamer ? L'insistance philosophique de Gadamer sur l'incontournabilité de l'inhérence herméneutique à son horizon paraissait à Habermas enfermer tout sujet dans l'obédience à sa traditionnalité : il faisait donc valoir, contre ce conservatisme, un point de vue critico-révolutionnaire.

Mais où est, dans le fond, la force de cette argumentation ? Ma situation herméneutique n'est pas autre chose que la somme de mon appartenance à des questions. Pourquoi serais-je plus essentiellement limité par le cercle des questions auxquelles j'accède que, par exemple, par la région de l'étant que j'atteins ? En un sens, je suis limité, des deux côtés, inexorablement : cela s'appelle la finitude. Ce que je peux proposer, inventer, connaître, rêver, est essentiellement borné par ma finitude dans tous les registres, le perceptif autant que le conversationnel. En même temps, la frontière de chacune de ces finitudes est mouvante. La technologie élargit le champ perceptif humain, bien qu'elle fasse toujours converger le perçu médiat, instrumental, vers l'appareil perceptif « traditionnel », celui du corps propre. De même, le domaine des questions qui me questionnent s'enrichit sans cesse avec la planétarisation de la communication, bien que, sans doute, les questions qui me sont transmises depuis une altérité culturelle ne m'atteignent qu'à travers la transduction préjugeante de mon horizon de signification. De tout cela, qui n'est que la structure irrécusable de la finitude, ne résulte pas clairement à nos yeux l'idée que la conscience herméneutique de la finitude soit conservatrice.

Mais venons en au cas de l'aventure bimillénaire de la mathématique, et au problème de la *construction*. Il est très manifeste que la mathématique a mis au monde un vaste univers d'objet. Le « paradis de Cantor », dont nous serions menacés d'être chassés, est bien un jardin où toute une faune, et toute une flore s'épanouissent. Le sentiment du caractère créateur de la pensée mathématique ne peut qu'être vif, en une époque encore marquée par l'entreprise et l'esprit bourbachiques, sous les auspices desquels le paysage fut à tel point renouvelé. De plus, tout ce complexe thématico-objectif fut déployé dans un dessein explicite de rupture : il fallait par exemple conceptualiser l'espace de manière non-euclidienne, axiomatiser le continu de façon non géométrique, inventer ces grands théâtres de problèmes que sont la géométrie algébrique et la topologie algébrique. On avait besoin de toujours plus d'objets et de termes pour dire exactement avec quelle généralité pouvait être soutenue et assumée chaque affirmation-de-configuration. La signification de telles généralités demandant elle-même, au plan du problème fondationnel de la théorie des ensembles par exemple, à être inventée dans une convention adéquate.

Mais faut-il concevoir ce *faire* sur le modèle d'un $\pi\rho\acute{\alpha}\tau\tau\epsilon\iota\nu$ concret, empirique, faut-il concevoir cette invention comme le communisme nous enjoignait d'imaginer l'accouchement de la société et de l'homme nouveaux : table rase et création tangible d'artefacts, de concrétions non signifiantes par elles-mêmes ? La dékoulakisation et l'industrie lourde ?

Cela ne nous paraît pas du tout en accord avec l'esprit de la mathématique. Qu'on le veuille ou non, celle-ci n'avance pas sur le mode de la découverte ou la fabrication d'effectivités inouïes, ou de la mise au rancart successive de ses théories. Le face-à-face non dialogal de l'effectif-rencontré (ou produit) et de l'énonciation purement descriptive (ou démiurgique) n'est pas le mouvement historial de la mathématique. Il est plutôt une image qui résulte d'une assimilation mutilante de la mathématique à la physique (ou du moins à une certaine idée primitive, en partie incontournable, qu'on peut se faire de la physique).

Si nous avons un peu de mémoire herméneutique, de fidélité, nous savons bien que la promotion des géométries non euclidiennes était un effort pour repenser à un niveau plus profond l'essence de l'espace, en s'appuyant tout d'abord exclusivement sur des « modèles intérieurs » des nouvelles géométries. L'axiomatisation du continu est ouvertement, explicitement une tentative de rejoindre le continu immémorial en éliminant son flou (et cela n'empêche pas Cantor de « construire » $\mathbb{R}$ – par les suites de Cauchy). La topologie algébrique, la géométrie différentielle et la géométrie algébrique ont valeurs d'interprétations, tout à la fois du tenant-de-question *espace*, et de ces méta-tenants-de-question eux-mêmes que sont les grands « noms de branche » de la mathématique. À la vérité, on repère, immanents aux constructions, des effets d'interprétation multiples et enchevêtrés, opérant à plusieurs niveaux. Par exemple, il est inhérent à la topologie algébrique de « transporter » l'information topologique recelée par les espaces topologiques dans les objets algébriques que sont les groupes d'homotopie ou d'homologie. Mais qu'est-ce que « transporter de l'information », en lui trouvant un nouveau « contexte », sinon en quelque manière *traduire* ou *interpréter* ? Il n'est pas difficile, cela dit, de voir que ces constructions sont éminemment sous la gouverne de questions que l'épistémologue attentif à l'herméneutique formelle reconstitue : ainsi la question « quel est le propre topologique de $\mathbb{R}$ ? », qui est implicitement la question « comment caractériser le continu dans le référentiel de la spatialité profonde (dévoilé par l'interprétation topologique) ? ». Par ailleurs, la constitution de la topologie algébrique interroge l'essence de la branche géométrie, ainsi que la géométrie algébrique le fait de son côté. Nous avons quelque peu évoqué ces dimensions de l'herméneutique géométrique (au sens large) moderne dans le chapitre III de *L'herméneutique formelle*.

On serait bien en peine d'opposer sérieusement la « construction », au sens de la création de thèmes, de cadres et de problèmes, à l'herméneutique formelle au sens où nous la prenons. Les mathématiques mettent en échec la conception commune selon laquelle la plus grande prolifération est la fille du scepticisme, de l'iconoclastie, de la révolte. Elles sont un discours révolutionnaire-pieux, mutant-fidèle. Elles ont enfanté un univers de textes, une involution distribuée d'énigmes, d'une ampleur phénoménale, peut-être sans équivalent dans l'histoire de l'intelligence, et ce en restant obstinément attachées à l'ensemble, complexe et résonant, de ce qui, faisant énigme pour elles, les faisait elles.

### *C.2.3 Expliquer ou comprendre*

Mais l'objection que nous considérons procède peut-être plutôt d'une demande d'explication *naturaliste* : la prolifération des constructions de la mathématique est prise comme un fait que la caractérisation herméneutique de la mathématique ne saurait pas *expliquer*. Un point de vue comme celui de Lautman, à nouveau, sera jugé acceptable parce qu'il *rend raison* du foisonnement thématique en présentant philosophiquement sa genèse selon l'idée. Bien que cette présentation soit philosophique, elle relève d'une philosophie qui dit le pourquoi de ce qui advient, d'une philosophie qui administre des raisons entrant en concurrence avec les *causes* qu'une science exhiberait. L'*idée* tient sous une figure philosophique le rôle d'un sujet producteur. Il y a certes quelque mystère à ce que ce sujet producteur ait besoin de l'incarnation dans les théories pour gagner sa fécondité : qu'il ne puisse, au plan propre qui est le sien, jamais faire plus qu'*esquisser*. Mais l'important est qu'il est un terme infini, non assujetti à une situation (un faux sujet, au sens radical que nous voudrions revendiquer pour le terme – nous y viendrons). Donc on peut le créditer d'un devenir luxuriant en ayant le sentiment qu'on a du même coup rendu raison de ce devenir.

Notre présentation philosophique de la mathématique comme herméneutique formelle est tout autre, elle est philosophique d'une façon tout à fait différente. Montrer qu'il y a des questions, et que l'efflorescence des théories se comprend largement comme assomption des questions, reprise, relance, régression dans le fondement des questions, à tous niveaux, c'est sans ambiguité ne rien expliquer. Nous n'avons pas introduit l'instance de la question, le tenant-de-question, la valeur interprétative des axiomatisations et des preuves, comme les pièces d'une « dynamique herméneutique » en termes de laquelle nous prétendions expliquer la prolifération. Il ne s'agissait pas même d'en rendre raison à partir d'un terme métaphysique à l'éminence duquel nous demanderions que les mathématiciens se reconnussent redevables de leurs mondes. Nous espérons seulement avoir fourni les moyens philosophiques de comprendre la prolifération et la conservativité de la mathématique *pour ce qu'elles signifient* : de les comprendre *comme elles demandent à l'être*. L'idée est de conquérir un regard « correct » sur ce qui se passe, en un sens qui fédère la précision descriptive, et la justice à l'égard de ce qui est voulu. Mais notre point de vue refuse d'entrer dans une régression explicative, de rechercher les raisons ou les causes de la dynamique d'auto-amplification de la mathématique. C'est en tant que tel qu'il est un point de vue ennemi de toute mise en scène de la *genèse*. Que la pensée arrive trop tard est pour nous sa grandeur herméneutique. La philosophie ne détermine pas l'étant, *ni l'Être*, elle manifeste le sens. Qu'elle ne puisse le faire qu'à partir du *fait* du savoir, en s'abandonnant à lui, est probable, mais c'est une autre histoire.

Le contexte épistémologico-théorique récent nous fournit un moyen d'illustrer cette position de façon frappante. Depuis quelques temps, en effet, les sciences cognitives ont compris qu'elle ne pouvaient pas minimiser l'*intuition de l'espace*. La description ou la simulation des processus cognitifs exigent en effet absolument qu'on fasse intervenir le moment de la spatialisation. Le rôle de l'information spatiale dans le processus informationnel global est crucial et irréductible aux syntaxes référentielles jusqu'ici mises en place (que ce soit au niveau théorique ou à celui des implantations). Il en résulte un intérêt cognitif pour l'intuition de l'espace qui peut sembler redoubler celui dont témoigne *L'herméneutique formelle*.

Le but générique de ces recherches cognitives nouvelles sur l'intuition de l'espace est de cerner au plan cognitif la faculté qui s'appelle *intuition de l'espace* chez Kant. Même si, pour la décrire scientifiquement, trop d'éléments nous manquent actuellement, que ce soit au niveau neurologique, ou, pire, au niveau de ce qui, dans la physique fondamentale sous-jacente à la neurologie, devrait peut-être être mobilisé pour théoriser la spatialisation, on essaye, à un niveau intermédiaire, mixte d'observations psycho-linguistiques fines et de modélisations dynamiques, de saisir en quoi consiste *effectivement* la spatialisation, l'intuition de l'espace. Ces recherches peuvent à bon droit être dites *phénoménologiques* en ce sens qu'elles sont dans la filiation de tout un courant de la phénoménologie au sens large, que nous aurons suffisamment identifié en mentionnant les travaux de la *Gestalttheorie*[8]. On peut sans doute en partie intégrer à ce courant le nom directeur de Husserl. Bien que celui-ci, à la différence d'autres chercheurs de l'aire allemande, ait opté pour une phénoménologie *transcendantale*, et à ce titre, ait situé son travail dans le cadre de la philosophie et pas de la psychologie, il nous semble difficile de nier qu'il n'a pas relayé l'affirmation kantienne de la *transcendantalité de l'espace*. Et que, par suite, vis-à-vis des constituants intuitifs de la psychologie spatiale, son discours appartient plutôt au registre de la thématisation positive ou de la réduction qu'à celui de la philosophie fondationnelle.

En tout cas, notre façon de réfléchir sur l'intuition de l'espace – notamment dans un retour aux sources kantiennes – est tout autre. Nous nous intéressons à cette spatialisation qui est investie par l'humanité rationnelle, à partir de l'élaboration mathématique de l'espace, dans les modèles ultimes du « réel » qu'elle promeut (mécanique classique, physique relativiste, mécanique quantique), et qui ne manquera pas d'être à son tour mise à contribution lorsqu'il s'agira de proposer des modèles scientifiques « exacts » de l'intuition de l'espace comme fait naturel (ainsi qu'il commence à être le cas). Et nous affirmons que le cheminement, l'aventure suivie par cette spatialisation demandent à être compris en termes de la fidélité à une énigme et de la poursuite d'une herméneutique. Ces dernières ne sont pas des faits « subjectifs-ontiques », mais relèvent plutôt d'un trans-subjectif herméneutique. Ce dernier, nous l'annonçons à nouveau, ne peut pas néanmoins se comprendre indépendamment du subjectif radical.

Si l'on accepte que les clarifications qui précèdent suffisent à séparer notre discours de toute assimilation à un platonisme de principe, on est conduit tout naturellement à chercher à évaluer notre dispositif du point de vue herméneutique lui-même. Nous nous sommes appuyé sur le fait que la tradition herméneutique a su dégager une position philosophique anti-platonicienne. Pouvons nous prétendre que dans notre extension du schéma herméneutique à l'herméneutique formelle, nous n'ayons pas détruit les propriétés essentielles de ce schéma, ce qui rendrait finalement ineffectives les protestations d'innocence qui précèdent ? C'est ce que nous voulons examiner désormais.

8. Le séminaire de philosophie austro-allemande a étudié toute cette période. Mon article « Le Concept de *Gestalt* et la situation contemporaine de la philosophie des sciences » (*Le temps du sens*, p. 175-192) commente la réactualisation des recherches phéno-gestaltistes proposée par ce groupe.

## C.3 L'authenticité de l'herméneutique formelle

Le principal problème qui nous est posé, à cet égard, est le suivant : nos descriptions campent-elles véritablement une *situation herméneutique du mathématicien*, au sens où une situation herméneutique doit être constitutivement temporelle ?

Ne peut-on pas soutenir, en effet, que lorsque nous prétendons décrire une temporalisation propre du mathématiser, se monnayant comme chez Heidegger en trois ek-stases (futurition, présentification, rappel), nous *greffons* seulement cette temporalité, en faisant jouer la facilité culturelle du discours anthropologique, laquelle ne peut nous faire défaut dès lors que nous parlons en effet, dans la perspective qui est la nôtre, de la mathématique comme *œuvre de l'homme*. La temporalité dont nous affublons la mathématique n'aurait en profondeur rien à voir avec la discipline qu'elle est.

Pour répondre à cette objection, nous devons faire état des différents niveaux de la situation herméneutique de la mathématique. Ce faisant, pour une part, nous retrouverons des difficultés qui appartiennent à la philosophie herméneutique en général, indépendamment du sort que nous lui faisons. Et pour une autre part, nous essaierons d'apporter le regard nouveau qui est le nôtre sur la mathématique, afin de déjouer les évaluations plus communément reçues qui interdiraient en effet, si on les suivait, la compréhension herméneutique des mathématiques.

### *C.3.1 Les trois registres du temps herméneutique et l'herméneutique mathématique*

Il nous semble, pour commencer, que la temporalité propre de l'herméneutique, chez Heidegger et Gadamer, se décline au moins de trois manières possibles, selon le niveau ou la modalité de l'herméneutique considérés :

1) D'une part, il y a la temporalisation du triplet *Vor-habe* (pré-acquisition), *Vor-sicht* (pré-vision), *Vor-griff* (pré-saisie), décrite au §32 de *Sein und Zeit*. Cette temporalisation n'est même pas présentée – si l'on se fie à la lettre du texte – dans l'horizon du temps : le *Dasein* n'en est pas encore au temps à ce stade de *Sein und Zeit*, il n'en est à-vrai-dire même pas au *souci*. Mais bien sûr, le *Vor-* dans ses trois occurrences signifie déjà la temporalisation du *souci*, le §32 analyse bel et bien l'existential du comprendre en termes temporels, ou mieux temporaux. Le §32 se conclut par une évocation du cercle herméneutique, cercle d'une compréhension qui n'est jamais autre chose que le remplissement d'un pré-compris, que l'advenir temporal du sens dans son articulation. Le *pré* de précompréhension, qui donne leur teneur temporale aux composants du comprendre, correspond lui-même à la projection-de-soi-vers-ses-possibilités qu'est le *Dasein*, projection à la faveur de laquelle la compréhension de l'être est toujours déjà dissimulée dans un se mouvoir pré-compréhensif parmi l'étant. Si l'herméneutique est rapportée à ce *comprendre*, alors sa temporalité est celle du *souci*, celle de l'engagement dans le monde qu'est le *Dasein*, engagement dont la figure première, pour ainsi dire le répondant symbolique, dans *Sein und Zeit*, est la « quotidienneté ». Cette dernière étant atteinte dans la description de l'ustensilité « naïve », du rapport concret-pratique du *Dasein* à son environnement d'outils, de personnes et de tâches.

2) D'autre part, il y a la temporalité de la *tradition*, surtout marquée comme telle par Gadamer. Tout s'organise à partir de l'inclusion du *Dasein* dans la tradition qui gouverne son horizon de compréhension. La pré-acquisition, la pré-vision et la pré-saisie

(anti-cipation pour Martineau) s'agglomèrent désormais dans le *pré-jugé*. La temporalisation herméneutique a par suite comme temps fort la réception du passé comme tradition, c'est-à-dire comme ce qui vous tient, qui vous engage, à quoi se mesure le sens de votre parole. Le filtre du « tournant langagier » détermine la prévalence du jugement et du sens intersubjectif. La temporalisation du comprendre se joue ainsi dans la relation du *Dasein* au champ culturel, au rythme herméneutique de la reprise, la relance, l'approfondissement de la signification reçue, plutôt que dans le monde essentiellement pré-verbal et – même si les autres y figurent – pré-social de la quotidienneté ustensilaire.

3) Enfin, il y a le niveau de la temporalisation herméneutique accentué par le second Heidegger, plus volontiers négligé par les docteurs de l'herméneutique européenne : celui d'une temporalisation qui « vient du dehors », qui vient de l'annonce immanente à la différence ontologique, de la « parole de la duplication ». Le *Dasein* y apparaît comme l'otage temporalisant/temporalisé de ce retrait injonctif qu'est l'auto-dissimulation de l'Être dans l'étant. Dans « La Parole d'Anaximandre » et dans « D'un Entretien de la Parole », ou encore dans *Qu'appelle-t-on penser ?*, on voit comment Heidegger envisage pour l'herméneutique une temporalisation de grande ampleur, qui se joue au niveau de l'*époque*. Le comprendre fondamental de l'être détermine l'enchaînement des mondes de sens qui possèdent tour à tour l'humanité (l'antique, le chrétien, le moderne, le technico-planétaire). L'herméneutique a son temps, celui qui l'enjoint et qu'elle temporalise tout à la fois, dans cette histoire ultime et cruciale qu'est l'*histoire de l'être*.

Que dire alors de la temporalisation du mathématiser, envisagé dans la perspective de l'herméneutique formelle ?

La première chose à dire est que l'on n'a pas de peine à retrouver, à propos de la mathématique, la temporalité herméneutique de niveau 2, celle de la traditionnalité « à la Gadamer ». C'est ce que ne cesse pas de démontrer, de façon fine et documentée, l'histoire des mathématiques dite « intrinsèque ». Les problèmes que les mathématiciens traitent, les théorèmes qu'ils conjecturent, les preuves qu'ils donnent, ont toujours leur sens relativisé à un langage et une anticipation des objets et des enjeux. La plupart du temps, c'est en protestant contre ce qu'il appelle « histoire récurrente » que l'historien des mathématiques exprime la conviction de cette relativité. C'est pour dénoncer l'annexion ou l'anathème rétrospectif (du type « Leibniz faisait de l'analyse non standard », ou « Cauchy a énoncé un théorème de convergence faux ») qu'il exhibe le réseau de présuppositions oublié sur fond duquel pensait le mathématicien de jadis. Dans le cours ou à l'issue de ce travail, l'historien honnête est d'ailleurs amené à reconnaître que son propre effort d'élucidation présuppose toujours la constitution d'un horizon commun entre la mathématique étudiée et celle dont les jugements abusifs doivent être conjurés, mais qui n'en configure pas moins l'horizon de celui qui lutte contre elle. Il retrouve alors les profondeurs et les apories de la réflexion gadamérienne sur la « fusion d'horizons ». Le fait de reconnaître l'herméneuticité profonde de l'histoire des mathématiques a d'ailleurs une portée méthodologique : si l'on se stitue dans un tel cadre, on ne contraindra pas les analyses que l'on propose à respecter la chronologie objective. S'il le faut, on exposera des enchaînements qui enjambent la continuité de l'évolution. L'*avant* qui fait critère est celui de la réception d'un langage et de sa puissance horizonale, pas celui du temps « vulgaire » ou « scientifique ».

Si l'on regarde d'un peu plus près le monde mathématique, d'ailleurs, on sera frappé de voir à quel point la contemporanéité globale de la mathématique de tous les temps avec elle-même y est spontanément admise. Ce fait, singulier et souligné comme tel par plus d'un commentateur, que la mathématique est une étrange science où l'on n'invalide jamais aucun contenu – les théorèmes du passé sont systématiquement sauvés par les reformulations successives, dans des termes tels que leur valeur dogmatique demeure – ce fait, donc, a l'une de ses expressions vivantes dans ceci que les mathématiciens restent accrochés aux anciennes preuves, aux anciens problèmes, aux anciens ouvrages. Ils les revisitent avec ferveur, se tenant en quelque sorte toujours prêts à faire d'un fragment de la tradition l'antécédent immédiat, l'*avant herméneutique* de leur contribution nouvelle. Et l'histoire des mathématiques contient des exemples de ce genre de « réveil »[9].

Il n'y a donc pas de difficulté à reconnaître la temporalité herméneutique de type 2, celle de la tradition au sens de Gadamer, dans le contexte des mathématiques. Il est certain que l'on n'a pas directement besoin du concept d'herméneutique formelle pour dire cela. Notre observation légitime plutôt une *anthropologie herméneutique* du mathématiser qui existe déjà sous le nom d'histoire des mathématiques, bien qu'il ne s'agisse au fond pas d'histoire. À moins que l'on ne soutienne que toute histoire est herméneutique de cette manière, et que le concept vrai d'histoire exclut l'inféodation à la chronologie objective, comme le fait en substance Husserl dans *L'origine de la géométrie*. Tout au plus sent-on une conformité particulière de la mathématique avec cette sorte d'approche dans le symptôme de sa conservativité : qu'est ce qui est plus susceptible d'une assomption herméneutique que ce qui a une fois pour toutes « tué » le temps en soi ? Y a-t-il meilleur terrain où déceler la temporalisation non chronologique de la tradition que ce continent de savoir pour lequel l'effet traditional prévaut officiellement sur la diachronie effective ?

La thèse plus forte et moins évidemment acceptable que nous soutenons, lorsque nous parlons d'herméneutique formelle, c'est notamment que la mathématique est par elle-même, dans son opération, une activité herméneutique, et qu'on peut trouver à l'œuvre, en elle, une temporalisation correspondant au niveau 3 de l'herméneutique. En substance, nous soutenons que la relation mathématique à l'espace, pour nous limiter à cet exemple central, est analogue à ce que Heidegger raconte de la « relation » à l'Être qui situe le *Dasein* (ce qui signifie pour commencer, bien entendu, qu'il ne s'agit pas là d'une *relation* au sens positif-logique du mot). C'est à quoi tend tout notre discours de l'énigme, de la familiarité-dessaisissement. Notons à ce sujet que notre exploitation de Heidegger est d'abord motivée par le second Heidegger.

La question de la temporalisation propre à l'herméneutique formelle ainsi envisagée, cela dit, se concentre au fond sur l'interprétation de l'*intuition*. Il est notoire que l'activité mathématique s'est auto-interprétée, après un long cheminement, comme déduction réglée dans un système formel, ce qui signifie entre autres choses à partir d'axiomes (ajoutons qu'il paraît aujourd'hui totalement in-envisageable que l'on sorte de la juridiction de cette auto-interprétation). Nous jugeons que, dès lors, l'inscription d'axiomes est fonctionnellement vouée à l'enregistrement de la *précompréhension*, qui

9. De cela, un bon exemple est fourni par le développement contemporain d'une analyse non standard réveillant les visions et pensées de Leibniz ou Euler.

s'appelle volontiers *intuition* : ce rapport, nous le qualifions d'*ek-stase* du passé. Mais nous disons aussi qu'il est inséparable du rapport au futur de la théorie considérée : le fait qu'une intuition soit inscrite comme système d'axiomes veut dire qu'elle est originairement « versée » dans le futur dont elle est capable. C'est même sous la gouverne de l'anticipation de ce futur, nécessairement, qu'a lieu l'inscription, car aucun mathématicien n'écrirait une liste d'axiomes dont il n'entrevoit pas, si confusément que ce soit, la fécondité prochaine dans un ensemble d'agencements. C'est notamment par là que l'écriture axiomatique d'une intuition est tout autre chose que la fixation d'une certitude préalable. On a donc, selon notre lecture, intrication mutuelle de l'*ek-stase* rétro et de l'*ek-stase* futurisante. Nous exposons cela dans l'article « L'intuition voit-elle ? » [10], et nous le retrouvons sous une forme quasi- identique chez Gonseth dans « L'étrangeté de l'espace : dialectique ou herméneutique ? » [11].

Ce qu'on peut être tenté de nous objecter, en la matière, c'est que les relations considérées, que ce soit celle des axiomes proposés à la précompréhension, ou celle des mêmes axiomes aux théorèmes futurs, sont en leur fond *logiques* et non *temporelles*. Mais ce que nous voulons mettre en lumière, justement, c'est que l'interprétation logique est ici non pertinente. Nous insistons, en particulier dans « L'intuition voit-elle ? », sur ceci que la précompréhension se situe *avant* un système et justifie qu'il soit couché sur le papier : elle est ce à quoi il satisfait et qui n'est pas de même nature que lui, plutôt qu'un fragment de système « logiquement préalable » qui admettrait la liste d'axiomes comme *conséquence*. Si tel était, en effet, le statut de la précompréhension, son contenu serait le vrai et le bon système d'axiomes, logiquement plus primitif, et c'est donc ce système qu'il faudrait interroger pour évaluer s'il satisfait quelque chose de pré-logique. Il faut par conséquent plutôt dire que le rapport du présent axiomatique au passé de la précompréhension est un pur rapport d'*expression*, pas un rapport de consécution. Or tel est justement le rapport que Heidegger revendique pour la parole explicitante avec le « projet » plus originaire qui la porte, au §63 de *Sein und Zeit* ; et ce rapport est temporalisant, ou marque la temporalité essentielle de la précompréhension.

Dans un article [12] portant sur la pensée de J.-T. Desanti, nous discutons précisément ce que dit ce dernier à ce sujet, dans *Les Idéalités mathématiques*. Pour lui, l'intuition du continu spatial n'est d'une certaine façon pas pertinente pour estimer ou comprendre la théorie écrite du continu, parce que l'expérience pré-théorique du continu, bien que « stratifiée dans la conscience de l'objet mathématique « droite archimédienne » » [13] est « mathématiquement inerte ». Lorsque nous égalisons l'intuition avec une précompréhension que l'axiomatique exprime, écrit, et ce rapport lui-même à une ek-stase rétro de la temporalisation inhérente à la relation herméneutique à l'espace, nous refusons à la fois l'interprétation logique d'un tel rapport, et l'exclusion de la précompréhension intuitive en tant que scorie sensible. Si l'intuition colle à l'axiomatique comme le passé qui lui appartient et devant lequel elle se justifie, cela veut bien dire, en effet, qu'elle ne peut pas en être séparée comme hétérogène, quand bien même elle ne s'inscrit pas dans le réseau théorique.

---

10. Cf. Salanskis, J.-M., *Le temps du sens*, Orléans, Éditions HYX, 1997, p. 87-96.
11. Cf. *ibid.*, p. 97-124.
12. Cf. Salanskis, J.-M., « L'autonomie des mathématiques », http://jmsalanskis.free.fr/IMG/html/Auto-math.html .
13. Cf. Desanti, J.-T., *Les Idéalités mathématiques*, Paris, Le Seuil, 1968, p. 51.

Il faut d'ailleurs restituer la situation temporelle dans son ensemble, évoquer la futurition du mathématiser en même temps que la précompréhension intuitive. La relation de l'axiomatique aux théorèmes futurs n'est pas non plus logique, et ce bien que, cette fois, ceux-ci soient effectivement appelés à être les *conséquences* des axiomes. En effet, la futurition consiste en ceci que ces théorèmes sont anticipés comme théorèmes *intéressants*. Et, comme on l'a souvent fait observer, l'*intéressant* est une notion extra-formelle, principiellement non formalisable. Avec l'intéressant, ce qui est donné, c'est la notion d'un désir de prouver, d'un horizon de « choses à prouver » qui sont telles pour un ensemble de motifs variés. Le cas d'une conjecture ayant le visage d'un défi explicite est en l'occurrence un cas limite et marginal, où ce qui vaut comme futur acceptable est ouvertement désigné comme tel par la tradition dans laquelle on accède à la mathématique. Il y a beaucoup de « normes » de « maximes de la faculté d'axiomatiser » qui se communiquent en langue naturelle ou silencieusement dans le milieu mathématique, et qui encouragent les mathématiciens à introduire des axiomes de genre varié, comme des axiomes de grands cardinaux, des axiomes définissant dans tel domaine une structure plus faible que celle usuellement invoquée, ou des axiomes redéfinissant une catégorie d'objets bien connue. Le futur est informellement envisagé, selon les cas, comme moyen de compléter la figure esthétique de ce qu'on peut prouver de manière agréable, comme moyen de répéter dans un autre cadre un discours déjà intéressant sans que cet intérêt se dilue, ou comme moyen de renouveler la vie d'un objet, d'accroître sa richesse de rapports avec l'ensemble du texte mathématique, ou comme moyen de plus « classifier », ou comme moyen de plus « déterminer ». L'essentialité de l'intéressant étant, en dernière analyse, renvoyée à l'abîme, ne relevant pas, par définition, d'une caractérisation close. À moins que l'on ne puisse malgré tout définir l'intéressant comme ce qui, justement, manifeste comme non clos le message immanent à la structure logique. Il fait partie de l'essence de la mathématique d'être tournée vers un tel futur de l'intéressant. Mais si la fidélité de l'ek-stase rétro est toujours superposée avec l'orientation vers l'intéressant, on comprend bien que la précompréhension n'est jamais mathématiquement inerte. Comme nous essayons de le dire dans « L'intuition voit-elle ? », le mathématiser relance toujours son présent à partir de son passé pré-logique, toujours reçu en termes de l'intéressant post-logique qui se prépare en lui.

Nous racontons cette temporalité en partie dans les termes de *Sein und Zeit* et de *Les problèmes fondamentaux de la phénoménologie*[14], mais, comme nous l'avons dit, notre analyse est en fait commandée par la valeur d'*énigme*, analogue à celle de l'Être, que nous donnons par exemple à l'Espace : s'il y a cette temporalisation, c'est profondément parce que l'espace se donne en se retirant, depuis l'origine grecque, la même en l'occurrence que celle que Heidegger assigne à l'histoire de l'être. C'est proprement parce que l'Espace se retire que notre précompréhension de lui, notre familiarité, se temporalise au passé, ou que l'intéressant pèse comme une exigence de futur synonyme de dessaisissement. Conformément aux descriptions du second Heidegger, il semble qu'il faille dire que l'Espace comme tenant-de-question nous jette dans la temporalité de la précompréhension et de la visée de l'intéressant, que l'Espace en

14. Cf. Heidegger, M., *Les problèmes fondamentaux de la phénoménologie*, trad. franç. J. English, Paris, Gallimard, 1985.

quelque sorte enclenche le temps propre du mathématiser. Nous le faisons, avec un peu plus de précision qu'ici, dans l'article sur Gonseth. Mais il faut garder à l'esprit, bien entendu, qu'il n'y a là aucune prétention à expliquer des faits, seulement la reformulation compréhensive d'une situation.

Venons en au premier niveau de l'herméneutique, celui du comprendre intra-ustensilaire. C'est le niveau où les objets ne font pas question et ne sont pas thématisés (comme « intra-mondains »), mais où règne néanmoins déjà une certaine ouverture d'horizon : la structure de renvois de la *significativité* est ouverte en direction d'un *vers-quoi*, et le comprendre articule de façon temporalisante le *sens* dans cette ouverture. Il nous semble qu'un tel niveau de l'herméneutique est attesté du côté de la mathématique, il s'agit tout simplement du niveau du *calcul* et de la *preuve*. À ce niveau, l'objet ne peut pas, constitutivement, faire problème : il est la lettre ou le nombre constructifs, nantis de leurs relations de renvoi elles-mêmes non problématiques. C'est le niveau que nous avons appelé [15] celui du *segmenté-rituel* dans *L'herméneutique formelle*. Le « complexe ustensilaire » de l'existentialité mathématique est ainsi cela même qui, interrogé par la philosophie des mathématiques, sera naturellement saisi comme *étant supra-sensible*, tant il est vrai que ni la lettre ni le nombre ne peuvent raisonnablement prétendre à la moindre empiricité. Le problème dit du « platonisme mathématique » pourrait donc être ouvert à cet endroit. Pourtant, la situation mathématique primitive authentique doit être caractérisée comme celle où une telle identification de l'être de la lettre et du nombre est inutile et non pertinente : ceux-ci sont, en termes de cette situation, des *corrélats-de-pratique*, beaucoup plus que des entités en quête de leur couche ontologique.

Nous soutenons que le calcul et la preuve, qui sont deux noms et deux modalités de l'agencement dans cette situation, ont déjà quelque chose de primitivement herméneutique. L'un comme l'autre interviennent en effet comme une activité de *réécriture*, qui fournit en quelque sorte à l'herméneutique démonstrativo-calculante son rythme propre. Un calcul, fût-il inventif, est un calcul où l'on *réécrit* les expressions, selon un schème de modification pertinent à chaque fois ; une démonstration – même dans ce qu'elle a de purement localisé à un contexte de déduction – est un enchaînement de phrases où l'on « reformule » les hypothèses ou thèses intermédiaires, comme il convient conformément à des schèmes régulateurs. Dans cette activité de réécriture, ce qui ne cesse de s'annoncer et de se défaire, c'est le devenir-monde de la complexité, c'est sa relation de débord en regard de la possibilité de *supervision* (la *Übersichtlichkeit* de Hilbert). Quelque chose comme une instance du *vers-quoi* de Heidegger, ou son analogue, est ici présent, et le premier moment de l'advenue du sens dans toute affaire mathématique réside là, dans l'effet de structuration ou d'articulation du *vers-quoi* qui résulte de la réécriture elle-même.

La temporalité du calcul et de la preuve est souvent modélisée ou conçue comme une « temporalité vulgaire », linéaire et objective : on comprendra la machine de Turing, par exemple, comme l'explicitation de ce pré-jugé sur le calcul. Pourtant, il est bien clair que les choses ne sont pas si simples. La discrétion même du temps du calcul ou de la preuve nous enseignent leur caractère au moins conventionnel. Car les scansions, en l'occurrence, ne sont à considérer que comme des valeurs-de-scansion :

15. Cf. *L'herméneutique formelle*, édition originelle, p. 23 ; ce volume, p. 21.

un calcul ou une preuve dont le temps serait seulement *objectivement* discret n'en serait pas un. Ce qui compte est bel et bien que la discrétion manifestée soit celle de la lettre ou du nombre, items « rituels », pseudo-objectivités déjà significatives du partage de la situation. De plus, le propre d'un calcul ou d'une preuve est que l'enchaînement y a son sens dans la structure de renvois propre à la complexité prise en charge, et non pas dans l'égrènement objectif des dates du monde : si une réécriture vient avant une autre, c'est parce que, par exemple, de cette façon, la complexité se résout, alors qu'elle ne se résoudrait pas sinon. Bien considérée, la pratique primitive du calcul et de la preuve est déjà un *comprendre*, l'articulation de l'ouverture du *vers-quoi* de cette *significativité* particulière qu'est la complexité du segmenté-rituel.

Nous arrivons donc à la conclusion que la situation herméneutique de la mathématique est constitutivement temporelle, et se laisse reconnaître comme telle aux trois niveaux que la tradition herméneutique dégage naturellement. Reste à interroger l'unité de ce temps, question qui se pose à vrai-dire tout aussi bien pour l'herméneutique standard que pour l'herméneutique formelle.

### *C.3.2 L'unité éthique du temps herméneutique*

Il nous semble alors qu'il faut faire l'observation suivante, synthétique après notre effort d'analyse : toute l'idée heideggerienne de l'herméneutique s'effondrerait si nous devions considérer comme vraiment hétérogènes ces trois palliers de l'herméneutique. Si l'on y réfléchit d'un peu plus près, ce qui les distingue est une échelle du temps et une échelle implicite de la textualité : le niveau 1 est celui de la quotidienneté et celui de l'ustensilité avant le texte, le niveau 2 est celui de la phase culturelle associée à une génération, et des récits et des théories reçues, le niveau 3 est celui des époques de l'histoire herméneutique, trans-générationnelles et trans-textuelles. Mais justement, on peut, croyons-nous, résumer la révolution apportée par Heidegger en disant qu'il a libéré l'herméneutique de toute échelle particulière du temps ou du texte. Pour ce qui concerne le texte, cette révolution était déjà au moins implicitement amorcée par Schleiermacher, qui obtenait la figure du cercle herméneutique en évoquant l'interdépendance de l'interprétation du tout et de l'interprétation de la partie. Mais avec Heidegger, la liberté dans le rapport interprétant au texte est en quelque sorte fondée dans une liberté vis-à-vis de l'échelle du temps. Celle-ci est absolument nécessaire et radicale dès lors que la relation herméneutique à la différence ontologique est la structure ultime de temporalisation, en sorte que le temps fondamental n'a aucune raison d'être lié à une échelle particulière : de telles échelles renvoyent en fait au temps vulgaire, dont Heidegger entend émanciper la philosophie.

L'« esprit » de la doctrine de Heidegger nous semble être que l'herméneutique et sa temporalisation sont *unes* à travers les trois niveaux que nous avons dégagés, qu'on les caractérise par une échelle du temps ou par une échelle du texte. C'est cette émancipation qui fait de son concept herméneutique une puissante nouveauté. Un tel point de vue nous permet d'ailleurs de ressaisir sur un mode synthétique la pensée de Heidegger et une partie de sa postérité, de voir le premier et le second Heidegger et Gadamer comme énonçant d'une certaine façon la même chose. Le comprendre du §32 de *Sein und Zeit*, la parole de la duplication de « D'un entretien de la parole », et la *conscience de l'histoire de l'efficience* de Gadamer doivent coïncider, on le sent bien : la pensée heideggerienne du temps l'exige.

Ce qui vient d'être dit en général s'applique à l'herméneutique formelle. Sa seule spécifité, à vrai-dire, réside dans la nature formelle du trajet herméneutique. À la lumière de l'analyse qui précède, nous voyons que cette spécifité peut être redite comme spécificité du niveau 1 : le comprendre de l'ustensilité, qui dans la description heideggerienne appartient au pré-discursif de l'existence, se trouve dans le cas de l'herméneutique formelle transposé en la gestualité concrète du calcul et de la preuve. Tout repose sur ceci que l'abstrait-idéal platonicien du nombre et de la lettre est en fait aussi un concret-quotidien, pour une existentialité particulière (la mathématique). De la sorte, le niveau 1 de l'herméneutique formelle n'est pas radicalement pré-textuel, il est déjà dans l'élément langagier, et même dans l'élément syntaxique. Bien que ce qui est écrit ou calculé ne puisse jamais être expulsé de son épaisseur présentative. Il est en effet également inhérent à la situation herméneutique, nous l'avons vu, que l'écrit-calculé prenne le visage d'une complexité mettant à l'épreuve une *supervision.*

Nous devons donc penser, selon le point de vue de l'herméneutique formelle, que la temporalisation intime du calcul et de la preuve se condense avec celle de l'enchaînement des moments théoriques de la mathématique, et avec celle des grands basculements du rapport à l'énigme (de l'espace, du continu, de l'infini). Dans la temporalité propre où surgit le calcul infinitésimal leibnizien, cette surdétermination et cette résonance du temps originaire avec lui-même se laissent assez bien appréhender. Le temps de cette affaire est en effet à la fois celui du bonheur calculant et notationnel de Leibniz « au dessus de la feuille de papier », le temps de la maturation du traitement des problèmes de base de la géométrie différentielle et de la mécanique, étalé à la charnière du XVII^e^ et du XVIII^e^ siècle, et le temps où quelque chose glisse et se noue dans l'énigme du continu : au point que, peut-être, c'est seulement maintenant que nous en enregistrons les conséquences, dans une mathématique enfin assez pensante pour cela.

Mais, tout de même, cette conception unifiée du temps de l'herméneutique, lorsqu'elle est ainsi appliquée à l'herméneutique formelle, n'engage-t-elle pas nécessairement un aménagement de la conception heideggerienne ? L'unité dont nous parlons, il nous semble en effet que Heidegger ne l'a jamais expressément nommée. Il n'est pas absolument certain que sa pensée, telle qu'il nous l'a laissée, cheminant de la réflexion ontologique de l'existence à la visée indépendante de l'Être, accrochée au mode poétique comme à son unique chance, nous permette de concevoir de façon absolument satisfaisante cette unité, au moins dans la figure qu'elle prend dans le contexte de la mathématique.

La raison en réside dans l'opposition que nous avons présentée dans l'article « *Die Wissenschaft denkt nicht ?* » [16], entre l'herméneutique du *secret* et celle de l'*opacité*, qui est encore opposition entre l'énigme de ce qui se présente sur un mode analogisé avec l'optique et l'énigme de ce qui se présente comme voix. En d'autres termes, comment faut-il penser le temps d'une herméneutique où l'on ne voit pas ?

16. Cf. Salanskis, J.-M., « Die Wissenschaft denkt nicht », in *Revue de Métaphysique et de Morale*, n° 2, Paris, 1991, p. 207-231 ; repris dans *Le temps du sens*, Orléans, 1997, p. 47-66 ; repris dans *Heidegger, le mal et la science*, Paris, Klincksieck, 2009, p. 77-103.

La réponse, à la vérité, est déjà donnée en partie ou en filigrane dans « *Die Wissenschaft denkt nicht?* », ou dans le premier chapitre de *L'herméneutique formelle*. Le temps fondamental, pour nous, vient de l'énigme, certes, mais l'énigme n'est pas une image, elle serait plutôt une « voix » transpersonnelle. Ou plutôt : il y a bien, dans la situation mathématique, rapport à une *présentation* en tant qu'elle fait énigme, que ce soit au niveau de la supervision habitant le calcul/preuve ou au niveau de la compéhensivité-dessaisie du rapport à l'infini, à l'espace, au continu. Et cette présentation concerne effectivement un *regard* (sans doute un regard idéal, certes, mais un regard). Cependant, le propre de cette sollicitation énigmatique est qu'elle est toujours déjà vouée au commerce de la lettre et du nombre, du calcul et de la preuve. Le mode de la fidélité à la requête de l'énigme mathématique est ainsi inexorablement localisé dans l'intersubjectivité « commerçante », au sein de laquelle se négocie le sens de l'énigme et le style de son recouvrement provisoire. En ce sens, en fin de compte, tout se passe comme s'il n'y avait pas de contenu optique, soit que ce qui sollicite la compréhension imaginative soit au-delà de toute vision possible, soit que ce qui est supervisé dans le calcul et la preuve y perde sa substance morphologique au profit de sa convenance au jeu joué à plusieurs.

Mais cette condition particulière de l'herméneutique formelle retentit sur la manière dont nous pouvons penser son temps unique. Nous avons expliqué, avec autant de netteté que nous le pouvions, que nous ne faisions intervenir l'instance de la question qu'autant que l'identification du destinateur nous semblait pouvoir et devoir être essentiellement *omise*. Ajoutons maintenant qu'il y a néanmoins une identification admissible, qui ne fait pas déchoir le modèle : le destinateur de la « question » vouant le mathématicien à la familiarité et au dessaisissement, peut sans dommage être égalé à l'intersubjectivité mathématique, et, d'ailleurs le destinataire aussi, en substance. La tension impérative de la question est liée à la dissymétrie qui s'instaure entre un *destinateur* virtuellement égalé à la totalité transhistorique de la communauté mathématique et un *destinataire* qui ne s'avère tel que dans la solitude de la subjectivité. Mais, à travers son éprouver personnel de la question, jamais absolument singulier, c'est à nouveau la communauté mathématique, dans son ensemble persistant, qui est atteinte. Et la temporalité constitutive de l'herméneutique mathématique, en fin de compte, est celle de ce passage de la question dans la communauté, venant habiter l'intimité du calcul/preuve de chacun de ses membres : cette temporalité n'aurait pas cours, la question ne questionnerait pas sans le dessaisissement individuel. La communauté dépend, pour la persistance de sa disponibilité à la question, qui n'est pas autre chose que sa persistance comme communauté, de la sensibilité individuelle à la question rendue formidable par l'identification de son destinateur à toute la mathématique accomplie de l'histoire.

Pourquoi disons-nous donc que ces identifications ne réontologisent pas, ne « replatonisent pas », si l'on nous autorise cette grossièreté, notre dispositif ? Notre vision intersubjectiviste de la temporalité herméneutique serait naturaliste si nous concevions de manière objectiviste le destinateur/destinataire *intersubjectivité mathématique* : notre interprétation ferait alors, au dernier moment, basculer l'herméneutique dans la sociologie. Mais il n'en est rien : l'intersubjectivité-mathématique n'est pas ici pour nous une donnée ontique, mais la transfiguration de la donnée ontique sous-jacente par la *question*. Ce qui qualifie un sujet comme mathématicien, c'est son entente et son assomption de la question, de ce qui fait question pour la mathématique, dans une multiplicité de ses visages. Ce qui, à son tour, organise cette sensibilité à la question-dans-ses-guises est la socialité mathématique de l'école, le rapport des élèves aux maîtres et aux textes. La communauté n'est jamais un fait, mais toujours le monde humain où résonne un appel. La collection effective des personnes marquées par l'appel ne cesse de varier en extension, par la conséquence inévitable et temporalisante de la sortie des sortants et de l'arrivée des entrants. Mais, plus encore, chaque mathématicien n'est mathématicien que de manière incertaine et provisoire, ou, si l'on veut, il ne l'est que tant qu'il l'est *par l'avenir*, c'est-à-dire tant que l'exigence de l'être le tient. Il faut se représenter l'énigme dans son instance comme la résultante, ou plutôt comme l'*exponentiation* de cette tension multiple de l'avenir sur les sujets dérangés par la mathématique. En d'autres termes, la description de l'instance de la question comme *effet* de la communauté présuppose cette instance elle-même comme *cause* qui fait sortir la communauté de la factualité psychologique ou sociologique. Cela n'est pas étonnant, car, nous l'avons déjà seriné, il ne s'agit pas du tout de cause et d'effet, mais de trajets représentatifs en alternative, et dont la somme ou l'intrication dit le sens de cette communauté comme communauté herméneutique, en laquelle un temps herméneutique trouve son unité.

En effet, c'est bien dans cette essence intersubjective commune des niveaux de l'herméneutique formelle que s'affirme ou s'exprime avec le plus de force l'unité des trois palliers. L'ustensilité du calcul/preuve ne se laisse pas identifier à l'habitation de l'univers paisiblement indifférencié correspondant à l'*être-au-monde* heideggerien, où les outils et les hommes se rassemblent pour constituer un environnement de renvois pour le *Dasein*. Elle est le rapport déjà inquiet à une complexité qui n'est disponible que d'être partagée. Non seulement le *Mitsein*, mais encore le lien social sont déjà présupposés dans cette ustensilité si particulière, ils le sont comme primitifs, irrécusables, extériorité plus ancienne que celle d'un monde. De même, l'enchaînement historico-historial sur l'œuvre des maîtres de la génération précédente est l'enchaînement de l'école lui-même, il est, à ces deux niveaux de manifestation privilégiés que sont l'enseignement et la lecture des textes, complètement immanent à la ritualisation institutionnelle de la communauté (l'université et l'édition savante). Enfin, l'énigme, telle que nous proposons de la relire, est comme la trace insaisissable d'un concernement toujours traduit dans le commerce des discours, mais qui transcende chacun d'eux et les époques qui se dessinent à partir de lui, comme une sorte de *trauma* constitutif de la communauté et source de sa temporalité.

Mais cet essai de présentation « intersubjectiviste » de la temporalité unitaire de l'herméneutique formelle serait lui-même incomplet et insuffisant s'il ne levait pas le voile en fin de compte sur notre façon de comprendre de manière originaire le lien de l'intersubjectivité et de la temporalisation. Cette façon, elle n'est pas la nôtre au sens de l'invention, nous la trouvons exprimée par Emmanuel Levinas. Ce dernier, dans *Le temps et l'autre*[17], reprend à sa manière la description heideggerienne de l'étrangeté du temps : il souscrit à cette idée que le temps se temporalise fondamentalement à partir de l'*à-venir*, car c'est en lui que réside la nouveauté étrange du temps. Mais il prétend corriger ou approfondir l'idée heideggerienne en « substituant » *autrui* à l'*à-venir* :

17. Cf. Levinas, E., *Le temps et l'autre*, Montpellier, Fata Morgana, 1979.

c'est le visage d'autrui qui est prototypiquement l'à-venir pour moi. Source primitive et autonome de toute demande et de tout devoir, autrui, en me mobilisant en sa faveur dans le silence de son épiphanie auprès de moi, m'octroie du même coup la première richesse de l'à-venir, c'est-à-dire me donne le temps en m'obligeant[18].

Toute notre pensée de l'inquiétude immanente au calcul/preuve, de la tension qui défactualise le sujet et la communauté mathématicienne, appartient en fait à cet horizon lévinassien : nous décrivons la communauté mathématique comme une aventure qui se temporalise à partir de l'inter-dessaisissement de la « relation mathématique », face anthropologique mais non objectivable de la relation herméneutique, dont la temporalité de cette dernière émane.

Par ce dernier aveu, nous jugeons en avoir fini avec la première partie de cette introduction, qui visait ni plus ni moins à défendre la cohérence philosophique de notre démarche. Nous discuterons maintenant de la généralisation de la problématique de l'herméneutique formelle à des domaines qui ne sont pas le domaine mathématique : à la physique contemporaine, à la simulation et à la science cognitives, et finalement à la tradition de la loi juive.

## C.4 Extension de la perspective à d'autres champs

La généralisation de la perspective de l'herméneutique formelle se suggère d'elle-même à ce domaine qui n'est pas véritablement étranger à la mathématique, qui la jouxte et se confond même avec elle sur une frontière : celui de la science exacte. On nomme souvent comme un des problèmes inévitables de l'épistémologie contemporaine, d'ailleurs, le fait même de cette indistinction : il est possible d'amorcer la réflexion sur ces événements fondamentaux que sont par exemple l'émergence de la physique relativiste et de la physique quantique en demandant si, après eux, quelque critère simple de démarcation entre mathématique et physique subsiste. Le concept universitaire de « physique mathématique » est un indice du phénomène dont nous parlons.

L'extension de la problématique herméneutique à la physique, spécialement la physique de ce siècle, se recommande d'une seconde façon. Il se trouve en effet que des épistémologues de ce siècle, et singulièrement, cette fois, plutôt anglo-saxons que français ou européens, se sont orientés spontanément vers une conception de la science de tournure herméneutique. Cette orientation se manifeste aujourd'hui prioritairement dans les écrits de ce qu'on pourrait appeler le courant pragmatiste américain (nous pensons à Putnam ou à Rorty), courant qui prend son inspiration première chez Wittgenstein (mais on pourrait adjoindre plusieurs autres noms, si nous comprenons bien, à un inventaire des sources, notamment ceux de James, de Dewey, de Sellars et *last but not least*, de Peirce). Ce qui est néanmoins l'indice le plus probant d'un intérêt pour la dimension herméneutique chez les spécialistes de l'épistémologie de la physique, c'est l'ensemble des écrits venant d'une autre famille de penseurs : nous rattachons à celle-ci, comme une sorte de pionnier hétérogène, Karl Popper, et nous y incluons des noms comme ceux de Lakatos ou de Kuhn, auxquels nous jugeons pertinent d'ajouter,

18. Cf. *ibid.*, p. 68-69.

plus près de nous, celui de Heelan[19]. L'idée que se faisait Popper de l'enchaînement des théories physiques les unes sur les autres n'est pas sans affinités avec l'herméneutique. Il en vient d'ailleurs presque à le dire lui-même lorsqu'il théorise la science comme *tradition* scientifique[20]. Gadamer, sur le tard, a semble-t-il reconnu que des réflexions comme celle de Wittgenstein ou celle de Popper manifestaient la pertinence de l'herméneutique pour la science[21].

### *C.4.1 Herméneutique, physique, cognition*

Notre intervention dans ce débat possède essentiellement deux axes :

— D'une part, nous entendons expliquer, en reprenant au fond l'inspiration kantienne, mais en la mâtinant d'herméneutique (si c'est ou non lui porter tort, cela est sans nul doute ouvert à la discussion), que le caractère herméneutique de la physique est à la fois propre et emprunté. La physique pense en partie à partir du caractère pensant de la mathématique, bien qu'elle reçoive son identité de discipline d'énigmes qui sont les siennes et pas celles de la mathématique, faisant d'elle une aventure distincte de l'esprit. Nous essayons ainsi de présenter la physique, notamment la constitution transcendantale de l'objet physique, comme relevant d'une articulation plurielle d'herméneutiques ou de strates herméneutiques. L'image finale est celle d'une science plus profondément libre, plus diverse, plus riche, plus géniale que dans l'image empiriste. Cela, c'est ce que nous avons essayé de faire dans l'article « La mathématique de la nature et le problème transcendantal de la présentation »[22], après l'avoir esquissé dans « Modes du continu dans les sciences »[23].

— D'autre part, nous essayons de démêler le niveau cognitif et le niveau épistémologique.

Cette dernière distinction est en effet rendue exigible par deux urgences :

1. Celle que suscite le débat épistémologique contemporain.
2. Et celle qui résulte de l'existence même des sciences cognitives.

Pour ce qui concerne le premier point, nous ne faisons jamais qu'assister à la retombée à long terme de la discussion entamée par l'*Erkenntnistheorie* allemande avec la doctrine kantienne, discussion qui semble s'être polarisée très vite contre la supposée épistémologie cognitive kantienne. Il s'agissait de nier qu'on trouvât effectivement, pour les facultés kantiennes et le système des rapports qu'elles nouent – système qui devrait avoir valeur fondative pour la science – la moindre confirmation physiologique ou psychologique. Si nous avons bien compris Catherine Chevalley,

19. Cf. Heelan, P.A. , *Space-perception and the philosophy of science*, Berkeley Los Angeles London, University of California Press, 1983.

20. Cf. Popper, K. R., « Pour une théorie rationaliste de la tradition », in *Conjectures et réfutations*, trad. franc. Michelle-Irène et Marc B. de Launay, Paris, Payot, 1985, p.183-205.

21. « C'est seulement après avoir parcouru les chemins de ma pensée propre que j'ai pu étudier les dernières œuvre de Wittgenstein, et c'est plus tard aussi que j'ai pu réaliser la parenté de thèmes entre la critique popperienne du positivisme et ma propre orientation », in *L'Art de comprendre*, trad. franç. M. Simon, Paris, Aubier, 1982, p. 12.

22. Cf. Salanskis, J.-M., *Le temps du sens*, Orléans, Éditions HYX, 1997, p. 215-244.

23. Cf. *op. cit.*, p. 193-213.

dont nous tirons en la matière toutes nos lumières[24], Helmholtz a été par exemple une figure très importante pour l'expression de cette critique. L'empirisme logique, par la voix d'auteurs comme Carnap ou Reichenbach, a repris ce discours. En effet l'adoption d'un référentiel purement logique pour évaluer la science et sa capacité de vérité avait sans doute le sens, entre autres, de la mise au rebut de tout ancrage cognitif de l'épistémologie. Chez Rorty, le point que nous soulevons est mis en relief avec une force et une clarté toute particulière : il refuse de façon radicale que la moindre considération objective ou subjective sur la nature du processus cognitif puisse valoir comme élément du *contexte de justification* du savoir[25]. Mais si l'on suit la voie ainsi tracée depuis un siècle, doit-on, comme semble le suggérer Rorty, renoncer à toute notion d'épistémologie, ou bien existe-t-il une façon de concevoir l'épistémologie à l'abri de toute considération cognitive ?

Et nous en venons ainsi au deuxième point, qui à vrai dire était déjà présent par l'usage même que nous faisions de l'adjectif « cognitif ». Celui-ci ne signifiait pas, comme il l'aurait pu dans un contexte classique, « qui a trait à la connaissance », mais quelque chose comme « qui a trait au processus objectivé du rapport informationnel du sujet au monde ». Or cette distinction, nous ne la faisons facilement qu'en raison de l'apparition de la galaxie trans-disciplinaire des sciences dites *cognitives*, qui essayent précisément de procéder à l'objectivation scientifique de ce processus. Nous la faisons, mais cela ne signifie pas qu'elle soit donnée en toute clarté pour tous les acteurs de la discussion cognitive. Dans cet univers au contraire, peut-être en partie par la faute d'une tradition post-kantienne ayant trop oublié la discussion avec le kantisme dont elle sort, on tend à méconnaître le problème épistémologique et transcendantal, et donc à perdre de vue la nécessité de la distinction entre une perspective philosophique sur ce que la connaissance scientifique peut et doit être, et une perspective scientifique sur ce que les processus sous-jacents à la pertinence informationnelle de l'*ανθροπος* sont[26]. D'où il résulte une surcharge sémantique impressionnante – et dommageable pour la précision de la pensée – du mot « cognitif », utilisé pour désigner ce qui a trait au connaître de façon indifférenciée, qu'il s'agisse des processus préparatoires au connaître, du connaître comme fait psychologique, ou finalement du connaître comme possibilité ou norme. Nous croyons que les habitants de la discussion cognitive conviendront sans peine que le démêlement de cet écheveau constitue bien une urgence.

Que peut alors notre conception herméneutique vis-à-vis de cette double urgence ? D'abord, construire une approche épistémologique des sciences cognitives : si l'on manifeste sans ambiguité que la « modélisation cognitive », comme toute modélisation, motive une discussion critique du choix qu'elle est, qu'elle est interrogeable en particulier selon des axes communs à l'investigation épistémologique classique de la physique, on aura manifestement œuvré en faveur de la clarification. Or, c'est ce que nous faisons en proposant une réflexion sur la teneur « esthétique » de la récente modélisation conti-

24. Cf. Chevalley, C., *Niels Bohr Physique et connaissance humaine, édition commentée*, Paris, Folio, 1991.

25. Cf. Rorty, R., *L'Homme spéculaire*, trad. franç. Thierry Marchaisse, Paris, Éditions du Seuil, 1990.

26. Ce point a été souligné par J. Proust dans « Intelligence artificielle et philosophie », in *Le Débat*, n° 47, nov-déc, Paris, Gallimard, p. 88-102.

nuiste en sciences cognitives, à la fois dans « Modes du continu dans les sciences »[27], et dans « Continu, cognition, linguistique »[28]. Il nous semble en effet qu'en s'engageant dans la voie du recours au continu, les sciences cognitives récentes ont implicitement reconnu que, comme la physique mathématique, elles avaient besoin d'une « mise en scène » des phénomènes (en l'occurrence, cognitifs) préalable à leur objectivation et leur légalisation raisonnées. Le problème se pose alors de savoir si cette mise en scène est fondée dans une « expérience de pensée » analogue à celle qui préside à l'inscription *a priori* des phénomènes de la matière en mouvement dans un cadre spatio-temporel. Le continu connexionniste ou morpho-dynamiciste exprime-t-il une imagination *a priori* de la cognition, ou bien est-il un recours purement instrumental, relevant d'une stratégie de maîtrise de la complexité numérique ? Ou bien encore est-il purement et simplement présent en raison de ce que l'on sait ou croit savoir de la réalité neurologique du cerveau ? En bref, il y a lieu de procéder à une confrontation épistémologique et philosophique du continu cognitif récent avec le continu mécanique classique, confrontation qui dans son principe est tout à fait analogue à celle, par exemple, du continu quantique avec le même continu mécanique classique. Les deux articles cités à l'instant partagent donc dans une large mesure leur démarche avec « La mathématique de la nature et le problème transcendantal de la présentation ».

Pour une grande part, l'herméneutique intervient dans cette discussion en ceci que c'est elle qui fait critère : si le continu mobilisé dans une modélisation a une valeur apriorique, cela se manifeste par ceci que les formes mathématiques invoquées pour le mettre en œuvre dans les théories *interprètent* l'expérience de pensée de la présentation des phénomènes visés. La profondeur et la radicalité de l'esthétique transcendantale kantienne, telle que nous l'avons comprise, tient à ce qu'elle permet de concevoir l'enracinement de la modélisation physique dans une couche *mathématiquement pensante* : celle de l'herméneutique géométrique de l'espace-temps. Il s'agit donc de savoir si, par exemple, l'intervention de la mathématique du continu dans la modélisation cognitive correspond à une expérience de pensée, c'est-à-dire à l'affrontement par l'imagination transcendantale d'un point de dépossession, dont la sophistication et l'invention mathématiques dévoilent la nature et la profondeur.

Mais il y a un deuxième aspect de la réflexion que nous commande notre point de vue herméneutique. La description herméneutique heideggeriano-gadamerienne que nous avons appelée de niveau 1 semble aussi avoir une pertinence *anthropologique*. Dans leur critique de l'intelligence artificielle et des sciences cognitives dites « cognitivistes », H. Dreyfus, T. Winograd et F. Florès[29] ont fait valoir, contre les présupposés d'un rationalisme simpliste, le caractère herméneutique de l'être-au-monde du *Dasein*. La perception, le souvenir, le raisonnement, sont de part et part fonction de l'orientation donatrice de sens qu'est l'engagement de l'homme dans son monde. On peut soutenir en s'autorisant simplement de la description honnête des performances humaines qu'elles renvoient toutes au « comprendre » du §32 de *Sein und Zeit*, soit, nécessai-

27. Cf. Salanskis, J.-M., « Modes du continu dans les sciences », *Le temps du sens*, Orléans, Éditions HYX, 1997, p. 193-213.

28. Cf. Salanskis, J.-M., « Continu, cognition, linguistique », *op. cit.*, p. 245-278.

29. Cf. Dreyfus, H., *Intelligence artificielle, mythes et limites*, trad. franç. R.-M. Vassalau-Villaneau, Paris, Flammarion, 1984 ; Winograd, T. & Florès, F., *Understanding Computers and Cognition*, Norwood, Ablex, 1986.

rement, à l'herméneutique heideggerienne et à sa temporalité. Il y a donc, imprévisible scandale, une *herméneutique naturalisée*, comme on a pu parler d'épistémologie naturalisée ou de phénoménologie naturalisée. Le scandale n'est d'ailleurs pas si grand parce que, d'une certaine façon, comme nous essayons de l'argumenter au chapitre IV de *L'herméneutique formelle*, Heidegger a pensé la « structure ontologique du *Dasein* », dans une perspective anthropologique, au moins à l'origine, ainsi qu'on le voit lorsqu'il récuse la question *Quid juris ?* de la philosophie de la connaissance kantienne[30].

La tâche d'une réflexion comme la nôtre semble donc devoir être la suivante :

— Identifier parmi les apports des sciences cognitives ce qui est description de l'herméneuticité de fait du sujet humain, ce qui recoupe le §32 de *Sein und Zeit*.
— Interroger le rapport de cette herméneutique « cognitive » factuelle et de celle imputable à la science.

C'est en substance ce à quoi s'attache l'article « Continu, cognition, linguistique ». Après avoir discuté de la valeur « esthétique » du recours au continu dans la modélisation du sémantique, il essaie de montrer que la linguistique cognitive nous offre aujourd'hui une description systématique de la précompréhension spatiale déposée dans le langage, et d'estimer de quelle manière nous devons penser le rapport de cette herméneutique primitive avec l'herméneutique géométrique. Maurice Merleau-Ponty, Leonard Talmy et Henri Poincaré sont convoqués pour cette discussion.

Une conclusion ou une conséquence de l'analyse effectuée dans cet article, et qui n'est pas formulée, est que l'herméneutique immanente à la perception ou à l'insertion biologique de l'être humain dans son monde, cette herméneutique dont ne cesse de parler Merleau-Ponty dans sa *Phénoménologie de la perception*, que F. Varela ou A. Pichot décrivent au plan physiologique ou biologique, que la psychogie ou la linguistique attentive à son objet ne peuvent manquer de dévoiler, cette pulsation herméneutique « primitive » qui semble bien appartenir à la nature cognitive de l'homme, n'est plus susceptible – du fait même que l'herméneutique y est ainsi naturalisée, égalisée aux multiples processus psychiques, physiologiques ou linguistiques en lesquels elle s'incarne – de flotter, comme l'herméneutique mathématique formelle dont nous avons parlé plus haut, entre les échelles temporelles. Elle est comme « clouée » au rythme et à l'échelle de temps où elle s'incarne, et ceux-ci sont proportionnés à l'existence et la quotidienneté, dictés par le métabolisme au sens le plus général. C'est bien pourquoi entre le niveau de l'herméneutique naturalisée – ne pouvant appartenir à la *phusis* qu'en étant liée à un temps particulier – et le niveau de la « grande » herméneutique temporalement illocale dont nous avons parlé plus haut, existe une disjonction essentielle et radicale. Dans « Continu, cognition, linguistique », nous repérons malgré tout un rapport de fondation et de reprise de l'une à l'autre : l'herméneutique géométrique est dite s'enraciner dans, et emporter en elle, l'herméneutique de la précompréhension langagière de l'espace. Mais nous insistons aussi, critiquant en cela le point de vue de Merleau-Ponty, sur le fait qu'il y a rupture de l'une à l'autre : l'instance de la question et sa force destinale altèrent fondamentalement la relation herméneutique à l'espace, la transposent sur un plan tout à fait différent.

30. Cf. *L'herméneutique formelle*, édition originale, p. 236-247 ; ce volume p. 216-224.

Il est très important de saisir à la fois les deux affirmations :

1. Que l'homme se définit notamment comme une naturalisation de l'herméneutique, et que, donc, les modèles cognitifs modernes, qui commencent à intégrer les points de vue et les descriptions de la phénoménologie, devront, pour restituer avec quelque vérité ne serait-ce que la proto-cognition perceptive, intégrer sa dimension herméneutique (l'effet d'horizon, l'ouverture essentielle du champ, la temporalité de l'anticipation, de la construction, du pro-jet), ce qu'ils n'ont guère fait dans un premier temps (mais, pour être juste, l'exigence en est désormais perçue).
2. Mais que, par cette théorisation, on ne sera pas quitte de la « grande » herméneutique. Il restera un problème, essentiellement philosophique cette fois, celui de savoir décrire-dans-le-sens, comprendre plutôt qu'expliquer, la « sortie hors de la *phusis* » de l'herméneutique. Nous reviendrons sur la nécessité et la signification de cette étape dans ce qui suit.

### C.4.2 *Lecture herméneutique de la tradition de la loi juive*

Nous avons annoncé un autre type de généralisation du propos de l'herméneutique formelle : c'est celui qui nous permet d'aborder dans des termes similaires la tradition de la loi juive. Cet aspect de notre travail est sans nul doute celui dont nous avons le plus peur qu'il prête à confusion. Cependant, un des buts du présent livre est de le mettre en pleine lumière, à côté des autres facettes, obéissant en cela à ce qui nous semble la simple exigence de la vérité. Que notre réflexion sur l'herméneutique ait en la tradition de la loi juive depuis le début, avant même que nous sachions nommer le thème de cette réflexion au moyen du mot *herméneutique*[31], un des modèles privilégiés auprès duquel elle s'éprouve, se corrige et s'approfondit, c'est un fait, et nous croyons qu'en dissimulant cet aspect nous priverions nos lecteurs des moyens de nous comprendre et de nous critiquer comme nous le méritons.

Plusieurs remarques nous semblent utiles à bien situer ce travail.

Tout d'abord, ainsi que nous l'avons déjà dit, le travail sur la tradition juive a largement valeur d'inspiration pour nous. Nous pensons que nous n'aurions jamais osé penser une herméneutique non essentiellement lexicale, et donnant lieu au cours des siècles à une prolifération inventive, si nous n'avions pas eu connaissance de la labyrinthique inflation du *Talmud* et du savoir halakhique en général au cours des siècles (faisant pendant, en quelque sorte, à l'accumulation récente des théorèmes bourbachiques). Par dessus le marché, notre conviction, exprimée plus haut, que la temporalité unitaire de l''herméneutique formelle est une temporalité éthique, où la futurition est en quelque sorte octroyée par le visage d'autrui, nous vient sans doute de la fréquentation de cet exemple.

31. On remarquera cependant que dans les articles « La philosophie analytique et la tradition de la loi juive » (Salanskis, J.-M., *Talmud, science et philosophie*, Paris, Les Belles Lettres, 2004, p. 139-156, et « Wittgenstein : l'obligation ou la perplexité » (*ibid.*, p. 127-137), le mode d'enchaînement que nous décrivons n'est pas identifié en référence à l'herméneutique heideggeriano-gadamerienne, et que même, dans le premier de ces articles, l'herméneutique est citée comme contre-modèle, exégétique et littéraire : nous identifiions alors l'herméneutique à l'interprétation axée sur la consommation esthétique, contre laquelle Gadamer pourtant la construit dans *Vérité et Méthode*, et à laquelle nous avons explicitement opposé l'herméneutique formelle.

Deuxièmement, il faut présenter en quelques mots les idées que nous avons essayé de mettre en avant au sujet de la tradition juive. Nous sommes partis de l'effort pour contrecarrer certaines estimations ambiantes dont nous éprouvions l'inexactitude. Nous voulions donc faire voir :

— Que la tradition juive n'est pas essentiellement tradition du commentaire de la Bible, comme on le croit si souvent, mais tradition de l'élaboration interprétative du droit dans le *Talmud*.
— Que comme telle, elle n'est pas un corps clos de dogmes ancestraux, mais le développement à beaucoup d'égards proliférant de toute une systématique pensante.
— Que le régime intellectuellement dominant dans ce développement n'est pas le théologique mais le logique.

À cette fin nous avons esquissé un compte-rendu philosophico-épistémologique de la tradition de la loi juive dont les deux accents principaux sont les suivants :

— Nous avons besoin d'analogies scientifiques pour comprendre la tradition de la loi juive comme tradition rationnelle.
— Le propre d'un genre de discours est à déceler dans l'examen de son mode d'enchaînement, et c'est par où notre analyse du « genre talmudique » rejoint les problèmes herméneutiques.

Ceci nous amène assez naturellement à envisager la tradition de la loi juive comme tradition herméneutique relevant non pas du modèle exégétique standard, mais d'un modèle apparenté à celui de l'herméneutique formelle.

Nous présentons en effet la généralisation qui permet d'intégrer la tradition de la loi juive à notre problème herméneutique, dans « Die Wissenschaft denkt nicht »[32], comme généralisation de l'herméneutique *formelle* à l'herméneutique *littérale*. Ce que nous appelons en général *herméneutique littérale*, dans cet article, d'un nom peut-être maladroit et trompeur, c'est l'herméneutique dont le trajet, de la réception de l'énigme à sa version, va selon l'agencement de la lettre, et pas selon le sémantisme spontané du *mot*. L'herméneutique formelle correspondrait alors au cas où cet agencement de la lettre prend la forme spécifique du *calcul/preuve*. L'herméneutique talmudique serait, à côté de l'herméneutique mathématique, un cas d'herméneutique littérale. Mais elle ne serait pas un cas d'herméneutique formelle, pour cette simple raison, au fond, qu'elle ne s'en remet pas à la puissance libre et disponible du mécanisme formel. La différence reste à penser plus avant. Mais il nous semble qu'il y a un lien profond et essentiel, dans l'herméneutique formellle, entre deux choses : d'une part que la lettre soit doublée par le nombre, en sorte que l'un comme l'autre sont envisagés dans leur infinité potentielle, et d'autre part que la manipulation formelle soit une manipulation prescrite en termes de *permissions*, faisant de la chose formelle une machine offerte à n'importe qui en vue de la fécondation du sens par elle. Dans le cas talmudique, l'événement herméneutique est bien, à chaque fois, d'ordre logico-syntaxico-littéral, mais d'un côté, le

32. Cf. Salanskis, J.-M., « Die Wissenschaft denkt nicht », in *Revue de Métaphysique et de Morale*, n° 2, Paris, 1991, p. 207-231 ; repris dans *Le temps du sens*, Orléans, 1997, p. 47-66 ; repris dans *Heidegger, le mal et la science*, Paris, Klincksieck, 2009, p. 77-103.

*nombre* et la perspective infinitisante sur le matériau littéral lui-même ne sont pas convoqués, de l'autre côté l'agencement est un agencement à restituer plutôt qu'un agencement à agencer. Les maîtres lèguent leur résultats d'agencement, et le savoir halakhique reconstruit dans l'après-coup l'épaisseur herméneutique littérale résultant de ces « coups », dont le génie inventif relève du *court-circuit* plutôt que de la mise en œuvre d'un dispositif explicite.

Il y a un deuxième élément important dans le transfert que nous opérons de nos considérations herméneutiques vers le champ de la tradition de la loi juive : ce transfert est la mise en pratique de la conception de l'épistémologie et de sa fondamentalité que nous avons exposée au chapitre IV de *L'herméneutique formelle*[33]. Pour nous, en effet, l'épistémologie n'est pas d'abord et essentiellement une étude de la validité du savoir scientifique, mais la tentative, par une réflexion et une analyse appropriée des contenus, de se rendre sensible à l'herméneutique immanente à la science. Nous affirmons même qu'en ce sens et pour cette raison, l'épistémologie est déjà « toute » la philosophie, ce qui veut dire pour nous que son projet n'est pas une limitation ou une spécialisation du projet philosophique général. Si l'on interprète ce dernier, au moins pour ce qui regarde les questions théorétiques, comme projet d'aimer le savoir – le savoir-sagesse – alors l'épistémologie est exactement une modalité de ce projet, celle qui consiste à aimer en se montrant réceptif au caractère herméneutique-pensant du savoir. Mais il coule de source que dans une telle perspective, l'épistémologie ne saurait être limitée à la science comme catégorie englobant ce dont elle est appelée à traiter. Il doit y avoir une épistémologie de tout savoir, même non scientifique, et même, à notre avis, si l'on décide d'entendre dans une certaine indistinction, comme nous l'avons fait, la *sophia* et le *logos*, il doit y avoir une épistémologie de formations discursives qui ne sont pas des savoirs à proprement parler. On retrouve à l'instant sous notre plume la terminologie qui était celle de Michel Foucault. Comme nous l'avons affirmé dans le même chapitre de *L'herméneutique formelle*, nous considérons notre entreprise comme en grande affinité avec la sienne. Il y a une double différence, partiellement historico-contingente à notre avis : d'une part, nous mobilisons pour l'étude large et ouverte des genres savants l'herméneutique et la phénoménologie, dont, à l'en croire, il voulait plutôt se séparer ; et, d'autre part, alors que sa tendance naturelle était de prendre en charge surtout les disciplines n'ayant pas passé le « seuil de la formalisation », notre tendance est de partir de ces dernières. Mais sinon, nous voyons bien que nous tenons de Foucault l'idée que la compréhension de la spécificité des genres de discours est une des responsabilités primordiales de la philosophie, et que cette compréhension ne peut s'effectuer qu'à partir d'un horizon large, excédant la limite de la science stricte.

L'idée qui nous est chère, qu'expose entre autre choses l'article « Le tort de l'image »[34], est que l'épistémologie est « l'art de la lecture externe », c'est-à-dire l'art du discernement transversal de la dimension épochale des discours : la tâche, philosophiquement centrale, de l'épistémologie, est d'entendre le destin pensant qui se noue dans chaque région discursive. Cela ne se peut que par la double assomption de l'internalité et de l'externalité. Il faut que l'épistémologue parvienne à se placer sous la gouverne de la voix qui dit l'énigme propre au domaine, afin de n'être

33. Cf. édition originale, p. 203-251 ; ce volume, p. 183-228.

34. Cf. Salanskis, J.-M., *Talmud, science et philosophie*, Paris, Les Belles Lettres, 2004, p. 193-218.

pas sourd aux versions qui en sont proposées. Il faut aussi qu'il préserve son externalité, qui lui permet d'habiter l'archipel des pensées, et de forcer le passage du sens d'une île à l'autre. Qui lui permet, surtout, d'oser les concepts non exemplifiables, non régis par leur grammaire : les concepts intenables de la philosophie, au moyen desquels, depuis toujours, elle traduit les constructivismes locaux, d'une traduction qui, si elle est bien faite, doit magnifier leur intelligence.

L'idée que l'épistémologie doit être *à l'intérieur* a été fortement accentuée par J.-T. Desanti, à propos de l'épistémologie des mathématiques. Nous faisons partie de ceux qui, ayant suivi son exemple sur ce point, voudraient manifester qu'il a fait école. Dans le cas de la tradition juive, l'exigence de porter un regard qui vienne de l'intérieur est connue de tous, et prend une signification existentielle redoutable. Nous sommes certains de n'y avoir pas véritablement satisfait, de nous en être tiré à trop bon compte. Mais nous croyons avoir réellement essayé.

Que l'épistémologie soit un art de la lecture externe semble à première vue une assertion plus banale, redondante avec l'auto-complaisance séculaire de la philosophie. Nous croyons néanmoins avoir en vue, en la prononçant, quelque chose de moins convenu. La métaphore de l'archipel, proposée ci-dessus, nous vient de J.-F. Lyotard, qui dans sa contribution[35] au livre *Rejouer le politique*, présentait dans des termes comparables le système kantien comme la carte d'un « archipel des phrases », accompagné de la description fine de plusieurs opérateurs de passage (hypotypose schématique et symbolique, analogie du beau et du bien moral, type, signe historique au moins). Il nous paraît donc naturel d'enchaîner ici sur un examen du rapport qu'entretient notre discours « herméneutique » avec la pensée dont nous provenons, la lyotardienne ou la derridienne notamment, que nous aurions envie de caractériser ici par l'option régulatrice de l'anti-subjectivisme.

## C.5 Herméneutique et anti-subjectivisme

Nous nous souvenons fort bien comment Jean-François Lyotard nous avait mis en garde de façon négative à l'endroit de l'herméneutique lors de la parution du livre de Ricœur sur Freud[36], transmettant à l'adolescent que nous étions l'exigence d'une philosophie toujours à la hauteur de l'*autre*. Ce qui n'allait pas, selon lui, dans la tentative de rattacher l'interprétation freudienne à la tradition herméneutique, c'était l'écrasement qui en résultait nécessairement de l'*altérité* de la pensée inconsciente. Jean-François Lyotard nous disait aussi que Ricœur, en fin de compte, s'efforçait de nier la nouveauté de l' « attitude dans le sens » de Freud, en la ramenant au déchiffrement de la parole divine, au mode religieux (en l'espèce protestant). Or l'interprétation religieuse, soutenait-il, vise toujours à commuer la parole de Dieu en celle de l'homme, à faire revenir le sens dans la figure de la conciliation.

Par la suite, cela dit, Jean-François Lyotard s'est de lui-même ouvert à une interprétation para-théologique du freudisme : il a marqué l'analogie entre le dispositif de la cure analytique et la relation du peuple juif à l'inaudible et traumatique promesse

35. Cf. « Introduction à une étude du politique selon Kant », in *Rejouer le Politique*, Galilée 1981, p. 91-134.

36. Cf. Ricœur, P., *De l'interprétation. Essai sur Sigmund Freud*, Paris, Le Seuil, 1965.

par laquelle Dieu le tient[37]. Et, faut-il l'ajouter, dans la suite de sa vie philosophique, Jean-François Lyotard n'est pour ainsi dire jamais sorti du commentaire et de la pensée de cette histoire là. Son incursion dans ces matières s'est même approfondie au point que, dans un de ses anciens séminaires par lesquels nous avons été formé, il analysait la figure globale de l'enchaînement traditional juif, de Dieu et Moïse aux décisionnaires actuels en passant par les *Tanaïm* et les *Amoraïm*. Si Jacques Derrida a pu dire à Jean-François Lyotard, à Cerisy-la-Salle en notre présence « Je tiens le thème juif de vous », nous sommes en mesure pour notre propre compte de lui dire[38], encore plus précisément « je tiens ma pensée de l'herméneutique de vous », puisqu'aussi bien l'inspiration originaire de cette pensée est pour nous le « modèle halakhique », et qu'il est le premier à avoir attiré notre attention sur ce dernier.

Dans le débat qui pourrait s'ouvrir avec l'anti-subjectivisme contemporain, il y a en tout cas cet enjeu « inter-religieux ». Si la tradition herméneutique, par tous ses représentants, Heidegger compris, clame une complicité essentielle avec le christianisme – peut-être même, dans la majorité des cas, avec le christianisme *protestant* – notre opération personnelle de reprise du motif herméneutique, avec la prétention de montrer son exportabilité à la région de la science formelle, passe par une sorte de pluralisation confessionnelle. Il est possible qu'une herméneutique racontée en des termes tels que les nôtres cesse d'apparaître clairement comme un discours de la subjectivation et de la conciliation à nos éventuels contempteurs, qui sont aussi nos maîtres.

Mais en nous contentant de déplacer ainsi le climat de la critique possible, nous ferions trop peu, nous esquiverions le fond de l'affaire. Pour comprendre le rapport de notre herméneutique avec l'anti-subjectivisme, il faut tout d'abord comprendre quel problème central de la philosophie elle a la prétention d'assumer, et en vue de quel usage.

Ce qu'il y a à dire dans cette matière, nous l'avons en fait déjà dit, lorsque nous avons décrit la *temporalisation sans échelle* de l'herméneutique telle que nous l'envisagions. Mais il n'était alors pas indiqué à quelle énigme philosophique cette description répondait. Disons-le donc : la grande affaire est le rapport du *sens* avec le *temps*. Nous voudrions comprendre quelle est la non-étrangeté profonde du sens et du temps, pourquoi tout sens s'assène dans un temps propre, pourquoi tout temps fait advenir du sens – fût-ce du sens « en trop » ou, symétriquement et semblablement, du sens minimal-inaccompli, traumatique – pourquoi en bref le sens temporalise et le temps signifie.

Les réponses modernes à cette question sans âge et sans limite cherchent à conjuguer le temps avec le *dialogal* : chacun éprouve que le dialogue humain est à la fois le creuset élémentaire de toute manifestation du sens, et la matrice de l'événement, dans la mesure où celui-ci se délivre toujours comme une phrase, et dans la mesure où nous ne concevons pas vraiment une phrase non adressée.

La dialectique est de prime abord un motif philosophique selon lequel se nouent le temps et le dialogue. Selon la dialectique, le temps s'égalerait de manière homologue au *devenir* (envisagé comme enchaînement dialogal infini et sursumant du *là* et de la *négation*) et au *concept* (envisagé comme prise dialogale de l'idée sur l'immédiat).

37. Cf. Lyotard, J.-F., « Œdipe juif », in *Dérives à partir de Marx et Freud*, Paris, Union générale d'éditions, 1973, p. 167-188.

38. Au moment où ces lignes sont écrites, Jean-François Lyotard est vivant.

Nous discutons de la valeur de cette orchestration philosophique du lien du temps et du dialogue dans « L'étrangeté de l'espace : dialectique ou herméneutique ? »[39]. Nous lui objectons que le dialogal est à la vérité perdu dans les figures de la dialectique, parce que Hegel a non seulement accepté mais voulu que l'unilatéralité de l'adresse fût effacée. Mais un dialogue où les parties n'ont plus accès à l'advocation qui les oppose n'est pas un dialogue, ce qui veut d'ailleurs littéralement dire qu'il n'a pas de sens. Et chacun sait qu'un contenu dialectisé, par Hegel ou par sa postérité, se trouve toujours en grand danger de sombrer dans le non-sens.

L'herméneutique est une autre façon de nouer le temps avec le dialogal : cette fois, le passage du temps est imputé à l'assomption de la requête, à l'être-saisi par la question. L'universalité et la neutralité du temps s'expriment dans l'abstraction non ontique du destinateur de la question (la communauté comme soumise à la tension de la question. La finitude, l'unilatéralité du destinataire garantissent la valeur de l'adresse, car il faut qu'il y ait destinataire *homme*, pauvre entité anthropologique, pour que l'adresse temporalise. Dans l'article déjà cité, nous expliquions pourquoi les possibilités de lecture philosophante de la textualité scientifique offertes par la conception herméneutique nous semblaient largement supérieures à celles qu'ouvre la dialectique.

Mais essayons d'approfondir encore les choses : pourquoi voulons-nous nouer le temps avec le dialogal ? Pour constituer philosophiquement le *temps du sens*. La philosophie, selon nous, ne peut commencer que dans la conscience qu'un univers du sens est donné entre les hommes. Le sens est déjà là ; la charge de la philosophie n'est pas l'institution du sens. Par exemple, mais cet exemple est beaucoup plus qu'un exemple, le sens scientifique est donné, sa disponibilité encyclopédique environne la pensée.

Alors se pose en fait la question éthico-politico-métaphysique : que faire du sens ? Une des tentations est de le substantiver, de le naturaliser, de le regarder comme un étant. De prendre le niveau du sens comme une simple complication de la carte ontologique. Les sciences cognitives modernes, sans bien comprendre la portée de cette orientation leur, ne peuvent guère échapper à une telle tentation, sauf à renoncer à leur projet d'origine et au statut même de science. Cette tentation possède sa légitimité, et à rebours de beaucoup de philosophes attentifs à cette aventure, nous n'apercevons pas de limite *a priori* à ce qui pourra être ainsi objectivé, naturalisé, *dérobé à l'adresse*.

La philosophie herméneutique du sens, considérée comme une des façons de nouer le temps avec le dialogal, n'est pas du tout une théorie du sens rivale de celles que des objectivations du sens, par exemple cognitives, sont susceptibles de produire. Elle procède de la conviction que nous sommes requis *par-dessus le marché et de toute façon* de penser la transcendance absolue du sens à l'égard de l'être, de penser le sens dans l'exclusive dimension de l'adresse. L'adresse, ainsi que nous l'avons déjà expliqué, est le lieu unique où nous pouvons, dans l'impouvoir de notre être-requis, faire glisser sur elle-même l'autorité de l'être, entendre autrement qu'être. Mais le savoir, la science ne sont pas libres de ce lieu mythique du sens transcendant. Il apparaît que la science se développe depuis toujours comme une *explication adressée*, et qu'elle ne cesse de faire appel à un engagement de nos esprits en ses textes, engagement dont procède la *compréhension* : il n'y a pas de contenu technique, notamment mathéma-

39. Cf. Salanskis, J.-M., « L'étrangeté de l'espace : dialectique ou herméneutique ? », *Le temps du sens*, Orléans, Éditions HYX, 1997, p. 97-124.

tique, dont on puisse capitaliser le savoir si les ponts sont rompus avec la source vivante de toute compréhension.

On nous dira que le temps sans échelle, se temporalisant à partir du visage d'autrui, dont nous parlons plus haut dans cette annexe, est le temps mythique de l'herméneutique mythique. Nous en convenons, et nous avons marqué plus haut la nécessité d'opérer la démarcation entre cette herméneutique/ce temps et l'herméneutique de la précompréhension factuelle, l'herméneutique naturalisée qu'est l'homme, dont le temps est instancié. Mais nous soutenons que nous avons besoin du temps mythique. La philosophie doit faire valoir le temps comme temps propre de l'adresse, futurition de l'homme par l'homme, et doit même ramener à ce mythe l'avancée fabuleuse de la science. La rationalité humaine n'est pas seulement quelque chose qui, comme un Popper le décrit, procède du perfectionnement méthodique du mythe dans sa valeur dénotative. Elle est aussi quelque chose qui présuppose toujours un niveau mythique de la temporalisation du sens, et qui demande que toute la construction positive du monde soit toujours retemporalisée dans le champ trans-ontologique du sens. Donc l'effort philosophique pour représenter rigoureusement le contenu de ce « mythe du sens » – mal nommé à vrai dire car nous ne sommes pas sûr qu'il soit nécessairement un *récit* – nous est absolument indispensable, autant sans doute que le pain, l'évitement des maladies pendant un long intervalle de vie, l'amour, et, priorité absolue, la bonté.

La mise en scène de la temporalité sans échelle, procédant de la futurition de l'homme par l'homme, comme temporalité propre de l'aventure du sens, était notre contribution à l'enseignement du mythe du sens. Elle emprunte aux concepts herméneutiques l'essentiel de son propos et de sa structure, même si, comme nous l'avons longuement expliqué, elle en déplace la tonalité et la systématicité sur plusieurs points importants.

Qu'en est-il, après une telle mise au point, de l'anti-subjectivisme ? Le sujet est nécessairement l'instance où le temps et le dialogal se rencontrent et adhèrent, pour constituer le mythe du sens. Le destinataire est un sujet avant d'être une communauté, même si chaque région du savoir témoigne de ce que des communautés se sont formées qui impliquent par avance des collections de sujets dans des questions. Cela aussi, nous l'avions expliqué : ces collections ne sont néanmoins pas extensives et substantives, et le destinataire-sujet reste la présupposition incontournable, à défaut de laquelle il n'y aurait plus à proprement parler d'adresse de la science, et donc ni sens ni compréhension de celle-ci.

Si, donc, l'anti-subjectivisme était cette philosophie qui a voulu évincer l'instance du destinataire, nous devrions lui donner tort, à tout le moins nous en séparer sans ambiguïté. Mais l'a-t-il jamais voulu dans ce sens ? Nous en doutons fort. L'anti-subjectivisme a généralement souhaité défaire l'illusion d'une possession par le sujet des invariants régulateurs pour son savoir, son goût, sa morale. C'est donc simplement l'interprétation substantive de la subjectivité transcendantale contre laquelle il a lutté ; ne faisant en cela que porter à l'explicite la meilleure et la plus propre intention de Kant lui-même. De ce travail nous nous sentons solidaires.

Mais il nous semble qu'au delà de cette vertu démystificatrice de l'anti-subjectivisme, il n'a pu que reprendre à son compte ce qui est la responsabilité spécifique de la philosophie, et qui est de témoigner de la dimension du sens. Or, il n'y a aucun moyen de porter ce témoignage en oblitérant le fait que c'est à l'homme que le sens s'adresse, et que l'homme n'*habite* donc à proprement parler pas le monde du sens : le monde du sens ne tient pas comme un monde, ne chronifie pas comme un monde, il a sa chronie et sa tenue dans l'adresse. Ce qui veut encore dire qu'il insiste en s'effrondrant sans cesse dans la dissymétrie éthique. Exactement autant que et pour la même raison que le sujet est, selon Levinas, le point de l'univers où la responsabilité déborde (l'univers se défaisant du même coup en ce point, ajouterions-nous), l'usage compréhensif du sens, et pour commencer la relation respectueuse à tout ce qui nous précède – et que l'anti-subjectivisme a montré comme extériorité qui nous tient (le langage, le désir, etc.) – exigent absolument l'instance du sujet comme lieu de l'adresse, cercle du temps éthique.

# Glossaire

[Comme d'habitude, je tiens à préciser que ce glossaire est constitué en rassemblant des informations puisées dans l'Enclyclopædia Universalis, l'Enclyclopædia Britannica, Wikipedia et ma culture personnelle]

## I.1 Notions

ANALYSE Branche des mathématiques, dont l'identité et l'identification a toute une histoire. Dans le contexte contemporain, l'analyse désigne en substance tout ce qui est étude d'objets dérivant de l'ensemble des nombres réels $\mathbb{R}$ ou de l'ensemble $\mathbb{C}$ des nombres complexes, dans la perspective locale-infinitésimale : du point de vue de ce qui se passe « localement » ou « à la limite ». Cela coïncide dans une mesure importante avec tout ce qui est travail sur les variétés différentiables. On trouvera des cartes plus savantes de ce qu'est l'analyse au sens contemporain dans les ouvrages de Dieudonné (cf. *Éléments d'analyse*, qui figure dans la bibliographie du livre). Historiquement, on a pu utiliser le mot *analyse* et l'adjectif *analytique* pour qualifier la méthode exacte, calculatoire et littérale, de la mathématique à l'âge classique et moderne. À cette époque, l'analyse ne s'oppose pas à l'algèbre, mais l'enveloppe plutôt. Si on définit, aujourd'hui, l'algèbre comme l'étude et l'exploitation de ce que Bourbaki appelle *structures algébriques*, alors il faut dire que l'analyse contemporaine mobilise fortement l'algèbre : une notion comme celle de groupe de Lie est un bon exemple de l'intersection profonde des deux domaines. Dans ce livre, on évoque souvent l'analyse non standard , c'est-à-dire le renouveau de l'analyse infinitésimale initié par les travaux d'Abraham Robinson à partir de la théorie des modèles. Et l'on fait état de l'évolution ayant conduit, dans les années 80-90, certains adeptes de l'analyse non standard à concevoir ce qu'ils apportaient plutôt comme une nouvelle méthode pour la mathématique en général que pour la branche analyse seulement. C'est ce qui justifie l'introduction de l'idée de mathématique non-standard.

BOURBAKI, BOURBACHIQUE Nicolas Bourbaki est le nom collectif que s'est choisi un petit groupe de mathématicien français, qui se sont engagés à la fin des années 1930 dans un vaste projet de refonte et de réexposition de l'ensemble du savoir mathématique (on cite généralement les noms de André Weil, Jean Dieudonné, Henri Cartan et Claude Chevalley). Ce projet s'est principalement manifesté par l'édition des volumes successifs de la collection *Éléments de mathématique*, reprenant un à un les chapitres de la connaissance mathématique pour les exposer se façon parfaite et exhaustive, avec les bons objets et les bonnes notations, dans l'idiome de la théorie des ensembles héritée de Cantor, Hilbert, Zermelo et Fraenkel entre autres. Le groupe Bourbaki avait aussi l'ambition d'accompagner et de favoriser le développement de la recherche mathématique dans le contexte du nouveau langage ensembliste : c'était – et c'est toujours – la fonction des *Séminaires Bourbaki*, qui offrent régulièrement aux chercheurs l'occasion de présenter leurs travaux récents. Une telle opportunité constitue pour eux une étape importante de reconnaissance. L'entreprise Bourbaki, au fil des années, a débordé le cadre de l'hexagone, des mathématiciens étrangers ayant participé au groupe, comme Samuel Eilenberg ou Serge Lang.

CANARDS Les canards sont des « cycles » de certains systèmes dynamiques, observables dans certains cas au voisinage infinitésimal d'une valeur du paramètre pour laquelle le système présente une bifurcation de Hopf. On peut les ressentir comme des sortes de contre-exemple démentant le théorème de Hopf si on n'analyse pas bien la situation, dans la mesure où ils ont un diamètre qui n'est pas celui prédit par le théorème. L'importance de ces canards tient dans ceci que les outils classiques rendent particulièrement malaisé de les repérer et de faire leur théorie, alors que celle-ci est fort naturelle dans l'approche non standard. Par dessus le marché, on peut montrer que la prise en considération des canards est pertinente par rapport à des attentes de physicien à l'égard de la théorie des systèmes dynamiques. La théorie des « canards », pour toutes ces raisons, est apparue à un certain moment comme le principal succès dont l'école non standard pouvait se prévaloir, à la fois pour convaincre qu'elle était porteuse d'un programme de recherche propre, susceptible d'ajouter ses trouvailles à celles des approches classiques, et pour convaincre qu'elle pouvait servir d'outil pour la réflexion sur des problèmes posés depuis le cadre classique. La théorie des canards s'est ensuite développée dans diverses directions (théorie des fleuves, des canards discrets, théorie des séries divergentes). Tout cela est exposé de façon plus complète dans mon ouvrage de 1999 *Le constructivisme non standard* (cf. bibliographie).

COMPACITÉ LOGIQUE L'expression est d'abord associée au théorème de Gödel-Malcev (dit justement théorème de *compacité logique*). Ce dernier affirme que si un système d'énoncés est tel que tout sous-système fini admet un modèle, alors il admet globalement un modèle. C'est donc un théorème qui nous assure de la possibilité d'illustrer par un monde-exemple un système infini de contraintes ou de conditions, dès lors que nous savons illustrer n'importe quelle sous-collection finie de ce système. Il exprime donc une certaine accessibilité de l'infini à partir du fini, ou encore de contrôlabilité de l'infini par le truchement du fini.

Notre théorème est prouvablement équivalent au « théorème de l'ultrafiltre », selon lequel tout filtre sur un ensemble est sous-ensemble d'un ultrafiltre. Lequel théorème est une conséquence de l'axiome du choix non équivalente à ce dernier.

Rappelons qu'un *filtre* sur un ensemble $A$ est un sous-ensemble $\mathcal{F}$ de $\mathcal{P}(A)$ tel que

**(i)** $\mathcal{F} \neq \emptyset$

**(ii)** $\emptyset \notin \mathcal{F}$

**(iii)** si $X \in \mathcal{F}$ et $Y \in \mathcal{F}$ alors $X \cap Y \in \mathcal{F}$

**(iv)** si $X \in \mathcal{F}$ et $M \supseteq X$ alors $M \in \mathcal{F}$

Un *ultrafiltre* est un filtre maximal pour l'inclusion, différent de $\mathcal{P}(A)$ ; ou encore un filtre $\mathcal{F}$ différent de $\mathcal{P}(A)$ tel que, pour tout élément $X$ de $\mathcal{P}(A)$, on a $X \in \mathcal{F}$ ou $\mathcal{C}_A X \in \mathcal{F}$.

La notion topologique de compacité est la suivante : un espace topologique $X$ est dit compact ssi, pour tout recouvrement par des ouverts $(U_i)_{i \in I}$ de l'espace $X$, il existe un sous-ensemble fini $J$ de $I$ tel que la famille d'ouverts $(U_i)_{i \in J}$ recouvre encore $X$.

En d'autres termes, on n'a jamais vraiment besoin d'une infinité de « lieux » pour recouvrir notre espace en totalité. Il est équivalent de dire que tout ultrafiltre sur $X$ converge.

Plus généralement, on qualifie au moyen du terme *compacité* l'accessibilité de l'infini par le fini, ou plutôt la « réductibilité au cas fini » du cas infini.

ÉLARGISSEMENT Ce mot traduit le terme anglais *enlargement* utilisé par Abraham Robinson pour nommer la technique au moyen de laquelle il ajoute aux situations mathématiques de l'analyse des éléments « en plus » rendant loisible le raisonnement et le calcul infinitésimaux. La procédure logique de l'élargissement est relativement complexe. Retenons deux éléments. 1) D'une part, elle suppose que l'on se réfère à la théorie classique du domaine que l'on veut élargir en intégrant à celle-ci tout ce qui concerne les types finis de profondeur quelconque sur l'ensemble de base, c'est-à-dire en considérant cette théorie comme décrivant dans toutes leurs complications les ensembles de relations formables à partir d'un ensemble de base. 2) D'autre part, elle consiste à ajouter, pour toute relation dite « concourante », un objet limite à l'infini. C'est-à-dire que, chaque fois que l'on a une relation suivant laquelle toute collection finie se laisse dominer par un majorant, on adjoint un élément – « idéal » – qui domine suivant cette relation tous les éléments donnés au départ.

La procédure d'élargissement ajoute donc à une situation tous les points idéaux à l'infini qu'elle permet d'envisager, dans toute sa profondeur relationnelle. Le théorème de logique – de théorie des modèles – démontrant l'existence de la nouvelle structure ensembliste, la structure *élargie*, est essentiellement une application du principe de compacité logique.

ERLANGEN Le programme d'Erlangen (*Erlanger Program* dans la langue d'origine) fut formulé par Felix Klein (1849-1925) en 1872 dans un texte-manifeste célèbre. Il vise à la réorganisation de la géométrie et à l'unification des recherches géométriques. Selon le programme, dans toute étude géométrique, il y a toujours un ensemble de points substrat, l'« espace » de la géométrie en cause, un ensemble de transformations privilégiées de cet espace dans lui-même, et des figures sous-ensemble de notre espace qui sont bousculées et déplacées par les transformations, mais conservées dans leur propriétés essentielles. Ainsi, pour l'espace euclidien standard, les transformations sont les isométries (rotations, symétries, translations et leurs composés). Chaque contexte géométrique, selon la vue de Klein, est notamment caractérisé par le *groupe* des transformations fondamentales associé. Felix Klein a travaillé avec le physicien-géomètre Julius Plücker et le mathématicien norvégien Sophus Lie. Il a été la figure proéminente originaire de l'école de Göttingen, avant Hilbert et Courant.

FAISCEAU Le concept de faisceau généralise et formalise une situation familière : celle où l'on s'intéresse à un « monde géométrique » et aux fonctions définies localement sur ce monde. Ainsi, je peux m'intéresser à une sphère, et envisager différents paramètres évaluables localement, comme la densité de population ou la température dans le cas de la sphère terrestre. Il se pourrait que certains paramètres ne se laissent évaluer que localement, et pas en tout point de la sphère (ainsi le paramètre « intensité des aurores boréales » ou « intensité des moussons »). On peut donc systématiquement associer à chaque lieu de la sphère l'ensemble des fonctions définies sur ce lieu. De

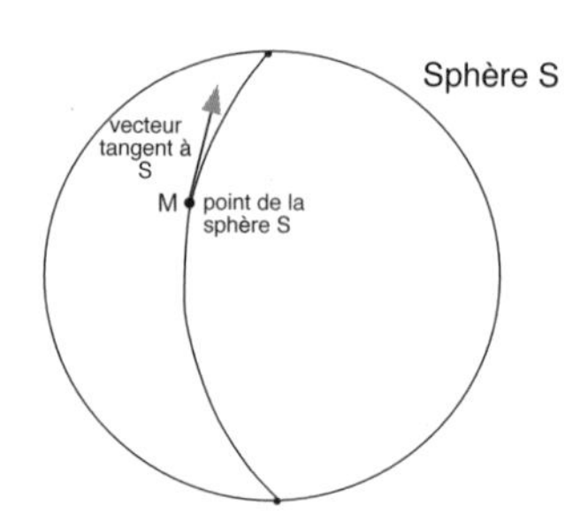


FIG. I.2 – *Sphère et son vecteur tangent*

telles fonctions ont des propriétés exprimant la logique de la localité et de la globalité : une fonction définie sur un lieu se laisse naturellement restreindre à tout lieu plus petit, inclus dans le premier lieu; si la restriction d'une fonction à une pluralité de petits lieux recouvrant un lieu plus ample est connue, et si ces diverses restrictions concordent dans les zones d'empiètement mutuel de deux lieux, alors la fonction est spécifiée sur le lieu global par la famille de ses restrictions locales. Un faisceau n'est pas autre chose que la généralisation et la formalisation de cette situation : techniquement, un foncteur contravariant défini sur la catégorie des ouverts d'un espace topologique, et à valeurs dans une catégorie d'objets algébriques (typiquement, des groupes ou des anneaux). On exige de plus le principe de recollement évoqué à l'instant soit valable. L'important est que le concept de faisceau, inventé dans le contexte de la géométrie différentielle, mais exploité de façon considérable dans le contexte de la géométrie algébrique, capture pour l'esprit mathématique contemporain quelque chose de l'idée même de géométrie : faire de la géométrie, c'est s'intéresser à des mondes au dessus des localités desquels « planent » des entités interopérables, obéissant à un principe de détermination par recollement.

FIBRÉ TANGENT La notion de variété différentielle, en mathématiques, correspond à l'idée d'une « figure » qui est en même temps regardée comme un espace, comme une entité géométrique auto-suffisante, ne dépendant pas d'un espace englobant dans lequel elle s'inscrit. La propriété de base de ces variétés est que l'on peut les recouvrir intégralement par des *cartes* qui identifient localement la variété à un espace euclidien, soit à l'objet géométrique le plus familier et le plus proche de l'intuition ordinaire. Ces cartes repèrent également les points de la variété, localement, par des systèmes de coordonnées, comme en « géométrie analytique » depuis Descartes et Fermat.

Pour chaque variété différentiable de cette espèce – du moins si elle est de classe $C^1$ au moins – on peut définir un « fibré trangent » associé. Celui-ci est un nouvel espace, une nouvelle variété différentiable – de classe $C^{p-1}$ si la variété de départ était de classe $C^p$ – qui rassemble en lui tous les vecteurs tangents à la variété de base. Ces vecteurs tangents généralisent la notion simple de vecteur tangent à une courbe : disons qu'ils traduisent l'orientation infinitésimale en un point d'une courbe tracée sur la variété en ce point. On peut figurer de manière parlante et simple la notion de vecteur tangent en un point d'une sphère, comme le fait la figure I.2.

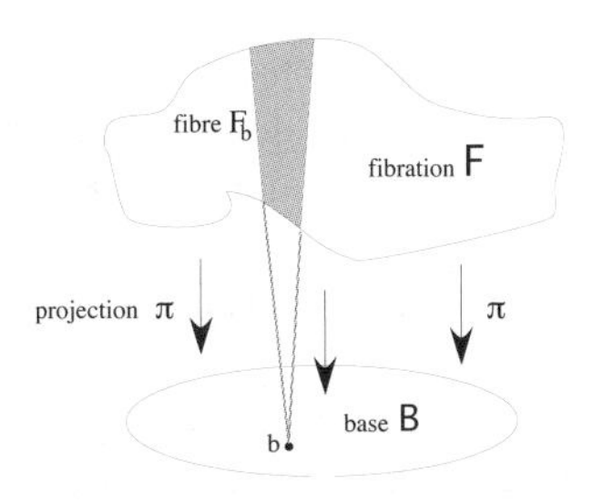


FIG. I.3 – *Fibration*

Cet espace de tous les vecteurs tangents est naturellement « fibré » : les vecteurs tangents se divisent naturellement en familles ou sous-ensembles, regroupant tous les vecteurs tangents à un point donné. Un tel sous-ensemble s'appelle une « fibre » : la fibre « au-dessus » du point en question. Le fibré tangent d'une variété différentielle est donc un cas particulier du concept général de fibration. On désigne par là un espace $F$ étendu au dessus d'un second tel espace $B$, appelé base de la fibration : $F$ se projette sur la base $B$, suivant une application-projection $\pi$. L'ensemble des points de la fibration se projetant en un point $b$ de la base est ce qu'on appelle la fibre au dessus de $b$ ($F_b$), comme l'indique la figure I.3.

FONCTIONS RÉCURSIVES On distingue sous ce nom une classe de fonctions particulièrement simples définies sur des ensembles du type $\mathbb{N}^k$ ($k$ entier positif), et à valeurs dans $\mathbb{N}$. On les introduit en fait en deux étapes : d'abord les fonctions récursives primitives, ensuite les fonctions récursives.

Présentons donc en premier lieu la classe des fonctions récursives primitives. En font partie pour commencer, par principe, les fonctions constantes du type $(n_1, \ldots, n_k) \mapsto a$, les fonctions projection du type $(n_1, \ldots, n_i, \ldots, n_k) \mapsto n_i$, et la fonction successeur de $\mathbb{N}$ dans $\mathbb{N}$. Par ailleurs on stipule les clauses de stabilité suivantes :

**(i)** si les $g_i : \mathbb{N}^k \to \mathbb{N}$, pour $1 \leq i \leq p$, sont des fonctions récursives primitives, et si $h : \mathbb{N}^p \to \mathbb{N}$ en est une autre, alors la fonction $(n_1, \ldots, n_k) \mapsto h(g_1(n_1, \ldots, n_k), \ldots, g_p(n_1, \ldots, n_k))$ est aussi récursive primitive.

**(ii)** si $f : \mathbb{N} \to \mathbb{N}$, est une fonction telle que pour une certaine fonction $g$ récursive primitive on a $\forall n f(n+1) = g(f(n), n)$, alors $f$ est récursive primitive. Plus généralement si $f : \mathbb{N}^{k+1} \to \mathbb{N}$ est telle que, pour une fonction récursive primitive $g : \mathbb{N}^{k+2} \to \mathbb{N}$, on a

$$\forall n\ f(n+1, n_1, \ldots, n_k) = g(n, f(n, n_1, \ldots, n_k), n_1, \ldots, n_k),$$

et si de plus la fonction $(n_1, \ldots, n_k) \mapsto f(0, n_1, \ldots, n_k)$ est récursive primitive, alors $f$ est elle-même récursive primitive.

Les fonctions récursives primitives sont alors simplement toutes celles qui le sont parce qu'elles sont des fonctions de base, ou en vertu d'une des clauses de stabilité, et seulement ces fonctions.

On obtient ensuite la classe des fonctions récursives en adjoignant au système un nouveau procédé de définition, le procédé de minimisation : en gros une équation du type $f(n,n_1,\ldots,n_i,\ldots,n_p) = 0$ étant donnée, où $f$ est une fonction récursive, on définit la fonction $g$ qui à tout $p$-uplet $(n_1,\ldots,n_i,\ldots,n_p)$ associe le plus petit $n$ satisfaisant l'équation. Les fonctions récursives, à la différence des fonctions récursives primitives, ne sont pas toujours définies (il peut n'y avoir aucun $n$ satisfaisant l'équation).

La définition de la classe des fonctions récursives est une des manières de cerner la notion informelle de *calculabilité effective* : un procédé d'obtention d'un *output* à partir d'un *input* qui se laisse coder par une fonction récursive est un procédé effectif. La notion semble émerger dans les travaux de Skolem d'un côté, être suggérée à Gödel par Herbrand dans une lettre de 1931 par ailleurs. Gödel la précise dans des exposés donnés à Princeton en 1934.

On peut établir que les fonctions récursives primitives sont *représentables dans l'arithmétique formelle*, au sens où elles y sont « bi-énumérables » : une relation $R$ à $p$ places sur les entiers est bi-énumérable dans le système formel $S$ ssi on peut définir au moyen du langage de $S$ un prédicat $\Gamma_R$ à $p$ places tel que pour tout $p$-uplet d'entiers $(n_1,\ldots,n_p)$, et en notant généralement $\overline{m}$ le nom formel de l'entier intuitif $m$ dans $S$ (supposé disponible), on a

$\Gamma_R(\overline{n_1},\ldots,\overline{n_p})$ est prouvable dans $S$ ssi $R(n_1,\ldots,n_p)$ est vrai
et
$\neg\Gamma_R(\overline{n_1},\ldots,\overline{n_p})$ est prouvable dans $S$ ssi $R(n_1,\ldots,n_p)$ est faux.

FORCING Le mot désigne la technique inventée par Paul Cohen pour achever, après les travaux de Gödel, la démonstration du caractère indécidable, dans la théorie des ensembles, de l'hypothèse du continu. En effet, pour établir cette indécidabilité, il fallait en substance construire un « sous-univers » de l'univers des ensembles dans lequel l'hypothèse du continu était fausse (Gödel ayant mis en avant le sous-univers des ensembles constructibles, où le même énoncé était vrai). Mais une analyse du problème montrait que toute tentative de déterminer un tel sous-univers de manière simple était vouée à l'échec. Cohen a donc défini une méthode générale pour produire des « modèles » de la théorie des ensembles : en substance, en envisageant a priori une suite infinie de propriétés par lesquelles contraindre les éléments du futur modèle. On produit alors, par un procédé de synthèse ensembliste infinitaire, ce que Cohen appelle une *structure générique* : on peut la récupérer nantie des propriétés que l'on souhaitait. Le mot anglais *forcing* exprime cette idée de la contrainte exercée par avance sur l'entité que l'on a en vue à l'horizon.

GÉOMÉTRIE DIFFÉRENTIELLE Branche de la mathématique. À l'origine, à la suite de travaux pionniers de Newton et de Leibniz, et dans le contexte du développement des méthodes infinitésimales, la géométrie différentielle désigne surtout l'étude locale des courbes représentatives des fonctions, de leurs tangentes, points de rebroussement, et autres cercles osculateurs. Aujourd'hui, la branche – sans que ces aspects disparaissent – se voit redéfinie comme l'étude des variétés différentiables et des applications différentiables définies d'une telle variété différentiable dans une autre. Nous définissons ce qu'est une variété différentielle dans l'entrée FIBRÉ TANGENT du glossaire. Comprise de la façon la plus large possible, cette branche inclut donc la théorie des systèmes dynamiques (des champs de vecteurs – c'est-à-dire des distributions régulières de « tendance au mouvement » – définies sur des variétés différentielles) et la topologie différentielle (l'étude des propriétés topologiques, locales ou globales, des variétés différentiables). On soutient dans le livre que la géométrie différentielle fixe une interprétation de l'espace et de la géométrie : un monde spatial est quelque chose qui ressemble localement à un espace euclidien traditionnel, et la géométrie comme science de l'espace étudie les configurations et les transformations liées à de tels mondes.

HALO Le halo d'un point, en analyse non standard, nelsonienne ou robinsonienne, consiste dans l'ensemble des points infiniment proches de ce point. Ainsi le halo de 0, noté $hal(0)$, est l'ensemble des éléments infiniment petits. En analyse non standard robinsonienne, le symbole $st$ est un symbole fonctionnel, qui à tout nombre hyperréel non infiniment grand associe l'unique réel standard de son halo, sa « partie standard ». Alors qu'en analyse non standard nelsonienne, $st$ est un prédicat à une place, qui distingue les objets standard des objets non standard. Dans la vision du continu-discret de Harthong et de Reeb, les nombres réels sont introduits comme des halos en quelque sorte : un nombre réel correspond à une classe de nombres entiers qui apparaissent comme infiniment proches les uns des autres pour un certain regard (« de loin »).

INTÉGRALE La notion d'intégrale semble avoir été introduite, au moins sous sa forme moderne, par Leibniz, en liaison avec le calcul infinitésimal. Intégrer une fonction, c'est d'abord sommer, sur un intervalle, les rectangles infiniment petits compris entre la courbe, l'axe des $x$ et deux segments reliant un point de l'axe des $x$ et un point infiniment proche de lui avec les points de la courbe correspondant à leurs images, comme l'indique la figure I.4. Une telle somme, si on peut l'effectuer, calcule la surface comprise entre la courbe, l'axe des $x$, et deux segments verticaux correspondant à deux valeurs de référence de la variable $x$. Il apparaît très vite, dans cette logique, que, dans des conditions normales de régularité, il suffit de posséder une fonction dont notre fonction est la dérivée (une primitive de notre fonction) pour calculer cette somme infinie de surfaces de rectangles infinitésimaux. Cette première conception de l'intégrale est reprise, retravaillée, généralisée, dans la suite de l'histoire des mathématiques, donnant lieu essentiellement au concept de l'intégrale de Riemann et à celui de l'intégrale de Lebesgue. Ce développement historique conduit à intégrer de plus en plus de fonctions, à saisir l'opérateur d'intégration sous des angles nouveaux, et à introduire de nouvelles notions, comme celle de mesure.

INTÉGRALES DE CHEMIN Les intégrales de chemin sont une notion proposée par Feynman, et qui fournissent une sorte de point de vue général pour l'exposition et la compréhension de la mécanique quantique. L'idée de base est simplement que le nombre complexe amplitude de probabilité pour qu'un système passe d'un état 1 à un état 2 est une sorte de bilan de sommation, où l'on « additionne » les nombres complexes correspondant à la contribution de chaque chemin que le système pourrait prendre pour aller de l'état 1 à l'état 2. On a donc, pour calculer cette amplitude de transition, une intégrale qui somme des intégrales correspondant chacune à un chemin. Le caractère profondément probabiliste ou modal de la mécanique quantique s'exprime dans ceci que la grandeur qui l'intéresse, l'amplitude de transition, prend en

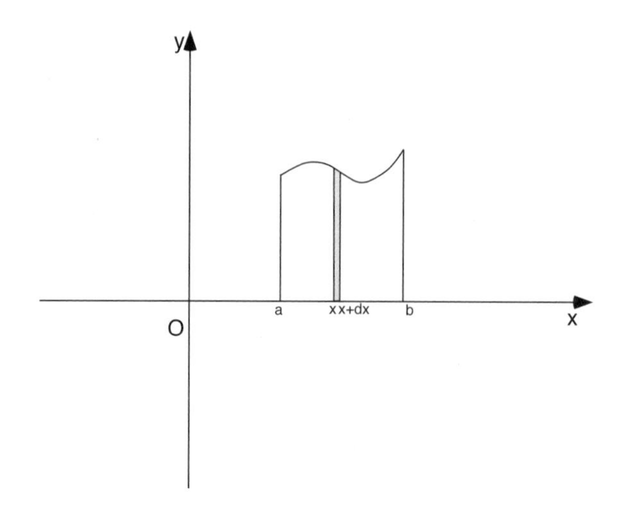


FIG. I.4 – *Rectangle infinitésimal*

considération tous les possibles : ce qui est est pour ainsi dire constamment paramétré par un espace de virtualité où il se tient.

Un des buts de cette conception serait d'arriver à exposer l'électrodynamique quantique, la grande théorie physique novatrice dont Feynman est l'un des pères, dans les termes de l'intégrale de chemin. Aujourd'hui, cette formulation de la mécanique quantique est volontiers employée dans l'approche de .problèmes relativistes en théorie quantique des champs.

INTELLIGENCE ARTIFICIELLE, IA. L'intelligence artificielle (en abrégé IA) est le nom d'une composante fondamentale de l'entreprise de recherche pluridisciplinaire que l'on appelle désormais le plus souvent *sciences cognitives*. Dans les premiers temps – dans les années 60-70 – on donnait même volontiers le nom d'intelligence artificielle à l'entreprise dans son ensemble. Quoi qu'il en soit, l'intelligence artificielle est le projet de faire accomplir par des programmes d'ordinateur les tâches que nous l'humanité reconnaissons ordinairement comme manifestations de notre intelligence. C'est donc un projet « théorico-technique » si l'on veut, qui enveloppe à la fois l'écriture de logiciels intelligents et la construction de machines informatiques capables de les faire tourner. Les premiers succès historiques de l'intelligence artificielle ont été les programmes jouant aux échecs, et les programmes réussissant l'exercice mathématique du calcul des primitives, bien connu des élèves des classes préparatoires scientifiques. On considère, en général, que le but ultime de l'intelligence artificielle a été défini par Turing avec ce qu'on appelle le « test de Turing » : il s'agirait d'écrire un programme capable d'inspirer à l'ordinateur qui le porte des réponses, dans une conversation avec un humain d'écran à écran, non discernables de celles d'un humain bon teint. Comme nous l'avons dit au début, on voit, de nos jours, l'intelligence artificielle avant tout comme un des outils utilisés au sein de l'effort pour accéder à une connaissance naturaliste du comportement exprimant la connaissance de leur environnement chez les humains : l'entreprise dite des sciences cognitives. Notre simulation logicielle des compétences intelligentes est une étape et une aide vers la compréhension de ce qui se passe effectivement, entre nos cerveaux, nos corps et notre monde.

LAMBDA-CALCUL Calcul formel inventé par Church dans les années 1930. C'est un calcul qui présente sur un même plan des termes représentant des objets et des termes représentant des fonctions : la fonction qui à $x$ associe $xy$ est représentée, ainsi, par le terme $\lambda x.xy$. On définit, pour les termes complexes susceptibles d'être engendrés selon les règles (les $\lambda$-termes), une opération de simplification (la $\beta$-conversion), qui consiste en substance à « appliquer » les termes qui désignent une fonction à ce qui est écrit juste à leur droite. Church montre que le lambda-calcul peut être vu comme un paradigme du calcul : il nous enseigne en quelque sorte que calculer, c'est simplifier des termes compliqués en procédant à des substitutions licites. On montre que toutes les fonctions récursives peuvent être retrouvées dans ce système : elles coïncident avec les fonctions lambda-définissables. Si $f$ est une fonction récursive de $\mathbb{N}^k$ dans $\mathbb{N}$, on lui associe un lambda-terme $A_f$ tel que, si $(n_1, \dots, n_i, \dots, n_k)$ est un $k$-uplet d'entiers, et si $(\mathbf{n}_1, \dots, \mathbf{n}_i, \dots, \mathbf{n}_k)$ sont les termes du lambda-calcul codant ces entiers (on peut définir un procédé de codage), alors le terme $A_f \mathbf{n}_1, \dots, \mathbf{n}_i, \dots, \mathbf{n}_k$ se réduit par simplification à $\mathbf{m}$, où $m = f(n_1, \dots, n_i, \dots, n_k)$. La forme du lamnda-calcul a inspiré la définition par MacCarthy du langage Lisp, le premier langage conçu en vue de l'intelligence artificielle sans doute. Un langage, également, qui se prête bien à l'écriture en lui du discours mathématique.

MACHINES DE TURING La notion de machine de Turing est introduite par Turing dans un article célèbre où il s'attache à démontrer que l'on ne peut pas définir de procédure mécanique décidant tous les énoncés écrits dans le langage de la mathématique formelle, résolvant par là – un peu après Alonzo Church, mais indépendamment de lui – un des fameux problèmes légués par Hilbert, l'*EntscheidungsProblem*. Pour le faire, il est amené à définir exactement ce qu'est une « procédure mécanique ». À cette fin, il part de l'expérience que nous avons de ce que nous appelons usuellement calcul, et qui exprime bien, pour nous, l'idée de l'enchaînement mécaniquement nécessaire. Transposant le rapport du calculateur aux symboles qu'il écrit sur une feuille de papier à un modèle théorique, il arrive à la notion de machine de Turing : une machine pourvue d'une tête de lecture qui circule le long d'un ruban infini divisé en cases, et qui, en substance, « regarde » le symbole inscrit sur la case qu'elle vise, puis, en fonction du symbole vu et de l'état dans lequel elle se trouve, accomplit une transition se décomposant en trois actions, une inscription, un déplacement et un changement d'état. La table de la machine de Turing est la règle qui spécifie la transition à accomplir en fonction du symbole vu et de l'état. On arrive ainsi à une définition théorique du calcul : un calcul est un épisode de fonctionnement d'une machine de Turing. Il y a une « entrée » pour un tel calcul : l'état du ruban de la machine à l'origine, qui est variable en fonction des symboles que l'on a inscrits sur le ruban avant de lancer la machine. Dans la définition de la machine de Turing, on inclut une règle précisant dans quelles conditions la machine s'arrête (par exemple en définissant un état, parmi les états disponibles, comme celui de l'arrêt). Un calcul, lancé par une certaine « entrée » sur le ruban, est donc susceptible de s'arrêter – auquel cas on observe sur le ruban une sortie, une nouvelle inscription symbolique – ou inversement de ne jamais s'arrêter, la machine étant constamment attirée vers une nouvelle transition. On peut coder les nombres entiers naturels, et en général les $k$-uplets de nombres entiers naturels, sur le ruban. Il est alors sensé d'essayer de « réaliser » au moyen d'une machine de Turing, de « programmer » si l'on veut, des fonctions de $\mathbb{N}^k$ vers $\mathbb{N}$. On montre que l'on peut faire accomplir par une machine de Turing, à condition de choisir intelligemment sa table, tous les algorithmes élémentaires de l'arithmétique, comme l'addition et la multiplication. Et au-delà, qu'il y a une table réalisant chaque fonction récursive. La notion de machine de Turing apparaît ainsi comme une manière de représenter théoriquement la notion de calcul, de procédure effective, équivalente aux deux autres évoquées dans ce glossaire, celle du lambda-calcul et celle des fonctions récursives.

NATURALISÉ(E), NATURALISATION La première occurrence – en tout cas la première occurrence notable pour l'espace contemporain – du concept de naturalisation en philosophie est due à Quine, dans son célèbre article « L'épistémologie devenue naturelle » (cf. bibliographie), où il soutient que nous devons renoncer au vieux rêve d'une épistémologie fondationnelle, exposant comment nos vérités scientifiques se justifient comme conséquences logiques d'un petit nombre de vérités de base formulées au moyen de notions de base. À la place, nous devons assumer l'entreprise de comprendre de façon naturaliste, dans les termes des sciences, le processus objectif par lequel les organismes humains, en réponse à la stimulation sensorielle qu'ils reçoivent, produisent des théories scientifiques (en quantité déraisonnable). Après Quine, on appelle *naturalisation* tout effort pour proposer, à la place d'un ancien discours plus ou moins spiritualiste, faisant référence implicitement à des au-delà de la nature suspects, un nouveau discours s'insérant dans la description scientifique de la nature, couvrant les mêmes phénomènes ou réalités sans recourir aux mêmes contenus mythiques. La naturalisation n'est donc pas une véritable opération magique sur les entités du monde, comparable à l'action d'une pierre philosophale. Elle est plutôt la conversion d'un type de discours à un autre, souhaitable à l'heure où la philosophie en général se place sous la bannière du naturalisme, adoptant ses deux maximes cardinales : 1) écrire une philosophie qui soit un chapitre de la connaissance scientifique ; 2) refuser de faire crédit à des entités supra-naturelles.

NON STANDARD Pour nous, « non standard » est une locution adverbiale (nous n'accordons pas « standard » avec le nom, ni en genre ni en nombre). Originairement, « non standard » détermine *analyse*, pour désigner avec *analyse non standard* une façon de faire de l'analyse (cf. entrée ANALYSE) qui incorpore et légitime l'usage de quantités infiniment petites (d'infinitésimales dans le langage classique), et du coup, par cohérence, également de quantités infiniment grandes. Toujours à l'origine, cet effet « non standard » vient, dans la démarche d'Abraham Robinson, par le truchement de la technique de théorie des modèles de l'élargissement (cf. l'entrée ÉLARGISSEMENT). On appelle encore « non standard » toute théorie ultérieure faisant surgir des éléments infiniment petits, y compris lorsque cette théorie se situe à un niveau plus général que celui de l'analyse, déterminant une mathématique non standard plutôt qu'une analyse non standard . Par ailleurs, les théories non standard ont pour effet d'amener à distinguer entre certains objets « normaux », que l'on appelle standard, et d'autres que l'on appelle non standard. Chez Robinson les objets standard sont ceux qui existaient avant l'élargissement, les non standard sont les nouveaux objets apportés par l'élargissement ;

mais une autre distinction, d'une importance égale, émerge, celle entre les ensembles internes et les ensembles externes. La théorie IST d'Edward Nelson systématise au plan d'une axiomatique fondatrice cette double distinction, en introduisant dans la théorie des ensembles un prédicat à une place $st$ : les objets standard sont ceux qui satisfont $st$ et les objets non standard sont les autres ; les ensembles internes sont les ensembles normaux, les externes sont les collections non ensemblisables. Le lien avec la première acception étant que les éléments infiniment petits non nuls de la droite réelle $\mathbb{R}$ sont des objets non standard, justement, ayant la propriété que leur valeur absolue est plus petite que tout réel strictement positif standard. En résumé, « non standard » qualifie ou bien le style d'une famille d'approches parallèles à l'approche classique, ou bien des objets anormaux au sein des objets mathématiques, introduits dans l'univers mathématique par ces approches.

PLATONISME MATHÉMATIQUE On appelle « platonisme mathématique » la conception philosophique selon laquelle les mathématiques décrivent une réalité externe à leur discours et indépendante de lui, qui se trouve seulement être une réalité suprasensible, « idéale » dit-on, en ayant à l'esprit quelque chose comme la notion platonicienne d'idée. Dans le contexte de la philosophie des mathématiques, le « platonisme mathématique » apparaît donc comme une variante du réalisme, c'est-à-dire de la thèse selon laquelle la connaissance est seconde par rapport à un réel qu'elle reflète et dont elle dépend. La question de savoir jusqu'à quel point ce qu'on appelle dans le cadre du débat contemporain « platonisme mathématique » est véritablement en phase et en accord avec la philosophie historique de Platon demeure ouverte, et donne lieu à des prises de positions diverses et non unanimes.

POLYNÔME, POLYNOMIAL Un polynôme est une fonction du type $x \mapsto a_n x^n + \ldots + a_i x^i + \ldots + a_1 x + a_0$. Classiquement, nous envisageons la variable $x$ comme circulant dans l'ensemble $\mathbb{R}$ des nombres réels, et les coefficiants $a_i$ comme des nombres réels. Mais rien n'empêche de définir une telle fonction sur un corps commutatif quelconque $k$, avec des coefficients pris dans le même corps. Dans les exposés contemporains, on considère en fait la fonction polynomiale comme seconde par rapport à un polynôme formel : à tout anneau intègre $k$, on associe l'anneau $k[X]$ des polynômes formels construits sur $k$. Ce point de vue revient à envisager l'indéterminée $X$ – ainsi qu'on l'appelle – comme une entité algébrique abstraite donnée, et les polynômes sont alors tout ce que l'on obtient à partir de l'anneau $k$ et de cette indéterminée en se laissant aller à faire des additions et des multiplications.

On peut dire que les polynômes correspondent aux fonctions les plus simples que nous puissions définir avec les ressources algébriques de base que sont une addition et une multiplication. Ils déterminent en quelque sorte un horizon familier et de complexité minimale pour le calcul algébrique.

PSYCHOLOGIE HEBBIENNE La règle de renforcement de Hebb est une hypothèse sur la dynamique interne de la neurophysiologie. Chaque fois que deux cellules cérébrales sont reliées par une connexion, on envisage une force de connexion, quantifiant le degré auquel la valeur d'activation d'une cellule tend à augmenter celle de l'autre dans le cas d'une connexion excitatrice, ou au contraire la diminuer dans le cas d'une connexion inhibitrice. La règle de Hebb stipule que, toutes choses égales par ailleurs, le fait que deux cellules se trouvent activées à un niveau appréciable en même temps tend à renforcer la force de connexion excitatrice. Il s'agit donc d'une postulation de la transformation du fait en tendance, ou de la propension du fait à donner lieu à une tendance. Cette doctrine hebbienne prévoit, par l'effet de la règle, la constitution d'assemblées neurales, regroupant des neurones dont l'excitation est solidaire. La règle de Hebb est une inspiration pour beaucoup de modèles connexionnistes en sciences cognitives (évoqués dans le livre). Par psychologie hebbienne nous entendons simplement – de façon tout à fait générale et sans exigence précise – une psychologie qui conceptualise à partir de l'hypothèse hebbienne.

SUITES DE CAUCHY Une suite de Cauchy est une suite dont les termes, du côté de l'infini, tendent à être aussi proches les uns des autres que l'on veut : autrement dit, les termes de la suite s'agglutinent les uns sur les autres lorsque l'on égrène la suite vers l'infini. Techniquement, une suite $(u_n)_{n \in \mathbb{N}}$ de nombres réels est une suite de Cauchy si et seulement si

$$\forall \epsilon > 0 \in \mathbb{R}\, \exists N \in \mathbb{N}\, \forall p \in \mathbb{N}\, \forall q \in \mathbb{N}\ \ (p \geq N \,\&\, q \geq N) \rightarrow |u_p - u_q| \leq \epsilon.$$

Si petite que soit la quantité $\epsilon$, il y a un rang dans la suite tel que si l'on prend $p$ et $q$ au-delà de ce rang, on est sûr que $u_p$ et $u_q$ sont proches de moins de $\epsilon$. La propriété cardinale de $\mathbb{R}$ , qui le distingue de l'ensemble $\mathbb{Q}$ des nombres rationnels, est que $\mathbb{R}$ est complet, c'est-à-dire que toutes les suites de Cauchy sont convergentes : chaque fois que les termes d'une suite s'agglutinent les uns sur les autres à l'infini, cela signifie qu'en fait, ces termes s'agglutinent autour d'une valeur fixe et déterminable, qui est la limite de la suite. La notion de suite de Cauchy se généralise à un espace métrique quelconque, et l'on peut définir en général le « complété » de cet espace métrique, en substance en prenant comme nouvel espace l'espace des suites de Cauchy du premier espace : une telle procédure généralise la construction cantorienne de $\mathbb{R}$ à partir de $\mathbb{Q}$, tout en prenant appui sur elle.

SÉMÈMES, CLASSÈMES, TAXÈMES Nous reprenons ces termes à la linguistique de François Rastier (cf. notamment son ouvrage de 1987 *Sémantique interprétative*). Un *sémème* est une unité de base de signification, portée par ce qu'on appelle usuellement un mot, sauf qu'il s'agirait plutôt, ici, de ce que la linguistique appelle *morphème* (plus petite unité de la langue orale portant le sens). On le sait, les désinences de l'impératif sont un morphème alors qu'elles se situent à un niveau infra-lexical, alors que « bon marché »est un morphème alors que c'est une entité hyper-lexicale. Le sémème, donc, est simplement la part de signifié de l'unité de base, en oubliant la part de signifiant. Ce que Rastier appelle le *taxème* est alors une classe minimale au sein de laquelle quelques sémèmes sont en inter-définition : chacun tient la fonction de se distinguer de chaque autre, selon le schéma de la sémantique différentielle de Saussure. Ainsi, il y a un taxème des ustensiles de la table, où figurent *couteau*, *fourchette* et *cueillère* ; ou encore un taxème des artefacts mobiliers, où *canapé* s'oppose à *chaise*, *table* ou à *fauteuil*. Un sémème est non polysémique si je sais dans quel taxème le considérer : *canapé* cesse d'être à deux valeurs sémantiques si je me restreins au taxème des artefacts de mobilier, en négligeant celui des nourritures ou types de nourritures.

Le *classème* d'un sémème, pour Rastier, désigne l'ensemble des sèmes génériques, définissant une classe plus ou moins vaste, sous lesquels ce sémème se laisse ranger.

Ainsi *cuisinier* entre dans le *domaine* /alimentation/ (ou encore, *alimentation* est un sème méso-générique impliqué par *cuisinier*), et aussi dans la dimension /animé/ (ou encore, *animé* est un sème macro-générique impliqué par *cuisinier*).

$Spec(R)$, GÉOMÉTRIE ALGÉBRIQUE Dans ce livre, on évoque la branche *géométrie algébrique* de la mathématique et son histoire. À l'origine, la géométrie algébrique est simplement l'étude des courbes et surfaces ayant une équation algébrique, c'est-à-dire correspondant à l'ensemble des zéros, dans le plan ou dans l'espace, d'une fonction polynôme ou d'un système fini de fonctions polynômes. Disons que l'étude de l'intersection dans le plan d'une droite et d'un cercle apparaît comme un problème élémentaire de géométrie algébrique, correspondant, en substance, au cas où nos deux « polynômes » sont un polynôme de degré 1 et un polynôme de degré 2. Lorsque la droite et le cercle ont comme intersection ce qu'on appelle un point double, nous savons que la droite est tangente au cercle, et nous voyons ainsi apparaître une notion algébrique, et non pas infinitésimale, de tangence. Le livre s'intéresse surtout à l'évolution qui conduit à redéfinir l'objet de la géométrie algébrique, et partant son identité, comme ce que Grothendieck appelle un *schéma*. La notion générale de schéma, fort complexe, admet comme cas particulier le plus simple ce qu'on appelle les schémas affines, c'est-à-dire les schémas $Spec(R)$ associés à des anneaux commutatifs unitaires $R$.

Donnons simplement pour finir cette entrée une idée de ce qu'est l'objet $Spec(R)$. Il s'agit pour commencer d'un espace topologique, dont les points sont les idéaux premiers de $R$. On confère à cet espace une topologie en définissant les fermés comme les ensembles d'idéaux premiers contenant une certaine partie de $R$ : c'est ce qu'on appelle la topologie de Zariski. Au-delà, on définit aussi un faisceau sur l'espace topologique ainsi obtenu : la structure de schéma incorpore à la fois l'espace topologique et le faisceau. Ce faisceau associe, en gros, à chaque ouvert de l'espace un ensemble de fractions formées à partir de l'anneau $R$ : selon l'ouvert, on accepte un ensemble variable de dénominateurs pour ces fractions. Un schéma général est un espace topologique muni d'un faisceau tel que tout point admette un voisinage ouvert tel que ce voisinage muni de la restriction du faisceau soit isomorphe comme faisceau à un schéma affine du type $Spec(R)$ pour un certain anneau $R$. On montre que les ensembles algébriques affines (les zéros d'une famille de polynômes à $n$ variables sur un corps $k$), ou leur généralisation les variétés algébriques sur un corps $k$, se laissent réidentifier comme des schémas, au moins lorsque $k$ est algébriquement clos (cf. ce livre p. 246).

THÉORIE DES MODÈLES On désigne de ce nom ce à quoi a donné naissance, en fin de compte, la sémantique logique définie par Alfred Tarski dans son célèbre article sur le concept de vérité (mémoire exposé en 1931, publié en 1933, traduit en allemand en 1935-1936). Au départ, donc, il s'agissait pour Tarski de donner une description théorique de la vérification à travers laquelle on pouvait établir la vérité d'un énoncé, si, du moins, l'on souhaitait comprendre la vérité comme correspondance du discours à la réalité, en accord avec sa tradition la plus forte. Ce projet, pour être conséquent et viable, requiert que nous traitions d'énoncés rédigés dans un langage formel, et que nous disposions d'un métalangage, lui-même formalisé, depuis lequel, à la fois, dire ce qui tient le rôle du réel, décrire les assemblages symboliques du langage formel prétendant à la vérité, et théoriser les conditions de la correspondance. Un tel métalangage sera, optimalement, celui qui norme et introduit l'objec-

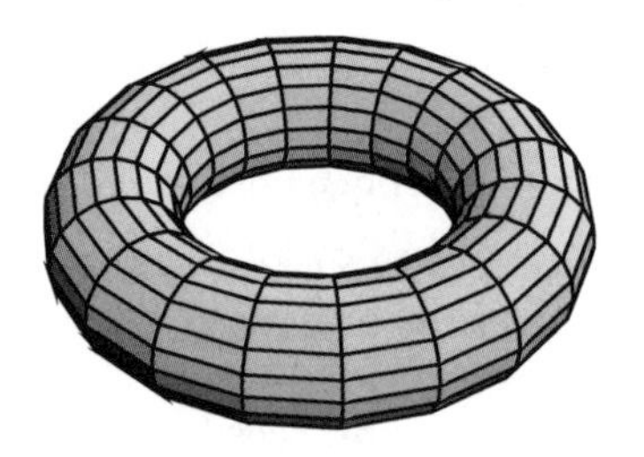

FIG. I.5 – *Tore*

tivité la plus générale et la plus neutre, l'objectivité « a priori » qui s'impose ici, à savoir celle des ensembles : soit le langage de la mathématique formelle elle-même. On laisse donc à la mathématique le soin de présenter les langages et les théories d'une part, la « satisfaction » des collections d'énoncés par des « structures » prélevées au sein de l'univers des objets mathématiques (les ensembles), d'autre part. La théorie des modèles, vue désormais autant comme une théorie mathématique ensembliste que comme une théorie logique, devient ainsi l'étude de la multiplicité des configurations mathématiques susceptibles d'illustrer les divers contenus théoriques articulables dans un langage du premier ordre. Elle est en quelque sorte une exploration interne à la mathématique, par ses propres moyens, des possibilités et des limites de la fiction logique des mondes.

TOPOLOGIE-TRACE Dans le livre, on explique la notion d'espace topologique : un espace dans lequel on a choisi une famille de sous-ensembles incarnant la notion de « lieu bien arbitant », les *ouverts* de l'espace (cf. p. 158-161). Chaque fois qu'on a une telle strucutre topologique sur un ensemble, on peut en faire hériter chacun de ses sous-ensembles, en définissant simplement comme ouverts de la nouvelle strcuture les interesctions des ouverts de l'espace de base avec le sous-ensemble considéré. On dit que le sous-ensemble a été muni de la topologie *trace* de la topologie de départ.

TORE Un tore est une figure géométrique familière, dont l'illustration concrète la plus convaincante est le pneu de voiture. On peut le voir comme le résultat de la rotation dans l'espace d'un disque circulaire, le centre de ce disque décrivant un cercle dans un plan orthogonal à celui du disque (cf. figure I.5). C'est un exemple canonique de variété différentiable (objet de base de la géométrie différentielle). Les tores sont des objets mathématiques fondamentaux, qu'on trouve à la croisée de maint chemin théorique, et dont les propriétés intéressent de mille manières les mathématiciens, qui les font intervenir dans de nombreux contextes.

VOISINAGE Le mot est utilisé en théorie des espaces topologiques (voire dans le livre, pour la notion d'espace topologique, les pages 158-161). Un voisinage du point $a$ d'un espace topologique est une partie de cet espace qui contient une partie « bien abritante » contenant le point, un *ouvert* contenant le point dans le langage propre de la théorie topologique : elle est donc elle-même bien abritante, avec de la marge si l'on peut dire. La notion de voisinage en question n'a rien de métrique, elle tolère à vrai dire qu'un voisinage soit quelque chose de très grand ou très gros, qui embrasse le point considéré de fort loin (l'espace entier est voisinage de chacun de ses points). L'important est la logique collective gouvernant le système des voisinages d'un point : selon celle-ci, on peut resserrer le voisinage, par exemple en intersectant deux voisinages, ce qui nous fait toujours obtenir un nouveau voisinage. Il est en fait possible de définir un espace topologique par la donnée, pour chaque point, d'un système de voisinages, pour peu que ces systèmes satisfassent quelques axiomes simples. On récupère alors les ouverts comme les sous-ensembles qui sont voisinages de chacun de leurs éléments. La notion de voisinage fait partie éminemment du supplément de pouvoir et de finesse apporté par la théorie topologique à la pensée du lieu.

ZFC, IST La théorie des ensembles communément reconnue comme la base de la mathématique actuelle est la théorie ZFC (théorie de Zermelo-Fraenkel avec choix ; si on lui retire l'axiome du choix, on obtient la théorie ZF). Cela signifie que l'on se représente, au moins juridiquement, l'activité des mathématiciens professionnels comme celle de proposer des preuves formelles de formules non encore démontrées écrites dans le langage de cette théorie formelle . En fait, on sait bien que les mathématiciens écrivent leurs articles et leurs traités dans un langage très éloigné du langage formel, dont l'emploi rigoureux conduirait à des textes inutilement long et illisibles. Mais on soutient que l'idée que l'on puisse tout retraduire dans le système formel a une fonction régulatrice.

D'après ce que dit Feferman dans « 'Weyl vindicated : "Das Kontinuum" 70 years later » (cf. bibliographie) il n'est pas certain que l'on puisse attribuer la totalité du mérite de la formulation asbolument propre de cette théorie ZFC à Zermelo et à Fraenkel. Il leur manque en effet, juge-t-il, la claire compréhension de ce que c'est qu'une propriété écrite dans un langage du premier ordre. Et Feferman soutient que Weyl est le premier à avoir dégagé cette notion, bien que de façon non thématique, dans *Das Kontinuum* – en introduisant ce qu'on appellerait aujourd'hui le concept d'ensemble *définissable*.

Aujourd'hui, donc, on présente la théorie ZFC comme une théorie fondée sur la logique des prédicats du premier ordre égalitaire, avec une unique constante non logique relationnelle à deux places, notée $\in$. Éventuellement, on considère aussi que la théorie admet une constante individuellle notée $\emptyset$ (et qui désigne l'ensemble introduit par le deuxième axiome). Voici une présentation des axiomes de ZFC :

1. *Extensionnalité* :

$$\forall x \forall y \ \left[\forall z (z \in x \leftrightarrow z \in y) \rightarrow x = y\right].$$

   Cet axiome dit que deux ensembles coïncident s'ils ont les mêmes éléments.

2. *Ensemble vide* :

$$\exists x \forall y \ \neg(y \in x)$$

   Cet axiome affirme l'existence d'un ensemble qui n'a aucun élément, appelé *ensemble vide* ; d'après l'axiome 1, il y a unicité d'un tel ensemble, qu'on désigne par la notation $\emptyset$ (on pourrait réécrire l'axiome $\forall y \ \neg(y \in \emptyset)$).

3. *Axiome de la paire* :

$$\forall x \forall y \exists z \forall w \ \left[w \in z \leftrightarrow (w = x \vee w = y)\right].$$

Cet axiome affirme qu'à deux objets on peut associer l'ensemble qui les a eux et eux seuls comme éléments, appelé leur *paire*. À nouveau, la paire associée à $x$ et $y$ est caractérisée par sa définition, on la note $\{x,y\}$ ; on abrège la notation $\{x,x\}$ en $\{x\}$, qui nomme donc l'ensemble dont l'unique élément est $x$ (dit *singleton* $x$).

4. *Axiome de l'union* :

$$\forall x \exists y \forall z \ \ [(z \in y) \leftrightarrow (\exists t (z \in t) \wedge (t \in x))]$$

Cet axiome dit qu'on peut, un ensemble étant donné, former l'ensemble des éléments de ses éléments, soit en substance « réunir » ses éléments.

Arrivent alors les axiomes non bénins, ceux qui campent réellement un univers infinitaire.

5. *Axiome de l'infini* :

$$\exists x \ \ [(\emptyset \in x) \wedge (\forall y \ (y \in x) \rightarrow (y \cup \{y\} \in x))] \, .$$

Cet axiome affirme qu'il y a un ensemble qui contient nécessairement une série indéfinie d'éléments : ceux qu'on forme mécaniquement à partir de l'élément $\emptyset$, par itération de l'opération $y \mapsto y \cup \{y\}$.

6. *Schéma d'axiome de remplacement* :

$$\forall t_1 \ldots \forall t_k \{[(\forall x \exists y A(x,y,t_1, \cdots ,t_k)) \wedge$$
$$(\forall x \forall y \forall y'(A(x,y,t_1, \cdots ,t_k) \wedge A(x,y',t_1, \cdots ,t_k)) \rightarrow y = y')]$$
$$\rightarrow [\forall u \exists v \forall r((r \in v) \leftrightarrow [\exists s \ (s \in u) \wedge A(s,r,t_1, \cdots ,t_k)])]\} \, .$$

Cet axiome dit que si l'on a, écrite dans le langage de référence, une formule $A$ dont on distingue deux variables libres $x$ et $y$, les autres étant regardées comme des paramètres, et si cette formule est « fonctionnelle » – *id est* à tout $x$ est associable exactement un $y$ la satisfaisant – alors en restreignant la relation fonctionnelle considérée à un ensemble, la classe d'objets naturellement caractérisée comme l'*image* de cet ensemble par la relation fonctionnelle est un *ensemble*, un objet de l'univers.

Le *schéma d'axiome de compréhension*

$$\forall t_1 \ldots \forall t_k \forall x \exists y \forall z \ \ [((z \in x) \wedge A(z,t_1, \cdots ,t_k)) \leftrightarrow (z \in y)] \, ,$$

est une conséquence du schéma d'axiome de remplacement qu'on cite plus volontiers pour exprimer la restriction sur la formation d'ensembles apportée par la théorie formelle : on ne peut collectiviser une formule quelconque à paramètres que *dans un ensemble de référence*.

7. *Axiome de l'ensemble des parties* :

$$\forall x \exists y \forall z \ \ [(z \in y) \leftrightarrow (\forall u \ (u \in z) \rightarrow (u \in x))] \, .$$

L'implication $\forall u \ (u \in z) \rightarrow (u \in x)$ s'abrège usuellement $z \subseteq x$, ce qui se dit « $z$ est inclus dans $x$ » ou « $z$ est un sous-ensemble de $x$ ». L'axiome dit

donc qu'à tout ensemble $x$ est associé un « ensemble de ses sous-ensembles », nécessairement beaucoup plus gros que lui, on le prouve.
L'axiome suivant n'est pas un axiome qui fabrique de gros objets, mais un axiome qui introduit quelque chose comme un « savoir » omniscient d'eux, sous la forme d'une possibilité de spécifier des fonctions qui choisissent simultanément un élément dans chaque membre d'une famille d'ensembles.

8. *Axiome du choix* :
$\forall F \{[Func(F) \wedge (\forall \alpha \in Dom(F)\ F(\alpha) \neq \emptyset)] \rightarrow$
$[\exists f\ Func(f) \wedge (Dom(f) = Dom(F)) \wedge (\forall \alpha\, f(\alpha) \in F(\alpha))]\}$
Il est à noter que nous nous sommes permis d'écrire l'axiome de manière non propre, avec les abréviations $Func(F)$ pour la phrase un peu compliquée qui exprime que $F$ est une application, et $Dom(F)$ pour désigner l'ensemble des objets qui ont une image selon $F$.
L'axiome dit donc qu'à la famille d'ensembles des $F(\alpha)$ est associée une fonction $f$ qui choisit un élément $f(\alpha)$ dans chacun de ces ensembles.
Le dernier axiome est un peu à part, il est là pour exclure les suites infinies d'ensembles descendantes selon l'appartenance, et donc pour que l'on puisse définir le *rang* de tout ensemble. Il favorise ainsi quelque chose comme une visualisation formelle de la faune des ensembles.
9. *Axiome de fondation*:
$$\forall x\ \{x \neq \emptyset \rightarrow [\exists y\ (y \in x) \wedge (\forall z\, (z \in x) \rightarrow \neg(z \in y))]\}\,.$$

Comme il est exposé dans le livre aux pages 104-109, la théorie IST (pour *Internal Set Theory*, théorie des ensembles internes) d'Edward Nelson, est un enrichissement de cette théorie ZFC : on a simplement ajouté un prédicat unaire $st$ – c'est-à-dire, si l'on veut, la notion de la distinction entre objets standard et objets non standard –, ainsi que trois schémas d'axiome régissant l'emploi du nouveau prédicat avec les anciennes ressources linguistiques. D'une part, tous les axiomes de ZFC sont conservés pour les formules n'employant pas le nouveau prédicat. D'autre part, Nelson démontre que sa théorie est conservative, c'est-à-dire qu'elle ne conduit pas à la démonstration de formules de l'ancien langage que le système ZFC ne permettrait pas déjà de déduire.

L'importance de la théorie IST est qu'elle établit la « mathématique non standard » comme une mathématique totalement compatible avec la mathématique classique ou usuelle, tout en faisant de cette méthode non standard quelque chose de particulièrement simple et facile à apprendre, en vue de son utilisation au sein de la recherche.

## I.2 Noms propres

BROUWER, Luitzen (1881-1966) : mathématicien néerlandais, un des grands pionniers de la topologie contemporaine (on lui doit notamment l'important *théorème du point fixe*). Il s'est opposé à David Hilbert dans la querelle des fondements des mathématiques, en développant ce qu'on a appelé après lui la philosophie intuitionniste des fondements. En substance, pour lui, l'objet mathématique est ce dont nous avons l'intuition en tant que nous le contruisons, et la vérité mathématique ne se laisse pas capturer, par conséquent, par les langages formels et la démonstration formelle. Brouwer a aussi tenté de développer une mathématique intuitionniste fidèle à cette conception de l'objet, pour laquelle l'intérêt de la communauté mathématique est resté minoritaire. Parmi ses écrits : *Brouwer, L. E. J.*, *Collected Works*, Vol. I et Vol. II, (North-Holland, 1975-1976).

CANTOR, Georg (1845-1918) : mathématicien allemand, universellement connu comme le père de la conception ensembliste des mathématiques. Après avoir été élève de Kummer, Kronecker et Weierstrass, il fut professeur à l'Université de Halle. Il a d'abord travaillé en théorie des nombres, puis sur les séries trigonométriques. Il a ensuite découvert et systématisé les idées ensemblistes, dégageant les notions fondamentales, découvrant la menace des paradoxes, et cherchant à démontrer la fameuse « hypothèse du continu », dont la postérité devait établir le caractère indécidable. Notons encore qu'on lui doit une définition rigoureuse du continu mathématique – de l'ensemble $\mathbb{R}$ – au moyen de la notion de suite de Cauchy. Ses œuvres sont rassemblées dans *Gesammelte abhandlungen mathematischen und philosophischen Inhalts* (1932), édité par Zermelo.

DEDEKIND, Richard (1831-1916) : mathématicien allemand, élève de Gauss et de Dirichlet, qui fut professeur à Göttingen puis à Zürich. Il est célèbre d'une part pour ses travaux en algèbre et en théorie des nombres (c'est à lui, ainsi, que l'on doit la systématisation de la notion d'*idéal*), d'autre part pour sa contribution à la définition du continu mathématique (par les « coupures de Dedekind ») et sa proximité intellectuelle et amicale avec Georg Cantor. Parmi ses écrits : *Les nombres. Que sont-ils et à quoi servent-ils ?*, Paris, 1978.

DILTHEY, Wilhelm (1833-1911) : philosophe allemand, ayant travaillé dans la lignée de Schleiermacher pour donner de nouvelles lettres de noblesse à l'herméneutique. Il est en effet celui qui a vu la démarche compréhensive, requise pour l'interprétation des textes, comme la méhode par excellence des « sciences de l'esprit », catégorie extrêmement large qui, chez lui, désigne non seulement ce que nous appelons aujourd'hui sciences humaines et sociales, mais aussi le droit, la religion et la littérature. Dilhey oppose, donc, les sciences de la nature où l'on recherche et propose des *explications*, aux sciences de l'esprit où l'on s'efforce de rassembler et clarifier les documents au moyen de la *compréhension*. Dilthey a laissé une œuvre importante touchant à l'histoire, la sociologie et la psychologie, et possédant en général une forte orientation épistémologique. On lui doit aussi une imposante biographie de Schleirmacher, son prédécesseur. Parmi ses ouvrages : *Leben Schleiermachers* (1870), et *L'édification du monde historique dans les sciences de l'esprit* (Cerf, 1988).

DREYFUS, Richard (1929-) : philosophe américain, professeur à l'Université de Californie. Il est spécialiste de phénoménologie (avec une œuvre de commentateur sur Heidegger et Merleau-Ponty par exemple), et également de Foucault, sur lequel il a écrit un livre remarqué avec Paul Rabinow. Il s'est intéressé à la question de l'Intelligence artificielle et au débat de la philosophie de l'esprit, s'efforçant de critiquer ce qu'il voyait comme les illusions des programmes de simulation machinique décontextualisés de l'intelligence. Il a souvent collaboré avec son frère Stuart Dreyfus, professeur de génie industriel et titulaire d'un Ph. D. de mathématiques appliquées. Parmi ses ouvrages : *Intelligence articificielle, mythes et limites* (cf. bibliographie), et *Michel Foucault : un parcours philosophique* (Paris, 1984).

FLORÈS, Fernando (1943- ) : ingénieur et philosophe chilien, ministre des finances sous Allende, puis prisonnier politique de Pinochet. Étudie ensuite à Palo Alto et à Stanford. Soutient une thèse de philosophie à Berkeley sous la direction de Hubert Dreyfus et de John Searle entre autres. A collaboré avec Terry Winograd dans la rédaction de l'ouvrage *Understanding Computers and Human Cognition* (1986) (cf. entrée WINOGRAD et bibliographie). Poursuit par ailleurs une vie d'homme d'affaire et d'homme politique.

GADAMER Hans-Georg (1900-2002) : philosophe allemand formé à Marbourg par des gens comme Nicolai Hartmann, Richard Hönigswald et Paul Natorp. Mais finalement surtout élève de Heidegger dont il a suivi les cours à Fribourg. Fut professeur à Leipzig, Francfort, et Heidelberg. Il s'est affirmé au cours du vingtième siècle, et à la faveur de sa très longue vie, comme le grand penseur de l'herméneutique philosophique. À la suite d'une première carrière de philologue et de commentateur, au cours de laquelle il a beaucoup travaillé sur les textes de la philosophie grecque, Gadamer s'est rendu célèbre par la publication de son opus magnum *Vérité et méthode* (1962), où il décrit, en substance, l'enchaînement interprétatif de l'homme sur son environnement traditionnel comme l'essence de l'histoire, de la culture et de l'esprit. Autres ouvrages : *L'Idée du bien entre Platon et Aristote* (1978) ; *L'Héritage de Hegel* (1979).

HEELAN, Patrick (1926-) : professeur de Philosophie à Georgetown University à Washington. A étudié la physique, soutenant un doctorat de physique et travaillant avec Schrödinger et Wigner. Développe comme philosophe une conception phénoménologique et herméneutique du savoir scientifique, dans laquelle il donne une importance toute particulière au paradigme de la mécanique quantique. S'intéresse aussi au rapport entre science et religion. Parmi ses ouvrages : *Space-perception and the philosophy of science*, 1983 (cf. bibliographie). Sur Patrick Heelan : Babich, Babette (Ed.) *Hermeneutic Philosophy of Science, Van Gogh's Eyes, and God* (Dordrecht, Kluwer/Springer, 2002).

HILBERT, David (1862-1943) : mathématicien allemand du début du vingtième siècle. Professeur à Königsberg, puis Göttingen, dont il fait au début du XX$^{e}$ siècle un centre mondial des mathématiques. A travaillé dans de nombreux domaines (théorie des invariants, théorie des nombres, équations intégrales, espaces fonctionnels et opérateurs, etc.), laissant son nom à divers objets ou théorèmes (espaces de Hilbert, symbole de Hilbert, théorème des zéros de Hilbert, etc.). Hilbert est aussi le père fondateur de la mathématique formelle contemporaine, dont il a défini les voies logiques et la philosophie. Cet aspect de ses recherches a fait de lui aussi le fondateur d'une nouvelle branche de la logique, la théorie de la démonstration. Il a légué aux mathématiciens futurs une célèbre liste de problèmes ouverts à résoudre, sur laquelle ses successeurs se sont en effet mobilisés, souvent avec succès. Ouvrages : *Les Fondements de la géométrie* (1971, Dunod) ; (avec P. Bernays) *Grundlagen der Mathematik* (1934).

LAUTMAN, Albert (1908-1944) : philosophe des mathématiques français, ancien élève de l'École Normale Supérieure, mort fusillé par les Allemands à l'issue de son engagement dans la résistance. A obtenu de nombreuses distinctions pour son action militaire. Il a développé une philosophie des mathématiques originale, une sorte de platonisme historiciste, fondé sur sa conception de la domination de ce qu'il appelle les idées mathématiques sur les théories mathématiques : une conception qui est discutée dans le présent livre. On l'associe souvent à Jean Cavaillès, son contemporain, dont l'histoire personnelle est presque identique. L'un et l'autre, après la soutenance de leurs thèses respectives, ont tenu ensemble une séance célèbre de la Société des Agrégés, où ils exprimaient leurs points de vue devant beaucoup de noms prestigieux. Albert Lautman entretenait des relations avec les mathématiciens du groupe Bourbaki, au point qu'on a pu le voir comme leur complice philosophique. Ouvrage rassemblant ses œuvres: *Essai sur l'unité des mathématiques* (Union générale d'Éditions, 1977).

MONTAGUE, Richard (1930-1971) : célèbre logicien et philosophe américain. Fut élève de Tarski, et professeur à l'Université de Berkeley. Après avoir montré, dans sa thèse, que la théorie des ensembles n'était pas finiment axiomatisable, il s'est efforcé de systématiser et d'enrichir l'analyse des structures logiques du langage : pour tenir compte des aspects pragmatiques, il a recours aux notations et aux mécanismes d'une logique intensionnelle, faisant intervenir des opérateurs de modalité. Ouvrage le plus connu : *Formal Philosophy* (1974).

MINSKY, Marvin (1927-) : scientifique américain, spécialiste de l'Intelligence Artificielle et des sciences cognitives. Fondateur, avec John MacCarthy (évoqué dans ce glossaire à l'entrée *Lambda-calcul*), du groupe d'Intelligence Artificielle du MIT. Célèbre pour avoir montré en 1969, avec Seymour Papert, les limites du perceptron, et sonné ainsi le glas du premier « connexionnisme ». A mis en avant, en Intelligence Artificielle, l'outil de représentation des connaissances des *frames*, auquel ce livre fait référence. Il présente une vision dans une certaine mesure distribuée et plurielle de l'activité de l'esprit dans son ouvrage *La société de l'esprit* (Interéditions, 1988). Il est aussi le co-auteur d'un roman de science-fiction, *Le problème de Turing* (Le livre de poche, 1992).

NELSON, Edward (1932-) : mathématicien américain, professeur à Princeton pour la fin de sa carrière, à partir de 1964. A travaillé dans le domaine de la mécanique stochastique, avec en vue la théorie quantique des champs. Auteur de la reprise de l'analyse non standard comme mathématique non standard par le moyen de la théorie des ensembles enrichie IST (largement évoquée dans ce livre). A proposé une formulation non standard de la théorie de l'intégration et de son application aux probabilités, allant jusqu'au traitement de problèmes de mécanique stochastique, dans son ouvrage *Radically Elementary Probability Theory* (Princeton University Press, 1987). A contribué à la logique mathématique et à théorie formelle de l'arithmétique dans son ouvrage *Predicative Arithmetic* (Princeton University Press, 1986).

PUTNAM, Hilary (1926-) : philosophe américain, ayant fini sa carrière comme professeur à l'Université de Harvard. A vécu les huit premières années de sa vie en France. Est une des personnalités philosophiques les plus réputées au monde. Est connu pour sa défense du fonctionnalisme en philosophie de l'esprit dans ses premiers travaux, et pour la réfutation qu'il en a donné par la suite. Est également célèbre pour sa critique du réalisme métaphysique, après l'avoir endossé dans un premier temps, et son plaidoyer en faveur de ce qu'il a appelé réalisme interne. Putnam a beaucoup compté dans la mis en évidence d'une tradition proprement américaine du pragmatisme, dont il a essayé de montrer la fécondité. Enfin, Putnam mène depuis quelque temps une vie juive pratiquante, et défend une telle option existentielle comme compatible avec son pragmatisme. Ajoutons encore que Putnam a tenté, de diverses manières, de renouer les relations entre philosophie continentale et philosophie analytique. Parmi ses ouvrages : *Representation and reality*, Cambridge, Masschussets, London, England : MIT Press, 1988 ; *Définitions. Pourquoi ne peut-on pas "naturaliser" la raison*, Paris, Éditions de l'Éclat, 1992.

ROBINSON, Abraham (1918-1974) : mathématicien américain, souvent cité dans ce livre en tant qu'inventeur de l'analyse non standard . Il a proposé une technique générale pour récupérer, dans la mathématique ensembliste contemporaine, les quantités infinitésimales et infiniment grandes dont Leibniz ou Euler faisaient usage : celle des ÉLARGISSEMENTS (cf. l'entrée de glossaire à ce sujet). Abraham Robinson fut aussi ingénieur en aérodynamique (un volume des *Collected Papers* rassemblés après sa mort concerne ce sujet). Il a défendu, comme Tarski , une conception de la logique, et plus spécialement de la théorie des modèles, comme partenaire et collaboratrice de la mathématique non logicienne, plutôt que comme discipline uniquement en charge de questions de fondements. Dans l'ensemble de son oeuvre, il a montré une ouverture remarquable vers de nombreux domaines de la science (comme l'économie, la physique quantique) et des mathématiques (s'intéressant, par exemple, à des questions algébriques en sus des questions d'analyse). Il a montré aussi un intérêt prononcé pour l'histoire et la philosophie des mathématiques. Né en Allemagne d'une famille juive fortement associée à l'espérance sioniste, il a enseigné quelques temps, vers la fin de sa vie, à Jérusalem, avant de finir sa carrière à l'UCLA en Californie. Parmi ses ouvrages : *Non Standard Analysis* (North Holland, 1996), et *Selected Papers of Abraham Robinson , tome I et II* (North-Holland, 1979).

RORTY, Richard (1931-2007) : philosophe américain, qui a été professeur à Chicago, Yale, puis finalement à Stanford University. Formé à Princeton dans la tradition analytique, il a voulu s'en éloigner pour développer un point de vue pragmatiste original. Ce point de vue, qui critique l'empirisme de l'empirisme logique en trouvant des appuis chez Dewey, Quine et Wittgenstein, le conduit finalement à exprimer une sensibilité de philosophie politique, dans des conceptions qui mettent en avant la démocratie et la solidarité humaine. Rorty a dialogué, dans sa vie et sa pensée, avec les auteurs de la tradition continentale (comme Nietzsche ou Heidegger), et débattu avec des auteurs français comme Jean-François Lyotard. Parmi ses ouvrages : *L'homme spéculaire* (Le Seuil, 1990), *Contingence, ironie et solidarité* (Armand Colin, 1997).

SCHLEIERMACHER, Friedrich (1768-1834) : philosophe et théologien allemand. Il fut pasteur, et en même temps titulaire d'une chaire de théologie à Berlin à l'Université Von Humboldt, à partir de 1810. A laissé une œuvre beaucoup plus diverse qu'on ne se le représente usuellement : il faut prendre en compte, notamment, ses contributions à la théologie et, dans son travail philosophique, sa conception originale de la dialectique.

Reste qu'il est surtout célèbre pour être à l'origine du courant herméneutique en philosophie, apportant l'idée d'une doctrine générale de l'interprétation, transversale aux types de textes et contextes, mettant l'accent sur la relativité du sens à une situation, et conceptualisant, avant que Dilthey le nomme, le fameux « cercle herméneutique » (le fait que toute interprétation procède en anticipant sa compréhension, en substance). Parmi ses ouvrages : *Herméneutique. Pour une logique du discours individuel* (Le Cerf, 1987) ; *Dialectique. Pour une logique de la vérité* (Le Cerf, 2004).

THOM, René (1923-2002) : un des grands mathématiciens français (d'origine suisse) de la seconde moitié du vingtième siècle, qui a obtenu la médaille Fields en 1958 pour ses travaux sur le cobordisme, en topologie différentielle. Il a « réveillé » avec Stephen Smale la théorie des systèmes dynamiques, et démontré le fameux théorème de classification des catastrophes élémentaires, dont il a dérivé une théorie mathématique de l'individuation de toute chose, et de la genèse de tout ce qui dans l'être est *organisation*. René Thom déploie les applications possibles de sa théorie à un niveau interdisciplinaire qui anticipe le point de vue des sciences cognitives. Il comprend aussi que sa « vision » rejoint les grands thèmes de la métaphysique, et s'affiche de plus en plus comme philosophe durant la fin de sa carrière, commentant Aristote et montrant la continuité qui relie ses idées à ce dernier. Livre : *Modèles mathématiques de la morphogenèse*, Paris, Union générale d'Éditions (10-18), 1974.

WINOGRAD, Terry (1946- ) : informaticien, professeur à l'Université de Stanford. A participé au premier essor de l'intelligence artificielle, en concevant le programme SHRDLU qui manifestait une compréhension rudimentaire du langage naturel. Après avoir rencontrré Fernando Florès, il co-écrit avec lui un livre étonnant, titré *Understanding Computers and Human Cognition* (1986), et dans lequel les auteurs critiquent l'orientation computationaliste dominante de l'Intelligence Artificielle : ils lui objectent que la cognition humaine est fondamentalement herméneutique, et que les modèles et les méthodes jusqu'ici adoptés n'y font pas droit. Winograd et Florès se réfèrent explicitement à Heidegger dans leur livre, s'attachant à traduire les concepts majeurs de *Sein und Zeit* dans le contexte de leur projet d'un *design*, procurant un outillage informatique à l'interaction humaine.

# Bibliographie


[1] ANDLER, D., « Le cognitivisme orthodoxe en question », in *Cahiers du C.R.E.A.* n° 9, Paris, 1986.

[2] ARISTOTE, *Physique* (vol. I et II), trad. franç. H. Carteron, Paris, Les Belles Lettres, 1969.

[3] BARREAU, H., &, HARTHONG, J., Éds , *La mathématique non standard*, Paris, Éditions du CNRS, 1989.

[4] BARREAU, H. [1982]—*La construction de la notion de temps*, Thèse d'état, Université de Paris Ouest Nanterre la Défense,1982.

[5] BEESON, M., *Foundations of constructive mathematics*, Berlin-Heidelberg, Springer Verlag, 1985.

[6] BLAY, M., *Mathématisation et conceptualisation de la science du mouvement au tournant des XVII^e^ et XVIII^e^ siècles*, Thèse d'État, Université de Paris Ouest Nanterre La Défense, 1988.

[7] BRACHMAN, R. & LEVESQUE, H. Eds., *Readings in Knowledge Representation*, Los Altos, Morgan Kaufmann Publishers, 1985.

[8] CALLOTT J.-L., « Analyse grossière intrinsèque », exposé au séminaire de l'UPR n°265 du CNRS, Fondements des sciences, section mathématiques pures et appliquées, 1990.

[9] CARNAP, R., « Dreidimensionalität des Raumes und Kausalität », in *Annalen der Philosophie*, 1924.

[10] CARNAP, R., *Meaning and Necessity*, Chicago, The University of Chicago Press, 1947, 1956.

[11] CARNAP, R., *Fondements philosophiques de la physique*, trad. franç. J.-M. Luccioni et A. Soulez, Paris, Armand Colin, 1973.

[12] CHAITIN, G., « On the length of programs for computing finite binary sequences » in *Journal of the ACM* 13, 1966, p. 547-569.

[13] CHAITIN, G., « Randomness and mathematical proof », in *Scientific American* 232 – mai 1975 –, p. 47-52.

[14] CHÂTELET, G., « Le retour de la Monade. Quelques réflexions sur le calcul différentiel et mécanique quantique », in *Fundamenta Scientiae*, vol. 6, n° 4, 1985, p. 327-345.

[15] CHÂTELET, G., *Les enjeux du mobile*, Paris, Le Seuil, 1993.

[16] CHENCINER, A., « Systèmes dynamiques différentiables », in *Encyclopaedia Universalis*, Paris, 1985, Encyclopaedia Britannica, Tome XVII, p. 594-630.

[17] CHEVALLEY, C., « Albert Lautman et le souci logique », in *Revue d'Histoire des Sciences*, XL/1, 1987, p. 49-77.

[18] CHEVALLEY, C., « La Physique de Heidegger », in *Les Études philosophiques*, n°3, Paris, 1990, p. 289-311.

[19] CHEVALLEY, C., *Niels Bohr Physique et connaissance humaine, édition commentée*, Paris, Folio, 1991.

[20] COHEN, P., *Set Theory and the Continuum Hypothesis*, Reading, Massachussets, Benjamin, 1966.

[21] DEDEKIND, R. , *Les nombres. Que sont-ils et à quoi servent-ils ?*, trad. J. Milner & H. Benis-Sinaceur, Paris, « La bibliothèque d'Ornicar », 1978.

[22] DELEUZE, G., *Philosophie critique de Kant*, Paris, PUF, 1963.

[23] DELEUZE, G., *Différence et répétition*, Paris, PUF, 1968.

[24] DESANTI, J.-T., *Les Idéalités mathématiques*, Paris, Le Seuil, 1968.

[25] DESANTI, J.-T., *La Philosophie silencieuse*, Paris, Le Seuil, 1975.

[26] DIENER, F., & REEB, G., *Analyse non standard*, Paris, Hermann, 1989.

[27] DIENER, M. , &, LOBRY, C., Éds., *Analyse non standard et représentation du réel* , Paris, Alger, O.P.U., Éditions du CNRS, 1985.

[28] DIENER, M., « Applications du calcul de Harthong-Reeb aux routines graphiques », in *Série du Séminaire Non Standard de Paris 7*, 88/1, 1988, p. 1-16 ; repris dans Salanskis, J.-M., & Benis-Sinaceur, H., *Le Labyrinthe du Continu*, Paris, Springer, 1992, p. 424-435..

[29] DIENER, M., « Canards ou comment bifurquent les systèmes différentiels lents-rapides », in Barreau, H., & Harthong, J., Éds, *La mathématique non standard*, Paris, Éditions du CNRS, 1989, p. 401-421.

[30] DIEUDONNÉ, J., *Éléments d'analyse*, Paris, Gauthiers-Villars, 1970.

[31] DREYFUS, G., « De la technê à la technique : le statut ambigü de l'ustensilité dans *L'Être et le Temps* » in *Cahiers de l'Herne Heidegger*, Paris, Éditions de l'Herne, 1983, p. 285-303.

[32] DREYFUS, H., *Intelligence artificielle, mythes et limites*, trad. franç. R.-M. Vassalau-Villaneau, Paris, Flammarion, 1984.

[33] EHRLICH, P., « The Absolute Arithmetic and Geometric Continua », in *PSA*, vol. 2, 1986, p. 237-246.

[34] ENCYCLOPÆDIA UNIVERSALIS, Paris, Encyclopædia Britannica, 1985.

[35] FEFERMAN, S., « Weyl vindicated : "Das Kontinuum"» 70 years later », *Atti des Congresso Temi e prospective della logica e delle filosofia della scienza contemporanee*. Cesena 7-10 gennaio 1987. Vol. I. CLUEB, Bologna (Italy).

[36] FELDMAN, J. , HAYES, P., RUMELHART, D. , Eds., *Parallel distribued Processing*, Cambridge, London, MIT Press, 1986.

[37] FEYNMAN, R., *Le cours de physique de Feynman, Mécanique Quantique*, trad. franç. B. Equer & P. Fleury, Paris, Interéditions, 1979.

[38] FEYNMAN, R., *Quantum theory and path integrals*, New-York, Mc-Graw Hill, 1965.

[39] FOUCAULT, M., *Histoire de la folie à l'age classique*, Paris, Plon, 1961.

[40] FOUCAULT, M., *Les mots et les choses*, Paris, Gallimard, 1966.

[41] FOUCAULT, M., *L'archéologie du savoir*, Paris, Gallimard, 1969.

[42] GADAMER, H.G.,*Vérité et Méthode*, trad. franç. É. Sacre, Paris, Le Seuil, 1976.

[43] GADAMER, H.G., *L'Art de comprendre*, trad. franç. M. Simon, Paris, Aubier, 1982.

[44] GOLDBLATT, R., *Topoi : the categorial analysis of logic*, Amsterdam, North-Holland, 1984 .

[45] GONSETH, F., *Les fondements des mathématiques*, Paris, Blanchard, 1974.

[46] GOODMAN, N., *Faits, fictions et prédictions*, trad. franç. M. Abran, Paris, Minuit, 1984.

[47] GRAND LAROUSSE DE LA LANGUE FRANÇAISE, Paris, Larousse , 1971.

[48] GRANGER, G.-G., « Épistémologie », in *Encyclopædia Universalis*, vol.7, Paris, Encyclopædia Britannica, 1985, p. 61-68.

[49] HARTHONG, J., « Éléments pour une théorie du continu » in *Astérique*, n° 109-110, 1983, p. 235-244.

[50] HARTHONG, J., « Le continu et l'ordinateur », in *L'ouvert* 46, 1987, p. 13-27.

[51] HARTHONG, J., « Une théorie du continu », in Barreau, H. & Harthong, J., éds, *La mathématique non standard*, Paris, Éditions du CNRS, 1989, p. 307-329.

[52] HARTSHORNE, R., *Algebraic Geometry*, New-York, Springer, 1977.

[53] HEELAN, P.A., *Space-perception and the philosophy of science*, Berkeley Los Angeles London, University of California Press, 1983.

[54] HEGEL, G.W.F., *Phénoménologie de l'Esprit*, vol. I et II, trad. franç. J. Hyppolite, Paris, Aubier, 1939-1941.

[55] HEGEL, G.W.F., *Science de la Logique (L'Être)*, trad. franç. P. Labarrière et G. Jarczyk, Paris, Aubier, 1972.

[56] HEGEL, G.W.F., *Science de la Logique (La doctrine de l'essence)*, trad. franç. P. Labarrière et G. Jarczyk, Paris, Aubier, 1976.

[57] HEGEL, G.W.F., *Science de la Logique (La logique subjective, ou doctrine du concept)*, trad. franç. P. Labarrière et G. Jarczyk, Paris, Aubier, 1981.

[58] HEGEL, G.W.F., *Précis de l'encyclopédie philosophique*, trad. franç. J. Gibelin, Paris, Vrin, 1967.

[59] HEIDEGGER, M., *Sein und Zeit*, traduction E. Martineau, Authentica, 1985.

[60] HEIDEGGER, M., *Interprétation phénoménologique de la « Critique de la raison pure » de Kant*, trad. franç. E. Martineau, Paris, Gallimard, 1982.

[61] HEIDEGGER, M., *Kant et le problème de la métaphysique*, trad. franç. A. de Wählens et W. Biemel, Paris, Gallimard, 1953.

[62] HEIDEGGER, M., *Chemins qui ne mènent nulle part*, trad. franç. W. Brockmeier, W., Paris, Gallimard, 1980.

[63] HEIDEGGER, M., « La Parole d'Anaximandre », in *Chemins qui ne mènent nulle part*, Paris, Gallimard, 1980, p. 387-449.

[64] HEIDEGGER, M., *Essais et Conférences*, trad. franç. A. Préau, Paris, Gallimard, 1958.

[65] HEIDEGGER M. [1954]—*Qu'appelle-t-on penser ?*, trad. franç. A. Becker et G. Granel, Paris, PUF, 1959.

[66] HEIDEGGER, M., *Acheminements vers la Parole*, trad. franç. J. Beaufret, W. Brockmeier, et F. Fédier, Paris, Gallimard, 1976.

[67] HEIDEGGER, M., *Qu'est-ce qu'une chose ?*, trad. franç. J. Reboul et J. Taminiaux, Paris, Gallimard , 1971.

[68] HEIDEGGER, M., « Temps et Être », in *Questions IV*, trad. franç., J. Lauxerois et C. Roels, Paris, Gallimard, 1976, p. 12-51.

[69] HEIDEGGER, M., « La thèse de Kant sur l'Être », in *Questions II*, trad. franç. L. Braun et M. Haar, Paris, Gallimard, 1968, p. 71-116.

[70] HEIDEGGER, M., *Questions I*, trad. franc. H. Corbin, R. Munier, A. de Wählens, W. Biemel, G. Granel et A. Préau, Paris, Gallimard, 1968.

[71] HEIDEGGER, M., *Questions IV*, trad. franc. J. Beauffret, F. Fédier, A. Becker, J. Lauxerois & C. Roels, Paris, Gallimard, 1976.

[72] NAGEL, E., SUPPES, P. & TARSKI, A., eds, *Logic, Methodology and Philosophy of science*, 1962.

[73] HEYTING, A., *Intuitionism, an introduction*, Amsterdam, North-Holland, 1971.

[74] HILBERT, D., « Über das Unendliche », in *Math. Ann.* t. 95, 1925, p. 161-190.

[75] HUREWIVZ, W. & WALLMAN, H., *Dimension Theory*, Princeton, Princeton Universiy Press, 1948.

[76] HUSSERL, E., *Idées directrices pour une phénoménologie*, trad. franç. P. Ricœur, Paris, Gallimard, 1950.

[77] HUSSERL, E., *Logique formelle et Logique transcendantale*, trad. franç. Suzanne Bachelard, Paris, PUF, 1957.

[78] HUSSERL, E., *La crise de l'humanité européenne et la philosophie*, trad. franç. P. Ricœur, Paris, Aubier, 1977.

[79] HUSSERL, E., *L'Origine de la Géométrie*, trad. franç. J. Derrida, Paris, PUF, 1962.

[80] KANT, E., « De la forme et des principes du monde sensible et du monde intelligible », in *Kant Œuvres Philosophiques I*, trad. F. Alquié, Paris, Pléiade Gallimard, 1980.

[81] KANT, E., *Critique de la Raison pure*, trad. franç. A. Tremesaygues et B. Pacaud, Paris, PUF, 1944.

[82] KANT, E., *Critique de la faculté de juger*, trad. franç. A. Philonenko, Paris, Vrin, 1974.

[83] KANT, E., *Opus Posthumum*, trad. franç. J. Gibelin, Paris, Vrin, 1950.

[84] KLINE, M., *Mathematical thoughts from ancients to modern times*, New York, Oxford University Press, 1972.

[85] KREISEL, G., « Axiomatizations of Nonstandard Analysis That Are Conservative Extensions of Formal Systems for Classical Standard Analysis », in *Applications of model theory to algebra, analysis, and probability*, W.A.J. Luxemburg ed., New York, Holt, Rinehart and Winston, 1969, p. 93-106.

[86] KRIPKE, S., *La logique des noms propres*, trad. franç. P. Jacob et F. Recanati, Paris, Minuit, 1982.

[87] KRIPKE, S., *Wittgenstein On rules and private language*, Oxford, Blackwell, 1982.

[88] LAMBEK, J. & SCOTT, P.J., *Introduction to higher order categorical logic*, Cambridge, Cambridge University Press, 1986.

[89] LANG S., *Algebra*, Reading, Massachusetts, Addison-Wesley, 1965.

[90] LANG, S., *Real Analysis*, Reading Massachusetts, Addison-Wesley, 1969.

[91] LAUTMAN, A., « Essai sur les notions de structure et d'existence en mathématiques », in *Essai sur l'unité des mathématiques*, Paris, Union générale d'Éditions (10/18), 1977, p. 21-202.

[92] LAUTMAN, A., « Nouvelles recherches sur la structure dialectique des mathématiques », in *Essai sur l'unité des mathématiques*, Paris, Union générale d'Éditions (10/18), 1977, p. 203-229.

[93] LEVINAS, E., *Le temps et l'autre*, Montpellier, Fata Morgana, 1979.

[94] LIBERMANN, P. & MARLE, C.M., *Symplectic Geometry and Analytical Mechanics*, Dordrecht/Boston/Lancaster/Tokyo, D. Reidel Publishing Company, 1987.

[95] LUTZ, R. & GOZE, M., *Pratique commentée de la méthode non classique*, Strasbourg, IRMA, 1980 ; publié en anglais par la suite sous le titre *Non-standard analysis : a practical guide with applications*, Lecture Notes in Math. 881, New York, Springer, 1981.

[96] LUXEMBURG, W.A.J., ED., *Applications of model theory to algebra, analysis, and probability*, New-York, Holt, Rinehart and Winston, 1969.

[97] LYOTARD, J.-F., « Œdipe juif », in *Dérives à partir de Marx et Freud*, Paris, Union générale d'Éditions, 1973, p. 167-188.

[98] LYOTARD, J.-F., « Introduction à une étude du politique selon Kant », in *Rejouer le Politique*, Galilée 1981, p. 91-134.

[99] LYOTARD, J.-F., *Le Différend*, Paris, Minuit, 1983.

[100] MAC LANE, S., « Hamiltonian Geometry and Mechanics », in *Amer. Math. Monthly* 77, 1970, p. 570-586.

[101] MADDY, P., *Realism in Mathematics*, Oxford, Clarendon Press, 1992.

[102] MANCOSU, P., « Generalizing classical and effective model theory in theories of operations and classes », à paraître dans les *Annals of pure and applied logic*.

[103] MANDERS, K., « What Numbers are Real ? », in *PSA*, Vol. 2, 1986, p. 253-269.

[104] METZING, D., ed., *Frame conceptions and text understanding*, Berlin, New York, de Gruytern, 1979.

[105] MILLMAN, R.S. & STEHNEY, A.K., « The Geometry of Connexions », in *American Monthly*, may 1973.

[106] MILNOR, J., *Topology from the differentiable viewpoint*, Charlottesville, University Press of Virginia, 1965.

[107] MINSKY, M., *Computation Finite anf Infinite machines*, Londres, Prentice-Hall, 1967.

[108] MINSKY, M., « A Framework for representing Knowledge », in Metzing, D., ed., *Frame conceptions and text understanding*, Berlin, New York, de Gruytern, 1979, p. 1-25.

[109] MINSKY, M., « A Framework for representing Knowledge », in Brachman, R. & Levesque, H., eds., *Readings in Knowledge Representation*, Los Altos, Morgan Kaufmann Publishers, 1985, p. 245-262.

[110] MONTAGUE, R., « Deterministic theories », in *Formal Philosophy*, New Haven and London, Yale University Press, 1974, p. 303-359.

[111] MUMFORD, D., *Introduction to Algebraic Geometry*, Preliminary version of first 3 Chapters, 1968.

[112] NANCY, J.-L., « Lapsus judicii », in *L'Impératif catégorique*, Paris, Flammarion, 1983, p. 35-60.

[113] NELSON, E., « Internal Set Theory », in *Bulletin of the American Mathematical Society*, vol. 83, n°6, nov. 1977 ; trad. fanç. J.-M. Salanskis, dans *La mathématique non standard*, Barreau, H., et Harthong, J., éd., Paris, Éditions du CNRS, 1989, p. 355-399.

[114] NELSON, E., *Predicative arithmetic*, Princeton New-Jersey, Princeton University Press, 1986.

[115] PANZA, M., *La statua di fidia*, Milan, Edizioni Unicopli, 1989.

[116] PEIFFER, R., « L'infini relatif chez Veronese et Natorp. Un chapitre de la préhistoire de l'analyse non standard », in Barreau, H. & Harthong, J., eds, *La mathématique non standard*, Paris, Éditions du CNRS, 1989, p. 117-142.

[117] PETITOT, J. , *Morphogenèses du sens*, Paris, PUF, 1985.

[118] PETITOT, J., « Forme », in *Encyclopædia Universalis*, Paris, Encyclopædia Britannica 1985, t. XI, p. 712-728.

[119] PETITOT, J., « Logique transcendantale, synthétique a priori et herméneutique mathématique des objectivités », *CAMS P.* 050, 1990.

[120] PIRON, C. , *Foundations of Quantum Physics*, Readings, Massachusetts, Benjamin, 1976.

[121] POINCARÉ, H., *Dernières pensées*, Paris, Flammarion, 1913.

[122] POPPER, K. R., « Pour une théorie rationaliste de la tradition », in *Conjectures et réfutations*, trad. franc. Michelle-Irène et Marc B. de Launay, Paris, Payot, 1985, p.183-205.

[123] POPPER, K. R., *La connaisance objective*, Paris, Éditions Complexe, 1978.

[124] PROUST, J., « Intelligence artificielle et philosophie », in *Le Débat*, n° 47, nov-déc, Paris, Gallimard, 1987, p. 88-102.

[125] PUTNAM, H., *Raison, Vérité et Histoire*, trad. franç. A. Gerschenfeld, Paris, Minuit, 1984.

[126] QUINE, W.O., *Le mot et la chose*, trad. franç. J. Dopp et P. Gochet, Paris, Flammarion, 1977.

[127] QUINE, W.O., « L'épistémologie devenue naturelle », in *Relativité de l'ontologie et autres essais*, trad. franç. J. Largeault, Paris, Aubier-Montaigne, 1977, p. 83-105.

[128] RASTIER, F. *Sémantique interprétative*, Paris, PUF, 1987.

[129] REDER, C., « Observation macroscopique de phénomènes microscopiques », in Diener, M. , &, Lobry, C., Éds., *Analyse non standard et représentation du réel*, Paris, Alger, O.P.U., Éditions du CNRS, 1985, p. 195-244.

[130] REVEILLÈS, J.-P., « Discrétisations finies de la droite réelle et applications à la théorie de l'itération », in Diener, M., & Wallet, G., Éds, *Mathématiques finitaires et Analyse non standard*, Paris, Éditions Paris VII, 1990, p. 5-20.

[131] REVEILLÈS, J.-P., « Structure arithmétique des droites de Bresenham », in *Série du Séminaire Non standard de Paris 7*, 88/3, 1988, p. 1-31.

[132] RICŒUR, P., *De l'interprétation. Essai sur Sigmund Freud*, Paris, Le Seuil, 1965.

[133] RIEMANN, B., « Über die Hypothesen, die der Geometrie zugrunde liegen », in *Œuvres mathématiques de Riemann*, Paris, Blanchard, 1968, p. 280-289.

[134] ROBINSON, A., « On languages which are based on non-standard arithmetic », in *Selected papers of A. Robinson*, tome II, Amsterdam, North-Holland, 1979, p. 12-46.

[135] ROBINSON, A., « Formalism 64 » in *Selected Papers of Abraham Robinson*, tome II, Amsterdam, North-Holland, 1979, p. 505-523.

[136] ROBINSON, A., « On some applications of model theory to algebra and analysis », in *Selected papers of A. Robinson*, tome II, Amsterdam, North-Holland, 1979, p. 158-188.

[137] ROBINSON, A., « Model Theory as a framework for algebra » in *Selected papers of A. Robinson*, tome I, Amsterdam, North-Holland, 1979, p. 60-83.

[138] ROBINSON, A., « Concerning progress in philosophy of mathematics », in *Selected papers of A. Robinson*, tome II, Amsterdam, North-Holland, 1979, p. 556-567.

[139] RORTY, R., *L'Homme spéculaire*, trad. franç. Thierry Marchaisse, Paris, Éditions du Seuil, 1990.

[140] SALANSKIS, J.-M., *Le Continu et le Discret*, Thèse de doctorat, Université de Strasbourg, 1986.

[141] SALANSKIS, J.-M., « Le Potentiel et le Virtuel », in Barreau, H. & Harthong, J., éds, *La mathématique non standard*, Paris, Éditions du CNRS, 1989, p. 275-303.

[142] SALANSKIS, J.-M., « Jean Toussaint Desanti, ou la portée d'un long regard sur les mathématiques », in *Préfaces* n° 16, 1990, p. 94-98.

[143] SALANSKIS, J.-M., « Die Wissenschaft denkt nicht », in *Revue de Métaphysique et de Morale*, n° 2, Paris, 1991, p. 207-231 ; repris dans *Le temps du sens*, Orléans, 1997, p. 47-66 ; repris dans *Heidegger, le mal et la science*, Paris, Klincksieck, 2009, p. 77-103.

[144] SALANSKIS, J.-M., « Modes du continu dans les sciences », *Le temps du sens*, Orléans, Éditions HYX, 1997, p. 193-213.

[145] SALANSKIS, J.-M., « La mathématique de la nature, ou le problème transcendantal de la présentation », *Le temps du sens*, Orléans, Éditions HYX, 1997, p. 215-244.

[146] SALANSKIS, J.-M., « L'étrangeté de l'espace : dialectique ou herméneutique ? », *Le temps du sens*, Orléans, Éditions HYX, 1997, p. 97-124.

[147] SALANSKIS, J.-M., « Continu, cognition, linguistique », *Le temps du sens*, Orléans, Éditions HYX, 1997, p. 245-278.

[148] SALANSKIS, J.-M., « Le tort de l'image », *Talmud, science et philosophie*, Paris, Les Belles Lettres, 2004, p. 193-218.

[149] SALANSKIS, J.-M., *Le constructivisme non standard*, Lille, Presses du Septentrion, 1999.

[150] SALANSKIS, J.-M. & BENIS-SINACEUR, H., éds, *Le Labyrinthe du Continu*, Paris, Springer, 1992.

[151] SCHLEIERMACHER, F., *Herméneutique*, Paris, Cerf/Pul, 1987.

[152] SCHUBIN, M.A. & ZVONKIN, A.K., « Non standard analysis and singular perturbations of ordinary differential equations », in *Russian Math. Surveys* 39 : 2, 1984, p. 69-131.

[153] BENIS-SINACEUR, H., « Une origine du concept d'analyse non standard », in Barreau, H. & Harthong, J., eds, *La mathématique non standard*, Paris, Éditions du CNRS, 1989, p. 143-156.

[154] BENIS-SINACEUR, H., *Corps et modèles*, Paris, Vrin, 1991.

[155] SMALE, S., « Differentiable dynamical systems », in *Bull. A.M.S.*, 1967.

[156] SMOLENSKY, P., « On the proper treatment of connectionism », in *The Behavioral and Brain Sciences*, 11, 1988, p. 1-23.

[157] SOCHOR, A., « The alternative set theory », in *Set Theory and Hierarchy Theory*, Springer, 1976, p. 259-279.

[158] TARSKI, A., « The completeness of elementary algebra and geometry », trad. franç. G. Kalinowski in *Logique, Sémantique, mathématique*, G.-G. Granger éd., tome 2, Paris, Armand Colin, 1974, p. 205-242.

[159] TURING, A.M.r, « On computable numbers, with an application to the Entscheidungsproblem », in *Proc. London Math. Soc.* Ser. 2-42, 1936, p. 230-265.

[160] VISETTI, Y.-M., « Modèles connexionnistes et représentations structurées », in *Intellectica*, n° 9-10, 1990, p. 167-212.

[161] VUILLEMIN, J., *Nécessité ou contingence*, Paris, Minuit, 1984.

[162] WINOGRAD, T. & FLORÈS, F., *Understanding Computers and Cognition*, Norwood, Ablex, 1986.

[163] WITTGENSTEIN, L., *Tractatus logico-philosophicus*, trad. franç. P. Klossowski, Paris, Gallimard, 1961.

[164] WITTGENSTEIN, L., *Philosophical Investigations*, trad. angl. G.E.M. Anscombe, Oxford, Blackwell, 1978.

# Index des noms

# Index des notions

# Table des matières

Du même auteur

*Heidegger*, Paris, Les Belles Lettres, 1997.
*Le temps du sens*, Orléans, Éditions Hyx, 1997.
*Husserl*, Paris, Les Belles Lettres, 1997.
*Le constructivisme non standard*, Lille, Presses Universitaires du Septentrion, 1999.
*Modèles et pensées de l'action*, Paris, L'Harmattan, 2000.
*Sens et philosophie du sens*, Paris, Desclée de Brouwer, 2001.
*Extermination, Loi, Israël – Ethanalyse du fait juif*, Paris, Les Belles Lettres, 2003.
*Herméneutique et cognition*, Lille, Presses Universitaires du Septentrion, 2003.
*Talmud, science et philosophie*, Paris, Les Belles Lettres, 2004.
*Levinas vivant*, Paris, Les Belles Lettres, 2006.
*Territoires du sens*, Paris, Vrin, 2007.
*Husserl-Heidegger, Présentation – mots-clés*, Paris, Les Belles Lettres, 2008.
*Usages contemporains de la philosophie* (avec F.-D. Sebbah), Paris, Sens et Tonka, 2008.
*Philosophie des mathématiques*, Paris, Vrin, 2008.
*La gauche et l'égalité*, Paris, PUF, 2009.
*Heidegger, le mal et la science*, Paris, Klincksieck, 2009.
*L'Émotion éthique. Levinas vivant I*, Paris, Klincksieck, 2011.
*L'Humanité de l'homme. Levinas vivant II*, Paris, Klincksieck, 2011.

*Ce volume,*
*le huitième de la collection « Continents philosophiques »,*
*publié aux éditions Klincksieck*
*a été achevé d'imprimer en avril 2013*
*sur les presses de l'imprimerie SEPEC,*
*01960 Péronnas.*

Impression & brochage **sepec** - France
Numéro d'impression : 04705130305 - Dépôt légal : avril 2013
Numéro d'éditeur : 00159

IMPRIM'VERT®